国家出版基金项目
NATIONAL PUBLICATION FOUNDATION

纳米科学与技术

自旋电子学导论

下 卷

韩秀峰 等 编著

科学出版社

北 京

内 容 简 介

本书由工作在自旋电子学研究领域里的国内外 50 余位学者撰写而成。全书分两卷、共 28 章，各章均由该领域富有研究经验的知名专家负责，较全面地介绍和论述了目前自旋电子学研究领域中的各个重要研究方向及其进展，并重点关注自旋电子学的关键材料探索、物理效应研究及其原理型器件的设计开发和实际应用。

本书适合物理(特别是自旋电子学)及相关领域的大学本科高年级学生、研究生、教师、工程师和科研工作者等参考阅读。

图书在版编目(CIP)数据

自旋电子学导论·下卷/韩秀峰等编著 . —北京：科学出版社，2014.8
(纳米科学与技术/白春礼主编)
ISBN 978-7-03-041825-8

Ⅰ. 自⋯　Ⅱ. 韩⋯　Ⅲ. 自旋-电子学-研究　Ⅳ. TN01

中国版本图书馆 CIP 数据核字(2014)第 206442 号

丛书策划：杨　震/责任编辑：顾英利　卜　新/责任校对：彭　涛　钟　洋
责任印制：赵　博/封面设计：陈　敬

科 学 出 版 社 出版
北京东黄城根北街 16 号
邮政编码：100717
http://www.sciencep.com
北京中石油彩色印刷有限责任公司印刷
科学出版社发行　各地新华书店经销
*
2014 年 8 月第　一　版　　开本：720×1000　1/16
2025 年 2 月第八次印刷　　印张：35 1/2　　插页：6
字数：840 000
定价：160.00 元
(如有印装质量问题，我社负责调换)

《纳米科学与技术》丛书编委会

《纳米科学与技术》丛书序

在新兴前沿领域的快速发展过程中，及时整理、归纳、出版前沿科学的系统性专著，一直是发达国家在国家层面上推动科学与技术发展的重要手段，是一个国家保持科学技术的领先权和引领作用的重要策略之一。

科学技术的发展和应用，离不开知识的传播：我们从事科学研究，得到了"数据"（论文），这只是"信息"。将相关的大量信息进行整理、分析，使之形成体系并付诸实践，才变成"知识"。信息和知识如果不能交流，就没有用处，所以需要"传播"（出版），这样才能被更多的人"应用"，被更有效地应用，被更准确地应用，知识才能产生更大的社会效益，国家才能在越来越高的水平上发展。所以，数据→信息→知识→传播→应用→效益→发展，这是科学技术推动社会发展的基本流程。其中，知识的传播，无疑具有桥梁的作用。

整个 20 世纪，我国在及时地编辑、归纳、出版各个领域的科学技术前沿的系列专著方面，已经大大地落后于科技发达国家，其中的原因有许多，我认为更主要的是缘于科学文化的习惯不同：中国科学家不习惯去花时间整理和梳理自己所从事的研究领域的知识，将其变成具有系统性的知识结构。所以，很多学科领域的第一本原创性"教科书"，大都来自欧美国家。当然，真正优秀的著作不仅需要花费时间和精力，更重要的是要有自己的学术思想以及对这个学科领域充分把握和高度概括的学术能力。

纳米科技已经成为 21 世纪前沿科学技术的代表领域之一，其对经济和社会发展所产生的潜在影响，已经成为全球关注的焦点。国际纯粹与应用化学联合会（IUPAC）会刊在 2006 年 12 月评论："现在的发达国家如果不发展纳米科技，今后必将沦为第三世界发展中国家。"因此，世界各国，尤其是科技强国，都将发展纳米科技作为国家战略。

兴起于 20 世纪后期的纳米科技，给我国提供了与科技发达国家同步发展的良好机遇。目前，各国政府都在加大力度出版纳米科技领域的教材、专著以及科普读物。在我国，纳米科技领域尚没有一套能够系统、科学地展现纳米科学技术各个方面前沿进展的系统性专著。因此，国家纳米科学中心与科学出版社共同发起并组织出版《纳米科学与技术》，力求体现本领域出版读物的科学性、准确性和系统性，全面科学地阐述纳米科学技术前沿、基础和应用。本套丛书的出版以高质量、科学性、准确性、系统性、实用性为目标，将涵盖纳米科学技术的所有领域，全面介绍国内外纳米科学技术发展的前沿知识；并长期组织专家撰写、编辑出版下去，为我国纳米科技各个相关基础学科和技术领域的科技工作者和研究生、本科生等，提供一套重要的参考资料。

这是我们努力实践"科学发展观"思想的一次创新，也是一件利国利民、对国家科学技术发展具有重要意义的大事。感谢科学出版社给我们提供的这个平台，这不仅有助于我国在科研一线工作的高水平科学家逐渐增强归纳、整理和传播知识的主动性(这也是科学研究回馈和服务社会的重要内涵之一)，而且有助于培养我国各个领域的人士对前沿科学技术发展的敏感性和兴趣爱好，从而为提高全民科学素养作出贡献。

我谨代表《纳米科学与技术》编委会，感谢为此付出辛勤劳动的作者、编委会委员和出版社的同仁们。

同时希望您，尊贵的读者，如获此书，开卷有益！

中国科学院院长

国家纳米科技指导协调委员会首席科学家

2011 年 3 月于北京

现代磁学的黄金时期

三十年前的 1984 年，当我还是霍普金斯大学一个年轻教授的时候，一位著名的物理大师 X 教授(这里隐去他的姓名)来到霍普金斯大学讲学。其间我们偶遇，X 教授问我："你现在在哪一个领域里做研究?"我答道："磁学。"他说："磁学已经死了!"他又问："你还做什么其他研究?"我答道："超导。"他惊叫道："超导也死了!"不言而喻，当时那种惊人而令人沮丧的场景至今还记忆犹新。然而，出乎所有人的预料，很快在 1986 年发现了高温铜氧化物超导体，1988 年发现了巨磁电阻(GMR)效应。这两大事件显著改变了凝聚态物理的进程及其技术景观，并分别于 1987 年和 2007 年获得了诺贝尔物理学奖。事实证明 X 教授是大错特错了，而我们在过去的 25 年时间里已经进入了现代磁学的黄金时期。

这里，让我从 1986 年开始，大致按照时间先后的顺序提及一些重要的进展：

层间耦合；

纳米多层膜和颗粒膜中的巨磁电阻(GMR)效应；

交换偏置；

电流垂直平面(CPP)的巨磁电阻(GMR)效应；

自旋阀 GMR 传感器；

铁磁性纳米线；

基于 AlO_x 势垒的磁性隧道结(MTJ)；

庞磁电阻(CMR)效应；

用于测量自旋极化率的安德列耶夫(Andreev)反射谱；

自旋转移力矩(STT)效应及其磁翻转和微波振荡；

Landau-Lifshitz-Gilbert(LLG)微磁学模拟；

具有 100% 自旋极化率的半金属，如 CrO_2；

磁随机存取存储器(MRAM)；

多铁性材料；

纳米环和纳米环磁性隧道结；

稀磁半导体；

有机自旋电子学；

具有巨大隧穿磁电阻效应的 MgO 势垒磁性隧道结；

自旋霍尔效应(SHE)；

逆自旋霍尔效应(ISHE)；

磁畴壁运动；

纯自旋流现象；

横向自旋阀；

自旋泵浦；

石墨烯自旋电子学；

自旋塞贝克效应；

Rashba 效应；

自旋轨道耦合作用及其磁翻转；

Skyrmion 材料；

电压调控的磁翻转；

拓扑绝缘体；等等。

每一年几乎都不平凡，总有一些新鲜有趣的发现引人关注，并且上述这些专题内容基本上都被涵盖在这部书中。

人们常说微电子学使现代技术得以实现，但这只说对了一半儿。应该更确切地讲，微电子学和高密度数据存储(HDDS)是现代技术发展的两个主要驱动力。它们共同使得过去只能由专业研究机构所拥有的房屋尺度大小的计算机，变成了现在人人可以拥有的笔记本电脑和真正便携式的各种掌上电脑(PDA)。自从 1947 年以来，每单位集成电路所含晶体管的数量按摩尔定律稳定增长，如今已超过了 $10^{10}/\mathrm{IC}$。同样引人注目的是，1955 年磁记录开始应用以来，高密度数据存储(HDDS)技术的记录密度持续增长至今天，也远高于摩尔定律的预测、超越了 $10^{12}\,\mathrm{bit/in}^2$。

非常有趣的是，一些怀疑论者曾在这个发展过程中给出过若干悲观的预言。当巨磁电阻(GMR)效应被发现后，一些人认为，由于需要非常大的磁场，GMR 效应无法应用；但随后自旋阀式 GMR 器件巧妙地避免了这个困境。当采用超导量子干涉仪(SQUID)探测系统第一次观测到具有非常小电阻的电流垂直膜面(CPP)的 GMR 效应后，一些悲观者又宣称 CPP-GMR 效应永远不会被应用。但今天，三维尺度均为几十纳米的 CPP-MR 磁读头被广泛地使用在硬盘驱动器(HDD)之中。在 20 世纪 90 年代，有一个最高磁记录密度不可能超过 $40\mathrm{Gb/in}^2$ 的著名终极预言。该预言仅盛传了几年之后就被无情地悄然打破。今天，磁记录密度已经超过上述预言极限值的 30 倍，并且仍在继续攀升。公正地说，该预言并没有真正预见到现代磁学中一系列的发现对高密度数据存储(HDDS)的推进所起到的作用；不过，主动做出预言与占卜有一点相似，它们均具有一定的风险。

这本书由自旋电子学领域里的众多前沿专家共同编写，收录了上述现代磁学黄金时期那些令人兴奋的、方兴未艾的持续研究进展。我个人也熟知这本书里的许多作者，并且受益于与他们之中几位作者的合作研究。这部书的唯一缺憾是它采用中文撰写，这会让那些非汉语科学家们无法分享它的丰富内容。

钱嘉陵

约翰·霍普金斯大学物理与天文学系

Golden Era of Modern Magnetism

Thirty years ago in 1984 when I was a young professor at The Johns Hopkins University, a prominent physicist, Professor X (who shall remain nameless) came to Hopkins to give a colloquium. During a brief encounter, Professor X asked me, "What area of research do you do?" I answered, "Magnetism." He said, "Magnetism is *dead*! What else do you do?" I answered, "Superconductivity." He exclaimed, "Superconductivity is also *dead*!" That poignant, not to mention discouraging, exchange was certainly memorable. However, unbeknownst to anyone then, prominent or otherwise, high T_C cuprate superconductors would soon be discovered in 1986, and giant magnetoresistance (GMR) in 1988. Both events, garnered the Nobel Prize in Physics in 1987 and 2007 respectively, have altered the course of condensed matter physics and indeed the technological landscape. Notwithstanding the fact that Professor X was *dead* wrong, we have been in the midst of the Golden Era of Modern Magnetism for the last 25 years.

Let me mention just some of the advances since 1986, roughly in chronological order:

interlayer coupling,

GMR in multilayers and granular solids,

exchange bias,

current perpendicular to plane (CPP)-GMR,

spin-valve GMR sensors,

ferromagnetic nanowires,

AlO_x-based magnetic tunnel junction (MTJ),

colossal magnetoresistance (CMR) materials,

Andreev reflection spectroscopy for measuring spin polarization (P),

spin-transfer torque (STT) switching and microwave oscillation,

Landau-Lifshitz-Gilbert (LLG) micromagnetic simulation,

half-metals with 100% spin polarization, such as CrO_2,

magnetic random access memories (MRAM),

multiferroic materials,

nanorings and nanoring MTJs,

dilute magnetic semiconductors,

organic spintronics,

MgO-MTJs with huge tunnel magnetoresistance (TMR),

spin Hall effect (SHE),

inverse spin Hall effect (ISHE),

domain wall motion,

pure spin current phenomena,

lateral spin valves,

spin pumping,

graphene spintronics,

spin Seebeck effect,

Rashba effect,

spin-orbit switching,

Skyrmion materials,

voltage-controlled switching,

topological insulators.

There has hardly been a dull year. There is always something new and interesting to learn. Not coincidently, many of these subjects are covered in this book.

It has often been said that microelectronics has enabled modern technology. This is only partly correct. More accurately, the two main drivers for modern technology are microelectronics and high-density data storage (HDDS). Together, they transformed room-sized main computers, which only major institutions could possess, to lab-top computers, which everyone owns, and personal digital assistant (PDA) devices, which one literally carries. Since 1947, the number of transistors per integrated circuit (IC) has been steadily increasing following closely the Moore's law to over 10^{10}/IC today. Equally impressive, since the launch of magnetic recording in 1955, the HDDS recording density has been increasing more than that of the Moore's law to over 10^{12} bit/in^2 today.

It is rather amusing that some skeptics have expressed pessimistic predictions along the way. When GMR was discovered, some opined that GMR would not be useful because of the very large magnetic field required. The spin-valve GMR devices nicely circumvented that predicament. When the CPP-GMR effect was first observed using a SQUID-based detection system due to the minuscule electrical resistance, some skeptics proclaimed that CPP-GMR would never be useful. Today, CPP-MR heads with all three dimensions of only a few tens of nm are in most hard drives. During the 1990's, there was a famous doomsday prediction of the ultimate magnetic recording density limit of 40 Gbits/ in² that could never be surpassed. That prediction enjoyed a few years of fame until it was broken unceremoniously and without fanfare. Today, the recording density is more than 30 times that predicted limit and still climbing. To be fair, that prediction did not foresee the discoveries in modern magnetism that has been instrumental in advancing HDDS. On the other hand, unsolicited predictions and fortune telling are risky businesses.

This book, authored by many leading experts in the field, captures the exciting developments of the Golden Era of Modern Magnetism, which continues undiminished and unabated. I personally know many of the authors, and I have benefited from the collaborations with a few of them. The only drawback of this book is that it is written in Chinese. All non-Chinese scientists would be deprived of its rich content.

C. L. Chien

Department of Physics and Astronomy

The Johns Hopkins University

目　　录

上　　卷

<h1 style="text-align:center">下　　　卷</h1>

第 16 章　热自旋电子学

夏　钶

近年来，随着自旋电子学的迅猛发展，人们发现电子自旋流与热流之间存在相互作用，从而催生了一个新兴的研究领域：热自旋电子学(spin caloritronics，也称自旋卡诺电子学)。该学科旨在通过增加电子自旋这一新的自由度来提高热效应的品质因数(热电优值)。本章主要介绍自旋卡诺电子学的研究进展，包括自旋塞贝克效应及其相关效应、磁性隧道结的热电效应以及热自旋转移力矩；值得关注的是自旋塞贝克效应给出了一种非常优化的构型来验证自旋热电效应。

16.1　卡诺电子学的发展背景

热电效应(thermoelectric effect)自发现距今已有近两个世纪的历史，根据该效应设计的热电装置可以实现热和电的相互转化[1]。因为塞贝克和佩尔捷两位科学家从不同角度对热电效应的发现做出了很大贡献，所以通常我们也把热电效应称为佩尔捷-塞贝克效应(Peltier-Seebeck effect)，或根据热电转化和电热转化分别称作塞贝克效应(Seebeck effect)和佩尔捷效应(Peltier effect)。

德国籍爱沙尼亚裔物理学家塞贝克(Thomas Johann Seebeck)1821 年发现，两种不同金属导线构成的回路中，如果把一个结点加热而另一个结点保持低温，放在导线周围的小磁针会发生偏转。塞贝克认为，温度梯度导致金属导线在一定方向上被磁化，从而在其周围产生磁场，因此他把这一发现解释为"温差导致的金属磁化"。后来，丹麦物理学家奥斯特(Hans Christian Oersted)重新研究了这个现象，认为导线周围的磁场应该是电流产生的(电磁感应定律)，并发现切断电路，磁场就会消失。经过数年的争论，奥斯特的这种解释得到大多数人的支持，即"温差导致电流"，塞贝克热电实验示意图如图 16.1 所示。这里我们需要指出，两种不同金属导线不是塞贝克效应发生的必要条件，塞贝克效应在两端温度不同的金属中就可以发生，实验之所以要用不同金属导线构成的回路，是因为这样两端的效应才不至于抵消。

另一方面，1834 年，法国物理学家佩尔捷(Jean Charles Athanase Peltier)独立地发现，在两种金属构成的回路中施加电压后，不同金属的接触点会有一个温差。即使对于同种材料，只要它是多相的，在不同的相之间也会产生佩尔捷效应;甚至在非匀质体的不同浓度梯度范围内也能观察到佩尔捷效应。1856 年,英国科学家汤姆孙(William Thomson)利用自己所创立的热力学原理对塞贝克效应和佩尔捷效应进行了全面分析,在看似互不相干的塞贝克系数和佩尔捷系数之间建立了联系,并在理论上预言了一种新的热电效应,即当电流在温度不均匀的导体中流过时,导体除产生焦耳热之外,还要吸收或放出一定的热量(又称为汤姆孙热);抑或反之,当一根金属棒的两端温度不同时,金属棒两端会形成电势差,这一热电效应后被称为汤姆孙效应(Thomson effect)。热电效应已被广泛用于热电偶(thermocouple)的温度测量、温差发电机的电能产生以及加热或冷却器的物体加热或制冷等。[1]

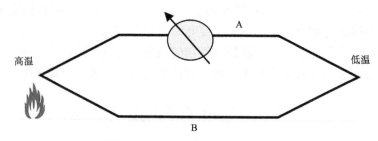

图 16.1　塞贝克热电实验示意图

1988 年,巨磁电阻(giant magnetoresistance,GMR)效应[2,3]在 Fe/Cr 多层结构中被发现,人们逐渐意识到电子不仅是电荷的载体,还是自旋的载体。科学家们设想:如果能有办法操纵电子自旋这一新的自由度,就能研制出效率更高的信息获取、传输、存储、记录、处理和输出的新一代电子器件。这样,自旋电子学(spintronics)应运而生,并有了长达 20 多年的快速发展。

在新的时代背景下,所有的学科都蓬勃发展。持续了近半个世纪的摩尔定律(Moore's law,当价格不变时,集成电路上可容纳的晶体管数目,约每隔 18 个月便会增加一倍,性能也将提升一倍)也已经很难继续维持。原因是,进一步缩小器件尺寸,提高晶体管数量与速度,会产生更高的焦耳热功率密度(power density),减小 1/30 的尺寸,会导致增大 1/8 的热量,这意味着焦耳热功率密度的增加约为器件密度增加的 4 倍,会造成器件的局域高温,破坏芯片。要转化和利用这些热量,科学家们一直希望能够利用介观和微观的热电效应来解决分布式的局域制冷问题。传统的热电效应只是揭示了热流和电流之间的关联,而随着自旋电子学的发展,很容易联想到热流与自旋流之间也可以有相互作用,这就开启了一个新的研究领域:自旋卡诺电子学。它将热电效应与自旋电子学相结合,为二者的应用提供了更大的舞台。

16.2　自旋相关热电理论及实验进展

金属磁性异质结(metal magnetic heterojunction)类似于半导体异质结,是指由两层以上不同的非磁金属和铁磁金属薄膜依次生长在同一衬底(substrate)上,它们具有不同的能带结构和对热磁电的不同响应,通过调节各材料的厚度和组合方式,可以有许多新奇有趣的结果。这里,我们关心的是金属磁性异质结中的自旋相关热电理论,所以我们先从普通热电效应中最基本的塞贝克效应谈起。

16.2.1　塞贝克效应及其理论

塞贝克效应也称第一热电效应,它是指将导电材料置于闭合回路中,当两个端点的温度不同时,在材料上产生电压差的热电现象。至于塞贝克效应的物理本质,在不考虑散射的前提下,我们可以简单地通过扩散理论[4]去理解,即金属费米能级附近电子和空穴的不对称导致了热电现象。

从图 16.2 可以看到,由于块体的一端温度升高,导致了费米-狄拉克分布(Fermi-Dirac distribution)的改变,电子受到热激发跃迁到费米面以上,费米面以下出现相同数目的空穴。于是,费米能级以上的热电子和费米能级以下的热空穴向块体的冷端扩散,产生了由电子和空穴携带的热流和电流。此时如果空穴和

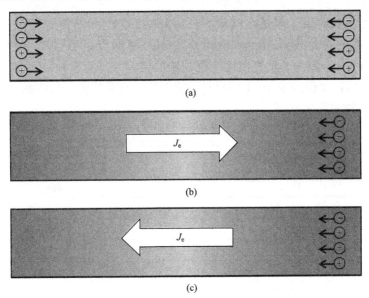

图 16.2　导体中热流诱导出电流示意图。
(a) 块体温度均匀;(b) 类电子行为;(c)类空穴行为

电子向冷端移动的能力相同，则不会出现净电流，实际情况分两种：如图 16.2 (b)所示，当电子流比空穴流更易流向低温端时，会产生一个与热流方向相反的净电流，我们把材料的这种行为称作类电子(electron-like)行为；反之亦然，如图 16.2(c)所示，当空穴流比电子流流向低温端的能力更强时，会产生与热流方向相同的电荷流，我们将其称作类空穴(hole-like)行为。图 16.2 中白色箭头代表电流的方向。

塞贝克效应产生的电压通常比较小，在结点处每 1K 的温差可以带来微伏 (microvolt)量级的电势差。为了量化塞贝克效应的大小，科学家们很自然地定义了塞贝克系数(Seebeck coefficient)。当在导体上施加温度梯度(ΔT)，且导体处于稳态时(电流为 0)，如果导体两端的温差很小时，就可以定义出塞贝克系数：

$$S = -\lim_{\Delta T \to 0} \frac{\Delta V}{\Delta T}\Big|_{I=0} \tag{16.1}$$

对于两种相互接触的材料 A 和 B，设它们的塞贝克系数分别为 S_A 与 S_B，温度分布为 T_A 和 T_B，若将二者接触，则产生的电压差为 $V = \int_{T_A}^{T_B} [S_B(T) - S_A(T)]dT$。如果 S_A 与 S_B 不随温度的变化而变化，上式即可表示为 $V = (S_B - S_A)(T_B - T_A)$。不难看出，两材料的塞贝克系数相差越大，塞贝克效应越明显。

我们列举一些常见材料在室温时的塞贝克系数。塞贝克系数既可以是绝对值也可以表示为相对值，但是在实验中，塞贝克系数的相对值更易获得，所以表 16.1 中所有的数值都选铂(platinum，Pt)的塞贝克系数值为参考零点[5,6]。Moore 和 Graves[6]测量了较宽温度范围内铂的绝对塞贝克系数，室温下其值约为 $-5\mu V/K$，所以要得到表 16.1 中材料的绝对塞贝克系数值，只需减去 $5\mu V/K$ 即可。更多参数参见文献[5]。

表 16.1　一些常见材料在室温时的塞贝克系数

材料	塞贝克系数(相对于 Pt)/($\mu V/K$)
硅	440
金、银、铜	6.5
钽	4.5
铅	4.0
铝	3.5
碳	3.0
铂	0(定义)

　　类似地，还可以根据佩尔捷效应定义出佩尔捷系数，来表征单位电荷携带的热量，当电流通过两个导电材料的接触结点时，产生热流(Q)：

$$\Pi = \frac{Q}{\Delta V}\Big|_{\Delta T=0} \tag{16.2}$$

这里，塞贝克系数和佩尔捷系数满足 Kelvin-Onsager 关系：

$$\Pi = ST \tag{16.3}$$

式中，T 为环境温度。

　　通过以上讨论，我们知道了电流和热流可以互相转化，并定义了转化系数。下面我们设计如图 16.3 所示的热电模型。图 16.3 中左右电子库(电极)具有不同的温度和化学势，中间散射区具有电导 G、塞贝克系数 S 和热导率 κ。这个模型中，我们设热流和电流满足关系：

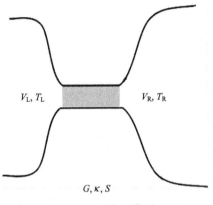

V_L, T_L　　　　V_R, T_R

G, κ, S

图 16.3　热电模型

$$\begin{bmatrix} I \\ Q \end{bmatrix} = \begin{bmatrix} L_{11} & L_{21} \\ L_{12} & L_{22} \end{bmatrix} \begin{bmatrix} \Delta V \\ -\dfrac{\Delta T}{T} \end{bmatrix} \tag{16.4}$$

　　Onsager 互易关系要求 $L_{12}=L_{21}$，根据式(16.1)~式(16.3)，加上一般的热流与温差和电流与电势差的关系，代入式(16.4)，我们可以得到

$$\begin{bmatrix} I \\ Q \end{bmatrix} = G\begin{bmatrix} 1 & S \\ \Pi & K/G \end{bmatrix} \begin{bmatrix} \Delta V \\ -\Delta T \end{bmatrix} \tag{16.5}$$

式中，K 是与热导率 κ 有关的系数，$\kappa = -K\left(1 + \dfrac{S^2 GT}{K}\right)$。

　　上面的讨论都是针对静态的环境，所有的载流子都是相互独立的，即认为电子与电子相互作用、电子与声子相互作用等都很弱。所以，线性响应的热电系数是适用的。

　　电导 G 满足定义[7,8]：

$$G = \int g(E)\left(-\frac{\mathrm{d}f(E)}{\mathrm{d}E}\right)\mathrm{d}E \tag{16.6}$$

式中，$g(E)$ 是能量相关的电导，$f(E)$ 是费米-狄拉克分布函数。

　　根据文献[9]中的 Cutler-Mott 公式，线性响应的热电系数可以写为

$$S = -\lim_{\Delta T \to 0}\frac{\Delta V}{\Delta T}\Big|_{I=0}$$

$$= -\frac{1}{eT} \frac{\int \mathrm{d}E(E-E_{\mathrm{F}})g(E)\mathrm{d}f(E)/\mathrm{d}E}{\int \mathrm{d}Eg(E)\mathrm{d}f(E)/\mathrm{d}E} \tag{16.7}$$

在规定的费米能级(E_{F})附近的能量范围内,我们研究对象的电导率随能量是线性变化的,即满足条件 $L_0 T^2 \left|\frac{\partial^2 g(E)}{\partial E^2}\right|_{E_{\mathrm{F}}} \ll g(E_{\mathrm{F}})$,$L_0$ 是洛伦茨常数(Lorenz constant),$L_0 = (\pi^2/3)(k_{\mathrm{B}}/e)^2$。我们对费米-狄拉克分布可以进行索末菲(Sommerfeld)展开[10],得到

$$S = -eL_0 T \frac{\partial \ln g(E)}{\partial E}\Big|_{E_{\mathrm{F}}} \tag{16.8}$$

为获得更好的制冷效率,热电制冷器(thermoelectric cooler)通常是指由两种塞贝克系数符号相反[由式(16.3)可知,即佩尔捷系数符号相反]的材料构成的热电制冷对,如图16.4所示。

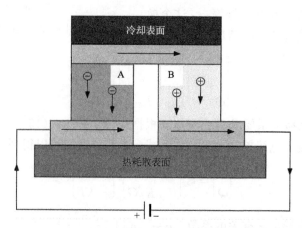

图 16.4　热电制冷装置示意图

A为电子型导体材料,电子会携带热量从标有冷却表面的一端向标有热耗散表面的一端流动;B为空穴型导体材料,因为佩尔捷系数符号与A的相反,所以是空穴携带热量从标有冷却表面的一端向标有热耗散表面的一端流动。这也是最基本的冰箱制冷原理。

流过热电制冷装置体系的热量和热电制冷效率为

$$Q = Q_{\mathrm{Joule}} + Q_{\mathrm{Peltier}} + Q_\kappa \tag{16.9}$$

$$\eta = Q_{\mathrm{Peltier}}/P \tag{16.10}$$

式中,Q 为流过热电制冷器的总热流;$Q_{\mathrm{Joule}} = I^2 R$,为电阻元件产生的焦耳热;

Q_κ 是声子对热流的贡献；P 为输入功率。

当热端与冷端的温差趋于 0 时，声子对热导的贡献为 0，此时存在一个最大的热电制冷功率，外加偏压为 $V_b = -\Pi/2$。

$$Q_{\text{eff}}(\text{max}) = \Pi^2/4R = S^2 T^2/4R \tag{16.11}$$

还存在热电制冷效应的最大外加偏压，此偏压下，电阻元件产生焦耳热和热电制冷效应带走的热流恰好相等。

$$V_b(\text{max}) = -\Pi \tag{16.12}$$

如果外加偏压超过这个临界数值，焦耳热就会超过热电效应，导致体系的温度升高，起不到制冷效果。

通常，我们可以用无量纲的品质因数(figure of merit，ZT)来衡量体系的热电效率。$ZT = g(E) S^2 T/\kappa_{\text{tot}}$，$\kappa_{\text{tot}}$ 包括声子和电子两部分的贡献。

如果仅考虑电子对热导的贡献，ZT 可以写为

$$ZT = G S^2 T/\kappa_e \tag{16.13}$$

式中，κ_e 为电子的热导。

此外，最大温差 $\Delta T(\text{max}) = ZT \times T$ 经常被用来衡量热电制热与热电制冷的效率。

ZT 值反映了将热能转化为电能的能力，由于 ZT 表达式中的几个量是非独立的，所以研究如何提高 ZT 值是许多科学家努力的方向。早前商业上多用 Bi_2Te_3 的块体作为热电材料，其 ZT 值在低于 200℃ 的工作温度下接近 1。通常，一般的块体材料只有很小的 ZT 值(如块体 Si，$ZT \approx 0.01$)[11]。1993 年，Hicks 和 Dresselhaus[12,13] 预测：低维度的材料(如 2D 量子阱或 1D 量子线)要比块体材料有更大的 ZT 值。Venkatasubramanian 等[14] 在 2001 年发现，在室温下 p 型 Bi_2Te_3/Sb_2Te_3 超晶格的 ZT 值可以达到 2.4，并且 n 型 $Bi_2Te_3/Bi_2Te_{2.83}Se_{0.17}$ 超晶格的 ZT 值在室温下也能达到 1.2，这些实验单层晶格的厚度为 1nm 左右，与 Hicks 热电材料的纳米调控会导致 ZT 值增大的预测相符。2008 年，Hochbaum 等[15] 用电化学合成的方法制备粗糙的 Si 纳米线，在室温下 ZT 值可达到 0.6，大出其块体值近两个数量级；在对其他量影响不大的前提下，通过掺杂和减小半径等手段，降低 Si 的热导率，还可以进一步提高 ZT 值。由于导电聚合物(conducting polymers)易于合成，环境友好，且可以制作较大面积样品，其热电属性被广泛研究。2011 年，Bubnova 等[16] 研究了室温下聚乙烯二氧噻吩[poly(3,4-ethylenedioxythiophene)，PEDOT]不同氧化程度的 ZT 值，最大可达 0.25。Ozaeta 等[17] 在 2014 年观察了态密度被塞曼场(Zeeman field)自旋劈裂的超导体与非零极化(nonzero polarization)的铁磁体的接触，ZT 值可以远大于 1。

16.2.2　双电流模型

前面在引言中提到过，自旋电子学的目的就是利用电子自旋的特性，来设计和制备新型的电子器件，达到信息存储与处理的目的。自旋电子学中，研究电子在磁化方向共线(平行或反平行)的磁性多层结构中输运时，通常会用到 Mott 双电流模型[18](two-current model)。在双电流模型中，携带自旋向上和向下信息的载流子[分别称为多子(majority)和少子(minority)]，它们通过平行但各自独立的通道进行输运。利用双电流模型，我们可以很好地解释巨磁电阻(giant magnetoresistance，GMR)效应和隧穿磁电阻(tunneling magnetoresistance，TMR)效应，这两个效应产生的主要原因是电子的散射概率与其自身的自旋状态、散射体的磁矩方向有关。

如图 16.5 所示，在一个铁磁(ferromagnet，FM)/非磁金属[non-magnetic metal，又称普通金属(normal metal，NM)]/铁磁的多层结构中，当两个铁磁层磁化方向都自旋朝上时(左图)，自旋向上的电子穿过两个铁磁层的电阻都很小，而自旋向下的电子穿过两个铁磁层的电阻都很大；当两个铁磁层方向相反时(右图)，无论电子自旋什么方向，穿过铁磁层的电阻都是一大一小。这相当于两个不同的等效电路。这样，我们就可以表示 GMR 和 TMR 的大小。

$$\text{GMR} = \frac{R_P - R_{AP}}{R_{AP}} = \left(\frac{R_\uparrow - R_\downarrow}{R_\uparrow + R_\downarrow}\right)^2 \tag{16.14a}$$

$$\text{TMR} = \frac{R_{AP} - R_P}{R_P} \tag{16.14b}$$

双电流模型中，多子和少子有着各自的电导 G^s 和电化学势 μ^s。其中，$s = \uparrow, \downarrow$。对于某个结点，若不考虑自旋，它的总电导便是 $G = G^\uparrow + G^\downarrow$，电子的电化学势(electrochemical potential)便是 $\mu_c = (\mu^\uparrow + \mu^\downarrow)/2$，另外自旋积累(spin accumulation)代表自旋向上和向下电子自旋的势差 $\mu_s = \mu^\uparrow - \mu^\downarrow$。

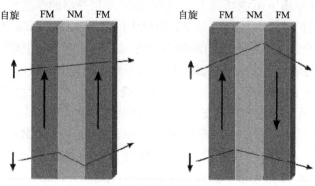

图 16.5　巨磁电阻效应双电流模型示意图

16.2.3　自旋相关热电理论

下面引入的自旋相关热电理论(spin-dependent thermoelectrics)是以上两个理论的自然结合。在 16.2.1 节中，我们知道，热电效应主要依赖于费米面附近 $[\pm K_B T(x)$ 内]的电子分布和电导率。这里，我们可以把热电效应的概念推广到双电流模型中：在各向同性(isotropic)且单畴(monodomain)的铁磁体中，热电效应受两种自旋电子的电导率 $g^{\uparrow}(E)$ 和 $g^{\downarrow}(E)$ 的影响。设两个通道的电导和塞贝克系数分别为 $G^{\uparrow}$、$S^{\uparrow}$ 和 $G^{\downarrow}$、$S^{\downarrow}$，则总的塞贝克系数为 $S = (G^{\uparrow}S^{\uparrow} + G^{\downarrow}S^{\downarrow})/(G^{\uparrow}+G^{\downarrow})$。于是，式(16.5)就可以被推广为包含自旋流的线性关系，即电流 I_c、自旋流 I_s 以及热流 Q 满足如下关系：

$$\begin{bmatrix} I_c \\ I_s \\ Q \end{bmatrix} = G \begin{bmatrix} 1 & P & ST \\ P & 1 & P'ST \\ ST & P'ST & \kappa T/G \end{bmatrix} \begin{bmatrix} \nabla \mu_c/e \\ \nabla \mu_s/2e \\ -\nabla T/T \end{bmatrix} \tag{16.15}$$

式中，$I_{c(s)} = I^{\uparrow} \pm I^{\downarrow}$，$Q = Q^{\uparrow} + Q^{\downarrow}$，$P = \dfrac{G^{\uparrow} - G^{\downarrow}}{G^{\uparrow} + G^{\downarrow}} \mid_{E_F}$，$P' = \dfrac{\partial (PG)}{\partial E} \mid_{E_F}$；$\mu_c$ 和 μ_s 分别为电化学势和自旋积累[4]。

很显然，线性关系式(16.15)满足 Onsager 关系。式(16.15)表明，温度梯度可以产生自旋流(自旋相关塞贝克效应，spin-dependent Seebeck effect)；反之，自旋积累也可以产生热流(自旋相关佩尔捷效应，spin-dependent Peltier effect)。二者均与 $P'ST$ 成正比。

随着自旋相关热电效应的提出，温度对磁性材料输运性质的影响引起了广泛的研究。关于自旋阀结构(两个铁磁材料中间夹一层纳米量级厚的非磁材料，构成三明治结构)中热电输运问题的理论研究：2007 年，Hatami 等[19]用磁电电路理论研究了磁电器件的热自旋转移力矩。在薄的层状结构中，输运性质由界面电导决定。他们预言，伴随着热流，同样可以产生自旋转移力矩，并作用于磁矩，并且期望温度梯度可以分别在磁性隧道结和铁磁线中影响磁矩和磁畴的动力学过程。

观察式(16.15)，我们还可以注意到，所谓的自旋热流项(spin heat current，$Q_s = Q^{\uparrow} - Q^{\downarrow}$)并没有出现，这是因为我们假设了自旋温差(spin temperature difference，$T_s = T^{\uparrow} - T^{\downarrow}$)被自旋间(interspin)散射和电子-声子(electron-phonon)散射所抑制。在低温和纳米尺度下，这种假设不再适用，自旋温差也不再为 0[19-21]。在有电势差或者温度差的铁磁-非磁界面，电流和自旋流守恒最终保证了有自旋流注入非磁体。上述热致或电致的非磁体中的自旋积累可以利用佩尔捷效应产生温差来测量。当然实验上还有更多巧妙的测量办法和应用[22,23]。有理论物理学家用连续极限下的离散模型(discretized model)研究了由温度梯度驱动的自旋流和自旋弛豫转矩(spin-relaxation torque),得到塞贝克系数,与式(16.15)的表达类似,温度梯度起到一个外电场的作用[24]。

16.2.4　自旋相关热电效应实验进展

由于自旋相关塞贝克效应的作用,热流使材料中产生自旋流,而自旋相关佩尔捷效应中,自旋流使材料中产生热流,为未来的自旋电子器件(spintronics devices)设计制造开辟了更多可能性。无论是理论物理学家还是实验物理学家都投入很多力量在这个领域内探索。更准确的测量与控制、更高的发生转换效率以及更多可能的应用方式从一开始就成为大家共同追求的目标。

基于 16.2.3 节介绍的自旋相关热电理论,Slachter 等[25]利用横向自旋阀(lateral spin valve)对自旋相关塞贝克效应进行了观测。图 16.6 是他们的实验装置示意图,由 FM1、FM2 和 NM 构成,实验中在 FM1 上通入平行于界面(纵向)的电流,产生焦耳热,该焦耳热从 FM1 流入 NM 时,对非磁体 NM 注入了自旋流,实验中在 FM2 和 NM 之间测量自旋相关效应产生的电压。

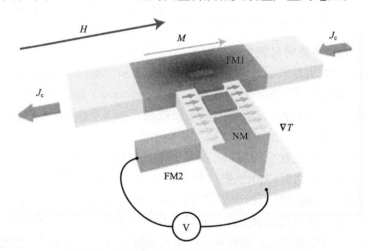

图 16.6　自旋相关塞贝克效应实验装置示意图

为了在界面造成温度梯度,他们在实验中通过电流在 FM1 上产生欧姆热,温度梯度和电流满足平方关系 $T \propto I^2$。在界面上,电流为零,而对于电子,有自旋向上和向下两个通道,这两个通道的塞贝克系数 $S^{\uparrow}$ 和 $S^{\downarrow}$ 不一样,所以有纯自旋流 $J_s \propto (S^{\uparrow} - S^{\downarrow})$ 由 FM1 流向 NM,界面上两个通道的化学势也不一样,$\mu^{\uparrow} \neq \mu^{\downarrow}$。这样,热流 Q 导致了自旋流注入非磁,此即"自旋相关的塞贝克效应"。他们通过用另一块铁磁体——FM2 与非磁体接触,测量二者之间的电压差,来检测非磁体上的自旋积累。

　　不同于佩尔捷热(温差与电流成线性关系),焦耳热的温度梯度与电流成平方关系($\nabla T \propto I^2$)。实验中测量的电压信号为 $V = R_1 I + R_2 I^2 + \cdots$ Slachter 等利用锁相技术[25,26]确定测量电压信号中的相关参量 R_1 和 R_2。其中,R_1 来源于佩尔捷热,R_2 来源于焦耳热。此外,他们将实验测量数据与理论公式(16.15)相结合,得出该镍铁导磁合金的自旋相关的塞贝克系数为 $S_{\uparrow,\downarrow} = -3.8 \mu V \cdot K^{-1}$。通过此实验他们认为,在某些要求有自旋流输入的实验中(例如自旋转移力矩相关的实验),热流引起的纯自旋流可以作为一种新的可行的自旋流产生机制。

　　由以上理论,我们知道,自旋相关佩尔捷效应是自旋相关塞贝克效应的逆效应。2006 年,有小组[27]率先通过测量 Co/Cu 多层纳米线(nanowires)的磁热电压(magnetothermogalvanic voltage)测量到自旋相关佩尔捷系数。2010 年,Yu 等[28]在实验中研究了 Co/Cu/Co 自旋阀的热输运问题。他们在 Co/Cu/Co 自旋阀中同时通入交流电流 I_{ac} 和直流电流 I_{dc},电流产生的焦耳热在中间层 Cu 中得到温度梯度,从而在实验中演示了热诱导自旋转移力矩的存在。

　　2012 年,Flipse 等[29]用立柱型自旋阀结构(spin-valve pillar structure)测量了磁佩尔捷系数。在 $T = 300K$ 时,该实验测得的磁佩尔捷系数 $\Pi_{\uparrow,\downarrow}$ 的范围是 $-1.1 \sim -1.3mV$,利用推广的 Kelvin-Onsager 关系 $\Pi_{\uparrow,\downarrow} = S_{\uparrow,\downarrow} T$,可以得到 $S_{\uparrow,\downarrow}$ 的范围是 $-3.0 \sim -4.3 \mu V \cdot K^{-1}$,这与 Slachter 等[25]的结果 $S_{\uparrow,\downarrow} = -3.8 \mu V \cdot K^{-1}$ 保持一致。当然,Flipse 等指出,这个实验的不足之处是效率不高,并提到可以用非金属材料(non-metallic material)来增强自旋相关热电效应。

16.3　自旋塞贝克效应及其相关效应

16.3.1　自旋霍尔效应和逆自旋霍尔效应

　　自旋霍尔效应(spin Hall effect,SHE)的研究始于 20 世纪 70 年代。Dyakonov 和 Perel 两位科学家[30]合作,首先在理论上预言其存在。自旋霍尔效应是指,当有一个纵向的电流通过导电材料时,电子移动的过程中,如果电子受自旋轨道耦合(spin orbit coupling,SOC)的影响[30,31],自旋向上和自旋向下的电子会朝相反的方向偏转移动,从而在垂直于电荷流和自旋极化的方向会产生一个横向的自旋流,而且自旋流会在横向的界面上产生自旋积累,这个关系可以用公式 $J_s = \theta_{s,H} J_c \times \sigma$ 表示。其中,$\theta_{s,H}$ 是自旋霍尔角,是一个反映材料自旋轨道耦合强度本征的量。逆自旋霍尔效应(inverse spin Hall effect,ISHE)是自旋霍尔效应的逆过程,即自旋流反过来会在垂直于自旋极化方向和自旋流方向产生电子移动。

　　图 16.7 显示逆自旋霍尔效应过程,白色小球及其箭头分别代表电子和电子的自旋方向,自旋积累在 y 方向上,当沿 x 方向流过自旋流 J_s,在 y 方向上会

产生电压(可以称为逆自旋霍尔电压)。当自旋方向相反的电子朝不同方向运动时,由于自旋轨道耦合,它们的运动会朝垂直于它们群速度(group velocity)的方向偏转。横向电场 $E_{ISHE} = D_{ISHE} \boldsymbol{J}_s \times \boldsymbol{\sigma}$, D_{ISHE} 为逆自旋霍尔效应系数(ISHE coefficient), $\boldsymbol{\sigma}$ 为自旋极化矢量, $\boldsymbol{J}_s$ 为自旋流。较早的实验在金属薄膜 $Al^{[32]}$、$Au^{[33]}$ 和 $Pt^{[30]}$ 中观测到逆自旋霍尔效应。逆自旋霍尔效应的可贵之处在于通过将自旋流转化为电荷流,方便实验实现对自旋流的电学测量。由以上理论可知,电荷的输运和自旋的输运相互联系,并且自旋霍尔效应和逆自旋霍尔效应是可以同时发生的。

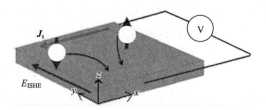

图 16.7　逆自旋霍尔效应示意图

16.3.2　自旋塞贝克效应

自旋塞贝克效应(spin Seebeck effect, SSE),指当铁磁材料和顺磁材料接触且有温差时,铁磁材料内因温度梯度而产生一个自旋压(spin voltage),自旋压会驱动自旋流,在自旋流注入近邻的顺磁材料时,由于顺磁材料的自旋轨道耦合作用,自旋流由逆自旋霍尔效应转化为横向的电动势(transverse electromotive force)。自旋塞贝克效应有纵向和横向两种构型(图 16.8)。其中,黑色边框块体代表顺磁体,灰色块体代表铁磁体, $\boldsymbol{M}$ 为铁磁体中的磁矩。当施加如图 16.8 所示的温度梯度时,顺磁材料会出现相应的电动势,这称为自旋塞贝克效应。横向构型中,温度梯度方向与磁矩方向平行。该实验首先被 Uchida 等[34]发现。随后,人们在半导体(GaMnAs)[35]、锰铝铜强磁性合金中[36]均发现相似的实验现象。在这样的构型中,纵向电压会非常敏感地受到横向温度梯度的影响,纵向自旋塞贝克效应的物理实质与 Slonczewski[37]提出的有铁磁绝缘体的自旋阀是一致的,其物理原理也是肖江等提出的温差诱导的自旋泵浦[38]。

自旋塞贝克效应的物理原理与前面所涉及的自旋相关塞贝克效应的原理是完全不同的,主要在于:在此效应中,传导电子的贡献几乎可以忽略不计,因为人们在绝缘铁磁体中同样也发现过此类现象[39]。该效应的原因在于,二者接触时,有自旋流从铁磁体进入顺磁体中,自旋流在顺磁体中由于逆自旋霍尔效应便产生了横向电场 E_{ISHE}。

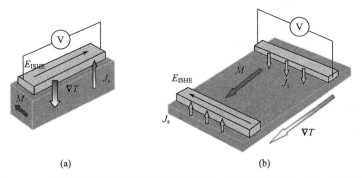

图 16.8　自旋塞贝克效应实验装置示意图。(a)纵向构型；(b)横向构型

　　铁磁体与顺磁体二者接触时的自旋流是界面上非平衡的热效应导致的自旋泵浦效应(spin pumping effect)。我们可以先用一个简单模型来理解这个过程。如果铁磁体的厚度比其磁畴壁(magnetic domain wall)的厚度小，可以认为，所有的自旋是统一运动的，即可以用一个宏观自旋温度(macrospin temperature)来描述磁矩在平衡方向上统一的涨落(uniform fluctuation)。铁磁体左端和右端的温度可以分别用 T_L 和 T_R 来表示，平衡温度为二者的平均：$T_F = (T_L + T_R)/2$。考虑体系内的声子和电子之后，可以认为，无论是在导体还是绝缘体中，自旋流和热流都是通过磁矩的涨落来输运的。而当铁磁体的厚度不那么小时，上述宏观自旋的模型就不适用了。磁波子作为自旋塞贝克效应的载流子，需要考虑磁波子(magnon)的温度分布，即我们应该用 $T_F(x)$ 来代替之前简单的平均，声子和磁波子在整个过程中扮演重要的角色。复旦大学的肖江等[38]根据散射理论率先为横向型自旋塞贝克效应给出一个定量的公式，可以描述通过界面泵出的自旋流大小与温度差的关系：

$$I_s(x) = \frac{\hbar\gamma}{2\pi}\frac{g_r}{M_s V_{coh}}k_B(T_F - T_N)(x) \tag{16.16}$$

式中，γ 是旋磁比，g_r 为自旋混合电导的实部，M_s 为饱和磁化强度，V_{coh} 是磁相干量，k_B 是玻尔兹曼常量，T_F 和 T_N 分别是铁磁体和非磁体的温度。紧接着，Adachi 等[40]根据线性响应理论得到类似的表达式。

　　之前多数自旋塞贝克效应都用的是 Pt/YIG 结构。2013 年，Qu 等[41]研究了 Au/YIG 结构的自旋塞贝克效应，通过分析实验结果，他们提出，尽管 Pt 的自旋霍尔角要比 Au 的大，但相比 Pt，Au 可以更好地利用自旋塞贝克效应来认识自旋流探测器(spin current detector)。

16.3.3　自旋能斯特效应

　　在外磁场下，当有热流通过导电材料时，在与热流及磁场的垂直方向上会产生电压，这一现象称为能斯特(Nernst)效应。在铁磁材料中存在与磁矩相关的能斯特效应，称为反常能斯特效应(anomalous Nernst effect，ANE)。实验中，分别在金属[42]和超导体[43]中测量到能斯特效应。Huang 等[44]测量了不同铁磁金属样品薄膜的反常能斯特效应。他们发现反常能斯特效应对在垂直样品平面方向的温差非常敏感，即在垂直铁磁金属样品平面方向给一温度梯度$\mathbf{\nabla} T_z$，在垂直材料磁矩和温度梯度的方向也能测量到电压差。铁磁金属的反常能斯特效应可以用如下公式表示。

$$\mathbf{\nabla} V_N = -\alpha \mathbf{m}_1 \times \mathbf{\nabla} T_z \tag{16.17}$$

式中，α 为反常能斯特效应系数，$\mathbf{m}_1$ 为沿磁矩方向的单位矢量。由式(16.17)可知，当磁矩方向与温度梯度方向平行时，自旋能斯特效应的电压贡献可以忽略。在实验中可以通过调节磁场方向来区分自旋塞贝克效应和自旋能斯特效应对实验测量信号的贡献。

我们已经知道，在非磁材料中，由于自旋轨道耦合，一个横向的电流可以通过自旋霍尔效应在纵向产生纯自旋流。类比自旋霍尔效应，纵向的自旋流也可以由横向的温度梯度产生，这种现象称为自旋能斯特效应(spin Nernst effect)。

Tauber 等[45]从第一性原理计算出发，在理论上推导了自旋能斯特效应中的自旋能斯特电导(spin Nernst conductivity，SNC)σ_{SN}($j_y^s = \sigma_{SN} \mathbf{\nabla}_x T$。其中，$\mathbf{\nabla}_x T$ 为 x 方向的温度梯度，j_y^s 为 y 方向的自旋流)，并把这个理论分别在掺杂 Au、Ti、Bi 的铜晶体中加以应用。在他们计算得出的自旋能斯特电导公式 $\sigma_{SN} = \sigma_{SN}^E + \sigma_{SN}^T$ 中，有两个因素的影响：σ_{SN}^E 表示由温度梯度引起的电场(自旋塞贝克效应)导致的自旋流，因此 σ_{SN}^E 也是与自旋霍尔效应相关的一个量；σ_{SN}^T 表示温度直接导致的自旋流。他们的计算表明掺杂不同，会影响 σ_{SN}^E 和 σ_{SN}^T 的大小和方向。例如，在 Cu(Au)中，σ_{SN}^E 和 σ_{SN}^T 相比非常小；在 Cu(Bi)中，σ_{SN}^E 和 σ_{SN}^T 在同一数量级，但是方向相反，因此不利于自旋流的产生。此外，该理论计算出的室温下的 Cu(Au)的自旋能斯特流较大，有利于在实验中实现。

16.3.4　Pt 邻近效应

在最近的自旋塞贝克效应实验中，Pt 因为其较大的自旋轨道耦合效应被广泛使用。然而 Pt 的电子能带本来看起来就快要满足巡游铁磁性的 Stoner 判据，在与铁磁体接触时，很容易产生磁矩和长程铁磁有序结构，所以 Pt 是非常容易被磁化的，这给分析实验结果增添了更多不确定因素。1999 年，Antel 等[46]用 X 射线衍射方法(X-ray diffraction)、克尔磁力测定法(Kerr magnetometry)和 X 射线磁圆二色法(X-ray magnetic circular dichroism，XMCD)研究了(001)晶向金属 Pt/Fe 多层结构中 Pt 的结构和磁性。通过 X 射线衍射法，发现随着 Pt 厚度的变化会发生晶相的改变（crystalline phase change），从体心正方（body-centered tetragonal，BCT）结构到面心正方（face-centered tetragonal，FCT）结构；X 射线磁圆二色法显示，在体心正方结构时，Fe 的磁性要比其体磁性高约 10%，而在变为面心正方结构后，磁性又被抑制；克尔磁力测定法也发现界面会对磁各向异性的变化有很大的贡献。这一切都证明，在比较邻近 Fe 的 Pt 层会显现出磁性，这种现象称为 Pt 的邻近效应（proximity effect）。Qu 等[41]率先指出，生长于铁磁性绝缘体 YIG 上的 Pt 薄膜表现出磁的输运特性，会导致其中多重物理效应的纠缠，Pt 的磁邻近效应成为问题的关键。

对于自旋塞贝克效应，在实验中，非磁体一般多采用 Pt，因为它的强自旋轨道耦合可以产生较大的逆自旋霍尔效应电压来证实自旋塞贝克效应。Huang 等[47]在实验中发现，当 Pt 放置于铁磁性绝缘体 YIG 时，无论是通过电的方法还是热的方法，只要是 Pt 的厚度在自旋扩散长度之内，都会有铁磁材料类似的各向异性磁电阻效应[48]，McGuire 等考虑是 Pt 的磁输运邻近效应（transport magnetic proximity effect）。该文质疑，即便在检验自旋塞贝克效应的实验中观测到有电压的现象，因为自旋流中可能混有自旋极化流（spin polarized current）的成分，也无法证明其完全来自逆自旋霍尔效应，因为这个电压也可能来自与邻近效应有关的反常霍尔效应（anomalous Hall effect，AHE）和反常能斯特效应的贡献。他们认为，一方面应该定量地分开自旋塞贝克效应中几部分因素带来的影响，另一方面应该找到更合适的材料来检测自旋塞贝克效应中的纯自旋流。2013 年，Lu 等[49]进一步成功地给出了 Pt 被铁磁性绝缘体诱导出显著铁磁磁矩的直接实验结果，他们除了确认 Pt 非常规的反常霍尔效应与各向异性磁电阻外，还发现与 Pt 电子结构直接关联的物理量（正常霍尔系数、电阻率）也受到绝缘铁磁层的强烈调制。

2013 年，Kikkawa 等[50]在实验中测量了 Pt/YIG 系统中自旋塞贝克效应。对于以前实验[47,49]中无法区分反常霍尔效应和反常能斯特效应的电压贡献，Kikkawa 等首先通过测量 Au/YIG 界面的磁电阻来确定实验信号有自旋霍尔效应的贡献。因为 Au 为典型金属，不满足巡游铁磁性的 Stoner 判据，所以 Au/YIG 界面测量到的电压信号由自旋霍尔电阻贡献。实验测量到的 Au/YIG 界面信号小的原因是 Au 的电阻率小于 Pt 的电阻率。为了区分 Pt/YIG 界面的电压信号是由自旋霍尔效应还是由与 Pt 界面邻近效应有关的反常能斯特效应影响，通过分别在平行和垂直 Pt/YIG 界面加入外磁场来测量电压信号，区分两种效应的电压贡献。当外磁场平行 Pt/YIG 界面时，自旋积累的极化方向平行界面，由于自旋霍尔效应，在垂直界面方向产生一个自旋流，反常霍尔效应 $E_{ISHE} = D_{ISHE} J_s \times \sigma$，可以测量到反常霍尔效应贡献的电压。当外磁场垂直界面时，自旋积累的极化方向垂直界面，自旋霍尔效应产生的自旋流也在垂直界面方向，于是消除了反常霍尔效应贡献的电压，电压只来源于反常能斯特效应的贡献。实验中测量的电压信号 $V_{/\!/}/V_\perp = 0.05$。其中，$V_{/\!/}$ 和 $V_\perp$ 分别为外磁场平行和垂直界面时测量到的电压信号。因此，他们认为，反常能斯特效应对电压的贡献非常小，以此证明在外磁场平行界面时测量到的电压信号主要来自反常霍尔效应。

16.3.5　自旋霍尔磁电阻

自旋霍尔磁电阻(spin Hall magnetoresistance，SMR)效应是一种非平衡邻近效应(non-equilibrium proximity effect)：测量到的金属电阻大小依赖与之相接触的铁磁绝缘体(ferromagnetic insulator)的磁矩方向。SMR 与各向异性磁电阻(anisotropic magnetoresistance，AMR)、巨磁电阻(GMR)[51-53] 和隧穿磁电阻(TMR)[54] 不同的是，这里电流不需要流经磁性材料。

由 16.3.1 节的介绍可知，自旋霍尔效应可以产生自旋流和自旋积累，逆自旋霍尔效应可以产生纵向电压来检测自旋流。Nakayama 等[55] 在研究磁性绝缘体和有强自旋轨道耦合的重金属界面时发现，这两种效应可以同时存在；而换为如 Cu 这样的可以不计自旋轨道耦合的轻金属，这种效应则不明显。图 16.9 为这一过程的示意图。

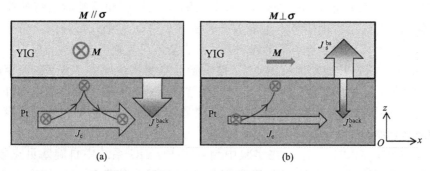

图 16.9　YIG 和 Pt 构成 FM/NM 界面，Pt 中电流和自旋积累及 YIG 中磁矩方向的示意图。(a)YIG 的磁矩方向与 Pt 中自旋积累方向平行；(b)YIG 的磁矩方向与 Pt 中自旋积累方向垂直[55]

图 16.9 所示的实验研究的是 Pt/YIG($Y_3Fe_5O_{12}$)界面，Pt 有很强的自旋轨道耦合效应。当 Pt 沿正 x 方向通入电流 J_e 时，由于 Pt 中的自旋轨道耦合作用，自旋霍尔效应会在正 z 方向产生一个自旋流 J_s，自旋积累 $\boldsymbol{\sigma}$ 的极化方向在正 y 方向，这样在 Pt/YIG 界面上产生了自旋积累。界面上的自旋流方向由 YIG 的磁矩和自旋积累决定，$(g_r/e)\boldsymbol{m} \times (\boldsymbol{m} \times \boldsymbol{\sigma})$。其中，$g_r$ 是界面的自旋混合电导，$\boldsymbol{m}$ 是磁矩。因为 YIG 是铁磁绝缘体，所以当自旋流流经 Pt/YIG 界面时，自旋流会发生反射回到 Pt 中，反射回来的自旋流又由于逆自旋霍尔效应在正 x 方向产生一个附加电流，所以这一附加电流是自旋霍尔效应和逆自旋霍尔效应同时共

同作用的结果。当 M 与 σ 非共线时，自旋翻转散射(spin-flip scattering)被激发，即在界面处一部分自旋流作为自旋转移力矩(spin transfer torque，STT)被 YIG 吸收，抑制了自旋流的反射。如上分析的两个极端情况是：当 M 与 σ 垂直时，界面上自旋流的吸收最大；当 M 与 σ 平行时，界面上自旋流的吸收为零。上述整个物理过程，Pt 中的电阻受 YIG 磁矩方向的影响而改变。这种受自旋霍尔效应和逆自旋霍尔效应影响的电阻即称为自旋霍尔磁电阻。

由以上分析可知，在 x 方向通入电流，产生 z 方向的自旋流，自旋流的积累方向在 y 方向，这一自旋积累在 y 方向的大小正比于 $\boldsymbol{m}\times(\boldsymbol{m}\times\hat{\boldsymbol{y}})$。逆自旋霍尔效应产生 x 方向的电流正比于 $\hat{\boldsymbol{y}}\times(\boldsymbol{m}\times(\boldsymbol{m}\times\hat{\boldsymbol{y}}))=m_y^2-1$，$y$ 方向的电流 $\propto\hat{\boldsymbol{x}}\times(\boldsymbol{m}\times(\boldsymbol{m}\times\hat{\boldsymbol{y}}))=m_x m_y$。其中，$m_x$，$m_y$ 分别为磁矩 $\boldsymbol{m}$ 在 x 和 y 方向的分量。自旋霍尔磁电阻为

$$\rho^{\text{SMR}}=\rho_0-\Delta\rho\, m_y^2,\quad \rho_{\text{trans}}^{\text{SMR}}=\Delta\rho\, m_x m_y \tag{16.18a}$$

各向异性磁电阻[48]

$$\rho^{\text{AMR}}=\rho_\perp+\Delta\rho_A\, m_x^2,\quad \rho_{\text{trans}}^{\text{AMR}}=\Delta\rho_A\, m_x m_y \tag{16.18b}$$

在式(16.18a)和式(16.18b)中，ρ^{SMR} 和 ρ^{AMR} 是沿通入电流 J_e 的方向(x 轴)测量的电阻率。ρ_{trans} 是在垂直电流 J_e 方向测量的磁电阻，这一电阻率的存在由铁磁体的磁电阻性质决定[48]。ρ_0 为电阻率常数，$\Delta\rho$ 和 $\Delta\rho_A(=\rho_{/\!/}-\rho_\perp)$ 为由磁矩方向变化引起的电阻率变化，$\rho_{/\!/}$ 和 $\rho_\perp$ 分别为磁矩平行和垂直于电流 J_e 方向的电阻率。

由前面的介绍可知，自旋霍尔磁电阻是一个非平衡的邻近效应，金属薄膜的电阻依赖于近邻的磁性绝缘体的磁性。而且，自旋霍尔磁电阻理论使磁性绝缘体应用于电子电路成为可能，这是因为与别的磁电阻效应不同，电流不需要流经磁性材料，可以在遥电感(remote electrical sensing)获得磁性绝缘体的磁矩方向的同时，避免电流对磁性材料的破坏(如电子迁移和发热)。此外，自旋霍尔磁电阻可以通过简单的直流磁电阻测量方式来研究顺磁金属(paramagnetic metal)中的自旋霍尔效应及磁性绝缘体中的自旋转移力矩，自旋霍尔磁电阻可能成为研究绝缘体自旋电子学的一种新的方法。

16.4　磁性隧道结

磁性隧道结(magnetic tunnel junction，MTJ)是指 FM/I/FM 的多层结构。其中，I 表示电学绝缘体，FM 表示铁磁性材料。磁性隧道结会产生很大的隧穿磁电阻比值。一般情况下用 θ 表示两边的铁磁体的磁矩方向的夹角，夹角 θ 的改变会对磁性隧道结的性质产生很大影响。下面介绍磁性隧道结热电性质的研究进展。

16.4.1　磁性隧道结的热电理论计算

2011 年，Czerner 等[56]从第一性原理出发计算了以 MgO 为中间层绝缘体、纯 Fe 和纯 Co 为铁磁端的隧道结在不同温度和不同夹角 θ 下的自旋相关塞贝克系数，并指出对于不同的磁性材料的隧道结，会有不同的最佳工作温度。理论计算中会选用 MgO 为中间绝缘层，是因为在实验中可以用溅射沉积法(sputter deposition)生长出整个稳定的体系。2014 年，Wang 等[57]用第一性原理研究了以铁钴合金(ferrocobalt)为铁磁端的 FeCo/MgO/FeCo 磁性隧道结(图 16.10)，计算了自旋相关热电系数。他们发现尽管一般的 FeCo/MgO/FeCo 隧道结的热电效应要比 Fe/MgO/Fe 隧道结的热电效应弱，但是改变 FeCo/MgO 界面的组分可以很明显地影响结果。通过添加界面氧空位(oxygen vacancy，OV)，可以极大地增强该 MTJ 中的热电效应。

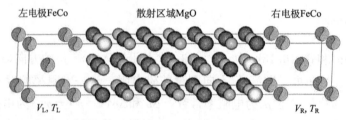

左电极FeCo　　　　散射区域MgO　　　　右电极FeCo

V_L, T_L　　　　　　　　　　　　　　　　V_R, T_R

图 16.10(另见彩图)　FeCo/MgO/FeCo 磁性隧道结第一性原理计算结构示意图

也有物理学家用热涨落中唯象的自旋极化输运(spin-polarized transport)模型描述电荷、自旋和热输运的耦合关系，并用该模型分别研究了温度梯度下 FM/NM 结和 FM/NM/FM 结热电效应的热自旋注入与热演化[58]。凡此种种，科学家们对这种热电效应的释义和命名大同小异，我们都可以将其划到自旋相关热电理论的大范畴内。

16.4.2　磁性隧道结的热电实验进展

MgO 基质的磁性隧道结中的塞贝克效应在实验中已有观测。Liebing 等[59]在实验中研究了磁性隧道结 CoFeB/MgO/CoFeB，B 原子在实验中会"蒸发"掉，所以参与热电输运的是 CoFe，实验核心部分横截面示意图如图 16.11。最上面是加热管(heater line，HL)。作为一个热源(heat source)，HL 可在纳米柱(nanopillar)上施加一个稳定的温度梯度。紧挨着电解质下方是一个顶接触(top contact，TC)。再下方是 MTJ、底接触(bottom contact，BC)和衬底。其中，MTJ 挨着底接触的铁磁层是钉扎层(pinned layer，PL)，磁矩方向恒沿 x 正方向；上面的铁磁层是自由层(free layer，FL)。

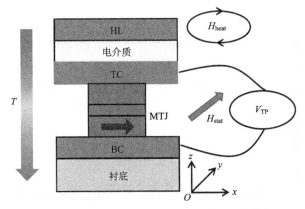

图 16.11　自旋相关热电磁性隧道结核心部分横截面示意图

　　为了研究 MTJ 纳米柱的自旋热电性质(spin caloric properties)，Liebing 等用了磁热电测量(magnetothermoelectric measurements)的方法。图 16.11 中，静态场(static field)H_{stat}在 x-y 平面内(in-plane)任意方向。加热管通电后发热，产生温度梯度，然后测量顶接触和底接触之间的热能电压 V_{TP}(thermopower voltage)。当加热管上所通电流是直流电(DC)时，用纳伏表测量电压；当所通电流是交流电(AC)时，需要用到二阶简谐的锁相技术测量 V_{TP}。两种加热电流都会产生感生磁场 H_{heat}，测量时需加以注意。

　　和自旋相关塞贝克系数对应的是 MTJ 的隧穿磁热能比(tunneling magneto-thermopower ratio，TMTP)。两个铁磁层的磁矩在平行和反平行构型下会有不同热能电压值 $V_{TP}(P)$ 和 $V_{TP}(AP)$，两种电压的差值为 ΔV_{TP}，则隧穿磁热能比的定义为

$$\text{TMTP} = \frac{\Delta V_{TP}}{V_{TP}(P)} \tag{16.19}$$

　　然后通过估计的 MgO 隧道结上的温度梯度 ΔT_{MTJ}，就可以计算得到估计的 MTJ 自旋相关塞贝克系数 $S_{MTJ} = \Delta V_{TP}/\Delta T_{MTJ}$。

　　测量发现，V_{TP}随着两个铁磁层的磁矩从平行到反平行而明显增大。实验测得的最大 $V_{TP} = 10\mu V$，即自旋相关塞贝克系数可达到 $230\mu V \cdot K^{-1}$，这个值可与 Czerner 等[56]从第一性原理出发计算的自旋相关塞贝克系数相比拟，而且他们发现，该隧道结两铁磁磁化方向平行和反平行两种情况下的隧穿磁热能比 TMTP_{MTJ}高达 90%。

　　Zhang 等[60]研究发现，在磁性隧道结无外部热源的输运中，由于磁性隧道结中的热电耦合会引起其欧姆定律的修正。在他们的理论中，当给磁性隧道结通

电流 I，则产生的电压 $V(I) = R \cdot I + S \cdot \Re \cdot I^2$。其中，$\Re$ 与磁性隧道结的塞贝克系数、热导属性有关。在电压公式中，前一项 $R \cdot I$ 为线性项，后一项为其热电耦合引起的修正项。此外，他们还研究了磁性隧道结通入交流电流时的修正结果，发现这种"塞贝克修正"适用于很大的频率范围。在硼薄片的纳米结构中，他们发现塞贝克修正的功率灵敏度高达 $8 \sim 14 \mu V \cdot W^{-1}$。这些都有助于在高频器件中用磁性隧道结的自旋热电效应来解决热能浪费的问题。

16.5　热诱导的自旋转移力矩

在非共线的磁性结构中，例如自旋阀、隧道结，或者磁畴壁磁涡流，当有自旋流流过时，会对局域磁化方向产生自旋转移力矩(spin transfer torque)，从而引起局域磁矩的进动(precession)和翻转(flip)。热流可以对磁化方向产生转矩，与之相关的磁动力学发展迅速。对于 FM1/NM/FM2 自旋阀，可以通过电路理论(circuit theory)[19]来计算热流导致的自旋转移力矩随角度 θ 的变化，θ 为两铁磁磁矩之间的夹角。

由于自旋转移力矩研究的主要目标是减小能让磁矩进动并且翻转的临界电流值，中间层的绝缘体是 MgO 磁性隧道结，有很大潜力，可应用于磁性随机存取存储器（magnetic random access memory，MRAM）[61,62]和高频振荡器（high-frequency oscillator，HFO）[63]，因此，Jia 等[61]在理论上计算了 Fe/MgO/Fe 在室温下温差导致的自旋转移力矩，结果表明在 10K 的温差下，其导致的自旋转移力矩高达 $10^{-7} J \cdot m^{-2} \cdot K^{-1}$；同时，他们计算了自旋转移力矩随角度 $\theta(0° \sim 180°)$ 变化的曲线，发现该曲线有很强的不对称性，而此不对称性对于产生较强的微波振荡是非常有利的。他们认为，热流产生的自旋转移力矩与电流产生的自旋转移力矩相比，要有效率得多；但是与此同时，如何抑制其他导热通道的影响，亦值得研究。

实验中，已经找到纳米线上的自旋阀，能印证热流导致的自旋转移力矩。Yu 等[28]在 Co/Cu/Co 自旋阀中发现，当通入热流时，其产生的翻转磁场大小和通入的热流大小有关。前面提到过，Slonczewski[37]在理论上研究了如下模型：在温度梯度下，自旋阀中的磁性绝缘体对自由磁层注入自旋流，产生自旋转移力矩。

近年来，纳米线中的磁畴壁(DW)的运动引起了广泛的研究，自旋转移力矩可以推动磁畴壁沿纳米线运动。最近在理论上对单个磁波子经过一个横向磁畴壁结构时对磁畴壁运动的影响进行了相关研究[64,65]，他们研究的结果表明，磁波子从左到右经过磁畴壁时，会将自旋角动量传递给磁畴壁，磁波子在经过磁畴壁后，自旋角动量从 $-\hbar$ 变化到 $\hbar$，产生了一个自旋转移力矩，这一自旋转移力矩带动磁畴壁沿磁波子运动的反方向移动。最近，Torrejon 等[66]在实验中观察到温度对 NiFe 纳米条的影响。实验中在 NiFe 纳米条的一端注入频率为纳秒量级的电流脉冲，这一电流脉冲会产生很高的局域温度，即在样品中形成温度差，实验观察到磁畴壁向温度高处移动，该研究在实验上证实了热诱导的自旋转移力矩可以推动磁畴壁的运动。

16.6　结　束　语

自旋热激发电子学在近些年得到了很大的发展，但是在这个领域，仍然还有许多值得做的工作。一些在理论上预言的现象还没有在实验中得到观测，或者实验中的现象（如自旋塞贝克效应）还没有完全被阐明。相信在不久的将来，这门学科在理论和实验中会有更多进展，最终在实践中得以应用。

致　谢　感谢唐慧敏、宋鸿康、黎颖等在本章写作过程中的协助。

作 者 简 介

夏　钶　1997 年在南京大学物理系获物理学博士学位。1998～2002 年在荷兰、美国等的大学物理系任博士后研究助理。2002 年入选中国科学院百人计划，2008 年获国家杰出青年科学基金资助。历任中国科学院物理研究所副研究员、研究员、博导和课题组组长。2009 年调入北京师范大学物理系。自行发展基于第一性原理计算纳米体系电子输运的理论方法，可以同时处理真实材料在实验条件下的电子及自旋输运问题，并将该方法成功用于研究磁性多层膜的界面电阻、自旋极化电流对磁矩的转移力矩、铁磁超导界面的 Andreev 反射。在 SCI 收录杂志上发表 40 余篇文章。其中，在 *Nature Nano technology*、*PRL* 等发表十余篇文章。

参 考 文 献

[1] Rowe D M. CRC Handbook of Thermoelectrics. Boca Raton：CRC Press，1995.

[2] Baibich M N，Broto J M，Fert A，et al. Giant magnetoresistance of (001)Fe/(001)Cr magnetic superlattices. Phys Rev Lett，1988，61：2472.

[3] Binasch G，Grünberg P，Saurenbach F，et al. Enhanced magnetoresistance in layered magnetic structures with antiferromagnetic interlayer exchange. Phys Rev B，1989，39(7)：4828.

[4] Bauer G E W，Saitoh E，van Wees B J. Spin caloritronics. Nature Materials，2012，11：391-399.

[5] Lasance C J M. The Seebeck Coefficient. [2006-11-01]. www. electronics-cooling. com/2006/11/the-see-beck-coefficient.

[6] Moore J P, Graves R S. Absolute Seebeck coefficient of platinum from 80 to 340 K and the thermal and electrical conductivities of lead from 80 to 400 K. Journal of Applied Physics, 1973, 44: 1174.

[7] Landauer R. Spatial variation of currents and fields due to localized scatterers in metallic conduction. IBM J Res Dev, 1957, 1(3): 223.

[8] Buttiker M. Four-terminal phase-coherent conductance. Phys Rev Lett, 1986, 57: 1761.

[9] Cutler M, Moot N F. Observation of Anderson localization in an electron gas. Phys Rev Lett, 1969, 181: 1336.

[10] Ashcroft N W, Mermin N D. Solid State Physics. Philadelphia: Saunders College, 1976.

[11] Goldsmid H J. Recent Trends in Thermoelectric Materials: Semiconductors and Semimetals. Vol 69. London: Academic press, 2000.

[12] Hicks L D, Dresselhaus M S. Thermoelectric figure of merit of a one-dimensional conductor. Phys Rev B, 1993, 47(24): 16631.

[13] Hicks L D, Dresselhaus M S. Effect of quantum-well structures on the thermoelectric figure of merit. Phys Rev B, 1993, 47: 12727.

[14] Venkatasubramanian R, Siilvola E, Colpitts T, et al. Thin-film thermoelectric devices with high room-temperature figures of merit. Nature, 2001, 413(6856): 597.

[15] Hochbaum A I, Chen R, Delgado R D, et al. Enhanced thermoelectric performance of rough silicon nanowires. Nature, 2008, 451: 163-167.

[16] Bubnova O, Khan Z U, Malti A, et al. Optimization of the thermoelectric figure of merit in the conducting polymer poly(3,4-ethylenedioxythiophene). Nature Materials, 2011, 10(6): 429-433.

[17] Ozaeta A, Virtanen P, Bergeret F S, et al. Predicted very large thermoelectric effect in ferromagnet-superconductor junctions in the presence of a spin-splitting magnetic field. Phys Rev Lett, 2014, 112: 057001.

[18] Mott N F. The electrical conductivity of transition metals. Proc R Soc London Ser A, 1936, 153: 699.

[19] Hatami M, Bauer G E W, Zhang Q F, et al. Thermal spin-transfer torque in magnetoelectronic devices. Phys Rev Lett, 2007, 99: 066603.

[20] Heikkila T T, Hatami M, Bauer G E W. Spin heat accumulation and its relaxation in spin valves. Phys Rev B, 2010, 81: 100408.

[21] Heikkila T T, Hatami M, Bauer G E W. Electron-electron interaction induced spin thermalization in quasi-low-dimensional spin valves. Solid State Commun, 2010, 150: 475-479.

[22] Guisan S S, Domenicantonio G D, Abid M, et al. Enhanced magnetic field sensitivity of spin-dependent transport in cluster-assembled metallic nanostructures. Nature Materials, 2006, 5: 730-734.

[23] Tsyplyatyev O, Kashuba O, Fal'ko V I. Thermally excited spin current and giant magnetothermopower in metals with embedded ferromagnetic nanoclusters. Phys Rev B, 2006, 74: 132403.

[24] Takezoe Y, Hosono K, Takeuchi A, et al. Theory of spin transport induced by a temperature gradient. Phys Rev B, 2010, 82: 094451.

[25] Slachter A, Bakker F L, Adam J P, et al. Thermally driven spin injection from a ferromagnet into a non-magnetic metal. Nature Physics, 2010, 6: 879-882.

[26] Bakker F L, Slachter A, Adam J P, et al. Interplay of Peltier and Seebeck effects in nanoscale nonlocal

spin valves. Phys Rev Lett, 2010, 105: 136601.

[27] Gravier L, Guisan S S, Reuse F, et al. Spin-dependent Peltier effect of perpendicular currents in multilayered nanowires. Phys Rev B, 2006, 73(5): 052410.

[28] Yu H M, Granville S, Yu D P, et al. Evidence for thermal spin-transfer torque. Phys Rev Lett, 2010, 104: 146601.

[29] Flipse J, Bakker F L, Slachter A, et al. Cooling and heating with electron spins: Observation of the spin Peltier effect. Nature Nanotechnology, 2012, 7: 166-168.

[30] Dyakonov M I, Perel V I. Current-induced spin orientation of electrons in semiconductors. Physics Letters A, 1971, 35: 459-460.

[31] Hirsch J E. Spin Hall effect. Phys Rev Lett, 1999, 83: 1834.

[32] Lin Weiwei, Hehn M, Chaput L, et al. Giant spin-dependent thermoelectric effect in magnetic tunnel junctions. Nature Communications, 2012, 3: 744.

[33] Jansen R. Silicon spintronics. Nature Materials, 2012, 11: 400-408.

[34] Uchida K, Otaa T, Hariia K, et al. Spin-Seebeck effects in $Ni_{81}Fe_{19}$/Pt films. Solid State Commun, 2010, 150: 524-528.

[35] Jaworski C M, Yang J, Mack S, et al. Observation of the spin-Seebeck effect in a ferromagnetic semiconductor. Nature Materials, 2010, 9: 898-903.

[36] Bosu S, Sakuraba Y, Uchida K, et al. Spin Seebeck effect in thin films of the Heusler compound CO_2MnSi. Phys Rev B, 2011, 83: 224401.

[37] Slonczewski J C. Initiation of spin-transfer torque by thermal transport from magnons. Phys Rev B, 2010, 82: 054403.

[38] Xiao J, Bauer G E W, Uchida K C, et al. Theory of magnon-driven spin Seebeck effect. Phys Rev B, 2010, 81: 214418.

[39] Uchida K, Xiao J, Adachi H, et al. Spin Seebeck insulator. Nature Materials, 2010, 9: 894.

[40] Adachi H, Ohe J, Takahashi S, et al. Linear-response theory of spin Seebeck effect in ferromagnetic insulators. Phys Rev B, 2011, 83: 094410.

[41] Qu D, Huang S Y, Hu J, et al. Intrinsic spin Seebeck effect in Au/YIG. Phys Rev Lett, 2013, 110: 067206.

[42] Clayhold J. Nernst effect in anisotropic metals. Phys Rev B, 1996, 54: 6103.

[43] Huebener R P. Superconductors in a temperature gradient. Supercond Sci Technol, 1995, 8: 189-198.

[44] Huang S Y, Wang W G, Lee S F, et al. Intrinsic spin-dependent thermal transport. Phys Rev Lett, 2011, 107: 216604.

[45] Tauber K, Gradhand M, Fedorov D V, et al. Extrinsic spin Nernst effect from first principles. Phys Rev Lett, 2012, 109: 026601.

[46] Antel W J, Schwickert J M, Lin T, et al. Induced ferromagnetism and anisotropy of Pt layers in Fe/Pt(001) multilayers. Phys Rev B, 1999, 60: 12933.

[47] Huang S Y, Fan X, Qu D, et al. Transport magnetic proximity effects in platinum. Phys Rev Lett, 2012, 109: 107204.

[48] McGuire T R, Potter R I. Anisotropic magnetoresistance in ferromagnetic 3d alloys. IEEE Trans Magn MAG, 1975, 11: 1018.

[49] Lu Y M, Choi Y, Ortega C M, et al. Pt magnetic polarization on $Y_3Fe_5O_{12}$ and magnetotransport

characteristics. Phys Rev Lett，2013，110：147207.

[50] Kikkawa T，Uchida K，Shiomi Y，et al. Longitudinal spin Seebeck effect free from the proximity Nernst effect. Phys Rev Lett，2013，110：067207.

[51] Baibich M N，Broto J M，Fert A，et al. Giant magnetoresistance of (001)Fe/(001)Cr magnetic super-lattices. Phys Rev Lett，1988，61：2472.

[52] Binasch G，Grünberg P，Saurenbach F，et al. Enhanced magnetoresistance in layered magnetic structures with antiferromagnetic interlayer exchange. Phys Rev B，1989，39(7)：4828.

[53] Fert A. Nobel Lecture：Origin，development，and future of spintronics. Rec Mod Phy，2008，80：1517.

[54] Julliere M. Tunneling between ferromagnetic films. Physics Letters A，1975，54(3)：225.

[55] Nakayama H，Althammer M，Chen Y-T，et al. Spin Hall magnetoresistance induced by a nonequilibrium proximity effect. Phys Rev Lett，2013，110：206601.

[56] Czerner M，Bachmann M，Heiliger C. Spin caloritronics in magnetic tunnel junctions：*Ab initio* studies. Phys Rev B，2011，83：132405.

[57] Wang S Z，Xia K，Bauer G E W. Thermoelectric effects in FeCo/MgO/FeCo magnetic tunnel junctions. [2014-04-06]. http://arxiv. org/abs/1403. 1373.

[58] Valenzuela S O，Tinkham M. Direct electronic measurement of the spin Hall effect. Nature，2006，442：176-179.

[59] Liebing N，Serrano-Guisan S，Rott K，et al. Tunneling magnetothermopower in magnetic tunnel junction nanopillars. Phys Rev Lett，2011，107：177201.

[60] Zhang Z H，Gui Y S，Fu L，et al. Seebeck rectification enabled by intrinsic thermoelectrical coupling in magnetic tunneling junctions. Phys Rev Lett，2012，109：037206.

[61] Jia X T，Liu K，Xia K，et al. Thermal spin transfer in Fe-MgO-Fe tunnel junctions. Phys Rev Lett，2011，107：176603.

[62] Yuasa S，Nagahama T，Fukushima A，et al. Giant room-temperature magnetoresistance in single-crystal Fe/MgO/Fe magnetic tunnel junctions. Nature Materials，2004，3：868.

[63] Deac A M，Fukushima A，Kubota H，et al. Bias-driven high-power microwave emission from MgO-based tunnel magnetoresistance devices. Nature Physics，2008，4：803.

[64] Yan P，Wang X S，Wang X R. All-magnonic spin-transfer torque and domain wall propagation. Phys Rev Lett，2011，107：177207.

[65] Kovalev A，Tserkovnyak Y. Thermomagnonic spin transfer and Peltier effects in insulating magnets. EPL，2012，97(6)：67002.

[66] Torrejon J，Malinowski G，Pelloux M，et al. Unidirectional thermal effects in current-induced domain wall motion. Phys Rev Lett，2012，109：106601.

第 17 章　III-V 族磁性半导体(Ga,Mn)As

陈　林　王海龙　张新惠　赵建华

　　长期以来，人们期望以半导体中电子自旋自由度作为信息载体，通过对半导体中电子自旋自由度的调控，把逻辑运算、磁存储和光通信三个功能集成在单个芯片上，从而改变现代信息技术加工处理、存储和通信的模式，并在此基础上研发出新一代高性能、低功耗、高集成度和超高速的半导体自旋电子器件[1-3]。实现半导体自旋电子器件功能需要满足四个基本条件：①能够有效地将自旋极化载流子注入常规半导体；②自旋极化载流子在半导体中具有足够长的自旋相干时间和自旋相干长度；③能够对自旋进行有效地调控；④能够有效地进行自旋探测。

　　将磁性元素引入半导体，可以形成所谓的磁性半导体。磁性半导体兼具铁磁金属和半导体的性质，且能够很好地与现有的半导体工艺兼容，是在半导体中调控电子自旋自由度的理想材料体系。对磁性半导体的研究可以追溯到 20 世纪60、70 年代的浓缩磁性半导体 EuS 和 EuO[4]、80 年代的 Mn 掺杂 IV-VI 族 p 型稀磁半导体 PbSnMnTe[5] 和 Mn 掺杂 II-VI 族 p 型稀磁半导体 CdMnTe[6] 等。80年代末到 90 年代中期，科学家们发现利用低温分子束外延技术可以使 Mn 元素在 III-V 族半导体 InAs 或者 GaAs 中的溶解度提高到 1% 以上，并表现出铁磁性[7,8]。铁磁性(Ga,Mn)As 的成功制备立即引起了人们的高度关注，在过去的十多年里，多种基于(Ga,Mn)As 的自旋电子器件功能已被成功演示[9]，如向非磁性半导体中的自旋注入[10]、居里温度和磁化方向的外电场调控[11-15]、隧穿磁电阻[16,17]以及电流诱导的磁化翻转[18,19]等。然而所有这些器件功能都是在低温环境下实现的，不能满足室温工作的需求。因此，为了实际应用需要，必须提高(Ga,Mn)As 的居里温度。

　　然而，能否将(Ga,Mn)As 的居里温度提高到室温以上，无论对于理论学家还是实验工作者都是一个亟待回答的问题。p-d 交换作用 Zener 模型很好地解释了(Ga,Mn)As 磁性起源、居里温度与有效 Mn 含量及空穴浓度的关系、磁各向异性行为以及磁光性质等[20,21]。本章将在我们之前关于(Ga,Mn)As 综述文章[22]的基础上，首先简单回顾 p-d 交换作用 Zener 模型，然后结合我们近期在(Ga,Mn)As方面开展的研究工作[23-27]，重点介绍重 Mn 掺杂、微纳加工、自组织生长和铁磁邻近效应等对(Ga,Mn)As 居里温度的影响、通过光学激发手段研究(Ga,Mn)As 的超快自旋动力学行为以及外加电场对(Ga,Mn)As 磁性的调控等。本章也将对(Ga,Mn)As 能带结构中费米能级的位置这个颇具争议的问题做简单介绍。最后将对(Ga,Mn)As 的研究与应用前景进行展望。

17.1　p-d 交换作用 Zener 模型

早期光电实验[28,29]证明了 Mn 在 GaAs 中提供局域磁矩和空穴，并通过 p-d 交换作用相互耦合。Dietl 等利用 Zener 模型[30]计算了(Ga,Mn)As 的居里温度[20,21]，其中心思想是局域 Mn 离子的自旋与空穴通过 p-d 反铁磁交换作用导致了 Mn 离子铁磁有序；系统载流子由于自旋劈裂导致的自由能减少弥补了 Mn 离子自旋有序(熵减小)导致的自由能增加。根据该模型，(Ga,Mn)As 的居里温度 T_C 为

$$T_C = \frac{x\rho_s(E_F)N_0 S(S+1)\beta^2 A_F}{12k_B}$$

式中，x 为有效 Mn 含量，$\rho_s(E_F)$ 为费米能级处的自旋态密度，N_0 为阳离子浓度，S 为 Mn 离子自旋量子数，β 为铁磁交换常数，A_F 为费米液体参数，k_B 为玻尔兹曼常数。该模型指出居里温度与有效磁离子含量及费米能级处自旋态密度成正比。图 17.1 是根据该模型计算得到的居里温度与空穴浓度的关系，计算过程中，GaAs 价带用 Kohn-Luttinger 6×6 矩阵描述，并考虑了自旋-轨道耦合相互作用，系统热力学量的计算用到了平均场近似。计算结果显示居里温度随着空穴浓度增加而增加。该模型定量地描述了实验得到的居里温度与 Mn 含量和空穴浓度的关系，并且可以解释由应力引起的磁各向异性[21]。该理论预言当有效 Mn 含量 $x=0.125$，空穴浓度 $p=3.5\times10^{20}$ cm^{-3} 时，可实现(Ga,Mn)As 的室温铁磁性；同时还指出了在 GaN 和 ZnO 中有效 Mn 含量 $x=0.053$，空穴浓度 $p=$

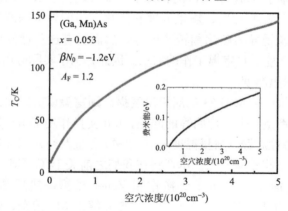

图 17.1　根据 p-d 交换作用 Zener 模型计算得到居里温度与空穴浓度的关系，
插图是费米能与空穴浓度的关系

3.5×10^{20} cm^{-3} 时也可以出现室温铁磁性。这一理论计算结果发表后极大地激发了人们的研究热情,很多研究小组开展了大量的实验工作试图找到具有室温铁磁性的本征磁性半导体。不过在验证该理论的有效性之前需要考虑以下问题:Mn 在 GaAs 中的固有溶解度、Mn 间隙原子对空穴的自补偿效应以及当材料晶格常数降低时局域原子对空穴的强束缚作用等[31]。

17.2　高居里温度(Ga,Mn)As 的制备

17.2.1　重 Mn 掺杂

理论预言(Ga,Mn)As 的居里温度正比于有效 Mn 含量 x 和空穴浓度 $p^{1/3}$,由于空穴由占据 Ga 位的 Mn 离子提供[20,21],故(Ga,Mn)As 的居里温度最终取决于有效 Mn 含量。平衡状态下 Mn 在 GaAs 中的溶解度很低,因此要实现重 Mn 掺杂必须采用非平衡生长的方法,如低温分子束外延。然而,低温生长不可避免会引入许多负面缺陷,如 Mn 间隙原子和 As$_{Ga}$ 反位原子[32]。因此提高居里温度的关键在于提高有效 Mn 掺杂含量和减少 Mn 间隙原子及 As$_{Ga}$ 反位原子含量。最近研究发现,将生长温度降低到 150~190℃生长厚度小于 10nm 的薄膜时,可以使名义 Mn 含量达到 20%,低温退火处理后居里温度就可以达到 150~170 K。磁输运和磁光测量表明即使 Mn 含量高于 10%,也表现出本征铁磁性[33-37]。我们采用重 Mn 掺杂的方法,通过优化生长条件和生长后的退火处理条件,获得了居里温度高达 191 K 的(Ga,Mn)As 薄膜,结构表征显示该薄膜具有很好的晶体质量和陡峭的界面。与低 Mn 掺杂(Ga,Mn)As 薄膜不同,重 Mn 掺杂薄膜表现为单轴磁各向异性[23]。

重 Mn 掺杂(Ga,Mn)As 薄膜是在半绝缘 GaAs(001)衬底上外延生长的。首先在经过除气和脱氧处理的 GaAs 衬底上生长 100nm GaAs 缓冲层来平滑衬底表面,生长温度为 580~600℃。在生长重 Mn 掺杂(Ga,Mn)As 之前通常将衬底温度降低至 200℃,待温度稳定后同时打开 Ga、Mn 和 As 源炉的挡板进行(Ga,Mn)As 的生长,生长过程中设定 As/Ga 束流比是 8,生长速率为 10nm/min,生长厚度为 5~70nm,如图 17.2(a)所示。反射式高能电子衍射(RHEED)图像被用来原位观察生长过程中的表面重构,可以看到即使 Mn 含量高达 20%,生长过程中和生长后的(Ga,Mn)As 表面再构形式均为条纹状(1×2),表明生长模式为二维层状生长。如图 17.2(b)所示。

图 17.3(a)是重 Mn 掺杂(Ga,Mn)As 样品(004)晶面的双晶 X 射线衍射(DCXRD)谱图,该样品包括两个明显的衍射峰,右边较高的峰来自 GaAs 衬底的衍射,左边较低的峰来自(Ga,Mn)As 层的衍射。从中看到,(Ga,Mn)As 峰位处有

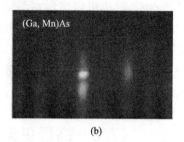

层	t/nm	T_s/℃
(Ga, Mn)As	5~70	200
GaAs 缓冲层	100	580
GaAs (001)衬底		

(a)　　　　　　　　　　　　　　　　　(b)

图 17.2　(a)重 Mn 掺杂(Ga,Mn)As 薄膜的外延结构示意图;
(b)重 Mn 掺杂(Ga,Mn)As 薄膜生长过程中电子束沿[$\bar{1}10$]方向的 RHEED 图像

卫星峰出现(退火后更加明显),该卫星峰来自 GaAs/(Ga,Mn)As 界面的干涉,卫星峰的出现表明 (Ga,Mn)As 的表面以及 GaAs/(Ga,Mn)As 界面平整光滑,说明 (Ga,Mn)As 晶体质量很好。退火后的样品峰位朝 GaAs 峰位移动,表明 Mn 间隙原子向表面的扩散使晶格参数变小[32,38]。根据修正后的 Vegard 定律计算出原位生长的样品名义 Mn 含量是 16.22%,退火后样品的名义 Mn 含量是 12.97%。图 17.3 (b)是退火后重 Mn 掺杂样品的高分辨透射电镜(HRTEM)图像。从 HRTEM 图像可以看到,(Ga,Mn)As 层和 GaAs 层之间界面清晰;(Ga,Mn)As 与 GaAs 原子一一对应,显示出很好的晶体质量。

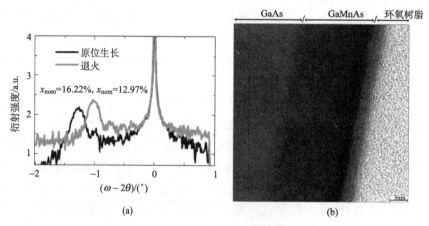

图 17.3　(a)退火前后重 Mn 掺杂(Ga,Mn)As 薄膜的 DCXRD 图[24];
(b)退火后重 Mn 掺杂(Ga,Mn)As 薄膜的 HRTEM 图[48]

图 17.4 示出了由超导量子干涉仪(SQUID)测得的不同厚度重 Mn 掺杂 (Ga,Mn)As样品的残余磁矩 M_r 与温度 T 的关系曲线。可以看到即使名义 Mn 含量超过 10%也没有第二相生成。随着厚度增加,M_r-T 曲线形状从上凸变成下

凹，可能是由于：随着样品厚度增加，晶体质量变差，载流子浓度降低[39]。随着厚度增加，RHEED 条纹从连续条纹变成不连续条纹，说明了生长模式发生了从二维层状生长到三维岛状生长的转化。最高居里温度来自一个厚度为 10nm 的样品，退火前居里温度为 141 K，经过 160℃退火 16h 处理后居里温度升高至191K，如图 17.5 所示。M_r-T 和由综合物性测量系统（PPMS）测量得到的电阻率 ρ 与温度关系曲线都验证了居里温度为 191 K。根据温度为 5 K 时的饱和磁矩计算得到有效 Mn 含量为 10.1%。

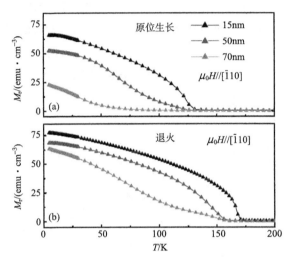

图 17.4　不同厚度重 Mn 掺杂(Ga,Mn)As 薄膜的残余磁矩与温度的关系曲线。
(a)原位生长的样品；(b)160℃退火 16h 后的样品

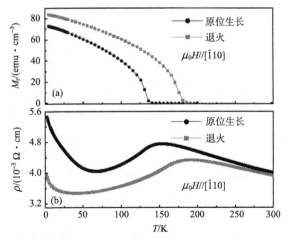

图 17.5　(a)厚度为 10nm 的重 Mn 掺杂(Ga,Mn)As 样品的残余磁矩与温度的关系曲线；
(b)该样品电阻率与温度的关系曲线[23]

温度为 5 K 时磁场沿垂直于平面和平行于平面时的磁滞回线示于图 17.6，可以看到重 Mn 掺杂样品的易磁化轴平行于平面，该平面内易磁化轴来源于 (Ga,Mn)As 所受的压应力[40,41]。图 17.7 是重 Mn 掺杂样品磁场沿平面内不同晶向时的磁滞回线(测量方向与磁场方向相同)，当温度为 5K[图 17.7(a)]、磁场方向沿[110]晶向时，达到饱和磁矩的磁场为 0.05T，并且零场下的剩磁几乎为零，呈难磁化轴特征；而当磁场方向沿[$\bar{1}$10]晶向时，剩磁比接近 100%，说明 [$\bar{1}$10] 晶向是易磁化轴。磁场沿[100] 晶向的测量结果介于两者之间。当温度升高到 110 K[图 17.7(b)]时，易磁化轴也是沿着[$\bar{1}$10] 晶向。说明对于重 Mn 掺杂(Ga,Mn)As 薄膜，平面内表现出一致的单轴磁各向异性，与低 Mn 掺杂样品

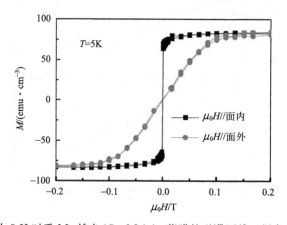

图 17.6　当温度为 5 K 时重 Mn 掺杂(Ga,Mn)As 薄膜的磁滞回线。黑色代表磁场平行薄膜
[$\bar{1}$10]晶向，灰色代表磁场沿垂直平面方向([001])

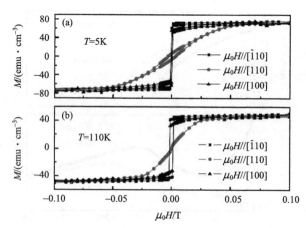

图 17.7　重 Mn 掺杂(Ga,Mn)As 薄膜磁场沿平面内
不同晶向的磁滞回线。(a)5 K；(b)110 K

随温度变化会发生平面内易磁化轴的转变不同。对于低 Mn 掺杂样品，温度低于 $T_C/2$ 时易磁化轴沿[100]和[010]方向，平面内磁各向异性为双轴模式(biaxial mode)；当温度升高大于 $T_C/2$ 时，平面内磁各向异性通过一个二级转变成为单轴模式(uniaxial mode)，易磁化轴沿 [110] 方向[42-47]。

对于单磁畴的（Ga,Mn）As 薄膜，平面内的各向异性能可由 Stoner-Wohlfarth 模型表示：

$$E = -\mu_0 HM\cos(\varphi - \theta) - \frac{1}{4}K_C\sin^2 2\theta + K_U\sin^2\theta$$

式中，右边第一项是 Zeeman 能，第二项是立方各向异性能，第三项是单轴各向异性能。θ，φ 分别是磁化方向、外磁场与 $[\bar{1}10]$ 晶向的夹角。

重 Mn 掺杂（Ga,Mn）As 薄膜的难磁化轴是[110]晶向。当外磁场沿着该方向时，$\varphi=90°$，根据稳定性条件 $\dfrac{\mathrm{d}E}{\mathrm{d}\theta}=0$，则

$$H = \frac{2\sin\theta(K_U - K_C) + 4K_C\sin^3\theta}{\mu_0 M}$$

且 $\sin\theta = \dfrac{M_{[110]}}{M}$，则

$$H = 2\frac{M_{[110]}}{\mu_0 M^2}(K_U - K_C) + \frac{4M_{[110]}^3}{\mu_0 M^4}K_C$$

用上式拟合 M-H 曲线即可得到 K_C 和 K_U。图 17.8 是通过拟合 [110] 难磁化轴磁滞回线得到的单轴各向异性常数 K_U 和立方各向异性常数 K_C 随温度变化的曲

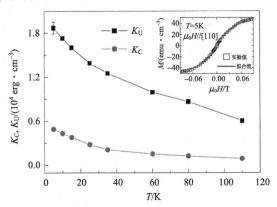

图 17.8　单轴各向异性常数 K_U 和立方各向异性常数 K_C 随温度变化曲线。
插图是 5 K 时的磁滞回线，磁场方向沿[110]晶向，黑色表示 SQUID 测量
曲线，灰色表示拟合曲线。1erg=10^{-7}J

线，在整个温度区间内 $K_U > K_c$，说明重 Mn 掺杂的(Ga,Mn)As 薄膜表现出一致的单轴各向异性，与图 17.7 的结果一致。另外，铁磁共振测量也得到了与图 17.8一致的结果[48]，说明单轴各向异性是重 Mn 掺杂 (Ga,Mn)As 薄膜的本征性质，但其微观机理目前尚不清楚。

17.2.2　自上而下微纳加工(Ga,Mn)As 纳米条

17.2.1 节已经提到，提高 (Ga,Mn)As 居里温度关键在于：①提高 Mn_{Ga} 原子含量；②减少 Mn 间隙 (Mn_I) 原子含量和 As_{Ga} 反位的含量。人们提出很多方法用以提高(Ga,Mn)As 的居里温度，如在高指数面上生长(Ga,Mn)As[49,50]，通过重 Mn 掺杂提高有效 Mn 含量[23,33-37]，利用 Si 共掺杂降低 Mn_I 含量[51-53]，利用微纳加工的方法[54,55]增加退火时 Mn_I 向外扩散所需的自由表面以提高低温退火效率，等等。

一方面，通过优化生长条件，已经有多个实验小组可以将名义 Mn 含量增加到 20% 且不会产生相分离[23,33-37]，重 Mn 掺杂可以有效地提高 Mn_{Ga} 含量，使(Ga,Mn)As 居里温度达到 160K 以上。然而，由于重 Mn 掺杂薄膜是在更低的温度(200℃左右)生长的，必然会导致更多的 Mn_I 原子以致削弱了 Mn_{Ga} 的作用。另一方面，有研究小组报道，将生长了 GaAs 保护层的(Ga,Mn)As 薄膜(约6%)加工到纳米尺寸，可以通过低温退火使 Mn_I 原子从纳米条的侧面扩散出去，进而增强退火效率和提高 T_c[54,55]。对于 Mn_I 更多的重 Mn 掺杂样品，这种方法将会更有效。本节主要通过将重 Mn 掺杂(Ga,Mn)As 薄膜加工到纳米尺寸，并结合低温退火处理以提高 (Ga,Mn)As 的居里温度。磁输运测量表明把(Ga,Mn)As加工至纳米尺寸，可以将其居里温度提高到 200K[24]。

本节用到的重 Mn 掺杂 (Ga,Mn)As 薄膜厚度为 10nm，生长在 GaAs (001)衬底上，具体生长条件参见 17.2.1 节。样品名义 Mn 含量是通过高分辨 X 射线衍射(HRXRD)确定的。如图 17.9(a)所示，根据修正后的 Vegard 定律确定原位生长样品的名义 Mn 含量是 16.22%，经过 160℃退火 13h 后样品的名义 Mn 含量是 12.97%，图 17.9(b)示出一组经历了不同退火时间样品的残余磁矩与温度的关系曲线；图 17.9(c)是居里温度与退火时间的关系。可以看到经过 2h 退火后，(Ga,Mn)As 居里温度达到最大，从 125 K 到 180 K，并且随着退火时间增加，居里温度也保持最大值，说明该样品已经被最优化退火(160℃退火 13h)。低温退火能减少 Mn_I 含量进而提高 (Ga,Mn)As 的晶体质量，表现为空穴浓度、磁化强度和居里温度的提高[32,38]。根据 5K 时样品的饱和磁矩得到退火后样品的有效 Mn 含量是 8.6%，远低于根据 HRXRD 确定的退火处理后的名义 Mn 含量 12.97%，这说明 Mn_I 还没有完全被移除。

微纳加工主要包括两个步骤：①通过光学曝光制作出 $5\mu m \times 10\mu m$ 的霍尔

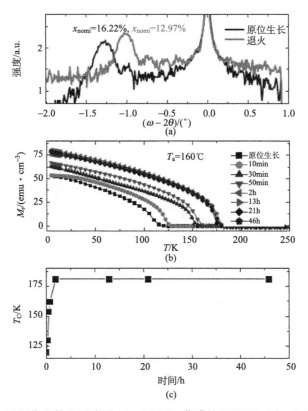

图 17.9　(a)原位生长和退火后(Ga,Mn)As 薄膜的 HRXRD 图；(b)一系列不同退火时间样品的残余磁矩与温度的关系；(c)居里温度与退火时间的关系。所有样品均在空气中退火，退火温度为 160℃[24]

桥；②在大图形的基础上通过电子束曝光制作出关键的纳米结构。需要强调的是：在微加工过程中所有的器件都经过了相同的热处理(最高温度是 110℃)，且所有纳米条的长边都沿[110]晶向，图 17.10 是几个典型重 Mn 掺杂(Ga,Mn)As 纳米条的扫描电子显微镜(SEM)图像。

由于每个纳米条的磁性太弱无法被 SQUID 探测到，T_C 是采用 PPMS 系统进行磁输运测量的途径间接获得的。由于(Ga,Mn)As 的 R-T 曲线电阻极大值点对应样品的 T_C[54-57]，先通过电阻的温度依赖关系确定 T_C，对于高 T_C 的纳米器件，再通过更加严格的 Arrott 作图的方法加以证明。图 17.11 是经历了不同退火时间的(Ga,Mn)As 薄膜的 M_r-T (a)、ρ-T (b) 和 $d\rho/dT$ (c)曲线，可以看到通过磁性测量得到的居里温度与通过电阻极大值点($d\rho/dT=0$)得到的居里温度吻合得很好。

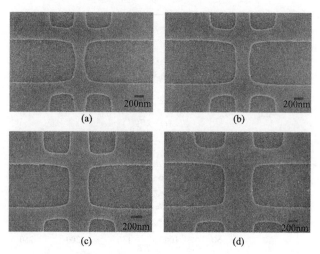

图 17.10　几个典型纳米器件的 SEM 图像，宽度分别为：(a) 156nm；(b) 255nm；
(c) 310nm；(d) 686nm。纳米条长边均沿[110]晶向[24]

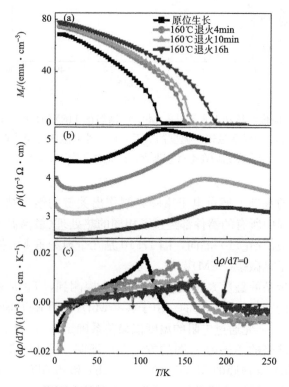

图 17.11　不同退火时间下(Ga, Mn)As 连续薄膜的残余磁矩(a)、
电阻率(b)、$d\rho/dT$(c)与温度的关系曲线[24]

图 17.12 给出宽度为 310nm 的纳米条电阻的温度依赖关系,与(Ga,Mn)As
薄膜一样表现出金属性质。但是当温度低于 35K 时电阻随温度下降反而升高,
这可能源自电子-电子相互作用[55]。根据电阻极大值确定用原位生长样品制作
的纳米条的 T_C 是 167K±5K,相比原位生长薄膜 T_C＝125K 更高,这是由于在
加工过程中的无意退火造成的。图 17.13 是一系列不同宽度原位制作(a)和退火
后(b)纳米条的 R-T 图,各自对应的 T_C 总结在(c)中,退火条件为在空气中
160℃退火 13h。可以看到对于不同宽度原位加工的纳米条,T_C 基本相同,没有
看到明显的量子限制效应对居里温度的影响。然而,退火后宽度 255～686nm 的
纳米条的 T_C 都被提高到 190K,而宽度为 5μm 霍尔桥的 T_C 为 180K,与
SQUID 测得的薄膜的 T_C 值一致(见图 17.9)。对于宽度为 310nm 的纳米条,T_C
则被提高到 201K±5K[24]。

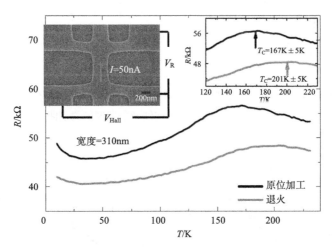

图 17.12　宽度为 310nm 纳米器件电阻的温度依赖曲线。直流电流 I＝50 nA[24]

另外,为了排除未充分退火和过度退火引起纳米条居里温度的降低,把宽度
为 233nm 和 310nm 的纳米条在 160℃退火处理一系列不同的时间。如图 17.14
所示,可以看到即使经过 46h 退火居里温度仍然保持最大值,说明各个纳米条已
经充分退火。

宏观尺度的连续薄膜的侧向表面积与横向表面积相比可以忽略不计,但是当
薄膜的尺度不断减小至纳米量级时,侧向表面积的作用就逐渐凸显出来。设纳米
条的长度为 l,宽度为 w,高度为 h,则侧向表面积为 $2lh$。对于宽度为 310nm
(h＝10nm,w＝310nm)的纳米条,相应的比表面积增加:$2lh/(lw+2lh)$＝
5.7%。宽度为 5μm 的霍尔桥比表面积增加只有 0.4%。从图 17.13 可以看到,
比表面积增加对(Ga,Mn)As 退火起了很重要的作用,居里温度从 180 K 增加到

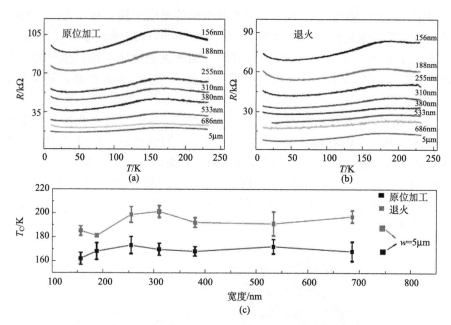

图 17.13　原位加工器件(a)和退火后器件(b)电阻的温度依赖关系；
(c)根据 R-T 曲线得到的 T_C 与纳米条宽度的关系曲线[24]

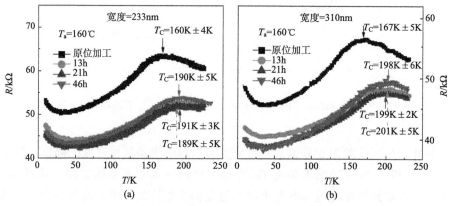

图 17.14　宽度为 233nm (a) 和 310nm (b) 的纳米器件在不同退火时间
下电阻的温度依赖关系[24]

200K，增加幅度达到 11.1%。然而，对于宽度更窄的纳米条(156nm)，对应更高的比表面积增加，理应得到更高的居里温度，但实际上却不如中等宽度的纳米条提高的幅度大，这可能是由于应力释放导致晶体质量变差，致使居里温度降低[58]。

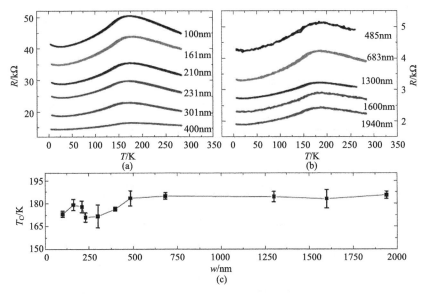

图 17.15　(a)(b)不同宽度纳米器件电阻的温度依赖关系；
(c)T_C 与纳米条宽度的关系[24]

　　为了验证由应力释放引起的居里温度降低，我们设计了以下实验：为避免微加工过程中(烘胶以及烘片)的无意退火，先将连续薄膜进行最优化退火，然后加工成不同宽度的纳米条，再进行输运测量。图 17.15(a)(b)是不同宽度纳米条的电阻随温度变化曲线，各宽度纳米条相应的居里温度总结在(c)中。可以看到当纳米条宽度小于 500nm 时，居里温度有 5~7K 的降低，说明应力释放的确会导致居里温度的降低。

　　如图 17.12 所示，根据 R-T 曲线确定居里温度会有几开的误差，为了更精准确定纳米条的居里温度，可以采用 Arrott 作图方法[59]。图 17.16 所示为退火后宽度为 310nm 的纳米条霍尔电阻(a)、电阻(b)随外磁场的变化关系曲线。(Ga,Mn)As霍尔电阻可写成：$R_{Hall} = R_0 B/d + R_s M/d$。其中，$R_0$ 是正常霍尔系数，R_s 是反常霍尔系数，d 是(Ga,Mn)As 薄膜厚度，B 和 M 分别是磁感应强度和磁化强度垂直于样品表面的分量。对于电导率较高的金属性样品，Berry相 ($R_s/d = cR^2$，c 为常数)散射机制占主导地位[60-62]。因此，R_{Hall}/R^2 可以用来追踪磁化强度。在 Arrott 图中，$(R_{Hall}/R^2)^2$ 作为纵轴，$B/(R_{Hall}/R^2)$ 作为横轴，那么铁磁态就对应正的纵坐标截距，顺磁态则对应负的纵坐标截距。如图 17.16(c)所示，该纳米器件在 200K 时截距依然保持为正，在 205K 时变为负，说明居里温度略高于 200K。

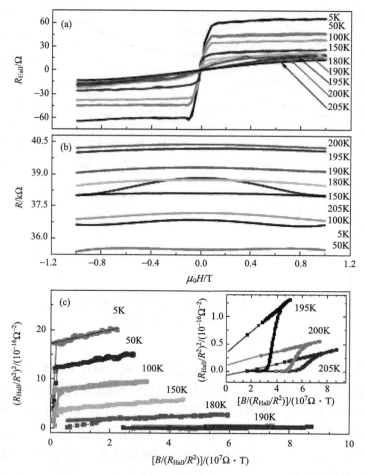

图 17.16　宽度为 310nm 的纳米器件霍尔电阻（a）、电阻（b）随外磁场的变化；
（c）不同温度下的 Arrott 图。插图是在 200 K 附近的放大图，说明居里温度略高于 200K[24]

17.2.3　自下而上自组织生长(Ga,Mn)As 纳米线

　　如上面所述，厚度为 10nm、宽度为 310nm 的(Ga,Mn)As 纳米条在低温退火处理后，其居里温度可以提高到 200K[24]。但是从图 17.14 和图 17.16 可以看到，当(Ga,Mn)As 纳米条的宽度继续减小至低于 310nm 时，低温退火处理后其居里温度并不再继续提高，反而降低。这种现象可能源于(Ga,Mn)As 的纳米条的应力释放。因为重 Mn 掺杂的(Ga,Mn)As 薄膜与 GaAs 衬底之间存在着较大的晶格失配，当纳米条的宽度进一步减小可能会导致应变弛豫，加之自上而下的微纳加工方法通常难以避免对结构带来损伤，这些因素都可能导致(Ga,Mn)As

的晶体质量降低，因此其居里温度不升反降。但是如果采用自下而上自组织分子束外延生长高质量的(Ga,Mn)As 纳米线，这种现象就有可能发生改变。基于这样的思路，我们采用了 Ga 液滴自催化方法来制备闪锌矿结构 (Ga,Mn)As 纳米线。采用 Ga 液滴自催化方法而不是使用外来媒介(如 Au)做催化剂主要是为了避免可能发生的杂质混入，从而影响(Ga,Mn)As 纳米线的晶体质量。

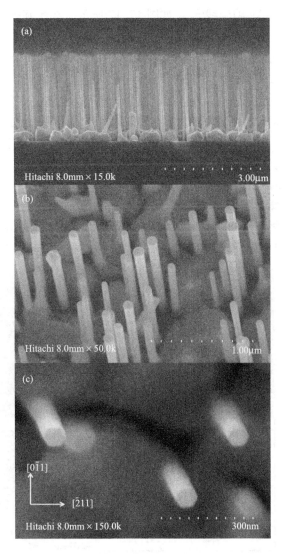

图 17.17　GaAs 纳米线的形貌。(a)侧视图；(b)俯视图；

(c)GaAs 纳米线的六个侧面为{0$\bar{1}$1}晶面[25]

作为传统的 III-V 族半导体，GaAs 体材料的稳定相是闪锌矿结构。但是当进入纳米尺度时，由于表面积相对增加，又由于纤锌矿结构的表面能较低，GaAs 纳米线容易出现纤锌矿结构，互相竞争的结果往往是两相共存，还夹着很多平面缺陷(planar defect)。我们首先使用 Ga 液滴自催化方法，通过三相线位移(triple phase line shift)调控 GaAs 纳米线结构相变，在 Si(111)衬底上生长出纯闪锌矿结构的 GaAs 纳米线[25]，如图 17.17 所示。在此基础上，以 GaAs 纳米线为核，通过低温分子束外延技术，在自催化生长 GaAs 纳米线的侧面外延生长(Ga,Mn)As，成功地制备出全闪锌矿结构 GaAs/(Ga,Mn)As 核/壳径向异质结纳米线，如图 17.18 所示[26]。这种方法的特点是，Ga 液滴自催化生长方法保证了 GaAs 核纳米线的纯闪锌矿结构，而低温分子束外延技术则避免了 (Ga,Mn)As 壳层纳米线中 MnAs 第二相的形成。但是需要指出的是，利用这种技术得到的全闪锌矿结构 GaAs/(Ga,Mn)As 核/壳径向异质结纳米线的生长窗口比较窄，迄今只在生长温度为 245℃、Mn 浓度为 2% 的生长条件下得到侧面平滑的全闪锌矿结构 GaAs/(Ga,Mn)As 核/壳径向异质结纳米线。当生长温度或 Mn 含量过高时，在纳米线侧面容易形成树枝状晶体或纳米晶，或者有 MnAs 第二相形成[26]。因为 Mn 含量过低，这种高晶体质量的 GaAs/(Ga,Mn)As 核/壳径向异质结纳米线的居里温度目前只有 18 K(图 17.18)，是否能够通过优化生长条件继

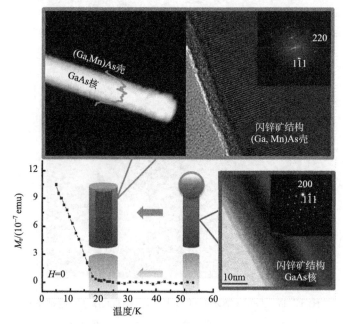

图 17.18　利用 Ga 自催化方法在 Si(111)衬底上生长的全闪锌矿结构 GaAs/(Ga,Mn)As 核/壳纳米线 Mn 含量分布、能谱图、高分辨 TEM 图像以及残余磁矩与温度的关系曲线[26]

续提高居里温度，还有待于进一步的实验证明。尽管如此，全闪锌矿结构 GaAs/(Ga,Mn)As 核/壳磁性纳米线为了解纳米尺度(Ga,Mn)As 的磁性质以及研发(Ga,Mn)As 基半导体纳米自旋电子器件提供了一个很好的材料体系。

17.2.4　磁邻近效应

根据 p-d 交换作用 Zener 模型，提高(Ga,Mn)As 居里温度的关键在于：①提高替代位 Mn(Mn_{Ga})的掺杂含量。②提高空穴浓度。在过去十多年里，大多数实验室都着眼于这两个方面以期提高(Ga,Mn)As 的居里温度，如采用低温退火，通过微纳加工来提高低温退火的效率，在高指数面上生长(Ga,Mn)As 薄膜，共掺杂和重掺杂，等等。前两种方法意在减小 Mn 间隙的含量(Mn 间隙原子是施主，起补偿空穴的作用)，后三种方法则着眼于提高有效 Mn 的掺杂量。虽然科学家们通过以上方式开展了大量的工作，但到目前为止，(Ga,Mn)As 的最高居里温度为薄膜结构中的 191K[23] 和纳米结构中的 200K[24]，距离室温仍有一段差距。另一方面，我们还需要看到：居里温度与铁磁交换常数 β 的平方成正比，虽然在(Ga,Mn)As 中交换常数是一定的($N_0\beta\approx-1.2\text{eV}$，$N_0$ 为阳离子浓度)，但是如果我们通过某种方式(外磁场或者邻近效应等)使 Mn 自旋极化排列，自旋极化的局域 Mn 离子又反作用于空穴，引起空穴的自旋极化，这等效于增强了空穴与局域 Mn 离子的铁磁交换作用，从而能实现居里温度的提高。图 17.19 是我们根据 p-d 交换作用 Zener 模型计算得到的(Ga,Mn)As 居里温度与 p-d 交换常数的关系，可以看到居里温度随铁磁交换常数非线性增加，在 $p=5.3\times10^{20}\text{cm}^{-3}$，$|N_0\beta|=1.7\text{eV}$ 时便可实现室温铁磁性。

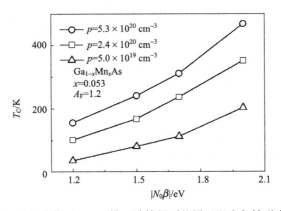

图 17.19　根据 p-d 交换作用 Zener 模型计算得到的居里温度与铁磁交换常数的关系

最近国际多个研究小组报道了在 Fe/(Ga,Mn)As 异质结构中存在铁磁邻近效应[61-64]。2008 年，Maccherozzi 等通过 X 射线磁圆二色谱(XMCD)研究发现，

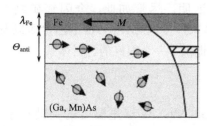

图 17.20　磁邻近效应示意图，在铁磁金属/(Ga,Mn)As 双层膜中，界面附近的 Mn 离子出现自旋极化[63]

由于铁磁金属与 Mn 离子的 d-d 反铁磁性耦合，可以使界面处约 2nm 厚的(Ga,Mn)As 薄膜表现出室温铁磁性(图 17.20)。另外，他们通过对比 Mn 离子在不同环境中 L_2 边 XMCD 信号，排除了 MnFe 合金(反铁磁性)引起 Mn 离子室温铁磁有序的可能性[63]。2010 年该研究组进一步证明了这种铁磁邻近效应是 Fe/(Ga,Mn)As 系统中的本征效应，并且可以通过优化外延生长条件有效地控制薄膜间的耦合效果[64]。同年，Olejnik 等证明：由于 Fe 与(Ga,Mn)As 层的反铁磁耦合，它们之间的交换偏置场可达到 240Oe①，且界面附近的(Ga,Mn)As 层中 Mn 离子在室温时也保持自旋极化[65]。2011 年，Song 等在 Fe/(Ga,Mn)As 侧向自旋阀结构中，利用铁磁邻近效应，在(Ga,Mn)As 居里温度以上观测到自旋注入信号[66]。综上所述，虽然已有多个研究组发现了铁磁邻近效应，但是仍有一些不太明确的地方，如铁磁邻近效应究竟是铁磁耦合还是反铁磁耦合？这种效应在(Ga,Mn)As 中的穿透深度有多大？早期的实验结果表明穿透深度约为 2nm，而近期的结果表明交换耦合类型随(Ga,Mn)As 层的厚度变化，穿透深度甚至可以达到 40nm[67]。

　　我们研究 Heusler 合金/(Ga,Mn)As 双层结构中磁性质和铁磁邻近效应[27]。由于铁磁邻近效应要求磁性金属/(Ga,Mn)As 界面平整干净，为了保证界面质量，整个结构都是通过 MBE 外延生长的。首先在 GaAs(001)衬底上生长出厚度为 150nm、名义 Mn 含量为 7% 的(Ga,Mn)As 薄膜($T_c = 80$K)，然后通过高真空腔室将样品转移至另一个生长室外延生长厚度为 3nm 的 Heusler 合金 Co_2FeAl 薄层，最后再生长 2nm 的 Al 覆盖层以防止 Co_2FeAl 暴露于空气中时被氧化。图 17.21 示出该样品的双晶 X 射线衍射(DCXRD)图，可以分别看到 GaAs 和(Ga,Mn)As 的(004)峰和(002)峰，表明样品为单晶结构且没有可以被探测到的第二相(如 MnAs)。由于 Co_2FeAl 厚度只有 3nm，不足以被 XRD 探测到，我们进一步对该样品进行了高分辨透射电镜(HRTEM)分析，从图 17.21 的插图中可以看到 Co_2FeAl 和(Ga,Mn)As 均是单晶结构，且双层膜之间的界面陡峭清晰，界面处没有出现原子间的互扩散。高质量的样品为探测铁磁邻近效应提供了保证。图 17.22 分别示出了 Co_2FeAl/(Ga,Mn)As 双层膜中的 Mn(a)、Co(b)和 Fe(c)$L_{2,3}$ 边的 X 射线磁圆二色谱(XMCD)，测量温度为 400K。同时我们也测量了纯(Ga,Mn)As 样品以便于参考比较，其结果也在(a)中示出。可以看到，

---

① 1Oe=79.5775A/m。

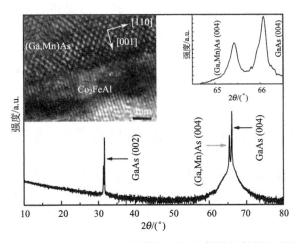

图 17.21　Co₂FeAl/(Ga,Mn)As 双层膜的双晶 X 射线衍射图(DCXRD)。左上角插图是该样品的高分辨透射电镜图(HRTEM)，右上角插图是 GaAs(004)面附近衍射的放大图[27]

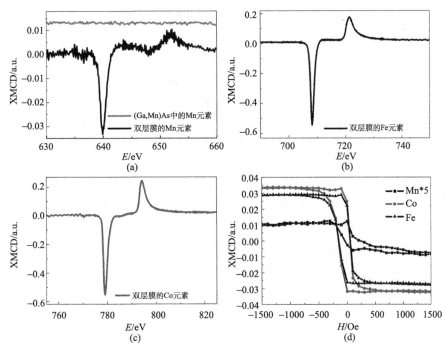

图 17.22　(a)400K 测量得到的(Ga,Mn)As(灰色实线)和 Co₂FeAl/(Ga,Mn)As 双层结构(黑色实线)Mn $L_{2,3}$ 边的 X 射线磁圆光二色性谱(XMCD)；(b)Fe $L_{2,3}$ 边的 X 射线磁圆光二色性谱；(c)Co $L_{2,3}$ 边的 X 射线磁圆光二色性谱；(d)Mn、Fe、Co 的 XMCD 磁滞回线[27]。＊将原始数据的纵坐标放大至 5 倍

在 400 K 时界面处(Ga,Mn)As 中的 Mn 离子仍保持自旋极化。另外，Mn XMCD 符号和 Fe、Co 一样，说明自旋极化的 Mn 离子与 Co_2FeAl 呈铁磁性耦合，与之前报道的反铁磁耦合不同。由于测量温度为 400K，远高于 MnAs 第二相的居里温度(约 340K)，故可以排除 XMCD 信号来源于 MnAs 第二相。进一步理论计算表明该铁磁邻近效应在 400K 的穿透深度为 1.36nm [27]。

17.3　(Ga,Mn)As 的自旋超快动力学

利用光学手段研究和操控磁性半导体中的自旋激发过程具有重要意义，这一方面的研究重点主要包括：①电子自旋超快激发与弛豫动力学过程及其相关物理机制；②光控磁化翻转及其动力学过程研究；③全光相干自旋波激发与动力学过程研究。

17.3.1　电子自旋超快激发与弛豫动力学过程及其相关物理机制

对非磁性掺杂的典型 III-V 族半导体 GaAs，其电子自旋动力学的研究已经非常深入、系统。研究表明不同电子自旋弛豫机制，如 Dyakonov-Perel(DP) 和 Bir-Aronov-Pikus (BAP) 机制在不同条件下(如不同杂质掺杂浓度、电子浓度和温度等)起主导作用，并产生了丰富的物理现象[68-70]。而磁性掺杂使(Ga,Mn)As 中电子自旋动力学过程非常复杂，人们对于其电子自旋动力学的研究还缺乏系统的研究和理解。(Ga,Mn)As 中磁性杂质 Mn 的掺杂带来 s-d 交换散射使电子自旋发生有效弛豫，并且电子、空穴与 Mn 磁矩之间进一步通过(s,p)-d 交换作用而互相影响，这使得(Ga,Mn)As 中的电子自旋动力学行为更加复杂。

目前对顺磁和铁磁(Ga,Mn)As 材料的电子自旋动力学过程均已有研究。在顺磁(Ga,Mn)As 量子阱中，来自杂质 Mn 的 s-d 交换散射主导着电子自旋弛豫过程[71,72]；而对于掺杂浓度为 10^{17} cm^{-3} 的顺磁(Ga,Mn)As 体材料，研究发现空穴和 Mn 之间的反铁磁交换相互作用有效抑制了来自空穴的交换散射，有效延长了电子自旋弛豫时间，使得自旋弛豫时间可以长达 12~160ns [73]，实验验证了半导体材料中通过材料与磁性杂质的合理设计与调控来获得长的电子自旋寿命的可能途径。

采用泵浦-探测时间分辨磁光克尔效应(time-resolved magneto-optical Kerr effect，TR-MOKE)，在铁磁(Ga,Mn)As 材料电子自旋动力学方面也已经开展了一些系统研究。实验采用 Voigt 构型的时间分辨磁光克尔技术，泵浦光和探测光来自同一飞秒掺钛蓝宝石激光器(美国相干公司，Chameleon 飞秒激光器，脉冲重复频率为 80MHz)，激发波长选在低温 GaAs 带边 815nm 附近。由于 815nm 的光在 GaAs 中的穿透深度大约为 1 μm，为排除所观测到的 Kerr 信号来

自 GaAs 缓冲层或衬底层的可能性，也研究了若干参考样品，即与所测试样品结构和生长条件完全相同但是没有上面 (Ga,Mn) As 层的样品、与低温生长 (Ga,Mn) As 生长条件和结构完全相同的低温生长 GaAs 外延薄膜，以及与所测试 (Ga,Mn) As 样品结构完全相同的 p 型掺杂 GaAs，平行比较研究了其 TR-MOKE 响应[图 17.23(a)]。可以看到与参考样品相比，(Ga,Mn) As 材料的 TR-MOKE 响应明显不同，表明 TR-MOKE 响应主要反映了 (Ga,Mn) As 层的信息，而非下面的 GaAs 缓冲层或衬底[74]。在样品平面内加 1.0 T 的磁场后，可以观察到自旋的拉莫进动[图 17.23(b)]，以此获得 (Ga,Mn) As 材料中电子自旋的弛豫寿命。所研究的 (Ga,Mn) As 材料中 Mn 掺杂组分 x 由 0.5% 渐变到 15%（表 17.1），跨越了从绝缘体到金属型导电行为的转变[75]，厚度为 70~200nm，并经过了适当的退火处理。研究结果表明，随着 Mn 掺杂浓度的增大，电子自旋弛豫时间越长，金属型的铁磁 $Ga_{1-x}Mn_xAs$ ($x=2$%~5%) 较绝缘型 ($x<2$%) 的材料具有更长的电子自旋弛豫时间[图 17.24(a)]。通过对电子自旋弛豫时间随温度、光激发功率、Mn 掺杂浓度的变化研究，发现 (Ga,Mn) As 与非磁性掺杂的 p 型 GaAs(如 Be 掺杂) 体材料的电子自旋弛豫动力学过程完全不同：在适度掺杂 (2%~5%) 的金属型 (Ga,Mn) As 中，来自空穴交换散射的 BAP 机制由于空穴的 Pauli 阻塞作用而受到强烈抑制。其电子自旋弛豫时间表现出随温度升高先变长后变短的非单调变化，过渡发生在电子费米温度附近[图 17.24(b)]，表明低温下电子-电子库仑散射下的 DP 机制主导着电子自旋弛豫过程，这与调制掺杂 GaAs 量子阱或者不掺杂的本征 GaAs 材料类似。通常人们认为电子-杂质散射必定是影响 (Ga,Mn) As 电子自旋弛豫的重要机制，而此研究结果对这一观点提出质疑，这对人们进一步深刻理解 (Ga,Mn) As 中 Mn 杂质的行为非常重要。同时电子自旋弛豫时间随激发功率增强而变长[图 17.24(c)]，表明 p-d 交换耦合

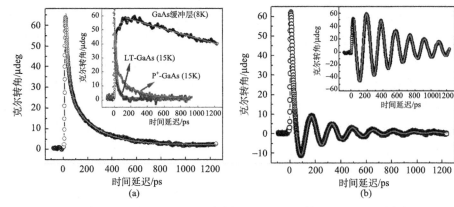

图 17.23　高 Mn 组分 (Ga,Mn) As 与低温生长的 p 型掺杂 GaAs 以及衬底 GaAs 的时间分辨磁光克尔响应。(a) 不加外磁场；(b) 平面内外加磁场 (1T)[74]

相互作用可以有效抑制电子的非均匀扩展，从而对电子自旋弛豫过程产生重要影响。因而 DP 机制和 p-d 交换耦合相互作用是适度掺杂的金属型铁磁(Ga,Mn)As 材料中自旋弛豫的主要机制。

表 17.1　不同 Mn 掺杂浓度的(Ga,Mn)As 样品及其居里温度

$x/\%$	0.5	1	2	3	4	5	15
T_C/K	15	41	30	62	70	116	150

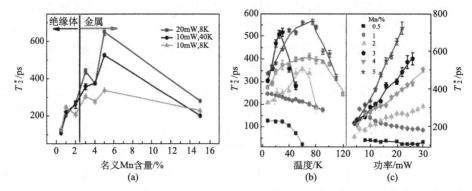

图 17.24(另见彩图)　(a)绝缘体-金属型导电行为转变下（Ga,Mn)As 中电子自旋弛豫时间随 Mn 掺杂浓度的变化关系；(b)(c)不同 Mn 掺杂浓度的铁磁(Ga,Mn)As 中电子自旋弛豫时间随温度和光激发功率的变化关系[75]

如前面所述，重 Mn 掺杂是获得高居里温度的一个重要手段。重 Mn 掺杂 (Ga,Mn)As 薄膜虽然具有高的居里温度，但是难以避免存在较高浓度 Mn 间隙 (Mn_I)以及 As 反位(As_{Ga})原子，影响铁磁序以及相关的自旋弛豫过程。且重 Mn 掺杂带来更为复杂的载流子输运和与磁离子间的交换相互作用行为。研究结果表明退火前的重掺杂(15%)(Ga,Mn)As 由于存在大量间隙位 Mn 原子所贡献的电子，导致低温下电子自旋弛豫主要是以 s-d 交换散射为主[74]。而退火可以有效减少 Mn_I 的浓度。退火后的重 Mn 掺杂(Ga,Mn)As 中的电子自旋弛豫时间随温度和激发功率的变化规律与适度掺杂(如 2%~5% 的 Mn)(Ga,Mn)As 类似，表明其自旋弛豫机制在低温下主要由 DP 机制和 p-d 耦合交换作用主导。另外，在重掺杂(15%)的铁磁(Ga,Mn)As 薄膜中还观察到自旋弛豫时间在居里温度附近的异常行为，表明当温度高于居里温度时，载流子散射从铁磁相下以长程铁磁序为主导的非关联自旋涨落转变为顺磁相下以短程磁有序为主导的关联自旋涨落，铁磁相变后自旋的短程有序关联性有效抑制了热涨落(图 17.25)。

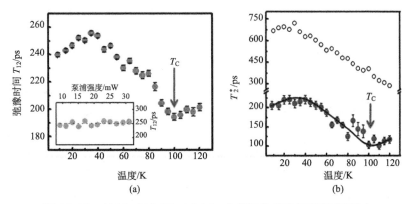

图 17.25　高 Mn 组分(Ga,Mn)As 自旋极化载流子弛豫时间(a)
与非均匀退相位时间（b）随温度的变化[74]

17.3.2　光控磁化翻转及其动力学过程研究

生长在 GaAs(001)衬底上适度 Mn 掺杂的(Ga,Mn)As 具有压缩应变，表现出面内双轴磁各向异性，低温下易磁化轴沿 [100] 和 [010]方向。这个特点使得电流驱动或者光激发驱动的平面内四态磁翻转成为可能。基于 Zener 平均场模型的理论研究表明空穴浓度的控制可以有效调控磁性半导体的矫顽力 H_c[76,77]。通过稳态连续激光或飞秒脉冲激光激发也实现了对磁性半导体矫顽力的调控[78]。(Ga,Mn)As 的磁各向异性和磁翻转过程可以通过纵向克尔旋转（longitudinal Kerr rotation，LKR）和磁线二色性（magnetic linear dichroism，MLD）技术进行研究[79]。Astakhov 等[80]通过磁线二色性，用线偏振激光脉冲操纵了(Ga,Mn)As 的磁化矢量在四个态上的翻转，如图 17.26 所示，演示了(Ga,Mn)As 在磁光存储方面的潜在应用。Hall 等[81]研究了具有拉伸应变(Ga,Mn)As(此时易磁化轴沿着生长方向)中的磁翻转动力学，在光脉冲时间(约 60 fs)尺度上观察到磁滞回线几乎消失，表明铁磁性的光致超快猝灭。经过较长时间(约 300ps)后，磁滞回线逐渐恢复并且光诱导矫顽力 H_c 明显增强，演示了(Ga,Mn)As 中超快光激发对其矫顽力的有效调控。Wang 等用时间分辨的磁光克尔谱研究了 Mn 组分为 7.5% 的(Ga,Mn)As 的面外瞬态四态磁翻转过程[82]，观察到 200fs 时间尺度内的光诱导面外四态磁翻转，认为该时间尺度内的光控磁翻转机制是由载流子调制效应引起的，而不是来自激光的热效应。

进一步，我们利用飞秒脉冲激光对(Ga,Mn)As 的平面内四态磁翻转的动态过程进行了研究[83]，发现泵浦光激发时磁翻转信号被显著抑制，然后随着时间逐渐恢复(图 17.27)，这主要是极化载流子浓度对其磁各向异性有效调制的结果：实验和理论研究都表明空穴浓度的增加会减小(Ga,Mn)As 沿[100]晶向的

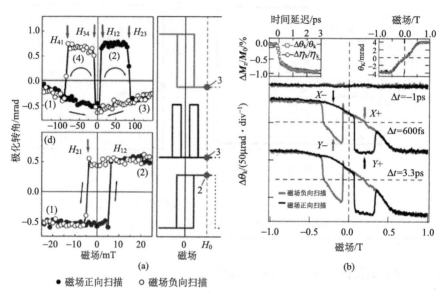

图 17.26　(a)利用磁线二色性谱测量得到的四态磁滞回线(左上)和在零场附近扫描时的两态磁滞回线(左下)。H_{IJ} 表示磁化矢量 M 从 I 态跳变到 J 态时的磁场。右图示意了磁双折射信号：在磁场 $H_0(<H_{23})$ 低温下 M 处于 2 态(右下)，一脉冲激光激发加热温度升高使 H_{23} 变小，M 跳变到 3 态(右中)，温度降低后，M 保持在 3 态(右上)[80]。(b)不同延迟时间下的光诱导飞秒四态磁滞回线。左上小图：5 K 下归一化的克尔角和椭偏率随时间的演变(外磁场为 1.0 T)以及右上小图不加泵浦光时的稳态磁滞回线[82]

立方磁各向异性常数(K_C)，而增大沿[110]晶向的单轴磁各向异性常数(K_U)。同时观察到飞秒脉冲泵浦光可以在 2～3ps 内使磁翻转矫顽力增大 3 倍，随着空穴自旋的弛豫，磁翻转信号逐渐恢复。由于光控磁翻转信号的时间演化与我们在同一样品中所测得的载流子自旋弛豫时间相吻合[84]，因而也进一步表明(Ga,Mn)As 中带边极化载流子激发对其面内磁各向异性场和磁化翻转过程可以进行有效调制，为(Ga,Mn)As 中"非热(non-thermal)效应"引起的磁性超快调控提供了有力的实验证据。(Ga,Mn)As 平面内四个磁化状态可以用于四态存储，使存储量翻一番，而且这个超快脉冲引起的磁化转动意味着磁存储时间可以缩短到皮秒量级，并且采用较低能量的光激发($2\mu J/cm^2$)就能有效地控制磁翻转过程，为(Ga,Mn)As 超快磁光信息存储的研究奠定了基础。

17.3.3　全光相干自旋波激发与动力学过程研究

　　关于光诱导自旋集体激发的超快动力学研究也是近年(Ga,Mn)As 材料的研究热点问题。由于(Ga,Mn)As 是迄今为止比较公认的具有本征铁磁性的磁性半

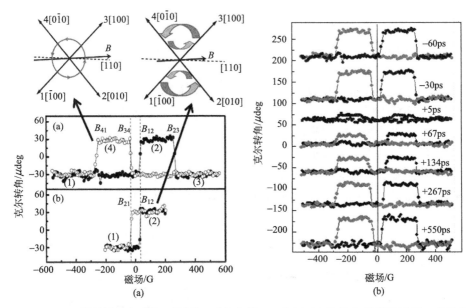

图 17.27 (a)易轴沿着面内[100]和[010]晶向的(Ga,Mn)As 的稳态磁翻转过程：磁化矢量 **M** 在四个晶向[100]、[$\bar{1}$00]、[010]以及[0$\bar{1}$0]的连续跳跃完成的四态磁翻转(对应"大磁滞回线"，以及磁化矢量 **M** 在相邻的两个晶向的跳跃完成的两态磁翻转(对应"小磁滞回线")测量温度为 8 K，B_{IJ} 表示从 I 态翻转到 J 态时的磁场，实心圆和空心圆符号分别代表磁场从负到正和从正到负扫描。(b)8K 时不同延迟时间下的动态四态磁翻转的磁滞回线。为清楚起见，磁滞回线在纵向上做了等量平移[83]。1G＝10^{-4}T

导体材料，这为人们研究超短脉冲光与铁磁材料中电子/自旋体系相互作用的超快动力学过程物理规律与调控提供了新的材料平台。特别是 (Ga,Mn)As 中全光学自旋波的激发与探测及其动力学过程的研究受到人们的关注，已经有不同的实验小组报道利用超短脉冲激光实现了(Ga,Mn)As 中自旋波的相干激发与探测[85-89]，并对(Ga,Mn)As 中光控磁化动力学过程进行了研究。研究结果报道的光激发引起的磁化弛豫时间差异较大(几十至几百皮秒)，并且对光激发驱动的磁化进动机制也是目前尚不清楚的问题。因为对于通常的铁磁金属薄膜材料，一般需要激光脉冲能量高达约 1mJ·cm^{-2} 才能激发磁矩的进动，这主要是因为常规铁磁金属薄膜材料中的光驱动磁化动力学的过程建立在激光热效应的热动力学物理机理上(如激光热效应引起的磁各向异性场瞬态变化)。但对于(Ga,Mn)As材料，诱导磁化进动的光激发仅需要 $1\sim10\mu J/cm^2$ 的光脉冲能量密度，因而在激光热效应的物理机理之外，是否存在非热效应的物理机制是目前大家最为关注的问题。如 Munekata 等提出光激发载流子通过自旋-轨道耦合效应引起磁各向异性的变化是光诱导(Ga,Mn)As 磁化动力学过程的主要物理机制，而非激光热效应的作用[图 17.28 (a)(b)][87]。Wang 等利用全光激发与探测手段观察到体模以及与界面杂化的不同自旋波模式，并与理论计算吻合，获得了通常铁磁共振测量所不能得到的更为丰富的结果[图 17.28 (c)(d)][85]。但是从(Ga,Mn)As 中自旋波的模式(频率)以及 Gilbert 阻尼系数的全光学激发与探测结果来看，不仅实验报道与铁磁共振的稳态测量结果差异较大，而且各实验小组通过磁化进动测量获得的"本征"Gilbert 阻尼系数有较大差异，这主要是由于材料质量和参数不尽相同导致的。最近报道的对一系列不同 Mn 掺杂与不同厚度、居里温度的高质量(Ga,Mn)As 薄膜材料的全光激发自旋波动力学过程研究，使人们对(Ga,Mn)As 薄膜材料的自旋波模式、本征 Gilbert 阻尼系数和自旋刚性系数等有了进一步的系统认识[90]。

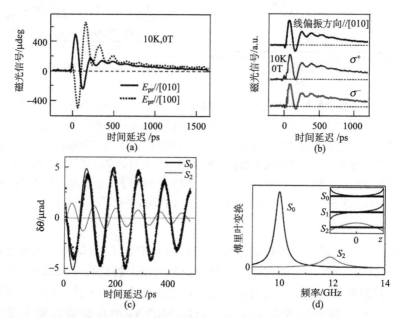

图 17.28　(a) 利用时间分辨磁光克尔技术对(Ga,Mn)As 在不加磁场、温度为 10 K 时的相干自旋波全光学激发与探测，泵浦光与探测光均为线偏振光且互相平行；(b) 不同偏振泵浦光激发下的相干自旋波响应；(c) 120nm 厚的(Ga,Mn)As 在外加磁场 $H_0=0.17T$(H_0//[100])时的时间分辨磁光克尔响应；(d)傅里叶频谱分析获得两支频率分别为 10GHz 和 12GHz 的自旋波模式。(c)中的灰色和黑色细曲线示意了其相对贡献，(d)中的插图则给出了理论计算可能存在的三种不同模式的自旋波[85]

正如前面提到的，(Ga,Mn)As 作为一种目前被广泛认可的本征铁磁性半导体，由于融合了半导体和铁磁体的性质，其光诱导自旋激发过程与调控手段既融合了铁磁薄膜和半导体材料中的一些共性,又具有其独特的物理性质和操控手段,因而(Ga,Mn)As 成为半导体自旋电子学领域中光与电子、自旋系统相互作用研究的一个最佳材料体系。

17.4　(Ga,Mn)As 的费米能级问题

　　虽然(Ga,Mn)As 在过去十年里已被广泛研究,但是其铁磁性起源至今仍是科研界争论的焦点,特别是费米能级在(Ga,Mn)As 能带中的位置一直没有定论,如图 17.29 所示。Dietl 等的平均场理论认为 (Ga,Mn)As 的铁磁性起源于巡游或者弱局域化价带空穴与局域 Mn 离子的 p-d 交换作用[20,21]。他们认为由于铁磁性(Ga,Mn)As 载流子浓度可以达到 $10^{20} \sim 10^{21}\,\mathrm{cm}^{-3}$,属于强简并情形(p 型 GaAs 发生简并时,受主杂质浓度约在 $10^{18}\,\mathrm{cm}^{-3}$ 以上[91]),费米能级位于 GaAs 价带中。该模型能很好解释(Ga,Mn)As 的磁性质、磁输运性质以及磁光性质等[92]。另一方面,几个红外吸收[93-97]和输运测试研究小组[98-100]的实验结果则表明:(Ga,Mn)As 的费米能级在 Mn 原子形成的杂质带中,其铁磁性起源于双交换作用(Zener's double exchange),即自旋极化的空穴通过跳跃与局域磁性原子耦合而表现出铁磁有序[101]。基于费米能级在 GaAs 价带中的 p-d 交换作用 Zener 模型已被广泛接受,杂质带模型的提出则是对 p-d 交换作用 Zener 模型的挑战。下面将分别列出近几年来在这两个方面主要的实验证据。

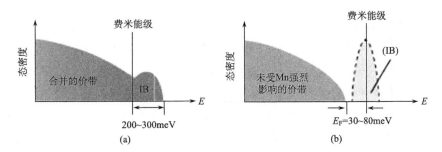

图 17.29　(Ga,Mn)As 的价带和杂质带模型。(a) Mn 杂质带与 GaAs 价带相交叠,费米能级位于 GaAs 价带中;(b) Mn 杂质带与 GaAs 价带相分离,费米能级位于杂质带中[100]

17.4.1　价带模型

1. 从铁磁性的电场调控得到的证据

对于价带模型,当有效 Mn 含量固定时,居里温度应随自旋态密度单调变

化[20,21]；而对于杂质带模型，当费米能级跨越态密度最大值时[如图 17.29(b)所示]，居里温度则会达到一个极大值，呈现非单调变化。

2009 年，Sawicki 等在一个金属/绝缘体/磁性半导体结构中，通过外加电场调控(Ga,Mn)As 的居里温度，他们观察到在介电层耐受电压范围内，居里温度随外加电压单调变化，并没有出现居里温度极大值，如图 17.30 所示[14]。上述结果是通过磁性测量直接得到居里温度和外偏压的关系。同时，通过磁输运间接测量得到类似的结果[102]。

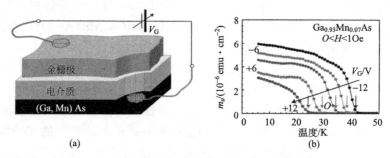

图 17.30　(a)用于 SQUID 测量电控铁磁性的样品结构；
(b)外电压下样品残余磁化强度与温度的关系[14]

2. 从极低温输运测量得到的证据

在杂质带模型中，(Ga,Mn)As 空穴有效质量比自由电子质量大 1 个数量级[103,104]，而在价带模型中，(Ga,Mn)As 空穴有效质量比自由电子质量小($p \approx 10^{20} \, \mathrm{cm^{-3}}$)。由于态密度与有效质量成正比[91]，故可以通过确定态密度来判断(Ga,Mn)As 中费米能级的位置。Neumaier 等[105]通过极低温输运的方法得出了(Ga,Mn)As 的空穴态密度，与理论计算得到的态密度相比较，他们认为(Ga,Mn)As的费米能级处于价带或者在杂质带与价带交叠的位置。对于金属性的(Ga,Mn)As 薄膜，电阻会随温度降低而升高，这一现象可以归结为电子-电子相互作用[57]。严格的计算给出电子-电子相互作用对电导率的修正[103]如下：

$$\sigma_{3\mathrm{D}}(T) = \frac{F^{3\mathrm{D}}}{4\pi^2} \frac{e^2}{\hbar} \sqrt{T/D}$$

$$\sigma_{2\mathrm{D}}(T) = \frac{F^{2\mathrm{D}}}{\pi} \frac{e^2}{\hbar} \ln \frac{T}{T_0}$$

$$\sigma_{1\mathrm{D}}(T) = -\frac{F^{1\mathrm{D}}}{\pi A} \frac{e^2}{\hbar} \sqrt{\frac{\hbar D}{k_\mathrm{B} T}}$$

可见电子-电子相互作用对电导率的修正与样品的维度有关。图 17.31 是不同维度的(Ga,Mn)As 样品电导率与温度的关系。可以看到它们满足电子-电子相互作用对电导率的修正。首先可以根据二维样品电导率的修正求出屏蔽因子 F^{2D}（假设该屏蔽因子与样品维度无关），然后确定出一维和三维样品的扩散常数 D，最后根据爱因斯坦关系：$\sigma = N(E_F)De^2$ 得到 $N(E_F)$。如图 17.32 所示，可见费米能级的态密度与价带模型比较符合，而偏离杂质带模型。

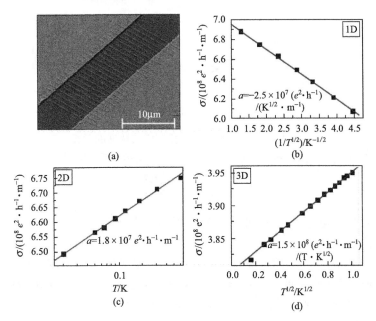

图 17.31　(a)(Ga,Mn)As 纳米线的 SEM 图。一维（b）、二维（c）、三维（d）样品的电导率与温度的关系。实线是对实验数据的线性拟合，相应的斜率已在图中标出[103]

17.4.2　杂质带模型

最早对(Ga,Mn)As 价带模型的争论起源于绝缘相样品的铁磁性[106] 以及红外光吸收实验[103]。绝缘性样品的空穴传导基于声子辅助的跳跃电导，由于各杂质态波函数没有发生交叠，故费米能级处于杂质带中；对于红外吸收观察到了吸收峰随载流子浓度增加发生红移（更多的细节参见文献[107]）。需要指出的是，不同的实验小组重复相同的实验，得出了完全相反的结果[108]：Tanaka 小组在(Ga,Mn)As/AlGaAs/(Ga,Mn)As/AlAs/GaAs:Be 双势垒共振隧穿结构[100] 以及 Au/(Ga,Mn)As/AlAs/GaAs:Be 单势垒隧穿结构中[107] 观察到了第一重空穴能级（HH1）的量子隧穿，得出(Ga,Mn)As 费米能级位于杂质带中，并且价带交

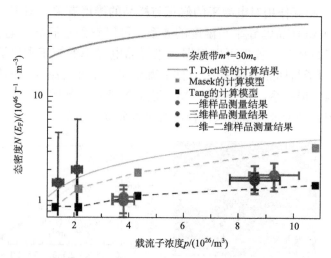

图 17.32(另见彩图)　费米能级处态密度与空穴浓度的关系。实心圆表示
实验测量的结果，橙色实线表示根据杂质带模型计算的结果，实验数据
与价带模型符合得较好[103]

换劈裂只有几毫电子伏。但同时也有人指出该共振能级不是位于(Ga, Mn)As
中，而是位于(Ga, Mn)As/AlAs 界面由于耗尽层形成的三角形势垒中[109]；最
近，Dobrowolska 等[104]发现随着 Mn 掺杂量增加居里温度出现先增加后减小的
现象，并通过 MCD 证明费米能级位于 GaAs 杂质带中，但是该实验样品缺乏仔
细的表征，忽略了 As_{Ga} 反位对空穴的补偿作用[110]。

17.5　基于(Ga, Mn)As 的器件物理效应

由于(Ga, Mn)As 磁性来源于载流子导致的铁磁性，而载流子浓度为 $10^{19} \sim$
$10^{21} \, cm^{-3}$，比磁性金属的载流子浓度低 2~3 个数量级，这种优势使(Ga, Mn)As的
磁性质可以通过控制载流子浓度的方式控制其磁性质。另外，由于(Ga, Mn)As
很容易和现有的 III-V 族半导体相兼容，有利于自旋的有效注入。本节将介绍基
于(Ga, Mn)As 的几种自旋电子器件物理效应。

17.5.1　电场调控磁化矢量的转动

自发现外电场可以对(In, Mn)As 的磁性质进行调控以来[11]，人们又相继利
用外电场对(Ga, Mn)As 矫顽力、居里温度进行了调控[12,13]。由于(Ga, Mn)As
的磁各向异性与载流子浓度相关，故也可以通过外电场来调控(Ga, Mn)As 的磁
各向异性。2008 年，Chiba 等实现了这一实验构想[15]。他们采用了如图 17.33

所示的器件结构，利用金属(Au/Cr)/绝缘体(ZrO₂)/(Ga,Mn)As 引入外电场调控(Ga,Mn)As 层中的载流子浓度，通过平面霍尔效应来间接探测平面内的磁化方向[110]。平面霍尔电阻与磁化方向由以下关系决定：

$$R_{xy} = R_{xy0}\cos 2\varphi$$

式中，R_{xy0} 是平面霍尔电阻 R_{xy} 的幅值，φ、θ 分别是磁化矢量 $\boldsymbol{M}$、外磁场 $\mu_0\boldsymbol{H}$ 和[100]晶向的夹角[图 17.33(b)]。在(Ga,Mn)As 中，平面各向异性主要为双轴易磁化轴(沿[100]晶向和[010]晶向)和单轴易磁化轴(沿[110]晶向或者$[1\bar{1}0]$晶向)的竞争，其磁各向异性自由能 F 可写成如下形式：

$$F = \frac{MH_B}{8}\sin^2 2\varphi + \frac{MH_U}{2}\sin^2(\varphi - 45°) - MH\cos(\varphi - \theta)$$

式中，H_B 和 H_U 分别是双轴和单轴磁各向异性场，M 是磁化强度 $\boldsymbol{M}$ 的绝对值。第一项表示沿[100]和[010]的双轴磁各向异性能，第二项表示沿[110]晶向的单轴各向异性能，第三项表示塞曼能。在该定义中，如果 $H_U > 0$ 表示[110]晶向是易磁化方向，且磁化方向 φ 由稳衡条件 $\partial F/\partial\varphi = 0$ 和 $\partial^2 F/\partial^2\varphi > 0$ 决定。根据实验得到的 $R_{xy}/R_{xy0} - \theta$ 关系和上述两个公式，可以拟合得到 H_B 和 H_U。

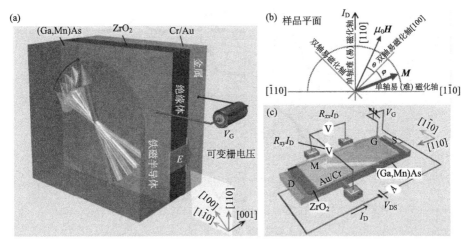

图 17.33　(a)电控磁化方向器件示意图，包括 Cr/Au 栅电极、ZrO₂ 介电层和(Ga,Mn)As 沟道层。电压加在栅电极和(Ga,Mn)As 之间，进而产生导致(Ga,Mn)As 空穴浓度改变的电场。由于空穴浓度被调制，磁化强度 $\boldsymbol{M}$ 的方向发生改变。(b)磁化强度 $\boldsymbol{M}$ 和外磁场 $\mu_0\boldsymbol{H}$ 的矢量示意图。角度 φ 表示 $\boldsymbol{M}$ 和[100]晶向的夹角，θ 表示 $\mu_0\boldsymbol{H}$ 和[100]晶向的夹角。I_D 为沟道电流。(c)用于在不同栅电压和外磁场下测量横向电阻(R_{xx})和纵向电阻(R_{xy})的 Hall 器件。S，源极；D，漏极；G，栅电极。测量中 $V_{DS} = 1V$[15]

　　图 17.34(a)表示在 $T=2K$，$E=-3.9MV \cdot cm^{-1}$ 和 $H=0.15T$ 时测量得到的 (R_{xy}/R_{xy0})-θ 关系，红色实线表示拟合结果，点线表示 $\cos2\theta$ 参考曲线。可以看到实验数据与参考曲线偏离，说明 φ 与 θ 不同，即磁化矢量并不总是平行于外磁场。图 17.34 (b)实线表示磁化方向与外磁场方向的关系，细线为 $\varphi=\theta$ 参考曲线，可以看到在[100](或者[010])方向 φ 与 θ 比较接近，在[110]方向差距较大，且[110]和[$\bar{1}$10]晶向表现出相离程度明显不同。首先我们可以定性地用 φ 与 θ 差别的大(小)表示难(易)磁化方向：差别小说明磁化方向容易被弱外磁场(0.15 T)改变，表明该晶向是易磁化方向；反之则是难磁化方向。如果对图 17.34(a)的数据进行数值微分，将更有利于直接看出磁化方向的难易程度。图 17.34(c)是不同外电场下平面霍尔电阻对外磁场方向的微分曲线图，每条曲线有两个峰出现，其中较高峰的峰位对应于难磁化轴方向。可以看到随着外电场从 $E=-3.9MV \cdot cm^{-1}$ 到 $E=3.9MV \cdot cm^{-1}$，第一个峰位([110]晶向)逐渐变低，而第二个峰位([$\bar{1}$10]晶向)逐渐变高，说明难磁化轴从[110]晶向转向[$\bar{1}$10]，直接证明了外电场对磁各向异性的调控。

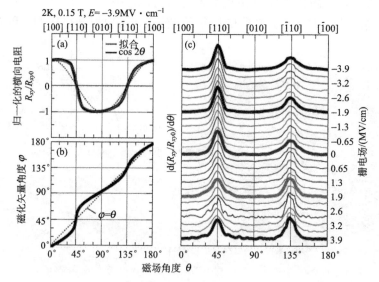

　　图 17.34　(a)归一化 Hall 电阻(R_{xy}/R_{xy0})与磁场角度 θ 的关系，电场强度 $E=-3.9MV \cdot cm^{-1}$，温度 $T=2K$。测量中外加磁场 $\mu_0 H=0.15T$。细实线表示拟合曲线，根据拟合可以得到平面内的磁各向异性场。点线表示当 $\theta=\varphi$ 时的 R_{xy}/R_{xy0} 值。(b)粗实线是 φ 与 θ 的关系，点线表示 $\theta=\varphi$ 的情况。(c)不同外电场下($-3.9\sim3.9MV \cdot cm^{-1}$)d$(R_{xy}/R_{xy0})$/d$\theta$ 与 θ 的关系，测量温度为 2 K，外磁场为 0.15 T。可以看到对于每条曲线有两个峰出现，高的峰位表示难磁化轴[15]

图 17.35(a)示出了拟合得到的双轴各向异性场 H_B 和单轴各向异性场 H_U 随外电场的变化,可以看到 H_B 几乎不随外电场变化而 H_U 则随外电场发生由正到负的变化,说明单轴易磁化轴从 $[\bar{1}10]$ 方向转到 $[110]$ 方向。图 17.35(b)示出了根据图 17.35(a)计算得到的磁化方向随外电场的转动角度,可以看到在 $\pm 3.9 \mathrm{MV} \cdot \mathrm{cm}^{-1}$ 的外电场范围内,磁化方向可以转动 $15°$。

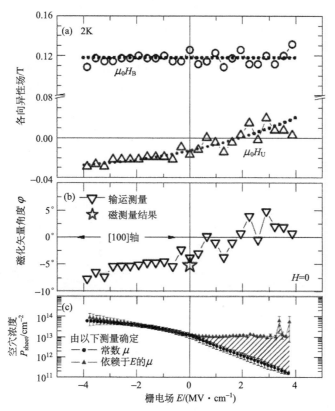

图 17.35　(a)立方各向异性场 $\mu_0 H_B$ 和单轴各向异性场 $\mu_0 H_U$ 与外电场的关系。(b)根据 $\mu_0 H_B$, $\mu_0 H_U$ 得到的磁化强度方向 φ 与外磁场的关系。星号表示根据直接磁性测量得到的 φ 值,与输运测量一致。(c)根据恒定迁移率(圆圈)和变化迁移率值(三角形)得到的薄膜载流子浓度与外电场的关系。该曲线分别给出了薄膜载流子浓度的上限和下限[15]

17.5.2　电场调控居里温度

早期利用外电场对(Ga,Mn)As 磁性质调控的观测都采用磁输运测量的间接方式,如反常霍尔效应和平面霍尔效应等。由于超导量子干涉仪探测磁化强度的

灵敏度为 10^{-8} emu，故要实现磁性测量需构造面积大小为平方毫米量级的大面积电容器，远远大于用于磁输运测量的器件面积(平方微米量级)。直到 2009 年，Sawicki 等才实现了外电场对(Ga,Mn)As 磁性质调控的直接测量[14]。他们构造了如图 17.36(a)所示的平行板电容器，其中(Ga,Mn)As 的厚度是 3.5nm，介电层采用了介电系数较高的 $HfO_2(\kappa\approx20)$，该电容器面积约为 10mm^2，耐受电压为±12V。图 17.37(a)是零场降温下测量得到不同外加电压下饱和磁矩与温度的关系，可以看到当外电压为-12V(空穴积累)时居里温度增加到 41K；当外压为+12V(空穴被耗尽)时居里温度减小到 24K，说明了外电场对居里温度的调控。除此之外，还可以看到温度为 5K 时的饱和磁化强度在空穴积累时增加，在空穴被耗尽时减小，说明外电场对饱和磁化强度的调控。图 17.37(b)示出了温度为 34K 时，(Ga,Mn)As 可以从顺磁态被调控到铁磁态，进一步验证了外电场对磁性质的调控作用。图 17.37(c)和(d)分别示出了饱和磁化强度和居里温度随外加电压的关系，可以看到该实验数据可以很好地用 p-d 交换作用 Zener 模型解释。

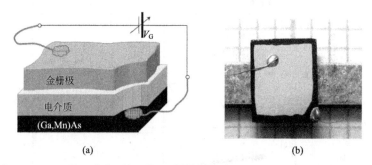

图 17.36　(a)用于直接磁性测量电场调制效应的大面积电容器结构示意图；
(b)该电容器的俯视图[14]

17.5.3　铁磁金属/(Ga,Mn)As 复合隧道结

同磁性金属隧道结一样，基于(Ga,Mn)As 的隧道结也能表现出隧穿磁电阻(tunneling magnetoresistance, TMR)现象：当三明治结构中上下两层磁矩平行时对应低电阻态，而反平行时则对应高电阻态[111,112]。基于(Ga,Mn)As 的全半导体磁性隧道结，目前获得的最高 TMR 值分别为 75%[(Ga,Mn)As/AlAs/(Ga,Mn)As 结构][16]和 290%[(Ga,Mn)As/GaAs/(Ga,Mn)As 结构][17]。而对于金属/绝缘体/磁性半导体混合隧道结，之前获得的最高 TMR 只有 58%[113]。提高基于(Ga,Mn)As 隧道结的 TMR 值不仅对实现半导体自旋电子学有重要意义，对理解金属-半导体之间的输运特性也有重要的意义。Yu 等通过改进工艺条件，将 $Co_{40}Fe_{40}B_{20}/AlO_x/(Ga,Mn)As$ 隧道结的 TMR 值提高到 101%[114]。

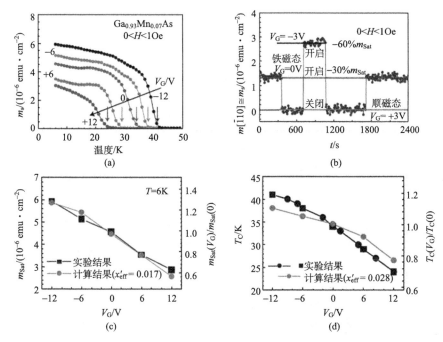

图 17.37　(a)不同栅电压下残余磁化强度与温度的关系；(b)磁化强度的等温"开关"效应，测量温度为 34K；(c)实验和计算得到的饱和磁化强度与栅电压的关系；(d)居里温度与栅电压的关系[14]

　　我们知道，隧道结的 TMR 值与磁性材料的自旋极化度成正比，对于（Ga,Mn）As 而言，理论指出其自旋极化度随着饱和磁化强度增加而增大[22]。目前，生长后的低温退火被认为是一种最有效提高饱和磁化强度的方法，这是由于低温退火时 Mn 间隙原子从（Ga,Mn）As 扩散至表面发生钝化，然而实验证明当（Ga,Mn）As 上有覆盖层时低温退火对提高饱和磁化强度无效。因此，在加工隧道结之前，先将（Ga,Mn）As 薄膜在 250℃退火 1h，图 17.38(a)(b)示出了退火前后（Ga,Mn）As 磁化强度和电阻率随温度的变化，可以看到经过退火样品的饱和磁化强度和居里温度增加，电阻率和矫顽力减小。图 17.38(c)(d)示出了退火前后 $Co_{40}Fe_{40}B_{20}/AlO_x/$（Ga,Mn）As 隧道结样品的磁滞回线，可以看到退火后样品上下两层磁化翻转更趋明显。由于退火使样品暴露于大气氛围下，样品表面不可避免被破坏，进而降低 TMR 值，因此在加工隧道结之前，先利用等离子体清洁表面，原子力显微镜显示清洁后的表面粗糙度为 0.42nm。图 17.39 是在 2K、5K、10K 和 20K 时测量的 TMR 值与外磁场的关系，利用 $TMR=(R_{AP}-R_P)/R_P$ 得到 2 K 时 TMR 值为 101%。

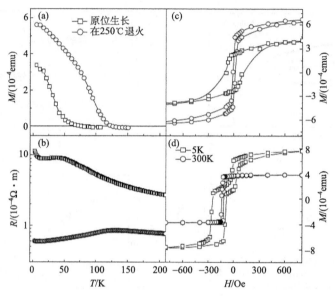

图 17.38　（Ga，Mn）As 磁化强度（a）、电阻率（b）与温度的关系；（c）（Ga，Mn）As 磁化强度与磁场的关系；（d）（Ga，Mn）As/AlO$_x$/CoFeB 隧道结磁化强度与磁场的关系，磁场方向沿[$\bar{1}$10]方向[114]

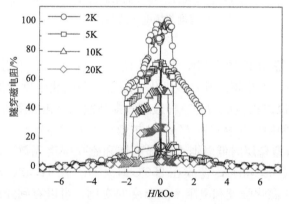

图 17.39　TMR 值与外磁场的关系。测量温度分别是 2K、5K、10K 和 20K[114]

17.6　展　　望

在过去的十多年中，（Ga，Mn）As 磁性半导体无论在生长制备、自旋依赖物性表征、自旋动力学过程研究、磁性质的光学与电学调控、相关自旋电子器件设计加工及其物理原理研究等诸多方面都取得了很大进展。（Ga，Mn）As 是深入开展半导体自旋电子学研究不可多得的材料体系,在研究(Ga,Mn)As 基础上提出的一些新原理和新的自旋操控手段已被推广到铁磁性金属的研究中。迄今为止,关于这种典型的磁性半导体材料仍有一些尚未解决的问题,如费米能级在能带中的位置和平面内单轴各向异性的起源等,这些问题的澄清无疑将继续推动(Ga,Mn)As 乃至半导体自旋电子学研究的进一步发展。目前,阻碍(Ga,Mn)As 投入实际应用的最大障碍依然是其较低的居里温度。基于 p-d 交换作用的 Zener 模型的理论预言,当有效 Mn 含量达到 12.5%,空穴浓度为 3.5×10^{20} cm^{-3} 时,可实现(Ga,Mn)As 的室温铁磁性。通过重 Mn 掺杂(Ga,Mn)As 薄膜的居里温度最高目前是 191K[23],虽然其名义 Mn 含量接近 20%,但其实际有效 Mn 含量只有 10%,因此,通过优化生长参数和后期退火处理条件,重 Mn 掺杂(Ga,Mn)As 薄膜的居里温度仍有可能继续提高。微纳米加工技术的初步尝试,使得(Ga,Mn)As 的居里温度进一步提升到 200K[24]。因此,总的来讲,如果能够充分优化生长参数、改善后期退火处理条件和提高微纳加工技术,其居里温度应该还有上升的空间。另外,利用铁磁体/(Ga,Mn)As 双层膜界面铁磁邻近效应能够将界面处约 2nm 厚的 (Ga,Mn)As 中 Mn 离子自旋极化保持到室温,如果能把这个厚度增大至 5nm 以上,那么基于(Ga,Mn)As 的半导体自旋电子器件的实际应用将不再是科学家的一个梦想。我们相信对于磁性半导体的材料和器件功能探索而言,(Ga,Mn)As 仍是最好的样板材料,将继续在半导体自旋电子学领域扮演重要角色。

　　致　谢　作者感谢国家自然科学基金项目(11127405、11204293)和科技部项目(2013CB922303、2011CB922200)的支持。

作 者 简 介

　　陈　林　博士、日本东北大学博士后。2006 年于北京师范大学物理系获理学学士学位,2011 年于中国科学院半导体研究所获理学博士学位。2011 年 7 月留所工作,2011 年 9 月至今在日本东北大学电气通信研究所 Hideo Ohno 实验室做访问研究。主要从事磁性半导体(Ga,Mn)As 及其异质结构的分子束外延生长、自旋相关性质、半导体自旋电子器件设计与物理原理研究。发表论文 20 余篇。研究方向为半导体自旋电子学。

　　王海龙　中国科学院半导体研究所博士研究生。2009 年于北京大学物理学院获理学学士学位,2009 年至今中国科学院半导体研究所半导体超晶格国家重点实验室硕博连读研究生。主要从事铁磁金属和磁性半导体(Ga,Mn)As 分子束外延生长、磁学性质的电场调控以及铁磁金属/半导体异质结构的自旋注入。研究方向为半导体自旋电子学。

张新惠　博士、中国科学院半导体研究所研究员，博士研究生导师。2007 年获得中国科学院"百人计划"项目择优支持。1997～2005 年先后在瑞典隆德大学、美国威廉-玛丽学院、美国俄克拉何马大学物理系以及加拿大蒙克顿大学物理系做博士后与助理研究员工作。2006 年 1 月至今在中国科学院半导体研究所半导体超晶格国家重点实验室工作，任研究员。长期从事低维半导体纳米材料的线性与非线性激光光谱、红外与远红外磁光光谱及飞秒超快光谱研究。目前主要研究方向为半导体自旋电子学。

赵建华　博士、中国科学院半导体研究所研究员、博士研究生导师。2000～2002 年在日本东北大学电气通信研究所 Hideo Ohno 实验室做博士后，2002 年 9 月至今在中国科学院半导体研究所半导体超晶格国家重点实验室工作，任研究员。长期从事磁性半导体、铁磁/半导体异质结构的分子束外延生长、自旋相关性质、半导体自旋电子器件设计及其物理原理研究。发表论文 130 余篇。获 2000 年度国家技术发明奖二等奖。国际期刊 *Semiconductor Science and Technology* 编委。目前主要研究方向为半导体自旋电子学。

参 考 文 献

[1] Wolf S A, Awschalom D D, Buhrman R A, et al. Spintronics: A spin-based electronics vison for the future. Science, 2001, 294: 1488-1495.

[2] Žutić I, Fabian J, Das Sarma S. Spintronics: Fundamentals and applications. Rev Mod Phys, 2004, 76: 323-410.

[3] Dietl T, Awschalom D D, Kaminska M, et al. Spintronics. New York: Academic Press, 2008.

[4] von Molnár S, Read D. New materials for semiconductor spin-electronics. Proceedings of the IEEE, 2003, 91(5): 715-726.

[5] Story T, Galazka R R, Frankel R B, et al. Carrier-concentration induced ferromagnetism in PbSnMnTe. Phys Rev Lett, 1986, 56: 777-779.

[6] Haury A, Wasiela A, Arnoult A, et al. Obervation of a ferromagnetic transition induced by two-dimensional hole gas in modulation-doped CdMnTe quantum wells. Phys Rev Lett, 1986, 79: 511-514.

[7] Ohno H, Munekata H, Penney T, et al. Magnetotransport properties of p-type (In, Mn)As diluted magnetic semiconductors. Phys Rev Lett, 1992, 68: 2664-2667.

[8] Ohno H，Shen A，Matsukura F. et al. (Ga,Mn)As：A new diluted magnetic semiconductor based on GaAs. Appl Phys Lett，1996，69：363-365.

[9] Dietl T，Ohno H，Matsukura F. Ferromagnetic semiconductor heterostructures for spintronics. IEEE Trans. Electron Devices，2007，54：945-954.

[10] Ohno Y，Young D K，Beschoten B，et al. Nature，1999，402：790-792.

[11] Ohno H，Chiba D，Matsukura F，et al. Electric-field control of ferromagnetism. Nature，2000，408：944-946.

[12] Chiba D，Yamanouchi M，Matsukura F，et al. Electrical manipulation of magnetization reversal in a ferromagnetic semiconductor. Science，2003，301：943-945.

[13] Chiba D，Matsukura F，Ohno H. Electric-field control of ferromagnetism in (Ga,Mn)As. Appl Phys Lett，2006，89(16)：162505.

[14] Sawicki M，Chiba D，Korbecka A，et al. Experimental probing of the interplay between ferromagnetism and localization in (Ga,Mn)As. Nature Physics，2009，6：22-25.

[15] Chiba D，Sawicki M，Nishitani Y，et al. Magnetization vector manipulation by electric fields. Nature，2008，455：515-518.

[16] Tanaka M，Higo Y. Large tunneling magnetoresistance in GaMnAs/AlAs/GaMnAs ferromagnetic semiconductor tunnel junctions. Phys Rev Lett，2001，87(02)：026602.

[17] Chiba D，Matsukura F，Ohno H. Tunneling magnetoresistance in (Ga,Mn)As-based heterostructures with a GaAs barrier. Physica E，2004，21：966-969.

[18] Chiba D，Sato Y，Kita T，et al. Current-driven magnetization reversal in a ferromagnetic semiconductor (Ga,Mn)As/GaAs/(Ga,Mn)As tunnel junction. Phys Rev Lett，2004，93(21)：216602.

[19] Yamanouchi M，Chiba D，Matsukura F，et al. Current-induced domain-wall switching in a ferromagnetic semiconductor structure. Nature，2004，428：539.

[20] Dietl T，Ohno H，Matsukura F，et al. Zener model description of ferromagnetism in zinc-blende magnetic semiconductors. Science，2000，287：1019-1022.

[21] Dietl T，Ohno H，Matsukura F. Hole-mediated ferromagnetism in tetrahedrally coordinated semiconductor. Phys Rev B，2001，63(19)：195205.

[22] 赵建华，邓加军，郑厚植. 稀磁半导体的研究进展. 物理学进展，2007，27：107-150.

[23] Chen L，Yan S，Xu P F，et al. Low-temperature magnetotransport behaviors of heavily Mn-doped (Ga, Mn) As films with high ferromagnetic transition temperature. Appl Phys Lett，2009，95(18)：182505.

[24] Chen L，Yang X，Yang F H，et al. Enhancing the Curie temperature of ferromagnetic semiconductor (Ga,Mn)As to 200 K via nanostructure engineering. Nano Lett，2011，11：2584-2589.

[25] Yu X Z，Wang H L，Lu J，et al. Evidence for structural phase transitions induced by the triple phase line shift in self-catalyzed GaAs nanowires. Nano Lett，2012，12：5436-5442.

[26] Yu X Z，Wang H L，Pan D，et al. All zinc-blende GaAs/(Ga,Mn)As core-shell nanowires with ferromagnetic ordering. Nano Lett，2013，13：1572-1577.

[27] Nie S H，Chin Y Y，Liu W Q，et al. Ferromagnetic interfacial interaction and the proximity effect in a Co_2FeAl/(Ga,Mn)As bilayer. Phys Rev Lett，2013，111(02)：027203.

[28] Okabayashi J，Kimura A，Rader O，et al. Core-level photoemission study of (Ga,Mn)As. Phys Rev B，1998，58：R4211.

[29] Linnarsson M, Janzén E, Monemar B, et al. Electronic structure of the GaAs: Mn_{Ga} center. Phys Rev B, 1997, 55: 6938-6944.

[30] Zener C. Interaction between the d shells in the transition metals. Phys Rev, 1951, 81: 440-444.

[31] Dietl T. A ten-year perspective on dilute magnetic semiconductors and oxides. Nature Materials, 2010, 9: 965-974.

[32] MacDonald A H, Schiffer P, Samarth N. Ferromagnetic semiconductors: moving beyond (Ga, Mn)As. Nature Materials, 2005, 4: 195-202.

[33] Ohya S, Ohno K, Tanaka M. Magneto-optical and magnetotransport properties of heavily Mn-doped GaMnAs. Appl Phys Lett, 2007, 90(11): 112503.

[34] Chiba D, Nishitani Y, Matsukura F, et al. Properties of $Ga_{1-x}Mn_xAs$ with high Mn composition ($x>0.1$). Appl Phys Lett, 2007, 90(12): 122503.

[35] Ohno K, Ohya S, Tanaka M. Properties of heavily Mn-doped GaMnAs with Curie temperature of 172.5K. J Supercond Nov Mag, 2007, 20: 417-420.

[36] Chiba D, Yu K M, Walukiewicz W, et al. Properties of $Ga_{1-x}Mn_xAs$ with high x (>0.1). J Appl Phys, 2008, 103(07): 07D136.

[37] Mack S, Myers R C, Heron J T, et al. Stoichiometric growth of high Curie temperature heavily alloyed GaMnAs. Appl Phys Lett, 2008, 92(19): 192502.

[38] Yu K M, Walukiewicz W, Wojtowicz T, et al. Effect of the location of Mn sites in ferromagnetic $Ga_{1-x}Mn_xAs$ on its Curie temperature. Phys Rev B, 2002, 65(20): 201303(R).

[39] Das Sarma S, Hwang E H, Kaminski A. Temperature-dependent magnetization in diluted magnetic semiconductors. Phys Rev B, 2003, 67(15): 155201.

[40] Shen A, Oiwa A, Endo A, et al. Epitaxy of (Ga, Mn)As: A new diluted magnetic semiconductor based on GaAs. J Cryst Growth, 1997, 175/176: 1069-1074.

[41] Gould C, Pappert K, Schmidt G, et al. Magnetic anisotropies and (Ga, Mn)As-based spintronic devices. Adv Mater, 2007, 19: 323-340.

[42] Welp U, Vlasko-Vlasov V K, Liu X, et al. Magnetic domain structure and magnetic anisotropy in $Ga_{1-x}Mn_xAs$. Phys Rev Lett, 2003, 90(16): 167206.

[43] Welp U, Vlasko-Vlasov V K, Menzel A, et al. Uniaxial in-plane magnetic anisotropy of $Ga_{1-x}Mn_xAs$. Appl Phys Lett, 2004, 85: 260-262.

[44] Wang K Y, Sawicki M, Edmonds K W, et al. Spin reorientation transition in single-domain (Ga, Mn)As. Phys Rev Lett, 2005, 95(21): 217204.

[45] Sawicki M, Wang K Y, Edmonds K W, et al. In-plane uniaxial anisotropy rotations in (Ga, Mn)As thin films. Phys Rev B, 2005, 71(12): 121302(R).

[46] Hamaya K, Taniyama T, Kitamoto Y, et al. Mixed magnetic phases in (Ga, Mn)As epilayers. Phys Rev Lett, 2005, 94(14): 147203.

[47] Hamaya K, Koike T, Taniyama T, et al. Dynamic relaxation of magnetic clusters in a ferromagnetic (Ga, Mn)As epilayer. Phys Rev B, 2006, 73(15): 155204.

[48] Khazen Kh, von Bardeleben H J, Cantin J L, et al. Intrinsically limited critical temperatures of highly doped $Ga_{1-x}Mn_xAs$ thin films. Phys Rev B, 2010, 81(23): 235201.

[49] Wang K Y, Edmonds K W, Zhao L X, et al. (Ga, Mn)As grown on (311) GaAs substrates: Modified Mn incorporation and magnetic anisotropies. Phys Rev B, 2005, 72(11): 115207.

［50］Wurstbauer U, Sperl M, Soda M, et al. Ferromagnetic GaMnAs grown on (110) faced GaAs. Appl Phys Lett, 2008, 92(10): 102506.

［51］Wang W Z, Deng J J, Lu J, et al. Influence of Si doping on magnetic properties of (Ga,Mn)As. Physica E, 2008, 41: 84-87.

［52］Cho Y J, Yu K M, Liu X, et al. Effects of donor doping on $Ga_{1-x}Mn_x$As. Appl Phys Lett, 2008, 93 (26): 262505.

［53］Schott G M, Rüster C, Brunner K, et al. Doping of low-temperature GaAs and GaMnAs with carbon. Appl Phys Lett, 2004, 85: 4678.

［54］Eid K F, Sheu B L, Maksimov O, et al. Nanoengineered Curie temperature in laterally patterned ferromagnetic semiconductor heterostructures. Appl Phys Lett, 2005, 86(15): 152505.

［55］Sheu B L, Eid K F, Maksimov O, et al. Width dependence of annealing effects in (Ga, Mn) As nanowires. J Appl Phys, 2006, 99(08): 08D501.

［56］Wang H L, Yu X Z, Wang S L, et al. Enhancement of the Curie temperature of ferromagnetic semiconductor (Ga,Mn)As. Sci China Phys Mech Astron, 2013, 56: 99-110.

［57］Neumaier D, Schlapps M, Wurstbauer U, et al. Electron-electron interaction in one- and two-dimensional ferromagnetic (Ga,Mn)As. Phys Rev B, 2008, 77(04): 041306(R).

［58］Wenisch J, Gould C, Ebel L, et al. Control of magnetic anisotropy in (Ga,Mn)As by lithography-induced strain relaxation. Phys Rev Lett, 2007, 99(07): 077201.

［59］Ohno H, Making nonmagnetic semiconductors ferromagnetic. Science, 1998, 281: 951-956.

［60］Jungwirth T, Niu Q, MacDonald A H. Anomalous Hall effect in ferromagnetic semiconductors. Phys Rev Lett, 2002, 88(20), 207208.

［61］Chun S H, Kim Y S, Choi H K, et al. Interplay between carrier and impurity concentrations in annealed $Ga_{1-x}Mn_x$As: Intrinsic anomalous Hall effect. Phys Rev Lett, 2007, 98(02) : 026601.

［62］Pu Y, Chiba D, Matsukura F, et al. Mott relation for anomalous Hall and Nernst effects in $Ga_{1-x}Mn_x$As ferromagnetic semiconductors. Phys Rev Lett, 2008, 101(11) : 117208.

［63］Maccherozzi F, Sperl M, Panaccione G, et al. Evidence for a magnetic proximity effect up to room temperature at Fe/(Ga,Mn)As interfaces. Phys Rev Lett, 2008, 101(26): 267201.

［64］Sperl M, Maccherozzi F, Borgatti F, et al. Identifying the character of ferromagnetic Mn in epitaxial Fe/(Ga,Mn)As heterostructures. Phys Rev B, 2010, 81: 035211.

［65］Olejnik K, Wadley P, Haigh J A, et al. Exchange bias in a ferromagnetic semiconductor induced by a ferromagnetic metal: Fe/(Ga,Mn)As bilayer films studied by XMCD measurements and SQUID magnetometry. Phys Rev B, 2010, 81(10): 104402.

［66］Song C, Sperl M, Utz M, et al. Proximity induced enhancement of the Curie temperature in hybrid spin injection devices. Phys Rev Lett, 2011, 107(05): 056601.

［67］Sperl M, Torelli P, Eigenmann F, et al. Reorientation transition of the magnetic proximity polarization in Fe/(Ga,Mn)As bilayers. Phys Rev B, 2012, 85(18): 184428.

［68］Dyakonov M. Spin Dynamics in Semiconductors. Berlin: Springer, 2008.

［69］Fabian J, Matos-Abiague A, Ertler C, et al. Semiconductor spintronics. Acta Phys Slovaca, 2007, 57: 565-907.

［70］Wu M W, Jiang J H, Weng M Q. Spin dynamics in semiconductors. Phys Rep, 2010, 493: 61-236.

［71］Jiang J H, Zhou Y, Korn T, et al. Electron spin relaxation in paramagnetic Ga(Mn)As quantum wells. Phys Rev B, 2009, 79(15): 155201.

[72] Poggio M, Myers R C, Stern N P, et al. Structural, electrical, and magneto-optical characterization of paramagnetic quantum wells. Phys Rev B, 2005, 72(23), 235313.

[73] Astakhov G V, Dzhioev R I, Kavokin K V, et al. Suppression of electron spin relaxation in Mn-doped GaAs. Phys Rev Lett, 2008, 101(07): 076602.

[74] Zhu Y G, Han L F, Chen L, et al. Electron spin dynamics in heavily Mn-doped (Ga, Mn)As. Appl Phys Lett, 2010, 97(26): 262109.

[75] Yue H, Zhao C B, Gao H X, et al. Electron spin dynamics of ferromagnetic $Ga_{1-x}Mn_x$As across the insulator-to-metal transition. Appl Phys Lett, 2013, 102(10): 102412.

[76] Abolfath M, Jungwirth T, Brum J, et al. Theory of magnetic anisotropy in $III_{1-x}Mn_x$V ferromagnets. Phys Rev B, 2001, 63(5): 054418.

[77] König J, Jungwirth T, MacDonald A H. Theory of magnetic properties and spin-wave dispersion for ferromagnetic (Ga, Mn)As. Phys Rev B, 2001, 64(18): 184423.

[78] Oiwa A, Slupinski T, Munekata H. Control of magnetization reversal process by light illumination in ferromagnetic semiconductor heterostructure p-(In, Mn)As/GaSb. Appl Phys Lett, 2001, 78: 518.

[79] Kimel A V, Astakhov G V, Kirilyuk A, et al. Observation of giant magnetic linear dichroism in (Ga, Mn)As. Phys Rev Lett, 2005, 94(22): 227203.

[80] Astakhov G V, Kimel A V, Schott G M, et al. Magnetization manipulation in (Ga, Mn)As by subpicosecond optical excitation. Appl Phys Lett, 2005, 86(15): 152506.

[81] Hall K C, Zahn J P, Gamouras A, et al. Ultrafast optical control of coercivity in GaMnAs. Appl Phys Lett, 2008, 93(03): 032504.

[82] Wang J, Cotoros I, Chemla D S, et al. Memory effects in in photoinduced femtosecond magnetization rotation in ferromagnetic GaMnAs. Appl Phys Lett, 2009, 94(02): 021101.

[83] Zhu Y, Zhang X, Li T, et al. Ultrafast dynamics of four-state magnetization reversal in (Ga, Mn)As. Appl Phys Lett, 2009, 95(05): 052108.

[84] Zhu Y, Zhang X, Li T, et al. Spin relaxation and dephasing mechanism in (Ga, Mn)As studied by time resolved Kerr rotation. Appl Phys Lett, 2009, 94(14): 142109.

[85] Hashimoto Y, Kobayashi S, Munekata H. Photoinduced precession of magnetization in ferromagnetic (Ga, Mn)As. Phys Rev Lett, 2008, 100(06): 067202.

[86] Oiwa A, Takechi H, Munekata H, Photoinduced magnetization rotation and precessional motion of magnetization in ferromagetic (Ga, Mn)As. J Supercond Nov Magn, 2005, 18: 9-13.

[87] Wang D M, Ren Y H, Liu X, et al. Light-induced magnetic precession in (Ga, Mn)As slabs: Hybrid standing-wave Damon-Eshbash modes. Phys Rev B, 2007, 75(23): 233308.

[88] Qi J, Xu Y, Tolk N H, et al. Coherent magnetization precession in GaMnAs induced by ultrafast optical excitation. Appl Phys Lett, 2007, 91(11): 112506.

[89] Rozkotová E, Nemec P, Tesarova N, et al. Coherent control of magnetization precession in ferromagnetic semiconductor (Ga, Mn)As. Appl Phys Lett, 2008, 93(23): 232505.

[90] Němec P, Novák V, Tesařová N, et al. The essential role of carefully optimized synthesis for elucidating intrinsic material properties of (Ga, Mn)As. Nature Communications, 2013, 4: 1422.

[91] 刘恩科, 朱秉升, 罗晋生. 半导体物理学. 北京: 电子工业出版社, 2007.

[92] Dietl T. Origin and control of ferromagnetism in dilute magnetic semiconductors and oxides. J Appl

Phys, 2008, 103(07): 07D111.

[93] Hirakawa K, Katsumoto S, Hayashi T, et al. Double-exchange-like interaction in $Ga_{1-x}Mn_x As$ investigated by infrared absorption spectroscopy. Phys Rev B, 2002, 65(19): 193312.

[94] Burch K S, Shrekenhamer D B, Singley E J, et al. Impurity band conduction in a high temperature ferromagnetic semiconductor. Phys Rev Lett, 2006, 97(8): 087208.

[95] Sapega V F, Moreno M, Ramsteiner M, et al. Polarization of valence band holes in the (Ga,Mn)As diluted magnetic semiconductors. Phys Rev Lett, 2005, 94: 137401.

[96] Ando K, Saito H, Agarwal K C, et al. Origin of the anomalous magnetic circular dichroism spectral shape in ferromagnetic $Ga_{1-x}Mn_x As$: Impurity band inside the band gap. Phys Rev Lett, 2005, 100 (06): 067204.

[97] Burch K S, Awschalom D D, Basov D N, Optical properties of III-Mn-V ferromagnetic semiconductors. J Magn Magn Mater, 2008, 320(23): 3207-3228.

[98] Rokhinson L P, Lyanda-Geller Y, Ge Z, et al. Weak localization in $Ga_{1-x}Mn_x As$: Evidence of impurity band transport. Phys Rev B, 2007, 76(16): 161201(R).

[99] Alberi K, Yu K M, Stone P R, et al. Formation of Mn-derived impurity band in III-Mn-V alloys by valence band anticrossing. Phys Rev B, 2008, 78(07): 075201.

[100] Ohya S, Takata K, Tanaka M. Nearly non-magnetic valence band of the ferromagnetic semiconductor GaMnAs. Nature Physics, 2011, 7: 342.

[101] Akai H. Ferromagnetism and its stability in the diluted magnetic semiconductor (In,Mn)As. Phys Rev Lett, 1998, 81, 3002-3005.

[102] Nishitani Y, Chiba D, Endo M, et al. Curie temperature versus hole concentration in field-effect structures of $Ga_{1-x}Mn_x As$. Phys Rev B, 2010, 81(04): 045208.

[103] Lee P A, Ramarkrishnan T V. Disordered electronic systems. Rev Mod Phys, 1985, 57: 287.

[104] Dobrowolska M, Tivakornsasithorn K, Liu X, et al. Controlling the Curie temperature in (Ga,Mn)As through the location of the Fermi level within the impurity band. Nature Materials, 2012, 11: 444.

[105] Neumaier D, Turek M, Wurstbauer U, et al. All-electrical measurement of the density of states in (Ga,Mn)As. Phys Rev Lett, 2009, 103(08): 087203.

[106] Sheu B L, Myers R C, Tang J M, et al. Onset of ferromagnetism in low-doped $Ga_{1-x}Mn_x As$. Phys Rev Lett, 2007, 99(22): 227205.

[107] Ohya S, Muneta I, Hai P N, et al. Valence-band structure of the ferromagnetic semiconductor GaMnAs studied by spin-dependent resonant tunneling spectroscopy. Phys Rev Lett, 2010, 104 (16): 167204.

[108] Jungwirth T, Horodyska P, Tesarova N, et al. Systematic study of Mn-doping trends in optical properties of (Ga,Mn)As. Phys Rev Lett, 2010, 105(22): 227201.

[109] Dietl T, Sztenkiel D. Reconciling results of tunneling experiments on (Ga,Mn)As. arXiv, 2011: 1102. 3267v2.

[110] Edmonds K W, Gallagher B L, Wang M, et al. Correspondence on "Controlling the Curie temperature in (Ga,Mn)As through location of the Fermi level within the impurity band" by M. Dobrowolska et al. arXiv, 2012: 1211. 3860v1.

[111] Grünberg P, Schreiber R, Pang Y. Layered magnetic structures: Evidence for antiferromagnetic coupling of Fe layers across Cr interlayers. Phys Rev Lett, 1986, 57: 2442.

[112] Baibich M N, Broto J M, Fert A, et al. Giant magnetoresistance of (001)Fe/(001)Cr magnetic superlattices. Phys Rev Lett, 1988, 61: 2472.

[113] Saito H, Yamamoto A, Yuasa S, et al. Efficient spin injection into semiconductor from an Fe/GaO$_x$ tunnel injector. Appl Phys Lett, 2008, 93(17): 172515.

[114] Yu G Q, Chen L, Rizwan S, et al. Improved tunneling magnetoresistance in (Ga,Mn)As/AlO$_x$/CoFeB magnetic tunnel junction. Appl Phys Lett, 2011, 98(26): 262501.

第 18 章　氧化物稀磁半导体

许小红

18.1　研 究 背 景

18.1.1　引言

在当今信息主宰的社会，信息的处理、传输和存储将要求空前的规模和速度。以半导体材料为支撑的大规模集成电路和高频率器件在信息处理和传输中扮演着重要的角色。这些技术都仅仅利用了电子的电荷属性；而信息技术中另一个不可缺少的方面——信息存储主要由磁性材料来完成，它们仅仅利用了电子的自旋属性[1-3]。因而，多年来，人们对电子电荷与自旋属性的应用是平行发展的，彼此之间相互独立。如果能在一种半导体材料中同时利用电子的电荷属性和自旋属性，无疑将会给信息技术带来崭新的面貌。近年来，基于该方面的研究形成了一门新兴学科——自旋电子学(spintronics)[4]。建立在半导体基础上的自旋电子学被认为是今后发展的主流方向，其中重要途径之一是构建一种新型材料——磁性半导体，即对常规的半导体进行掺杂，使其呈现铁磁性。近年来，人们对这类兼具半导体和磁性的所谓稀磁半导体(diluted magnetic semiconductors, DMS)产生了极大的兴趣[5]。

18.1.2　稀磁半导体的发展历程

从磁性角度出发，半导体材料可以分为非磁半导体、稀磁半导体和磁性半导体三种，如图 18.1 所示[2]。稀磁半导体一般是指在化合物半导体中，由磁性离子部分地代替非磁性阳离子所形成的一类新型半导体材料。

关于磁性半导体的研究可以追溯到 20 世纪 60 年代[6]。但真正引起人们关注的是 90 年代初期的(In, Mn)As 和(Ga, Mn)As 等 III-V 族稀磁半导体[7]，Mn 掺杂在 InAs 和 GaAs 体系中取代阳离子时既可以充当受主，又可以提供自旋，通过载流子诱导产生铁磁性，而且实验的重复性很好。然而，它的致命问题就是其 T_C 低于室温，到目前为止，所获得的最高 T_C 也只有 200K[8]，远不能满足实际器件的要求。为此，将其 T_C 提高到室温以上便成为这一领域的研究焦点。

2000 年，Dietl 等[9]首次在 Zener 理论基础上提出空穴做媒介的间接交换作

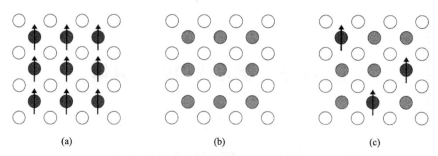

图 18.1　三种类型的半导体。(a) 磁性半导体，其中磁性元素呈周期性排列；(b)非
磁半导体，其中不含磁性离子；(c)稀磁半导体，其中磁性离子部分地取代半导体中
非磁性阳离子[2]

用机制，认为铁磁性是由 p 型半导体材料内非局域或弱局域的空穴所贡献，假设
局域自旋之间的耦合为长程作用，可适用平均场近似进行处理。由此，从理论上
预测出 Mn 掺杂 p 型 ZnO 稀磁性半导体的 T_C 可能高于室温(图 18.2)。

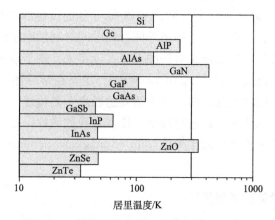

图 18.2　利用 Zener 模型计算的 Mn 掺杂含量为 5%，空穴浓度为
$3.5 \times 10^{20} \, cm^{-3}$ 的各种 p 型半导体的 T_C[9]

　　之后，Sato 和 Katayama-Yoshida[10] 利用基于局域密度近似的 Korringa-
Kohn-Rostoker(KKR)格林函数方法对过渡金属掺杂 ZnO 体系的磁交换能进行
了计算，得出 Mn 掺杂 ZnO 体系只有在引入空穴时才能稳定其铁磁性，这是与
Dietl 一致的结果。同时，他们还发现，自由电子的引入可以稳定 Fe、Co 和
Ni 掺杂 ZnO 体系的铁磁性。这一结果给了实验工作者很大的信心，因为 ZnO 中
往往容易产生氧空位或者 Zn 间隙等施主缺陷，从而能够给体系提供自由电子，
这就预示着 Fe、Co 和 Ni 掺杂 ZnO 体系的铁磁性实验上可能更容易实现。

Dietl 和 Sato 等的这些理论预测给了人们很大鼓舞,从此,人们展开了 ZnO 等各种氧化物基稀磁性半导体的研究。尽管人们在 Fe、Co、Ni、Mn 等各种过渡金属掺杂的 ZnO 体系中都观察到了室温铁磁性[11,12],但是样品的重复率并不高,其磁性受制备方法和实验条件的影响比较大。

十余年来,除了研究 ZnO 为基的稀磁半导体,人们对 In_2O_3、TiO_2 以及 SnO_2[13-15]、CuO[16,17]、HfO_2[18-20] 等氧化物半导体也开展了大量的研究。尽管还有一些关键问题没有解决,但是可以毫无疑问地说,氧化物稀磁半导体的研究积累可以为早日实现其在自旋电子学相关器件上的应用提供有价值的参考。为此,本章将在我们之前关于氧化物稀磁半导体综述文章[1]的基础上重点介绍 ZnO、In_2O_3 等氧化物稀磁半导体的研究进展,主要从以下三个方面展开阐述:一是从实验角度介绍它们的制备、结构、磁性、输运等特性;二是从理论角度对磁交换能、电子结构、居里温度和磁性产生机制进行阐述;三是在稀磁半导体的基础上进一步延伸,介绍其相关异质结构的磁电阻效应,并在本章的最后对氧化物稀磁半导体的研究进行总结和展望。

18.2 氧化物稀磁半导体薄膜的制备

18.2.1 制备方法

在材料的维度上,薄膜材料的发展一直占据着非常重要的地位。一方面,当厚度减小到纳米级的时候,薄膜材料显示出许多新奇的物理现象,而且薄膜制备技术能很容易地将各种不同材料复合在一起,从而使其性能更加优异[21];另一方面,薄膜技术是实现功能集成化和器件化最有效的技术手段。

薄膜材料的制备方法概括起来主要包括两大类:物理气相沉积和化学气相沉积。具体方法主要有真空蒸发沉积、离子束溅射沉积、磁控溅射沉积、分子束外延、金属有机化学气相沉积和脉冲激光沉积等。这些方法各具特色,从而使其在不同领域发挥了各自的优势。比如,磁控溅射方法沉积的薄膜密度高、膜层可控性和重复性好、成分和厚度方便可调,而且可以在较大面积上获得厚度均匀的薄膜;脉冲激光沉积的特点则是可以在较低的衬底温度下沉积成分复杂、对结构要求严格的薄膜,而且所制备的薄膜化学成分能够和靶材成分几乎一致[22];分子束外延方法最大的优点则是可以实现薄膜的外延生长。

实验上,人们采用了各种方法制备氧化物稀磁半导体薄膜。其中,用得最多的是脉冲激光沉积方法[11,23-26]。另外,也有人采用磁控溅射[27-30]、激光分子束外延[31,32]、离子束注入[33,34],以及离子束溅射[35]等方法[36]。通过多年的研究,人们发现氧化物稀磁半导体薄膜的结构和磁性对制备方法非常敏感。

18.2.2　制备条件

氧化物稀磁半导体薄膜的结构和磁性除了对制备方法非常敏感外，也与制备条件密切相关。例如，衬底种类、衬底温度、沉积气氛以及后期退火处理等都会对薄膜的结构和磁性产生不同程度的影响。因此，下面将对几种主要的制备条件进行逐一阐述。

1. 衬底种类和温度

在沉积 ZnO 以及 In_2O_3 等稀磁半导体薄膜时，Al_2O_3(0001) 和 $(1\bar{1}02)$ 衬底是目前人们最常使用的衬底，因为它们和 ZnO、In_2O_3 晶格失配率较小、能诱导薄膜的取向生长。除了 Al_2O_3 衬底之外，MgO 衬底、不同取向的 Si 衬底、SiO_2 衬底、ZnO 衬底、无定形石英玻璃以及普通玻璃衬底也被用来沉积薄膜。例如，图 18.3(a) 给出了不同衬底上沉积的 Co 掺杂 ZnO 薄膜的室温面内和垂直磁滞曲线[37]，所用的衬底包括 $128°$ Y-X $LiNbO_3$(128LN)、$64°$ Y-X $LiNbO_3$(64LN) 和 $36°$ Y-X $LiTaO_3$(LT) 铁电衬底，压电单晶 SiO_2(101) 衬底、无定形玻璃衬底以及一些其他单晶衬底如 Al_2O_3(0001)、Si(111)、NaCl(100) 等。结果表明，衬底种类对薄膜的磁性有很大的影响。ZnO：Co 薄膜和铁电晶体衬底之间的逆磁电耦合作用可以使薄膜中的缺陷重组，从而显著改善了薄膜的铁磁有序。采用不同的衬底沉积薄膜时，衬底和薄膜之间的失配会不同程度地产生一定的应力，从而引起晶胞参数和 Co—O 键长发生改变，对磁矩产生影响，如图 18.3(b) 所示。薄膜中大的应力能增大薄膜的室温磁矩，随着薄膜厚度的增大，应力被释放，从而使薄膜的磁矩减小。此外，塑料衬底也被用于沉积 Cu 掺杂 ZnO 薄膜。利用塑料衬底柔韧性好、易弯曲的特点，通过向各个方向弯曲样品来研究薄膜的磁各向异性，结果也表明，应力在薄膜磁各向异性方面起着重要的作用[38]。此外，在制备稀磁半导体薄膜之前，还应该首先检测所用商用衬底本身是否有磁性污染，以保证磁性不是来源于衬底而是来自薄膜本身。

除了衬底种类外，衬底温度也是影响薄膜结构和磁性的一个重要因素。一般情况下，衬底温度太低的时候，薄膜的结晶度较差、晶粒较小；而衬底温度太高则会助长过渡金属离子的团聚，导致体系中第二相的产生[24,27]。例如，在 Co 掺杂 ZnO 体系中，有人发现衬底温度较低(≤600℃)时，$Zn_{0.75}Co_{0.25}O$ 薄膜是单相的，当衬底温度为 700℃ 时，体系中出现了 CoO 和 Co 等杂质相[39]；还有人在 320~500℃ 的衬底温度范围内沉积了 $Zn_{0.95}Co_{0.05}O$ 薄膜，它们是均相的，并且显示室温铁磁性，但是不同温度下沉积的薄膜 M_s 大小不同，这可能与温度不同引起的缺陷数目不等有关[40]。在 Mn 掺杂 ZnO 体系中，不同温度(500~900℃)下烧结的 2%Mn 掺杂 ZnO 片状块材的室温铁磁性随着烧结温度的升高逐渐减

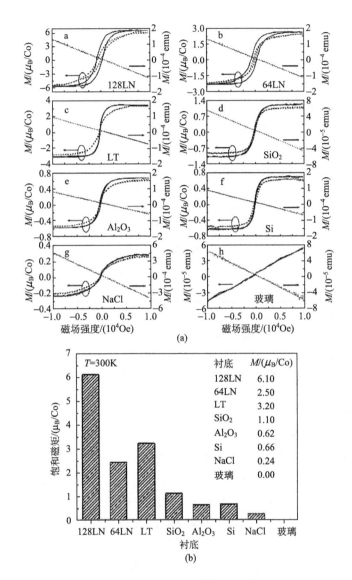

图 18.3　(a)不同衬底上沉积的 Co 掺杂 ZnO 薄膜的室温面内(实线)以及垂直(虚线)
磁滞回线, 点线是相应空白衬底的面内磁化曲线; (b)不同衬底上沉积的 Co 掺杂
ZnO 薄膜的室温饱和磁矩图, 图中给出了磁矩的具体值[37]

小, 当烧结温度高于 700℃ 时, 材料的室温铁磁性消失[12]。综上所述, 在制备稀
磁半导体薄膜的时候, 选择合适的衬底温度是非常必要的。

2. 沉积气氛

在制备稀磁半导体薄膜过程中，人们往往引入 O_2、N_2 等气体以研究气氛对薄膜结构和磁性的影响。很多研究表明，沉积薄膜过程中 O_2 的引入往往导致薄膜导电性变差、饱和磁化强度减小[24,39,41-45]。而在典型缺氧气氛下，薄膜中氧空位或者锌间隙等施主缺陷容易产生，会给薄膜提供一定数目的自由电子，因而薄膜的导电性较好，饱和磁化强度较大。

通入 N_2 气主要是希望将 N 引入体系中取代氧化物半导体中的 O 离子，产生空穴，形成 p 型半导体，进而通过改变 N_2 气压等条件来调控空穴载流子浓度，观察磁性的变化。实验也证实薄膜沉积过程中 N_2 的引入能有效改善 ZnMnO 体系的室温铁磁性[46,47]，这一结果与 Dietl 和 Sato 等最初预测一致。人们在 TiO_2 薄膜中也观察到，Mn 单掺杂的 TiO_2 显示顺磁性，而 Mn、N 共掺杂的 TiO_2 则显示铁磁性。但并不是在任何时候，N_2 的引入都能改善稀磁半导体薄膜的铁磁性。例如，Cu 掺杂的 ZnO 薄膜，N_2 的掺入却使 ZnCuO 薄膜的磁矩减弱，这是由于 ZnCuO 薄膜为 n 型导电，N 的掺入会在体系中产生一些空穴，电子和空穴的复合反而使薄膜的载流子浓度减小，磁性减弱[48]。

总之，O_2、N_2 等气氛的引入会对氧化物稀磁半导体薄膜的电输运性质产生较大的影响，进而影响薄膜的磁性。有关稀磁半导体薄膜载流子浓度等电输运性质与磁性之间的关系，我们将在 18.5 节中进行详细阐述。

3. 退火条件

人们除了研究薄膜制备过程中的各种实验条件之外，还对薄膜后期退火处理条件进行了研究。Gamelin 等[49,50]首次发现，通过在 Zn 气氛和空气两种不同气氛中对 Co 掺杂 ZnO 薄膜进行退火处理，能在薄膜中直接引入和除去施主缺陷——Zn 间隙，从而使 Co^{2+}：ZnO 薄膜的铁磁性呈现可逆的"开"和"关"特征，如图 18.4 所示。而且进行多次 Zn 气氛和空气的交替退火时，样品铁磁性的"开"、"关"特性重复性很好，说明 Zn 间隙对诱导薄膜室温铁磁性起着重要的作用。

此外，有很多文献[35,51-53]表明，氧空位对铁磁性的产生起着非常重要的作用。在真空或者 H_2 等还原气氛中退火使薄膜的载流子浓度增大、导电性提高、饱和磁化强度增强，而在氧气、空气等氧化气氛下退火时，薄膜的导电性变差、饱和磁化强度减小。例如，我们[24]对相同条件下沉积的 $Zn_{0.97}Cu_{0.03}O$ 薄膜分别进行两个系列的连续退火处理，一是在真空气氛和空气中交替退火，二是在 Zn 气氛和空气中交替退火。有趣的是，两个系列退火过程中，薄膜的磁性变化规律非常相似。当薄膜在真空和 Zn 气氛中退火后，其 M_s 均显著增大。组成为

$Zn_{0.97}Cu_{0.03}O$ 的薄膜在真空和 Zn 气氛中退火后，由于在体系中引入了氧空位或 Zn 间隙，其组成此时可以分别表示为 $Zn_{0.97}Cu_{0.03}O_{1-e}$ 或 $Zn_{0.97+f}Cu_{0.03}O$。不难发现，在这两个表达式中，(Zn＋Cu)/O 的原子比要比理想 ZnO 中 Zn 和 O 的比 (1：1) 大。然而，当对这些薄膜进行空气退火后，它们的原子比接近 1：1，铁磁性迅速减小。这说明完美的晶体结构和理想的化学计量比不利于样品铁磁性的产生，氧空位和 Zn 间隙等施主缺陷都对 ZnCuO 材料铁磁性的产生起着至关重要的作用。

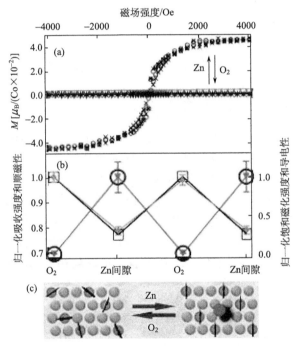

图 18.4(另见彩图)　(a)交替引入 Zn 间隙和 O_2 后，3.61% Co^{2+}：ZnO 薄膜 300K 下的铁磁性在"开"和"关"态间转变；(b)相应条件时，300K 下 $^4A_2 \rightarrow {}^4T_1$ (P)配位场吸收强度的变化(黑色)，10K 下 Co^{2+} 的顺磁性的变化(绿色)，300K 下薄膜铁磁饱和磁矩的变化(蓝色)，300K 下导电性的变化(红色)；(c)Zn 间隙对铁磁有序影响的机制描述[49]

　　从以上研究结果可以看出，氧空位和锌间隙等施主缺陷对稀磁半导体的磁性都有重要贡献。一方面，人们通过真空或还原气氛中退火制造施主缺陷以改善样品的磁性；另一方面，通过空气或 O_2 气氛中退火湮灭施主缺陷以减小磁性，并以此来佐证缺陷的贡献。施主缺陷的产生和湮灭均需要一定的能量。因此，在后期退火过程中，除了退火气氛，退火温度也是一个重要参数。一般情况下，和前述衬底温度类似,退火温度太低的时候,体系中的离子没有足够的能量迁移,因而起不到制造或者湮灭缺陷的作用;而温度太高则会助长过渡金属离子的团聚,导致第二相的产生,所以退火温度的选择也很关键。如在研究 Co 掺杂 ZnO 的时候发现[27],随着退火温度从 200℃升高至 650℃,薄膜的磁矩呈先增大后减小的变化趋势,其中比较适中的 500℃退火时薄膜的磁矩最大。

通过对上述衬底种类、衬底温度、沉积气氛、退火气氛、退火温度等参数对薄膜结构和磁性影响的分析,可以看出,这些参数会不同程度地调控薄膜的结晶度、取向生长、化学计量比,以及缺陷的种类和数量等微观结构,进而影响薄膜的磁性和电输运性质。

18.3　氧化物稀磁半导体的结构及表征

18.3.1　氧化物半导体的晶体结构与特性

图 18.5 给出了一些常见的宽禁带氧化物半导体的晶体结构。例如,六方纤锌矿结构的 ZnO,其禁带宽度为 3.4eV,激子结合能约 60meV,并具有很好的热稳定性和化学稳定性,而且原料价廉易得。此外,ZnO 薄膜还具有良好的压电性、光电性、气敏性、压敏性,且易与多种半导体材料实现集成化。In_2O_3 为方铁锰矿立方结构,是一种透明、宽禁带(3.75eV)半导体材料,具有高的载流子迁移率($10\sim75cm^2 \cdot V^{-1} \cdot s^{-1}$)。$In_2O_3$ 对 Fe 等过渡金属离子有较大的固溶量,使得过渡金属离子容易取代 In^{3+} 的位置,形成均相结构的稀磁半导体[54,55]。

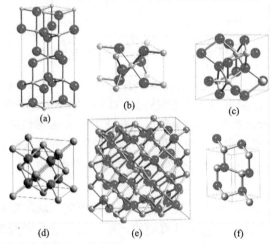

图 18.5　几种氧化物半导体的晶体结构。(a)TiO$_2$(锐钛矿型结构);(b)SnO$_2$、TiO$_2$(金红石型结构);(c)HfO$_2$;(d)CeO$_2$(萤石型结构);(e)In$_2$O$_3$(方铁锰矿型结构);(f)ZnO(纤锌矿型结构)。其中,阴离子用黑色表示,阳离子用其他颜色表示[57]

In$_2$O$_3$ 很容易通过氧空位或者掺入适量的 Sn^{4+} 离子来控制它的载流子浓度。由于 In$_2$O$_3$ 立方结构的特征,在外延生长时可以选择比 Al$_2$O$_3$ 基片较为便宜的 MgO 基片,这对实际应用很有价值[56]。TiO$_2$ 有板钛矿、锐钛矿和金红石型三种结构,其中锐钛矿和金红石型均属于四方晶系且应用较为广泛,锐钛矿型 TiO$_2$ 常用于太阳能电池与催化剂材料,金红石型 TiO$_2$ 常用于电介质与高温传感器材料。图 18.5 中所示的晶体结构也是目前人们研究较多的可能通过过渡金属掺杂形成稀磁半导体的几种主体氧化物的结构。

18.3.2　氧化物稀磁半导体结构表征

在稀磁半导体的研究中,人们希望制备出由过渡金属离子均匀取代氧化物半导体中金属阳离子的本征稀磁半导体。因此就需要对材料微观结构进行表征分析,以此来判断样品中有无微小杂质相,掺杂原子是处于替代位置还是间隙位置等。随着现代仪器设备的发展,越来越多的手段被用于表征稀磁半导体的微观结构,如 X 射线衍射、透射电子显微镜、拉曼光谱和 X 射线光电子能谱等。

1. X 射线衍射

X 射线衍射(XRD)是一种较为常用的结构表征方法,主要是表征材料物相及其结构,在物相定性分析方面发挥着重要作用。由于 XRD 简单、快捷、易操作、费用低,人们在初步表征稀磁半导体的结构时常常使用。图 18.6 示出了在不同氧气分压下制备的 Zn$_{0.95}$Ni$_{0.05}$O 薄膜的 XRD 图[58]。从中可以看出,在氧气分压为 10^{-3}Torr① 和 0.1Torr 下制备的薄膜只有 ZnO(0002) 和 (0004) 峰,薄膜以 (0002) 方向择优取向生长。但是,在氧气分压为 10^{-6}Torr 下制备的薄膜,除了 ZnO 的衍射峰之外,还出现了 Ni(111) 和 (200) 峰,说明 Ni 没有很好地掺入 ZnO 的晶格。

在稀磁半导体的研究中,当采用 XRD 这种技术没有检测出样品中存在第二相时,并不能就此给出无第二相杂质的结论。这是由于 XRD 有一定的检测极限,当样品中杂质的含量非常少时,XRD 技术就无能为力了[59]。

2. 透射电子显微镜

透射电子显微镜(TEM)由于其非常高的分辨率(<0.2nm),可以得到材料内部细微的形态、结构和晶格等信息,目前已成为研究材料微观组织结构最有力的工具之一。在氧化物稀磁半导体的研究中,人们常常用 TEM 观察样品的晶格结构,获得样品原子尺度方面的信息,以此来判断样品中是否存在微小的纳米团

---

① 1Torr=1.333 22×10^{2}Pa。

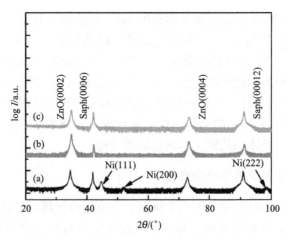

图 18.6　沉积气压分别为 10^{-6} Torr (a)、10^{-3} Torr (b)、0.1 Torr (c)
的 $Zn_{0.95}Ni_{0.05}O$ 薄膜的 XRD 图[58]

簇和颗粒。图 18.7 给出了脉冲激光沉积技术制备的 Co 掺杂 TiO_2 薄膜的 TEM
图像[60]，通过观察可以发现在 $Ti_{0.98}Co_{0.02}O_{2-\delta}$ 薄膜与基片的界面处有直径为 9~
10 nm 的 Co 颗粒。图 18.8 示出了在 800℃真空退火的 $(In_{0.95}Fe_{0.05})_2O_3$ 粉末的高
分辨 TEM 图像[61]。从中可以看出，$(In_{0.95}Fe_{0.05})_2O_3$ 粉末为均匀的单相结构，
没有发现任何 Fe 团簇和 Fe 的氧化物二次相，图中晶格条纹对应于立方铁锰矿
结构 In_2O_3 的(211)面，其晶面间距约 0.41nm。

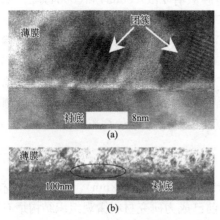

图 18.7　$Ti_{0.98}Co_{0.02}O_{2-\delta}$ 薄膜 TEM 的图
像。(a)(b)表示不同的放大倍数。在(b)中
团簇用黑圈划出[60]

图 18.8　$(In_{0.95}Fe_{0.05})_2O_3$ 粉末在 800℃
退火的高分辨 TEM 图像[61]

尽管 TEM 可以看到样品的晶格像，并被认为是在原子尺度检测第二相的一种有效手段。但是，由于其放大倍数极高，观察到的只是样品的某个极小微区，因此，有时无法很好地代表整个材料的结构。

3. 拉曼光谱

拉曼光谱(Raman spectra)是一种表征分子振动和转动能级变化的分子振动光谱，通过拉曼光谱的测试，根据其拉曼频带的位置、数目、相对强度以及形状等参数，可以对样品的物相进行分析。图 18.9 给出了不同含量 Cu 掺杂 ZnO 薄膜的拉曼光谱图，为了比较，还包括 ZnO 和 CuO 的谱图以及 Al_2O_3 衬底的谱图[62]。从中看出，当 Cu 含量小于 1% 时，在 $580cm^{-1}$ 处出现了一个较宽而且不对称的峰，这是 ZnO 的纵光学模 $E_1[E_1(LO)]$，虽然在拉曼选择定则中，E_1(LO)模是禁止的，但是它的出现说明 Cu 掺入了 ZnO 的晶格；当 Cu 含量大于 3% 时，在 $634cm^{-1}$ 处又出现了一个明显的峰，这是 CuO 的 B_g 模，特别是当 Cu 含量为 18.3% 时，在 $296cm^{-1}$、$345cm^{-1}$ 和 $634cm^{-1}$ 处都出现了 CuO 的特征峰，说明样品中存在 CuO 纳米相。

拉曼光谱方法不需要对样品进行预处理，避免了一些误差的产生，在分析过程中操作简单，测试时间短，在物相检测上具有较高的灵敏度。但是，这种方法也有一定的不足，例如，不同振动峰重叠和拉曼散射强度容易受光学系统参数等因素的影响，会给分析结果带来一定的误差。

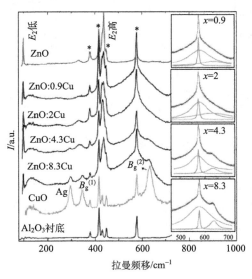

图 18.9　不同含量 Cu 掺杂 ZnO 薄膜的拉曼光谱图[62]

4. X 射线吸收精细结构

X 射线吸收精细结构(X-ray absorption fine structure,XAFS)只取决于短程有序相互作用,不需要样品具有中、长程有序结构,并且元素的 X 射线吸收具有元素分辨的特征。通过调节 X 射线的能量,可以对复杂体系中各元素原子周围环境分别进行研究[63]。XAFS 包括 X 射线吸收近边结构(X-ray absorption near-edge structure,XANES)和扩展 X 射线吸收精细结构(extended X-ray absorption fine structure,EXAFS)[64]。一般地,X 射线吸收谱边后约 30~50 eV 处作为划分 XANES 和 EXAFS 部分的分界。

Heald 等[65]采用 XAFS 对脉冲激光沉积的 Co 掺杂 ZnO 薄膜进行了表征分析,图 18.10 是 Co 掺杂 ZnO 薄膜中 Co 的近边吸收谱图,从中可以看出,大部分 Co 位于取代位以 Co^{2+} 离子的形式存在,也有部分金属 Co 存在。EXAFS 傅里叶变换图谱(图 18.11)进一步表明样品 S-1($Zn_{0.944}Co_{0.05}Al_{0.006}O$)中的金属 Co 是以六方结构的 Co 存在,而样品 P-2($Zn_{0.96}Co_{0.04}O$,在 Zn 气氛中退火)中的金属 Co 是以 CoZn 金属间化合物存在。

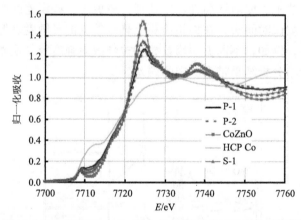

图 18.10(另见彩图)　Co 掺杂 ZnO 薄膜的近边吸收谱图[65]

XAFS 技术能在原子尺度定量给出特定原子周围的结构信息,可以得到掺杂元素的化合价、存在状态以及配位环境等信息,精确度很高,被认为是检测稀磁半导体微观结构的一种非常有效的手段。

5. X 射线光电子能谱

X 射线光电子能谱(X-ray photoelectron spectroscopy,XPS)是通过测量材料中元素的电子束缚能来确定其物质的组分和化合价态。在稀磁半导体薄膜的研究

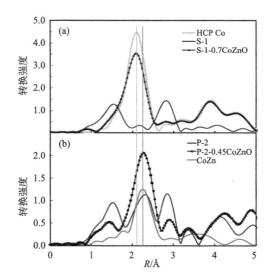

图 18.11　Co 掺杂 ZnO 薄膜的 EXAFS 傅里叶变换图谱[65]

中，人们常常通过 XPS 测量掺入氧化物中过渡金属元素的价态来推断薄膜中是否存在第二相，特别注意检测是否有零价态的过渡金属团簇存在。Yu 等[66]采用 XPS 技术对不同基片温度下制备的 $Zn_{0.85}Al_{0.04}Ni_{0.11}O$ 薄膜中 Ni 的化合价进行了表征，如图 18.12 所示。结果发现，Ni $2p_{3/2}$ 由两个明显的峰组成，其中束缚能为 $852.7\pm0.4eV$ 处的峰为零价态 Ni 的峰，说明样品中有金属 Ni 存在，束缚能为 $855.8\pm0.4eV$ 处的峰则为二价 Ni 离子的峰，即 $Zn_{0.85}Al_{0.04}Ni_{0.11}O$ 薄膜中 Ni 是以 Ni^{2+} 离子和 Ni 原子的形式共存，而且基片温度较高的薄膜中 Ni^{2+} 的含量较大。我们采用脉冲激光沉积技术在不同氧气分压下制备了 $(In_{0.95}Fe_{0.05})_2O_3$ 薄膜[67]，XPS 测量表明，在氧气分压较低时，Fe $2p_{3/2}$ 的束缚能约为 710.4eV，说明薄膜中 Fe 以 Fe^{2+} 和 Fe^{3+} 离子的形式共存；在氧气分压较高时，Fe $2p_{3/2}$ 峰明显向高束缚能方向偏移，其束缚能约为 711.0eV，表明薄膜中 Fe 主要以 Fe^{3+} 离子的形式存在。XPS 也有其灵敏度的局限性，当掺杂元素以多价态离子的形式共存或其掺杂浓度很低时，这种测量技术将不能给出满意的结果。

6. 磁圆二色性谱

磁圆二色性谱（magnetic circular dichroism，MCD）是测量磁场引起材料对左旋和右旋两种圆偏振光吸收系数的差。MCD 的强度线性地依赖于巨塞曼分裂，而巨塞曼分裂的大小又与磁化强度成正比，因此 MCD 在特定波长处的磁场强度依赖性反映了材料的磁化过程。同时，MCD 的频谱分布也能够反映材料的能带结构，判断材料中是否含有其他磁性杂相。MCD 这两个特点使之成为研究稀磁

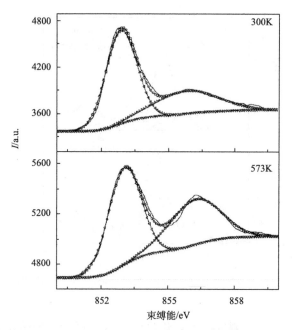

图 18.12　在不同基片温度下制备的 $Zn_{0.85}Al_{0.04}Ni_{0.11}O$ 薄膜的 Ni $2p_{3/2}$ XPS 图谱[66]

半导体材料电子结构和磁性质的有力工具。

　　Neal 等[68]对过渡金属 Co、Mn、V 和 Ti 掺杂的 ZnO 薄膜进行了磁光测量。图 18.13 是这些薄膜的 MCD 谱，从中可以清楚地看到在带边缘处有明显的峰值。Mn、Co 掺杂 ZnO 的 MCD 信号还表现出很强的温度依赖关系，随着温度的升高，MCD 信号减弱。MCD 信号的强弱则与 p-d 交换作用直接相关。Co、Mn、V 和 Ti 掺杂 ZnO 薄膜在 3.4 eV 处 MCD 强度的磁场依赖关系与 SQUID 测量的磁化强度与磁场的关系曲线相吻合。MCD 在特定波长处磁场强度的依赖性反映出典型的稀磁半导体的铁磁性行为。我们采用脉冲激光沉积技术制备了 Fe 掺杂 In_2O_3 薄膜[67]，图 18.14 是在氧气分压为 5×10^{-3} mTorr 和 100mTorr 时制备的 $(In_{0.95}Fe_{0.05})_2O_3$ 薄膜的 MCD 图[67]。从中可以看出在不同氧气分压下制备的 $(In_{0.95}Fe_{0.05})_2O_3$ 薄膜，其 MCD 明显不同。在氧气分压为 5×10^{-3} mTorr 时，在 2.75～3.70eV 的能量范围内薄膜有明显的 MCD 信号，而在氧气分压为 100mTorr 时薄膜的 MCD 信号几乎为零。这是由于在氧气分压较低时制备的薄膜中含有部分 Fe^{2+} 离子，这些受主 Fe^{2+} 离子的存在导致了自旋极化导带的产生，因此，在谱图中观察到 MCD 信号。在氧气分压较高时，$(In_{0.95}Fe_{0.05})_2O_3$ 薄膜是半导体导电特性，在费米面附近的态是局域的，这些局域态的自旋劈裂不可能改变态密度，因此，在图中观察其 MCD 值几乎为零。

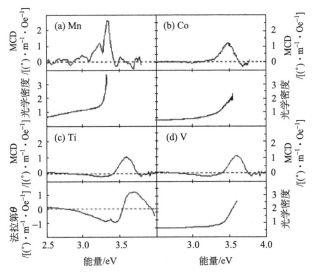

图 18.13　Co、Mn、V 和 Ti 掺杂 ZnO 薄膜的 MCD 图[68]

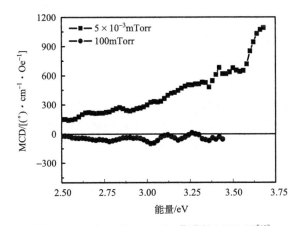

图 18.14　$(In_{0.95}Fe_{0.05})_2O_3$ 薄膜的 MCD 图[67]

总之，MCD 在稀磁半导体研究方面发挥着重要作用，它能够直接反映所测能量范围内的导带和价带电子的自旋特性和轨道磁矩，所得到的谱图对反映稀磁半导体的磁性来源具有"指纹"功能。

7. 场冷和零场冷测量

在稀磁半导体的研究中，人们也常用场冷/零场冷（field-cooled/zero-field-cooled，FC/ZFC）的测试手段来辅助分析样品中是否存在磁性纳米团簇[67-71]。例如，Martínez 等[72]对 Co 掺杂 ZnO 半导体材料的结构和磁性进行了研究，XRD

和 TEM 测试结果表明样品为六方纤锌矿 ZnO 结构，样品中没有任何 Co 团簇和 Co 的氧化物杂质相，但是，样品的 FC/ZFC 曲线(图 18.15)表现出明显的不可逆现象，在 ZFC 曲线上有一个明显的峰出现，即截止温度(T_B)，这一现象表明样品中存在细小的超顺磁性的 Co 纳米颗粒。

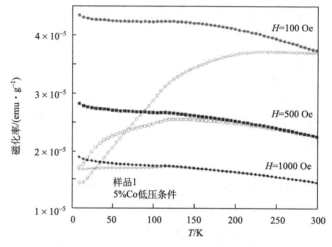

图 18.15　Co 掺杂 ZnO 纳米粉体的 FC/ZFC 曲线[72]

　　稀磁半导体是一种在原子尺度上替代掺杂的材料，对其结构进行精确表征有一定的挑战性。以上介绍的几种常用表征手段各有其优势也有其不足，只有结合多种检测手段，才能较为准确地反映稀磁半导体原子尺度的结构信息，才能对其磁性来源和机理有较为准确的分析和判断。

18.4　氧化物稀磁半导体的磁性

　　对氧化物半导体进行磁性掺杂，从而使其显示本征的室温铁磁性是稀磁半导体器件化的必由之路。为此，人们选择 ZnO、In_2O_3、TiO_2、SnO_2、CuO 以及 HfO_2 等宽禁带半导体进行了大量的研究。概括起来主要包括以下三方面：①3d 过渡金属掺杂的氧化物稀磁半导体；②共掺杂的氧化物稀磁半导体；③非磁性元素掺杂和不掺杂的氧化物稀磁半导体，即"d^0 铁磁性"。

18.4.1　3d 过渡金属掺杂氧化物稀磁半导体

　　以 ZnO 半导体为例，人们几乎尝试了所有 3d 过渡金属对其掺杂[33,44,45,48,73-78]。一个典型的例子就是 Coey 等[44,78]所研究的 5％ 3d 过渡金属掺杂的 ZnO 薄膜中，除 Cr 以外的其他 3d 过渡金属掺杂的薄膜均显示室温铁磁性，但是掺杂元素不同，薄膜的饱和磁化强度差别较大，如图 18.16 所示。这可能是由于各种 3d 过渡金属离子的 3d 轨道上的电子数和排布不相同，在高自旋态下相应的净自旋数目不一致，从而使得它们的饱和磁化强度各有差异。另外，即使掺杂同一种过渡金属，如果掺杂的浓度不同，饱和磁化强度也不相同。如在 ZnO：Co 薄膜中，随着 Co 掺杂浓度的增大，薄膜的饱和磁化强度逐渐减小(图 18.17)，这是因为 Co 离子随机分布在 ZnO 晶格中占据着 Zn 离子的位置，掺杂浓度越高，Co 离子就有更大概率占据相邻的 Zn 离子位置，从而使部分 Co 离子形成 Co-Co 反铁磁耦合，对饱和磁化强度没有贡献，导致薄膜饱和磁化强度减小[44]。即使掺杂元素及其浓度均相同，不同文献报道的结果也不尽相同。

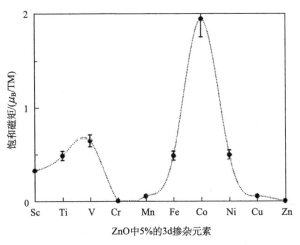

图 18.16　采用脉冲激光沉积方法制备的 5% 3d 过渡金属掺杂 ZnO 薄膜的室温饱和磁矩[78]

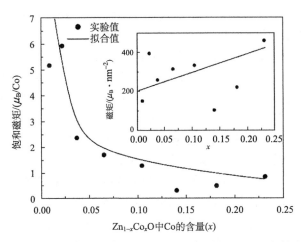

图 18.17　在 10^{-4} mbar 气压下沉积 $Zn_{1-x}Co_xO$ 薄膜的室温磁矩与掺杂浓度的关系。其中，· 是实验数据，实线是模拟结果[44]。1bar $= 10^5$ Pa

　　许多文献报道在 ZnO、In_2O_3 等氧化物稀磁半导体薄膜中获得了室温磁性,但其结果并不一致。有的薄膜显示铁磁性,有的显示反铁磁性,还有的显示自旋玻璃态、顺磁性等。不仅如此,对于那些显示铁磁性的样品,它们的磁矩值也各不相同,最大值和最小值之间甚至差几个数量级,这其中的原因表面看来是与所采用的制备方法和制备条件等有关,但归根结底还是由薄膜本身微观结构的差异所决定的。例如,3d 过渡金属在氧化物半导体中的固溶度一般很小,很难保障过渡金属均匀取代半导体中阳离子形成本征稀磁半导体,因此,所获得的样品有可能是稀磁半导体相和过渡金属或者其氧化物团簇等杂质相的共存。即使真正获得了原子尺度均匀取代的本征稀磁半导体,但如此"稀"——仅百分之几的过渡金属掺杂氧化物半导体,其产生的宏观磁性也挑战了人们对传统磁学的认识。

18.4.2　共掺杂氧化物稀磁半导体

　　典型的共掺杂就是在选择一种 3d 过渡金属的同时再选择一种主族元素共同掺杂在氧化物半导体中。3d 过渡金属元素进入体系占据氧化物中阳离子位置,由于它们存在未占满的 3d 轨道,可以给体系提供自旋;主族元素则可能占据氧化物中阳离子或者阴离子的位置,形成施主或者受主,使体系呈 p 型或 n 型导电,从而通过改变主族元素的掺杂浓度调控体系的载流子浓度,进而不同程度地调控氧化物半导体的磁性。

　　人们常选择主族元素 N、P 等替代 ZnO 中的 O 离子,Li、Na 等替代 ZnO 中的 Zn 离子,从而希望把过渡金属掺杂的 ZnO 调制成 p 型半导体。例如,人们在沉积 ZnMnO 过程中通入 N_2 以实现 Mn、N 共掺杂从而改善薄膜的铁磁性[46,47]。由于 N 和 P 同属第五主族,所以 Mn、P 共掺也被人们所研究,溅射态的 Mn、P 共掺杂 ZnO 薄膜显示室温铁磁性,而且呈 p 型导电,随着在室温空气中放置时间的推移,薄膜的磁性逐渐减小,直至消失,而且薄膜不再呈 p 型导电,而是表现为高阻态,因此说明高空穴浓度对薄膜铁磁性的产生非常重要[79]。人们还对 Co、Li 共掺杂的 ZnO 薄膜进行了研究[80,81],选择 Li 作为共掺杂元素也是因为 Li^+ 取代 Zn^{2+} 可以在体系中引入空穴,进而影响薄膜的铁磁性。

　　人们也通过选择一些合适的主族元素与过渡金属共掺杂在 ZnO 和 In_2O_3 半导体中引入额外电子,从而使之成为 n 型半导体。例如,选择 Al、Ga 等 IIIA 族元素与过渡金属共掺杂可以在 ZnO 体系中引入额外电子。我们[43]通过精确控制 Al 的浓度和氧气压使 ZnMnO 和 ZnCoO 的室温磁矩值分别达 $4.36\mu_B$/Mn 和 $1.69\mu_B$/Co。另外,选择具有还原作用的 H 来共掺杂也能使 ZnCoO 表现为 n 型导电,从而改善薄膜的铁磁性[82,83]。此外,采用 Sn 与过渡金属共掺杂 In_2O_3,可以使体系自由电子浓度高达 $10^{22}\,cm^{-3}$,所以人们通常用 Sn、Mn 共掺杂以及 Sn、Fe 共掺杂等来调控 In_2O_3 薄膜的电输运性质和磁性。

在此特别提到的是一种非补偿性 p-n 共掺杂方法[43,84,85]，例如在 Mn、Al 共掺杂的 ZnO 体系中，尽管 Mn^{2+} 和 Zn^{2+} 都是 $+2$ 价，但是许多研究表明：在过渡金属掺杂的宽禁带半导体中，Mn^{2+} 离子之间的交换相互作用与其他过渡金属离子不同，其他过渡金属的 d 态位于带隙内，而 Mn 的 d 态位于价带内[86]，这使 Mn 掺杂 ZnO 的载流子浓度要比其他过渡金属的小。一般情况下，Mn 掺杂的 ZnO 比纯 ZnO 的载流子浓度要小约 1 个数量级[86]。此时 Mn 既充当着受主又提供自旋，Al^{3+} 为施主。Mn、Al 共掺杂时，每个 Al^{3+} 提供一个自由电子，每个 Mn^{2+} 的补偿作用不足以抵消一个电子，这就是非补偿性 p-n 共掺杂法。如图 18.18 所示，Mn、Al 共掺杂 ZnO 薄膜的磁矩和载流子浓度分别高达 $4.36\mu_B$ 和 $10^{21}cm^{-3}$，而 Mn 掺杂 ZnO 薄膜的磁矩很小（$<0.10\mu_B$），载流子浓度也仅为 $10^{17}cm^{-3}$。此外，采用 Sn-Fe 非补偿性 p-n 对来共掺杂 In_2O_3 半导体，通过改变 p-n 对浓度，可以使体系的电子浓度高达 $10^{22}cm^{-3}$。非补偿性 p-n 共掺杂法有两大优点：一是非补偿性 p-n 对中的受主和施主离子之间存在库仑相互作用，可以降低整个体系能量，阻止过渡金属离子的团聚和化合；二是非补偿性 p-n 对有净电荷，可以通过调节 p-n 对的浓度来同时调控载流子浓度和磁性离子浓度，从而调控掺杂氧化物半导体的带隙宽度、输运性质和磁性。

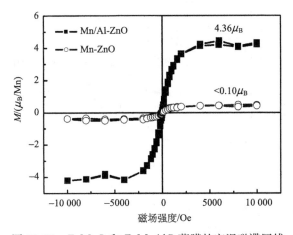

图 18.18　ZnMnO 和 ZnMnAlO 薄膜的室温磁滞回线

除了选择一种 3d 过渡金属和一种主族元素共掺杂之外，也有人同时选择两种 3d 过渡金属共掺杂的。不论在 ZnO 还是 In_2O_3 体系中，人们往往选择的 3d 共掺杂元素是 Cu[55,87-89]，如 Co、Cu 共掺杂 ZnO 和 Fe、Cu 共掺杂 ZnO 等。这主要是考虑到 Cu 易变价，既能提供净自旋，还是一种空穴掺杂剂，而且与 Cu 相关的第二相都不显示铁磁性。人们从实验上也确实发现，Cu 与其他 3d 过渡金属的共掺杂对氧化物稀磁半导体铁磁性的产生和改善都有一定的作用[87,88]。除此之外，还有 Co、Fe 共掺杂 ZnO 以及 Mn、Co 共掺杂 ZnO 等的报道[90-92]。

人们通过各种共掺杂技术一方面希望改变载流子的类别和浓度来调控磁性，进一步理解磁性来源；另一方面希望制备出均相的本征稀磁半导体。由此可见，在 ZnO、In_2O_3 的研究中所采用的非补偿性 p-n 共掺杂方法既可以降低体系能量、实现均匀替代掺杂，还可以调控载流子浓度和磁性，因此是实现磁性和输运性质可调控的本征稀磁半导体的一种很有效的方法。

18.4.3 非磁性元素掺杂和不掺杂的氧化物稀磁半导体

对于上述 3d 过渡金属掺杂的氧化物来说，其共同特征是体系中含有未充满的 $3d^n$ 过渡金属来提供净自旋。随着理论和实验研究的不断深入，一些非金属元素如 N、C 等掺杂的氧化物半导体，甚至不掺杂其他元素的纯氧化物半导体显示铁磁性的实验结果和理论预测相继见诸报道。其中最具代表性的工作是 Venkatesan 等[93]发现纯的 HfO_2 薄膜具有室温铁磁性，并且有明显的磁各向异性，而且 T_C 超过 500 K(图 18.19)。由于这些半导体中不含有未充满 d 轨道的离子，人们也称之为"d^0 铁磁性"材料。

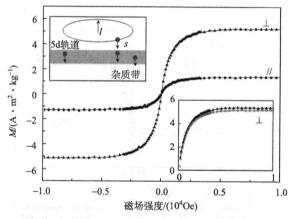

图 18.19　HfO_2 薄膜的室温面内和垂直磁化曲线，其中基片的抗磁性已经被扣除。左上插图是 HfO_2 中自旋、轨道、杂质带的耦合示意图(圆表示电子，箭头表示它们的自旋磁矩方向，在 5d 态中一个电子的轨道磁矩和自旋磁矩即 l 和 s 反平行耦合从而形成一个 $j=3/2$ 态)。右下插图是不同温度下的磁化曲线。其中，▲表示 5K 的，○表示 400K 的[93]

之后，人们在纯的 ZnO、非金属元素 N 或 C 掺杂的 ZnO 体系中都发现了室温铁磁性。例如，热退火使纯 ZnO 粉体呈现铁磁性，并且居里温度高达 340K，铁磁性的产生可能是由于三个或者三个以上氧空位形成的空位团簇所致[94]。在

N_2 气氛中沉积 ZnO 薄膜，衬底温度较低时显示室温铁磁性，衬底温度较高时薄膜铁磁性消失[95]。C 掺杂 ZnO 也能产生室温铁磁性，这在实验和理论上得到了证实。实验上，人们在采用脉冲激光沉积方法制备的 C 掺杂 ZnO 薄膜中观察到了室温铁磁性[25,96,97]；理论上，Pan 等[96]认为，C 取代了 ZnO 体系中 O 并在体系中引入空穴，从而使其与 C 的 2p 局域自旋产生 p-p 相互作用，诱导了体系铁磁性的产生。

总之，人们希望在氧化物半导体中进行掺杂来实现自旋注入，从而在一种材料中实现电子的电荷和自旋两种属性的同时操控。经过十多年的研究，人们总结出氧化物半导体的磁性与其微结构（如缺陷种类和数量）以及输运性质（如载流子浓度、霍尔效应）等密切相关。下面将详细阐述电输运性质及其与磁性的关系。

18.5　氧化物稀磁半导体的输运性质

输运特性是半导体材料一个很重要的性质。通过多年的研究，人们发现在稀磁半导体中输运性质与磁性有重要的关系。通过霍尔效应测量可以得到样品的导电类型、载流子浓度、霍尔系数和霍尔迁移率，并可观察样品中是否存在反常霍尔效应。其中，在氧化物稀磁半导体的研究中，人们关注较多的是载流子浓度和是否存在反常霍尔效应，这是因为它们与铁磁性密切相关。

18.5.1　载流子浓度与铁磁性的关系

早在 2001 年人们刚开始研究氧化物稀磁半导体的时候，Sato 和 Katayama-Yoshida[98]采用第一性原理计算了在过渡金属掺杂 ZnO 中额外加入载流子对磁性的影响。他们发现，Mn 掺杂 ZnO 中额外引入一定的空穴后表现出明显的铁磁性，而且自由电子的掺入能够大大稳定 Fe、Co 和 Ni 等掺杂 ZnO 体系的铁磁性，即载流子的存在会使样品的铁磁稳定性增强。在之后的很多实验研究中也证实这一理论的预测。

例如，Xu 等[43]制备了 Co 及 Co、Al 共掺杂 ZnO 薄膜，发现 Co、Al 共掺杂 ZnO 薄膜的 M_s 远远大于 Co 单掺杂 ZnO 薄膜的 M_s，这是由于 Al 的掺杂给体系提供了额外的电子，有效调节了 Co^{2+} 之间的铁磁交换作用，从而使样品的铁磁性增加。Chattopadhyay 等[99]发现在 ZnFeO 薄膜中掺入 Al 之后，由于载流子浓度的增加，薄膜的铁磁性明显增强，其饱和磁化强度由 $0.18\mu_B/Fe^{2+}$ 增加到 $0.58\mu_B/Fe^{2+}$。Philip 等[100]报道，在 Cr 掺杂 In_2O_3 薄膜中，载流子浓度可以控制磁性，随着载流子浓度的增大，Cr 掺杂 In_2O_3 薄膜出现了从顺磁绝缘体到铁磁半导体再到铁磁类金属的转变。最近，Jiang 等[101]在 Mn 和 Cr 掺杂 In_2O_3 薄膜中，通过控制氧气分压和共掺杂元素 Sn 的量来调节薄膜中的载流子浓度，发现：①载流子浓度对样品铁磁性的产生非常重要，只有当薄膜中的载流子浓度大于某一临界值时，薄膜才显示铁磁性，经过计算得出：In_2O_3 基稀磁半导体薄膜中产生铁磁性的临界载流子浓度值约为 $1.9 \times 10^{19} cm^{-3}$。②通过控制掺入薄膜中 Sn 含量来控制载流子浓度，使 Mn 掺杂 In_2O_3 薄膜的铁磁性可以在"开"和"关"状态之间转换。

此外，也有一些实验结果表明载流子浓度的增加并不利于样品铁磁性的增强，反而会使其削弱。Li 等[102]采用固态反应方法制备了 Fe-Sn 共掺杂的 $(In_{0.85-x}Sn_xFe_{0.15})_2O_3$ 块材，发现在 $(In_{0.85}Fe_{0.15})_2O_3$ 块材中掺入 Sn 后，随着 Sn 含量的增加，样品的载流子浓度增大，但是其铁磁性明显减小。Ivill 等[103]在 Mn/Sn 共掺杂 ZnO 薄膜中也发现，随着 Sn 浓度的增加，薄膜的载流子浓度明显增大，但是其 M_s 却逐渐减小。Tiwari 等[104]的研究结果表明，在 Cu 掺杂 ZnO 薄膜中加入 1% 的 Ga，其载流子浓度由原来的 $3 \times 10^{17} cm^{-3}$ 增加到 $1 \times 10^{18} cm^{-3}$，但是其 M_s 却由 $1.45\mu_B/Cu$ 骤然减小到零。在氧化物稀磁半导体的磁性中，载流子浓度到底扮演怎样一个角色，仍然是各有其辞。但是，无论载流子浓度使磁性增大还是减小，人们对载流子会对磁性有影响这一事实已达成共识。

为了进一步研究这一问题，2008 年，Behan 等[105]通过研究载流子浓度范围跨度很大($10^{17} \sim 10^{21} cm^{-3}$)的过渡金属掺杂 ZnO 薄膜样品，发现载流子浓度及其局域性与样品铁磁性的关系，并根据这些样品的导电性将其分为三个典型的区域，如图 18.20 所示。这三个区分别为：（Ⅰ）载流子浓度较低的绝缘区。该区域中样品的低温导电是一个变程跳跃（VRH）过程[106]，导电性越差的薄膜 M_s 越大，因为该区域中每个类氢轨道所涵盖的金属离子都是自旋平行的，铁磁性的产生通过极化轨道的交叠来实现。一旦一个类氢轨道中的电子由于导电跳跃到另一个空的轨道中，该轨道中的磁性离子的铁磁耦合作用就会受到破坏，从而导致材料宏观铁磁性的消失。在这种情况下，局域化的、不可移动的载流子对铁磁交换有贡献，而非局域化的载流子则对磁性产生不利。（Ⅱ）载流子浓度较大的金属区。此区域中样品的磁性与自由载流子浓度/磁性离子数目的比值相关。过渡金属的局域自旋与价带电子之间产生相互作用，而价带电子波函数比较扩展，一个电子可以与一定数目的过渡金属局域自旋结合。当可移动的、非局域的载流子浓度足够高的时候，它们能够作为媒介使几乎所有的过渡金属离子的局域自旋耦合起来，因而，此区域中载流子浓度越高，M_s 越大。处于该区域中的薄膜样品，其费米温度(T_F)大于 300K，室温时电子的平均自由程 λ 大于 0.3nm。T_F 和 λ 可以通过公式

$$T_F = \frac{\hbar^2(3\pi^2 n_c)^{2/3}}{2m_e k_B}$$

(18.1)

$$\lambda = \frac{\hbar (3\pi^2)^{1/3}}{n_c^{2/3} e^2 \rho} \tag{18.2}$$

得出。其中，$\hbar$ 是约化普朗克常量，k_B 是玻尔兹曼常量，m_e 是电子的质量，e 是电子电荷，n_c 是通过霍尔效应测量的薄膜的载流子浓度，ρ 是电阻率。（Ⅲ）中间区。该区中载流子既不满足低温变程跳跃的条件，也不满足室温金属行为，相对于（Ⅰ）和（Ⅱ）而言，该区的样品磁性较小，甚至消失。

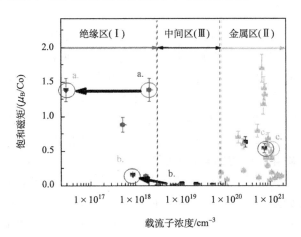

图 18.20（另见彩图）　掺杂 5% Co 以及共掺杂不同浓度 Al 的 ZnO 薄膜的室温磁矩与载流子浓度的关系[105]。图中 a、b、c 分别表示处于所在区的代表性样品

　　最近，我们[67]采用脉冲激光沉积技术在 Al_2O_3 基片上制备了 Fe 掺杂 In_2O_3 薄膜，通过控制氧分压来控制薄膜中的载流子浓度，发现处于金属区的 $(In_{1-x}Fe_x)_2O_3$ 薄膜的铁磁性和载流子浓度密切相关，载流子浓度越高，磁性越大；处于绝缘区的薄膜，其载流子浓度很小，低温时的输运性质符合 Mott 变程跳跃理论，其铁磁性与缺陷有关。这与 Behan 等[105]报道的过渡金属掺杂 ZnO 薄膜的结果一致。

　　另外，2011 年，Yamada 等首次在 Co 掺杂 TiO_2 薄膜中实现了铁磁性的电场调控[107]。他们利用 $(Ti,Co)O_2$ 基双电荷层晶体管结构，使用 33nm 厚的 $Ti_{0.90}Co_{0.10}O_2$ 薄膜作为通道层，Pt 作为栅极，液态电解液作为栅极绝缘层，通过对样品加一定的栅电压，$Ti_{0.90}Co_{0.10}O_2$ 薄膜出现了从低载流子浓度的顺磁态向高载流子浓度的铁磁态转变的现象，如图 18.21 所示。通

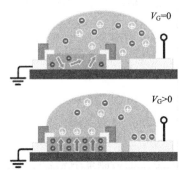

图 18.21　电场诱导 $(Ti，Co)O_2$ 薄膜铁磁性示意图[107]

过外加电场调控(Ti,Co)O$_2$薄膜的铁磁性,实际上也是通过改变载流子浓度来改变其磁学性质。

　　综上所述,载流子浓度对氧化物磁性半导体的铁磁性有较大影响,尤其是证实了外加电场可以诱导铁磁性产生这一现象,这也为氧化物稀磁半导体器件化指明了一个方向。

18.5.2　反常霍尔效应

　　正常霍尔效应是由洛伦兹力引起,反常霍尔效应通常认为是系统中载流子极化并参与了铁磁有序的形成过程而引起的,它可以提供丰富的关于磁性半导体薄膜载流子自旋极化和散射机制的信息。许多实验小组在过渡金属掺杂的 ZnO、In$_2$O$_3$ 和 TiO$_2$ 等稀磁半导体中都观察到了反常霍尔效应。图 18.22 给出了ZnCoO 和 ZnCoGaO 薄膜的反常霍尔电阻率和磁化强度随外加磁场的变化曲线[108]。从中可以看出,薄膜的 ρ_{AHE}-H 和 M-H 曲线是相吻合的,说明反常霍尔电阻率主要受到磁化响应的影响,薄膜中存在自旋极化的载流子,而且随着载流子浓度的增加,薄膜的铁磁性和反常霍尔效应明显增强(ZnCoO 和 ZnCoGaO 薄膜的载流子浓度分别为 4.0×10^{19} cm^{-3} 和 5.7×10^{20} cm^{-3})。人们在具有室温铁磁性的 Fe 掺杂 In$_2$O$_3$,Co 掺杂 TiO$_2$ 等稀磁半导体中观察到明显的反常霍尔效应[109,110]。因此,人们很容易用反常霍尔效应的出现来说明样品的铁磁性是本征的。

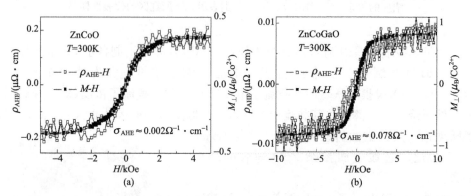

图 18.22　ZnCoO 和 ZnCoGaO 薄膜的反常霍尔电阻率和磁化强度随外加磁场的变化曲线[108]

　　然而,有人发现,当样品中存在铁磁性团簇时,也观察到反常霍尔效应。例如,Snure 等[58]在 Ni 掺杂 ZnO 薄膜中发现了反常霍尔效应,X 射线衍射和 X 射线光电子能谱测量结果表明薄膜中存在金属 Ni。Shinde 等[60]在 Co 掺杂 TiO$_2$ 薄膜中同时观察到反常霍尔效应和磁性 Co 团簇。因此,不能把出现反常霍尔效应这一现象作为判断铁磁性源于本征属性的唯一依据。

18.6　氧化物稀磁半导体的理论计算

随着计算机技术的发展,以量子力学为基础的第一性原理计算在材料结构与性能研究方面发挥了越来越大的作用。在氧化物基稀磁半导体材料的研究中,第一性原理计算和实验研究一起推动了整个领域的快速发展。第一性原理计算在氧化物基稀磁半导体的磁性基态预测、磁性来源和磁性机制解释方面发挥了不可替代的作用。下面将从计算方法、磁交换能、电子结构及居里温度等四个方面概述第一性原理计算在氧化物基稀磁半导体材料中的应用。

18.6.1　第一性原理计算方法

第一性原理计算的核心是密度泛函理论(DFT)。密度泛函理论的关键是交换关联能的构建,采用不同近似思想建立起来的交换关联能的不同形式就形成了第一性原理不同计算方法,最常用的包括局域密度近似(LDA)和广义梯度近似(GGA)。为了描述材料的磁学特性,局域密度近似(LDA)发展为局域自旋密度近似(LSDA)。LDA 在预测材料的许多性质方面是非常成功的,但是缺陷也是不可回避的。例如,LDA 通常会低估激发态的能量,此外,其预测的晶格常数也会偏低,特别是会系统性地低估半导体的能隙。在一个磁性材料体系中,电子通常是局域化的,因此,简单的 LDA 通常很难正确地预测其性质。

广义梯度近似(GGA)充分考虑了电子密度梯度对交换关联泛函的影响,克服了 LDA 的缺陷。但是,GGA 也不完善。例如,对 Ni 掺杂 ZnO 的结果表明,广义梯度近似(GGA)忽略了近邻 Ni 原子间的直接交换作用,而对材料铁磁性做了过高的预测[111]。需要指出的是,虽然 LDA 和 GGA 的上述不足在计算过渡金属掺杂的 GaAs 稀磁半导体的磁性方面影响很小,但是对于氧化物基稀磁半导体磁学性质的计算,这些不足表现得尤为突出。为了克服 LDA 和 GGA 的不足,一些"超 LDA"方法,像 LSDA+U/GGA+U[112,113]、杂化的 DFT[114]和非局域外势(NLEP)[115]等已经被应用到氧化物基稀磁半导体磁学性质的计算中。如人们使用杂化 DFT 中的 B3LYP 方法来研究各种内在缺陷对 Co 掺杂 ZnO 体系磁性的影响[114],利用 NLEP 方法研究电子掺杂对 Co 掺杂 ZnO 体系磁性的影响[115]。总的来说,这些"超 LDA"方法通常会改善一般的 LDA 和 GGA 对氧化物基稀磁半导体电子结构的计算,但是这些方法的侧重点也各有不同。一般的 LSDA+U 和 GGA+U 通常只对掺杂过渡金属 d 态进行修正,而不考虑氧化物本身,这会导致计算得到的能隙较真实结果仍旧偏小。杂化的 DFT 和 NLEP 等方法对掺杂的过渡金属和氧化物本身都有修正,因此能对能隙给出更合理的结果。

18.6.2　磁交换能的计算

磁交换能(ΔE_{AFM-FM})能够反映稀磁半导体中铁磁态(FM)相对于反铁磁态(AFM)的稳定性,如果 ΔE_{AFM-FM} 是正值,则表示体系是以铁磁性为基态。绝大多数的第一性原理方法对氧化物基稀磁半导体磁学性质的计算都涉及对该物理量的预测。因此,我们将以 ΔE_{AFM-FM} 为线索阐述一些代表性的研究工作。此外,ΔE_{AFM-FM} 也是衡量 T_C 的一个标准。

2000 年 Sato 等[10]利用基于局域密度近似的 Korringa-Kohn-Rostoker(KKR)格林函数方法对过渡金属掺杂 ZnO 体系进行了计算,结果表明:在没有任何载流子(空穴或者电子)引入体系的情况下,V、Cr、Co、Fe、Ni 等 3d 过渡金属掺杂 ZnO 体系的 ΔE_{AFM-FM} 均为正值,因此,这些体系是铁磁性的。2001 年,Sato 等[98]又分别对 Mn、Fe、Co 和 Ni 掺杂 ZnO 体系中掺杂 N 和 Ga 以引入空穴和电子后的 ΔE_{AFM-FM} 进行了理论计算。结果发现,自由电子的引入能够增大 ΔE_{AFM-FM} 值,从而稳定 Fe、Co 和 Ni 掺杂 ZnO 体系的铁磁性,而加入空穴能稳定 Mn 掺杂 ZnO 的铁磁性。

在 Dietl 和 Sato 等对 ZnO 基稀磁半导体的磁交换能进行第一性原理预测的基础上,大量的理论工作,包括不同元素掺杂,两种以上元素共掺杂以及包含各种缺陷的氧化物基稀磁半导体的磁交换能的计算也随之出现。之后的工作,人们更加注重考虑不同掺杂构型下的磁性交换能,例如通过对 Mn 掺杂的 ZnO 体系中不同 Mn 间距的构型磁交换能的计算,发现 Mn 处于近邻位时,体系是反铁磁耦合[116],这与 Sato 等计算的结果一致。当 Mn-Mn 间距较远,Mn 的浓度稀时,则呈现铁磁基态,这表明 Mn 掺杂的 ZnO 易形成稀磁半导体。后来,类似的计算发现 Co 掺杂 ZnO 体系在不同的 Co 间距构型下的磁交换能非常小,因此 Co 掺杂的 ZnO 应该存在着铁磁和反铁磁状态间的竞争,这种情况表明体系对实验条件就会更加敏感[117]。这个研究反映了实验上关于 Co 掺杂的 ZnO 体系磁性多样性的事实。此外,人们还考虑了不同缺陷对磁性交换能的影响。例如,当 ZnO 体系存在 Zn 空位时,计算结果表明铁磁态为基态[118]。这一结果被之后更多的第一性原理计算所证实[76,119]。由于 O 空位在氧化物基稀磁半导体中是普遍存在的,很多研究都涉及 O 空位,大量的理论计算和实验证实 O 空位对于稳定氧化物基稀磁半导体的铁磁态起关键作用[35,45,52,120-125]。如第一性原理计算发现 O 空位在 Co 掺杂的 ZnO[122]和 Fe 掺杂的 In_2O_3[121]中对铁磁态的出现起重要作用。

最近我们使用第一性原理计算和实验相结合的方法,系统研究了氧空位和载流子在 ZnO 和 In_2O_3 基稀磁半导体中的作用[126],如图 18.23 所示。无论对于 Fe 掺杂的 In_2O_3,还是 Co 掺杂的 ZnO 体系,只要氧空位存在时,体系表现为铁磁态稳定;反之,没有氧空位时,表现为反铁磁态稳定。与此同时,采用 PLD,

在富氧条件下制备的 Fe 掺杂的 In_2O_3 和 Co 掺杂的 ZnO 薄膜其磁矩几乎为零；而在缺氧的高真空条件下，薄膜有明显的室温磁矩。可见实验结果与理论计算结果完全一致。

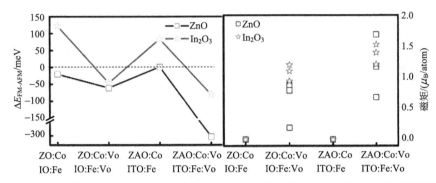

图 18.23　Co 掺杂的 ZnO 和 Fe 掺杂的 In_2O_3 体系在氧空位和载流子掺杂不同情况下，计算得到的铁磁性稳定化能和实验结果[126]

　　人们也采用第一性原理来研究不同共掺物对过渡金属掺杂氧化物稀磁半导体磁交换能的影响。图 18.24 示出了不同的过渡金属与 Cu 和 Li 共掺杂的 ZnO 体系的磁交换能[113]。Li 作为共掺物可以不同程度地稳定 Cr、Mn、Fe、Co 和 Ni 等五种过渡金属掺杂 ZnO 体系的铁磁态；而 Cu 作为共掺物与 Cr、Ni 共掺杂时，体系为铁磁态，而与 Mn、Fe 和 Co 共掺杂时，体系为反铁磁态。也有许多的第一性原理计算引入非金属作为共掺物取代 O，如 Co、N 共掺杂的 ZnO[127]，研究发现 N 的共掺杂会使 Co 掺杂的 ZnO 更倾向于变成一个铁磁性体系。

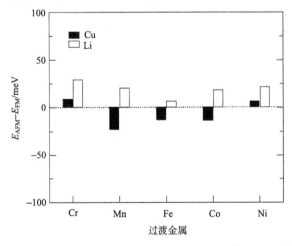

图 18.24　不同的过渡金属与 Cu、Li 共掺杂后 ZnO 体系的磁交换能[113]

　　需要指出的是，磁交换能的正负和大小与计算细节和不同泛函的选择有关。即使对于同一模型体系的磁交换能进行计算，不同的研究也可能得到不同的结果。例如，就 Co 掺杂的 ZnO 体系而言，使用自相互作用修正（ASIC）的第一性原理，计算得到：Co 沿 ZnO a-b 平面和 c 轴方向最近邻掺杂的磁交换能分别是 -38meV 和 62meV[128]；使用 GGA+U 计算同样构型的磁交换能，却分别是 -45meV 和 -15meV[129]。总之，目前一个普遍被接受的结论是 O 空位等缺陷对稳定氧化物基稀磁半导体的铁磁态起关键作用。

18.6.3　电子结构分析

　　在氧化物基稀磁半导体的研究中，第一性原理计算除了能够通过计算磁交换能来预测其磁性基态，还在分析其磁性来源方面有独特的优势。人们可以通过计算得出态密度（DOS）或自旋密度（SD）等物理图像，从而了解不同掺杂条件下体系的磁性来源。

　　图 18.25 是计算得到的纯 ZnO 和 Co 掺杂 ZnO 的 DOS 图[117]，可以看出纯 ZnO 是一个非自旋极化的体系。如果掺入过渡金属 Co[图 18.25(b)]，在费米能级处仍旧是非自旋极化的，Co 掺杂 ZnO 体系的 DOS 图与纯 ZnO 有相似之处。

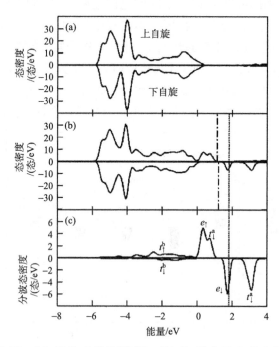

图 18.25　(a) 纯 ZnO 的 DOS 图；(b) Co 掺杂 ZnO 的 DOS 图；
(c) Co 3d 电子的分波 DOS 图[117]

但也有一些差别，如 Co 掺杂 ZnO 体系的导带和价带之间出现了杂质态，这些杂质态是由 Co 3d 电子贡献[图 18.25(c)]，而且，Co 掺入 ZnO 后，受 ZnO 晶体场的影响，原先五重简并的 3d 能级出现劈裂，所以如果有额外的电子出现在 Co 掺杂 ZnO 的体系中，那么，这时该体系的 DOS 图就会具有半金属特征，即变成铁磁性的稀磁半导体。这个理论结果与众多的实验发现是一致的。如一些实验在 Co 掺杂 ZnO 中加入 Al 或降低氧分压，都发现体系的铁磁性得到改善[39,130]。

　　同样，对于 Mn 掺杂的 ZnO，也可以通过对其电子结构的分析对实验提供一些指导，若在该体系中加入额外的电子，不会产生自旋极化。反而，如果在 Mn 掺杂的 ZnO 中引入空穴，会产生自旋极化[116]。这一结论与 Sato 和 Katayama-Yoshida[98] 的计算结果相一致。图 18.26 是 Mn、N 和 Mn、Ga 共掺杂 ZnO 体系中的 DOS 图[98]，Mn、N 共掺杂的 ZnO 体系是自旋极化的，而 Mn、Ga 共掺杂的 ZnO 体系是非自旋极化的，这说明空穴可以稳定 Mn 掺杂 ZnO 的铁磁性，并且铁磁性与 Mn3d 和 N2p 态的杂化有关。

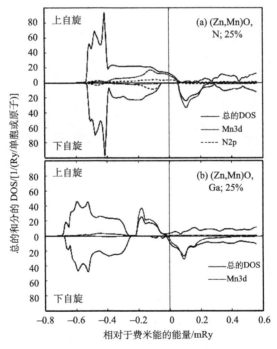

图 18.26　Mn、N 和 Mn、Ga 共掺杂 ZnO 体系的 DOS 图[98]

$1mRy = 13.6056923(12) \times 10^{-3} eV$

　　人们常常对非金属掺杂的 ZnO 能产生磁性感到费解，第一性原理计算可以对此作出合理的解释。从 C 掺杂 ZnO 体系的 DOS 图可以看出，C 的 2s、2p 轨道与 Zn 的 4s 轨道发生耦合,其结果导致体系在 $-9eV$、$2.3\ eV$ 处出现自旋劈裂,从而使电子部分占据自旋向下的轨道,这就是该体系铁磁性的来源[96]。

此外,也可以通过分析计算体系的自旋密度图得知铁磁性机制。图 18.27 为 Fe 掺杂的 In_2O_3 和 Co 掺杂的 ZnO 体系的自旋密度图[126],无论对于 Fe 掺杂的 In_2O_3 还是 Co 掺杂的 ZnO 体系,所掺杂的 Fe、Co 等过渡金属只有借助氧空位形成束缚磁极子,才能实现铁磁耦合。如果没有氧空位,过渡金属间只能通过氧发生超交换作用,表现为反铁磁性。因此,氧空位对氧化物基稀磁半导体铁磁性的产生有重要贡献。

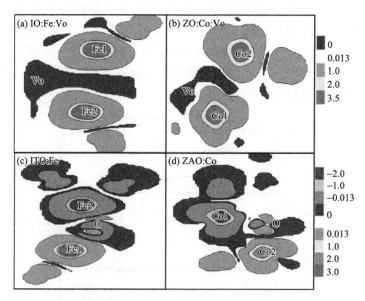

图 18.27　在氧空位存在和不存在的条件下,Co 掺杂的 ZnO 和 Fe 掺杂的 In_2O_3 体系的自旋密度图[126]

18.6.4　T_C 的计算

居里温度(T_C)是指材料从铁磁体变为顺磁体的相变温度。低于 T_C 时材料为铁磁体;当温度高于 T_C 时为顺磁体。人们研究稀磁半导体的目的就是希望其能在实际的自旋电子器件中得以应用,因此居里温度高于室温的稀磁半导体是这一领域研究者追求的目标。利用蒙特卡罗(MC)方法[131],结合第一性原理对磁交换能的计算,理论上可以模拟得到稀磁半导体的居里温度。

在计算物理模拟中,MC 方法的算法是首先将系统用一个哈密顿量来描述,并选择一个对问题合适的系综,然后用同这个系综相联系的分布函数和配分函数,就可以计算所有的可观察量。常见的几种模型有伊辛(Ising)模型、海森伯

(Heisenberg)自旋模型、晶格气(lattice gas)自旋模型[132]。实际人们常用 Heis-enberg 自旋模型进行蒙特卡罗模拟氧化物稀磁半导体的磁学相关性质。海森伯模型的哈密顿量为

$$E = -\sum_{(ij)} J_{ij} S_i \cdot S_j - K \sum_i (S_i \cdot u_i)^2 - H \sum_i S_i^Z \qquad (18.3)$$

式中，J_{ij} 为任意两磁性原子间的磁相互作用强度；$-\sum_{(ij)} J_{ij} S_i \cdot S_j$ 为自旋体系中所有磁性原子间的相互作用能；S_i 为第 i 个磁性原子的自旋，可以沿着易磁化轴指向上或向下，其相应值为 $+1$ 或 -1，K 表示共轴各向异性常数；$-K \sum_i (S_i \cdot u_i)^2$ 为体系一个单轴或平面的各向异性能；H 为外磁场，方向沿着 z 轴；$-H \sum_i S_i^Z$ 描述系统的 Zeeman 作用能。

令所取的晶格中的两个磁性原子的自旋方向为 z 方向，则式(18.3)简化为

$$E = -\sum_{(ij)} J_{ij} S_i \cdot S_j - H \sum_i S_i^Z \qquad (18.4)$$

利用第一性原理计算得到磁交换能和磁相互作用强度的关系：

$$\Delta E_{\text{AFM–FM}} = J \qquad (18.5)$$

就可以得到 MC 模拟所需要的参数，从而实现 MC 方法对 T_C 的模拟。

使用 MC 模拟氧化物稀磁半导体 T_C 代表性的例子是 Pemmaraju 等[128]对 Co 掺杂的 ZnO 体系的研究，如图 18.28 所示。他们首先利用第一性原理计算发现掺杂的 Co 与 O 空位形成的束缚磁极子间存在铁磁耦合，然后使用 MC 模拟得出 7%浓度的 Co/O 空位对应的居里温度是 250K。另一个代表性的工作是 Sato 等[133]对 Mn 掺杂 ZnO 居里温度的 MC 模拟研究，如图 18.29 所示。他们模拟了

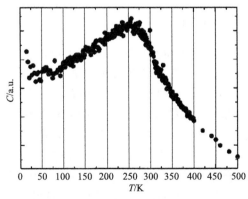

图 18.28　MC 模拟得到 7%浓度的 Co 掺杂 ZnO 中同时存在
O 空位时热容(C)随温度的变化关系[128]

不同 Mn 掺杂浓度下，分别有 N 共掺杂和 Zn 空位时对应的居里温度。在 Mn 为 15％且有 N 共掺杂，其 T_C 最高(约 135K)。

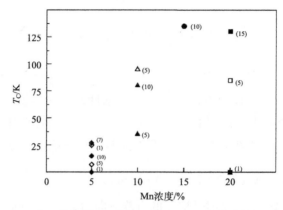

图 18.29　MC 模拟得到不同 Mn 掺杂 ZnO 浓度下的居里温度。
空心的符号表示有 Zn 空位，而实心的符号表示有 N 共掺杂[133]

18.7　氧化物稀磁半导体的磁性产生模型

从 20 世纪 60 年代人们首次研究磁性半导体以来，到目前为止，已经在过渡金属掺杂的氧化物稀磁半导体中实现 T_C 高于室温的铁磁性；但是，对于稀磁半导体的铁磁性来源人们一直没有统一的认识，也存在较多的理论解释。较为常用的有载流子诱导铁磁性理论、束缚磁极子理论和电荷转移的铁磁性理论等，下面将对这些主要的理论作一简要介绍。

18.7.1　载流子诱导铁磁性理论

载流子诱导铁磁性理论(carrier induced ferromagnetism)是波兰的 Dietl 等和日本的 Sato 等在 Zener 模型基础上提出的用来解释稀磁半导体铁磁性来源的一种理论。在这里我们首先对 Zener 模型进行简单介绍。Zener 在 1951 年提出了一种间接交换模型[134]，即未填满的 d 壳层间通过传导电子发生交换作用，此模型可以定性地解释过渡金属及其合金的磁性。紧接着，他将这个模型应用于新发现的混合价态亚锰酸盐系统[135]。作为传导电子的 e_g 电子在锰离子间跳跃时保持其自旋方向，由于 e_g 电子与 t_{2g} 电子存在强的洪德耦合，使得锰离子 t_{2g} 电子的局域自旋呈铁磁排列。反过来，当相邻锰离子的磁矩呈反铁磁排列时，e_g 电子就不能发生跳跃，如图 18.30 所示。由此解释了亚锰酸盐系统的铁磁性与金属导电性之间的关联，也解释了 3d 电子完全自旋极化的实验结果[5]。

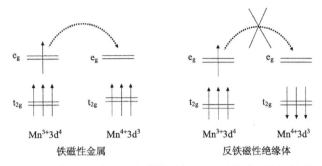

图 18.30 Mn^{3+}、Mn^{4+} 的芯自旋排列与 e_g 电子的跳跃之间的关系[134]

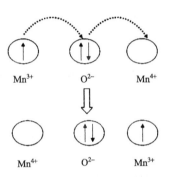

图 18.31 Zener 提出的 e_g 电子在 Mn^{3+} 与 Mn^{4+} 间的跳跃过程示意图[134]

在钙钛矿结构中锰离子是被氧离子隔开的,那么 e_g 电子是怎样发生跳跃的? Zener 提出了"双交换作用",即 e_g 电子从 Mn^{3+} 转移至 O^{2-},与此同时,O^{2-} 的 2p 电子从 O^{2-} 转移到 Mn^{4+} 上,如图 18.31所示。事实上,混合价态亚锰酸盐系统铁磁性的产生需要两个条件:第一个是 e_g 电子的巡游特性,第二个是 e_g 电子与锰离子的局域自旋间产生洪德耦合。

2000 年,Dietl 等[9]在 Zener 模型的基础上采用平均场近似理论对几种 III-V 和 II-VI 半导体材料的铁磁性进行了研究,理论计算认为高浓度的空穴诱发了 Mn 离子之间的铁磁交换耦合作用。Dietl 等的这一理论成功解释了 $(Ga,Mn)As$ 的铁磁性来源。2001 年,Sato 等根据 Zener 的双交换理论还提出了稀磁半导体的铁磁性是通过载流子为媒介的双交换作用产生的,即载流子诱导的双交换理论。磁性离子可以和载流子产生直接交换,即载流子可以"跳跃"到磁性离子的 d 轨道上,相邻的磁性离子通过载流子的调节,3d 轨道会扩展,使得它们处于相同的自旋取向时体系能量较低。Sato 等的理论计算结果表明,在过渡金属掺杂 ZnO 中,载流子的存在会使样品的铁磁稳定性增强。

Dietl 等和 Sato 等的理论计算结果表明 $(Ga,Mn)As$ 和过渡金属掺杂 ZnO 体系的铁磁性都与载流子有关。与此同时,大多数实验结果也支持载流子诱导磁性机制。我们制备了 Co 及 Co、Al 共掺杂 ZnO 薄膜[43],发现 Co、Al 共掺杂 ZnO 薄膜的磁性远远大于 Co 掺杂 ZnO 薄膜的磁性,这是由于 Al 的掺杂给体系提供了额外的载流子,有效调节了 Co^{2+} 之间的交换作用,其铁磁性来源于载流子诱导机制。Philip 等[100]也报道了在 Cr 掺杂 In_2O_3 薄膜中,载流子浓度可以调控磁性,随着载流子浓度的增大,Cr 掺杂 In_2O_3 薄膜出现了从顺磁绝缘体变化到铁磁半导体，再从铁磁半导体变化到铁磁类金属的现象。载流子诱导磁性理论可以解释许多具有较高的载流子浓度稀磁半导体的铁磁性来源，但对于导电性较差的稀磁半导体铁磁性来源的解释显得无能为力。

18.7.2　束缚磁极子理论

大量实验结果表明在过渡金属掺杂的 ZnO、TiO_2 和 In_2O_3 稀磁半导体中，许多导电性较差甚至是绝缘性样品也具有铁磁性。2005 年 Coey 等[78]针对载流子浓度较低的稀磁半导体磁性产生机制时，提出了束缚磁极子(bound magnetic polarons，BMP)理论。BMP 理论指的是由氧空位束缚一个电子(这个电子是局域的)，束缚的电子占据一个轨道和相邻的过渡元素离子的 d 轨道发生重叠。这是一种以浅施主电子(电子被氧空位束缚)为中介的铁磁性耦合，浅施主电子可形成重叠的束缚磁极子，产生自旋极化的杂质能带。BMP 理论认为半导体材料中的杂质能级(缺陷、施主、受主能级)形成相互独立的束缚极子，在一定的范围内束缚极子与掺入的磁性离子发生交换作用形成束缚磁极子，这种作用在极化子半径内产生一个有效的磁场，使得极化子半径范围内的磁性离子的自旋沿同一方向排列。相邻的磁极子会发生重叠并相互作用，从而使体系产生宏观的长程铁磁性。同时在稀磁半导体材料中还存在着孤立的磁性离子、没有参加交换作用的孤立磁极子以及反铁磁性离子对，这些均对体系的宏观磁性没有贡献。因此，在实验上得到的磁性离子的饱和磁矩一般总是小于其理论值。图 18.32 是束缚磁极子示意

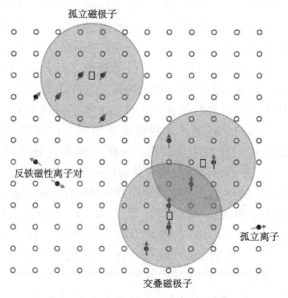

图 18.32　束缚磁极子示意图[78]

图。在 BMP 理论中产生宏观磁性的两个重要因素是磁性离子浓度和缺陷浓度，只有当磁性离子浓度 x 小于 x_p（磁性离子浓度阈值），缺陷浓度 δ 大于 δ_p（缺陷浓度阈值），如图 18.33 所示，体系才会出现长程的铁磁有序。

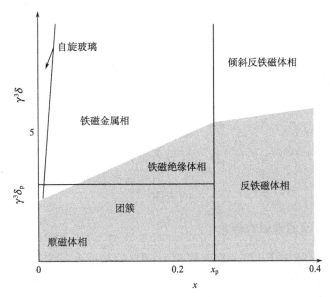

图 18.33　稀磁半导体的磁相图。其中，x 为磁性离子的掺杂浓度，δ 为缺陷浓度，$\gamma = \varepsilon(m/m^*)$。$\varepsilon$ 是高频介电常数，m 是电子质量，m^* 是电子的有效质量[78]

　　BMP 理论在解释氧化物稀磁半导体的铁磁性方面具有独特的优点，这是因为 ZnO、TiO_2、In_2O_3 中往往存在氧空位和间隙原子等缺陷。许多文献中报道的理论计算和实验结果都支持过渡金属掺杂氧化物稀磁半导体的铁磁性符合 BMP 理论。Stankiewicz 等[136]采用磁控溅射方法制备了 Co 掺杂 ITO 薄膜，他们发现薄膜的磁性大小与氧空位浓度有关，并认为薄膜的铁磁性来源符合 BMP 理论。在 C 还原的 Fe 掺杂 In_2O_3 中，实验通过 X 射线衍射和 X 射线光电子谱证实了样品中存在大量的间隙 In 原子和氧空位缺陷，这些缺陷对样品的铁磁性和导电性起着重要作用[121]。

　　在稀磁半导体的研究中，人们除了用 BMP 理论来解释导电性较差样品的铁磁性来源外，有时候还会用 F 色心机制来解释。F 色心机制和 BMP 理论都是 Coey 等提出的，其本质是一致的。2004 年，Coey 等[13]首次用 F 色心机制解释了 Fe 掺杂 SnO_2 稀磁半导体薄膜的铁磁性来源。Fe 掺杂 SnO_2 薄膜是在 10^{-4} mbar 的真空下制备的，因此薄膜中含有大量的氧空位，并且存在许多 Fe^{3+}-□-Fe^{3+} 群。其中，□指氧空位。氧空位捕获一个电子形成 F 色心，这个被捕获的电子占据氧空位的一个轨道并和相邻的 Fe^{3+} 离子的 d 轨道发生重叠。由于 Fe^{3+}

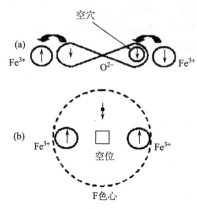

图 18.34　超交换作用(a)和 F 色心
交换作用(b)示意图[13]

离子的电子排布为 $3d^5$，只有自旋向下($\downarrow$)的轨道可以被占据，所以氧空位捕获的电子只能是自旋向下($\downarrow$)，相邻的两个 Fe^{3+} 离子则是自旋向上($\uparrow$)，如图 18.34 所示。Coey 等认为这是一种直接铁磁耦合作用。由于样品中还存在着 $Fe^{3+}\text{-}O^{2-}\text{-}Fe^{3+}$ 超交换反铁磁耦合作用，所以 Fe 掺杂 SnO_2 稀磁半导体薄膜的磁矩小于 Fe^{3+} 离子的理想磁矩 $5\ \mu_B/$Fe。同样，在 Fe 掺杂 In_2O_3 的电子结构和磁性的研究中，人们发现，样品的室温铁磁性与氧空位浓度密切相关[119]，F 色心机制可以很好地解释 Fe 掺杂 In_2O_3 薄膜铁磁性的来源[137]。

18.7.3　电荷转移的铁磁性理论

2008 年，Coey 等[138]在一系列更深入研究的基础上，提出了新的可以解释氧化物基稀磁半导体铁磁性产生机制的电荷转移的铁磁性(CTF)模型。本质上这个理论可以看作是一个与缺陷杂质带相关的 Stoner 模型[139]。

该模型认为氧化物基稀磁半导体内部同时存在缺陷导致的窄的局域态密度和一个由离子掺杂导致的局域电荷库，如图 18.35所示，电子可以在这个电荷库和缺陷杂质带间转移。通常费米面和杂质带的峰位并不重合，然而电子转移可以调节费米面的高度，使杂质带产生自旋劈裂。当富含缺陷的区域发生交叠时就会引起自发磁化。与其他的理论模型不同，CTF 模

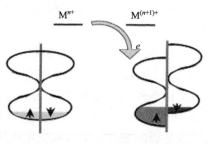

图 18.35　电荷转移的铁磁性
(CTF)模型图像[139]

型认为掺杂的过渡金属离子不是用于提供局域磁矩，而是扮演电子库的角色，这是因为 3d 过渡金属普遍具有混合价态的特点，这允许它们在掺入的半导体中可以在电荷转移过程中变价。因此，掺入的 3d 过渡金属离子可能是顺磁的。最近有一些实验确实发现这一现象。例如，Coey[139]和 Tietze 等[80]分别利用 X 射线磁圆二色谱(XMCD)和穆斯堡尔(Mössbauer)谱观测到掺入的 3d 过渡金属离子是非磁性的，这些实验结果支持了 CTF 模型的正确性。如果掺入的 3d 过渡金属离子不提供局域磁矩，那么氧化物基稀磁半导体内的磁性来自哪里？CTF 模型认为掺入的 3d 过渡金属离子很容易迁移到缺陷所在的表面或晶粒边界处，如

图 18.36所示，因此，体系的磁性来源与这些位置有关，这个观点可以很好地解释一些实验观察到的氧化物基稀磁半导体内的磁性非均匀现象。

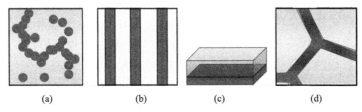

图 18.36　氧化物基稀磁半导体内部的非均匀铁磁性分布图。(a)随机分布；(b)条幅隔离区；(c)表面和界面区；(d)晶粒边界区[139]

经过近 10 多年的研究工作，人们对氧化物基稀磁半导体进行了大量的理论和实验研究，也取得了很大的进展，但是每一种磁性理论也只是得到了部分实验证实。通过上面的介绍，可以看出载流子和缺陷对氧化物基稀磁半导体的铁磁性产生是不可或缺的。如图 18.37 所示，我们在更大的超胞中构建了有两个磁极子存在的模型[126]，计算了两个磁极子间隔在不同距离时的铁磁稳定能。如图 18.37(b)所示：没有氧空位存在时，即使有载流子掺入，Co 掺杂的 ZnO 体系也没有出现稳定的铁磁态；有氧空位存在时，掺入载流子，使两个磁极子间出现长程的铁磁态。

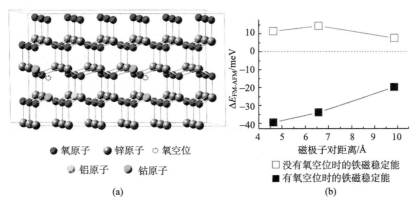

图 18.37(另见彩图)　两个束缚磁极子分布示意图及其不同距离时，计算得到的有和没有载流子掺杂情况下的铁磁稳定能[126]

这一研究证实氧空位对于铁磁性的产生是必不可少的，而载流子则扮演着双重的作用，既能增强束缚磁极子的稳定性，又能调控磁极子间产生长程的铁磁相互作用。在这个研究的基础上，我们提出载流子调控束缚磁极子间产生长程铁磁性的模型，这个模型综合了载流子诱导和 BMP 模型的优点。如果用 BMP 或

CTF 来解释氧化物基稀磁半导体的铁磁性机制并指导其制备，就要求体系缺陷越多，这样磁性才能越大。但是从另一个角度看，缺陷越多，晶体质量越差，则实际的器件越不好。尽管人们期望载流子能够调控氧化物基稀磁半导体的铁磁性，但如果认为铁磁性机制只与载流子有关，又与大量的实验和理论研究不符。因此，我们提出的载流子调控束缚磁极子间产生长程铁磁性的模型，可以为设计新的氧化物基稀磁半导体器件提供一定的理论依据。

18.8　氧化物稀磁半导体及其异质结中的磁电阻效应

最近，人们在很多氧化物稀磁半导体及其异质结中都观察到了磁电阻效应。稀磁半导体材料是否有磁电阻效应一方面可以证明其中的载流子是否自旋极化，为稀磁半导体磁性来源提供证据；另一方面也为稀磁半导体在自旋电子学器件（如磁传感器、磁性随机存储器等）中的应用提供实验依据，因此对氧化物稀磁半导体磁电阻效应的研究非常重要。下面主要就氧化物稀磁半导体及其隧道结的磁电阻效应进行阐述。

18.8.1　氧化物稀磁半导体的磁电阻效应

ZnO 和 In_2O_3 等氧化物基稀磁半导体通常会表现出低温磁电阻效应，其中有的为正磁电阻，有的为负磁电阻，有的既有正磁电阻也有负磁电阻。例如，Jin 等[140]报道了过渡金属掺杂 ZnO 稀磁半导体薄膜的低温磁电阻效应，发现薄膜的磁电阻效应可以分为三类：①ZnCrO 和 ZnMnO 薄膜表现出高场正磁电阻效应和低场负磁电阻效应；②在 ZnFeO、ZnNiO 和 ZnCuO 薄膜中仅观察到负磁电阻效应，且 ZnNiO 和 ZnCuO 薄膜电阻率在零场附近快速减小；③ZnCoO 薄膜中磁电阻效应随温度降低，出现由负值逐渐过渡到低场负值与高场正值的组合。与上述结果相反，也有人报道 ZnCoO 薄膜中随温度降低，磁电阻效应由正值到负值的过渡[141]。

氧化物稀磁半导体的磁电阻效应与温度、载流子浓度及过渡金属掺杂浓度等因素都有关系[142-144]，其产生机制非常复杂，为此人们提出了不同的模型来解释其磁电阻效应的来源。正磁电阻效应的产生机制一般认为是由于 s-d 交换作用导致的巨大能带自旋劈裂效应引起[43,145-148]。在没有外磁场时，由杂质散射引起的电阻与费米面附近电子的弛豫时间有关，也就是说电阻依赖于费米面的位置和杂质屏蔽半径；外磁场的存在会使稀磁半导体的导带劈裂成两个不同自旋取向的子能带，这时电子将从高能子带向低能子带转移，电子的重新分配会降低费米面处的电子态密度，使杂质屏蔽半径增加，这就会产生较弱的库仑 Thomas-Fermi 屏蔽，从而使电子的局域性增强，弛豫时间增加，相应地材料的电阻值增加产生正磁电阻效应。例如，在 n 型 ZnMnO 稀磁半导体中（图 18.38），由于其导带的自旋劈裂作用，随温度降低，薄膜的电阻逐渐增加，正磁电阻效应越来越明显，与相应的理论计算值变化趋势一致，由于 s-d 交换作用的增强，强局域体系 n-$Zn_{0.93}Mn_{0.07}$O 的正磁电阻效应明显大于弱局域体系 n-$Zn_{0.97}Mn_{0.03}$O[145]。在 ZnO：Co 体系中，随载流子浓度的降低，体系的局域性逐渐增强，相应地低温正磁电阻效应越来越明显[147]，相同的实验结果在 TiO_2：Co 薄膜中也得到证实[149]。另外，也有人认为氧化物稀磁半导体中的正磁电阻效应与 sp-d 交换作用[150]、电子波函数的收缩[151] 或 Zeeman 劈裂[152] 等有关。

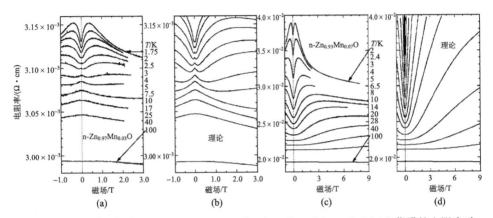

图 18.38 不同温度时 n-$Zn_{0.97}Mn_{0.03}$O（a）（b）和 n-$Zn_{0.93}Mn_{0.07}$O（c）（d）薄膜的电阻实验值（a）（c）与理论计算值（b）（d）。其中，n-$Zn_{0.97}Mn_{0.03}$O 薄膜的费米波矢 k_F 与平均自由程 l 的乘积 $k_F l=2.4$，n-$Zn_{0.93}Mn_{0.07}$O 薄膜 $k_F l=0.2$[145]

　　另一方面，氧化物稀磁半导体中负磁电阻效应也存在不同的产生机制，对零场附近的负磁电阻效应往往采用弱局域效应进行解释[140,142,147]。当两个电子波沿同一路径不同方向传播时会受到相同杂质的弹性散射，这将引起相长干涉和额外增加的电阻。在外磁场作用下，两个电子波会产生相位差，使相长干涉受到破坏，同时额外增加的电阻减小，从而产生负磁电阻效应。例如，在 ZnCoO 体系中随载流子浓度的增加，费米波矢 k_F 与平均自由程 l 的乘积逐渐增加（图 18.39），局域性进一步减弱，从而使低温负磁电阻效应逐渐超过正磁电阻取得主导优势[147]。氧化物稀磁半导体中负磁电阻效应的另一个产生机制是材料中磁极子的形成[141,145]。如图 18.38 所示，随着温度降低，薄膜开始出现高场负磁电阻效应，且在强局域体系 $Zn_{0.93}Mn_{0.07}$O 中这种现象更加明显，较大的外磁场使得束缚磁极子半径范围内磁性离子的自旋沿同一方向排列，这时电子在输运过程中受到的散射减弱，从而使电阻减小，产生了负磁电阻效应。另外，还有人采用自旋相关的散射机制[153] 和 s-d 交换耦合作用[154] 等模型对氧化物稀磁半导体的负磁电阻效应进行了解释。相对于弱局域效应理论，束缚磁极子理论、散射机制及 s-d 交换耦合作用通常用来解释氧化物稀磁半导体中的高场负磁电阻效应。

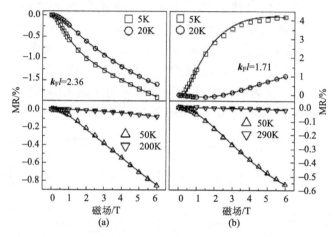

图 18.39　$Zn_{0.93}Co_{0.07}O$（a）和 $Zn_{0.9}Co_{0.1}O$（b）薄膜不同温度的低温磁电阻曲线，衬底温度分别为 350℃（a）和 650℃（b），费米波矢 k_F 与平均自由程 l 的乘积分别为 $k_F l = 2.36$（a）和 $k_F l = 1.71$（b）[147]

可见氧化物稀磁半导体磁电阻比值受到体系本身、温度、外场等诸多因素的影响，其磁电阻产生机制还不是很清楚，仍有待于进一步的理论分析和实验验证。

18.8.2　氧化物稀磁半导体基的磁性隧道结

自从发现具有室温铁磁性的氧化物稀磁半导体以来，人们不只停留在探讨其磁性来源方面，还着眼于进一步发展基于稀磁半导体的异质结，促进其在自旋电子学器件上的应用。隧道结是研究电子自旋极化、注入与输运的理想模型，同时也可以在磁性随机存储器、磁性传感器及逻辑器等器件上广泛应用。人们已经制备出(Ga,Mn)As 基的隧道结[155,156]，在 2K 时可以获得 100% 的磁电阻比值，这说明自旋可以从一个(Ga,Mn)As 电极经过势垒层隧穿到另一个(Ga,Mn)As 电极，但由于其工作温度较低，给应用带来难题。氧化物稀磁半导体的居里温度高于室温[12,105,78]，人们希望能够发展以此为基的隧道结并在未来自旋电子学器件中得以应用。

Song 等采用溅射方法制备了外延生长的(Zn,Co)O/ZnO/(Zn,Co)O 隧道结及双势垒 (Zn,Co)O/ZnO/(Zn,Co)O/ZnO/(Zn,Co)O 隧道结[157-159]，在 4K 下获得了 20.8% 的正磁电阻比值，如图 18.40 所示。由于势垒层晶体质量和稀磁半导体/势垒层界面质量和兼容性的改善，隧穿磁电阻(TMR)可以保持到室温，在外场为 2 T 下室温 TMR 比值为 0.35%，实现了室温自旋电子注入。由于外延生长的高质量(Zn,Co)O/ZnO 界面，(Zn,Co)O/ZnO/(Zn,Co)O 隧道结的偏压相关隧穿磁电阻比值降到最大值一半时所对应的偏压值($V_{1/2}$)超过 2V，在双势垒隧道结中超过了 4V，如此大的 $V_{1/2}$ 对推动基于稀磁半导体材料的自旋电子器件的发展具有重要意义。在此基础上，Song 等又研究了 MgO 作为势垒层的(Zn,Co)O/MgO/(Zn,Co)O 隧道结，发现了 4K 时 46.8% 的正磁电阻效应，但遗憾的是室温时磁电阻效应消失[160]。另外，采用 PLD 方法制备的(Zn,Co)O/ZnO/(Zn,Co)O 隧道结也只在低温时观察到正磁电阻效应[161]。

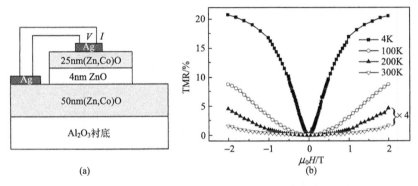

图 18.40 (Zn,Co)O/ZnO/(Zn,Co)O 的磁性隧道结结构示意图(a)
和高低温磁电阻曲线(b)[157]

　　虽然在氧化物稀磁半导体基的隧道结中观察到巨大的低温正磁电阻效应，但由于氧化物稀磁半导体本身也具有正磁电阻效应，所以容易混淆这种正磁电阻效应的来源。为了区分正磁电阻效应来源，Xu 等[162]设计并制备了非对称 ZnCoO/Al₂O₃/Co 隧道结，研究了电子从 ZnCoO 到 Al₂O₃ 的自旋注入。图 18.41(a)为非对称隧道结的结构示意图，同时指出了电子在隧道结中的移动方向。图 18.41(b)为隧道结电阻随外场的变化曲线。在隧道结击穿前，测得明显的蝴蝶状非对称正磁电阻曲线；击穿后，这种磁电阻效应消失。两种磁电阻效应的差异进一步说明，这种低场蝴蝶状正磁电阻效应来源于隧道结，而不是 Co-ZnO 稀磁半导体本身，从而证明了自旋极化的电子在非晶势垒层 Al₂O₃ 中的隧穿输运及稀磁半导体 Co-ZnO 中电子的自旋极化。另外，人们在 TiCoO₂/Al-O/FeCo 隧道结中也实现了低温 11% 的正磁电阻效应，但由于非弹性隧穿电导的增强，高温时磁电阻效应消失[163,164]。总之，对氧化物稀磁半导体基的磁性隧道结的研究还比较少，磁电阻效应主要以低温下正磁电阻效应为主，其产生机制还需要进一步探究。

　　综上所述，人们在氧化物磁性半导体及其异质结中发现了或大或小、或正或负、或低温或室温的磁电阻效应，但对其磁电阻效应的产生机制还不是很明确；由于 ZnO 等氧化物稀磁半导体本身的磁性起源仍有争议，人们对稀磁半导体隧道结磁电阻的解释面临着较大的挑战。

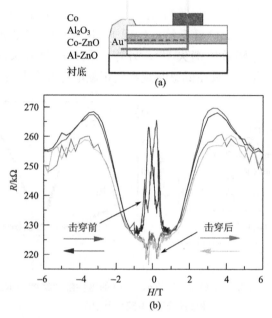

图 18.41　(a)非对称隧道结的结构及 TMR 两点法测试示意图，箭头方向为电子的
移动方向；(b)5K 时隧道结电阻随外场的变化关系，测试电流为 1×10^{-8}A[162]

18.9　总结与展望

21 世纪初，以 ZnO 为代表的氧化物稀磁半导体的居里温度被预测可能高于室温，这不但引起了研究者的高度关注，而且他们也为之付出了孜孜不倦的努力。经过十多年的研究，在氧化物稀磁半导体方面已取得了较大的进展，比如：发现了磁性与载流子浓度之间的依赖关系，发现了束缚磁极子对局域磁性的贡献，这些都为宽禁带氧化物稀磁半导体未来在基础研究上的突破和在实际器件中的应用奠定了坚实的基础。

这十多年中，人们几乎采用了各种可能的制备方法，选用了各种可能的掺杂元素，试图将过渡金属均匀地掺入氧化物半导体晶格中，为体系提供局域自旋；试图通过共掺杂引入施主和受主离子，或者利用施主和受主缺陷为体系提供额外的载流子；试图采用微观表征手段来探明掺杂氧化物稀磁半导体原子尺度的微观结构信息。尽管在很多时候都能观察到室温铁磁性，但发现其磁性与过渡金属掺杂浓度、载流子浓度、缺陷的种类和浓度、半导体结晶度、掺杂元素的微观短程有序环境等诸多因素有关，这使得磁性的来源颇为复杂。由于氧化物半导体本身的特点和制备设备的局限，很难在原子尺度精确操控其均匀掺杂生长，这就导致了样品重复性不好，磁性不稳定等。另外，其磁性产生的机制仍有待于进一步探讨。

此外，以氧化物稀磁半导体为基的异质结构(如隧道结)表现出较好的室温或低温磁电阻效应，并且最近人们发现可以通过电场来诱导和调控氧化物稀磁半导体的室温磁性。这些都为氧化物稀磁半导体的应用指明了方向。尽管半导体自旋电子学的研究发展速度很快，但是其技术离应用还有一段距离。如何在半导体中实现自旋极化载流子的注入、输运、操控和检测等是半导体自旋电子技术投入应用前所必须解决的关键问题。如果能够攻克上述稀磁半导体材料中存在的问题，无疑将会极大地推动半导体自旋电子学研究的进展。

致　谢　作者感谢国家自然科学基金项目(51025101、11274214、61434002)和科技部项目(2014AA032904)的支持。

作者简介

许小红　博士、山西师范大学教授、博士研究生导师、国家杰出青年科学基金获资助者。1988 年于天津大学材料系获学士学位，1996 年于北京科技大学理化系获硕士学位，2001 年于西安交通大学材料科学与工程学院获博士学位。2001～2006 年，在中国华中科技大学电子科学与技术系、英国谢菲尔德大学物理系、日本东北大学电气通信研究所做博士后或访问学者。2007 年入选教育部"新世纪优秀人才支持计划"，2010 年入选山西省高校中青年拔尖创新人才，2012 年成为享受国务院特殊津贴的专家，2012 年成为山西省"三晋学者"首批特聘教授。主要从事半导体自旋电子学材料和超高密度磁存储材料等方面的研究。主持多项国家和省部级科研项目，以第一完成人身份获得山西省自然科学奖一等奖 1 项。已发表 SCI 收录学术论文 100 余篇，所发表论文在 SCI 中被引用 1000 余次。

参 考 文 献

[1] 许小红，李小丽，齐世飞，等. 氧化物稀磁半导体的研究进展. 物理学进展，2012，32(4)：199-231.

[2] Ohno H. Making nonmagnetic semiconductors ferromagnetic. Science，1998，281：951-956.

[3] 刘学超, 施尔畏, 张华伟, 等. ZnO 基稀磁半导体薄膜材料研究进展. 无机材料学报, 2006, 21(3): 513-520.

[4] 都有为. 自旋电子学功能材料进展. 世界科技研究与发展, 2006, 28(4): 1-6.

[5] 焦正宽, 曹光旱. 磁电子学. 杭州: 浙江大学出版社, 2005: 163-164, 235-236.

[6] Von Molnár S, Read D. New materials for semiconductor spin-electronics. Proceedings of the IEEE, 2003, 91(5): 715-726.

[7] 赵建华, 邓加军, 郑厚植. 稀磁半导体的研究进展. 物理学进展, 2007, 27(2): 109-150.

[8] Chen L, Yang X, Yang F H, et al. Enhancing the Curie temperature of ferromagnetic semiconductor (Ga, Mn)As to 200 K via nanostructure engineering. Nano Letters, 2011, 11: 2584-2589.

[9] Dietl T, Ohno H, Matsukura F, et al. Zener model description of ferromagnetism in zinc-blende magnetic semiconductors. Science, 2000, 287: 1019-1022.

[10] Sato K, Katayama-Yoshida H. Material design for transparent ferromagnets with ZnO-based magnetic semiconductors. Japanese Journal of Applied Physics, 2000, 39: L555-L558.

[11] Ueda K, Tabata H, Kawai T. Magnetic and electric properties of transition-metal-doped ZnO films. Applied Physics Letters, 2001, 79(7): 988-990.

[12] Sharma P, Gupta A, Rao K V, et al. Ferromagnetism above room temperature in bulk and transparent thin films of Mn-doped ZnO. Nature Materials, 2003, 2: 673-677.

[13] Coey J M D, Douvalis A P, Fitzgerald C B, et al. Ferromagnetism in Fe-doped SnO_2 thin films. Applied Physics Letters, 2004, 84(8): 1332-1334.

[14] Hong N H, Poirot N, Sakai J. Ferromagnetism observed in pristine SnO_2 thin films. Physical Review B, 2008, 77(3): 033205.

[15] Hong N H, Song J H, Raghavender A T, et al. Ferromagnetism in C-doped SnO_2 thin films. Applied Physics Letters, 2011, 99: 052505.

[16] Yang S G, Li T, Gu B X, et al. Ferromagnetism in Mn-doped CuO. Applied Physics Letters, 2003, 83(18): 3746-3748.

[17] Li Y, Xu M, Pan L, et al. Structural and room-temperature ferromagnetic properties of Fe-doped CuO nanocrystals. Journal of Applied Physics, 2010, 107: 113908.

[18] Pemmaraju C D, Sanvito S. Ferromagnetism driven by intrinsic point defects in HfO_2. Physical Review Letters, 2005, 94: 217205.

[19] Coey J M D, Venkatesan M, Stamenov P, et al. Magnetism in hafnium dioxide. Physical Review B, 2005, 72: 024450.

[20] Chang Y H, Soo Y L, Lee W C, et al. Observation of room temperature ferromagnetic behavior in cluster-free, Co doped HfO_2 films. Applied Physics Letters, 2007, 91: 082504.

[21] 唐伟忠. 薄膜材料制备原理、技术及应用. 北京: 冶金工业出版社, 1998: II.

[22] 敖育红, 胡少六, 龙华, 等. 脉冲激光沉积薄膜技术研究新进展. 激光技术, 2003, 27(5): 453-459.

[23] Zheng Y, Boulliard J C, Demaille D, et al. Study of ZnO crystals and $Zn_{1-x}M_xO$ (M=Co, Mn) epilayers grown by pulsed laser deposition on substrate. Journal of Crystal Growth, 2005, 274: 156-166.

[24] Li X L, Xu X H, Quan Z Y, et al. Role of donor defects in enhancing ferromagnetism of Cu-doped ZnO films. Journal of Applied Physics, 2009, 105: 103914.

[25] Li X L, Guo J F, Quan Z Y, et al. Defects inducing ferromagnetism in carbon-doped ZnO films. IEEE Transactions on Magnetics, 2010, 46(6): 1382-1384.

[26] Xu X H, Jiang F X, Zhang J, et al. Magnetic and transport properties of n-type Fe-doped In_2O_3 ferromagnetic thin films. Applied Physics Letters, 2009, 94: 212510.

[27] Li X L, Wang Z L, Qin X F, et al. Enhancement of magnetic moment of Co-doped ZnO films by post-annealing in vacuum. Journal of Applied Physics, 2008, 103: 023911.

[28] Xu X H, Qin X F, Jiang F X, et al. The dopant concentration and annealing temperature dependence of ferromagnetism in Co-doped ZnO thin films. Applied Surface Science, 2008, 254: 4956-4960.

[29] Lim S W, Jeong M C, Ham M H, et al. Hole-mediated ferromagnetic properties in $Zn_{1-x}Mn_xO$ thin films. Japanese Journal of Applied Physics, 2004, 43: L280-L283.

[30] Biegger E, Fonin M, Rüdiger U, et al. Defect induced low temperature ferromagnetism in $Zn_{1-x}Co_xO$ films. Journal of Applied Physics, 2007, 101: 073904.

[31] Jin Z, Fukumura T, Kawasaki M, et al. High throuput fabrication of transition-metal-doped epitaxial ZnO thin films: A series of oxide-diluted magnetic semiconductors and their properties. Applied Physics Letters, 2001, 78(24): 3824-3826.

[32] Nielsen K, Bauer S, Lübbe M, et al. Ferromagnetism in epitaxial $Zn_{0.95}Co_{0.05}O$ films grown on ZnO and Al_2O_3. Physica Status Solidi (a), 2006, 203(14): 3581-3596.

[33] Heo Y W, Ivill M P, Ip K, et al. Effects of high-dose Mn implantation into ZnO grown on sapphire. Applied Physics Letters, 2004, 84(13): 2292-2294.

[34] Venkataraj S, Ohashi N, Sakaguchi I, et al. Structural and magnetic properties of Mn-ion implanted ZnO films. Journal of Applied Physics, 2007, 102: 014905.

[35] Hsu H S, Huang J C A, Huang Y H, et al. Evidence of oxygen vacancy enhanced room-temperature ferromagnetism in Co-doped ZnO. Applied Physics Letters, 2006, 88: 242507.

[36] Janisch R, Gopal P, Spaldin N A, Transition metal-doped TiO_2 and ZnO—Present status of the field. Journal of Physics: Condensed Matter, 2005, 17: R657-R689.

[37] Song C, Zeng F, Geng K W, et al. Substrate-dependent magnetization in Co-doped ZnO insulating films. Physical Review B, 2007, 76: 045215.

[38] Herng T S, Lau S P, Yu S F, et al. Ferromagnetic copper-doped ZnO deposited on plastic substrates. Journal of Physics: Condensed Matter, 2007, 19: 236214.

[39] Kim J H, Kim H, Kim D, et al. Magnetic properties of epitaxially grown semiconducting $Zn_{1-x}Co_xO$ thin films by pulsed laser deposition. Journal of Applied Physics, 2002, 92(10): 6066-6071.

[40] Liu Q, Yuan C L, Gan C L, et al. Effect of substrate temperature on pulsed laser ablated $Zn_{0.95}Co_{0.05}O$ diluted magnetic semiconducting thin films. Journal of Applied Physics, 2007, 101: 073902.

[41] Liu X C, Shi E W, Chen Z Z, et al. Effect of donor localization on the magnetic properties of Zn-Co-O system. Applied Physics Letters, 2008, 92: 042502.

[42] Liu X C, Shi E W, Chen Z Z, et al. Effect of oxygen partial pressure on the local structure and magnetic properties of Co-doped ZnO films. Journal of Physics: Condensed Matter, 2008, 20: 025208.

[43] Xu X H, Blythe H J, Ziese M, et al. Carrier-induced ferromagnetism in n-type ZnMnAlO and ZnCoAlO thin films at room temperature. New Journal of Physics, 2006, 8: 135.

[44] Venkatesan M, Fitzgerald C B, Lunney J G, et al. Anisotropic ferromagnetism in substituted zinc oxide. Physical Review Letters, 2004, 93(17): 177206.

[45] Hong N H, Sakai J, Huong N T, et al. Role of defects in tuning ferromagnetism in diluted magnetic oxide thin films. Physical Review B, 2005, 72: 045336.

[46] Gu Z B, Lu M H, Wang J, et al. Structure, optical, and magnetic properties of sputtered manganese and nitrogen-codoped ZnO films. Applied Physics Letters, 2006, 88: 082111.

[47] Yan W S, Sun Z H, Liu Q H, et al. Structures and magnetic properties of (Mn, N)-codoped ZnO thin films. Applied Physics Letters, 2007, 90: 242509.

[48] Hou D L, Ye X J, Meng H J, et al. Magnetic properties of n-type Cu-doped ZnO thin films. Applied Physics Letters, 2007, 90: 142502.

[49] Schwartz D A, Gamelin D R. Reversible 300 K ferromagnetic ordering in a diluted magnetic semiconductor. Advanced Materials, 2004, 16(23-24): 2115-2119.

[50] Kittilstved K R, Schwartz D A, Tuan A C, et al. Direct kinetic correlation of carriers and ferromagnetism in Co^{2+} : ZnO. Physical Review Letters, 2006, 97: 037203.

[51] Ramachandran S, Narayan J, Prater J T, Effect of oxygen annealing on Mn doped ZnO diluted magnetic semiconductors. Applied Physics Letters, 2006, 88: 242503.

[52] Huang B, Zhu D L, Ma X C. Great influence of the oxygen vacancies on the ferromagnetism in the Co-doped ZnO films. Applied Surface Science, 2007, 253: 6892-6895.

[53] Gao D Q, Xu Y, Zhang Z H, et al. Room temperature ferromagnetism of Cu doped ZnO nanowire arrays. Journal of Applied Physics, 2009, 105: 063903.

[54] Yoo Y K, Xue Q, Lee H C, et al. Bulk synthesis and high-temperature ferromagnetism of $(In_{1-x}Fe_x)_2O_{3-\sigma}$ with Cu co-doping. Applied Physics Letters, 2005, 86: 042506.

[55] He J, Xu S, Yoo Y K, et al. Room temperature ferromagnetic n-type semiconductor in $(In_{1-x}Fe_x)_2O_{3-\sigma}$. Applied Physics Letters, 2005, 86(5): 052503.

[56] Hong N H, Sakai J, Huong N T, et al. Room temperature ferromagnetism in laser ablated Ni-doped In_2O_3 thin films. Applied Physics Letters, 2005, 87: 102505.

[57] Tsymbal E Y, Zutic I, Handbook of Spin Transport and Magnetism. Boca Raton: CRC Press, 2011: 405-426.

[58] Snure M, Kumar D, Tiwari A, Ferromagnetism in Ni-doped ZnO films: Extrinsic or intrinsic? Applied Physics Letters , 2009 , 94: 012510.

[59] He Y, Sharma P, Biswas K, et al. Origin of ferromagnetism in ZnO codoped with Ga and Co: Experiment and theory. Physical Review B, 2008, 78: 155202.

[60] Shinde S R, Ogale S B, Higgins J S, et al. Co-occurrence of superparamagnetism and anomalous Hall effect in highly reduced cobalt-doped rutile $TiO_{2-\delta}$ films. Physical Review Letters, 2004, 92: 166601.

[61] Jiang F X, Xu X H , Zhang J, et al. High temperature ferromagnetism of the vacuum-annealed $(In_{1-x}Fe_x)_2O_3$ powders. Appl Surf Sci, 2009, 255: 3655-3658.

[62] Sudakar C, Thakur J S, Lawes G, et al. Ferromagnetism induced by planar nanoscale CuO inclusions in Cu-doped ZnO thin films. Physical Review B, 2007, 75: 054423.

[63] Wu Z, Liu X C, Huang J C A. Room temperature ferromagnetism in Tb doped ZnO nanocrystalline films. Journal of Magnetism and Magnetic Materials, 2012, 324: 642-644.

[64] 马礼敦. X 射线吸收光谱及发展. 上海计量测试, 2007, 6: 2-10.

[65] Heald S M, Kaspar T, Droubay T, et al. X-ray absorption fine structure and magnetization characterization of the metallic Co component in Co-doped ZnO thin films. Physical Review B, 2009, 79: 075202.

[66] Yu M P, Qiu H, Chen X B, et al. Magnetic, magnetoresistance and electrical transport properties of Ni and Al co-doped ZnO films grown on glass substrates by direct current magnetron co-sputtering. Materi-

als Chemistry and Physics, 2010, 120: 571-575.

[67] Jiang F X, Xu X H, Zhang J, et al. Room temperature ferromagnetism in metallic and insulating $(In_{1-x}Fe_x)_2O_3$ thin films. Journal of Applied Physics, 2011, 109: 053907.

[68] Neal J R, Behan A J, Ibrahim R M, et al. Room-temperature magneto-optics of ferromagnetic transition-metal-doped ZnO thin films. Physical Review Letters, 2006, 96: 197208.

[69] Yang X L, Chen Z T, Wang C D, et al. Structural, optical, and magnetic properties of Cu-implanted GaN films. Journal of Applied Physics, 2009, 105: 053910.

[70] Wang X F, Xu J B, Cheung W Y, et al. Aggregation-based growth and magnetic properties of inhomogeneous Cu-doped ZnO nano-crystals. Applied Physics Letters, 2007, 90: 212502.

[71] Tay M, Wu Y H, Han G C, et al. Ferromagnetism in inhomogeneous $Zn_{1-x}Co_xO$ thin films. Journal of Applied Physics, 2006, 100: 063910.

[72] Martínez B, Sandiumenge F, Balcells L, et al. Structure and magnetic properties of Co-doped ZnO nanoparticles. Physical Review B, 2005, 72: 165202.

[73] Schmidt H, Diaconu M, Hochmuth H, et al. Weak ferromagnetism in textured $Zn_{1-x}(TM)_xO$ thin films. Superlattices and Microstructures, 2006, 39: 334-339.

[74] Saeki H, Tabata H, Kawai T, Magnetic and electric properties of vanadium doped ZnO films. Solid State Communications, 2001, 120: 439-443.

[75] Weng Z Z, Huang Z G, Lin W X, First-principles study of ferromagnetism in Ti-doped ZnO with oxygen vacancy. Physica B, 2012, 407: 743-747.

[76] Yan W, Sun Z, Liu Q, et al. Zn vacancy induced room-temperature ferromagnetism in Mn-doped ZnO. Applied Physics Letters, 2007, 91: 062113.

[77] Liu X, Lin F, Sun L, et al. Doping concentration dependence of room-temperature ferromagnetism for Ni-doped ZnO thin films prepared by pulsed-laser deposition. Applied Physics Letters, 2006, 88: 062508.

[78] Coey J M D, Venkatesan M, Fitzgerald C B. Donor impurity band exchange in dilute ferromagnetic oxides. Nature Materials, 2005, 4: 173-179.

[79] Wan Q, Structural and magnetic properties of manganese and phosphorus codoped ZnO films on (0001) sapphire substrates. Applied Physics Letters, 2006, 89: 082515.

[80] Tietze T, Gacic M, Schütz G, et al. XMCD studies on Co and Li doped ZnO magnetic semiconductors. New Journal of Physics, 2008, 10: 055009.

[81] Sluiter M H F, Kawazoe Y, Sharma P, et al. First principles based design and experimental evidence for a ZnO-based ferromagnet at room temperature. Physical Review Letters, 2005, 94: 187204.

[82] Park C H, Chadi D J. Hydrogen-mediated spin-spin interaction in ZnCoO. Physical Review Letters, 2005, 94: 127204.

[83] Wang Z H, Geng D Y, Guo S, et al. Ferromagnetism and superparamagnetism of ZnCoO:H nanocrystals. Applied Physics Letters, 2008, 92: 242505.

[84] Zhu W G, Zhang Z Y, Kaxiras E. Dopant-assisted concentration enhancement of substitutional Mn in Si and Ge. Physical Review Letters, 2008, 100: 027205.

[85] Fan J P, Li X L, Xu X H, et al. Tunable magnetic and transport properties of p-type ZnMnO films with n-type Ga, Cr, and Fe codopants. Applied Physics Letters, 2013, 102: 102407.

[86] Ivill M, Pearton S J, Heo Y W, et al. Magnetization dependence on carrier doping in epitaxial ZnO thin

films co-doped with Mn and P. Journal of Applied Physics, 2007, 101, 123909.

[87] Zhang H W, Wei Z R, Li Z Q, et al. Room-temperature ferromagnetism in Fe-doped, Fe- and Cu-co-doped ZnO diluted magnetic semiconductor. Maters Letters, 2007, 61: 3605-3607.

[88] Lin H T, Chin T S, Shih J C, et al. Enhancement of ferromagnetic properties in $Zn_{1-x}Co_xO$ by additional Cu doping. Applied Physics Letters, 2004, 85(4): 621-623.

[89] Hong N H, Brizé V, Sakai J. Mn-doped ZnO and (Mn,Cu)-doped ZnO thin films: Does the Cu doping indeed play a key role in tuning the ferromagnetism? Applied Physics Letters, 2005, 86: 082505.

[90] Cho Y M, Choo W K, Kim H, et al. Effects of rapid thermal annealing on the ferromagnetic properties of sputtered $Zn_{1-x}(Co_{0.5}Fe_{0.5})_xO$ thin films. Applied Physics Letters, 2002, 80(18): 3358-3360.

[91] Gu Z B, Yuan C S, Lu M H, et al. Magnetic and transport properties of (Mn,Co)-codoped ZnO films prepared by radio-frequency magnetron cosputtering. Journal of Applied Physics, 2005, 98: 053908.

[92] Yan L, Ong C K, Rao X S, Magnetic order in Co-doped and (Mn,Co) codoped ZnO thin films by pulsed laser deposition. Journal of Applied Physics, 2004, 96(1): 508-511.

[93] Venkatesan M, Fitzgerald C B, Coey J M D. Unexpected magnetism in a dielectric oxide. Nature, 2004, 430: 630.

[94] Banerjee S, Mandal M, Gayathri N, et al. Enhancement of ferromagnetism upon thermal annealing in pure ZnO. Applied Physics Letters, 2007, 91: 182501.

[95] Xu Q Y, Schmidt H, Zhou S Q, et al. Room temperature ferromagnetism in ZnO films due to defects. Applied Physics Letters, 2008, 92: 082508.

[96] Pan H, Yi J B, Shen L, et al. Room-temperature ferromagnetism in carbon-doped ZnO. Physical Review Letters, 2007, 99: 127201.

[97] Zhou S Q, Xu Q Y, Potzger K, et al. Room temperature ferromagnetism in carbon-implanted ZnO. Applied Physics Letters, 2008, 93: 232507.

[98] Sato K, Katayama-Yoshida H. Stabilization of ferromagnetic states by electron doping in Fe, Co- or Ni-doped ZnO. Japanese Journal of Applied Physics, 2001, 40: L334-L336.

[99] Chattopadhyay S, Nath T K, Behan A J, et al. Enhancement of room temperature ferromagnetism of Fe-doped ZnO epitaxial thin films with Al co-doping. Journal of Magnetism and Magnetic Materials, 2011, 323: 1033-1039.

[100] Philip J, Punnoose A, Kim B I, et al. Carrier-controlled ferromagnetism in transparent oxide semiconductors. Nature Materials, 2006, 5: 298-304.

[101] Jiang F X, Xu X H, Zhang J, et al. Role of carrier and spin in tuning ferromagnetism in Mn and Cr-doped In_2O_3 thin films. Applied Physics Letters, 2010, 96: 052503.

[102] Li S C, Ren P, Zhao B C, et al. Room temperature ferromagnetism of bulk polycrystalline $(In_{0.85-x}Sn_xFe_{0.15})_2O_3$: Charge carrier mediated or oxygen vacancy mediated? Applied Physics Letters, 2009, 95: 102101.

[103] Ivill M, Pearton S J, Norton D P, et al. Magnetization dependence on electron density in epitaxial ZnO thin films codoped with Mn and Sn. Journal of Applied Physics, 2005, 97: 053904.

[104] Tiwari A, Snure M, Kumar D, et al. Ferromagnetism in Cu-doped ZnO films: Role of charge carriers. Applied Physics Letters, 2008, 92: 062509.

[105] Behan A J, Mokhtari A, Blythe H J, et al. Two magnetic regimes in doped ZnO corresponding to a dilute magnetic semiconductor and a dilute magnetic insulator. Physical Review Letters, 2008,

100: 047206.

[106] Mott N F. Metal Insulator Transitions. 2nd ed. London: Taylor & Francis London, 1990.

[107] Yamada Y, Ueno K, Fukumura T, et al. Electrically induced ferromagnetism at room temperature in cobalt-doped titanium dioxide. Science, 2011, 332: 1065-1067.

[108] Lu Z L, Hsu H S, Tzeng Y, et al. Carrier-mediated ferromagnetism in single crystalline (Co, Ga)-co-doped ZnO films. Applied Physics Letters, 2009, 94: 152507.

[109] Yu Z G, He J, Xu S F, et al. Origin of ferromagnetism in semiconducting $(In_{1-x-y}Fe_xCu_y)_2O_{3-\sigma}$. Physical Review B, 2006, 74: 165321.

[110] Toyosaki H, Fukumura T, Yamada Y, et al. Anomalous Hall effect governed by electron doping in a room-temperature transparent ferromagnetic semiconductor. Nature Materials, 2004, 3: 221-224.

[111] Pei G, Xia C, Wu B, et al. Studies of magnetic interactions in Ni-doped ZnO from first-principles calculations. Computational Materials Science, 2008, 43: 489-494.

[112] Chanier T, Sargolzaei M, Opahle I, et al. LSDA+U versus LSDA: Towards a better description of the magnetic nearest-neighbor exchange coupling in Co- and Mn-doped ZnO. Physical Review B, 2006, 73: 134418.

[113] Gopal P, Spaldin N A. Magnetic interactions in transition-metal-doped ZnO: An *ab initio* study. Physical Review B, 2006, 74: 094418.

[114] Patterson C H. Role of defects in ferromagnetism in $Zn_{1-x}Co_xO$: A hybrid density-functional study. Physical Review B, 2006, 74: 144432.

[115] Lany S, Raebiger H, Zunger A. Magnetic interactions of Cr-Cr and Co-Co impurity pairs in ZnO within a band-gap corrected density functional approach. Physical Review B, 2008, 77: 241201(R).

[116] Feng X B. Electronic structures and ferromagnetism of Cu- and Mn-doped ZnO. Journal of Physics: Condensed Matter, 2004, 16: 4251-4259.

[117] Lee E C, Chang K J. Ferromagnetic versus antiferromagnetic interaction in Co-doped ZnO. Physical Review B, 2004, 69: 085205.

[118] Iusan D, Sanyal B, Eriksson O. Influence of defects on the magnetism of Mn-doped ZnO. Journal of Applied Physics, 2007, 101: 09H101.

[119] Dev P, Xue Y, Zhang P. Defect-induced intrinsic magnetism in wide-gap III nitrides. Physical Review Letters, 2008, 100: 117204.

[120] Song C, Geng K W, Zeng F, et al. Giant magnetic moment in an anomalous ferromagnetic insulator: Co-doped ZnO. Physical Review B, 2006, 73: 024405.

[121] Hu S J, Yan S S, Lin X L, et al. Electronic structure of Fe-doped In_2O_3 magnetic semiconductor with oxygen vacancies: Evidence for F-center mediated exchange interaction. Applied Physics Letters, 2007, 91: 262514.

[122] Hu S J, Yan S S, Zhao M W, et al. First-principles LDA+U calculations of the Co-doped ZnO magnetic semiconductor. Physical Review B, 2006, 73: 245205.

[123] Liu X J, Song C, Zeng F, et al. Influence of annealing on microstructure and magnetic properties of co-sputtered Co-doped ZnO thin films. Journal of Physics D: Applied Physics, 2007, 40: 1608.

[124] Matsumura T, Okuyama D, Niioka S, et al. X-ray anomalous scattering of diluted magnetic oxide semiconductors: Possible evidence of lattice deformation for high temperature ferromagnetism. Physical Review B, 2007, 76: 115320.

[125] Chakraborti D, Trichy G R, Prater J T, et al. The effect of oxygen annealing on ZnO：Cu and ZnO：(Cu，Al) diluted magnetic semiconductors. Journal of Physics D：Applied Physics, 2007, 40：7606.

[126] Qi S F, Jiang F X, Fan J P, et al. Carrier-mediated nonlocal ferromagnetic coupling between local magnetic polarons in Fe-doped In_2O_3 and Co-doped ZnO. Physical Review B, 2011, 84：205204.

[127] Assadi M H N, Zhang Y B, Li S. First-principles calculations of enhanced ferromagnetism in ZnO co-doped with cobalt and nitrogen. Journal of Applied Physics, 2009, 105：043906.

[128] Pemmaraju C D, Hanafin R, Archer T, et al. Impurity-ion pair induced high-temperature ferromagnetism in Co-doped ZnO. Physical Review B, 2008, 78：054428.

[129] Lathiotakis N N, Andriotis A N, Menon M. Codoping：A possible pathway for inducing ferromagnetism in ZnO. Physical Review B, 2008, 78：193311.

[130] Liu X C, Shi E W, Chen Z Z, et al. High-temperature ferromagnetism in (Co，Al)-codoped ZnO powders. Applied Physics Letters, 2006, 88：252503.

[131] Adler J, Hashibon A, Schreiber N, et al. Visualization of MD and MC simulations for atomistic modeling. Computer Physics Communications, 2002, 147：665-669.

[132] Reger J D, Young A P. Computer simulation of the Heisenberg spin glass with Ruderman-Kittel-Kasuya-Yosida-like coupling. Physical Review B, 1988, 37：5493-5499.

[133] Sato K, Bergqvist L, Kudrnovsky J, et al. First-principles theory of dilute magnetic semiconductors. Reviews of Modern Physics, 2010, 82：1633-1690.

[134] Zener C. Interaction Between the d Shells in the Transition Metals. Physical Review, 1951, 81：440-444.

[135] Zener C. Interaction between the d-Shells in the Transition Metals. II. Ferromagnetic Compounds of Manganese with Perovskite Structure. Physical Review, 1951, 82：403-405.

[136] Stankiewicz J, Villuendas F, Bartolomé J. Magnetic behavior of sputtered Co-doped indium-tin oxide films. Physical Review B, 2007, 75：235308.

[137] Xing P F, Chen Y X, Yan S S, et al. Tunable ferromagnetism by oxygen vacancies in Fe-doped In_2O_3 magnetic semiconductor. Journal of Applied Physics, 2009, 106：043909.

[138] Coey J M D, Wongsaprom K, Alaria J, et al. Charge-transfer ferromagnetism in oxide nanoparticles. Journal of Physics D：Applied Physics, 2008, 41：134012.

[139] Coey J M D, Stamenov P, Gunning R D, et al. Ferromagnetism in defect-ridden oxides and related materials. New Journal of Physics, 2010, 12：053025.

[140] Jin Z, Hasegawa K, Fukumura T, et al. Magnetoresistance of 3d transition-metal-doped epitaxial ZnO thin films. Physica E, 2001, 10：256-259.

[141] Wang J, Gu Z B, Lu M H, et al. Giant magnetoresistance in transition-metal-doped ZnO films. Applied Physics Letters, 2006, 88：252110.

[142] Wang D F, Ying Y, Thuy V T T, et al. Temperature-dependent magnetoresistance of ZnO thin film. Thin Solid Films, 2011, 520：529-532.

[143] Behan A J, Mokhtari A, Blythe H J, et al. Magnetoresistance of magnetically doped ZnO films. Journal of Physics：Condensed Matter, 2009, 21：346001.

[144] Stamenov P, Venkatesan M, Dorneles L S, et al. Magnetoresistance of Co-doped ZnO thin films. Journal of Applied Physics, 2006, 99：08M124.

[145] Andrearczyk T, Jaroszynski J, Grabecki G, et al. Spin-related magnetoresistance of n-type ZnO：Al

and $Zn_{1-x}Mn_x O$: Al thin films. Physical Review B, 2005, 72: 121309(R).

[146] Xu Q, Hartmann L, Schmidt H, et al. Magnetoresistance and anomalous Hall effect in magnetic ZnO films. Journal of Applied Physics, 2007, 101: 063918.

[147] Xu Q, Hartmann L, Schmidt H, et al. s-d exchange interaction induced magnetoresistance in magnetic ZnO. Physical Review B, 2007, 76: 134417.

[148] Tian Y, Li Y, Wu T. Tuning magnetoresistance and exchange coupling in ZnO by doping transition metals. Applied Physics Letters, 2011, 99: 222503.

[149] Shinde S R, Ogale S B, Sarma S D, et al. Ferromagnetism in laser deposited anatase $Ti_{1-x}Co_x O_{2-\delta}$ films. Physical Review B, 2003, 67: 115211.

[150] Peleckis G, Wang X L, Dou S X, et al. Giant positive magnetoresistance in Fe doped $In_2 O_3$ and $InREO_3$ (RE = Eu, Nd) composites. Journal of Applied Physics, 2008, 103: 07D113.

[151] Tian Y F, Yan S, Cao Q, et al. Origin of large positive magnetoresistance in the hard-gap regime of epitaxial Co-doped ZnO ferromagnetic semiconductors. Physical Review B, 2009, 79: 115209.

[152] Tian Y F, Antony J, Souza R, et al. Giant positive magnetoresistance in Co-doped ZnO nanocluster films. Applied Physics Letters, 2008, 92: 192109.

[153] Hartmann L, Xu Q, Schmidt H, et al. Spin polarization in $Zn_{0.95}Co_{0.05}O$: (Al,Cu) thin films. Journal Physics D: Applied Physics, 2006, 39: 4920-4924.

[154] Reuss F, Frank S, Kirchner C, et al. Magnetoresistance in epitaxially grown degenerate ZnO thin films. Applied Physics Letters, 2005, 87: 112104.

[155] Gould C, Pappert K, Schmidt G, et al. Magnetic anisotropies and (Ga, Mn) As-based spintronic devices. Advanced Materials, 2007, 19: 323-340.

[156] Saito H, Yuasa S, Ando K. Origin of the tunnel anisotropic magnetoresistance in $Ga_{1-x}Mn_x$ As/ZnSe/ $Ga_{1-x}Mn_x$ As magnetic tunnel junctions of II-VI/III-V heterostructures. Physical Review Letters, 2005, 95: 086604.

[157] Song C, Liu X J, Zeng F, et al. Fully epitaxial (Zn, Co)O/ZnO/(Zn, Co)O junction and its tunnel magnetoresistance. Applied Physics Letters, 2007, 91: 042106.

[158] Song C, Yang Y C, Li X W, et al. Anomalous voltage dependence of tunnel magnetoresistance in (Zn, Co)O-based junction with double barrier. Applied Physics Letters, 2007, 91: 172109.

[159] Pan F, Song C, Liu X J, et al. Ferromagnetism and possible application in spintronics of transition-metal-doped ZnO films. Materials Science and Engineering: R: Reports, 2008, 62: 1-35.

[160] Chen G, Zeng F, Pan F. Enhanced spin injection and voltage bias in (Zn, Co)O/MgO/(Zn, Co)O magnetic tunnel junctions. Applied Physics Letters, 2009, 95: 232508.

[161] Ramachandran S, Prater J T, Sudhakar N, et al. Magnetic properties of epitaxial oxide heterostructures. Solid State Communications, 2008, 145: 18-22.

[162] Xu Q, Hartmann L, Zhou S, et al. Spin manipulation in Co-doped ZnO. Physical Review Letters, 2008, 101: 076601.

[163] Toyosaki H, Fukumura T, Ueno K, et al. A ferromagnetic oxide semiconductor as spin injection electrode in magnetic tunnel junction. Japanese Journal of Applied Physics, 2005, 44: L896-L898.

[164] Toyosaki H, Fukumura T, Ueno K, et al. $Ti_{1-x}Co_x O_{2-\delta}$/$AlO_x$/$Fe_{0.1}Co_{0.9}$ magnetic tunnel junctions with varied AlO_x thickness. Journal of Applied Physics, 2006, 99: 08M102.

第19章 有机半导体异质结构及其磁电阻效应

王 申 姜生伟 吴 镝

有机半导体作为一种新兴的半导体材料，相较于无机半导体而言，具有工业制造成本低廉、轻便易于携带、机械性能优良、可弯曲折叠以及可化学调控有机分子物理性质等一系列优良的特性。在过去的几十年中，针对有机电子学的基础研究和应用技术都受到了广泛的关注，并且取得了重要的进展[1,2]。基于有机发光二极管(organic light-emitting diode，OLED)的新一代显示技术更是由于具有主动发光、全视角、可弯曲和超低能耗等优点，已经被大量应用在移动电话和数码相机的显示设备中。然而，有机电子学主要是调控有机半导体材料中载流子电荷的输运，如果在此基础之上进一步实现调控载流子的自旋，那将会出现更加丰富的物理内涵和广阔的应用前景，有机自旋电子学也因此应运而生。

理论和实验工作都已经证实有机半导体材料由于其具有较弱的自旋轨道耦合相互作用和超精细相互作用，从而使自旋具有更长的弛豫时间，十分有利于自旋的输运。然而有机自旋电子学作为一门新兴的学科，有更多的基本物理问题还亟待解决。在本章中我们主要针对有机自旋电子学研究中几个重要的问题，总结讨论实验工作方面的进展。19.1 节主要描述高质量的有机自旋阀器件的制备；19.2 节讨论关于铁磁电极和有机半导体界面性质对自旋注入的影响；19.3 节列举研究自旋在有机半导体材料中的弛豫机制的几个实验结果；19.4 节将对比有机自旋阀器件中的隧穿磁电阻和巨磁电阻效应；19.5 节主要介绍自旋调控的有机电子学器件；19.6 节作为总结，提出一些仍然值得继续深入研究的问题。

19.1 垂直结构有机自旋阀器件的制备

有机自旋阀是用于研究有机半导体材料中自旋输运性质的重要手段之一，其结构为铁磁电极/有机半导体材料/铁磁电极的"三明治"结构，与无机材料中的巨磁电阻器件和磁隧道结器件类似，其电阻值会随着两铁磁电极的相对磁化方向改变而变化。最早的有机自旋阀器件是 2002 年由 Dediu 等[3]制备的面内结构的 $La_{0.7}Sr_{0.3}MnO_3$(LSMO)/六噻吩(6T)/LSMO 有机自旋阀。他们测量了在外加扫描磁场下的器件电阻，发现连续变化的磁场下器件的电阻值变化很大。但是由于面内结构的两 LSMO 铁磁电极的矫顽力基本一致，他们的实验结果不能直观表现出两铁磁电极相对磁化方向改变时器件的电阻值变化。而且之后，这一结果也被解释为 LSMO 电极的化学势随磁场的变化导致的磁电阻效应[4]，而这一机制与自旋的输运无关。一直到 2004 年，Xiong 等[5]才成功制备了垂直结构的 LSMO/三(8-羟基喹啉)铝（Alq₃）/Co 有机自旋阀器件，并且明显地观测到两铁磁电极磁化方向为平行和反平行时的电阻差异高达 40%（图 19.1）。这一结果直接证明了自旋可以注入有机半导体材料并且引起器件电阻的变化，这引起了人们的关注，更激发了人们对于有机材料中自旋输运性质的极大研究兴趣。

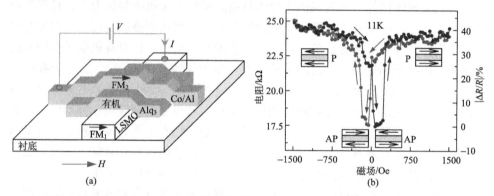

图 19.1(另见彩图)　　有机自旋阀器件结构示意图和 11K 下测量的磁电阻回线[5]

在垂直结构的有机自旋阀器件中，LSMO 由于其接近 100% 的自旋极化率，预期有更强的自旋相关的效应；作为氧化物，在空气中有很好的稳定性，光刻、腐蚀等处理后，仍然可以具有良好的表面磁性；实验发现基于 LSMO 的有机自旋阀器件相比全铁磁性金属电极的器件具有更好的性能[6]，因此，实验中经常采用 LSMO 作为磁性下电极。LSMO 可以通过激光沉积、磁控溅射等方法制备。有机自旋阀的上电极一般采用铁磁金属，其中金属 Co 由于具有较高的自旋极化率而被较多采用。铁磁金属 Co 薄膜主要通过热蒸发、电子束蒸发或磁控溅射等方法直接沉积到有机薄膜表面。有机半导体薄膜的制备主要分为：通过热蒸发的方法制备小分子有机半导体薄膜，以及通过旋涂的方法制备有机高分子薄膜。

有机自旋阀器件制备困难的核心问题就是坏层（ill-defined layer）[5]的存在。由于有机半导体材料一般比较柔软，通过蒸发的方式沉积到有机薄膜表面的铁磁金属原子很容易穿透或者扩散进入有机薄膜内部，如在 Alq₃ 薄膜中金属 Co 的穿透深度可以达到 80~100nm。扩散层的存在使铁磁体-有机半导体材料界面十分复杂，直接影响了有机自旋阀器件的稳定性和可重复性[7]。因此，抑制扩散层的厚度是制备高质量、可重复的有机自旋阀器件的关键。

在已报道的文献中，总共有三种制备上电极的方法能够达到抑制生长过程中铁磁上电极的穿透效应的目的。实验证明这三种方法都可以有效地降低扩散层的厚度，提高器件的稳定性和可重复性。第一种方法被称为缓冲层辅助生长法（BLAG），是 Sun 等[8] 在 2010 年提出的，如图 19.2(a)所示。他们将已经制备好的 LSMO/Alq$_3$ 进行降温处理，低温下在 Alq$_3$ 表面吸附一层 Xe 原子。通过热蒸发生长的 Co 原子到达 Alq$_3$ 表面后，在 Xe 原子层的作用下形成团簇。与单个原子相比，团簇的体积很大，在有机半导体材料中的扩散率较低，从而抑制了扩散层的形成。这种方法制备的有机自旋阀获得了高达 300% 的负磁电阻效应。第二种方法[9,10] 是生长铁磁上电极之前，在有机半导体表面先生长一层很薄的隧穿层，如 Al$_2$O$_3$ 或 LiF，作为保护层[图 19.2(b)]。在生长铁磁上电极的过程中，隧穿层能够有效保护有机半导体材料。利用这种方法生长的 LSMO/Alq$_3$/Al$_2$O$_3$/Co 有机自旋阀器件可以观测到约 0.15% 的室温磁电阻效应。由于这种方法相对简单易行，后来被其他的研究小组采用并进行了改进。第三种方法是 Wang 等[11] 采用的间接生长的方法，如图 19.3 所示。在生长上电极之前，将 Ar 气引入真空腔中，蒸发出来的铁磁金属原子与 Ar 原子发生碰撞散射并交换能量，从而降低铁磁金属原子的动能。有机半导体薄膜的表面背对铁磁金属生长源，铁磁金属原子需要经过多次散射才能到达有机半导体材料的表面，保证了铁磁金属原子能够温和地沉积在有机半导体材料的表面，从而抑制了扩散层的形成，在 LSMO/Alq$_3$/Co 有机自旋阀中观测到约 0.07% 的室温磁电阻效应。虽然间接生长方法沉积铁磁上电极的速度较慢，大约为直接生长铁磁金属上电极速度的十分之一，但是器件的质量和可重复率得到很大的提升，制备典型的有机自旋阀 LSMO/Alq$_3$/Co 器件中观测到磁电阻效应的概率接近 100%。

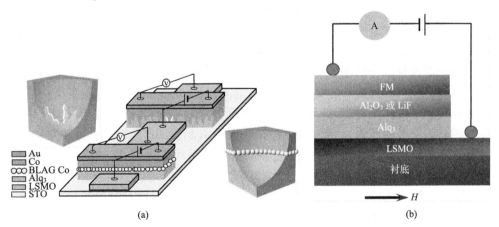

图 19.2　(a)BLAG 法有机自旋阀和传统的有机自旋阀的示意图[8]；
(b)LSMO/Alq$_3$/Al$_2$O$_3$(或 LiF)/Co 有机自旋阀的示意图

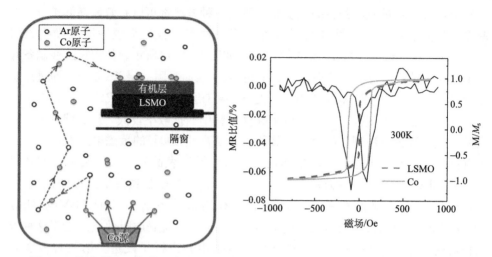

图 19.3(另见彩图)　间接生长方法的示意图，300K 时 LSMO/Alq₃/Co 有机自旋阀的
磁电阻及 Co 和 LSMO 的磁滞回线[11]

19.2　铁磁体-有机半导体界面的自旋注入

　　虽然已经有很多研究小组成功制备了有机自旋电子学器件，并观测到明显的
磁电阻效应[5-17]，证明了自旋可以注入有机半导体，但是其自旋注入的机制还没
有一个公认的清晰物理解释。

　　Cinchetti 等[18]发展了自旋分辨的双光子光电子能谱(two-photon photoemis-
sion spectroscopy)技术，用来直接探测铁磁金属和有机半导体之间的界面自旋注
入效率。他们在铁磁 Co 金属薄膜上沉积几个分子单层的酞菁铜(CuPc)，用两个
脉冲激光激发样品中的电子。第一个激光脉冲将铁磁金属 Co 中的电子从费米面
以下激发到较高的能级，一部分能量介于 Co 的费米能级和 CuPc 的真空能级之
间的热电子通过扩散跨过 Co 和 CuPc 的界面，进入 CuPc 层中。由于 CuPc 中热
电子的非弹性碰撞较强，自由程很短，所以只有到达 CuPc 表面附近的热电子，
才能在吸收第二个脉冲激发后获得足够的能量出射到真空当中，如图 19.4(a)所
示。通过测量被激发到真空中的光电子的能量和自旋，可以直接分析得到自旋从
Co 注入 CuPc 层的效率。通过调节 CuPc 薄膜的厚度，他们观察到在室温下 Co
和 CuPc 界面上的自旋注入效率高达 85%，如图 19.4(b)所示。需要指出的是这
里的自旋注入效率是热电子的注入效率，热电子能量远大于输运测量中费米能级
附近的电子能量，两种能量的电子自旋注入效率可能并不相同。

　　Steil 等[19]在上述自旋分辨双光子光电子能谱技术的基础上，进一步发展了

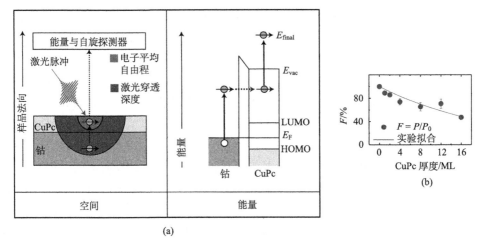

图 19.4　(a)双光子光电子能谱技术的示意图；(b)自旋注入效率随 CuPc 厚度的变化[18]

时间分辨的自旋分辨双光子光电子能谱技术，研究了铁磁金属和有机半导体的界面。第一个激光脉冲用于激发自旋极化的电子跃迁到界面态，然后第二个延迟脉冲探测界面态中自旋的状态，从而可以研究界面态中自旋极化电子的动力学过程，如图 19.5(a)所示。他们用上述方法研究了 Co/Alq₃ 的界面，发现 Co/Alq₃ 的界面存在占据杂化界面态(oHIS)和未占据杂化界面态(uHIS)，而电子会被这些杂化界面态捕获，束缚时间长达 0.5～1ps。更为重要的是，杂化界面态中的电子寿命也是自旋相关的。在 Co 中，多数自旋电子的寿命要长于少数自旋电子，而在杂化界面态中，情况正好相反，如图 19.5(b)所示。这个结果显示有机分子的存在可以改变铁磁电极注入电流的极化方向，揭示了铁磁体-有机半导体界面的杂化界面态(HIS)对自旋注入的重要影响。

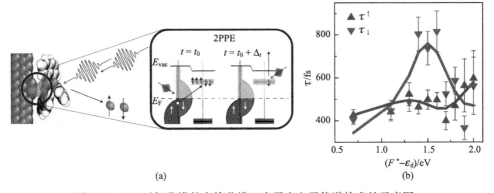

图 19.5　(a)时间分辨的自旋分辨双光子光电子能谱技术的示意图；
(b)未占据杂化界面态中自旋相关的电子寿命[19]

Schulz 等[10]对比研究了 NiFe/LiF/Alq₃/FeCo 和 NiFe/Alq₃/FeCo 结构的有机自旋阀器件，其中 LiF 是厚度为 1nm 电荷极化层，用来改变铁磁电极的费米能级和有机半导体分子轨道能级之间的相对位置。NiFe/Alq₃/FeCo 器件表现为负的磁电阻效应，即两铁磁电极磁化方向平行排列时的器件电阻大于反平行排列时的器件电阻，如图 19.6(b)所示。而插入 LiF 电荷极化层后，器件磁电阻效应的符号发生了反转，表现为正的磁电阻效应，如图 19.6(a)所示。这一实验结果被解释为：在正常情况下，NiFe/Alq₃/FeCo 中 Alq₃ 的最高分子占据轨道(HOMO)能级对应的 NiFe 中的自旋向下态密度高于自旋向上的态密度，即自旋极化率为负；当引入 LiF 电荷极化层后，LiF 的电极距使得 Alq₃ 中的 HOMO 能级相对于 NiFe 的费米能级下移，这时 HOMO 能级对应的 NiFe 的自旋向下态密度低于自旋向上的态密度，即自旋极化率为正，如图 19.6(c)(d)所示。由于空穴载流子从 NiFe 电极的注入或抽出的自旋由 HOMO 能级相对应铁磁电极决定，所以 Alq₃ 中的载流子自旋在插入 LiF 层以后发生改变，从而导致磁电阻符号的改变。利用低能 μ 介子自旋旋转谱(low-energy muon spin rotation,

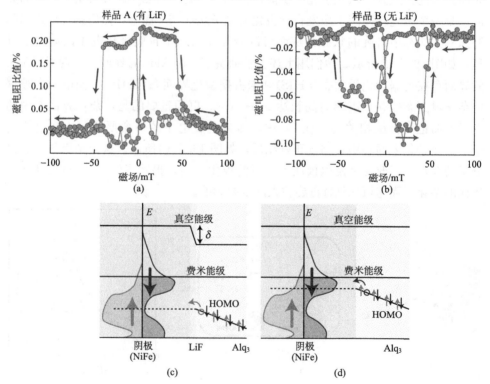

图 19.6　(a)有 LiF 层的有机自旋阀的磁电阻；(b)没有 LiF 层的有机自旋阀的磁电阻；(c)有 LiF 层的有机自旋阀的能带结构；(d)没有 LiF 层的有机自旋阀的能带结构[10]

LE-μSR)[20]，可以直接观测到当插入 LiF 层时，Alq$_3$ 中的载流子的自旋发生了翻转。这一结果说明铁磁体-有机半导体界面的性质对于自旋的注入非常重要，通过调控铁磁体和有机半导体之间的界面，人们可以控制有机自旋阀器件中磁电阻效应的符号。

由于铁磁电极-有机半导体之间的界面性质对于自旋注入十分重要，许多小组进行了多种关于有机半导体和铁磁电极界面间相互作用的研究工作。Zhan 等利用光电子能谱详细研究了 Alq$_3$/LSMO [21] 和 Alq$_3$/Co [22] 的界面。他们在 Alq$_3$/LSMO 的界面中观测到一个约 0.9eV 的电偶极矩，在 Alq$_3$/Co 的界面中观测到一个高达 1.5eV 的电偶极矩。这个实验结果可以帮助我们更好地理解铁磁电极和有机半导体间界面的能带结构，对理解铁磁体-有机半导体之间的自旋注入具有重要意义。之后 Brede 和 Atodiresei 等[23,24]利用低温自旋极化扫描隧道显微镜对吸附在铁磁金属薄膜上的单个有机半导体分子的自旋态进行了测量。发现吸附在铁磁金属薄膜上的有机单分子具有复杂的能量相关的自旋劈裂的电子态。经过理论计算，他们认为这一现象是因为有机分子与铁磁金属之间 p$_z$-d 交换作用使得有机分子的电子态产生自旋极化，这一相互作用可能会对注入的自旋产生重要影响，而这需要进一步的输运测量证实。

对无机半导体材料而言，自旋的注入效率依赖于铁磁电极和半导体之间的电导率比值，当铁磁电极电导率小于半导体的电导率时，自旋注入的效率高，反之则自旋注入的效率低。通常情况下常规的铁磁金属电导率远大于半导体，从而导致极低的自旋注入效率，这种现象被称为电导率失配问题[25]。电导率失配问题在无机半导体材料中已经被广泛接受。为了增加自旋的注入效率，人们经常在铁磁电极与半导体材料之间引入隧穿势垒或者肖特基势垒[26-29]，通过增大界面电阻达到提高自旋注入效率的目的。有机半导体材料是否存在电导率失配这一问题？不久前，Yue 等[30]通过实验验证了该问题在有机半导体材料中依然存在。他们制备了 LSMO/CuPc/Alq$_3$/Co 结构的有机自旋阀器件。其中，CuPc 作为界面层厚度为 5nm，并且 CuPc 的 HOMO 和最低分子未占据轨道(LUMO)的能级正好位于 Alq$_3$ 的 HOMO 和 LUMO 能级之间，如图 19.7(a)所示。因此通过能带结构可以发现 CuPc 界面层会降低电子从 LSMO 注入 Alq$_3$ 的界面电阻。实验上通过 X 射线电子能谱(XPS)和紫外光电子能谱(UPS)测量发现 LSMO/Alq$_3$ 界面势垒的确比 LSMO/CuPc 界面势垒高[31]。输运测量结果发现，与 LSMO/Alq$_3$/Co 有机自旋阀器件相比，LSMO/CuPc/Alq$_3$/Co 器件的电阻率降低了一个数量级以上，证实 CuPc 界面层的引入有效降低界面势垒高度。同时，LSMO/CuPc/Alq$_3$/Co 器件的磁电阻比值降低到约 0.4%，而没有 CuPc 作为界面层的 LSMO/Alq$_3$/Co 器件中，其磁电阻比值在相同外加偏压下约为 6%。LSMO/CuPc/Alq$_3$/Co 器件中磁电阻比值的降低说明了降低界面势垒的高度会直接影响自旋的注入效率。这一实验表明了电导率失配的问题在自旋注入有机半导体的过程中依然存在。

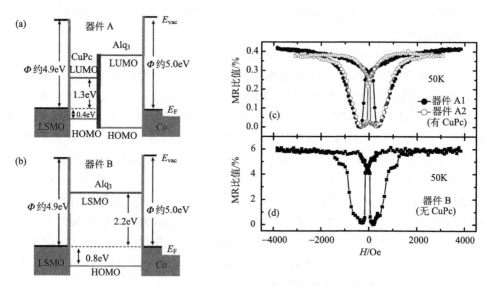

图 19.7　LSMO/CuPc/Alq₃/Co 和 LSMO/Alq₃/Co 的示意图(a)(b)；
LSMO/CuPc/Alq₃/Co 和 LSMO/Alq₃/Co 有机自旋阀器件的磁电阻(c)(d)[30]

19.3　有机半导体中的自旋弛豫

　　自旋轨道耦合相互作用和超精细相互作用是引起自旋发生弛豫的主要原因。而在有机半导体中的自旋弛豫究竟是由哪种相互作用而导致的依然是个有待解决的问题。对于这一问题的实验探索和理论计算工作有着不同的观点，两种相互作用引起的自旋弛豫都有其各自的论据支持。

　　有机分子主要由 C、H 两种原子组成，两种原子的各种同位素中^{12}C >98%、^{1}H>99%。由于^{12}C 的核自旋数为 0，^{1}H 的核自旋数为 1/2，所以有机分子中的超精细相互作用主要来源于其中的^{1}H 原子。为了研究^{1}H 原子在自旋弛豫过程中所起的作用，Nguyen[32]等将聚(2,5-二-辛氧基)对苯撑乙烯[poly(2,5-di-octyloxy)-p-phenylenevinylene，H-DOO-PPV]中的氢原子替换为氘原子(D-DOO-PPV)，可以预期超精细相互作用在 D-DOO-PPV 中远小于 H-DOO-PPV。其实验结果表明基于 D-DOO-PPV 的自旋阀的磁电阻效应比 H-DOO-PPV 自旋阀的磁电阻大了一个数量级以上，如图 19.8 所示。这个结果支持了超精细相互作用是有机半导体材料中自旋发生弛豫的主要机制。

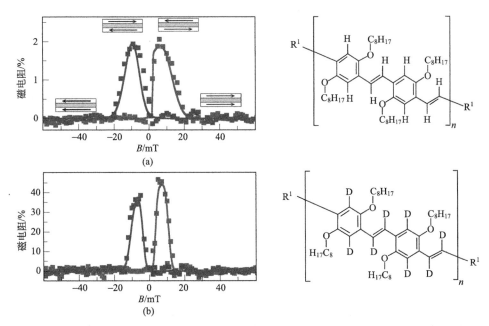

图 19.8　(a)LSMO/H-DOO-PPV/Co 有机自旋阀的磁电阻和其中聚合物的分子结构；(b)LSMO/D-DOO-PPV/Co 有机自旋阀的磁电阻和其中聚合物的分子结构[32]

　　LE-μSR 测量技术能够直接测量出在材料中的局域磁场作用下 μ 介子的空间分布概率，这其中同时包含了由于自旋极化电流引起的局域磁场的信息，因此可以直接测量材料中自旋极化电流的极化强度。Drew 等[20] 利用 LE-μSR 直接测量了自旋在 Alq$_3$ 中的扩散长度。通过调控外加电压，可以控制 μ 介子静态分布，从而计算出自旋极化的载流子的分布。实验测量的 Alq$_3$ 中自旋扩散长度与温度的关系如图 19.9(a)中所示，之后 Yu[33] 基于自旋轨道相互作用研究了 Alq$_3$ 中的自旋弛豫的机制，计算了 Alq$_3$ 中的自旋扩散长度与温度的关系，发现与 Drew 等[20] 的实验结果吻合得很好，如图 19.9(b)所示，从而支持了自旋轨道相互作用对自旋弛豫起了重要作用。

　　另外，自旋轨道耦合相互作用而引起的自旋弛豫的机制主要可以分为 Elliott-Yafet(EY)机制和 Dyakonov-Perel(DP)机制[34]。DP 机制中自旋扩散长度与载流子的迁移率直接反相关，EY 机制中自旋扩散长度与载流子的迁移率正相关。Pramanik 等[12,13] 分析了 Co/Alq$_3$/Ni 纳米线结构的有机自旋阀中的磁电阻效应。在低温下发现自旋在纳米线有机自旋阀中，Alq$_3$ 的自旋扩散长度只有约 4nm。而根据自旋扩散长度和有效的载流子的迁移率 $2 \times 10^{-8} \sim 2 \times 10^{-10}$ cm^2·V^{-1}·s^{-1} 估算，自旋在 Alq$_3$ 中的弛豫时间上限可以长达 1s。在这种纳米线结构

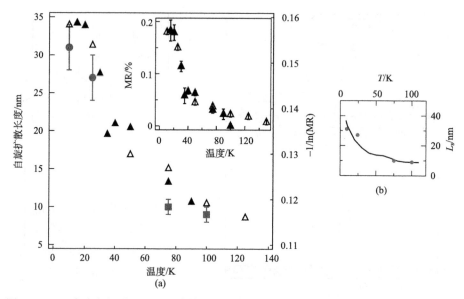

图 19.9　(a)灰色标记为 LE-μSR 直接测量的自旋扩散长度与温度的依赖关系，黑色标记
为磁电阻与温度的依赖关系[20]；(b) 黑色曲线是基于自旋轨道相互作用引起自旋弛豫的
计算得到的自旋扩散长度与温度的依赖关系，灰色圆点为实验数据[33]

的有机自旋阀器件中，他们认为带电的表面很有可能引起额外的库仑散射，而纳
米线的表面积很大，从而会降低载流子在有机半导体材料中的迁移率。在三层膜
结构的有机自旋阀器件中测量到的 Alq_3 的 45nm 的自旋扩散长度[5]远大于纳米
线中的自旋扩散，这一现象可以作为对自旋的弛豫机制应该主要来源于自旋轨道
相互作用中的 EY 机制的支持。

19.4　有机材料中的隧穿磁电阻现象

　　当有机自旋阀器件中有机半导体层的厚度较厚时，载流子主要是通过铁磁电
极注入有机半导体材料中，然后自旋极化的载流子通过跃迁机制进行输运，这时
可以观测到巨磁电阻效应。当有机半导体层较薄时，载流子可能以隧穿的形式进
行输运而出现隧穿磁电阻效应。早在 2007 年，Santos 等[14]就在室温下在 Co/
Al_2O_3/Alq_3/NiFe 结构的隧道结中观测到自旋极化的隧穿效应，其隧穿磁电阻约
为 4.6%，其中 Alq_3 的厚度约为 2nm，如图 19.10 所示，其电流-电压特性、磁
电阻的温度和偏压依赖关系等都表现为典型的隧穿特性。同时他们用金属 Al 替
换一侧铁磁金属电极，在低温下使得 Al 电极处于超导态，直接测量通过 Alq_3 层
自旋极化的隧穿电流。之后他们又在非晶红荧烯（rubrene）作为中间层的隧道结

中[35]观测到 6％的隧穿磁电阻。同样的利用超导态的 Al 检测隧穿电流的自旋极化率，通过系统变化红荧烯的厚度，拟合得到低温下红荧烯中的自旋扩散长度约为 13.3nm。鉴于单晶的红荧烯中载流子的迁移率会有几个数量级的提高，他们预计在单晶的红荧烯中自旋的扩散长度有可能高达毫米的量级。另外，他们还报道了利用 Al_2O_3 作为种子层能够极大地优化有机材料层的生长[36]。这些研究结果表明自旋可以隧穿通过有机半导体，这不同于前面介绍的在较厚的有机薄膜中自旋主要以跃迁的方式输运。

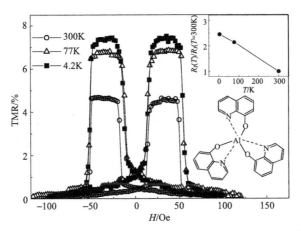

图 19.10　10mV 偏压下 Co/Al_2O_3/Alq_3/Py 隧道结的隧穿磁电阻比值。插图为隧道结的电阻与温度的依赖关系以及 Alq_3 分子的化学结构[14]

　　Li 等[37]将经常被用在有机薄膜晶体管和有机发光二极管中的有机半导体材料 3，4，9，10-苝四甲酸二酐（perylene-3，4，9，10-tetracarboxylic dianhydride，PTCDA）作为隧穿层研究自旋在这种有机半导体材料中的输运性质。他们在 PTCDA 与铁磁电极之间的界面中掺杂了少量的 Al 原子，用来增强电子的非弹性散射隧穿。在 20K 时他们观测到 20％的磁电阻效应，但是其磁电阻比值随着温度的上升迅速下降，到 300K 磁电阻比值下降了两个数量级以上。在这个实验中，他们发现载流子会与有机分子的振动相互耦合。因为在隧穿过程中的非弹性散射与温度直接相关，所以他们将实验观测到的磁电阻随着温度上升急剧下降的现象归结为由非弹性散射效应而引起的，从而得出结论非弹性散射影响了自旋的相干输运。另外在四苯基卟啉（tetraphenylporphyrin，TPP）作为隧穿层的 LSMO/TPP/Co 有机隧道结[38]中也观测到隧穿磁电阻效应。通过对其非弹性隧道谱的研究，也证实了载流子会与有机分子的振动耦合在一起。

　　有别于传统的有机隧道结的制备方法，Barraud[39]等利用原子力显微镜纳米刻蚀技术成功制备了一个小于 10nm 的 LSMO/Alq_3/Co 磁纳米隧道结，如

图 19.11(a)所示。他们在这一有机隧道结中低温下观测到高达 300％的磁电阻效应，如图 19.11(b)所示。根据这一实验结果，他们提出铁磁金属和有机分子产生自旋相关的轨道杂化，从而导致有机分子将产生自旋劈裂，由于有机半导体能带很窄，即使较小的自旋劈裂，就可能使界面的分子产生接近 100％的自旋极化率，从而导致很高的磁电阻效应。这篇报道揭示了铁磁/有机界面间的相互作用在自旋注入中具有重要的作用，同时具有完全不同于无机体系中的特点。

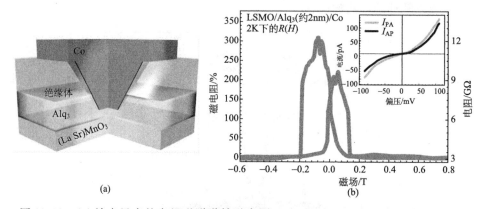

图 19.11　(a)纳米尺度的有机磁隧道结示意图；(b)2K、−5mV 下测量的 LSMO/Alq₃/Co 磁隧道结的磁电阻比值。插图为两铁磁电极磁化方向平行排列和反平行排列时器件的电流-电压曲线[39]

　　通过以上讨论，我们可以发现自旋注入有机半导体后通过跃迁输运与自旋隧穿通过有机半导体的输运机制是不同的。Lin 等[40]系统研究了 Co/AlOₓ/红荧烯(5～50nm)/Fe 结构的一系列器件，并且提出了一个临界尺寸用来分别自旋注入后跃迁和隧穿输运。对红荧烯来说，小于 15nm 的厚度时器件表现为隧穿输运。在 15nm 以下，电子输运随着红荧烯厚度的增加指数衰减，并且基本不依赖于温度的变化。相反的，当红荧烯的厚度大于 15nm 后，器件的输运行为逐渐表现为注入跃迁输运，主要表现为较强的温度依赖关系以及非线性的电流-电压依赖关系。但是他们只在隧穿区观测到了磁电阻行为。而 Yoo 等[41]测量了 LSMO/红荧烯/Fe 结构的有机自旋阀器件。他们在隧穿区和自旋注入跃迁区都观测到了磁电阻现象。并且也发现磁电阻与温度和外加偏压的依赖关系在两个区域有很大的不同。

　　另外，作为对垂直结构的有机磁隧道结的有益补充，类似于颗粒巨磁电阻体系[42]，铁磁体和有机分子复合的纳米颗粒组成的颗粒有机磁隧道结[43]也可以用来研究自旋的隧穿输运行为。颗粒有机磁隧道结的优点是制备简单并且可以研究自旋在分子尺度下的输运行为。Wang 等[44]利用自组装的方法制备的包覆有机羧酸单分子层的超顺磁 Fe_3O_4 纳米颗粒体系，有机磁隧道结的势垒的宽度就是包覆的有机羧酸分子的长度。样品的电阻率随着有机分子长度的增加而指数性增大，并且满足 $\rho \sim \exp(\beta d)$ 关系，这表明：载流子是通过隧穿的方式进行输运的，并且隧道结的电阻主要来源于有机分子。当有机分子的长度即隧穿势垒宽度从 0.7nm 增加到 2.5nm 后，隧道结的电阻率增加了两个数量级以上，然而其室温隧穿磁电阻值依然保持在 21% 左右(图 19.12)，与分子长度无关，这预示着在有机烷烃分子中有可能实现理想的室温自旋输运。

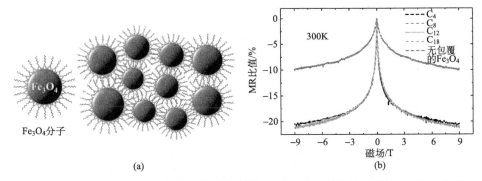

图 19.12(另见彩图)　(a)有机羧酸分子包覆的 Fe_3O_4 纳米颗粒的示意图；(b)300K 下没有有机分子包覆的 Fe_3O_4 纳米颗粒以及不同分子长度的有机羧酸分子包覆的 Fe_3O_4 纳米颗粒的磁电阻[44]

19.5　自旋调控的有机电子学器件

有机半导体材料具有十分丰富的光电性质，可以用来制备各种电子器件，如 OLED、有机晶体管、有机太阳能电池等。其中，OLED 技术已经十分成熟，并由于其独特的优势成功进入商业化应用阶段。近期的实验工作对于加入自旋自由度的有机电子器件进行了一些探索和研究。这些自旋相关的有机电子器件展现出了其独特的性质。

Prezioso 等[45]制备了 LSMO/Alq$_3$/Co 自旋阀器件，除了观察到磁电阻效应之外，他们还发现 *I-V* 曲线在正负偏压都存在开关现象，如图 19.13(a)所示，即在同一电压下电阻具有不同的大小。不仅如此，同一外加偏压下的 MR 也出现了记忆效应[图 19.13(b)]，这意味着在不同的导电状态下，有机器件呈现出不同的磁响应。这种器件同时具有电存储和磁存储的性质。在此基础之上，这种有机自旋阀还可以用作忆阻器[46]。

在 OLED 器件中，电子和空穴先形成激子，激子复合以后发光。激子中一

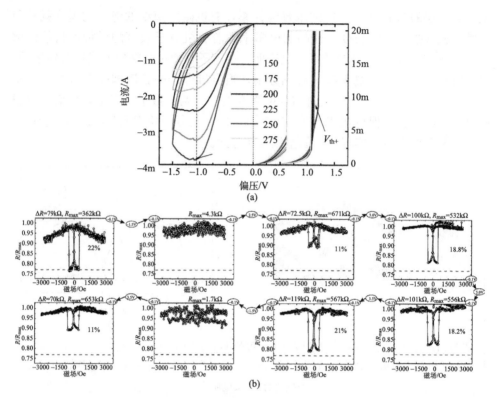

图 19.13　(a)从 150 K 到 275K 的 LSMO/Alq$_3$/Co 自旋阀器件的 I-V 曲线，呈现双稳态；
(b)通过改变预加偏压大小，在同一偏压(−0.1V)下测量得到不同的磁电阻比值[45]

般只有自旋单态发光，而自旋三重态不发光。不控制载流子的自旋状态，自旋单态的形成概率为 25%，这意味着发光的最大效率为 25%。但是如果控制注入有机半导体的电子和空穴呈反平行态，那么形成自旋单态的概率就为 50%，也就提高了发光的效率；如果呈平行态，自旋单态的概率为 0%，也就不发光。这种通过控制自旋来提高发光效率的器件称为自旋发光二极管(spin-OLED)[47]。最近，Nguyen 等[48]在 LSMO/D-DOO-PPV/LiF/Co 的有机自旋阀器件中实现了 spin-OLED，如图 19.14(a)所示。他们采用的有机材料是氘代的聚 2,5-二-辛氧基苯撑乙烯(D-DOO-PPV)，这种材料被证明具有小的超精细相互作用，因而具有较长的自旋扩散长度[32]。他们发现当两个磁性电极呈反平行态时发光强度较强，呈平行态时发光强度较弱，如图 19.14(b)所示。这一结果与前面介绍的自旋发光二极管预期的现象相反，这可能是与自旋注入的自旋与磁性电极的磁性相反引起。这个实验结果提供了一种用磁场控制 OLED 发光强度的新方法，在有机发光显示中具有潜在的应用前景。

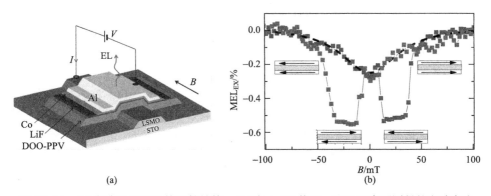

图 19.14 (a)自旋发光二极管器件结构；(b)在 4.5V 偏压、10K 温度下测得的电致发光强度随磁场的变化，可以看到明显的自旋阀式的磁场响应[48]

19.6 小　结

有机自旋电子学是自旋电子学和有机电子学的交叉学科，自旋在有机半导体中具有丰富的输运性质。在这个领域的研究初期，许多工作都主要集中在对自旋注入跃迁或者隧穿通过有机半导体材料的输运研究。研究所用的有机半导体材料包括各种小分子和聚合物，器件结构有垂直结构、面内结构的有机自旋阀和有机磁隧道结。有趣的是 Hanle 效应[49]还没有在有机半导体中观测到[50]。Hanle 效应是由自旋在非磁性层输运时发生进动所引起的，在金属和无机半导体材料中，这个效应被普遍认为是证明自旋注入的重要结论性实验。自旋在有机半导体材料中的注入和弛豫机制依然存在争议，这需要更多的工作去进一步地探讨和理解。例如，虽然现在人们普遍接受铁磁体和有机半导体的界面性质对于自旋注入非常重要，但是界面是如何影响自旋的注入这一问题还没有得到回答。自旋轨道相互作用和超精细相互作用是自旋弛豫的来源，在有机自旋电子学的研究中两种机制都有实验和理论工作的支持，哪种相互作用是自旋在有机半导体材料中弛豫的主要机制也没有达成一致性的认识。在无机半导体材料中较强的自旋轨道相互作用可以被用来调控自旋，但是在有机材料中的较弱的自旋轨道相互作用很难实现自旋的调控，尤其是光激发的方式。有机自旋电子学的研究还处于起步阶段，凭借其丰富的物理内涵和极大的应用潜力吸引了大量的关注。

作 者 简 介

王　申　山西大学物理电子工程学院讲师，硕士生导师。2004 年于山东大学物理学院国家理学基地获得理学学士学位。2006 年 6 月进入南京大学物理学院攻读理学博士学位，在有机自旋电子学方向开展研究工作，工作主要集中在有机单分子中的自旋注入与输运性质的研究以及有机半导体自旋阀器件的制备和输运性质研究。2011 年 6 月于南京大学物理学院凝聚态物理专业获得理学博士学位。2013 年进入山西大学物理电子工程学院工作。目前主要研究内容为利用自组装方法制备有机磁性单分子结，通过对其电、磁输运性质的测量分析，结合相关结构表征，研究自旋在有机烷烃分子中的注入、输运以及检测机制。

　　姜生伟　1987 年出生于中国江苏，2010 年于南京大学材料科学与工程系材料物理专业本科毕业，目前在南京大学物理学院攻读博士学位。研究方向主要是有机自旋电子器件的制备与表征，主要研究基于有机自旋阀的磁电阻效应，研究有机半导体中的自旋注入和自旋弛豫物理机制等。

　　吴　镝　南京大学物理学院教授，博士研究生导师。1997 年和 2001 年分别获得复旦大学物理学系理学学士学位和凝聚态物理专业博士学位。研究生期间曾到香港科技大学和德国马克斯·普朗克微结构物理研究所短期访问。博士毕业后在美国犹他大学和加利福尼亚大学河滨分校物理系从事博士后研究，后被加利福尼亚大学河滨分校物理系聘为助理专家。2007 年被南京大学作为海外优秀人才引进，聘为教授。研究经历主要集中在自旋电子学，包括有机分子和有机半导体器件中的自旋输运研究、纳米器件和稀磁半导体中的自旋输运性质、半导体表面分子束外延单晶磁性金属薄膜等。

参 考 文 献

[1] Friend R H, Gymer R W, Holmes A B, et al. Electroluminescence in conjugated polymers. Nature, 1999, 397: 121-128.

[2] Voss D. Cheap and cheerful circuits. Nature, 2000, 407: 442-444.

[3] Dediu V, Murgia M, Matacotta F C, et al. Room temperature spin polarized injection in organic semiconductor. Solid State Commun, 2002, 122: 181-184.

[4] Wu D, Xiong Z H, Li X G, et al. Magnetic-field-dependent carrier injection at $La_{2/3}Sr_{1/3}MnO_3$ and organic semiconductor interfaces. Phys Rev Lett, 2005, 95: 016802.

[5] Xiong Z H, Wu D, Vardeny V, et al. Giant magnetoresistance in organic spin-valves. Nature, 2004, 427: 821-824.

[6] Wang F J, Xiong Z H, Wu D, et al. Organic spintronics: The case of Fe/Alq$_3$/CO spin-valve devices. Synth Met, 2005, 155: 172-175.

[7] Vinzelberg H, Schumann J, Elefant D, et al. Low temperature tunneling magnetoresistance on (La, Sr)MnO$_3$/Co junctions with organic spacer layers. J Appl Phys, 2008, 103: 093720.

[8] Sun D L, Yin L F, Sun C J, et al. Giant magnetoresistance in organic spin valves. Phys Rev Lett, 2010, 104: 236602.

[9] Dediu V, Hueso L E, Bergenti I, et al. Room-temperature spintronic effects in Alq$_3$-based hybrid devices. Phys Rev B, 2008, 78: 115203.

[10] Schulz L, Nuccio L, Willis M, et al. Engineering spin propagation across a hybrid organic/inorganic interface using a polar layer. Nature Materials, 2011, 10: 39-44.

[11] Wang S, Shi Y J, Lin L, et al. Room-temperature spin valve effects in La$_{0.67}$Sr$_{0.33}$MnO$_3$/Alq$_3$/Co devices. Synth Met, 2011, 161: 1738-1741.

[12] Pramanik S, Bandyopadhyay S, Garre K, et al. Normal and inverse spin-valve effect in organic semiconductor nanowires and the background monotonic magnetoresistance. Phys Rev B, 2006, 74: 235329.

[13] Pramanik S, Stefanita C G, Patibandla S, et al. Observation of extremely long spin relaxation times in an organic nanowire spin valve. Nature Nanotechnology, 2007, 2: 216-219.

[14] Santos T S, Lee J S, Lekshmi I C, et al. Room-temperature tunnel magnetoresistance and spin-polarized tunneling through an organic semiconductor barrier. Phys Rev Lett, 2007, 98: 016601.

[15] Wang F J, Yang C G, Vardeny Z V. Spin response in organic spin valves based on La$_{2/3}$Sr$_{1/3}$MnO$_3$ electrodes. Phys Rev B, 2007, 75: 245324.

[16] Lin L, Pang Z Y, Wang F G, et al. Large room-temperature magnetoresistance and temperature-dependent magnetoresistance inversion in La$_{0.67}$Sr$_{0.33}$MnO$_3$/Alq$_3$-Co nanocomposites/Co devices. Solid State Commun, 2011, 151: 734-737.

[17] Morley N A, Rao A, Dhandapani D, et al. Room temperature organic spintronics. J Appl Phys, 2008, 103: 07F306.

[18] Cinchetti M, Heimer K, Wüstenberg J P, et al. Determination of spin injection and transport in a ferromagnet/organic semiconductor heterojunction by two-photon photoemission. Nature Materials, 2009, 8: 115-119.

[19] Steil S, Großmann N, Laux M, et al. Spin-dependent trapping of electrons at spinterfaces. Nature Physics, 2013, 9: 242-247.

[20] Drew A J, Hoppler J, Schulz L, et al. Direct measurement of the electronic spin diffusion in a fully functional organic spin valve by low energy muon spin rotation. Nature Materials, 2009, 8: 109-114.

[21] Zhan Y Q, Bergenti I, Hueso L E, et al. Alignment of energy levels at the Alq$_3$/La$_{0.7}$Sr$_{0.3}$MnO$_3$ interface for organic spintronic devices. Phys Rev B, 2007, 76: 045406.

[22] Zhan Y Q, Jong M P, Li F H, et al. Energy level alignment and chemical interaction at Alq$_3$/Co interfaces for organic spintronic devices. Phys Rev B, 2008, 78: 045208.

[23] Brede J, Atodiresei N, Kuck S, et al. Spin- and energy-dependent tunneling through a single molecule with intramolecular spatial resolution. Phys Rev Lett, 2010, 105: 047204.

[24] Atodiresei N, Brede J, Lazic P, et al. Design of the local spin polarization at the organic ferromagnetic interface. Phys Rev Lett, 2010, 105: 066601.

[25] Schmidt G, Ferrand D, Molenkamp L W, et al. Fundamental obstacle for electrical spin injection from a

ferromagnetic metal into a diffusive semiconductor. Phys Rev B, 2000, 62: R4790-R4793.

[26] Rashba E I. Theory of electrical spin injection: Tunnel contacts as a solution of the conductivity mismatch problem. Phys Rev B, 2000, 62: R16267-R16270.

[27] Zhu H J, Ramsteiner M, Kostial H, et al. Room-temperature spin injection from Fe into GaAs. Phys Rev Lett, 2001, 87: 016601.

[28] Jonker B T, Kioseoglou G, Hanbicki A T, et al. Electrical spin-injection into silicon from a ferromagnetic metal/tunnel barrier contact. Nature Physics, 2007, 3: 542-546.

[29] Han W, Pi K, McCreary K M, et al. Tunneling spin injection into single layer graphene. Phys Rev Lett, 2010, 105: 167202.

[30] Yue F J, Shi Y J, Chen B B, et al. Manipulating spin injection into organic materials through interface engineering. Appl Phys Lett, 2012, 101: 022416.

[31] Grobosch M, Dorr K, Gangineni R B, et al. Energy level alignment and injection barriers at spin injection contacts between La0.7Sr0.3MnO$_3$ and organic semiconductors. Appl Phys Lett, 2008, 92: 023302.

[32] Nguyen T D, Markosian G H, Wang F J, et al. Isotope effect in spin response of π-conjugated polymer films and devices. Nature Materials, 2010, 9: 345-352.

[33] Yu Z G. Spin-orbit coupling, spin relaxation, and spin diffusion in organic solids. Phys Rev Lett, 2011, 106: 106602.

[34] Zutic I, Fabian J, Sarma S D. Spintronics: Fundamentals and applications. Rev Mod Phys, 2004, 76: 323-410.

[35] Shim J H, Raman K V, Park Y J, et al. Large spin diffusion length in an amorphous organic semiconductor. Phys Rev Lett, 2008, 100: 226603.

[36] Raman K V, Watson S M, Shim J H, at al. Effect of molecular ordering on spin and charge injection in rubrene. Phys Rev B, 2009, 80: 195212.

[37] Li K, Chang Y, Agilan S. Organic spin valves with inelastic tunneling characteristics. Phys Rev B, 2011, 83: 172404.

[38] Xu W, Szulczewsk G J, LeClair P, et al. Tunneling magnetoresistance observed in La0.67Sr0.33MnO$_3$/organic molecule/Co junctions. Appl Phys Lett, 2007, 90: 072506.

[39] Barraud C, Seneor P, Mattana R, et al. Unravelling the role of the interface for spin injection into organic semiconductors. Nature Physics, 2010, 6: 615-620.

[40] Lin R, Wang F, Rybicki J, et al. Distinguishing between tunneling and injection regimes of ferromagnet/organic semiconductor/ferromagnet junctions. Phys Rev B, 2010, 81: 195214.

[41] Yoo J, Jang H W, Prigodin V N, et al. Giant magnetoresistance in ferromagnet/organic semiconductor/ferromagnetheterojunctions. Phys Rev B, 2009, 80: 205207.

[42] Xiao J Q, Jiang J S, Chien C L. Giant magnetoresistance in nonmultilayer magnetic systems. Phys Rev Lett, 1992, 68: 3749-3752.

[43] Wang S, Yue F J, Wu D, et al. Enhanced magnetoresistance in self-assembled monolayer of oleic acid molecules on Fe$_3$O$_4$ nanoparticles. Appl Phys Lett, 2009, 94: 012507.

[44] Wang S, Yue F J, Shi J, et al. Room-temperature spin-dependent tunneling through molecules. Appl Phys Lett, 2011, 98: 172501.

[45] Prezioso M, Riminucci A, Bergenti I, et al. Electrically programmable magnetoresistance in multifunc-

tional organic-based spin valve devices. Adv Mater, 2011, 23: 1371-1375.

[46] Prezioso M, Riminucci A, Graziosi P, et al. A single-device universal logic gate based on a magnetically enhanced memristor. Adv Mater, 2013, 25: 534-538.

[47] Dediu V A, Hueso L E, Bergenti I, et al. Spin routes in organic semicondutors. Nature Materials, 2009, 8: 707-716.

[48] Nguyen T D, Ehrenfreund E, Vardeny Z V. Spin-polarized lightemitting diode based on an organic bipolar spin valve. Science, 2012, 337: 204-209.

[49] Johnson M, Silsbee R H. Interfacial charge-spin coupling: Injection and detection of spin magnetization in metals. Phys Rev Lett, 1985, 55: 1790-1793.

[50] Riminucci A, Prezioso M, Pernechele C, et al. Hanle effect missing in a prototypical organic spintronic device. Appl Phys Lett, 2013, 102: 092407.

第 20 章　有机复合磁性纳米结构中的理论计算研究

刘东屏　陶玲玲　韩秀峰

目前，商业化的晶体管器件已经达到 22nm，这仅相当于 100 多个金属原子排成一列。在这么小的一个尺度下，电子器件的设计必须从原子层面来考虑。今后是否还可以继续在传统半导体材料的基础上进一步缩减尺寸？就此问题，研究人员提出了很多新的解决方案。有机物材料具有柔软、自旋散射长度较长等特性，因而，人们提出了一种利用有机物材料制备电子器件的想法，以其作为传统电子器件的替代方案，由此产生了一个新兴的学科——有机自旋电子学[1]。相关研究参见文献[1]～[129]。

有机自旋电子学是指通过有机物材料来调控电子器件中的自旋相关输运特性的一门新兴交叉学科[1]。图 20.1 为 2000 年至 2010 年有机自旋电子学领域发表的相关专利和论文的统计结果。近年来和有机自旋电子学相关的论文发表量在逐年增长。从图 20.1 中可以看出，在学术研究的带动下，发明专利授权的数量也呈增长态势；此外，有机自旋电子学是一个非常活跃的学科，正在吸引着人们不断进行研究，不断推出新的发现。

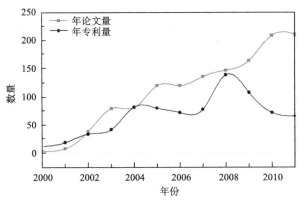

图 20.1　2000～2010 年有机自旋电子学领域发表的相关专利和论文数量逐年统计图[2]

20.1　有机复合磁性纳米结构简介

我们在本章中所提到的有机物-磁性材料界面、有机物-磁性材料多层膜结构均是针对有机自旋电子学器件的。自从有机自旋电子学诞生以来，人们已经研发出很多种基于有机物材料的器件结构，例如，基于自旋调控的有机随机存储器 (SO-RAM)[1,3]、基于有机物的自旋调控发光二极管(spin-OLED)[4]以及基于有机物的场效应晶体管[5]。在有机自旋电子学中，最核心的问题就是电子通过有机物的自旋相关输运特性研究。根据以上的基本原理，很多实验小组已经深入研究了基于碳纳米管[6,7]、基于 Alq$_3$[8,9]、基于红荧烯(rubrene)[10,11]、基于 CuPc[12]以及基于菲四甲酸二酐(PTCDA)分子[13]的自旋阀结构中的自旋相关输运问题。目前，采用纳米加工工艺后，LSMO/Alq$_3$/Co 的有机复合磁性隧道结已经被证明可以达到低温下 300% 的磁电阻效应[14]。最近，人们又发现了一种新型的有机物半导体材料——四氰基乙烯与钒形成的化合物[V(TCNE)$_x$][15]。基于这种有机物半导体材料，人们成功地制备出了一种全部由有机物构成的自旋阀结构的器件[15]。不仅如此，基于有机物的自旋发光二极管也已经在低温、低电压下被证明是可行的[16]。

上述结果均表明，自旋相关的电子输运过程在有机物-磁性金属的多层膜结构中是一种普遍现象，并且有机物材料中的自旋输运特性及其应用，本质上是和分子的微观结构以及化学特性紧密相关的。本章中，我们将以有机自旋电子学的密度泛函理论为脉络，来简要分析这个学科的发展状况。

20.2　基于有机复合磁性纳米结构的理论简介

有机自旋电子学是个交叉学科，这个学科中既有和有机分子-金属界面相关的表面物理和化学的研究内容，又有和有机分子特性紧密相关的自旋输运过程的研究内容。在这个学科中，无疑所有的问题都是围绕着自旋相关输运特性而展开的。根据有机物材料的厚度，这种输运过程可以被分为跃迁输运过程和隧穿输运过程。对于跃迁输运过程，人们一般利用唯象理论模型来描述其电子的输运行为，这类输运过程一般和外界温度有关。对于隧穿输运过程，除了利用唯象模型方法外[17,18]，人们通常还采用第一性原理密度泛函理论来描述其电子的输运行为，这类输运过程一般和分子材料的内禀性质有关。然而时至今日，人们都很难给出具体的由跃迁输运过程到隧穿输运过程的转换区间。目前，研究人员倾向于认为厚度在 10nm 以下有机物材料的输运特性可以被认为是隧穿输运过程[19]。在本章中，我们将着重关注隧穿输运过程，并讨论分子内禀性质和自旋相关输运过程的关系。在近些年来的研究中，基于非平衡态格林函数方法的第一性原理密度泛函理论取得了长足的发展，很多新奇的物理现象都是通过这套理论框架来进行预测的，并与实验观测取得了相符合的结果。因此，在本节中，将重点介绍基于非平衡态格林函数理论的计算方法。

20.2.1　唯象的理论方法

有机物材料，例如聚合物或者 DNA 分子，其结构一般会由成百上千个原子组成。相对分子质量较大的分子的电学特性一般可以简化成电子在最高占据态和最低未占据态间的跃迁过程。在这个跃迁过程中，一般会存在声子辅助、极化子辅助等伴随过程。一般来说，诸如主方程方法、蒙特卡罗方法、紧束缚方法等理论模型均可用来描述电子通过分子结构的跃迁过程。

文献[1]详细讨论了主方程方法在分子输运过程中的具体应用。目前，人们已经开始考虑在引入三维无序分子系统后[20]求解主方程的方法[21]。另外，外界环境温度对分子输运过程的影响[22]也可以通过主方程方法来加以描述[23]。但是，主方程方法忽略了原子间的库仑静电相互作用，这使得这种方法有了一定的局限性。因此，为了进一步描述电子通过有机分子的输运过程，人们提出基于近邻跃迁的蒙特卡罗方法。目前，蒙特卡罗方法已经成功地描述电子在有缺陷的分子结构中的跃迁输运过程以及电子在有机发光二极管的光电转化过程[23-26]。然而，用蒙特卡罗方法来求解相对分子质量较大的分子体系几乎是不可能完成的任务。因此，紧束缚方法也就应运而生了。紧束缚方法虽然能解决主方程方法和蒙特卡罗方法所不能解决的问题[27]，但同时也带来了新的挑战。那就是如何抛开经验方法来确定紧束缚方法中各项参数的具体数值。目前，紧束缚方法已经成功地分析了电子-声子相互作用下，电子在相对分子质量较大的分子结构中的输运过程[28]。另外，人们还可以利用紧束缚方法来讨论电子在分子结构中的进动弛豫过程[29]；实验上人们也可以观察到这种进动过程，并与理论分析取得了相一致的实验结果[30]。

然而，要想让电子器件做得越来越小，基于有机自旋电子学原理的器件就必须具有可缩性。也就是说，分子材料必须越来越小、越来越薄才能符合电子器件发展的趋势。因此，人们需要从更微观的原子尺度来分析通过分子的电子输运过程；因此，利用基于密度泛函理论的第一性原理分析有机自旋电子学器件的学科也就应运而生了。在以下的论述中，我们将着重讨论如何利用基于密度泛函理论的第一性原理来分析有机物的自旋相关输运过程。

20.2.2　第一性原理有机物-金属界面的计算方法

有机自旋电子学器件的性能和寿命显著地依赖于有机物材料本身以及有机物和金属的表面结构[31, 32]。因此，如何解决有机物和金属材料的界面结合结构，是有机自旋电子学的一个重要的基础问题。从实验的角度来说，有机物和金属的界面结构可以通过电子能谱仪[33]、原子力显微镜、扫描隧道显微镜[34, 35]等设备来进行观测，其观测精度可以达到单个原子的层面。在这些先进实验观测方法的辅助下，人们可以定量地分析有机物和金属界面的能级匹配、电荷转移以及热稳定性等问题。

有机物和金属的界面可以按照其相互作用的强度来分类。针对较弱的有机物-金属界面相互作用，一般是指电子在两种物质间的转移并不强烈，人们一般称之为物理吸附过程。对于饱和的有机分子，其在干净的金属表面的吸附类型一般是弱耦合，也就是物理吸附过程。针对较强的有机物-金属界面相互作用，一般来说是指界面存在化学成键的过程。如果分子的吸附功能团具有极性，则一般可以预期其吸附类型为强耦合。然而，有机物和金属界面的相互作用，不仅仅是两种材料各自的材料物性问题，还与界面结构的制备工艺有关。例如，改变材料的生长顺序，先生长有机物材料再生长金属膜，和其逆序过程所得到的界面耦合强度是不同的[36, 37]。因此，如果想更好地人为调控有机物和金属材料的界面，必须寻找一种理论方法来同时预测正确的材料物性和合理的表面结构。

基于上述考虑，人们提出了很多理论模型和密度泛函理论。与半经验化的理论方法相比[31]，密度泛函理论[38]结合超元胞方法后[39, 40]，可以给出更为明确的、定性的界面微观结构以及界面物理特性。人们已经通过这种结合超元胞方法的密度泛函理论成功地模拟了扫描隧道显微术的实验结果[41, 42]，参见图 20.2。人们研究密度泛函理论已经有近 20 年，对其计算技术细节有兴趣的读者请进一步参见文献[43]、[44]。在本章中，我们将重点介绍一种基于线性化轨道组合(LCAO)的密度泛函理论框架[45]，其基础部分的讨论将从 Kohn-Sham 方程出发[46]。目前，有很多程序可以完成这种 LCAO-DFT 理论框架的计算功能。其

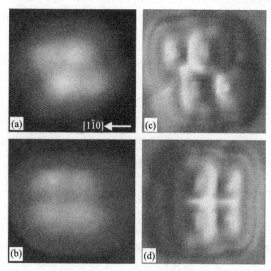

图 20.2　100 K 下 Lander 分子在 Cu(110)表面扫描隧道显微镜实验结果。
(a)(b)实验测量的结果；(c)(d)计算模拟结果[35, 39]

中，最著名的一种程序叫 SIESTA，有兴趣的读者可以通过文献[47]网址获得该程序的代码。在 LCAO-DFT 的理论框架下，人们可以应用与自旋相关的局域密度近似(LSDA)以及广义梯度近似(GGA)。关于如何模拟有机物和金属界面的具体例子，读者可以参见文献[48]、[49]。我们重点讨论有机物和金属表面的计算结果。

由于输运特性是基于有机物的电子器件的核心研究问题，因此在讨论有机物和金属界面时，所考虑的金属材料的模型必须为半无限长的体系。只有当考虑无限长体系后，人们才能正确理解有机物和金属界面的结合特性。然而，绝大多数的超元胞密度泛函理论的计算中，由于其周期性边界条件的限制，一般不能准确地描述电子在有机物材料中的电输运特性。因此，人们提出基于格林函数的第一性原理密度泛函理论架构，来解决如何更准确地模拟有机物电子的输运特性这一问题。

20.2.3　非平衡态格林函数方法

针对电子的输运特性，非平衡态格林函数方法是一种数学上如何处理量子体系和电极接触的方法。不同于以上所说的唯象模型方法和基于超元胞的密度泛函理论，在本章中，这种非平衡态格林函数方法主要用来讨论纳米体系下电子的弹性输运过程。之所以这种非平衡态格林函数方法能适用于有机物体系的计算，是因为它建立在以下两个假设的基础之上。

第一个假设是关于平均自由程的。平均自由程是指电子在运动过程中，和两个杂质中心发生碰撞散射的最短路径。在静态散射过程中，这种碰撞将会是弹性碰撞，其电子在碰撞过程中不获得也不损失任何能量。平均自由程可以通过电子动量的弛豫时间来描述，即 $L_m = v_F \tau_m$。在这里 v_F 是电子的费米速度。一般来说，平均自由程是和外界因素有关的物理量，比如温度因素或杂质浓度等因素。针对过渡族金属材料而言，从实验中测量的典型 L_m 是 $2nm$[50]。

第二个假设是关于相位弛豫长度的。相位弛豫长度是一个衡量非弹性散射对电子相位影响的物理量。和平均自由程相似，相位弛豫长度可以表述成相位弛豫时间的形式，即 $L_\varphi = v_F \tau_\varphi$。相位弛豫长度 L_φ 在不同的系统中，有时可以小于或等于 L_m。在低温下，高迁移率的半导体材料中，L_m 可以达到微米量级。

对于本章要介绍的 NEGF-DFT 理论而言，需要考虑的计算系统是输运长度远小于 L_φ 的体系。因此，非弹性散射在这类系统中可以不用考虑。针对非弹性散射的 NEGF 输运理论，如电子-声子相互作用和自旋翻转散射等，我们推荐有兴趣的读者可以进一步参见文献[51]、[52]。

如图 20.3 所示，两端口体系的哈密顿量可以表示为

$$H_C = \sum_{\langle i, j \rangle} t_{\langle i, j \rangle} \, c_i^+ c_j$$

$$H_{\text{lead}} = \sum_{\langle \alpha, \beta \rangle \in L} t_{\langle \alpha, \beta \rangle} \, d_\alpha^+ d_\beta + \sum_{\langle \alpha, \beta \rangle \in R} t_{\langle \alpha, \beta \rangle} \, d_\alpha^+ d_\beta$$

$$H_I = \sum_{\langle i, \alpha \rangle \in L} t_{\langle i, \alpha \rangle} \, c_i^+ d_\alpha + \sum_{\langle i, \alpha \rangle \in R} t_{\langle i, \alpha \rangle} \, c_i^+ d_\alpha$$

式中，H_{lead} 表示左右电极区的哈密顿量；H_I 代表电极和中心区的耦合；指标 α、β 和 i 代表实空间的原子位置。两端口体系总的哈密顿量可以写为 $H = H_C + H_{\text{lead}} + H_I$，根据推迟格林函数的定义：

$$G_{n, m}^R(t, t') = -i\theta(t - t') \langle \{ c_n(t), c_m^+(t') \} \rangle$$

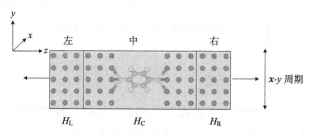

图 20.3 　一个两端口输运系统的示意图，H_L、H_C 和 H_R 分别表示左侧电极、
中间区、右侧电极的哈密顿量[121]

根据算符的对易关系和 Lengreth 理论，经过一些代数运算，推迟格林函数的最后表达式[52,53]可以写为

$$G^< = G^R \Sigma^< G^A = -i(\Sigma^R - \Sigma^A) f(E)$$

式中，推迟格林函数和自能 Σ 的表达式分别为

$$G^R(E) = (E + i\eta - H_C - \Sigma_{\text{Left}} - \Sigma_{\text{Right}})^{-1}$$

$$\Sigma^R = \Sigma_{\text{Left}}^R + \Sigma_{\text{Right}}^R$$

$$\Sigma_{\text{Left(Right)}}^R = H_I \, G_{\text{Left(Right)}}^R \, H_I^+$$

因此对于两端口输运问题求解转变为对推迟格林函数 $G^R(E)$ 和电极自能的求解。

如图 20.4 所示，自洽求解循环从 Kohn-Sham 方程的哈密顿量出发。其中，有效势是自洽求解的边界条件。

上述自洽求解的另一个重要问题是如何求解非平衡占据态的密度矩阵。NEGF 框架下的密度矩阵可以表示为

$$\rho = \frac{2}{\pi} \int_{-\infty}^{E_F} \text{Im}(G^R(E)) \, dE + \frac{1}{\pi} \int_{E_F}^{E_F + eV_b} G^< (E) \, dE$$

上述积分的求解需要在复平面进行。如图 20.5 所示，积分可以分为两部分，利用这种方法可以大大提高计算效率，因为谱函数在复平面非常光滑，因此只需要较少的能量点就可以快速求解。

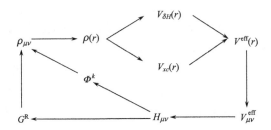

图 20.4　NEGF-DFT 方法的自洽求解循环示意图

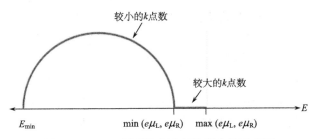

图 20.5　NEGF-DFT 方法环路积分的示意图

20.2.4　其他效应的理论方法

对于大多数的有机材料，化学环境(例如水环境)对于输运性质有重要影响。从生物学的角度看，对于化学环境的理解可以归因于环境的静电背景。在分子-环境的相互作用因素中静电能和力由于其长程特性最为重要。

在有机自旋电子学中，把静电背景纳入物理模型，需要对分子内部相互作用能进行估算。基于此，发展了许多计算方法[55,56]，其中 Poisson-Boltzmann 方程已经变成了标准的处理分子静电相互作用的方法[57]。Poisson-Boltzmann 方程是一个考虑周围环境电荷分布信息的非线性偏微分方程，修正的 Poisson 方程需要包含静电背景分布的修正项[57]。

在模型中考虑这种效应的目的是考虑分子的集体行为，这种集体效应已经从化学反应中观察到[57]，需要在标准的 DFT 方程中加入 Poisson-Boltzmann 项来考虑反应过程。然而，在 DFT 框架内求解 Poisson-Boltzmann 方程非常困难，因为在 DFT 自洽循环中，求解 Poisson-Boltzmann 方程的方法和原始的求解方法将会有所不同。

20.3　有机复合磁性纳米结构的结构特性

有机自旋电子学是一门新兴的学科，在其器件设计和应用中利用了电子的自旋自由度。从基本科学的观点来看，有机自旋电子学从纳米和分子的尺度来研究磁性和自旋输运性质。有机自旋电子学的研究包含有机复合磁性隧道结中的自旋输运和磁性材料到非磁性材料的自旋注入。本节中，我们将解释一些基本的模型并给出一些如何将模型与实验结果相对比的例子。值得强调的是，由于有机物-金属和有机物-绝缘体界面形成的复杂性，需要考虑准确的理论模拟方法。

20.3.1　有机物-磁性金属界面

有机自旋电子学中异质结构薄膜材料常见的制备方法包括热蒸发、磁控溅射和LB膜自组装等，如前所提及界面结构对有机自旋电子学器件的影响非常重要，对于有机物-铁磁体界面性质的理解有很多理论研究工作[27]。接下来，我们将给出两个例子并展示如何获得准确的界面结构。

利用热蒸发方法，可以获得一个较致密的有机层——所有的分子都非常紧凑地堆在一起。对于这些热蒸发过程，Alq_3是一种常用的有机材料。许多工作都对Alq_3和铁磁的界面结构做了研究[58-61]。Wang等[61]基于密度泛函理论(DFT)方法并考虑van der Waals相互作用修正模拟了Alq_3/Co的界面结构，考虑不同的吸附构型，Alq_3/Co有12种可能的界面结构。Alq_3本身有两种同分异构体[面式(facial)和经式(meridional)构型]。此外考虑到Co表面的3种最简单形式：平滑表面；有一个原子的表面；有一个空位的表面。因此Alq_3/Co的界面有许多可能的结构。

计算结果表明，体系的电偶极矩来源于Alq_3本身的电偶极矩和由于界面电荷重新分布产生的界面偶极矩。如图20.6所示，界面偶极矩对确定功函数的大小非常重要，考虑偶极矩修正后可以准确估算界面处费米能级的位置，并和实验结果符合较好[62]。

基于LB膜的自组装技术已被实验证明是制备有机薄膜材料、具有重要应用前景的技术之一，可以做到精确和有效控制大面积区域单层膜的厚度和均匀性。而且，LB膜技术可以实现有机物在几乎所有衬底材料上的自组装和生长，LB膜技术制备的界面结构通常是一种弱的化学吸附或物理吸附界面结构。

Liang等[63]基于DFT方法模拟了长链的十八酸分子在Ni(111)表面的吸附，具体的计算细节集中在研究界面的吸附构型。如图20.7所示，他们分别研究了顶位、桥位和空位吸附构型，计算结果表明十八酸分子在Ni(111)表面的吸附距离大约为1.8Å，吸附十八酸分子后，表面Ni层有一个诱导的表面态，可以定义

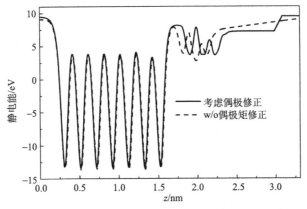

图 20.6　偶极矩修正对 Alq₃/Co 静电能的影响[61]

为磁邻近效应。这些发现从实验的 XPS 结果可以被证实。而且，吸附分子之后的表面功函数比 Ni(111) 的表面功函数高约 0.75 eV。

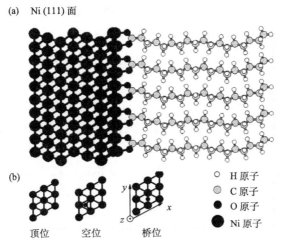

图 20.7　(a) 十八酸分子在 Ni(111) 表面稳定的吸附构型；

(b) 不同吸附构型示意图：分别为顶位、空位和桥位[63]

20.3.2　有机物-绝缘体界面

　　热蒸发制备的有机自旋电子元器件常见结构为铁磁体/绝缘体/有机层/铁磁体[1]，其中绝缘体/有机层作为输运的复合势垒结构，厚度很容易达到 4 nm 以上。实验上磁电阻特性已经在铁磁体/复合势垒/铁磁体结构中观测到[4]，输运行为通常是从隧穿到跃迁过程的转变[19]。有机分子中的跃迁过程表现出丰富的温度依赖特性，为了理解有机物/绝缘体的跃迁过程，研究人员做了许多的理论研究工作[27]，而且绝缘体-有机物界面可以用来研究电子如何从隧穿过程过渡到跃迁过程，核心问题是如何控制好有机和绝缘体的界面。

实验上，绝缘体-有机物界面通常由 Al-O 或 MgO 和 Alq_3 分子通过热蒸发的方式形成[4]。对于 Alq_3-绝缘体的界面目前还没有基于密度泛函的理论模拟。类似的理论模拟工作可参见甲醇(methanol)-MgO 体系[64]（如图 20.8 所示）。

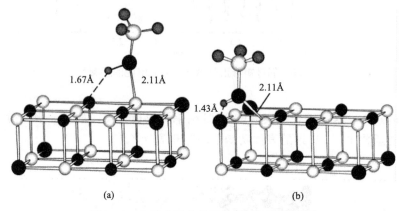

图 20.8　有机分子和绝缘体 MgO 的界面[64]

一般来说，对于有机物-绝缘体界面的模拟要比有机物-金属界面的模拟困难，这是因为有机分子和绝缘体之间会发生化学反应。计算的吸附能可以从典型的氢键变化到化学吸附。比如对于有机分子甲醇在 MgO 表面的吸附，计算结果表明对于没有缺陷的 MgO(100) 表面反应率较低，因此产生弱的吸附，但是对于在台阶、边缘和纽带上的吸附作用较强。进一步的计算表明分子可以解离变成不同的种类，这些结果已经被实验所证实。

20.3.3　双面有机物-磁性金属结合的结构

对于量子输运有机分子具有较长的自旋相干长度，这是由于有机分子具有较弱的自旋轨道耦合。然而对于实际的应用而言，为了避免自旋翻转散射和自旋退相干，必须保持较短的分子长度。

有机器件的结构可以简化成铁磁层/有机层/铁磁层这种堆叠的三明治结构，电子的输运行为仅由有机分子的长度决定。对于两端口的核心结构为铁磁层/有机分子/铁磁层的复合磁性隧道结，两个铁磁电极中间置入一层或多层有机分子［如 π 键合 3-十六烷基吡咯(3-hexaldecyl pyrrole，3HDP)有机分子 LB 膜］，实验上已经观测到巨大的隧穿磁电阻效应[65]。同时，理论上也对铁磁层/有机分子/铁磁层的三明治结构的自旋相关散射做了相对应的研究[27]。

对于进行量子输运研究，界面模型是一个最基本的假设。对于对称的有机分子(图 20.9 左)，有机分子在两铁磁电极界面处具有相似的吸附行为。对于反对称的有机分子(图 20.9 右)，结构弛豫需要对两个界面分开进行，不同的分子终端在不同的磁性金属表面具有不同的吸附位置。如图 20.10 所示，不同终端的十八酸分子衍生物(stearic acid radical)吸附在不同的 Ni(111)表面，结构弛豫利用 SIESTA 软件包。对比图 20.10 上下两种结构，我们发现不同分子终端的吸附结构差异明显：长度和键角均有所不同。具体的弛豫过程为同时把有机分子和磁性缓冲层进行了结构弛豫。

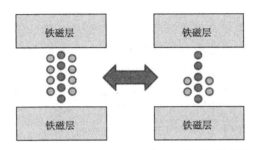

图 20.9　两端接触的铁磁层/有机分子/铁磁层隧道结示意图

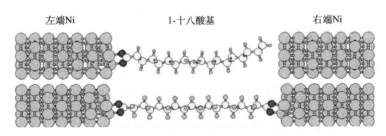

图 20.10　最终弛豫的 Ni/1-十八酸基(1-SAR)/Ni 和 Ni/1,18-十八二酸基
(1,18-SDR)/Ni 磁性隧道示意图

20.3.4　其他与有机物相关的界面结构

其他研究表明，有机分子可以通过电子结构调控去匹配半导体的功函数。基于有机物-半导体复合结构已经提出光子发射器件和光伏电池器件[66]。对于有机半导体器件，有机分子直接和半导体材料接触[67]，有机材料可以作为半导体的自旋注入端。自旋注入已经在 Fe/MgO/Si 异质结构观测到[68]，一个重要的观点

是如何利用有机材料作为绝缘层或者匹配层。利用有机材料具有较低的自旋翻转散射的特点，可以去匹配半导体的功函数来减小界面自旋退相干[69]。因此自旋注入半导体，可以通过控制有机层的厚度和选择合适的有机材料实现阻抗匹配。

　　最近，Li 等报道了基于有机材料 V(TCNE)$_x$/红荧烯(rubrene)隧道结的磁电阻效应[70]。V(TCNE)$_x$ 是一种半导体有机材料，自旋可以通过有机半导体氢化物实现注入和探测。目前，对于这一界面结构还缺少理论分析，然而许多实验工作都对有机物-半导体界面做了大量的研究，特别是对有机分子-Si[71]和第四族半导体材料[72]。

20.4　有机复合磁性纳米结构的自旋相关输运特征

　　在如前所述的有机复合界面体系中，复杂的有机物结构对于确定界面特性起着重要作用。因为有机自旋电子学器件大部分是由有机复合异质结构构成，界面特性对于理解自旋相关输运特性有着非常重要的作用[32]。本节主要对自旋相关输运行为做些简要的介绍，一些理论计算主要采用了 DFT 和 NEGF-DFT 方法。

20.4.1　基于有机物的隧穿磁电阻效应

　　磁电阻效应的发现可以使人们利用电子的自旋去操控信息。由于有机复合自旋阀中磁电阻效应的进一步发现，引起了人们对有机自旋电子学器件中自旋输运特性的广泛研究[1,4]。在这一部分里，有机自旋电子学中的磁电阻效应主要基于NEGF-DFT 的方法来计算和分析。

　　理论上，分子磁性隧道结的自旋输运可以从共振隧穿的观点来理解，共振隧穿依赖于铁磁电极磁矩的相对取向。Rocha 等理论预言了 Ni-octane(辛烷)-Ni 隧道结的磁电阻比值高达 100% 以上[73]；他们进一步通过调控有机分子的功能团发现了更高的磁电阻比值，结果表明有机磁性隧道结的磁电阻比值可以通过有机分子官能团的调控来实现。理论计算和实验结果符合较好[74]。

　　铁磁体-有机分子界面波函数的对称性匹配即磁性金属的 d 波函数如何散射成 p 波函数，从而影响自旋极化电导。Ning 等[75]计算了 Ni/octanethiol(辛硫醇)/Ni 磁性隧道结的磁电阻效应，发现有限偏压的磁电阻比值高达 33%。进一步研究发现，分子的输运性质强烈依赖于分子的化学细节。计算中发现计算结果需要精确的 k 空间抽样，Ni 电极的 d 波函数散射为分子的 p 波函数。

　　最近发现界面诱导态即分子邻近效应影响有机磁性隧道结的磁电阻效应。Liu 等[76]发现采用 π 键合 3-十六烷基吡咯(3HDP)有机分子 LB 膜构成的 Fe/3HDP/Fe 有机复合隧道结的磁电阻比值高达 50%。通过 3HDP-Fe 界面电子结构的计算，他们提出邻近效应在自旋输运性质中起着重要作用，特别是偏压依赖特性。计算得到的偏压依赖性质和实验结果具有相同的趋势[65]。

　　理解有机自旋电子学器件的偏压依赖特性对于器件的应用非常重要，如图 20.11(a)所示，TMR 随着偏压不是一种简单的单调衰减函数。考虑界面近邻效应，TMR 在 150mV 偏压出现极小值。实验上类似的结果出现在 380mV（图 20.11(b)）。有机自旋电子学的偏压依赖特性还可以通过非弹性隧道谱进行研究，利用非弹性隧道谱（IETS），人们可以研究磁激子和声子等元激发对输运性质的影响。

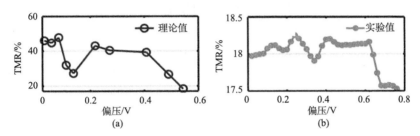

图 20.11　(a)和(b)分别是 TMR 对偏压依赖的理论计算结果[76]和实验结果[65]

　　基于电子-声子耦合的 IETS 可用来分析分子薄膜的质量和取向[77,78]。最近 Li 等研究了 CoFe/Al$_x$O/PTCDA（苝四甲酸二酐）/Al$_x$O/CoFe 有机隧道结的 IETS[79]，基于 1.25 nm 厚的 PTCDA 有机层观测到约 12% 的磁电阻比值。IETS 中可以观测到有机层的特征谱，IETS 的结果给出了自旋极化电子和有机分子间相互作用的直接证据[图 20.12(a)]。

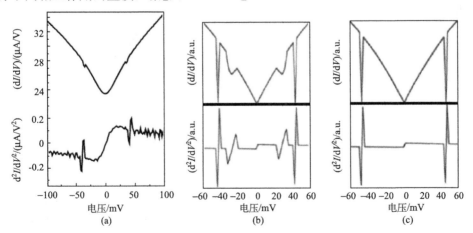

图 20.12　(a) 分子隧道结的一阶电导和二阶非弹性隧道谱（IETS）。PTCDA 的厚度为 1.25nm，测量温度为 20K。(b)(c)采用不同分子振动模的模拟电导和非弹性隧道谱[79]

　　然而在 NEGF-DFT 的理论框架中考虑电子-声子相互作用非常困难。一种可能的方法就是把 DFT 的声子计算与合适的模型结合[80]。如图 20.12(b)(c)所示,IETS 的模拟由文献[79]给出,IETS 的峰值模拟由 DFT 计算得到。通过 DFT计算和理论模型相结合可进一步给出分子薄膜的分布信息以及可能的自旋极化电子隧穿态。这种相互作用表明自旋极化电子是通过有机分子输运而不是通过有机自旋阀中的界面缺陷态[79]进行输运。

　　最近,人们利用 NEGF-DFT 的方法来模拟负微分的隧穿磁电阻效应[81]。之前在相同的有机自旋阀中有人观测到正的磁电阻[82],也有人观察到负的磁电阻[9,83,84]。Mandal 等基于第一性原理计算研究了 Ni-1,4-diethynylbenzene(对苯二乙炔)-Ni 有机磁性隧道结的磁电阻效应。如图 20.13 所示,改变界面间距可以使磁电阻比值发生从负号到正号的转变。改变界面间距会改变反平行态的透射通道和轨道特性,导致 TMR 的反号[81]。同样一些模型方法也可以解释负的TMR 现象[85]。

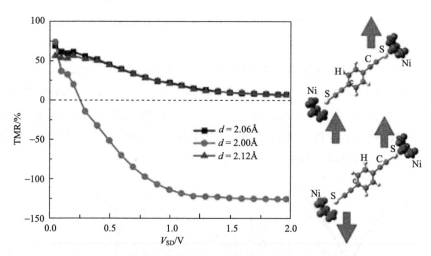

图 20.13　具有 3 种界面间距的有机分子复合磁性隧道结
TMR 比值对偏压的依赖关系[81]

20.4.2　与有机物相关的界面耦合效应

　　最近,研究发现卟啉类化合物和酞菁化合物在有机物-铁磁体界面是自旋极化的[86-94]。由于金属离子与衬底距离较近,金属离子的磁矩可以非常有效地与铁磁衬底耦合。人们发现,这种分子-衬底耦合是一种通过有机分子-金属原子的超交换或直接交换作用[88-92]。这种方法可以制备室温下具有稳定磁化强度的金属-有机层,在有机自旋电子学中具有重要的应用。通过改变衬底的磁化强度,可以改变有机分子的自旋极化。这种自旋极化改变可以从第一性原理计算的角度来理解，分子和衬底之间的耦合可以通过计算给出的表面态来表征。通过自旋极化的 STM 实验，计算给出的表面态可以和实验观察结果相比较[89,93,94]。

考虑到 CoPc-Fe 界面的实验结果[93]，第一性原理计算结果与自旋极化 STM 图像的直接对比如图 20.14 所示。图 20.14(b)～(d)为理论模拟结果，DFT 中包含长程的 van der Waals 相互作用后，模拟结果和实验图像符合较好。自旋轨道耦合修正对结果影响较小。

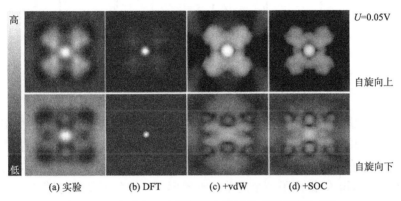

图 20.14　实验和理论模拟的自旋极化 STM 图像对比。
(a)实验结果。(b)～(d)理论模拟结果。(b) DFT 计算方法；
(c) DFT＋vdW 计算方法；(d) DFT＋vdW 并包含自旋轨道耦合的计算方法[93]

此外，诱导的分子表面态是一种邻近效应。当两种不同的材料距离足够近时，一种材料的特性会通过电子-电子相互作用转移到另一种材料上。一种常见的邻近效应发生在超导/正常金属的接触；与此类似，磁性的物质和非磁性物质接触后，后者也可以获得较小的磁特性(尽管很小)。如文献[86]～[94]所述，分子的自旋极化来源于分子和磁性衬底的近邻接触。

利用 NEGF-DFT 的方法，Liu 等研究了基于 π 键合 3-十六烷基吡咯(3HDP)有机分子隧道结 Fe/3HDP/Fe 的磁邻近效应[76]。图 20.15 所示为由于邻近效应诱导出的原子磁矩沿着分子链方向的分布情况，可以看到邻近效应来源于磁性金属的表面，在分子中具有指数衰减的特性。

通过 NEGF-DFT 的计算[76]，分子的邻近效应具有偏压依赖特性。考虑到电控制自旋态的可能性，一个新的研究热点就是如何通过电场来控制单分子的自旋极化状态。

20.4.3　自旋相关杂化对输运的影响

有机分子的对称性比单晶材料低，有机分子势垒的波函数对称性过滤效应较

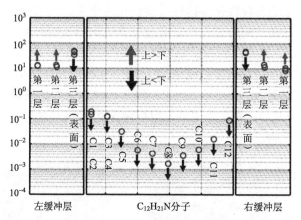

图 20.15　有机分子 3HDP 邻近效应诱导的磁特性[76]

低,因此有机磁性隧道结的隧穿磁电阻比值较小。然而和单晶薄膜势垒相比,有机分子具有自旋相干时间相对长、尺寸小和大面积易制备等优点。人们尝试不同的铁磁电极和有机分子膜的优化组合,来寻找具有较高隧穿磁电阻效应的分子磁性隧道结。Rocha 等提出了一个简单的唯象模型,把分子磁性隧道结的 MR 与电极和分子之间的自旋相关杂化联系起来[122]。如图 20.16 所示,假设铁磁电极和有机分子之间的跃迁积分或耦合强度用 t_σ($\sigma = \uparrow$,$\downarrow$)表示,平行态下的总电导 $G_P \propto t_\uparrow t_\uparrow + t_\downarrow t_\downarrow$,反平行态下的总电导 $G_{AP} \propto t_\uparrow t_\downarrow + t_\downarrow t_\uparrow = 2 t_\uparrow t_\downarrow$。因此 MR 可以表示成

$$\mathrm{MR} = \frac{G_P - G_{AP}}{G_{AP}} = \frac{t_\uparrow t_\uparrow + t_\downarrow t_\downarrow - 2 t_\uparrow t_\downarrow}{2 t_\uparrow t_\downarrow} = \frac{(1-r)^2}{2r},\ r = \frac{t_\downarrow}{t_\uparrow}$$

式中,r 可以理解为自旋相关杂化比,表示铁磁电极与分子之间的自旋相关杂化。上式将 MR 与自旋相关杂化比 r 联系起来,其函数关系图如图 20.17 所示。易见当 r 越小,即自旋相关杂化越明显,磁电阻比值(MR)越大。反之,当 r 越大,即自旋相关杂化越弱,MR 越小。极端情形:当 $r=1$ 时,此时两种自旋态相等即非磁性电极,MR 为零。

　　该模型虽然简单,但是给出了如何获取较高 MR 比值的新启示,2010 年 Atodiresei 等[123]发现苯环和 Fe(001)表面有非常明显的自旋相关杂化,如图 20.18(a)所示,苯环主要是 C 的 p_z 轨道起主导作用,由自旋极化态密度图可以看出不同能量区间自旋向上和向下的电子态所占的比重不同,因此对应分子的自旋极化率[图 20.18(b)]随着能量发生改变,在某一能量处会发生自旋极化反转情形。因此可以预期基于苯环分子的有机大分子和 Fe 之间会发生明显的自旋相关杂化,从而产生较大的磁电阻效应。

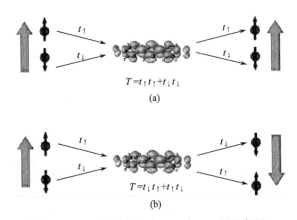

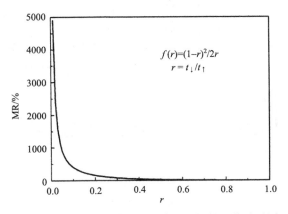

图 20.16　单分子中自旋相关输运机制示意图。
（a）铁磁电极处于平行态情形；（b）铁磁电极处于反平行态情形[122]

$$f(r)=(1-r)^2/2r$$
$$r=t_\downarrow/t_\uparrow$$

图 20.17　MR 与自旋相关杂化比之间的函数关系图

　　基于上述讨论，我们注意到对环芳烷（paracyclophane，PCP）分子由苯环单元堆叠构成，如图 20.19 所示为最小单元的[2，2]-PCP 分子，由两个苯环通过乙基连接堆叠构成，当然可以由更多的苯环单元构成更长的分子，首先我们研究这种孤立分子的电子结构性质。

　　图 20.20（a）给出了[2，2]-PCP 分子的 4 个本征轨道，可以看到 LUMO 和 LUMO+1 轨道表现出明显的成键特征，在苯环间有明显的波函数分布。相反对于 HOMO 和 HOMO-1 轨道，波函数有节点存在，因此轨道具有反键特征。从简单的轨道分布来看，我们期望如果电子通过 HOMO 或 HOMO-1 轨道输运，会得到较高的电导值。图 20.20（b）给出了一系列 PCP 分子的 HOMO 和 LUMO

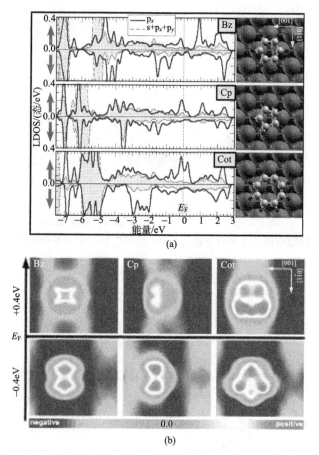

(a)

(b)

图 20.18 (a)苯环及其衍生物在 Fe(001)表面吸附后态密度投影图；
(b)分子的自旋极化与能量的关系[123]

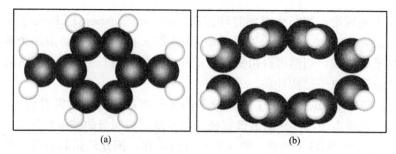

图 20.19 最小单元的对环芳烷分子[2，2]-PCP 的俯视(a)和侧视(b)图

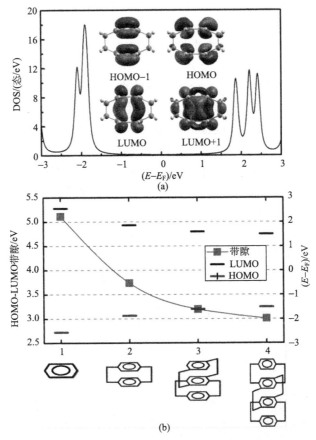

图 20.20　(a)［2，2］-PCP 分子的态密度及 4 个特征本征轨道；(b) 3 种不同的
PCP 分子的最高占据轨道(HOMO)、最低未占据轨道(LUMO)和带隙随着 PCP
分子长度的变化关系[129]

能级位置和相应的能隙，作为比较，Tao 等还计算了孤立苯环的结果。可以看
到：随着分子长度的增加，HOMO 轨道单调上移，而 LUMO 轨道单调下移。
因此分子能隙呈现单调递减趋势。这是因为 PCP 分子的 HOMO（LUMO）轨道
分别由苯环分子的 HOMO（LUMO）轨道相互作用衍生而来，由于 HOMO 对应
的是反键轨道，因此其能级和苯环的 HOMO 轨道相比会上移，构成 PCP 分子
的苯环数目越多时，反键作用越强烈，因此 HOMO 轨道会随着 PCP 分子长度
的增加单调上升。同样的分析可适用于 PCP 分子的 LUMO 轨道，LUMO 轨道
是成键轨道，PCP 分子苯环数目越多，成键作用越明显，因此 PCP 分子的
LUMO 能级会单调下移。另一方面，我们发现，PCP 分子的能隙随着分子的长
度的变化连续可调，因此是一种重要的有机光电材料。

　　接下来，研究单个的[2，2]-PCP 分子在 Fe(001)表面的吸附性质，通过吸附能的计算，如图 20.21(a)所示，发现苯环的中心吸附在 Fe(001)表面的空位(hollow)上时吸附能最大，此时对应的吸附构型最稳定，计算得到的吸附能约为 $-1.58eV$，Fe-C 之间的最短键长为 $2.07Å$，表明[2，2]-PCP 分子在 Fe(001)表面的吸附是一种化学吸附。由于分子和磁性表面的磁近邻相互作用，距离表面 Fe 原子最近的 C 诱导磁矩约为 $0.07\mu_B$，靠近 C 原子 Fe 的磁矩为 $2.39\mu_B$，真空界面 Fe 的磁矩为 $2.92\mu_B$，而且我们发现界面处 C 原子诱导磁矩的方向与 Fe 原子的磁矩方向反平行，与之前的计算结果类似[123]。磁矩由自旋极化的态密度积分得到，因此为了理解上述现象的本质，我们把态密度投影到界面原子的每个轨道上，结果如图 20.21(b)所示。其中，(1)对应真空界面 Fe 的轨道投影态密度，(2)为最靠近 C 的 Fe 的轨道投影态密度，(3)为最靠近 Fe 的 C 的轨道投影态密度。(1)(2)可以等价为吸附分子前后 Fe 的轨道态密度，比较(1)(2)，发现：吸附 PCP 分子后，Fe 的 d_{z^2} 和 $d_{xz}+d_{yz}$ 轨道形状发生明显的变化，而 $d_{xy}+d_{x^2-y^2}$ 轨道没有发生明显的变化，同时对于 C 来说，主要是 C 的 p_z 轨道起主导作用，因此吸附时主要是 Fe 和 C 的 π 轨道之间的相互作用。

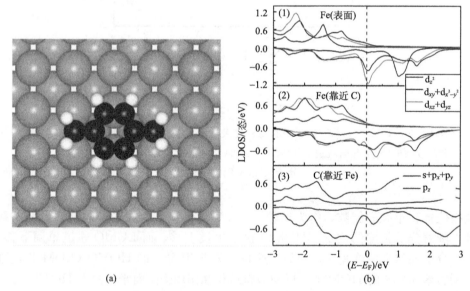

图 20.21(另见彩图)　(a)[2，2]-PCP 分子在 Fe(001)表面吸附构型俯视图；(b) (1)(2)表面
Fe 的自旋极化轨道投影态密度图；(3)PCP 分子 C 的轨道投影态密度图

　　吸附在 Fe(001)表面的 PCP 分子还可以增强表面 Fe 原子之间的交换相互作用，2013 年 Callsen 等[124]基于第一性原理计算研究了[2，2]-PCP 分子在 Fe/W

表面的吸附性质，发现最靠近 C 原子的 4 个 Fe 原子之间的交换相互作用要大于其他 Fe 之间的交换作用，如图 20.22 所示，PCP 分子在 Fe/W 表面是一种化学吸附，吸附距离约为 1.95Å，表面有 4 个 Fe 原子离 C 原子最近，因此有 3 种交

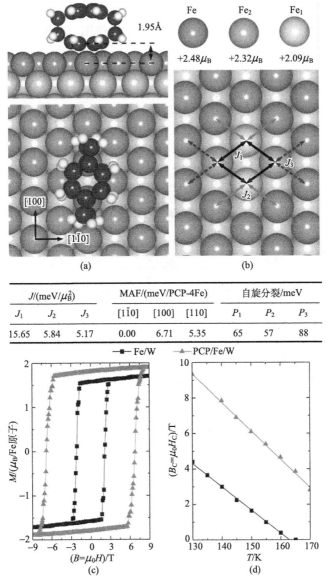

J/(meV/μ_B^2)			MAF/(meV/PCP-4Fe)			自旋分裂/meV		
J_1	J_2	J_3	[1$\bar{1}$0]	[100]	[110]	P_1	P_2	P_3
15.65	5.84	5.17	0.00	6.71	5.35	65	57	88

图 20.22　(a)(b)[2，2]-PCP 分子在 Fe/W 表面的吸附模型以及交换参数的定义；(c)(d)计算得到的实际交换常数以及磁化曲线和矫顽力的蒙特卡罗模拟结果[124]

换作用常数，实际计算发现J_1最大，J_2次之，J_3最小。其中，J_1代表与分子相互作用最强的 Fe 原子之间的作用，可见有机分子可以增强 Fe 表面的交换相互作用。图 20.22(c)(d)给出了磁化曲线的蒙特卡罗模拟结果，分别考虑了两种情况：一种有分子吸附，另一种没有分子吸附。容易看出：当有机分子吸附后，Fe/W 体系的矫顽力明显增加。

因此 PCP 分子可以改变磁性衬底表面的交换作用，从而产生界面各向异性，可以用来研究界面各向异性磁电阻。

2011 年 Schneebeli 等[125]利用 STM 技术测量了单个 PCP 分子的电导，发现单个的 PCP 分子具有有效的隧穿电导，并且隧穿电导随着分子长度的增加呈指数减小。2012 年 Bai 等[126]基于第一性原理计算，详细分析了电子在 PCP 分子中的输运机制，发现电导主要由 PCP 苯环之间的相互作用决定，与连接苯环的乙

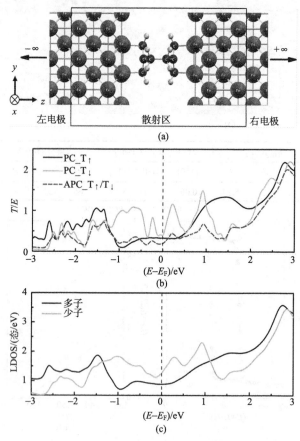

图 20.23 （a）Fe-PCP-Fe 器件模型示意图，器件是一个两端口体系，x-y 平面内具有二维周期性，输运方向沿着 z 方向；（b）自旋相关透射系数与能量的关系；（c）平行态分子中自旋极化态密度分布[129]。

基长度没有直接关系，而且苯环之间的相互作用可以形成有效的隧穿通道。基于单个 PCP 分子和 PCP 在 Fe 表面的吸附性质，用 PCP 分子作势垒，Fe 作电极，设计了分子磁性隧道结，如图 20.23(a) 所示。图 20.23(b) 给出了自旋相关透射系数与能量的关系，可以看到费米能级附近平行态下多子的透射系数曲线较平坦，而少子表现出很多透射峰，反平行态下多子或少子的透射系数被明显抑制，因此零偏压下，平行态和反平行态有较大的隧穿电阻差，从而可以产生较大的磁电阻比。关于隧穿磁电阻，稍后将做详细讨论。上述多子和少子透射系数的差别反映出明显的自旋相关杂化效应，图 20.23(c) 给出了投影到分子的态密度图，可以看出在费米能级附近，少子的态密度要大于多子的态密度，而且少子态密度峰的位置与少子的透射系数峰的位置具有一一对应关系。

　　为了更加详细地分析电子的输运机制，研究电子的透射系数在动量空间的分布。图 20.24(a)(b) 为 Fe 电极的 Bloch 通道数在动量空间的分布，表现出明显的 4 重转动对称性，由于在计算中选取了较大的单胞，因此由能带折叠效应引起通道数和元胞相比明显增加。定义约化透射系数，即总的透射系数除以相应 k 点处的透射通道数。图 20.24(c)(d) 给出了约化透射系数在布里渊区中的分布，和 (a)(b) 相比，透射系数显示出二重转动对称性，这是由于 [2，2]-PCP 分子具

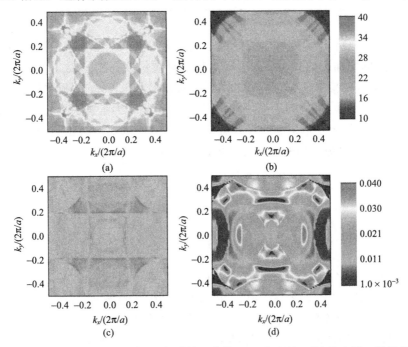

图 20.24(另见彩图)　电极中 Fe 的透射通道数：(a) 为多子；(b) 为少子。平行态下其约化的透射系数在布里渊区中的分布：(c) 为多子；(d) 为少子[129]

有 D_{2h} 对称性(二重转动对称性)。有趣的是我们发现:虽然电极中少子的透射通道数少于多子的通道数,但是少子的透射系数值却大于多子,更加证实了之前的自旋相关杂化的结论。

　　下面我们详细介绍分子磁性隧道结的自旋极化电导和磁电阻效应。我们研究了 3 种不同分子的磁性隧道结,分别用图 20.19 中的 PCP 分子作势垒,为了方便研究,把 3 种器件模型简记为 Type-I、Type-II 和 Type-III。3 种器件模型所包含的原子数分别为 160、180 和 200。在进行输运自洽计算之前,原子的结构进行充分的弛豫,直至每个原子的受力标准小于 $0.03eV/Å$。表 20.1 列出了一系列分子隧道结的电阻面积乘积 RA 以及对应的磁电阻比值(MR),平行态和反平行态的 RA 随着分子长度的增加而单调增加。对于 3 种器件模型,我们都获得了较高的磁电阻比值。其中,Type-III 的 MR 达到 100% 以上。

表 20.1　3 种分子磁性隧道结的电阻面积乘积(RA)以及磁电阻比值(MR)[129]

类型	$RA\text{-}PC/(\Omega \cdot \mu m^2)$	$RA\text{-}APC/(\Omega \cdot \mu m^2)$	MR/%
Type-I	0.05	0.09	80
Type-II	0.99	1.35	36
Type-III	11.16	22.90	105

　　图 20.25(a)给出了费米能级处的透射系数 $T(E_F)$ 与分子长度 L 的关系,$T(E_F)$ 随 L 的增加指数减小。为了得到特征衰减长度,用公式 $T(E_F) \propto e^{-\beta L}$ 拟合计算结果,β 的拟合值分别为 $0.88Å^{-1}$(平行态)和 $0.90Å^{-1}$(反平行态),表明电子通过 PCP 分子的隧穿是一种非共振的隧穿机制。为了进一步支撑上述结论,图 20.25(b)(c)给出了散射态密度在势垒中的衰减。散射态 ψ_s^n 也被称作开放体系的本征态,从左电极入射的散射态 ψ_s^n 可以表示为

$$\psi_s^n = \begin{cases} \varphi_L^n + \sum_m \varphi_L^m \, r^{mn} \\ \psi_C^n \\ \sum_m \varphi_R^m \, t^{mn} \end{cases}$$

式中,L、C 和 R 分别标记左电极区、中心区和右电极区;m,n 表示电极中的渐近布洛赫波矢(k_m、k_n)。由散射态定义相应的散射态密度(density of scattering states,DOSS),表示单位能量间隔内散射态的数目,因此散射态密度正比于相应能量的透射系数。计算结果如图 20.25(b)(c)所示,多子和少子的散射态密度在势垒也是指数衰减,进一步证实了电子通过 PCP 分子的隧穿是一种非共振隧穿机制。

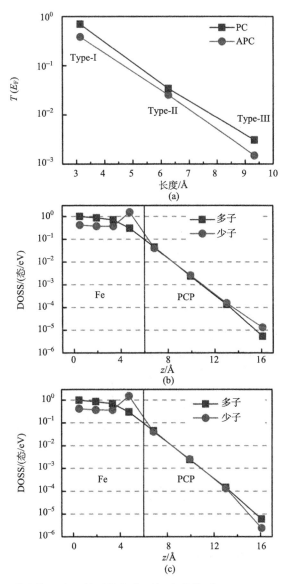

图 20.25 （a）费米能级处透射系数与分子长度的关系；（b）Type-III 在平行态下多子和少子的散射态密度在势垒中的衰减；（c）Type-III 在反平行态下多子和少子的散射态密度在势垒中的衰减[129]

　　上述拟合得到的 β 值还可由分子本身的复能带结构及金属电极的费米能级的位置估算得出，周期性结构的分子链的复能带结构决定了电子在分子中的特征衰减常数[127, 128]。复能带是实能带的拓展，我们知道在周期结构的晶体中，由布洛赫定理知波矢必须为实数，但是在晶体的表面或界面处，由于对称性的破坏，布洛赫波矢必须为复数才能满足波函数的连续性条件，能量与复波矢 $k=k_{//}+k_z$ 的色散关系定义为复能带，由于研究的磁性隧道结具有面内二维周期性，因此 $k_{//}$ 是实数，而 k_z 由于电子的散射而变成复数值，即 $k_z=q+i\kappa$。图 20.26 给出了电子通过复能带隧穿的示意图，可以看出决定特征衰减常数 β 值大小的有两个主要因素：电极费米能级的位置和分子的复能带结构。图 20.27 给出了分子的投影态密度图以及周期性分子的复能带结构。由于波函数在势垒中是指数衰减，因此电子的隧穿主要由中间层原子决定，图 20.27(a)给出了 Type-III 投影到第二个原子层的态密度，可以看到费米能级的位置在分子的能隙中，且靠近 LUMO 轨道。图 20.27(b)为无限长 PCP 分子链的复能带结构，假设 PCP 分子在输运方向具有周期性，估算得到的 κ 大小为 0.42Å^{-1}，需要注意的是波函数的衰减正比于 $e^{-\kappa z}$，态密度的衰减正比于 $e^{-2\kappa z}$，相应的 β 值大小为 0.84Å^{-1}，与用费米能级处透射系数估算的 β 值非常接近。

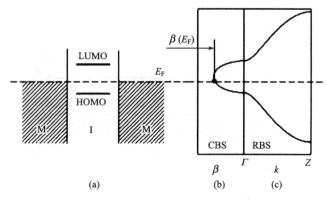

图 20.26　(a)电极的费米能级相对于分子能隙的位置；
(b)(c)周期性分子复能带结构示意图。引自文献[128]

20.4.4　电流驱动下的有机物结构转变效应

分子振动对输运的影响已经被实验结果证实，如 STM[95-97]、AFM[98] 和 IETS[99]。分子振动效应基于电流驱动的分子结构的改变，这种效应造成的一个明显结果就是电阻的巨大改变。通过电流驱动分子振动的有机电子学器件可命名为有机分子开关器件[100]。

电流驱动的分子振动可以从电流驱动的分子声子激发来理解[96]或者是通过化学反应过程中的电荷转移来理解[101]。在以上的实验中，驱动电流是非自旋极化的，因此讨论自旋极化电流对分子振动的影响具有重要意义。

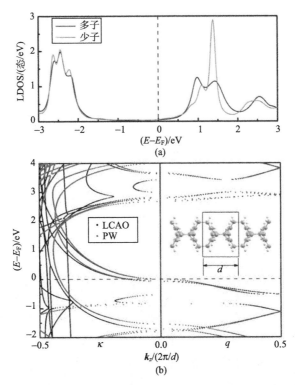

图 20.27　(a) Type-III 器件的投影态密度图；(b) 一维无限长 PCP 分子链的复能带结构，其中 LCAO 使用局域原子轨道基组计算，PW 使用平面波方法计算

最近，Schmaus 等报道了 H_2Pc 单分子在 Co(111) 表面自旋极化 STM 的测量结果[102]。实验发现自旋流的注入可以改变分子的结构，实验中观察到明显的电阻跃变，因此产生了巨大的磁电阻效应。图 20.28 为 STM-分子的结构图，对于平行和反平行磁矩分布，电阻显示出明显的转变。在测量中，测量电压维持在 $10mV$[102]。实验结果和 NEGF-DFT 的计算结果符合较好。然而作者没有给出电流驱动分子振动的讨论。

从理论的观点出发，电流驱动分子振动可以从图 20.29 来理解，如图 20.29 (a) 所示，电流可以使分子的构型发生改变。假设分子结构改变前（A）和改变后（B）有两个能量态，能量势垒为 E_b，如图 20.29(b) 所示。当外加电场或电流后，分子的总能发生改变并克服能量势垒 E_b，使分子结构发生从结构 A 到 B 的自发转变。

基于上述理解，自旋极化电流也可以驱动分子结构的转变。利用自旋自由度，自旋极化电流驱动的分子振动具有多态开关特性。因此我们提出了基于自旋

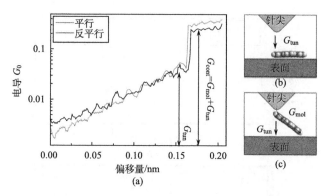

图 20.28　(a)典型的测量的电导-距离曲线；(b)(c)两端口的测量示意图[102]

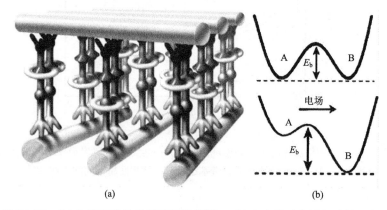

图 20.29　(a)电流驱动的分子开关器件[97]；(b)电流驱动分子振动的示意图

流操纵的有机多态开关。如图 20.30 所示，在不考虑电子-声子相互作用时，对 Fe/短-3HDP/Fe 分子隧道结进行了简单的 NEGF-DFT 计算。对比总能量结果，给出了多态反转的结果。而且结构反转前后的磁电阻变化在 500 meV 下小于 8%。类似的磁电阻特征已经在实验中观测到[97]。为了更好地理解自旋流驱动效应，需要进行更多的实验和理论研究。

20.4.5　其他有机物中的自旋相关输运特性

上述讨论的自旋相关现象都是基于 DFT 或 NEGF-DFT 理论。从实验结果来看，有机材料中的自旋相关输运并不局限于上述现象。在有机-金属的非连续多层膜中也观测到磁电阻效应[24]。可以很好地用唯象的模型解释最近在有机磁性隧道结 Co/Alq₃/AlₓO/LSMO 中观测到的巨大磁电阻效应[14,103]。有机自旋电子学

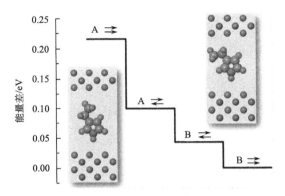

图 20.30　有机磁性隧道结 Fe/短-3HDP/Fe 不同磁化态下的总能量对比

中的其他物理效应和现象，如自旋注入和自旋弛豫，不能很好地用 DFT 或 NEGF-DFT 的方法解释。关于有机自旋电子学唯象模型的具体细节可参见文献[27]。

20.5　有机磁性纳米复合结构的应用前景展望

由于有机材料具有许多特点，如功能多样性、廉价、易大量制备和较长的自旋弛豫时间等，基于有机材料的电子学器件，如有机存储器和自旋晶体管，引起了人们广泛的注意和研究。

20.5.1　与自旋相关的有机随机存储器

在有机材料中，许多效应都和磁电阻特性有关。有机杂化体系的磁电阻效应可以用来设计随机存储器单元，基于有机材料的磁性随机存储器未来将具有重要应用前景。

有机复合磁性隧道结中的磁电阻效应的先后发现如图 20.31 所示。起初，磁电阻效应在有机 Alq₃ 和 LB 膜分子作为势垒的复合磁性隧道结中被观测到。通过改变制备技术，在 LSMO/Alq₃/Co 磁性隧道结中低温下观察到较大的磁电阻效应。随着时间的推移，人们又尝试了其他的有机分子，如红荧烯（rubrene）、CuPc 和苝四甲酸二酐（PTCDA）等。最近人们又提出了一种新型的有机半导体材料 V(TCNE)$_x$。

目前，有机自旋电子学的授权专利数量已达到 800 件。而且在许多专利中有机自旋阀结构被当作标准有机自旋存储器的单元器件[1]。以磁性随机存储器（MRAM）的发展为例，MRAM 的发展持续了长达十年的时间并经历了三代设计[105]，磁场驱动和信息写入的 MRAM[106,107]，自旋极化电流驱动和信息写入的

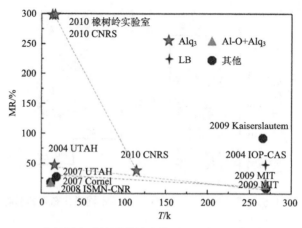

图 20.31　有机复合磁性隧道结中的磁电阻与试验温度的函数[104]

STT-MRAM[108-111]和电场调控或者电场辅助控制的 MRAM[112-114] 以及最近发展的基于自旋-轨道耦合效应的 SO-MRAM。和 MRAM 相比，目前还没有发现独特的有机材料能像 MRAM 中的高性能 Fe/MgO/Fe 磁性隧道结存储单元材料一样，来设计有机复合磁随机存储器(organic hybrid MRAM)或者纯粹有机的随机存储器(organic RAM，ORAM)，因此，未来还需要更多的实验和理论研究，特别是有机材料中自旋相关输运的调控研究。

20.5.2　有机自旋晶体管

自旋晶体管是自旋电子学器件中的基本的核心器件单元之一。由于自旋晶体管可以用电场来操控自旋流，因此引起了人们广泛的关注与研究。与此类似，利用有机材料可以提出有机自旋晶体管的概念。最近，Gobbi 等[103]设计了一种热电子的磁性隧道晶体管，利用有机大分子 C_{60} 作半导体通道，此前这种有机自旋晶体管从来没有被实验或理论研究过。

在上述的有机自旋晶体管中，器件操纵是通过热电子在自旋阀和 C_{60} 分子中的隧穿来实现的。通过三端口器件的设计，自旋阀用作调控自旋流，C_{60} 分子用作半导体集电极(图 20.32)。NiFe-C_{60} 界面的能量势垒约为 1 eV。然而，为了改善器件的性能，一个重要的问题就是如何控制好 C_{60} 和磁性隧道结的界面。目前，有机自旋晶体管的试验已陆续展开，未来会有更多的实验和理论研究参与其中。

20.5.3　基于有机材料的自旋发光二极管

柔韧的有机发光二极管(OLED)已实现工业化数年，许多的电子学器件都基

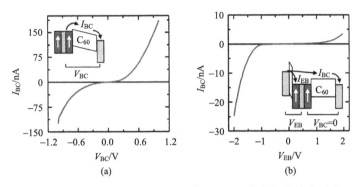

图 20.32　(a) 隧道结的 I-V 测量曲线；(b) 集电极的热电子流。
插图为电压施加在不同端口的能量示意图[5]

于 OLED。因此，人们很自然地提出自旋发光二极管的概念，利用自旋流来控制
场致发光 (EL) 的强度[115-116]。许多实验对自旋发光二极管的基本特性做了研
究[9,115,117]。实验结果显示为了在低温下得到较高的场致发光强度需要较高的外
加偏压 (>10V)。然而如此高的偏压不利于实际应用和操作[9,118]。

最近，Nguyen 等报道了基于有机自旋阀的自旋发光二极管[16]，在低偏压下
的磁致发光强度 (MEL) 为 1%，光发射强度在室温下可以被磁场调控。

如图 20.33 所示，为了展示 MEL 的效率做了两个重要的技术修正[16]。第
一，用具有较小超精细相互作用的氘化有机薄膜代替了氢化的薄膜[118]。第二，
用一层非常薄的 LiF 与铁磁金属电极接触[119]。图 20.33(b) 在 3.5 V 以上的偏压
清楚地展示了场致发光，然而自旋发光二极管的设计需要进一步的优化，如有机
物-铁磁体和有机物-LiF 的界面需要调控。未来需要做更多的实验和理论研究。

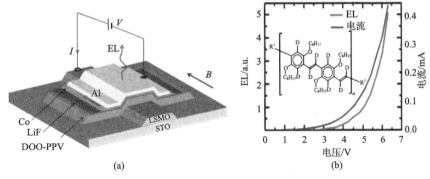

图 20.33　(a) 自旋发光二极管的结构；(b) 器件的 I-V 曲线和 EL-V 特性。
插图为 DOO-PPV 的大分子结构[16]

消费者已经非常熟悉有机发光二极管的概念,因此自旋发光二极管给我们一个新的调控光发射的方式。因此,自旋发光晶体管开辟了有机自旋电子学器件应用的全新市场。

20.5.4　基于有机物的自旋流发射源

对于有机自旋电子学,自旋流产生源主要为磁性金属、有机磁性半导体和自旋过滤材料(EuS)等。对于有机自旋器件,需要基于自旋流的有机材料。最近,Wang 等报道了基于 FET 结构(图 20.34 中的右插图)碳纳米管的稳恒自旋流[120]。基于 NEGF-DFT 的理论,为了计算转动磁场下的自旋流需要三端口的哈密顿量。理论上这种器件的操控仅需要自旋流而不需要电荷流。稳恒自旋流的产生需要栅电压和转动磁场频率的调控。

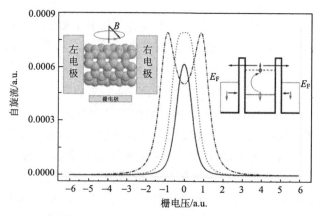

图 20.34　泵浦自旋流与栅电压的关系。左插图:纳米管 SFET 器件的示意图。
右插图:SFET 器件的工作原理[120]

因为自旋流从碳纳米管泵浦到电极,一个重要的问题是连接碳纳米管与有机分子电极。从理论预言结果看,如果在界面处没有自旋翻转散射,碳纳米管和电极可以是任意的界面。因此连接的有机材料具有很大的选择性。

20.6　总结与展望

有机自旋电子学是一门快速发展的学科,利用了自旋属性和有机材料的柔韧性。自旋输运是有机自旋电子学中的一个重要问题。有机分子的选择,可以从有机绝缘体到有机半导体及有机磁性半导体。有机自旋电子学已发现了丰富的物理现象,如巨磁电阻效应、有机分子中的自旋注入、有机物-铁磁体的邻近效应和有机自旋相关的场致发射等。理论上,利用 NEGF-DFT 的方法可以从原子尺度上来理解有机自旋电子学。NEGF-DFT 的方法已经成功地研究了界面效应,受此方法的限制,对自旋弛豫问题还没有很好理解,需要对该计算方法做进一步的修正和完善。目前,有机自旋电子学已经展示了一些自旋阀结构和自旋发光二极管的实验结果,这两种新结构给出了理论上新的研究方向。考虑到自旋发光二极管、有机自旋晶体管、有机自旋电流源和有机自旋存储器等核心元器件的发展前景,未来完全可以设计和制备出全有机的自旋相关材料与器件。

作 者 简 介

　　刘东屏　2005 年毕业于大连理工大学物理系,获学士学位;2010年在中国科学院物理研究所取得博士学位;现任中国科学院物理研究所副研究员。目前,在自旋电子学领域,主要从事杂质散射和非晶态材料中的电子输运特性分析、磁性多层膜及其巨磁电阻效应(GMR)和隧穿磁电阻效应(TMR)研究。

　　陶玲玲　2009 年毕业于兰州大学物理科学与技术学院,获学士学位;2014 年在中国科学院物理研究所获得博士学位。目前主要从事自旋电子学器件的第一性原理计算模拟研究。

　　韩秀峰　中国科学院物理研究所研究员、博士生导师、课题组组长。1984 年毕业于兰州大学物理系,1993 年在吉林大学获博士学位。主要从事"自旋电子学材料、物理和器件"研究,包括:磁性隧道结及隧穿磁电阻(TMR)效应、多种铁磁复合隧道结(MTJ)材料、新型磁随机存取存储器(MRAM)、磁逻辑、自旋纳米振荡器、自旋晶体管、磁电阻磁敏传感器等原理型器件的研究。已发表 SCI 学术论文 200 余篇,获得中国发明专利授权 50 余项和国际专利授权 5 项。与合作者研制成功一种新型纳米环磁随机存取存储器(Nanoring MRAM)原理型演示器件、四种磁电阻磁敏传感器原理型演示器件;其中"纳米环磁性隧道结及新型纳米环磁随机存取存储器的基础性研究"获 2013 年度北京市科学技术奖一等奖。

参 考 文 献

[1] Naber W J M, Faez S, van der Wiel W G. Organic spintronics. J Phys D Appl Phys, 2007, 40: R205.

[2] Data is summarized from ISI web of knowledge data base and from Derwent Innovations Index.

[3] Wang T X, Zeng Z M, Du G X, et al. Core Composite Film for a Magnetic/Nonmagnetic/Magnetic Multilayer Thin Film and Its Useage: China, ZL 200510056941. 8; Japan, JP 48806692011129.

[4] Dediu V A, Hueso L E, Bergenti I, et al. Spin routes in organic semiconductors. Nature Materials, 2009, 8: 707.

[5] Gobbi M, Bedoya-Pinto A, Golmar F, et al. C_{60}-based hot-electron magnetic tunnel transistor. Appl Phys lett, 2012, 101: 102404.

[6] Tsukagoshi K, Alphenaar B W, Ago H. Coherent transport of electron spin in a ferromagnetically contacted carbon nanotube. Nature, 1999, 401: 572.

[7] Wei X H, Han X F, Langford R M, et al. Spin transport in multi-wall carbon nanotubes with Co electrodes. Chin Phys Lett, 2006, 23: 2852.

[8] Dediua V, Murgiaa M, Matacottaa F C, et al. Room temperature spin polarized injection in organic semiconductor. Solid State Commun, 2002, 122: 181.

[9] Xiong Z H, Wu D, Vardeny Z V, et al. Giant magnetoresistance in organic spin-valves. Nature, 2004, 427: 821.

[10] Shim J H, Raman K V, Park Y J, et al. Large spin diffusion length in an amorphous organic semiconductor. Phys Rev Lett, 2008, 100: 226603.

[11] Yoo J W, Jang H W, Prigodin V N, et al. Giant magnetoresistance in ferromagnet/organic semiconductor/ferromagnet heterojunctions. Phys Rev B, 2009, 80: 205207.

[12] Tokuc H, Oguz K, Burke F, et al. Magnetoresistance in CuPc based organic magnetic tunnel junctions. J Phys Conf Series, 2011.

[13] Li K S, Chang Y M, Agilan S, et al. Organic spin valves with inelastic tunneling characteristics. Phys Rev B, 2011, 83: 172404.

[14] Sun D L, Yin L F, Sun C J, et al. Giant magnetoresistance in organic spin valves. Phys Rev Lett, 2010, 104: 236602.

[15] Li B, Kao C Y, Yoo J W, et al. Magnetoresistance in an all-organic-based spin valve. Adv Mater, 2011, 23: 3382.

[16] Nguyen T D, Ehrenfreund E, Vardeny Z V. Spin-polarized light-emitting diode based on an organic bipolar spin valve. Science, 2012, 337: 204.

[17] Zhang X G, Wang Y, Han X F. Theory of nonspecular tunneling through magnetic tunnel junctions. Phys Rev B, 2008, 77: 144431.

[18] Zhang X G, Wang Y, Han X F. Simple models for electron and spin transport in barrier-conductor-barrier devices. Solid-State Elec, 2007, 51: 1344.

[19] Lin R, Wang F, Rybicki J, et al. Distinguishing between tunneling and injection regimes of ferromagnet/organic semiconductor/ferromagnet junctions. Phys Rev B, 2010, 81: 195214.

[20] Tuti E, Batisti I, Berner D. Injection and strong current channeling in organic disordered media. Phys Rev B, 2004, 70: 161202.

[21] Pasveer W F, Cottaar J, Tanase C, et al. Unified description of charge-carrier mobilities in disordered semiconducting polymers. Phys Rev Lett, 2005, 94: 206601.

[22] Houili H, Tuti E, Batisti I, et al. Investigation of the charge transport through disordered organic molecular heterojunctions. J Appl Phys, 2006, 100: 033702.

[23] Jean J M, Friesner R A, Fleming G R. Application of a multilevel Redfield theory to electron transfer in condensed phases. J Chem Phys, 1992, 96: 5827.

[24] Wang W X, Wang Y P, Zhang X G, et al. Thickness dependence of magnetic and transport properties in organic-CoFe discontinuous multilayers. J Appl Phys, 2010, 107: 09E307.

[25] Yu Z G, Smith D L, Saxena A, et al. Molecular geometry fluctuation model for the mobility of conjugated Polymers. Phys Rev Lett, 2000, 84: 721.

[26] Nelson J. Diffusion-limited recombination in polymer-fullerene blends and its influence on photocurrent collection. Phys Rev B, 2003, 67: 155209.

[27] Shiraishi M, Ikoma T. Molecular spintronics. Physica E, 2011, 43: 95.

[28] Xie S J, Ahn K H, Smith D L, et al. Ground-state properties of ferromagnetic metal/conjugated polymer interfaces. Phys Rev B, 2003, 67: 125202

[29] Bobbert P A, Wagemans W, van Oost F W A, et al. Theory for spin diffusion in disordered organic semiconductors. Phys Rev Lett, 2009, 102: 156604.

[30] Dediu V, Hueso L E, Bergenti I, et al. Room-temperature spintronic effect in Alq_3-based hybrid devices. Phys Rev B, 2008, 78: 115203.

[31] Braun S, Salaneck W R, Fahlman M. Energy-level alignment at organic/metal and organic/organic interfaces. Adv Mater, 2009, 21: 1450.

[32] Ruden P. Organic spintronics interfaces are critical. Nature Materials, 2011, 10: 8.

[33] Ishii H, Sugiyama K, Ito E, et al. Adv Mater, 1999, 11: 605.

[34] Frommer J. Scanning tunneling microscopy and atomic force microscopy in organic chemistry. Angewandte Chemie International Edition in English, 1992, 31: 1298.

[35] Rosei F, Schunack M, Naitoh Y, et al. Properties of large organic molecules on metal surfaces. Progress in Surface Science, 2003, 71: 95.

[36] Hill I G, Rajagopal A, Kahn A. Energy-level alignment at interfaces between metals and the organic semiconductor $4,4'$-N,N'-dicarbazolyl-biphenyl. J Appl Phys, 1998, 84: 3236.

[37] Jonsson S K M, Salaneck W R, Fahlman M. Organic fabrication, J Mater Res, 2003, 18: 1219.

[38] Jones R O, Gunnarsson O. The density functional formalism, its applications and prospects. Rev Mod Phys, 1989, 61: 689.

[39] Rosei F, Schunack M, Jiang P, et al. Organic molecules acting as templates on metal surfaces, Science 2002, 296: 328.

[40] Altman E I, Colton R J. The interaction of C_{60} with noble metal surfaces. Surf Sci, 1993, 295: 13.

[41] Bardeen J. Tunnelling from a many-particle point of view. Phys Rev Lett, 1961, 6: 57.

[42] Tersoff J, Hamann D R. Theory of the scanning tunneling microscope. Phys Rev B, 1985, 31: 805.

[43] Parr R G, Yang W. Density-functional theory of atoms and molecules. New York: Oxford University Press, 1989.

[44] Sholl D, Steckel J A. Density functional theory: A practical introduction. John Wiley & Sons, 2009.

[45] Soler J M, Artacho E, Gale J D, et al. The SIESTA method for *ab initio* order-*N* materials simulation.

J Phys Condens Matt, 2002, 14: 2745.

[46] Kohn W, Sham L J. Self-consistent equations including exchange and correlation effects. Phys Rev, 1965, 140: A1133.

[47] SIESTA. News. [2009-09-30]. http://icmab. cat/leem/siesta.

[48] Lorente N, Rurali R, Tang H. Single-molecule manipulation and chemistry with the STM. J Phys Condens Matter, 2005, 17: S1049.

[49] Su G J, Zhang H M, Wan L J, et al. Potential-induced phase transition of trimesic acid adlayer on Au (111). J Phys Chem B, 2004, 108: 1931.

[50] Ji T. Inelastic electron tunneling spectroscopy in molecular electronic devices from first-principles. McGill University Thesis, 2010.

[51] Ji T, Sun Q, Guo H. Effects of spin-flip scattering in double quantum dots. Phys Rev B, 2006, 74: 233307.

[52] Haney P M. Spintronics in ferromagnets and antiferromagnets from first principles. PhD thesis, The University of Texas at Austin, 2007.

[53] Taylor J, Guo H, Wang J. *Ab initio* modeling of quantum transport properties of molecular electronic devices. Phys Rev B, 2001, 63: 245407.

[54] NanoAcademic Technologies Inc. Research. [2010-11-30]. http://nanoacademic. ca.

[55] Davis M E, McCammon J A. Electrostatics in biomolecular structure and dynamics. Chem Rev, 1990, 94: 7684.

[56] Honig B, Nicholls A. Classical electrostatics in biology and chemistry. Science, 1995, 268: 1144.

[57] Holm C, Kekicheff P, Podgornik R. Electrostatic effects in soft matter and biophysics. NATO Science Series, 2001, 246.

[58] Barraud C, Seneor P, Mattana R, et al. Unravelling the role of the interface for spin injection into organic semiconductors. Nature Physics, 2010, 6: 615.

[59] Chatten A J, Tuladhar S M, Choulis S A, et al. Monte Carlo modelling of hole transport in MDMO-PPV: PCBM blends. J Mater Sci, 2005, 40: 1393.

[60] Zhan Y Q, Holmström E, Lizárraga R, et al. Efficient spin injection through exchange coupling at organic semiconductor/ferromagnet heterojunctions. Adv Mater, 2010, 22: 1626.

[61] Wang Y P, Han X F, Wu Y N, et al. Adsorption of tris(8-hydroxyquinoline) aluminum molecules on cobalt surfaces. Phys Rev B, 2012, 85: 144430.

[62] Zhan Y Q, de Jong M P, Li F H, et al. Energy level alignment and chemical interaction at Alq_3/Co interfaces for organic spintronic devices. Phys Rev B, 2008, 78: 045208.

[63] Liang S H, Yu T, Liu D P, et al. Characterization of stearic acid adsorption on Ni(111) surface by experi-mental and first-principles study approach. J Appl Phys, 2011, 109: 07C115.

[64] Branda M M, Ferullo R M, Belelli P G, et al. Methanol adsorption on magnesium oxide surface with defects: A DFT study. Surf Sci, 2003, 527: 89.

[65] Wang T X, Wei H X, Zeng Z M, et al. Magnetic/nonmagnetic/magnetic tunnel junction based on hybrid organic Langmuir-Blodgett-films. Appl Phys Lett 2006, 88: 242505.

[66] Tang C W. Two-layer organic photovoltaiccell. Appl Phys Lett, 1986, 48: 183.

[67] Schmidt G, Molenkamp L W. Spin injection into semiconductors, physics and experiments. Semicond Sci Technol, 2002, 17: 310.

［68］Jonas B, Yong Y, Adrian S, et al. Spin injection studies on thin film Fe/MgO/Si tunneling devices. APS March Meeting 2011, March 21-25, 2011, abstract ♯V15. 008

［69］Yoo J W, Chen C Y, Jang H W, et al. Spin injection/detection using an organic-based magnetic semiconductor. Nature Materials, 2010, 9: 638.

［70］Li B, Kao C Y, Lu Y, et al. Room-temperature organic-based spin polarizer. Appl Phys Lett, 2011, 99: 153503.

［71］Shiohara A, Hanada S, Prabakar S, et al. Chemical reactions on surface molecules attached to silicon quantum dots. J Am Chem Soc, 2010, 13: 132.

［72］Bent S F. Organic functionalization of group IV semiconductor surfaces: principles, examples, applications, and prospects. Surf Sci, 2002, 500: 879.

［73］Rocha A R, García-suárez V M, Bailey S W, et al. Towards molecular spintronics. Nature Materials, 2005, 4: 335.

［74］Petta J R, Slater S K, Ralph D C. Spin-dependent transport in molecular tunnel junctions. Phys Rev Let, 2004, 93: 136601.

［75］Ning Z Y, Zhu Y, Wang J, et al. Quantitative analysis of nonequilibrium spin injection into molecular tunnel junctions. Phys Rev Lett, 2008, 100: 056803.

［76］Liu D P, Hu Y B, Guo H, et al. Magnetic proximity effect at the molecular scale: First-principles calculations. Phys Rev B, 2008, 78: 193307.

［77］ShimJ H, Raman K V, Park Y J, et al. Large spin diffusion length in an amorphous organic semiconductor. Phys Rev Lett, 2008, 100: 226603.

［78］Raman K V, Watson S M, Shim J H, et al. Effect of molecular ordering on spin and charge injection in rubrene. Phys Rev B, 2009, 80: 195212.

［79］Li K S, Chang Y M, Agilan S, et al. Organic spin valves with inelastic tunneling characteristics. Phys Rev B, 2011, 83: 172404.

［80］Simmons J G. Generalized formula for the electric tunnel effect between similar electrodes separated by a thin insulating film. J Appl Phys, 1963, 34: 1793.

［81］Mandal S, Pati R. What determines the sign reversal of magnetoresistance in a molecular tunnel junction? ACS Nano, 2012, 6: 3580.

［82］Barraud C, Seneor P, Mattana R, et al. Unravelling the role of the interface for spin injection into organic semiconductors. Nature Physics, 2010, 6: 615.

［83］Majumdar S, Majumdar H S, Laiho R, et al. Comparing small molecules and polymer for future organic spin-valves. J Alloys Compd, 2006, 423, 169.

［84］Dediu V, Hueso L E, Bergenti I, et al. Room-temperature spintronic effects in Alq$_3$-based hybrid devices. Phys Rev B, 2008, 78: 115203.

［85］Li F H, Graziosi P, Tang Q, et al. Electronic structure and molecularorientation of pentacene thin films on ferromagnetic La$_{0.7}$Sr$_{0.3}$MnO$_3$. Phys Rev B, 2010, 81: 205415.

［86］Yamauchi Y, Kurahashi M, Suzuki T. Spin-polarized metastable deexcitation spectroscopy study of potassium and oxygen adsorbed iron surfaces. J Phys Chem B, 2002, 106: 7643.

［87］Scheybala A, Ramsvika T, Bertschingera R, et al. Induced magnetic ordering in a molecular monolayer. Chem Phys Lett, 2005, 411: 214.

［88］Wende H, Bernien M, Luo J, et al. Substrate-induced magnetic ordering and switching of iron. Nature

Materials, 2007, 6: 516.

[89] Iacovita C, Rastei M V, Heinrich B W, et al. Visualizing the spin of individual cobalt-phthalocyanine molecules. Phys Rev Lett, 2008, 101: 116602.

[90] Bernien M, Miguel J, Weis C, et al. Tailoring the nature of magnetic coupling of Fe-porphyrin molecules to ferromagnetic substrates. Phys Rev Lett, 2009, 102: 047202.

[91] Javaid S, Bowen M, Boukari S, et al. Impact on interface spin polarization of molecular bonding to metallic surfaces. Phys Rev Lett, 2010, 105: 077201.

[92] Wäckerlin C, Chylarecka D, Kleibert A, et al. Controlling spins in adsorbed molecules by a chemical switch. Nature Communications, 2010, 1: 61.

[93] Brede J, Atodiresei N, Kuck S, et al. Spin- and energy-dependent tunneling through a single molecule with intramolecular spatial resolution. Phys Rev Lett, 2010, 105: 047204.

[94] Lodi Rizzini A, Krull C, Balashov T, et al. Coupling single molecule magnets to ferromagnetic substrates. Phys Rev Lett, 2011, 107: 177205.

[95] Chen J, Reed M A, Rawlett A M, et al. Large on-off ratios and negative differential resistance in a molecular electronic device. Science, 1999, 286: 1550.

[96] Blum A S, Kushmerick J G, Long D P, et al. Molecularly inherent voltage-controlled conductance switching. Nature Materials, 2005, 4: 167.

[97] Service R F. Molecules get wired. Science, 2001, 294 : 2442-2443.

[98] Rawlett A, Hopson T J, Nagahara L A, et al. Electrical measurements of a dithiolated electronic molecule via conducting atomic force microscopy. Appl Phys Lett, 2002, 81: 3043.

[99] Park H, Park J, Lim A K L, et al. Nanomechanical oscillations in a single-C_{60} transistor. Nature, 2000, 407: 57.

[100] Li C, Zhang D H, Liu X L, et al. Fabrication approach for molecular memory arrays. Appl Phys Lett, 2003, 82: 645.

[101] Huang Y H, Rettner C T, Auerbach D J, et al. Vibrational promotion of electron transfer. Science, 2000, 290: 111.

[102] Schmaus S, Bagrets A, Nahas Y, et al. Giant magnetoresistance through a single molecule. Nature Nanotechnology, 2011, 6: 185.

[103] Gobbi M, Bedoya-Pinto A, Golmar F, et al. C_{60}-based hot-electron magnetic tunnel transistor. Appl Phys Lett, 2012, 101: 102404.

[104] Liu D. The first-principle calculation of spin-dependent transport in magnetic tunnel junction (Thesis). IOP-CAS, 2009. (Modified from original figure.)

[105] Han X F, Wen Z C, Wang Y, et al. Nano-scale patterned magnetic tunnel junction and its device applications. AAPPS Bulletin December, 2008, 18: 24.

[106] Tehrani S, Engel B, Slaughter J M, et al. Recent developments in magnetic tunnel junction MRAM. IEEE Trans on Magn, 2000, 36: 2752.

[107] Han X F, Peng Z L, Wang W, et al. MRAM based on vertical current writing and its control method: US, US7480171. 2009-01-20.

[108] Han X F, Wen Z C, Wang Y, et al. Nanoelliptic ring-shaped magnetic tunnel junction and its application in MRAM design with spin-polarized current switching. IEEE Trans Mag, 2011, 47: 2957.

[109] Han X F, Wen Z C, Wei H X. Nanoring magnetic tunnel junction and its application in magnetic random ac-

cess memory demo devices with spin-polarized current switching. J Appl Phys, 2008, 103: 07E933.

[110] He J X, Wen Z C, Han X F, et al. Effects of current on nanoscale ring-shaped magnetic tunnel junctions. Phys Rev B, 2008, 77: 134432.

[111] Wen Z C, Wang Y, Yu G Q, et al. Patterned nanoscale magnetic tunnel junctions with different geometrical structures. Spin, 2011, 1: 109.

[112] Rizwan S, Zhang S, Zhao Y G, et al. Exchange-bias like hysteretic magnetoelectric-coupling of as-grown synthetic antiferromagnetic structures. Appl Phys Lett, 2012, 101: 082414.

[113] Rizwan S, Zhang S, Yu T, et al. Reversible and reproducible giant universal electroresistance effect. Chin Phys Lett, 2011, 28: 107308.

[114] Liu H F, X F Han, Zhang S, et al. Electric-field control of giant magnetoresistance in spin-valves. Spin, 2012, 2: 1250006.

[115] Salis G, Alvarado S F, Tschudy M, et al. Hysteretic electroluminescence in organic light-emitting diodes for spin injection. Phys Rev B, 2004, 70: 085203.

[116] Dediua V, Murgiaa M, Matacotta F C , et al. Room temperature spin polarized injection in organic semiconductor. Solid State Commun, 2002, 122: 181.

[117] Davis A H, Bussmann K. Organic luminescent devices and magneto-electronics. J Appl Phys, 2003, 93: 7358.

[118] Nguyen T D, Hukic-Markosian G, Wang F, et al. Isotope effect in magneto-transport of π-conjugated films and devices. Nature Materials, 2010, 9: 345.

[119] Schulz L, Nuccio L, Willis M, et al. Hysteretic electroluminescence in organic light-emitting diodes for spin injection. Nature Materials, 2011, 10: 39.

[120] Wang B, Wang J, Guo H. Quantum spin field effect transistor. Phys Rev B, 2003, 67: 092408.

[121] Waldron D, Liu L, Guo H. *Ab initio* simulation of magnetic tunnel Junctions. Nanotechnology, 2007, 18: 424026.

[122] Rocha A R. Theoretical and computational aspects of electronic transport at the nanoscale. PhD Thesis, University of Dublin, Trinity College, 2007.

[123] Atodiresei N, Brede J, Lazić P, et al. Design of the local spin polarization at the organic-ferromagnetic interface. Phys Rev Lett, 2010, 105: 066601.

[124] Callsen M, Caciuc V, Kiselev N, et al. Magnetic hardening induced by nonmagnetic organic molecules. Phys Rev Lett, 2013, 111: 106805.

[125] Schneebeli S T, Kamenetska M, Cheng Z, et al. Single-molecule conductance through multiple π-π-stacked benzene rings determined with direct electrode-to-benzene ring connections. J Am Chem Soc, 2011, 133: 2136.

[126] Bai M, Liang J, Xie L, et al. Efficient conducting channels formed by the π-π stacking in single [2, 2] paracyclophane molecules. J Chem Phys, 2012, 136: 104701.

[127] Tomfohr J K, Sankey O F. Complex band structure, decay lengths, and Fermi level alignment in simple molecular electronic systems. Phys Rev B, 2002, 65: 245105.

[128] Ferretti A, Mallia G, Martin-Samos L, et al. *Ab initio* complex band structure of conjugated polymers: Effects of hydrid density functional theory and GW schemes. Phys Rev B, 2012, 85: 235105.

[129] Tao L L, Liang S H, Liu D P, et al. Large magnetoresistance of paracyclophane-based molecular tunnel junctions: A first-principles study. J Appl Phys, 2013, 114: 213906.

第 21 章　碳基自旋电子学

陈　鹏　张广宇

电子有电荷和自旋两种属性。目前集成电路中的电子器件主要利用了电子的电荷属性。在过去的几十年间，集成电路按照摩尔定律不断缩小器件尺寸，增加器件的集成数量，提高集成电路的性能。但是随着器件的尺寸不断缩小，电子器件将达到其物理尺寸极限，摩尔定律也将失效。要继续提高集成电路的性能，就需要开发出基于新材料或是新原理的新器件。自旋电子学就是其中的一种方案。它研究如何利用电子的自旋属性，使得下一代物理器件具备多功能、高速、低能耗、高集成度等优点，从而使得"集成电路"得以继续提升性能，突破摩尔定律的尺寸限制。自旋电子学起源于巨磁电阻效应。1988 年，法国物理学家 Fert 领导的小组和德国物理学家 Grünberg 领导的小组先后独立发现，当 Fe/Cr 多层膜中的铁磁层在磁场的作用下由平行态变到反平行态时，Fe/Cr 多层膜的电阻发生了巨大的变化。六年后 IBM 科学家 Stuart Parkin 应用巨磁电阻效应研制出了硬盘读出磁头，将硬盘存储密度提高了 17 倍。三年后 IBM 推出了基于巨磁电阻效应的商业化硬盘产品。今天巨磁电阻效应已经广泛应用于电脑硬盘、MP3，使得我们可以在体积很小的设备中存储海量的数据。也因为巨磁电阻效应的巨大应用价值，2007 年诺贝尔物理学奖授予了 Fert 和 Grünberg。

寻找一种理想的自旋电子学材料一直是人们努力的方向。近年来除了传统的自旋电子学材料如金属和半导体，碳材料也日益受到自旋电子学领域的关注。相比于金属和半导体，由于碳材料中的自旋轨道耦合作用与超精细相互作用很弱，所以人们期待能够在碳基材料中得到更长的自旋寿命和扩散长度，从而实现大规模的自旋逻辑电路[1]。虽然发展的时间不长，但碳基自旋电子学已经取得了迅速的发展。目前主要研究的碳材料包括石墨烯、碳纳米管、富勒烯、有机物薄膜，本章将进行简单的介绍。

21.1　基于石墨烯的自旋电子学

21.1.1　石墨烯简介

2004 年曼彻斯特大学的 Geim 等首先用机械剥离法制得了石墨烯[2]。它是一

种由单层碳原子按照蜂窝状结构组成的二维晶体(图 21.1)，在狄拉克点附近具
有线性的色散关系(图 21.2)，其载流子表现为无质量的狄拉克费米子，费米速
度为光速的 1/300[3]。由于其线性的色散关系，石墨烯具有一些不平常的电学性
质，比如异常量子霍尔效应、克莱恩隧穿、弹道输运等。它具有很高的载流子迁
移率，在悬浮的石墨烯中可以达到 1 000 000cm² · V⁻¹ · s⁻¹。其载流子浓度可由
栅电压调控，在空穴支和电子支之间连续对称变化[4-8]。石墨烯具有大的电子速度
和长的自旋寿命，因而有很长的自旋扩散距离，易于实现大规模的自旋逻辑电路。
它还具有很多其他的优异性质，如热稳定性好、机械强度高、透光性好等。

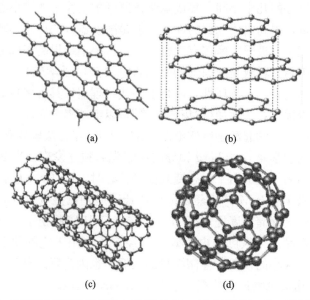

图 21.1　石墨烯可以构成其他 3 种碳材料。(a)石墨烯；(b)石墨烯堆叠
在一起形成石墨；(c)石墨烯卷成圆柱状形成碳纳米管；(d)石墨烯包裹成
球形成富勒烯

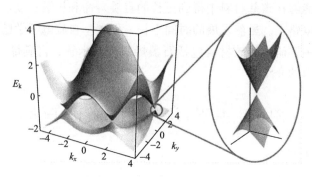

图 21.2　石墨烯在狄拉克点附近具有线性的色散关系

现在发展起来的石墨烯的制备方法主要有机械剥离法、氧化还原法[9]、碳化硅外延法[10]、化学气相沉积法[11]等。其中用机械剥离法得到的石墨烯产量小、质量高，主要用于实验研究。氧化还原法可以得到大量的石墨烯样品，但是石墨烯质量不高，有很多缺陷。碳化硅外延法生长可以得到大面积高质量的单层石墨烯样品，但缺点是碳化硅价格昂贵。化学气相沉积法目前是最有前景的石墨烯生长方法，Ruoff 小组首先提出在铜上生长的石墨烯，其尺寸可达厘米量级[11]。通过改进生长工艺，最近在铜上生长的石墨烯单晶的尺寸已经达到了毫米量级[12]。

21.1.2　自旋注入

自旋电子学的一个重要挑战是如何有效注入自旋极化电流。在使用铁磁性电极向石墨烯中注入自旋时，由于石墨烯和铁磁性电极之间的电导失配问题[13]，注入电流的自旋极化率往往很低（<1%）。因而需要通过在石墨烯和铁磁性电极之间引入隧穿层来提高注入自旋的极化率[14]。利用传统的隧穿材料 Al_2O_3 和 MgO，人们已经成功地在石墨烯中注入自旋。但是由于石墨烯表面缺乏悬键，沉积的氧化物很容易在石墨烯上扩散，沉积的隧穿层上有一些细小的孔洞，部分电流会通过这些细孔流入石墨烯，大大减小了注入电子的自旋极化率。在石墨烯上沉积质量良好的隧穿层、提高自旋极化率是实现自旋注入的关键。

下面简单介绍一些文献中报道的成功实现石墨烯中自旋注入的隧穿层加工工艺。加工 Al_2O_3 隧穿层的工艺有：①利用热蒸发在石墨烯上沉积约 0.6nm 厚的 Al 膜，然后将 Al 在氧气的气氛中氧化为 Al_2O_3 薄膜。②利用磁控溅射在石墨烯上沉积 Al 膜，然后在氧气的气氛中氧化为 Al_2O_3。③先在石墨烯上吸附单层的二萘嵌苯四甲酸（PTCA），然后用原子层沉积（ALD）系统沉积 Al_2O_3。MgO 隧穿层的加工工艺有：①首先在石墨烯上沉积 Mg，之后氧化为 MgO。②利用分子束外延法（MBE）生长 MgO。③先在石墨烯上沉积 0.12nm 的 Ti，将其氧化为 TiO_2 作为种子层后用电子束蒸发沉积 MgO，同时尽量减小铁磁性电极与石墨烯之间的接触面积（减少接触面上孔洞的数量）。

21.1.3　石墨烯自旋阀器件

自旋阀是一种典型的自旋电子学器件。如图 21.3 所示，它一般包括两种类型：一种称为局域自旋阀，另一种称为非局域自旋阀。两种结构都需要使用至少两个铁磁性电极。用一个铁磁性电极向石墨烯中注入自旋极化电流，另一个铁磁性电极检测自旋。

如图 21.3(a)所示，局域自旋阀器件是在同一个回路中注入自旋极化电流，测量局域电压。当两个铁磁性电极在一个小磁场的作用下在平行态和反平行态之间发生转变时，就会产生一个由自旋引起的电阻改变，这个改变量可以用磁电阻

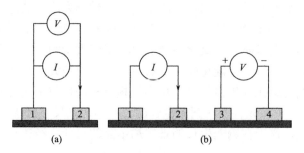

图 21.3　(a)局域自旋阀器件；(b)非局域自旋阀器件

MR 衡量，$MR=(R_{AP}-R_P)/R_P$。其中，R_P、R_{AP}分别表示当铁磁性电极处于平行态和反平行态时的电阻。在这种结构中由于电荷流和自旋流相互混合在一起，所以信噪比较低。

　　Hill 等首先用 30nm 厚的 FeNi 合金作为铁磁性电极加工了石墨烯局域自旋阀器件，在室温下观测到大约 10% 的磁电阻[15]（图 21.4）。Wang 等用Co(7nm)/Fe(7nm)作为铁磁性电极，加工了多层石墨烯自旋阀器件[16]。为了克服电导失配的问题，在铁磁性电极和石墨烯之间沉积了约 2nm 厚的 MgO 隧穿层。MgO隧穿层的加工方法是首先在石墨烯上沉积几个埃的 Mg，然后将其置于氧气的气氛中氧化为 MgO。7K 时，在 40nm、30nm 厚的石墨烯自旋阀器件中分别观察到9%、3.6% 的 MR。1.7K 时在 10nm 厚的石墨烯中观察到 2.7% 的 MR。值得一提的是，他们仅仅在有非线性 I-V 特征的器件中才能观察到滞回的磁电阻，在表现为线性 I-V 特性的器件中没有观察到滞回的磁电阻。Dlubak 等在 SiC 外延的石墨烯上加工了局域自旋阀器件[17]，外延的石墨烯样品的迁移率达到 $27\,000\,\mathrm{cm^2 \cdot V^{-1} \cdot s^{-1}}$，他们使用 Al_2O_3 作为隧穿层。隧穿层的加工方法为首先

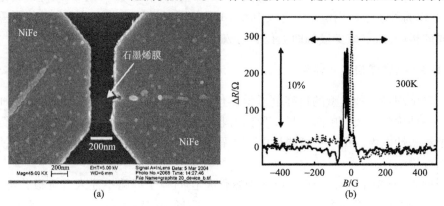

图 21.4　(a)石墨烯自旋阀器件的扫描电镜图片；(b)自旋阀器件的磁输运曲线

在石墨烯上用磁控溅射沉积 0.6nm 的 Al，然后将 Al 在 50torr 的氧气气氛中氧化为约 1nm 厚的 Al_2O_3，原子力显微图像表明 Al_2O_3 隧穿层的质量很好，均方根粗糙度为 0.2nm，没有孔洞。电学测量也表明隧穿层的质量很好，隧穿层的电阻达到兆欧量级。由于隧穿层的质量很高，他们得到了高达 9.4% 的 MR，并观察到超过 $100\mu m$ 的自旋扩散长度。

非局域自旋阀器件通常包含有四个电极，在 1 号和 2 号铁磁性电极之间注入电流 I[图 21.3(b)]。自旋极化电子在 2 号电极下积累，自旋浓度较高。这样，纯自旋流将扩散到 3 号和 4 号电极下面。由于自旋电荷耦合[18]，会在 3 号和 4 号电极之间产生一个非局域的电压 $V_{nonlocal}$。自旋信号可以用 $R_{nonlocal}=V_{nonlocal}/I$ 表示。由于非局域自旋阀探测的是纯自旋流，所以具有较高的信噪比。

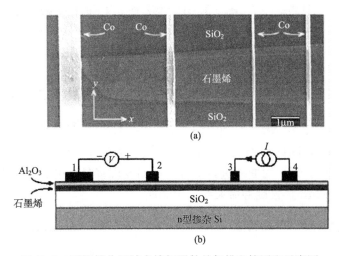

图 21.5　石墨烯非局域自旋阀器件的扫描电镜图和示意图。
四个电极均为钴电极，自旋从 3 号电极注入，用 2 号电极检测

2006 年 Tombros 等首先在单层石墨烯上实现了非局域的自旋输运实验[19]，他们用 Co 电极作为自旋注入材料，1nm Al_2O_3 作为隧穿层(图 21.5)。隧穿层的制作方法是首先用热蒸发在石墨烯上沉积 0.6nm Al，然后在 100mbar[①] 纯氧的气氛中氧化为 Al_2O_3。他们的器件在低温下观测到几欧姆至几十欧姆的非局域电阻。在室温下观察到约为 6Ω 的非局域电阻(图 21.6)。之后又进行了 Hanle 自旋进动实验，来确定自旋在石墨烯中的扩散长度(图 21.7)。首先用一个平面内的磁场将铁磁性电极置于平行态或是反平行态。然后在垂直于平面方向加一个磁场 B_z 使自旋产生进动，进动的频率为 $\omega_l=g\mu_B Bh$。在这一过程中非局域电阻信号随着

_____

① 1bar=10^5Pa。

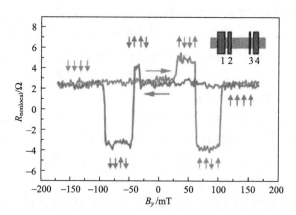

图 21.6(另见彩图)　石墨烯非局域自旋阀器件室温下的自旋输运实验。观察
到大约 6Ω 非局域电阻。灰色的曲线代表磁场从负方向扫描到正方向，黑色
的曲线表示磁场从正方向扫描到负方向

B_z 而变化。可以用布洛赫方程来描述这一过程，布洛赫方程描述了自旋的扩散、进动和弛豫。对于二维的情况 $R_{\text{nonlocal}} \propto \int_0^\infty 1/\sqrt{4\pi Dt}\, \mathrm{e}^{-l^2/4Dt} \cos(\omega_l t) \mathrm{e}^{-t/\tau_s} \mathrm{d}t$。其中 l 是中间两个电极之间的沟道长度，ω_l 是自旋进动频率，D 是自旋扩散系数，τ_s 是自旋弛豫时间。通过对曲线进行拟合，他们发现室温下单层石墨烯中自旋的扩散长度为 $1.5\sim2\mu\mathrm{m}$，自旋寿命大约为 100ps。

21.1.4　自旋输运和自旋调控

目前实验上观察到的自旋寿命远小于理论值。一些实验表明石墨烯和铁磁性电极的界面处可以产生一个显著的自旋弛豫。Wang 等加工的非局域自旋阀器件的 Co 电极与石墨烯之间是透明接触时(石墨烯和 Co 电极之间直接接触宽度为 50nm)，测得的非局域电阻 R_{nonlocal} 小于 1Ω，自旋寿命为 84ps[20]。然而当非局域自旋阀器件的 Co 电极与石墨烯之间是隧穿接触时，测到的非局域电阻提高到 130Ω，自旋寿命提高到 500ps[21]。在局域自旋阀器件中也发现通过改善隧穿层的质量，即提高隧穿层的平整度，减少孔洞的数量也可以明显地增大磁电阻，提高自旋寿命和自旋扩散距离[17]。

除了界面引起的自旋弛豫之外，人们还对自旋在石墨烯中输运时产生的弛豫进行了研究。目前认为石墨烯中主要有两种自旋弛豫机制：Elliott-Yafet (EY)机制[22, 23]和 Dyakonov-Perel(DP)机制[24, 25]。在 EY 机制中，自旋的弛豫伴随着动量散射的过程，它可以起源于电荷杂质散射、声子散射、边缘散射等[1, 26-32]。这些散射因素中，电荷杂质散射在低温下相对较脏的石墨烯样品中是被主要考虑的

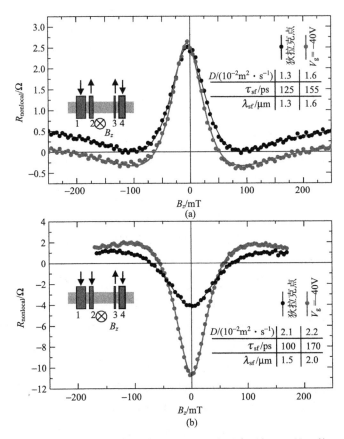

图 21.7　Hanle 自旋进动实验。非局域电阻 R_{nonlocal} 为垂直磁场 B_z 的函数。(a)2 号电极
和 3 号电极处于平行态；(b)2 号电极和 3 号电极处于反平行态

自旋散射来源。在这种情况下，自旋寿命 τ_s 与动量弛豫时间 τ_p 成正比。而在
DP 机制中自旋弛豫发生在两次动量散射之间。它可能来源于石墨烯中的褶皱。
自旋寿命 τ_s 和动量弛豫时间 τ_p 成反比。

　　Han 等研究了不同温度和不同栅电压调控下 τ_s 和 τ_p 之间的关系，发现在单
层石墨烯和双层石墨烯中，自旋弛豫机制截然不同[33]。单层石墨烯中 τ_s 正比于
τ_p，表明 EY 机制占主导作用。双层石墨烯中 τ_s 反比于 τ_p，表明 DP 机制占主导
作用。Yang 等在他们的双层石墨烯中同样观察到，DP 机制占主导作用[34]。单
层石墨烯中的 EY 机制可能主要是由于衬底上的电荷杂质对自旋的散射引起的。
而在双层石墨烯中，由于电荷杂质散射被屏蔽了，所以 EY 散射被抑制，只剩下
更本征的 DP 散射机制起作用。如果要有效地减弱 EY 散射，可以将石墨烯从衬
底上悬浮起来[7]，或者是使用双层或多层石墨烯屏蔽掉电荷杂质散射[35]。

　　Pi 等研究了在单层石墨烯上引入杂质对石墨烯自旋输运的影响[30]。他们在石墨烯表面沉积金原子，发现随着金原子的覆盖率的增加，石墨烯的动量弛豫时间缩短，但是自旋寿命反而略微有所增长。出现这一变化的原因可能是由于金原子结合到石墨烯上的缺陷和边缘处，也可能是在这个样品上 DP 机制占主导作用。

　　为了避免沉积金原子引起的晶格变形、短程散射等问题，Han 等用有机配合基结合的纳米颗粒吸附在单层石墨烯上去调控单层石墨烯的迁移率[31]。这些纳米颗粒在室温下可以作为载流子库，而低温下电荷的转移则可以被冻结。单层石墨烯的迁移率可以从 $2700\,cm^2 \cdot V^{-1} \cdot s^{-1}$ 调控到 $12\,000\,cm^2 \cdot V^{-1} \cdot s^{-1}$，杂质的体浓度可以通过在甲苯中稀释从 $1:10$ 调控到 $1:2000$。最终的实验结果显示，自旋寿命 τ_s 几乎不随动量弛豫时间 τ_p 发生变化。这可能是由于，在他们的单层石墨烯样品中，起主要作用的是其他类型的 EY 散射机制，而非电荷杂质散射机制。

　　最近 McCreary 等研究了在单层石墨烯上引入原子氢对自旋输运的影响[36]。原子氢会在单层石墨烯上形成局域的磁矩，对其中传输的自旋造成散射。吸附的原子氢越多，对自旋的散射越强。对比没有吸附原子氢和吸附原子氢的样品，发现吸附了原子氢的样品的自旋信号变小，而且在 $B=0$ 的小场区域，会出现一个非局域电阻 $R_{nonlocal}$ 绝对值的低谷，在 $B=0$ 处为极小值，这对应了一个强散射的区域。理论分析表明可能是由于原子氢是顺磁性杂质，考虑局域的顺磁性磁矩对自旋的散射时，会在 $B=0$ 的小场区域产生较大的自旋弛豫。

　　T. Maassen 等研究了 SiC 外延石墨烯上的自旋输运。他们发现，在这个系统里自旋弛豫时间增加，自旋扩散系数减小。他们用扩散自旋与局域态耦合的模型解释这一现象。通过与没有缓冲层的 SiC 上外延的石墨烯样品进行比较，揭示了缓冲层可能是 SiC 外延石墨烯中局域态的来源[37]。

　　M. Wojtaszek 等用氢等离子体处理了石墨烯样品，处理过后的石墨烯样品由于产生了 sp^3 的缺陷，而使得石墨烯中的自旋轨道耦合作用变强。同时石墨烯的电阻变大，载流子扩散系数 D_c 降低。随后的自旋输运测量表明，处理过后的石墨烯样品的自旋寿命显著提高，在他们的样品中经过两步处理后，自旋寿命 τ_s 从最初的 $0.5\,ns$ 上升到 $2.5\,ns$，而自旋扩散系数 D_s 从最初的 $0.04\,m^2/s$ 下降到 $0.02\,m^2/s$。由于自旋扩散长度 $l_s = \sqrt{D_s \tau_s}$，所以自旋扩散长度不会发生显著的变化，在他们的实验中从 $5\,\mu m$ 提高到 $7\,\mu m$。产生这种现象的原因不能用 DP 或 EY 机制解释，因为在这两种机制中自旋寿命都会随着自旋轨道耦合作用的变强而变短[38]。

　　也有研究发现栅电压可以改变石墨烯自旋阀器件中的自旋信号。Wang 等观察到在石墨烯局域自旋阀器件中磁电阻可以受到栅电压的调控产生 $2\%\sim3.5\%$

的变化[16]。在该实验中，磁电阻随着栅电压的变化产生周期性的振荡。Cho 等在非局域的自旋阀器件中观察到，非局域自旋信号随栅电压变化[39]。这表明电场可以作为一种直接的调控石墨烯中自旋输运的方法。

21.1.5　基于石墨烯纳米带的自旋电子学

石墨烯纳米带是一种一维的石墨烯纳米结构，它主要有两种边缘构型：锯齿型和扶手椅型(图 21.8)。这两种石墨烯纳米带具有截然不同的电学和磁学性质[40-44]。扶手椅型石墨烯纳米带(AGNR)在特定宽度下为半导体，其带隙随着宽度的增加而减小。锯齿型石墨烯纳米带(ZGNR)具有边缘局域态，边缘上的自旋之间为铁磁性或者反铁磁性耦合，利用其磁学性质可以设计一些新奇的自旋电子学器件。

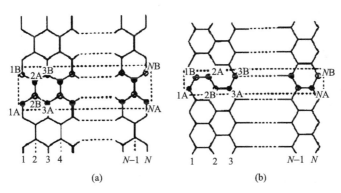

图 21.8　石墨烯纳米带。(a)扶手椅型石墨烯纳米带(AGNR)；
(b)锯齿型石墨烯纳米带(ZGNR)

理论计算表明，ZGNR 的基态为反铁磁态，每个锯齿边的自旋之间是铁磁性耦合，而两个边之间的自旋为反铁磁性耦合。ZGNR 的基态为绝缘态，具有一个与宽度有关的带隙。Son 等利用第一性原理计算了能隙大小与石墨烯纳米带宽度之间的关系[44]，发现两者之间有以下关系：

$$\Delta_Z^0(w_z) = 9.33/(w_z + 15.0)$$

式中，Δ_Z^0 为能隙，w_z 为 ZGNR 宽度。比基态能量高一些的态是铁磁性的，即在每个锯齿边的自旋之间是铁磁性耦合，两条锯齿边之间的自旋也是铁磁性耦合的。

利用 ZGNR 的磁学性质，人们从理论上提出了一些新奇的自旋电子学器件。例如，Son 等提出可以给 ZGNR 施加一个合适的横向电场从而能使一种自旋的带隙变大，而使方向相反的自旋的带隙减小到零，从而使 ZGNR 呈现半金属性，可以作为潜在的自旋注入器和探测器[45]。Kim 等提出了一种基于铁磁性 ZGNR 的自旋阀器件[46]。该器件使用两个铁磁性电极连接 ZGNR。ZGNR 由于受到电极产生的磁场的作用处于铁磁态。当两个铁磁性电极处于反平行态时，铁磁性 ZGNR 上两侧自旋取向相反，在中间形成一个磁畴壁，而对自旋产生强烈的散射作用。当两个铁磁性电极处于平行态时，铁磁性 ZGNR 两侧自旋取向相同、没有磁畴壁的形成，对应的器件电阻较小。这种效应来源于轨道匹配。由于该器件中自旋匹配和轨道匹配同时起作用，所以会产生巨大的磁电阻。Wimmer 等用两传输线模型(即每个锯齿边被看作一种自旋通道)讨论了 ZGNR 中的自旋电导[47]。他们发现当 ZGNR 的两边都完美时，ZGNR 的两边的自旋电导相同。由于两个边的自旋取向相反，所以总自旋电导为零。而当一个边为完美的边界，另一个边上有缺陷时，有缺陷的边界上产生更强的自旋散射。这使得完美边界上的自旋电导高于有缺陷的边的自旋电导，从而能够产生净自旋注入。

由于实验上很难得到完美的 ZGNR，往往会有一些缺陷存在，而这些缺陷可能对 ZGNR 的磁学性质产生很大的影响。Yazyev 和 Katsnelson 研究了 ZGNR 上磁有序的保持问题，他们发现有限温度下在 ZGNR 上会形成横向和纵向的自旋激发，它们都会破坏 ZGNR 上的磁有序[48]。其中纵向自旋激发会在 ZGNR 上形成磁畴壁，对于完美的 ZGNR 形成磁畴壁所需的能量为 114meV。一旦 ZGNR 边缘存在缺陷，产生磁畴壁所需的能量大大减小，从而使得磁有序难以保持。Huang 等计算了边缘空位和杂质对 ZGNR 磁性的影响，他们发现边缘缺陷和杂质对于 ZGNR 的自旋极化有很大的抑制作用[49]。当边缘缺陷和杂质的浓度大于约 0.10Å^{-1}，自旋极化就会消失。

目前人们已经发展了一些有前景的 ZGNR 的加工方法。如氢等离子体对石墨烯的各向异性刻蚀技术[50, 51]，解剖碳管得到石墨烯纳米带[52, 53]，热激发的磁性纳米颗粒各向异性刻蚀石墨烯[54]，利用焦耳热和电子束辐照加工石墨烯纳米带等[55]。下一步有望在这些技术的基础上去实现基于 ZGNR 的自旋电子学。

21.1.6　小结

实验上实现了石墨烯中自旋的注入和输运。局域自旋阀器件中得到大约 10% 的磁电阻，观察到超过 $100\mu\text{m}$ 的自旋扩散长度。非局域自旋阀器件观测到室温下的自旋输运，并在室温下实现了 $7\mu\text{m}$ 的自旋扩散长度。石墨烯自旋阀器件中的一些自旋弛豫机制得到了实验研究。铁磁性电极和石墨烯的界面处可以产生明显的自旋弛豫。单层石墨烯中主要表现出 EY 类型的自旋弛豫机制，而在双层石墨烯中则主要表现出了 DP 类型的自旋弛豫机制。还有一些实验表明石墨烯中可能存在一些更复杂的散射机制。最近局域态和顺磁性缺陷对自旋输运的影响也得到初步的探索。ZGNR 具有独特的边缘效应，由于其在自旋电子学领域的潜在应用而受到了人们的重视，已经发展的一些 ZGNR 的加工方法为相关的研究工作提供了基础。

21.2　基于碳纳米管的自旋电子学

21.2.1　碳纳米管简介

碳纳米管是 1991 年日本科学家 Iijima 首先在石墨弧光放电的产物中发现的[56]。碳纳米管按层数分为单壁碳纳米管和多壁碳纳米管。单壁碳纳米管可以看作由石墨烯条带卷起来的圆柱体。取决于石墨烯卷起来的方向，单壁碳纳米管分为金属型和半导体型。金属型碳纳米管没有带隙，半导体型碳纳米管有一个与手性和碳纳米管尺寸相关的带隙。单壁碳纳米管直径从 0.4nm 波动到大于 3nm。多壁碳纳米管可以看作若干层同轴的单壁碳纳米管堆叠在一起。多壁碳纳米管的直径为 1.4~100nm。由于内层与外层碳管之间的耦合作用较弱，多壁碳纳米管的电学性质与单壁碳纳米管较为相似。其中金属型单壁和多壁碳纳米管中的电子都有很长的平均自由程。目前，碳纳米管的合成方法主要有弧光放电法、化学气相沉积法、激光沉积法等[56-58]。

21.2.2　碳纳米管自旋阀器件

Tsukagoshi 等首先加工了多壁碳纳米管的局域自旋阀器件[59]（图 21.9）。多壁碳纳米管样品是由石墨棒弧光放电法制备的，碳管上沉积了两个 65nm 厚的 Co 电极用于注入自旋。在 4.2K 的低温下观察到 9% 的磁电阻。此后又相继报道了一些在单壁或者多壁碳纳米管中进行的自旋输运实验[60-64]。其中，除了局域的自旋阀器件，Tombros 等[61]进行了非局域的自旋输运实验，通过将自旋流从电荷流中分离出来，他们证明了磁电阻的确来源于碳纳米管中的自旋积累。

人们还发现提高自旋注入电极的自旋极化率也可以极大地提高磁电阻。Fe、Ni、Co、La$_{0.7}$Sr$_{0.3}$MnO$_3$ 等磁性材料已经被用于自旋注入实验中。不同的磁性材料具有不同的自旋极化率。常用的 Co 电极

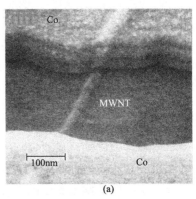

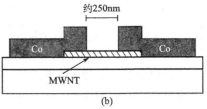

图 21.9　碳纳米管自旋阀器件
的扫描电镜图片和示意图

的自旋极化率约为 40%。半金属 $La_{0.7}Sr_{0.3}MnO_3$ 在低温下的自旋极化率接近 100%。Hueso 等用 $La_{0.7}Sr_{0.3}MnO_3$ 作电极向多壁碳纳米管中注入自旋,他们观察到的磁电阻可达 61%,5K 时的自旋扩散距离约为 $50\mu m$ [65]。如此大的 MR 被归因于 $La_{0.7}Sr_{0.3}MnO_3$ 电极中高的自旋极化率,电极和碳管之间形成的有利于自旋注入的势垒,碳管中长的自旋扩散距离。

21.2.3　碳管中的自旋输运和调控

理论上提出了一些碳纳米管中自旋弛豫的机制。Semenov 等考虑了半导体型碳纳米管中自旋与 ^{13}C 同位素(自然中大概有 1.1% 的含量)之间的精细相互作用,在 4K 时预期的自旋寿命大约为 $1s$ [66],仍然比实验观测到的几十纳秒长得多。之后他们还发现碳纳米管上的由褶皱促成的自旋轨道耦合作用能够产生随机的自旋进动,导致类似于 DP 机制的有效的自旋弛豫[67]。他们用单壁半导体型碳纳米管计算了纵向和横向自旋弛豫时间,发现在室温时纵向和横向弛豫时间最短分别可到 150ps 和 130ps。Borysenko 等考虑了半导体碳纳米管中各向异性的 g 张量和弯曲的声子模式对自旋寿命的影响,发现自旋寿命在室温下可以被减小到几十微秒[68]。

Sahoo 等发现电场对碳纳米管自旋阀器件的磁电阻具有调控作用[69]。他们用 NiPd 合金作为铁磁性电极。隧穿磁电阻(TMR)在 $0.4\sim0.75V$ 的栅电压的调控下产生 $-5\%\sim6\%$ 的变化。同时在该器件中观察到电子的库仑阻塞行为。对比磁输运和电输运的测量结果,发现电导随栅电压的变化与 TMR 随栅电压的变化趋势一致。结合理论分析表明这种现象可能起源于碳纳米管中的自旋相关的量子相干。Gunnarsson 等研究了非局域自旋信号随栅电压的变化情况[70]。非局域电压在零附近随着栅电压产生大约 $1\mu V$ 的变化。Makarovski 等也观察到了类似的现象[71]。

21.2.4　小结

用单壁和多壁碳纳米管加工了自旋阀器件,其中用 $La_{0.7}Sr_{0.3}MnO_3$ 作为电极的碳纳米管自旋阀器件中得到了 61% 的磁电阻,自旋扩散距离约为 $50\mu m$。理论上,提出了一些碳纳米管中的自旋弛豫机制。

21.3　基于有机半导体和富勒烯的自旋阀器件

碳材料中除了石墨烯和碳纳米管,人们还研究了 Alq_3、T_6、RRP3HT 等有机半导体[72-74]。有机半导体中观察到了约几十纳米的自旋扩散距离。其中,Alq_3 中得到了 100nm 自旋扩散距离和 $26\mu s$ 自旋寿命。在一些有机物半导体中,得到了很大的磁电阻,如室温下在 T_6 自旋阀器件中的磁电阻达到了 30%。另外,富勒烯中也进行了一些自旋输运实验。在包含钴团簇和 C_{60} 的薄膜中观察到 30% 的磁电阻[75]。室温下在 $Co/AlO_x/C_{60}/Py$ 垂直结构的自旋阀器件中得到了 5.5% 的磁电阻[76]。最近，Zhang 等在 MgO 衬底/Fe_3O_4/Al-O/C_{60}/Co/Al 结构中观察到了室温下 5% 的磁电阻、150nm 的自旋扩散距离[77]。

21.4　总结和展望

通过向传统的电子学器件中加入自旋自由度，自旋电子学器件被期望能够结合逻辑运算、数据存储、通信等诸多功能，并且能够使得器件集成度更高、运算速度更快、耗能更少。碳材料由于具有优异的性质而被寄予厚望。室温下，有机物半导体和富勒烯自旋阀器件中观察到大的磁电阻。石墨烯和碳纳米管由于同时具有弱的自旋轨道耦合作用和大的电子速度，而具有宏观尺度的自旋扩散长度。目前已经在石墨烯中观察到超过 $100\mu m$ 的自旋扩散长度，在碳纳米管中观察到约 $50\mu m$ 的自旋扩散长度。其中，自旋弛豫机制得到了初步的研究，随着研究的深入，还有望得到更长的自旋扩散长度和自旋寿命。同时，石墨烯纳米结构具有边缘效应，理论预言利用 ZGNR 的磁学性质能够加工许多新奇的自旋电子学器件。正如金属自旋阀中发现的巨磁电阻效应带来了磁存储革命，有理由相信碳材料也将为自旋电子学的发展提供宝贵的机遇。

作 者 简 介

　　陈　鹏　1987 年生，2010 年毕业于西北大学物理学系，获得学士学位，目前在中国科学院物理研究所攻读硕士和博士学位，导师张广宇研究员。主要研究方向为二维原子晶体石墨烯中的自旋输运性质研究。

　　张广宇　1977 年生，中国科学院物理研究所研究员、博士研究生导师、纳米实验室 N07 组组长。主要研究方向为低维材料物理与纳米器件。2002～2003 年在德国夫琅禾费研究院访问，2004 年在中国科学院物理研究所获得博士学位，2004～2008 年在斯坦福大学做博士后。2009 年入选中国科学院"百人计划"（2012 年终期评估优秀），2012 年入选中组部"万人计划"（首批"青年拔尖人才"），2013 年获得国家杰出青年科学基金资助。目前主持科技部"973"计划青年科学家专题项目、国家自然科学基金委员会重大研究计划项目和面上项目等。在 *Science*，*Nature Materials*、*Nature Nanotechnology*、*Advanced Materials*、*PNAS*、*Nano Letters*、*ACS Nano* 等杂志上发表论文约 50 篇，总引用 3000 余次。

参 考 文 献

[1] Huertas-Hernando D, Guinea F, Brataas A. Spin-orbit coupling in curved graphene, fullerenes, nano-tubes, and nanotube caps. Physical Review B, 2006, 74(15): 155426.

[2] Novoselov K S, Geim A K, Morozov S V, et al. Electric field effect in atomically thin carbon films. Science, 2004, 306(5696): 666-669.

[3] Castro Neto A H, Guinea F, Peres N M R, et al. The electronic properties of graphene. Reviews of Modern Physics, 2009, 81(1): 109-162.

[4] Zhang Y, Tan Y-W, Stormer H L, et al. Experimental observation of the quantum Hall effect and Berry's phase in graphene. Nature, 2005, 438(7065): 201-204.

[5] Novoselov K S, Geim A K, Morozov S V, et al. Two-dimensional gas of massless Dirac fermions in gra-phene. Nature, 2005, 438(7065): 197-200.

[6] Katsnelson M I, Novoselov K S, Geim A K. Chiral tunnelling and the Klein paradox in graphene. Nature Physics, 2006, 2(9): 620-625.

[7] Du X, Skachko I, Barker A, et al. Approaching ballistic transport in suspended graphene. Nature Nano-technology, 2008, 3(8): 491-495.

[8] Elias D C, Gorbachev R V, Mayorov A S, et al. Dirac cones reshaped by interaction effects in suspended graphene. Nature Physics, 2011, 7(9): 701-704.

[9] Dikin D A, Stankovich S, Zimney E J, et al. Preparation and characterization of graphene oxide paper. Nature, 2007, 448(7152): 457-460.

[10] Berger C, Song Z, Li X, et al. Electronic confinement and coherence in patterned epitaxial graphene. Science, 2006, 312(5777): 1191-1196.

[11] Li X, Cai W, An J, et al. Large-area synthesis of high-quality and uniform graphene films on copper foils. Science, 2009, 324(5932): 1312-1314.

[12] Zhou H, Yu W J, Liu L, et al. Chemical vapour deposition growth of large single crystals of monolayer and bilayer graphene. Nature Communications, 2013, 4: 2096.

[13] Schmidt G, Ferrand D, Molenkamp L W, et al. Fundamental obstacle for electrical spin injection from a ferromagnetic metal into a diffusive semiconductor. Physical Review B, 2000, 62(8): R4790-R4793.

[14] Rashba E I. Theory of electrical spin injection: Tunnel contacts as a solution of the conductivity mis-match problem. Physical Review B, 2000, 62(24): R16267-R16270.

[15] Hill E W, Geim A K, Novoselov K, et al. Graphene spin valve devices. IEEE Transactions on Magnetics, 2006, 42(10): 2694-2696.

[16] Wang W H, Pi K, Li Y, et al. Magnetotransport properties of mesoscopic graphite spin valves. Physical Review B, 2008, 77(2): 020402.

[17] Dlubak B, Martin M-B, Deranlot C, et al. Highly efficient spin transport in epitaxial graphene on SiC. Nature Physics, 2012, 8(7): 557-561.

[18] Johnson M, Silsbee R H. Coupling of electronic charge and spin at a ferromagnetic-paramagnetic metal interface. Physical Review B, 1988, 37(10): 5312-5325.

[19] Tombros N, Jozsa C, Popinciuc M, et al. Electronic spin transport and spin precession in single gra-phene layers at room temperature. Nature, 2007, 448(7153): 571-574.

[20] Han W, Pi K, Bao W, et al. Electrical detection of spin precession in single layer graphene spin valves with transparent contacts. Applied Physics Letters, 2009, 94(22): 222109.

[21] Han W, Pi K, McCreary K M, et al. Tunneling spin injection into single layer graphene. Physical Review Letters, 2010, 105(16): 167202.

[22] Elliott R J. Theory of the effect of spin-orbit coupling on magnetic resonance in some semiconductors. Physical Review, 1954, 96(2): 266-279.

[23] Yafet Y. G factors and spin-lattice relaxation of conduction electrons. Solid State Physics, Academic Press, 1963, 14: 1-98.

[24] Dyakonov M I, Perel V I. Spin relaxation of conduction electrons in noncentrosymmetric semiconductors. Soviet Physics Solid State, USSR, 1972, 13(12): 3023-3026.

[25] Dymnikov V D, Dyakonov M I, Perel V I. Anisotropy of momentum distribution of photoexcited electrons and polarization of hot luminescence in semiconductors. Zh Eksp Teor Fiz, 1976, 71(12): 2373-2380.

[26] Popinciuc M, Jozsa C, Zomer P J, et al. Electronic spin transport in graphene field-effect transistors. Physical Review B, 2009, 80(21): 241403.

[27] Ertler C, Konschuh S, Gmitra M, et al. Electron spin relaxation in graphene: The role of the substrate. Physical Review B, 2009, 80(4): 041405.

[28] Neto A H C, Guinea F. Impurity-induced spin-orbit coupling in graphene. Physical Review Letters, 2009, 103(2): 026804.

[29] Jozsa C, Maassen T, Popinciuc M, et al. Linear scaling between momentum and spin scattering in graphene. Physical Review B, 2009, 80(24): 241404.

[30] Pi K, Han W, McCreary K M, et al. Manipulation of spin transport in graphene by surface chemical doping. Physical Review Letters, 2010, 104(18): 187201.

[31] Han W, Chen J R, Wang D Q, et al. Spin relaxation in single-layer graphene with tunable mobility. Nano Lett, 2012, 12(7): 3443-3447.

[32] Huertas-Hernando D, Guinea F, Brataas A. Spin relaxation times in disordered graphene. Eur Phys J-Spec Top, 2007, 148: 177-181.

[33] Han W, Kawakami R K. Spin relaxation in single-layer and bilayer graphene. Physical Review Letters, 2011, 107(4): 047207.

[34] Yang T Y, Balakrishnan J, Volmer F, et al. Observation of long spin-relaxation times in bilayer graphene at room temperature. Physical Review Letters, 2011, 107(4): 047206.

[35] Guinea F. Charge distribution and screening in layered graphene systems. Physical Review B, 2007, 75(23): 235433.

[36] McCreary K M, Swartz A G, Han W, et al. Magnetic moment formation in graphene detected by scattering of pure spin currents. Physical Review Letters, 2012, 109(18): 186604.

[37] Maassen T, van den Berg J J, Huisman E H, et al. Localized states influence spin transport in epitaxial graphene. Physical Review Letters, 2013, 110(6): 067209.

[38] Wojtaszek M, Vera-Marun I J, Maassen T, et al. Enhancement of spin relaxation time in hydrogenated graphene spin-valve devices. Physical Review B, 2013, 87(8): 081402.

[39] Cho S J, Chen Y F, Fuhrer M S. Gate-tunable graphene spin valve. Applied Physics Letters, 2007, 91(12): 123105.

[40] Nakada K, Fujita M, Dresselhaus G, et al. Edge state in graphene ribbons: Nanometer size effect and edge shape dependence. Physical Review B, 1996, 54(24): 17954-17961.

[41] Wakabayashi K, Fujita M, Ajiki H, et al. Electronic and magnetic properties of nanographite ribbons. Physical Review B, 1999, 59(12): 8271-8282

[42] Pisani L, Chan J A, Montanari B, et al. Electronic structure and magnetic properties of graphitic ribbons. Physical Review B, 2007, 75(6): 064418.

[43] Fujita M, Wakabayashi K, Nakada K, et al. Peculiar localized state at zigzag graphite edge. J Phys Soc Jpn, 1996, 65(7): 1920-1923.

[44] Son Y W, Cohen M L, Louie S G. Energy gaps in graphene nanoribbons. Physical Review Letters, 2006, 97(21): 216803.

[45] Son Y W, Cohen M L, Louie S G. Half-metallic graphene nanoribbons. Nature, 2006, 444(7117): 347-349.

[46] Kim W Y, Kim K S. Prediction of very large values of magnetoresistance in a graphene nanoribbon device. Nature Nanotechnology, 2008, 3(7): 408-412

[47] Wimmer M, Adagideli I, Berber S, et al. Spin currents in rough graphene nanoribbons: Universal fluctuations and spin injection. Physical Review Letters, 2008, 100(17): 177207.

[48] Yazyev O V, Katsnelson M I. Magnetic correlations at graphene edges: Basis for novel spintronics devices. Physical Review Letters, 2008, 100(4): 047209.

[49] Huang B, Liu F, Wu J, et al. Suppression of spin polarization in graphene nanoribbons by edge defects and impurities. Physical Review B, 2008, 77(15): 153411.

[50] Yang R, Zhang L C, Wang Y, et al. An anisotropic etching effect in the graphene basal plane. Adv Mater, 2010, 22(36): 4014-4019.

[51] Shi Z W, Yang R, Zhang L C, et al. Patterning graphene with zigzag edges by self-aligned anisotropic etching. Adv Mater, 2011, 23(27): 3061.

[52] Kosynkin D V, Higginbotham A L, Sinitskii A, et al. Longitudinal unzipping of carbon nanotubes to form graphene nanoribbons. Nature, 2009, 458(7240): 872-875.

[53] Jiao L Y, Wang X R, Diankov G, et al. Facile synthesis of high-quality graphene nanoribbons . Nature Nanotechnology, 2011, 6(2): 132-132.

[54] Campos L C, Manfrinato V R, Sanchez-Yamagishi J D, et al. Anisotropic etching and nanoribbon formation in single-layer graphene. Nano Lett, 2009, 9(7): 2600-2604.

[55] Jia X T, Hofmann M, Meunier V, et al. Controlled formation of sharp zigzag and armchair edges in graphitic nanoribbons. Science, 2009, 323(5922): 1701-1705.

[56] Iijima S. Helical microtubules of graphitic carbon. Nature, 1991, 354(6348): 56-58.

[57] Cassell A M, Raymakers J A, Kong J, et al. Large scale CVD synthesis of single-walled carbon nanotubes. J Phys Chem B, 1999, 103(31): 6484-6492.

[58] Maser W K, Munoz E, Benito A M, et al. Production of high-density single-walled nanotube material by a simple laser-ablation method. Chem Phys Lett, 1998, 292(4-6): 587-593.

[59] Tsukagoshi K, Alphenaar B W, Ago H. Coherent transport of electron spin in a ferromagnetically contacted carbon nanotube. Nature, 1999, 401(6753): 572-574.

[60] Kim J R, So H M, Kim J J, et al. Spin-dependent transport properties in a single-walled carbon nanotube with mesoscopic co contacts. Physical Review B, 2002, 66(23): 233401.

［61］Tombros N, van der Molen S J, van Wees B J. Separating spin and charge transport in single-wall carbon nanotubes. Physical Review B, 2006, 73(23): 233403.

［62］Yang H, Itkis M E, Moriya R, et al. Nonlocal spin transport in single-walled carbon nanotube networks. Physical Review B, 2012, 85(5): 052401.

［63］Jensen A, Hauptmann J R, Nygard J, et al. Magnetoresistance in ferromagnetically contacted single-wall carbon nanotubes. Physical Review B, 2005, 72(3): 035419.

［64］Zhao B, Monch I, Muhl T, et al. Spin-dependent transport in multiwalled carbon nanotubes. J Appl Phys, 2002, 91(10): 7026-7028.

［65］Hueso L E, Pruneda J M, Ferrari V, et al. Transformation of spin information into large electrical signals using carbon nanotubes. Nature, 2007, 445(7126): 410-413.

［66］Semenov Y G, Kim K W, Iafrate G J. Electron spin relaxation in semiconducting carbon nanotubes: The role of hyperfine interaction. Physical Review B, 2007, 75(4): 045429.

［67］Semenov Y G, Zavada J M, Kim K W. Electron spin relaxation in carbon nanotubes. Physical Review B, 2010, 82(15): 155449.

［68］Borysenko K M, Semenov Y G, Kim K W, et al. Electron spin relaxation via flexural phonon modes in semiconducting carbon nanotubes. Physical Review B, 2008, 77(20): 205402.

［69］Sahoo S, Kontos T, Furer J, et al. Electric field control of spin transport. Nature Physics, 2005, 1(2): 99-102.

［70］Gunnarsson G, Trbovic J, Schonenberger C. Large oscillating nonlocal voltage in multiterminal single-wall carbon nanotube devices. Physical Review B, 2008, 77(20): 201405.

［71］Makarovski A, Zhukov A, Liu J, et al. Four-probe measurements of carbon nanotubes with narrow metal contacts. Physical Review B, 2007, 76(16): 161405.

［72］Xiong Z H, Wu D, Vardeny Z V, et al. Giant magnetoresistance in organic spin-valves. Nature, 2004, 427(6977): 821-824.

［73］Dediu V, Murgia M, Matacotta F C, et al. Room temperature spin polarized injection in organic semiconductor. Solid State Commun, 2002, 122(3-4): 181-184.

［74］Majumdar S, Laiho R, Laukkanen P, et al. Application of regioregular polythiophene in spintronic devices: Effect of interface. Applied Physics Letters, 2006, 89(12): 122114.

［75］Zare-Kolsaraki H, Micklitz H. Spin-dependent transport in films composed of Co clusters and C_{60} fullerenes. Eur Phys J B, 2004, 40(1): 103-109.

［76］Gobbi M, Golmar F, Llopis R, et al. Room-temperature spin transport in C_{60}-based spin valves. Adv Mater, 2011, 23(14): 1609.

［77］Zhang X M, Mizukami S, Kubota T, et al. Observation of a large spin-dependent transport length in organic spin valves at room temperature. Nature Communications, 2013, 4: 1392.

第 22 章　单相多铁性材料与磁电耦合效应

孙　阳　王　芬

　　磁电多铁性材料是指同时具有磁有序和铁电有序的材料，它是继高温超导材料和庞磁电阻材料之后凝聚态物理的又一个新兴研究领域。在多铁性材料中，共存的磁有序和铁电有序之间还可能存在交叉耦合，即磁电耦合效应（magneto-electric effect），从而使得电场控制磁性以及磁场控制电性成为可能。这为设计和发展新型功能器件提供了额外的自由度，将大大推动器件小型化与多功能化的发展。具有磁电耦合的多铁性材料在自旋电子学器件、磁电传感器、存储器、换能器以及微波移相器等方面存在广泛的应用前景。比如，基于多铁性材料的磁电随机存储器可以实现用电场进行信息的"写入"操作而用磁场进行信息的"读取"操作，将大大降低写入能耗和显著提高信息的读写速度。同时，对多铁性起源和磁电耦合物理机制的研究也将会极大地推动凝聚态物理的发展。

　　近十年来，多铁性材料因其丰富的物理内涵以及潜在的应用前景而引起了众多科研工作者的极大关注和青睐，从而使该领域得到蓬勃发展。本章将介绍单相多铁性材料与磁电耦合效应的研究历史、发展现状，多铁性材料的不同分类与物理机制及其可能的应用，最后进行简单的总结和展望。

22.1　多铁性材料的发展历史

　　多铁性材料的研究与磁电耦合效应密不可分。早在 1894 年，Pierre Curie 就利用对称性的理论预言自然界中存在本征的磁电耦合效应——用磁场使非运动介质电极化或者用电场使非运动介质磁化。1926 年，Debye 在总结了前人一系列不太成功的实验后，提出了"磁电耦合效应"（magneto-electrical effect）一词[1]。1958 年，Landau 和 Lifshitz 提出磁电耦合效应仅存在于时间反演不对称的物质中，即磁电耦合效应需在具有磁性的物质中实现[2]。随后，Dzyaloshinskii 根据对称性的要求预言了 Cr_2O_3 的反铁磁相应存在磁电耦合效应[3]。1960 年，苏联物理学家 Astrov 在 Cr_2O_3 中首次观察到电场导致的磁化强度变化[4]。随后，Rado 和 Folen 在 Cr_2O_3 单晶中观测到了磁场诱导出的电压变化，磁电系数约为 $4.13ps \cdot m^{-1}$[5]。由此引发了研究磁电效应的热潮，并相继在$Ni_3B_7O_{13}I$、Ti_2O_3、$GaFeO_3$、$BiFeO_3$ 以及磷酸盐等约 80 种材料中发现了磁电耦合效应；其中不乏多铁性材料，如 $Ni_3B_7O_{13}I$、$BiFeO_3$ 等，但磁电耦合效应非常弱，远低于可以应用的水平[6]。1970 年，根据铁电性、铁磁性、铁弹性三种属性有一系列的相似点，Aizu 将三者归为一类，提出了铁性材料(ferroics)的概念[7]。1994 年，瑞士的 Schmid 明确提出了多铁性材料(multi-ferroics)的概念，是指同时具有铁磁性、铁电性和铁弹性中的两种或两种以上铁性的材料[8]。

　　遗憾的是，尽管能够观测到磁电耦合效应的材料不少，但其中的磁电耦合系数却很小，因而多铁性材料的研究并没有兴旺起来。1960～1980 年，一直都只有少数小组从事该领域的研究。2003 年，Wang 等成功生长了室温多铁性材料 $BiFeO_3$ 的薄膜样品，比块体中的饱和极化强度提高了近一个量级[9]，可达到 $60\mu C \cdot cm^{-2}$。随后，具有强磁电耦合的新型多铁性材料 $TbMnO_3$[10] 及 $TbMn_2O_5$[11] 等相继被发现。从而，掀起了多铁性材料及磁电耦合效应的研究热潮，如图 22.1 所示。

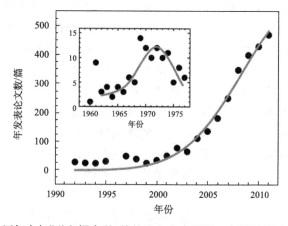

图 22.1　历年来与"磁电耦合"相关的论文发表情况，来源于 Web of Science

　　多铁性材料之所以复兴，有以下几个方面的原因。一是理论研究上的突破，特别是基于密度泛函理论的第一性原理计算与计算机技术的结合，在新型多铁性材料的设计和磁电耦合微观机制的探索上起到了很好的辅助和推动作用。二是材料制备手段的发展，比如薄膜生长技术和微纳米尺度材料的制备使得材料的性能得到很大提高；而先进的高质量单晶生长技术，尤其是高压下的生长技术，使一些新型多铁性材料的生长成为可能。三是先进的实验测量手段，特别是各种显微成像技术的发展，如原子力显微术(atomic force microscopy，AFM)、压电力显微术(piezoresponse force microscopy，PFM)、透射电子显微术(transmission electron microscopy，TEM)、X 射线磁圆二色谱(X-ray magnetic circular dichroism，XMCD)以及光发射电子显微术(photoemission electron microscopy，PEEM)等，

使得铁电畴与磁畴的翻转以及相互间的牵制能够被直接观察到。四是现代信息社
会对新型信息功能器件的迫切需求，而多铁性材料中的磁电互控恰好能促进器件
多功能化的发展。因此，多铁性材料及其中的磁电耦合成为了凝聚态物理和材料
领域的研究热点，新型的多铁性材料和机制也不断涌现，使得该领域得到了迅速
发展。

22.2　多铁性材料与磁电耦合

对于多铁性材料和磁电耦合，首先要指出的是多铁性材料与磁电耦合材料并
不等同。多铁性材料并不一定具有磁电耦合效应；具有磁电耦合效应的材料，也
不一定是多铁性材料，比如 Cr_2O_3。对于具有磁电耦合的多铁性材料，可以实现
电性和磁性之间的相互调控，比如用磁场控制电极化或者电场调控磁化强度，如
图 22.2 所示[12]；前者称为磁电效应，后者称为逆磁电效应，是磁电耦合的典型
表现。磁电耦合在传感器、驱动器、记录存储和自旋电子学器件等领域有着广泛
的应用前景。最简单的例子就是集二者优势于一体的存储器件。对于磁存储器，
其读取速度快而写入慢，而铁电存储器读取耗时而写入快；使用具有磁电耦合的
多铁性材料作为记录介质，便可能实现"电写磁读"，从而实现超高速的读/写过
程[13]。同时，也避免了产生磁场所需要的额外体积，能使器件更加小型化。另
外，在多铁性材料中，多态存储也将成为可能。通常，电场控制电极化或者磁场
调控磁化，均只有两态。一旦磁场可以调控电极化或者电场可以调控磁极化，就
能实现四态、甚至更多态的存储[12]。

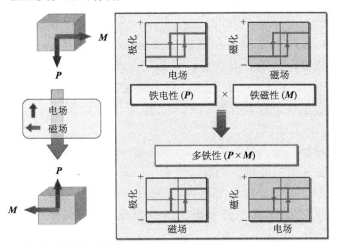

图 22.2（另见彩图）　多铁性材料中铁电性和铁磁性的相互调控示意图[12]

对于具有磁电耦合的多铁性材料，其自由能根据 Landau 理论可以表示为如下形式[6]：

$$F(\boldsymbol{E}，\boldsymbol{H}) = F_0 - P_i^s E_i - M_i^s H_i - \frac{1}{2}\varepsilon_0\varepsilon_{ij}E_iE_j - \frac{1}{2}\mu_0\mu_{ij}H_iH_j$$

$$- \alpha_{ij}E_iH_j - \frac{\beta_{ijk}}{2}E_iH_jH_k - \frac{\gamma_{ijk}}{2}H_iE_jE_k - \cdots \tag{22.1}$$

式中，E_i 和 H_i 分别为电场 $\boldsymbol{E}$ 和磁场 $\boldsymbol{H}$ 的第 i 个分量。P_i^s 和 M_i^s 分别为自发电极化强度和自发磁化强度，ε_0 和 μ_0 分别为真空介电常数和真空磁导率，ε_{ij} 和 μ_{ij} 分别为材料的相对介电常数和相对磁导率，α_{ij} 为一阶(或线性)磁电耦合系数，β_{ijk} 和 γ_{ijk} 为二阶磁电耦合系数。若将自由能分别对电场和磁场微分，就能得到电极化强度和磁化强度的表达式：

$$P_i(\boldsymbol{E}，\boldsymbol{H}) = -\frac{\partial F}{\partial E_i} = P_i^s + \varepsilon_0\varepsilon_{ij}E_j + \alpha_{ij}H_j + \frac{\beta_{ijk}}{2}H_jH_k + \cdots \tag{22.2}$$

$$M_i(\boldsymbol{E}，\boldsymbol{H}) = -\frac{\partial F}{\partial H_i} = P_i^s + \mu_0\mu_{ij}H_j + \alpha_{ji}E_j + \frac{\gamma_{ijk}}{2}E_jE_k + \cdots \tag{22.3}$$

由式(22.2)和式(22.3)可以更直观地看出，α_{ij} 为电极化强度(或磁化强度)对磁场(或电场)的一阶线性响应。而 β_{ijk} 和 γ_{ijk} 为二阶响应。

如果不考虑高阶项，则线性磁电耦合系数 α_{ij} 受到如下限制[14]：

$$\alpha_{ij} \leqslant \varepsilon_0\mu_0\varepsilon_{ii}\mu_{jj} \tag{22.4}$$

因为铁磁和铁电材料通常具有较大的磁导率和介电常数，故同时具有铁磁性和铁电性的单相多铁性材料一般都会表现出大的线性磁电耦合。需要注意的是，如果磁电耦合足够强而导致了相变的发生，则 α_{ij}、ε_{ij}、μ_{ij} 要取相变后的值。另外，大的介电常数 ε_{ij} 并不是铁电材料的必要条件，反之亦然。比如，铁电材料 KNO_3 在居里温度附近的介电常数仅为 25[15]；而顺电材料 $SrTiO_3$ 的低温介电常数可以达到 50 000 以上[16]。同样，具有高磁导率 μ_{ij} 的材料不一定具有铁磁性，铁磁材料也不一定有大的磁导率。因此，大的磁电耦合并不是只局限在多铁性材料中。

对于多数材料，要么介电常数小，要么磁导率小，有的材料甚至二者均小，由式(22.4)可知相应的线性磁电耦合也会比较弱。不过，对于高阶项 β_{ijk} 和 γ_{ijk}，则无类似的限制。比如，压电顺磁材料 $NiSO_4 \cdot 6H_2O$ 中，二阶耦合占主导地位[17]。若要通过高阶项来实现室温的磁电耦合，可以考虑低维或受限的磁性材料[14]。

要注意的是，以上讨论均没有考虑应力的影响，事实上，应力对磁电耦合的贡献可能发挥很大作用或占主导地位。若考虑磁致伸缩效应，则会在式(22.1)中引入正比于应力和磁场 H_i 的交叉项[18]。同样，考虑压电效应，也会引入类似的交叉项——正比于应力和电场 E_j。如果两种效应同时具备，则会产生应力、磁场和电场的混合项[18]。因此，若采用磁致伸缩材料和压电材料进行两相复合，则会产生巨大的间接磁电耦合，而不再受式(22.4)限制。在本章中，仅讨论单相多铁性材料以及其中的直接磁电耦合。

22.3　单相多铁性材料的分类

虽然多铁性具有巨大的应用前景，但是迄今为止发现的多铁性材料仍比较少，主要受到如下限制[19]。其一，对称性的限制。磁有序材料要求时间反演对称性破缺，而铁电材料要求空间反演对称性破缺，故同时具有铁电和磁有序的多铁性材料就要求能同时打破这两种对称性。然而，满足此要求的空间群非常少，233 种磁点群中只有 13 种 (1, 2, $2'$, m, m', 3, $3m'$, 4, $4m'm'$, $m'm2'$, $m'm'2'$, 6, $6m'm'$)，这种对称性的苛刻要求排除了很多材料。其二，排他性。传统的铁电材料多为过渡金属氧化物，其中的过渡金属离子(如 Ti^{4+}、Ta^{5+}、Nb^{5+}、W^{6+} 等)倾向于有全空的 3d 原子壳层；而磁性材料需要有未配对的电子来产生磁矩，即需要有半满的 3d 原子壳层，如 Cr^{3+}、Mn^{3+}、Fe^{3+} 等离子。其三，铁电性材料要求样品足够绝缘以保持电极化状态，而大多数的铁磁材料为导电金属；甚至在一些绝缘体中，也会存在由杂质或非化学计量比导致的漏电，从而大大地限制了铁电性的出现。

尽管如此，在有些材料中仍能发现铁电性和磁性的共存现象，如 $BiFeO_3$、$TbMnO_3$、$TbMn_2O_5$、$LuFe_2O_4$ 等，而且新的材料也在不断涌现。由于磁性均来源于局域电子磁矩；而铁电性的起源各不相同，故根据铁电性的起源可以将多铁性材料分为若干类。一般来说，多铁性材料可以分为两大类：第 I 类多铁性材料和第 II 类多铁性材料。对于第 I 类多铁性材料，其铁电性和磁性起源不同，相互之间较为独立，且铁电转变温度大于磁转变温度，自发铁电极化比较大，可以达到 $10\sim100\mu C \cdot cm^{-2}$。对于第 II 类多铁性材料，铁电性是由特殊的磁有序和磁相互作用所导致的，所以存在较强的磁电耦合，但铁电极化非常小，仅为 $10^{-2}\mu C \cdot cm^{-2}$。下面就这两类多铁性材料进行详细的介绍。

22.4　第 I 类多铁性材料

22.4.1　方硼盐和含 d^0 构型离子的钙钛矿氧化物

这类多铁性材料最主要的特点是磁性和铁电性来源于不同的离子单元，这样就能实现集磁性与铁电性于一体。如 $GdFe_3(BO_3)_4$ 体系，其中 BO_3 结构单元产生铁电性，而 Fe^{3+} 离子产生磁矩，从而实现铁电性和磁性共存[20]。此外，历史上最早发现的多铁性材料 $Ni_3B_7O_{13}I$ 也属于这一类，其在 64 K 以下同时具有铁电性和弱铁磁性，自发磁化沿[110]方向，而自发电极化沿[001]方向[21]。1966年，Ascher 等在该体系中发现，当外加磁场从零开始逐渐增大时，磁致电压输出也随之增加；但当磁场超过 6 kOe 时，输出电压由正跳到负，表明电极化方向在磁场作用下发生反转，即为磁电开关效应[21]，如图 22.3 所示。类似的多铁性材料还有 $Fe_3B_7O_{13}Cl$、$Mn_3B_7O_{13}Cl$ 和 $Mn_3B_7O_{13}I$ 等方硼盐[22]。

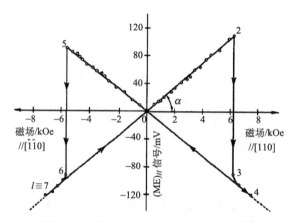

图 22.3　$Ni_3B_7O_{13}I$ 中的磁电开关效应[21]

对于最常见的 ABO_3(B＝Ti^{4+}、Ta^{5+}、Nb^{5}、W^{6+} 等)钙钛矿型的铁电材料，若在 B 位采用过渡金属磁性离子进行掺杂或部分取代，即可形成 $AB_{1-x}B'_xO_3$ 型的氧化物固溶体，就可以实现磁性和铁电性共存。比如 $Pb(Fe_{1/2}Nb_{1/2})O_3$ 体系，其中 Fe^{3+} 和 Nb^{5+} 分别是产生磁性和铁电性，反铁磁转变温度和铁电居里温度分别为 143K 和 385K[23]。实验测得，$Pb(Fe_{1/2}Nb_{1/2})O_3$ 薄膜的饱和电极化强度可达到约 $65\mu C/cm^{2}$[24]。此外，$Pb(Fe_{2/3}W_{1/3})O_3$ 也属于此类，其同时具有亚铁磁性和铁电性，磁转变和铁电转变温度分别为 383K 和 190K[25]。$Pb(Fe_{1/2}Ta_{1/2})O_3$ 和 $Pb(Fe_{1/2}Re_{1/2})O_3$ 等的行为也与之类似[22]。

在这类材料中，由于铁电性和磁性来源于不同的过渡金属离子，故铁电性和磁性间的耦合较弱。虽然在有些体系，比如 $Ni_3B_7O_{13}I$[21]，可观察到外加磁场对铁电极化的调控，但磁电耦合系数仍然不够大。

22.4.2　$6s^2$ 孤对电子导致的铁电性

最具代表性的是 Bi 系和 Pb 系钙钛矿型氧化物，常见的体系有 $BiFeO_3$、

$BiMnO_3$ 及 $Pb(Fe_{2/3}W_{1/3})O_3$ 等，其中前两者是目前研究的热门体系。Bi^{3+} 和 Pb^{2+} 中含有未成键的 $6s^2$ 孤对电子。由于 $6s^2$ 孤对电子是不稳定的构型，会同 $6p$ 轨道甚至 O^{2-} 离子的 $2p$ 轨道杂化，从而导致 Bi^{3+} 或 Pb^{2+} 的 $6s$ 孤对电子偏离中心对称位置，即发生铁电畸变。

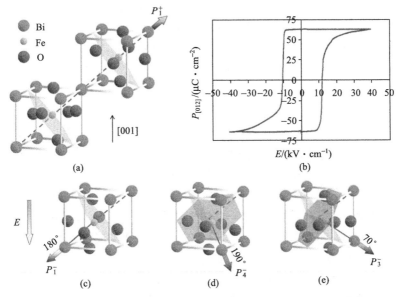

图 22.4 (a)$BiFeO_3$ 的晶体结构[26]。(b) $BiFeO_3$ 单晶的电滞回线[27]。(c)～
(e)沿[00$\bar{1}$]方向加电场，电极化翻转的三种情况：(c)180°翻转；(d)109°
翻转；(e)70°翻转[26]

$BiFeO_3$ 是目前为数不多的能在室温观察到多铁性的材料，铁电居里温度和反铁磁温度分别为 1143 K 和 643 K[28]。其磁结构比较特殊，在 G 型反铁磁基础上还存在一个长周期的自旋调制结构，其自旋表现为非公度的正弦排列，周期约为 62nm[29]。这一调制结构导致各个离子磁矩互相抵消，因而宏观尺度的 $BiFeO_3$ 只表现出弱磁性。而对于微尺度的 $BiFeO_3$ 样品，若尺寸小于调制波长，长程的螺磁结构会被抑制，则离子磁矩不能完全抵消。这正是 $BiFeO_3$ 超薄膜和纳米颗粒能出现磁性增强的原因[9, 30]。

$BiFeO_3$ 具有菱方畸变的钙钛矿结构，如图 22.4(a)所示，相对于立方钙钛矿结构，Bi 离子会沿[111]方向移动，且氧八面体绕[111]轴扭曲畸变，从而导致沿[111]方向的自发极化，理论预测室温下其饱和电极化可达 $100\mu C \cdot cm^{-2}$。然而，$BiFeO_3$ 的制备较困难，一是由于 Bi 的挥发会导致 Fe 变价以及组成上的非化学计量比；二是很容易引入 $Bi_2Fe_4O_9$ 和 $Bi_{25}FeO_{39}$ 等杂相。此外，$BiFeO_3$ 的带隙仅为 2.5eV($BaTiO_3$ 的为 3.2eV)[31]，再加上 Fe 变价等，会导致样品室温电导很大，不利于本征电极化的观察。在单晶样品中沿[001]方向也仅测得 $3.5\mu C \cdot cm^{-2}$ 的电极化(若转换为[111]方向，则为 $6.1\mu C/cm^2$)；多晶样品中测得的电极化则更小。近年来，通过制备方法的改进，单晶样品中已得到约 $60\mu C \cdot cm^{-2}$ 的饱和电极化和很好的电滞回线[27,29]，如图 22.4(b)所示。对于多晶样品，则发展了一种称为"快速液相烧结"(rapid liquid-phase sintering)的方法[32]，能很好抑制 Bi 挥发导致的 Fe^{2+} 离子和氧空位的出现，从而使室温漏电减小、铁电性增强。此外，薄膜样品中也得到约 $60\mu C \cdot cm^{-2}$ 饱和电极化强度[9]，这得益于薄膜样品具有与块体菱方结构不同的单斜晶格结构，而电极化对晶格结构或晶格常数的微小变化非常敏感。

　　$BiFeO_3$ 中的铁电极化可能有 8 个方向(分别沿四个对角线的正、负方向)，所以电极化方向可以被 180°、109°和 70°翻转[26]，如图 22.4(c)～(e)所示。虽然 $BiFeO_3$ 中磁性和铁电性来源于不同的离子单元，但其中的反铁磁畴和铁电畴间仍存在一定的耦合关联。Zhao 等采用 X 射线光发射电子显微术(X-ray photoemission electron microscopy, XPEEM)和面内压电力显微术(in-plane piezo-force microscopy, IPPFM)观测到[001]取向的 $BiFeO_3$ 薄膜中清晰的反铁磁畴和铁电畴的图像，并发现外加电场导致铁电极化翻转的同时也会引起反铁磁畴的相应翻转[26]，证明了 $BiFeO_3$ 中确实存在一定程度上的磁电耦合。

　　Bi 系的另一种典型材料为 $BiMnO_3$，其具有单斜畸变的钙钛矿结构，空间群为 C2，是目前少有的同时具有铁磁性和铁电性的材料，需在高压下合成。其铁电和铁磁转变温度分别为约 770K 和约 100K[33]。Santos 等[34]通过低温中子粉末衍射实验确定了 $BiMnO_3$ 的磁结构，为沿[010]方向的共线铁磁结构，磁矩为 $3.2\mu_B$。在 $BiMnO_3$ 多晶样品中，观测到 80～400K 温度范围内的电滞回线[35]，从而证实了其中的铁电性，但由于是多晶样品，所观测到的电极化强度很小，仅为 $0.15\mu C \cdot cm^{-2}$，低于理论计算所预测的量级($2.26\mu C \cdot cm^{-2}$)[36]。由于 $BiMnO_3$ 的铁电性和铁磁性来源于不同的离子单元，故二者间的耦合也不强烈。虽然能在 $BiMnO_3$ 的磁相变点观测到微小的介电异常，但介电常数对外磁场并不敏感，施加 9T 的磁场所引起的介电常数变化不到 0.6%[33]，如图 22.5 所示。

　　目前，较多的研究工作都集中在 $BiFeO_3$ 体系，但由于 $BiFeO_3$ 为反铁磁结构，其磁性较弱，不利于获得大的磁电耦合。实验发现，在 $BiFeO_3$ 的 Fe 位引入 10% 的非磁性离子 Zr^{4+} 后，并不会导致铁电转变温度的明显变化，但磁转变温度却提高了近 30K，且室温出现了弱铁磁性[37]，这主要是因为非磁性的 Zr^{4+} 打破了原有的磁相互作用。另外，理论研究指出在 Fe、Cr 有序排列的 Bi_2FeCrO_6 双钙钛矿体系中，由于 $Fe^{3+}(d^5)$ 和 $Cr^{3+}(d^3)$ 的离子磁矩间的差别以及超交换相互作用，会形成亚铁磁结构，从而提高磁性；且由于 Fe^{3+} 的各个轨道均有电子占据，Cr^{3+} 不易与之交换电子，故 Fe^{3+} 和 Cr^{3+} 的有序排列还会显著

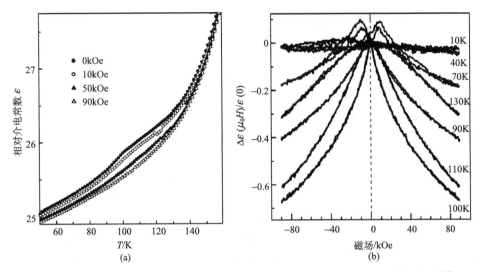

图 22.5　(a)磁介电常数随温度的变化关系；(b)磁介电常数随磁场的变化关系[33]

提高样品的绝缘性[38,39]。理论上，Bi_2FeCrO_6 极化强度可达到 $80\mu C \cdot cm^{-2}$，亚铁磁转变温度约为 110K，每个单胞的磁矩为 $2\mu_B$[38,39]。然而，由于 Fe^{3+} 和 Cr^{3+} 的半径非常接近，故很难合成 Fe 和 Cr 离子有序排列的 Bi_2FeCrO_6，而是形成 Fe、Cr 无序的固溶体 $BiFe_{0.5}Cr_{0.5}O_3$。虽然单相的块材难以合成，但用 $BiFeO_3$ 和 $BiCrO_3$ 的 1∶1 混合物作为靶材，可以制备出薄膜样品。目前已有一些关于 Bi_2FeCrO_6 外延薄膜的报道[40-43]，但磁矩大小比理论预言的小，亚铁磁转变温度也要高很多，且不同的报道给出的亚铁磁转变温度也不相同，有的甚至可以达到 600K 以上。

Bi_2NiMnO_6 与 Bi_2FeCrO_6 类似，Ni^{2+} (d^8) 和 $Mn(d^2)$ 的有序排列也会提高样品的绝缘性和磁性。2005 年，Azuma 等在高压高温条件下合成了 B 位有序 Bi_2NiMnO_6 材料，其中同时存在铁磁性和铁电性，铁磁和铁电相变温度分别为 140K 和 485K[44]。理论计算[45]给出的每个单胞的磁矩约为 $4.9\mu_B$，铁电极化强度可达 $16.8\mu C \cdot cm^{-2}$。

对于 Bi 系样品，其铁电性和铁磁性来源于不同的离子单元，故其中的磁电耦合也很弱。虽然前面提到，$BiFeO_3$ 中存在电场导致的反铁磁畴翻转，但均是局部的翻转，与实际应用仍有很大的距离。

22.4.3　结构相变导致的铁电性

由结构相变导致的铁电性仅仅来源于晶格畸变，称为"几何"铁电性(geometric ferrelectricity)。具有代表性的材料是六角晶格的 $RMnO_3$ (R＝Ho～Lu 或 Y) 体

系。在该体系中，同时存在铁电极化和反铁磁有序，铁电转变温度远远高于室温
(570～990K)，但磁转变温度却相对很低(70～130K)[46]。

　　以 YMnO$_3$ 体系为例，其铁电转变温度约为 950K，而反铁磁转变温度仅为
75K。六角晶格 YMnO$_3$ 的结构如图 22.6(a)所示，是由 MnO$_5$ 三角双棱锥层和
Y 离子层沿 c 方向交替堆垛而成，同一层的 MnO$_5$ 三角双棱锥由处于面内的 O
原子(O$_1$)连接起来。在顺电相，所有的离子都限制在平行于 ab 面的平面内，为
中心对称结构，空间群为 $P6_3/mmc$；而在铁电相，原来垂直于 c 轴的镜面消失，
空间群变为 $P6_3cm$，如图 22.6(c)所示。从顺电相到铁电相，发生的原子位移主
要有两部分的贡献。一是 MnO$_5$ 三角双棱锥发生倾斜，导致 c 轴缩短，并引起
锥顶的 O 离子(O$_2$)在面内朝较长的两个 Mn—O$_1$ 键移动；二是 Y 离子产生纵向
移动，不再处于 ab 面内，但与 O$_2$ 的距离仍保持不变。图 22.6(c)中的箭头表示
各离子相对于中心位置的位移方向。最终结果导致两个长为 2.8Å 的 Y—O$_1$ 键
中的一个缩短为约 2.3Å，而另一个则伸长为约 3.4Å，从而导致了铁电极化的出
现[47]。要注意的是，Mn^{3+} 偏离中心的位移非常小，沿 c 轴仅为 0.01Å，而面内
几乎没有变化，因此，Mn—O 键对铁电极化的产生并没有贡献。理论计算表明
这种铁电极化的产生完全是由静电效应和 Y 离子的小尺寸效应所导致。其中，
Y—O$_1$ 偏离中心对称是产生铁电性的根本原因，MnO$_5$ 三角双棱锥的倾斜以及
偶极-偶极相互作用能使铁电极化态更加稳定[47]。该铁电机制对具有六角结构的
稀土锰氧化物 RMnO$_3$(R＝Ho～Lu)也同样适用。

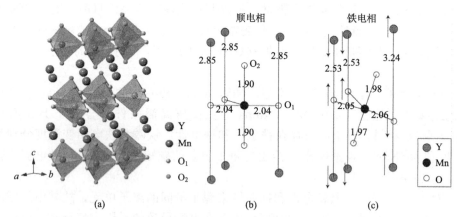

图 22.6　(a)六角 RMnO$_3$ 的晶体结构示意图；顺电相(b)和铁电相(c)时 MnO$_5$ 三角双
棱锥和 Y 离子层的局部示意图，箭头表示各离子相对于中心位置的位移方向[47]

　　在该体系中，磁性和铁电性之间存在一定程度上的耦合关联。早在 1997 年，
Huang 等就在 YMnO$_3$ 中观察到磁转变温度附近的介电异常[49]。2002 年，
Fiebig 等利用光学二次谐波产生(second harmonic generation，SHG)成像的方

法，在 $YMnO_3$ 中观察到四种形式的 $180°$ 畴，如图 22.7 所示，分别为：$(+P, +l)$，$(+P, -l)$，$(-P, +l)$，$(-P, -l)$。其中，P 和 l 分别表示电极化和磁化，$+$ 和 $-$ 分别代表电极化和磁化的方向。从图 22.7(c) 中可以看出，仅仅存在单独的反铁磁畴壁，而铁电畴壁的出现必然伴随着相同位置反铁磁畴壁的出现[48]，间接地反映了铁电有序和反铁磁有序之间的相互耦合。由于铁电畴被磁畴牢牢锁住，从而会形成复杂的多铁畴(multiferroic domain)。

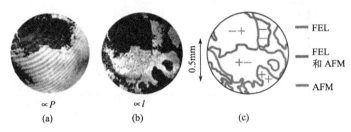

图 22.7(另见彩图) $YMnO_3$ 中：(a)铁电畴；(b)反铁磁畴；(c)反铁磁畴和铁电畴畴壁间的耦合[48]

此外，在六角晶格的 $HoMnO_3$ 中，还观察到了外加电场对磁有序态的直接调控。2004 年，Lottermoser 等[50]用光学二次谐波及法拉第效应的方法，并借助中子和 X 射线衍射技术，在 $HoMnO_3$ 单晶中观察到外加电场对 Mn^{3+} 和 Ho^{3+} 自旋排列的调控，并且这种调控是可逆的。究其原因，是 Ho^{3+}-Mn^{3+} 间的磁相互作用和铁电晶格畸变共同导致了磁矩的电场可控性[50]。

六角晶系的锰氧化物 $RMnO_3$ 的铁电畴除与反铁磁畴间存在耦合外，与结构反相畴之间也存在相互关联。2010 年，Choi 等[51]采用透射电子显微术(transmission electron microscopy，TEM)和导电原子力显微术(conductive atomic force microscopy，CAFM)在 $YMnO_3$ 中观察到了铁电畴和结构畴(structural domain)间的关联。TEM 结果表明 $YMnO_3$ 中有两种类型的反相畴界(antiphase domain boundaries，APB_1 和 APB_2)和三种不同的结构反相畴(α, β, γ)；从一个中心点出发能形成周期排列的、三叶草状的六个结构反相畴(α-β-γ-α-β-γ)，且反相畴界 APB_1 和 APB_2 交替排列，如图 22.8(a)所示。在此区域，用 CAFM 观察铁电畴时，发现铁电畴和结构畴相一致，电极化总是在结构相界处发生反号，表明铁电畴壁和结构的反相畴界间存在互锁(interlock)或钳制。根据极化方向和结构反相畴间的关系，可以将三叶草形的六个导电铁电畴依次分为 α^+、β^-、γ^+、α^-、β^+ 和 γ^-，畴与畴之间相对旋转约 $60°$，如图 22.8(c)所示。由于铁电畴与结构畴间互锁的存在，即使加很高的电场也不能使之完全极化。此外，铁电畴和畴壁表现出不同的电子输运性质，铁电畴具有导电行为，且比顺电态更导电，而畴壁则是绝缘的。这些结果表明，具有半导体带隙的六角结构 $YMnO_3$

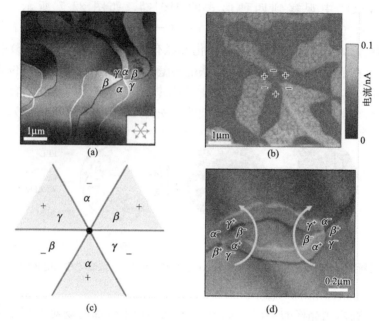

图 22.8　YMnO₃ 中三叶草形的畴结构。（a）TEM 暗场像观察的结构畴；
（b）CAFM观察的铁电畴；（c）六个铁电畴的构型示意图；（d）涡旋/反涡旋对，正、
反是根据涡旋中 α，β，γ 的方向来定义[51, 52]

体系中，结构、铁电性、磁性以及电荷传导相互关联在一起，从而蕴含着丰富的物理性质。这种三叶草形的铁电畴排布可以看作拓扑缺陷，称为多铁涡旋（multiferroic vortex）[52]，如图 22.8(d)所示。按照涡旋中 α、β、γ 的方向，可以分为涡旋和反涡旋，这样的涡旋/反涡旋总是成对出现，具有拓扑保护性，即使加很大的电场也不能使之完全消失[52]。2012 年，Zhang 等[53] 在 TmMnO₃ 和 LuMnO₃ 中也观察到铁电畴壁和结构平移畴壁（structure translation domain walls)间的互锁现象。

22.4.4　电荷有序导致的铁电性

由电荷有序导致的铁电性又称为电子铁电性（electronic ferroelectricity)[54]。其铁电性来源于电子关联，涉及电荷、轨道、自旋以及晶格自由度之间的强烈耦合。因此，在电子铁电性中，将可能实现铁电性、磁性和其他性质间的相互调控。

电荷有序在锰氧化物中比较常见，如 $La_{0.5}Ca_{0.5}MnO_3$ 和 $Pr_{1-x}Ca_xMnO_3$（$0.3 < x < 0.85$)[56]，并且通常也伴随着轨道的有序。对于 $R_{0.5}Ca_{0.5}MnO_3$（R=

La，Pr），温度足够低时，Mn^{3+} 和 Mn^{4+} 在晶格上形成有序的棋盘（chessboard）排列，即格点中心（site-centered）的电荷有序，如图 22.9（a）所示。也有理论指出[57, 58]，低温下的电荷有序态可能不是 Mn^{3+} 和 Mn^{4+} 的简单交替排列，而是两个 Mn^{3+} 共用一个 e_g 电子，形成 Mn^{3+}-O^--Mn^{3+} 二聚体的有序排列，即电子不再局域在某一格点，而是局域在 Mn—O—Mn 键上。这种电荷有序态被称为键中心（bond-centered）的电荷有序态，如图 22.9（b）所示。2004 年，Efremov 等提出在组分接近半掺杂的 $Pr_{1-x}Ca_xMnO_3$（$0.4 < x < 0.5$）中，既不是简单的格点中心，也不是键中心的电荷有序，而是二者的叠加[55]，如图 22.9（c）所示。在这种电子密度不均匀的特殊电荷有序结构中，就会出现局域的电偶极矩，从而有可能出现净的电极化。

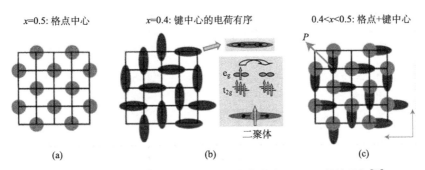

图 22.9　（a）格点中心；（b）键中心的电荷有序；（c）二者的叠加[55]

　　上述仅仅是理论上的分析，实验上并没有直接观察到其中的自发电极化。主要是因为 $Pr_{1-x}Ca_xMnO_3$ 的高电导率导致漏电很大，而无法直接测量。然而，中子衍射实验证明其中确实存在 Mn^{3+}-O^--Mn^{3+} 的二聚体（又称 Zener 极化子），且呈有序排列[60]。此外，其在低温下，具有非中心对称的空间群 $P11m$[60]，也表明其中应该存在自发的铁电极化。2008 年，Lopes 等采用 ^{111m}Cd 的 γ-γ 扰动角关联技术（perturbed angular correlation technique）测量了不同温度下 Ca/Pr 位的电场梯度，证明了 $Pr_{1-x}Ca_xMnO_3$ 中确实存在局域的铁电极化[61]。

　　2006 年，在另一种层状的锰氧化物 $Pr(Sr_{0.1}Ca_{0.9})_2Mn_2O_7$ 中，也间接地证明其中存在电荷有序和轨道有序共同作用所导致的铁电极化。该锰氧化物具有两种电荷有序态：高温下的 CO1 态和低温下的 CO2 态，电荷有序转变温度分别为 $T_{CO1}=370K$ 和 $T_{CO2}=315K$（或 300K）。电荷有序态出现的同时，也伴随着轨道有序。在 CO1 态，其轨道有序其表现为沿 a 方向的条纹（stripe）和沿 b 方向的之形链（zigzag chain）；在 CO2 态，条纹变为沿 b 方向，之形链变为沿 a 方向，即轨道有序发生了 90° 的翻转，如图 22.10 所示。

　　在温度高于 T_{CO1} 时，即电荷/轨道无序相中，所有的 MnO_6 八面体均沿 b 方

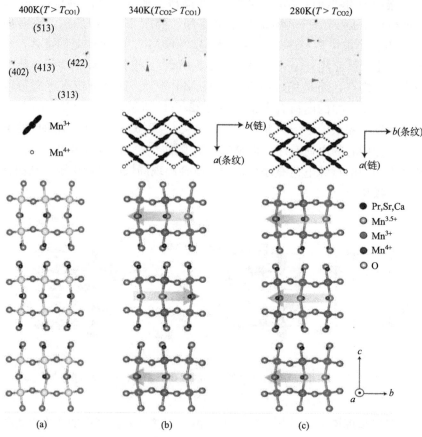

图 22.10　$Pr(Sr_{0.1}Ca_{0.9})_2Mn_2O_7$ 的电荷/轨道有序及电极化产生的示意图[59]

向扭曲。在 MnO_6 双层中，共顶点的每两个 MnO_6 八面体扭曲方向均相反（$+b$ 或 $-b$ 方向）。这样，沿 b 和 c 方向就会出现如图所示的 Mn—O—Mn 键的交替排列。随着温度降低至 CO1 态，电荷/轨道有序出现，相邻的 MnO_6 八面体双层相对移动$(1/2, 0, 0)$，电荷有序排列与交替的 Mn—O—Mn 键一起导致 MnO_6 八面体双层中出现沿 b 或 $-b$ 方向的电极化。如图 22.10(b)中箭头所示，层间的电极化方向相反而相互抵消，故在 CO1 态并没有净的铁电极化。但在 CO2 态中，轨道有序相对于 CO1 态发生了 90° 翻转，导致 Mn^{3+} 和 Mn^{4+} 重新排列，相邻双层的电荷有序排列的相对移动变为$(0, 1/2, 0)$，如图 22.10(c)所示，从而导致每个双层的电极化均沿 b 方向，出现宏观的自发电极化。光学二次谐波实验证明 CO2 态确实存在电极化[59]。但由于该材料电阻率非常小，也无法直接测量其电极化强度。虽然，Ghosh 等测量了其中的介电常数，且在反铁磁相变点

(约 150K)观察到介电异常,但仅仅只测到了 200K,未给出高温的数据[62]。因此,该材料中的电极化和铁电行为还有待进一步研究。

另一类比较典型的电子铁电性是三角晶格的 $LuFe_2O_4$ 体系的电子铁电性,该体系的空间群为 $R\bar{3}m$,由稀土氧化层和铁氧双层交替堆垛而成。$LuFe_2O_4$ 中也存在两个电荷有序态。在约 500 K,从电荷无序态变为二维的电荷有序态;随着温度的进一步降低,在 330 K 变为三维的电荷有序态。在该体系中,Fe 离子的平均价态为 2.5 价,Fe^{2+} 和 Fe^{3+} 的比例为 1:1,共存于三角格子中。在库仑相互作用的影响下,Fe^{2+} 和 Fe^{3+} 倾向于有序排列。而由于三角格子的阻挫行为,1:1 的电荷有序棋盘结构并不是能量最低的,从而使 FeO 双层中的 Fe 离子重新分布。在温度低于 330K 时,FeO 双层中,上层的 Fe^{2+} 和 Fe^{3+} 离子数比为 2:1,而下层为1:2[64,65],如图 22.11(a)所示。因此,铁氧双层结构中,Fe^{2+} 和 Fe^{3+} 的电荷中心将不再重合,从而导致局域的电偶极矩及宏观电极化的产生。由于 240 K 以下,$LuFe_2O_4$ 表现出亚铁磁结构,故 240K 以下为多铁态。Ikeda 等用热释电的方法在 $LuFe_2O_4$ 单晶样品中得到了约 $26\mu C/cm^2$ 的电极化强度[63],如图 22.11(b)所示。电极化强度在磁转变温度附近出现台阶式下降,在电荷有序温度以上极化消失。此外,在 $LuFe_2O_4$ 中还观察到显著的磁电耦合效应,如磁电容效应[66]和电场对宏观磁化强度的调控[67]。

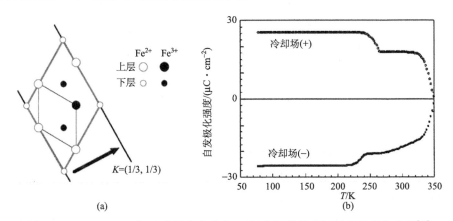

图 22.11　$LuFe_2O_4$ 中(a)电荷有序排布;(b)电极化强度随温度的变化关系[63]

22.5　第 II 类多铁性材料

22.5.1　交换收缩导致的铁电性

在这类由交换收缩导致铁电性的多铁性材料中,一般都具有近似共线的结构，并拥有不等价的离子，比如不同的过渡金属离子或者同种元素但不同价态的离子。图 22.12 给出了交换收缩产生铁电性的示意图。对于图 22.12(a)中的一维链，若单独考虑电荷和自旋，均是中心对称结构，但二者的对称中心并不一致。如果将二者结合起来看，则空间反演对称性破缺，就可能出现铁电极化。这种结构中，铁电极化的产生来源于磁致伸缩。通常，铁磁相互作用和反铁磁相互作用引起的磁致伸缩不同，进而会导致一维链中原子距离不再相等。图 22.12(b)给出了平行自旋间距离被缩短的情形，会产生一个沿自旋链方向的净极化。这种一维链中电极化的产生可以用只考虑最近邻和次近邻磁相互作用的 Ising 模型来描述：

$$H = J_1 \sum_i S_i^z S_{i+1}^z + J_2 \sum_i S_i^z S_{i+2}^z \tag{22.5}$$

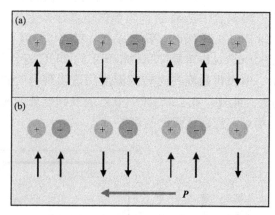

图 22.12　(a)不同电荷和"↑↑↓↓"的磁有序结构交替排列的一维链；(b)交换收缩导致平行自旋间的距离缩短，从而导致铁电性的示意图[68]

　　如果次近邻磁相互作用 J_2 为反铁磁相互作用(即 $J_2 > 0$)，当 $J_2 > 1/2 \mid J_1 \mid$ 时，磁结构就会变为如图所示的"↑↑↓↓"结构。交换收缩导致平行自旋，还是反平行自旋间的距离缩短，取决于 J_1 的符号。若 $J_1 < 0$，则平行自旋间的距离缩短；反之，则反平行自旋间的距离缩短。这两种情形下，均会导致沿自旋链方向的宏观电极化[68]。

　　最简单的例子是 Ca_3CoMnO_6[69]，是由 Co^{2+} 和 Mn^{4+} 交替排列的一维链组成，其离子自旋形成了"↑↑↓↓"的磁有序结构，打破了空间反演对称性。由于系统的超交换相互作用和交换收缩，会导致自旋平行的离子相互靠近，而反平行自旋间的距离相对增大，如图 22.13(a)所示，从而导致自发电极化的出现，电极化沿一维链方向，即 c 方向。图 22.13(b)给出了 Co、Mn 比例稍偏离 1:1 的 $Ca_3Co_{1.04}Mn_{0.96}O_6$ 中测得的电极化和介电常数的结果。在磁转变温度 16.5 K 以下，电极化逐渐形成并随着温度的降低而慢慢增大，电极化强度可达到 $90\mu C \cdot m^{-2}$。由于这种电极化的产生来源于磁相互作用，故磁场对电极化的影响很大，磁场增大时，电极化强度明显减小。

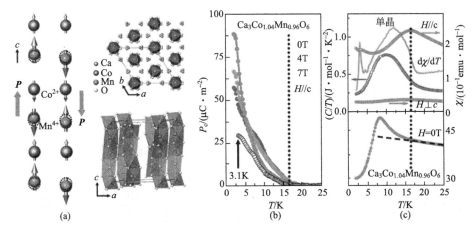

图 22.13 Ca_3CoMnO_6：(a)磁结构及晶体结构；(b)电极化强度；(c)比热容、磁化率及介电常数[69]

除 Ca_3CoMnO_6 外，RMn_2O_5（R 为稀土离子以及 Y 和 Bi）体系中的铁电性也可能是交换收缩所导致。RMn_2O_5 体系在室温下是正交结构，空间群为 $Pbam$，由 $Mn^{4+}O_6$ 八面体和 $Mn^{3+}O_5$ 棱锥体堆砌而成。共边的氧八面体沿 c 方向堆砌成条带状结构，相邻的八面体带由与之共顶点的、成对的 MnO_5 棱锥体连接起来，如图 22.14(a)所示[68]。由于 Mn^{4+}、Mn^{3+} 和稀土离子均具有磁矩，使得该体系具有较复杂的磁结构。随着温度的降低，会经历一系列磁相变和铁电相变。高温为顺磁顺电相；随着温度的降低，在 40～43K 温度附近，会出现一个非公度的反铁磁序，波矢为 $q=(1/2+\delta, 0, 1/4+\beta)$；当温度低于 38～40K 时，变为公度的反铁磁有序，波矢为 $q=(1/2, 0, 1/4)$，空间群变为非对称的 $Pb2_1m$，在 b 方向出现电极化；随着温度的进一步降低，在 13～18K 发生自旋重取向，变为非公度调制的磁结构；10～13K 是非公度调制的磁结构；最后，当温度低于 10K 时，稀土离子会呈现磁有序排列[68, 70, 71]。

图 22.14(b)给出了 RMn_2O_5 中公度的、近似共线的反铁磁结构的简化示意图[68]。沿着 b 方向，RMn_2O_5 的电荷和自旋均形成有序排列，为 $Mn_\uparrow^{3+}$-$Mn_\uparrow^{4+}$-$Mn_\uparrow^{3+}$ 或者 $Mn_\downarrow^{3+}$-$Mn_\downarrow^{4+}$-$Mn_\downarrow^{3+}$ 的排列形式[72]。在顺电相，$Mn_\downarrow^{3+}$ 和 $Mn_\uparrow^{4+}$ 间的距离 $d_{\downarrow\downarrow}$ 与 Mn^{4+} 和 Mn^{3+} 间的距离 $d_{\downarrow\uparrow}$ 相等；但是在铁电相，从头计算（$ab\ initio$ calculation）的结果表明平行自旋间的距离将缩短，即 $d_{\downarrow\downarrow}<d_{\downarrow\uparrow}$，因此导致了沿 b 方向铁电极化的出现。2004 年，Hur 等在 $TbMn_2O_5$ 单晶中发现了大的磁

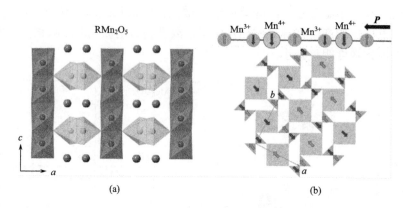

图 22.14　(a) RMn_2O_5 的晶体结构；(b) RMn_2O_5 中，电极化产生的示意图[68]

介电效应(约 22%)和外磁场调控的电极化反转现象[11]，如图 22.15(a)所示，磁场在 0~2 T 之间线性振荡时，电极化可以重复反转数次且几乎没有疲劳衰减。2007 年，Hur 等在 $DyMn_2O_5$ 单晶中观察到巨大的磁介电效应。7T 磁场中，磁介电可达到 109%[73]，如图 22.15(b)所示。这些结果表明，$RMnO_5$ 具有强的磁电耦合。

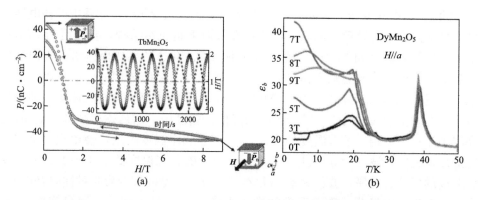

图 22.15　(a) $TbMn_2O_5$ 中 b 方向的极化强度随 a 方向磁场的变化关系[11]；
(b)不同磁场下，$DyMn_2O_5$ 中 b 方向的介电常数随温度的变化[70]

要说明的是，RMn_2O_5 中铁电极化产生的机制目前还存在很大的争议。理论计算得到的微观电子结构支持基于共线结构的交换收缩模型[72, 74, 75]，但由于在该体系中能观察到弱的螺磁结构[76]，所以后面将提到的螺磁结构导致电极化的机制也可用来解释 RMn_2O_5 体系中铁电性的产生[71, 76]。但有人认为所观察到的弱的螺磁结构可能并不是铁电的来源，而是由铁电极化所导致[68]，与 $BiFeO_3$

中的情况类似。还有人认为，是交换收缩和螺磁结构二者共同的贡献[77]。因此，对于该体系，铁电极化产生的机制还有待进行更加深入的研究和分析。不管怎样，该类多铁性材料的铁电性与磁相互作用或磁组态有关，即铁电性与磁性存在内禀的关联，故电极化对磁场非常敏感，磁电耦合较强。

22.5.2 非共线螺磁结构导致的铁电性

由螺磁结构导致铁电性的多铁性材料具有内禀的磁电耦合，电极化对磁场更加敏感，是一类具有重大应用前景的多铁性材料。沿着自旋进动矢量（e_{ij}）的方向，非共线的螺磁组态可以分为正规螺旋形（proper screw）、摆线形（cycloidal）、纵向圆锥形（longitudinal conical）和横向圆锥形（transverse conical）四种形态，如图 22.16 所示。螺旋自旋序导致铁电性的机制非常复杂，目前还没有定论。其可能的一个微观机制是反 Dzyaloshinskii-Moriya (DM) 相互作用[78]。如果两个相邻自旋由于某种原因（如自旋阻挫）而倾斜并具有夹角，则由于反 DM 相互作用，连接两个自旋间的离子（通常为氧离子）会产生垂直于自旋链方向的位移，从而导致局域的电极化。另一种可能的微观机制是自旋流（spin current）模型，也称 Katsura-Nagaosa-Balatsky (KNB) 模型[79]。理论计算表明，当相邻原子位上的自旋相互倾斜时，自旋间的超交换相互作用会造成电子波函数的重叠，再加上自旋-轨道耦合，就可以产生电极化。这两种模型都可以写成以下形式[80, 81]：

$$\boldsymbol{P} = a \sum_{\langle i, j \rangle} \boldsymbol{e}_{ij} \times (\boldsymbol{S}_i \times \boldsymbol{S}_j) \tag{22.6}$$

式中，a 为一常数，由自旋-轨道耦合和自旋间的交换相互作用以及可能的自旋-晶格耦合决定；e_{ij} 表示连接相邻自旋 $\boldsymbol{S}_i$ 和 $\boldsymbol{S}_j$ 的单位矢量，又称为自旋进动矢量，与调制波矢 $\boldsymbol{q}$ 平行；$\boldsymbol{S}_i \times \boldsymbol{S}_j$ 表示自旋旋转轴（或自旋手性）；电极化 $\boldsymbol{P}$ 的符号取决于自旋的旋转方向（顺时针或逆时针）。如图 22.16 所示，具有摆线形和横向圆锥形的自旋组态同时打破了空间和时间反演对称，自旋旋转轴 $\boldsymbol{S}_i \times \boldsymbol{S}_j$ 和自旋进动矢量 e_{ij} 非共线，故能产生自发的铁电极化。而其他螺磁组态，如正规螺旋形和纵向圆锥形，因 $\boldsymbol{S}_i \times \boldsymbol{S}_j$ 和 e_{ij} 共线，故自发电极化强度为 0。当施加合适的外磁场时，这两种螺磁组态可以变为摆线形或横向圆锥形，则会产生磁场诱导的铁电极化。

螺旋磁结构最具代表性的是正交结构的 $RMnO_3$（R＝Tb, Dy, Gd, …）体系[82]，其晶体结构与 $LaMnO_3$ 类似。$LaMnO_3$ 中由于轨道有序会导致 ab 面内的自旋平行排列，而面间为反平行排列。若用小半径离子 Tb、Dy 以及 Gd 取代 La 后，会导致晶格畸变，从而在面内引入次近邻的反铁磁相互作用。当该反铁磁相互作用与最近邻的铁磁相互作用的大小可比拟时，二者间的相互竞争会导致 ab 面内出现自旋阻挫。以 $TbMnO_3$ 为例，其在 $T_N＝42K$ 以下，沿 b 方向会形成非

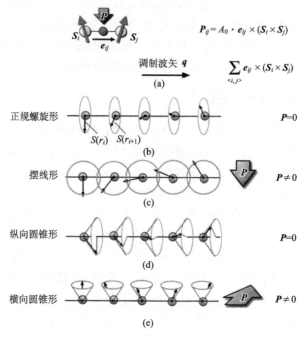

图 22.16　螺磁有序结构与铁电极化[81]

公度的共线正弦调制结构，为顺电态。随着温度的进一步降低，在约 28 K 转变为公度的摆线形螺磁结构，出现铁电极化[10, 83]。在铁电态，调制波矢 q 沿 b 方向，自旋绕 a 方向旋转，则电极化 P 沿 c 方向，可达到 $0.6\mu C \cdot cm^{-2}$。这种由磁结构导致的铁电极化对外加磁场非常敏感。2003 年，Kimura 等在 $TbMnO_3$ 单晶中发现了巨大的磁致电容及磁电效应[10]。如图 22.17 所示，a 方向和 c 方向的介电常数均有明显的介电异常，c 方向的磁致电容可达到 10%。此外，b 方向的外磁场可以诱导 $TbMnO_3$ 的电极化从 c 方向翻转到 a 方向，出现翻转的临界场与介电异常所对应的磁场一致。随着温度的增加，出现翻转的临界场逐渐向低场移动。$DyMnO_3$ 与之类似，其磁致电容可达到 500%[84]，外磁场也可以诱发自发极化从 c 方向翻转到 a 方向[82]。

　　在正交结构的 $RMnO_3$ 中，外加磁场对电极化的调控已成为不争的事实，但更具有应用价值的电控磁较难实现。2007 年，非弹性中子散射实验证明外加电场可以改变 $TbMnO_3$ 中摆线形螺磁自旋序的手性(逆时针或顺时针)[85]，间接证明了该材料中磁性和铁电性间的耦合。然而，这一效应非常微弱，也算不上真正意义上的电场对宏观磁化强度的调控。直到 2010 年，Cheong 小组在具有正交钙钛矿结构的 $Eu_{0.75}Y_{0.25}MnO_3$ 中首次观察到电场导致的宏观磁化强度的变化[86]。

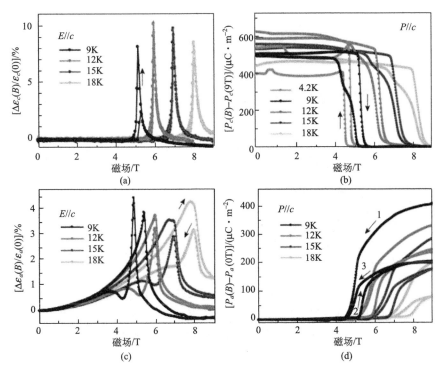

图 22.17（另见彩图）　不同温度下，$TbMnO_3$ 中沿 a 方向和 c 方向的
介电常数及电极化随磁场的变化[10]

要说明的是，$EuMnO_3$ 本身并没有铁电性，但用半径比 Dy 更小的 Y 或 Ho 以适当比例取代半径大的 Eu 后，就能与 $TbMnO_3$ 和 $DyMnO_3$ 一样出现铁电极化。在低温下，bc 面内的 Mn^{3+} 为倾斜反铁磁排布，表现出沿 c 方向弱铁磁性；而 ac 面内，由于晶格畸变，具有螺磁结构，会诱导出沿 a 方向的铁电极化[86]，如图 22.18(b)所示。在 $Eu_{0.75}Y_{0.25}MnO_3$ 中，螺磁结构的多铁相与弱铁磁相互相竞争而达到平衡，因而对外界扰动非常敏感。如图 22.18(c)(d)所示，若在 a 方向加电场，会观察到明显的磁化强度的显著下降以及相应的电极化增强，真正地实现了电场对磁化强度的调控[86]。

　　另一类比较典型的材料是具有圆锥自旋序的 $CoCr_2O_4$，该体系具有立方尖晶石结构，如图 22.19(a)所示。$CoCr_2O_4$ 在 $T_C=93K$ 发生亚铁磁转变；随着温度的降低，在 $T_S=26K$ 变为非公度的横向圆锥自旋态[87]，出现铁电极化；在 T_L $=15K$ 发生非公度到公度结构的转变，也称为调制波矢的锁定(lock-in)转变(温度低于 T_L 时，调制波矢不再发生变化)[88]。如图 22.19(b)所示，$CoCr_2O_4$ 中，A 位 Co^{2+} 和 B 位 Cr^{3+} 的自旋在低温下均沿[110]方向排列成横向圆锥形，自旋

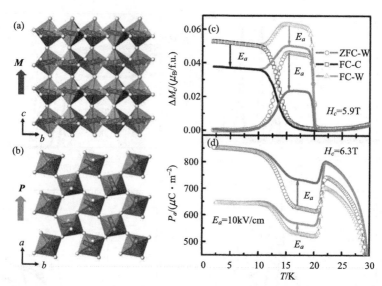

图 22.18　(a)(b)低温下 Mn^{3+} 的自旋排布示意图；电场对(c)磁化强度和(d)电极化强度的影响[86]。其中，ZFC-W、FC-C 和 FC-W 分别表示零场冷升温测、场冷降温测和场冷升温测

在(001)面内旋转，铁磁分量沿[001]方向，故电极化沿[$\bar{1}$10]方向，与自发磁化的方向垂直。图 22.19(c)给出了 $CoCr_2O_4$ 单晶样品的磁化强度 M 和电极化强度 P 随磁场的变化关系(27K 和 18K)，表明只在 T_S 以下存在电极化。此外，外加磁场导致磁化强度翻转的同时，电极化也发生了反向，这种同步翻转表明了铁磁畴壁和铁电畴壁间存在相互钳制(clamping)[89]。由图 22.19(c)中的示意图可知，无论磁化沿何种方向，$CoCr_2O_4$ 中的电极化始终保持与之垂直，并随着磁化方向的改变而改变。此外，降温极化过程中，所加电场和磁场的方向均可以改变电极化的正负。虽然 $CoCr_2O_4$ 具有自发磁化，不同于其他具有螺磁结构的材料，但其铁电极化非常小，仅为 $2\mu C/m^2$，比传统铁电材料 $BaTiO_3$ 小 5 个数量级，比 $TbMnO_3$ 小 2~3 个数量级。

　　虽然由式(22.16)可知，只有摆线形和横向圆锥形的螺磁结构具有自发电极化，但是施加合适大小和方向的磁场，可以使正规螺磁和纵向圆锥结构变为横向或倾斜圆锥结构，从而诱导出铁电极化。例如，图 22.20 所示的尖晶石结构的 $ZnCr_2Se_4$ 样品，在 20K 以下，B 位 Cr^{3+} 离子呈正规螺旋磁结构，调制波矢 q 沿[100]方向。若施加不同方向及大小的磁场，可以使自旋组态呈现不同的形态，从而实现了磁场对电极化的大小及方向的调控[91]。如图 22.20 所示，若施加大小为 1T 的磁场，自旋旋转轴变为沿磁场方向，为倾斜圆锥结构，有净的电极

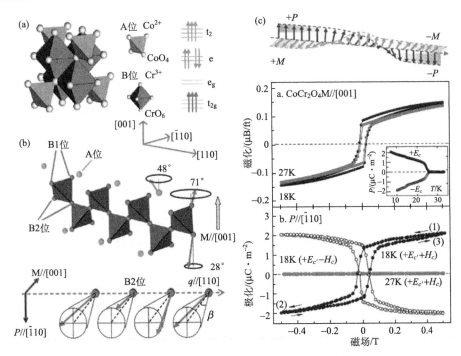

图 22.19　(a)CoCr$_2$O$_4$ 的晶体结构；(b)圆锥自旋序；
(c)磁化强度和电极化强度的同步反转[90]

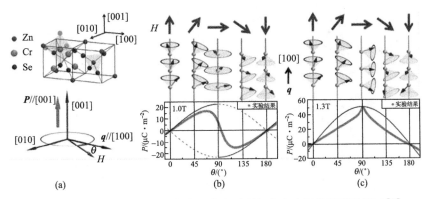

图 22.20　ZnCr$_2$Se$_4$ 中磁场方向及大小对磁组态和电极化强度的影响[91]

化；但磁场垂直于 q 时，自旋旋转轴仍然沿[100]方向，正规螺旋结构并没有被破坏，电极化为 0。而当磁场增大至 1.3 T 时，若方向垂直于 q，则会使正规螺旋结构被完全破坏，变为横向圆锥结构，此时电极化强度不再为 0。要说明的是，这两种情形下，调制波矢 q 的方向并不会发生改变，但若磁场进一步增加，

q 会发生 90°翻转，转到[0$\bar{1}$0]或者[010]方向(由磁场的大小决定)，进而会导致电极化的突变或突然翻转[92]。

另一类由磁场诱导电极化产生的材料是六角铁氧体材料[93-99]。以 Y 型的 $Ba_2Mg_2Fe_{12}O_{22}$ 为例，其晶体结构如图 22.21(a)所示，可以看作是由自旋较大的 L 单元和自旋小的 S 单元交替堆垛而成。在 553K 以下，这两个单元的自旋反平行排列，为亚铁磁态；温度为 195K 时，转变为正规螺旋结构；随着温度进一步降低，在 50K 自旋结构变为纵向圆锥结构，具有自发磁化[95]。温度在 195K 以下时，若施加一个方向如图 22.21(b)所示的小场，会使自旋结构变为倾斜的圆锥结构；若垂直于调制波矢 q 加场，则会出现横向圆锥结构。倾斜或横向圆锥结构均会导致净的电极化产生。如果磁场足够大，圆锥结构会被破坏而变为亚铁磁结构，则电极化消失。与 $CoCr_2O_4$ 类似，当磁场在小场范围(±30mT)内振荡时，电极化强度也能随之周期振荡，如图 22.21(c)所示。不过，该体系的电极化翻转机制与 $CoCr_2O_4$ 不同。$CoCr_2O_4$ 中，磁场振荡时，只是发生了极化方向的改变(极化方向始终与磁化强度 M 的方向垂直)。而在 $Ba_2Mg_2Fe_{12}O_{22}$ 中，极化方向并没有变，而是极化大小的改变，故其中的电极化振荡仅仅是由于圆锥结构随磁场的翻转及变化所导致。

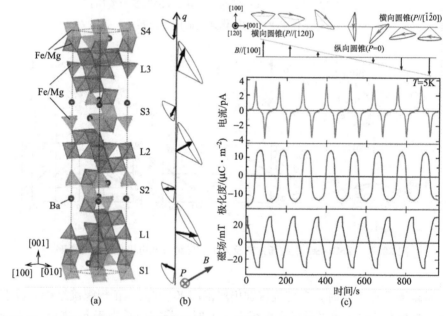

图 22.21　(a)$Ba_2Mg_2Fe_{12}O_{22}$的晶体结构；(b)外场引起的倾斜圆锥结构；(c)磁场振荡时，磁释电电流和电极化强度随时间的变化关系以及磁场诱导的自旋结构变化的示意图[95]

　　以上只是简单介绍了几种典型的具有螺磁结构的多铁材料，若对已发现的具有螺磁结构的多铁性材料进行归纳，可以得到表 22.1。可知，除 CuO 和六角铁氧体以外，螺旋磁结构导致铁电性的多铁性材料的铁电转变温度均很低（小于 30K）；能达到室温的只有六角铁氧体样品。目前已发现的具有磁电效应的六角铁氧体除 Y 型[93-96]以外，还有 M 型[98]、Z 型[97]和 U 型[99]。在这些六角铁氧体中，除 Y 型的 $Ba_2Mg_2Fe_{12}O_{22}$ 外，几乎所有材料的螺磁转变温度均在室温附近或以上，为多铁性材料的室温应用奠定了良好的基础。在掺 Al 的 $Ba_{0.5}Sr_{1.5}Zn_2Fe_{12}O_{22}$ 单晶样品中还观察到巨大的低场磁电效应，在很小的磁场（约 10mT）中，磁电系数可以达到 $2.0 \times 10^4 \, ps \cdot m^{-1}$，可以与复合材料相比拟[93]。另外，在 Z 型的 $Ba_{0.52}Sr_{2.48}Co_2Fe_{24}O_{41}$ 单晶样品[100]和 M 型的 $SrCo_2Ti_2Fe_8O_{19}$ 多晶样品[101]中还观察到了室温下的电场对宏观磁化强度的调控，使单相多铁性材料的室温应用成为可能。

表 22.1　螺磁结构诱导铁电性的单相多铁性材料列表

成分	晶体结构[a]	磁结构[b]	铁电温区	P_{max} /$(\mu C \cdot m^{-2})$	文献
Cr_2BeO_4	正交（$Pnma$）	圆形	<28K	约 3[c]	[102]、[103]
$RMnO_3$（R=Tb, Dy…）	正交（$Pbnm$）	圆形	<28K	<约 2000	[10]、[82~84]
$Ni_3V_2O_8$	正交（$Abam$）	圆形	<6.3K	约 100	[104]
$FeVO_4$	三斜（$P\bar{1}$）	圆形	<15K	10[c]	[105]
$LiCu_2O_2$	正交（$Pnma$）	圆形	<23K	约 8	[106]
$LiVCuO_4$	正交（$Pnma$）	圆形	<2.4K	约 40	[107]
$CuCl_2$	单斜（$C/2m$）	圆形	<24K	30	[108]
$MnWO_4$	单斜（$Pc/2$）	圆形	7~12.5K	约 60	[109]
$ACrO_2$（A=Ag, Cu）	菱方（$R\bar{3}m$）	正规螺旋	<24K	150	[110]、[111]
$RbFe(MoO_4)_2$	三角（$P\bar{3}m1$）	正规螺旋	<3.8K	约 5	[112]
（Li, Na）（Fe, Cr）Si_2O_6	单斜（$C2/c$）	?	<18K	<约 15	[113]
CuO	单斜（$C2/c$）	圆形＋正规螺旋	212~230K	约 150	[114]
$CoCr_2O_4$	立方（$Fd\bar{3}m$）	横向圆锥	<26K	约 2	[115]
$ZnCr_2Se_4$	立方（$Fd\bar{3}m$）	正规螺旋（$H=0$）横向圆锥（$|H|>0$）	<20K	约 20	[91]、[116]

续表

成分	晶体结构[a]	磁结构[b]	铁电温区	P_{max} /($\mu C \cdot m^{-2}$)	文献
$CuFeO_2$	菱方($R\bar{3}m$)	共线($H=0$)、正规螺旋($7 < 11K$ $T < H < 12$ T)	<11K	约300	[117]
$(Ba，Sr)_2Zn_2Fe_{12}O_{22}$	菱方($R\bar{3}m$)	正规螺旋、纵向圆锥($H=0$)，横向圆锥($H>0$)	<325K	150	[94]、[118]
$Ba_2Mg_2Fe_{12}O_{22}$	菱方($R\bar{3}m$)	正规螺旋、纵向圆锥($H=0$)，横向圆锥($H>0$)	<195K	约80	[95]、[119]
$Ba_{0.5}Sr_{1.5}Ni_2Fe_{12}O_{22}$	菱方($R\bar{3}m$)	正规螺旋($H=0$) 横向圆锥($H>0$)	<约300K	约150[c]	[96]
$Ba(Fe，Sc，Mg)_{12}O_{19}$	六方($P6_3/mmc$)	正规螺旋($H=0$) 横向圆锥($H>0$)	<270K	约20	[98]
$Sr_3Co_2Fe_{24}O_{41}$	六方($P6_3/mmc$)	纵向圆锥＋横向圆锥	<约400K	约30[c]	[97]、[120]
$Sr_4Co_2Fe_{36}O_{60}$	菱方($R\bar{3}m$)	纵向圆锥($H=0$) 横向圆锥($H>0$)	<350K	约0.6[c]	[99]

注：a. 正交：orthorhombic；立方：cubic；三斜：triclinic；单斜：monoclinic；三角：triangular；菱方：rhombohedral；六方：hexagonal

b. 纵向圆锥：longitudinal-conical；横向圆锥：transverse-conical；正规螺旋：proper-screw；圆形：cycloidal；共线：collinear

c. 多晶样品

22.6　单相多铁性材料的应用及原型器件

早在 1974 年，Wood 和 Austin 就已经指出了多铁性材料的多种潜在应用[121]。其中，利用多铁性材料中电极化对外磁场的敏感性，可制作高灵敏度的磁传感器。但其逆效应——电控磁，则更具有吸引力和应用前景，其中最让人期待的是实现"电写磁读"的磁电随机存取存储器(magnetoelectric random access memory，MERAM)。MERAM 能兼具铁电随机存储器(FeRAM)写得快和磁性随机存储器(MRAM)读得快的优点，能使存储器件更加节能化和小型化。

图 22.22(a)给出了一种可能的 MERAM 器件的示意图[122]，是由 MRAM 演化而来，仍保留"铁磁层/非磁性层/铁磁层"三明治结构，只是将自旋阀底部的反铁磁钉扎层换为反铁磁多铁性材料。如果多铁性材料中的反铁磁有序与铁电极化间存在强烈的耦合，则外加电场在改变电极化方向的同时，也能改变反铁磁的自

旋方向。由于反铁磁与铁磁界面间的交换耦合或磁钉扎，会进而引起铁磁层自旋
方向的改变，从而可实现磁性三明治结构中的自旋平行或反平行排列，也即实现
了电阻的高低阻态[122]。因此，在图 22.22(a)所示的结构中，通过电场对底部铁
磁层的自旋调控可实现信息的写入，而对于信息的读取则可以简单地通过测磁性
隧穿电阻的方式来实现，因而使"电写磁读"的非易失性存储器成为可能。
MERAM 的实现大大降低了写入能耗；而且"磁读"的过程具有非破坏性，且能
与 MRAM 的磁头读取方式兼容。因此，MERAM 具有高速、低功耗、非易失
性、读取非破坏性及兼容性好等突出优点，具有广阔的应用前景。

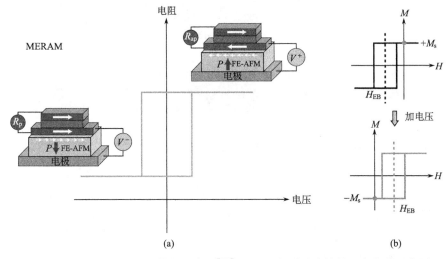

图 22.22　(a)MERAM 器件的示意图[122]；(b)电场导致交换偏置变化的示意图

对于 MERAM 的实现，有两个关键的地方，一是反铁磁多铁性材料中强的磁
电耦合，二是反铁磁与铁磁界面间强的交换耦合。对于前者，可以选取合适的单相
多铁性材料来实现。对于后者的实现，Binek 和 Doublin 提出了一个绝妙的方法，
就是利用反铁磁与铁磁界面间的交换偏置效应，若电场能引起交换偏置场的显著变
化，就可以实现电场对铁磁层自旋的调控[123]，如图 22.22(b)的示意图所示。基于
这一想法，Laukhin 等制备了 Py/YMnO$_3$/Py 的三明治结构，多铁性材料 YMnO$_3$
作为磁钉扎层，在该交换偏置系统中，观察到 2K 时电压引起的交换偏置场的移
动[124]。在一定的电压下，坡莫合金(Py)的磁矩会发生反向。遗憾的是，反向后的
磁矩不能再被电场还原回来，即磁矩的翻转不可逆。此外，受 YMnO$_3$ 材料自身磁
转变温度的限制，其可操作温度也远远低于室温。2008 年，Chu 等在 CoFe/BiFeO$_3$
异质结中首次报道了室温下电场对磁矩的调控[125]，如图 22.23所示。面内施加一
个电压时，BiFeO$_3$ 中的铁电畴发生 90°翻转，其上生长的 CoFe 软磁薄膜的磁矩也

会发生 90°的翻转。值得注意的是，再加反向电压时，CoFe 的磁矩仍能回到原来的状态，具有可逆性。虽然未能在该结构中实现 180°的磁翻转，但从应用角度考虑，单相多铁性材料中室温电控磁的实现具有里程碑的意义。

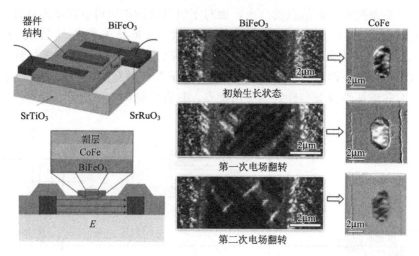

图 22.23　CoFe/BiFeO₃ 异质结中，电场控制的 BiFeO₃ 铁电畴及 CoFe 磁矩的翻转[125]

　　多铁性材料还可以作为隧道结中的绝缘层，即形成多铁隧道结，在其中能实现信息的四态存储。2007 年，Gajek 等在(001)取向的 SrTiO₃ 衬底上生长了 $La_{2/3}Sr_{1/3}MnO_3$(LSMO)/$La_{0.1}Bi_{0.9}MnO_3$(LBMO)/Au 的三明治结构，发现该隧道结的电阻表现为四态行为，如图 22.24 所示[126]。所生长的 LBMO 超薄膜(2nm)仍然保持铁磁性和铁电性。以磁性隧道结的角度看，LBMO 超薄膜为中间的铁磁绝缘层。当底电极 LSMO 与绝缘层 LBMO 的磁化方向一致时，隧道结的电阻较低；而当二者磁化方向相反时，电阻较高，即该隧道结具有正常的隧穿磁电阻效应。此外，由于 LBMO 也具有铁电性，该隧道结又可视为铁电隧道结。外加电场可以使铁电层具有两个不同的极化方向，则电子从底电极 LSMO 隧穿到顶电极 Au 的过程中，会感受到两种不同的势垒，因而呈现两个电阻态。如图 22.24所示，施加+2V 的电压，电阻较大；施加−2V 的电压，电阻较小。这样，在该多铁隧道结中，就实现了电阻的四个不同状态，使四态的高密度信息存储器成为可能。在该四态存储器的基础上，若采用铁磁金属层/多铁性绝缘层/铁磁金属层的三明治隧道结，则可产生 8 种电阻态，实现 8 态的逻辑存储[127,128]。

　　具有磁电耦合的多铁性材料除可以用作高密度、低功耗、高速的非易失性存储器以外，还可以用作磁电回转器(magnetoelectric gyrator)、磁控制的电光响应设备、电控制的磁共振设备、电场调制的法拉第旋转器、非线性的光学器件、微波移相器、传感器、换能器等[121]。因此，磁电多铁性材料具有巨大的商业应

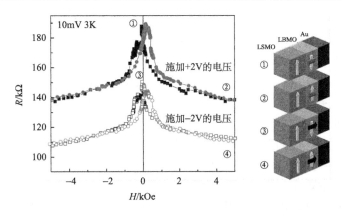

图 22.24　施加±2V 后，LSMO/LBMO/Au 多铁隧道结的隧穿磁电阻效应。
①自旋反平行，正向极化；②自旋平行，正向极化；③自旋反平行，负向极化；
④自旋平行，负向极化[129]

用前景，而且越来越多的原型器件也不断地被开发出来，为单相多铁性材料走向
应用奠定了良好的基础。

22.7　总结和展望

多铁性材料不仅涉及新的铁电性产生机理和磁电耦合等重要的科学问题，而
且具有巨大的潜在应用前景，是近年来材料、物理和器件等领域的又一研究热
点。近年来，越来越多的新型单相多铁性材料被相继开发出来，并且解释多铁性
材料中铁电起源以及磁电耦合作用的微观机理也开始不断涌现。与此同时，挑战
也应运而生，下面将列举几点。

第一，探索性能优越的多铁性材料。目前已知的大多数单相多铁性材料的磁
转变温度（或铁电转变温度）远低于室温，成为其应用的巨大瓶颈。即使转变温度
高的材料，也存在高温下不够绝缘、漏电严重、磁电耦合较弱的问题，严重制约
了多铁性材料的实际应用。因此，探索高温、绝缘性好、大的低场磁电耦合系数
的材料是多铁性材料领域亟待解决的问题。除了无机氧化物材料，多铁性也可以
存在于有机材料或者无机-有机杂化材料。最新的研究在金属-有机骨架材料中发
现了多铁性与磁电耦合效应[130,131]，这为探索新型多铁性材料拓展了空间。

第二，铁电性与磁电耦合产生的微观机制。到目前为止，关于多铁性材料中
的铁电性起源与磁电耦合机制还没有统一的认识，尤其是电荷有序、交换收缩导
致的铁电性。随着实验和理论研究的深入，新的物理模型也被不断提出。如何从
纷繁复杂的实验现象和众说纷纭的理论模型中化繁入简，获得更为普适的微观机
制，是一个重要挑战。

第三，微观的畴结构，尤其是磁畴和电畴间的耦合以及多铁畴。由于多铁性材料中同时具有磁有序和铁电有序，研究其中的磁畴以及电畴结构以及二者间的耦合，有助于形象地认识多铁性材料以及其中的各种物性。

第四，多铁性材料中的元激发。目前已有一些关于多铁性材料中复杂元激发——电磁振子的报道，但尚处于初级阶段，对于其定义以及复杂行为的研究还有待更深入的研究和实验。

第五，磁电互控的研究。对于多铁性材料的研究，很大程度来源于其中的磁电耦合效应。因此，磁电互控的研究具有非常重大的意义。目前，已经能在第 II 类多铁性材料中观察到磁场对电极化的调控。然而，电控磁的报道仍然非常少，而且效应也不明显。因此，寻找具有显著磁电互控效应的多铁性材料，是非常必要的，而且具有重大的应用前景。

作 者 简 介

孙　阳　1974 年出生于新疆伊犁，1992 年考入中国科学技术大学物理系，1996 年获学士学位，2001 年获理学博士学位。2001～2004 年在美国伊利诺伊大学和莱斯大学从事博士后研究。2004 年入选中国科学院"引进国外杰出人才计划"。现为中国科学院物理研究所磁学国家重点实验室研究员、博士研究生导师、研究组组长。已发表学术论文 90 余篇，被引用 1600 余次。曾获得"全国百篇优秀博士论文"、中国科学院物理研究所"科技新人奖"等荣誉和奖励。

王　芬　2007 年毕业于西北大学物理系，获学士学位。2007～2012 年为中国科学院物理研究所硕博连读研究生，2012 年获理学博士学位。研究生期间从事多铁性材料与磁电耦合效应的研究，发表学术论文十余篇。

参 考 文 献

[1] Debye P. Remark to some new trials on a magneto-electrical direct effect. Z Phys, 1926, 36 (4): 300-301.

[2] Landau L D, Lifshitz E M. Electrodynamics of Continuous Media. Oxford: Pergamon Press, 1960. (Russian version in 1958.)

[3] Dzyaloshinskii I E. On the magnetic-electrical effect in antiferromagnets. Sov Phys (JETP-USSR), 1960, 10 (3): 628-629.

[4] Astrov D N. the magnetoelectric effect in antiferromagnetics. Sov Phys (JETP-USSR), 1960, 11 (3): 708-709.

[5] Rado G T, Folen V J. Observation of the magnetically induced magnetoelectric effect and evidence for antiferromagnetic domains. Phys Rev Lett, 1961, 7 (8): 310-311.

[6] Fiebig M. Revival of the magnetoelectric effect. J Phys D: Appl Phys, 2005, 38 (8): R123-R152.

[7] Aizu K. Possible Species of Ferromagnetic, Ferroelectric, and Ferroelastic Crystals, Phys Rev B, 1970, 2 (3): 754-772.

[8] Schmid H. Multi-ferroic magnetoelectrics. Ferroelectrics, 1994, 162 (1): 317-338.

[9] Wang J, Neaton J B, Zheng H, et al. Epitaxial $BiFeO_3$ multiferroic thin film heterostructures. Science, 2003, 299 (5613): 1719-1722.

[10] Kimura T, Goto T. Shintani H, et al., Magnetic control of ferroelectric polarization. Nature, 2003, 426 (6962): 55-58.

[11] Hur N, Park S, Sharma P A, et al. Electric polarization reversal and memory in a multiferroic material induced by magnetic fields. Nature, 2004, 429 (6990): 392-395.

[12] Tokura Y. Multiferroics-toward strong coupling between magnetization and polarization in a solid. J Magn Magn Mater, 2007, 310 (2): 1145-1150.

[13] Eerenstein W, Mathur N D. Scott J F. Multiferroic and magnetoelectric materials. Nature, 2006, 442 (7104): 759-765.

[14] Brown W F, Hornreich R M, Shtrikman S. Upper bound on the magnetoelectric susceptibility. Phys Rev, 1968, 168 (2): 574.

[15] Chen A, Chernow F. Nature of ferroelectricity in KNO_3. Phys Rev, 1967, 154 (2): 493-505.

[16] Saifi M A, Cross L E. Dielectric properties of strontium titanate at low temperature. Phys Rev B, 1970, 2 (3): 677-684.

[17] Hou S L, Bloembergen N. Paramagnetoelectric effects in $NiSO_4 \cdot 6H_2O$. Phys Rev, 1965, 138 (4A): A1218-A1226.

[18] Grimmer H. The piezomagnetoelectric effect. Acta Crystallographica Section A, 1992, 48: 266-271.

[19] Hill N A. Why are there so few magnetic ferroelectrics? J Phys. Chem B, 2000, 104 (29): 6694-6709.

[20] Zvezdin A K. Krotov S S. Kadomtseva A M, et al. Magnetoelectric effects in gadolinium iron borate $GdFe_3(BO_3)_4$, JETP Letters, 2005, 81 (6): 272-276.

[21] Ascher E, Rieder H, Schmid H, et al. Some properties of ferromagnetoelectric nickel-iodine boracite $Ni_3B_7O_{13}I$. J Appl Phys, 1966, 37 (3): 1404-1405.

[22] Smolenskii G A, Chupis I E. Ferroelectromagnets. Soviet Physics—Uspekhi, 1982, 25 (7): 475-493.

[23] Bokov V A, Mylnikova I E, Smolenskii G A. Ferroelectric antiferromagnetics. Sov Phys (JETP-USSR), 1962, 15 (2): 447-449.

[24] Yan L, Li J, Viehland D. Deposition conditions and electrical properties of relaxor ferroelectric $Pb(Fe_{1/2}Nb_{1/2})O_3$ thin films prepared by pulsed laser deposition. J Appl Phys, 2007, 101 (10): 104107.

[25] Wongmaneerung R, Tan X, McCallum R W, et al. Cation, dipole, and spin order in $Pb(Fe_{2/3}W_{1/3})O_3$-based magnetoelectric multiferroic compounds. Appl Phys Lett, 2007, 90 (24): 242905.

[26] Zhao T, Scholl A, Zavaliche F, et al. Electrical control of antiferromagnetic domains in multiferroic $BiFeO_3$ films at room temperature. Nature Materials, 2006, 5 (10): 823-829.

[27] Lebeugle D, Colson D, Forget A, et al. Very large spontaneous electric polarization in $BiFeO_3$ single crystals at room temperature and its evolution under cycling fields. Appl Phys Lett, 2007, 91 (2): 022907.

[28] Moreau J M, Michel C, Gerson R, et al. Ferroelectric $BiFeO_3$ X-ray and neutron diffraction study. Journal of Physics and Chemistry of Solids, 1971, 32 (6): 1315-1320.

[29] Lebeugle D, Colson D, Forget A, et al. Room-temperature coexistence of large electric polarization and magnetic order in BiFeO₃ single crystals. Phys Rev B, 2007, 76 (2): 024116.

[30] Mazumder R, Devi P S, Bhattacharya D, et al. Ferromagnetism in nanoscale BiFeO₃. Appl Phys Lett, 2007, 91 (6): 062510-062513.

[31] Yu J, Chu J. Progress and prospect for high temperature single-phased magnetic ferroelectrics. Chinese Science Bulletin, 2008, 53 (14): 2097-2112.

[32] Wang Y P, Zhou L, Zhang M F, et al. Room-temperature saturated ferroelectric polarization in BiFeO₃ ceramics synthesized by rapid liquid phase sintering. Appl Phys Lett, 2004, 84 (10): 1731-1733.

[33] Kimura T, Kawamoto S, Yamada I, et al. Magnetocapacitance effect in multiferroic BiMnO₃. Phys Rev B, 2003, 67 (18): 180401.

[34] dos Santos A M, Cheetham A K, Atou T, et al. Orbital ordering as the determinant for ferromagnetism in biferroic BiMnO₃. Phys Rev B, 2002, 66 (6): 064425.

[35] Moreira dos Santos A, Parashar S, Raju A R, et al. Evidence for the likely occurrence of magnetoferroelectricity in the simple perovskite, BiMnO₃. Solid State Communications, 2002, 122 (1-2): 49-52.

[36] Shishidou T, Mikamo N, Uratani Y, et al. First-principles study on the electronic structure of bismuth transition-metal oxides. Journal of Physics: Condensed Matter, 2004, 16 (48): S5677.

[37] Wei J, Haumont R, Jarrier R, et al. Nonmagnetic Fe-site doping of BiFeO₃ multiferroic ceramics, Appl Phys Lett, 2010, 96 (10): 102509.

[38] Baettig P, Ederer C, Spaldin N A. First principles study of the multiferroics BiFeO₃, Bi₂FeCrO₆, and BiCrO₃: Structure, polarization, and magnetic ordering temperature Phys Rev B, 2005, 72 (21): 214105.

[39] Baettig P, Spaldin N A. *Ab initio* prediction of a multiferroic with large polarization and magnetization. Appl Phys Lett, 2005, 86 (1): 012505.

[40] Nechache R, Harnagea C, Carignan L P, et al. Epitaxial thin films of the multiferroic double perovskite Bi₂FeCrO₆ grown on (100)-oriented SrTiO₃ substrates: Growth, characterization, and optimization. J Appl Phys, 2009, 105 (6): 061621.

[41] Nechache R, Harnagea C, Pignolet A, et al. Growth, structure, and properties of epitaxial thin films of first-principles predicted multiferroic Bi₂FeCrO₆. Appl Phys Lett, 2006, 89 (10): 102902.

[42] Nechache R, Hamagea C, Pignolet A. Multifferroic properties-structure relation ships in epitaxial Bi₂FeCrO₆ thin films: recent developments. Journal of Physics: Conderised matter, 2012, 24(9):096001.

[43] Kamba S, Nuzhnyy D, Nechache R, et al. Infrared and magnetic characterization of multiferroic Bi₂FeCrO₆ thin films over a broad temperature range. Phys Rev B, 2008, 77 (10): 104111.

[44] Azuma M, Takata K, Saito T, et al. Designed ferromagnetic, ferroelectric Bi₂NiMnO₆. J Am Chem Soc, 2005, 127 (24): 8889-8892.

[45] Ciucivara A, Sahu B, Kleinman L, Density functional study of multiferroic Bi₂NiMnO₆. Phys Rev B, 2007, 76 (6): 064412.

[46] 迟振华, 靳常青. 单相磁电多铁性体研究进展. 物理学进展, 2007, 27 (2): 225-238.

[47] Van Aken B B, Palstra T T M, Filippetti A, et al. The origin of ferroelectricity in magnetoelectric YMnO₃. Nature Materials, 2004, 3 (3): 164-170.

[48] Fiebig M, Lottermoser T, Frohlich D, et al. Observation of coupled magnetic and electric domains, Nature, 2002, 419 (6909): 818-820.

[49] Huang Z J, Cao Y, Sun Y Y, et al. Coupling between the ferroelectric and antiferromagnetic orders in

YMnO$_3$. Phys Rev B, 1997, 56 (5): 2623-2626.

[50] Lottermoser T, Lonkai T, Amann U, et al. Magnetic phase control by an electric field. Nature, 2004, 430 (6999): 541-544.

[51] Choi T, Horibe Y, Yi H T, et al. Insulating interlocked ferroelectric and structural antiphase domain walls in multiferroic YMnO$_3$. Nature Materials, 2010, 9 (3): 253-258.

[52] Spaldin N A, Cheong S W, Ramesh R. Multiferroics: Past, present, and future. Phys Today, 2010, 63 (10): 38-43.

[53] Zhang Q H, Wang L J, Wei X K, et al. Direct observation of interlocked domain walls in hexagonal RMnO$_3$ (R = Tm, Lu). Phys Rev B, 2012, 85 (2): 020102.

[54] Portengen T, Ostreich T, Sham L J. Theory of electronic ferroelectricity. Phys Rev B, 1996, 54 (24): 17452.

[55] Efremov D V, Van den Brink J, Khomskii D I. Bond-versus site-centred ordering and possible ferroelectricity in manganites. Nature Materials, 2004, 3 (12): 853-856.

[56] Imada M, Fujimori A, Tokura Y. Metal-insulator transitions. Reviews of Modern Physics, 1998, 70 (4): 1039.

[57] Patterson C H. Competing crystal structures in La$_{0.5}$Ca$_{0.5}$MnO$_3$: Conventional charge order versus Zener polarons. Phys Rev B, 2005, 72 (8): 085125.

[58] Ferrari V, Towler M, Littlewood P B. Oxygen stripes in La$_{0.5}$Ca$_{0.5}$MnO$_3$ from *ab initio* calculations. Phys Rev Lett, 2003, 91 (22): 227202.

[59] Tokunaga Y, Lottermoser T, Lee Y, et al. Rotation of orbital stripes and the consequent charge-polarized state in bilayer manganites. Nature Materials, 2006, 5 (12): 937-941.

[60] Daoud-Aladine A, Rodríguez-Carvajal J, Pinsard-Gaudart L, et al. Zener Polaron Ordering in Half-Doped Manganites. Phys Rev Lett, 2002, 89 (9): 097205.

[61] Lopes A M L, Araujo J P, Amaral V S, et al. New phase transition in the Pr$_{1-x}$Ca$_x$MnO$_3$ system: Evidence for electrical polarization in charge ordered manganites. Phys Rev Lett, 2008, 100 (15): 155702.

[62] Ghosh B, Bhattacharya D, Raychaudhuri A K, et al. Frequency dependence of dielectric anomaly around Neel temperature in bilayer manganite Pr(Sr$_{0.1}$Ca$_{0.9}$)$_2$Mn$_2$O$_7$. J Appl Phys, 2009, 105 (12): 123914.

[63] Ikeda N, Ohsumi H, Ohwada K, et al. Ferroelectricity from iron valence ordering in the charge-frustrated system LuFe$_2$O$_4$. Nature (London), 2005, 436 (7054): 1136-1138.

[64] Yamada Y, Kitsuda K, Nohdo S, et al. Charge and spin ordering process in the mixed-valence system LuFe$_2$O$_4$: Charge ordering. Phys Rev B, 2000, 62 (18): 12167-12174.

[65] Zhang Y, Yang H X, Ma C, et al. Charge-stripe order in the electronic ferroelectric LuFe$_2$O$_4$. Phys Rev Lett, 2007, 98 (24): 247602.

[66] Subramanian M A, He T, Chen J Z, et al. Giant room-temperature magnetodielectric response in the electronic ferroelectric LuFe$_2$O$_4$. Adv Mater, 2006, 18 (13): 1737-1739.

[67] Li C H, Wang F, Liu Y, et al. Electrical control of magnetization in charge-ordered multiferroic LuFe$_2$O$_4$. Phys Rev B, 2009, 79 (17): 172412.

[68] van den Brink J, Khomskii D I. Multiferroicity due to charge ordering. J Phys: Condens Matter, 2008, 20 (43): 434217.

[69] Choi Y J, Yi H T, Lee S, et al., Ferroelectricity in an Ising chain magnet. Phys Rev Lett, 2008, 100 (4): 047601.

[70] Cheong S W, Mostovoy M. Multiferroics: A magnetic twist for ferroelectricity. Nature Materials, 2007, 6 (1): 13-20.

[71] Fukunaga M, Noda Y. Classification and interpretation of the polarization of multiferroic RMn_2O_5. J Phys Soc Jpn, 2010, 79 (5): 054705.

[72] Giovannetti G, van den Brink J. Electronic correlations decimate the ferroelectric polarization of multiferroic $HoMn_2O_5$. Phys Rev Lett, 2008, 100 (22): 227603.

[73] Hur N, Park S, Sharma P A, et al. Colossal magnetodielectric effects in $DyMn_2O_5$. Phys Rev Lett, 2004, 93 (10): 107207.

[74] Wang C, Guo G C, He L. Ferroelectricity driven by the noncentrosymmetric magnetic ordering in multiferroic $TbMn_2O_5$: A first-principles study. Phys Rev Lett, 2007, 99 (17): 177202.

[75] Wang C, Guo G C, He L, First-principles study of the lattice and electronic structure of $TbMn_2O_5$. Phys Rev B, 2008, 77 (13): 134113.

[76] Kimura H, Kobayashi S, Fukuda Y, et al. Spiral spin structure in the commensurate magnetic phase of multiferroic RMn_2O_5. J Phys Soc Jpn, 2007, 76 (7): 074706.

[77] Fukunaga M, Sakamoto Y, Kimura H, et al. Magnetic-field-induced polarization flop in multiferroic $TmMn_2O_5$. Phys Rev Lett, 2009, 103 (7): 077204.

[78] Sergienko I A, Dagotto E. Role of the Dzyaloshinskii-Moriya interaction in multiferroic perovskites. Phys Rev B, 2006, 73 (9): 094434.

[79] Katsura H, Nagaosa N, Balatsky A V. Spin current and magnetoelectric effect in noncollinear magnets. Phys Rev Lett, 2005, 95 (5): 057205.

[80] Kimura T. Spiral magnets as magnetoelectrics. Ann Rev Mater Res, 2007, 37: 387-413.

[81] Tokura Y, Seki S. Multiferroics with spiral spin orders. Adv Mater, 2010, 22 (14): 1554-1565.

[82] Kimura T, Lawes G, Goto T, et al. Magnetoelectric phase diagrams of orthorhombic $RMnO_3$ ($R=Gd$, Tb, and Dy). Phys Rev B, 2005, 71 (22): 224425.

[83] Kenzelmann M, Harris A B, Jonas S, et al. Magnetic inversion symmetry breaking and ferroelectricity in $TbMnO_3$. Phys Rev Lett, 2005, 95 (8): 087206.

[84] Goto T, Kimura T, Lawes G, et al. Ferroelectricity and giant magnetocapacitance in perovskite rare-earth manganites. Phys Rev Lett, 2004, 92 (25): 257201.

[85] Yamasaki Y, Sagayama H, Goto T, et al. Electric control of spin helicity in a magnetic ferroelectric. Phys Rev Lett, 2007, 98 (14): 147204.

[86] Choi Y J, Zhang C L, Lee N, et al. Cross-control of magnetization and polarization by electric and magnetic fields with competing multiferroic and weak-ferromagnetic phases. Phys Rev Lett, 2010, 105 (9): 097201.

[87] Tomiyasu K, Fukunaga J, Suzuki H. Magnetic short-range order and reentrant-spin-glass-like behavior in $CoCr_2O_4$ and $MnCr_2O_4$ by means of neutron scattering and magnetization measurements. Phys Rev B, 2004, 70 (21): 214434.

[88] Funahashi S, Morii Y, Child H R. Two-dimensional neutron-diffraction of YFe_2O_4 and $CoCr_2O_4$. J Appl Phys, 1987, 61 (8): 4114-4116.

[89] Yamasaki Y, Miyasaka S, Kaneko Y, et al. Magnetic reversal of the ferroelectric polarization in a multiferroic spinel oxide. Phys Rev Lett, 2006, 96 (20): 207204.

[90] Kimura T, Tokura Y. Magnetoelectric phase control in a magnetic system showing cycloidal/conical spin order. J Phys: Condens Matter, 2008, 20 (43): 434204.

[91] Murakawa H, Onose Y, Ohgushi K, et al. Generation of electric polarization with rotating magnetic

field in helimagnet ZnCr$_2$Se$_4$. J Phys Soc Jpn, 2008, 77 (4): 043709.

[92] Kato Y, Myers R C, Gossard A C, et al. Coherent spin manipulation without magnetic fields in strained semiconductors. Nature (London), 2004, 427 (6969): 50-53.

[93] Chun S H, Chai Y S, Oh Y S, et al. Realization of giant magnetoelectricity in helimagnets. Phys Rev Lett, 2010, 104 (3): 037204.

[94] Kimura T, Lawes G, Ramirez A P. Electric polarization rotation in a hexaferrite with long-wavelength magnetic structures. Phys Rev Lett, 2005, 94 (13): 137201.

[95] Ishiwata S, Taguchi Y, Murakawa H, et al. Low-magnetic-field control of electric polarization vector in a helimagnet. Science, 2008, 319 (5870): 1643-1646.

[96] Hiraoka Y, Nakamura H, Soda M, et al. Magnetic and magnetoelectric properties of Ba$_{2-x}$Sr$_x$Ni$_2$Fe$_{12}$O$_{22}$ single crystals with Y-type hexaferrite structure. J Appl Phys, 2011, 110 (3): 033920.

[97] Kitagawa Y, Hiraoka Y, Honda T, et al. Low-field magnetoelectric effect at room temperature. Nature Materials, 2010, 9 (10): 797-802.

[98] Tokunaga Y, Kaneko Y, Okuyama D, et al. Multiferroic M-type hexaferrites with a room-temperature conical state and magnetically controllable spin helicity. Phys Rev Lett, 2010, 105 (25): 257201.

[99] Okumura K, Ishikura T, Soda M, et al. Magnetism and magnetoelectricity of a U-type hexaferrite Sr$_4$Co$_2$Fe$_{36}$O$_{60}$. Appl Phys Lett, 2011, 98 (21): 212504.

[100] Chun S H, Chai Y S, Jeon B G, et al. Electric field control of nonvolatile four-state magnetization at room temperature. Phys Rev Lett, 2012, 108 (17): 177201.

[101] Wang L Y, Wang D H, Cao Q Q, et al. Electric control of magnetism at room temperature. Scientific Reports, 2012, 2: 223.

[102] Cox D E, Frazer B C, Newnham R E, et al. Neutron diffraction inversitigation of spiral magnatic structure Cr$_2$BeO$_4$. J Appl Phys, 1969, 40 (3): 1124.

[103] Newnham R E, Kramer J J, Schulze W A, et al. Magnetoferroelectricity in Cr$_2$BeO$_4$. J Appl Phys, 1978, 49 (12): 6088-6091.

[104] Lawes G, Harris A B, Kimura T, et al. Magnetically driven ferroelectric order in Ni$_3$V$_2$O$_8$. Phys Rev Lett, 2005, 95 (8): 087205.

[105] Kundys B, Martin C, Simon C. Magnetoelectric coupling in polycrystalline FeVO$_4$. Phys Rev B, 2009, 80 (17): 172103.

[106] Park S, Choi Y J, Zhang C L, et al. Ferroelectricity in an $S=1/2$ chain cuprate. Phys Rev Lett, 2007, 98 (5): 057601.

[107] Yasui Y, Naito Y, Sato K, et al. Relationship between magnetic structure and ferroelectricity of LiVCuO$_4$. J Phys Soc Jpn, 2008, 77 (2): 023712.

[108] Seki S, Kurumaji T, Ishiwata S, et al. Cupric chloride CuCl$_2$ as an $S=1/2$ chain multiferroic. Phys Rev B, 2010, 82 (6): 064424.

[109] Heyer O, Hollmann N, Klassen I, et al. A new multiferroic material: MnWO$_4$. J Phys: Condens Matter, 2006, 18 (39): L471-L475.

[110] Seki S, Onose Y, Tokura Y. Spin-driven ferroelectricity in triangular lattice antiferromagnets ACrO$_2$ (A=Cu, Ag, Li, or Na). Phys Rev Lett, 2008, 101 (6): 067204.

[111] Kimura K, Nakamura H, Ohgushi K, et al. Magnetoelectric control of spin-chiral ferroelectric domains in a triangular lattice antiferromagnet. Phys Rev B, 2008, 78 (14): 140401.

[112] Kenzelmann M, Lawes G, Harris A B, et al. Direct transition from a disordered to a multiferroic phase on a triangular lattice. Phys Rev Lett, 2007, 98 (26): 267205.

[113] Jodlauk S, Becker P, Mydosh J A, et al. Pyroxenes: A new class of multiferroics. J Phys: Condens Matter, 2007, 19 (43): 432201.

[114] Kimura T, Sekio Y, Nakamura H, et al. Cupric oxide as an induced-multiferroic with high-T_C. Nature Materials, 2008, 7 (4): 291-294.

[115] Yamasaki Y, Miyasaka S, Kaneko Y, et al. Magnetic reversal of the ferroelectric polarization in a multiferroic spinel oxide. Phys Rev Lett, 2006, 96 (20): 249902.

[116] Akimitsu J, Siratori K, Shirane G, et al. Neutron-scattering study of $ZnCr_2Se_4$ with screw spin structure. J Phys Soc Jpn, 1978, 44 (1): 172-180.

[117] Kimura T, Lashley J C, Ramirez A P. Inversion-symmetry breaking in the noncollinear magnetic phase of the triangular-lattice antiferromagnet $CuFeO_2$. Phys Rev B, 2006, 73 (22): 220401.

[118] Momozawa N, Yamaguchi Y, Takei H, et al. Magnetic structure of $(Ba_{1-x}Sr_x)_2Zn_2Fe_{12}O_{22}$ ($x=0\sim$ 1.0). J Phys Soc Jpn, 1985, 54 (2): 771-780.

[119] Momozawa N, Yamaguchi Y, Mita M. Magnetic-structure change in $Ba_2Mg_2Fe_{12}O_{22}$. J Phys Soc Jpn, 1986, 55 (4): 1350-1358.

[120] Soda M, Ishikura T, Nakamura H, et al. Magnetic ordering in relation to the room-temperature magnetoelectric effect of $Sr_3Co_2Fe_{24}O_{41}$. Phys Rev Lett, 2011, 106 (8): 087201.

[121] Wood V E, Austin A E. Possible application for magnetoelectric materials. Int J Magnetism, 1974, 5: 303-315.

[122] Bibes M, Barthelemy A. Multiferroics: Towards a magnetoelectric memory. Nature Materials., 2008, 7 (6): 425-426.

[123] Binek C, Doudin B. Magnetoelectronics with magnetoelectrics. J Phys: Condens Matter, 2005, 17 (2): L39-L44.

[124] Laukhin V, Skumryev V, Martí X, et al. Electric-field control of exchange bias in multiferroic epitaxial heterostructures. Phys Rev Lett, 2006, 97 (22): 227201.

[125] Chu Y H, Martin L W, Holcomb M B, et al. Electric-field control of local ferromagnetism using a magnetoelectric multiferroic. Nature Materials, 2008, 7 (6): 478-482.

[126] Gajek M, Bibes M, Fusil S, et al. Tunnel junctions with multiferroic barriers. Nature Materials, 2007, 6 (4): 296-302.

[127] Yang F, Tang M H, Ye Z, et al. Eight logic states of tunneling magnetoelectroresistance in multiferroic tunnel junctions. J Appl Phys, 2007, 102 (4): 044504-044505.

[128] Yang F, Zhou Y C, Tang M H, et al. Eight-logic memory cell based on multiferroic junctions. Journal of Physics D: Applied Physics, 2009, 42 (7): 072004.

[129] Bibes M, Villegas J E, Barthelemy A. Ultrathin oxide films and interfaces for electronics and spintronics. Adv Phys, 2011, 60 (1): 5-84.

[130] Wang W, Yan L Q, Cong J Z, et al. Magnetoelectric coupling in the paramagnetic state of a metal-organic framework. Sci Rep, 2013, 3: 2024.

[131] Tian Y, Stroppa A, Chai Y, et al. Cross coupling between electric and magnetic orders in a multiferroic metal-organic framework. Sci Rep, 2014, 4: 6062.

第 23 章　多铁性材料 BiFeO$_3$ 的性质和应用

王峻岭　游　陆　周　洋

　　单相多铁性材料是近期凝聚态物理和材料研究的热点之一，最近几年已经有多篇相关的综述文章发表[1-5]。这类材料同时具有两种或两种以上的铁性性质，例如铁电性、铁磁性或铁弹性。其中同时具有铁电和铁磁性质的多铁性材料对基础物理研究和实际应用都有很重要的意义。我们不仅可以利用其不同的性质制备多功能器件，这些不同序参量之间的耦合也带来更多的新的物理效应。遗憾的是这类材料在自然界非常稀少，所以广义的多铁性定义也包含反铁性性质。另外，我们也可以通过把铁电和铁磁材料组合成复合材料而得到多铁性。在这方面，清华大学的南策文教授做了很多开创性的工作[6]。由于篇幅所限，本章对复合多铁材料不做讨论。关于多铁性材料的研究在半个多世纪前就开始了，早期的工作可参见 Fiebig 的综述[3]。近年来，样品制备技术包括单晶生长和外延薄膜制备的进步使得获取高质量的样品成为现实，多铁领域重新受到广泛的关注并取得了长足的发展。详细的介绍可参考 Ramesh 等[4]、Cheong 等[1] 以及刘俊明教授等[5] 的综述文章。在这股多铁性材料研究的热潮中，有一种材料特别值得关注，这就是铁酸铋（BiFeO$_3$ 或 BFO）。近十年内发表的关于多铁性材料的文章中有近四分之一与 BFO 相关。可以说，BFO 对多铁领域的影响可与钇钡铜氧（YBa$_2$Cu$_3$O$_7$ 或 YBCO）对超导领域的影响相比。本章的主要目的是对 BFO 的基本性质做总结，包括其晶体结构、铁电性质、磁性及它在磁电耦合方面的应用。限于篇幅，对于有些内容，比如 BFO 异质结的输运特性主要受异质结界面或 BFO 内缺陷的影响，而不是受 BFO 本征性质的影响，本章不做详细介绍。

　　BFO 是到目前为止研究最多的多铁性材料[2,4,7]。这主要得益于它的远高于室温的铁电居里温度和磁性奈尔温度，分别约为 830℃ 和 370℃。这使得在室温下进行性质研究和器件应用成为可能。可以说，BFO 是已知的最有应用前景的单相多铁性材料。另外，最近发现的 BFO 薄膜中畴壁的独特性质也带来了更多的应用可能性[8,9]。

23.1　BFO 的晶体结构

23.1.1　单晶 BFO 的晶体结构和相变

　　BFO 具有钙钛矿型 ABO$_3$ 晶体结构，其中 Bi^{3+} 离子位于赝立方体（pseudocu-

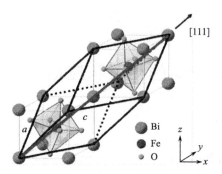

图 23.1　BFO 单晶的晶体结构。细黑线
所绘为赝立方晶胞，粗黑线为三角晶胞

bic)晶胞的八个角（A 位），Fe^{3+} 离子位于立方体的中心（B 位），O^{2-} 离子位于面心。由于 Bi^{3+} 离子沿赝立方体的体对角线的位移及氧八面体绕体对角线的旋转（相邻八面体的转动方向相反），BFO 具有三角对称性（空间群 $R3c$）[10]。其三角晶胞如图 23.1所示。晶格常数为 $a=5.58\text{Å}$，$c=13.9\text{Å}$。但是，对 BFO，尤其是外延薄膜性质的研究分析，从赝立方体晶胞更容易理解。所以我们在接下来的讨论中主要从赝立方晶胞的角度进行。除非特殊说明，所用的晶向与晶面均指赝立方晶胞。BFO 赝立方晶胞的边长是 3.96Å，两边之间的夹角是 $89.3°\sim89.48°$[11]。在室温下，Bi^{3+} 离子沿赝立方晶胞的[111]方向发生位移[12]，所产生的铁电极化大约为 $100\mu\text{C}\cdot\text{cm}^{-2}$。BFO 的磁性来自过渡金属离子 Fe^{3+}。相邻 Fe^{3+} 离子的磁自旋彼此反平行形成 G 型反铁磁序。

一般情况下，钙钛矿结构的稳定性与其中的离子半径紧密相关。我们可以用下面的 Goldschmidt 因子来做分析[13]。$t=\dfrac{r_A+r_B}{\sqrt{2}(r_B+r_O)}$ 式中，r_A、r_B 和 r_O 分别是 A 位、B 位阳离子和氧离子的半径。我们可以从 Shannon 的离子半径表中查到这些数值[14]。t 值大于 1 时，钙钛矿晶格结构通常为对称性较高的四方(tetragonal)或者立方(cubic)结构；t 值小于 1 时，则通常为对称性较低的菱方(rhombohedral)、单斜(monoclinic)或者正交(orthorhombic)结构。小的 Goldschmidt 因子意味着氧八面体会严重扭曲，这是因为小半径的 A 位离子不能完全填满剩余空间，导致氧八面体的倾斜[15]。BFO 的 Goldschmidt 因子为 $t=0.88$，氧八面体绕[111]轴转动 $11°\sim14°$ 且相邻八面体的转动方向相反。这使得 BFO 里 Fe—O—Fe 键角为 $154°\sim156°$。这个键角对相邻 Fe 离子之间的磁交换作用有很重要的影响，从而决定了 BFO 的磁性和导电性能[11]。

室温下，单晶 BFO 具有菱方结构。随着温度的升高，BFO 会发生 α—β 和 β—γ 的相变，相变温度分别约为 830℃ 和 930℃。当温度约 830℃ 时，BFO 会发生一级相变，从室温的 α 相转变为高温的 β 相[16-19]。伴随着此相变，BFO 晶胞体积会发生突变降低[16,20]，如图 23.2 所示。同时，介电常数在此转变下会出现峰值[20]，意味着 α—β 相变是铁电—顺电转变。值得注意的是，虽然目前已经有大量关于 BFO 的 α—β 相变的文献报道，但是关于高温的 β 相的准确晶体结构一直存在争议。截至 2013 年底，文献中至少报道了五种不同的 BFO 高温 β 相的晶格结构，如表 23.1 所示。Haumont 等通过对 BFO 单晶的拉曼光谱研究，提出 β

相是空间群为 $Pm\bar{3}m$ 的立方晶格[21]。但是，对 BFO 粉末的 X 射线衍射(X-ray diffraction，XRD)研究却给出了不一样的结果。Selbach 等认为 β 相为菱方结构[22]，空间群为 $R\bar{3}c$；Haumont 等指出 β 相为单斜结构[18]，空间群为 $P2_1/m$；而 Palai 等认为 β 相为正交结构[16]。最近，Arnold 等[19]通过中子衍射(neutron diffraction)研究，认为 BFO 顺电 β 相为正交结构，空间群为 $Pbnm$，这证实了 Palai 等的实验结果。但是，Kornev 等[17]第一性原理计算的结果却并不支持这种正交结构，根据他们的计算，BFO 的 β 相应该具有四方结构，空间群为 $I4/mcm$。总之，目前对 BFO 顺电 β 相的对称性仍存在很大的争议，而造成以上争议的部分原因是温度过高加上暴露时间过久会造成 BFO 高温 β 相的不稳定和杂相的产生。

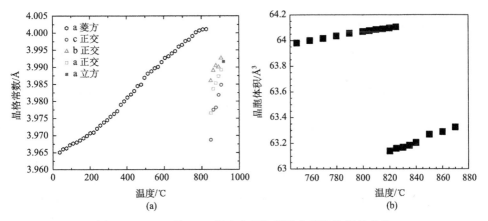

图 23.2 BFO 的 α—β 相变中晶格常数和晶胞体积的变化

表 23.1 文献中提出的 BFO 单晶 β 相的可能结构

晶体结构	所属空间群	实验方法
立方	$Pm\bar{3}m$	拉曼光谱[21]
菱方	$R\bar{3}c$	XRD[22]
单斜	$P2_1/m$	XRD[18]
正交	$Pbnm$	中子衍射[19]
四方	$I4/mcm$	第一性原理计算[17]

当温度进一步升高至 930℃时，BFO 会发生 β 到 γ 的相变。由于 BFO 在 960℃左右时会发生分解(快速分解为 $Bi_2Fe_4O_9$ 和 Fe_2O_3)，所以关于 β—γ 相变的实验数据较少。但是，和 β 相一样，关于 γ 相的准确晶体结构也存在争议。Palai

等[16]提出 γ 相为立方结构，Arnold 等[23]却认为其为正交结构。但是，以上两组研究都指出在 β—γ 相变时，BFO 会发生金属—绝缘体转变(这个会在后面有详细的讨论)。而理论计算[17,24]也证实了 β—γ 相变的存在以及 γ 相的金属性。

同时，文献中也有室温下 BFO 随压强变化出现相变的实验数据[25-29]。2011年，Guennou 等[30]通过对 BFO 单晶和粉末的 XRD 研究以及单晶的拉曼光谱研究，对 BFO 随压强(0～60GPa)的相变做了比较详细的报道。他们指出：①在0～60GPa 的压强范围内，存在两个比较稳定的相，即 4GPa 以下的菱方 R3c 相和 11～38GPa 的正交 Pnma 相；②在这两个稳定相之间，存在三种不同的对称性复杂的中间正交相；③在高压区域，38GPa 和 48GPa 时会出现两个相变。但在高压区域里并没有出现之前推测的立方相[11]。这与 Gonzalez-Vazquez 和 Iniguez 的第一性原理计算结果[31]吻合，根据他们的计算，即使在非常高的压强下，BFO 的简单立方结构也是非稳定相。

根据 BFO 随温度和压强发生相变的相关文献，Catalan 和 Scott 给出了原始的 BFO 温度-压力相图示意图[11]；之后 Guennou 等根据他们的实验结果对此相图做了修正[30]，如图 23.3 所示。由于实验数据有限，而且不同组的实验结果也存在差异，所以这里给出的 BFO 相图只是一种可能的假设图。图中的点是文献报道过的实验数据，虚线则是假设可能的分界线。常温常压下的稳定相是菱方 R3c 相，相图中另一个稳定相是正交 Pnma 相。在这两个稳定相之间，是很复杂的中间相，存在各种不同相之间的竞争。超高温下的立方相只是一种理论预测，因为此时温度已经超过 BFO 的分解温度，造成很难得到此温度下的稳定 BFO 材料。而超高压下的金属相，则并不是常压高温状态的立方相。值得注意

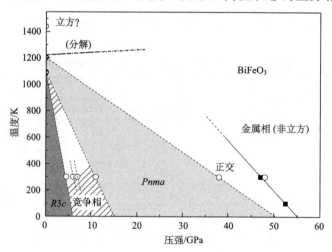

图 23.3　根据相关文献总结的 BFO 温度-压力相图[30]。
图中数据点为文献报道中的实验结果，问号代表尚存在争议

的是，对于非常温/非常压下的状态，BFO 的相变有可能变得更加复杂。

23.1.2 BFO 薄膜——应力作用下的低对称相

BFO 外延薄膜最早被沉积在(001)取向的 SrTiO₃(STO)单晶衬底上[7]。结构分析表明，衬底产生的外延应力降低了 BFO 的对称性。不同于块材的菱方结构，(001)STO 上的 BFO 薄膜具有单斜结构[32,33]。XRD 结果显示其面内的晶格常数受 STO 的影响而减小，同时面外晶格(c)伸长。具体数值受薄膜厚度，外延质量等参数影响。在这最初的实验之后，文献中出现了一系列的对薄膜晶格结构调制的系统的实验和分析，即通过应变工程(strain engineering)来调控 BFO 薄膜的晶体结构[34]。

应变工程中一个简单方法就是通过改变衬底的不同取向来引入不同的应力[35]。实验上，(100)、(130)、(120)、(110)、(111)取向的 STO 衬底都被用于生长 BFO 外延薄膜。表 23.2 总结了不同取向的 BFO 外延薄膜的晶体结构和晶格常数。可以发现，(111)BFO 外延薄膜和块材 BFO 一样具有菱方结构。而(001)和(110)取向的 BFO 都有 $\alpha = \gamma = 90° \neq \beta$，都是单斜结构。不同的是，对(110)BFO，有 $c < a$ ；而对(001)BFO，有 $c > a$ 。其结果是得到两种不同的单斜结构，即单斜M_B和单斜 M_A相，分别对应 BFO 薄膜受拉应力和压应力的影响。值得注意的是，长在(120)和(130)STO 衬底上的 BFO 薄膜对称性更低，为三斜(triclinic)结构，其晶格常数由表 23.2 给出。这种三斜 BFO 相在结构上正好可以连接单斜 M_A相和单斜M_B相。

表 23.2 不同取向 BFO 薄膜的晶体结构和晶格常数[35]

	晶体结构	$a/\text{Å}$	$b/\text{Å}$	$c/\text{Å}$	$\alpha/(°)$	$\beta/(°)$	$\gamma/(°)$
(110)	单斜 M_B	3.974(8)	3.974(8)	3.925(3)	89.46	89.46	89.37
(120)	三斜	3.955(5)	4.011(4)	3.912(5)	89.52	89.51	89.34
(130)	三斜	3.926(5)	4.041(9)	3.909(3)	89.52	89.51	89.30
(100)	单斜 M_A	3.903(4)	3.903(4)	4.075(6)	89.53	89.53	89.53
(111)	菱方	3.959(2)	3.959(2)	3.959(2)	89.48	89.48	89.48

另一个被广泛应用于引入应力的方法是使用不同晶格常数的衬底，即利用 BFO 薄膜和和衬底之间的晶格失配(lattice mismatch)来引入应力[36-39]。为了更好地理解不同程度的应力下 BFO 薄膜结构的变化，Chen 等[36]做了比较系统的研究。他们在七种不同衬底上沉积了 BFO 外延薄膜——LaAlO₃，NdGaO₃，(LaAlO₃)₀.₃-(SrAl₀.₅Ta₀.₅O₃)₀.₇(LSAT)，STO，DyScO₃，TbScO₃和 KTaO₃。在没有弛豫的情况下，这些衬底的不同晶格常数可以引入 −4.4%(BFO/

LaAlO$_3$)到＋0.6％（BFO/KTaO$_3$）的应变。实验数据表明，在＋0.6％～
－2.8％（BFO/NdGaO$_3$）的应变下，BFO 薄膜的结构为类 R 型（rhombohedral-
like，类菱方型，即 R-like）。如图 23.4 所示，根据 BFO 薄膜受到的应力是压应
力或拉应力，这种类 R 型 BFO 可以是单斜M$_A$相或者单斜M$_B$相。值得注意的是，
对超大压应力下的 BFO 薄膜，实验上观察到另一种 BFO 相，即类 T 型（tetra-
gonal-like，T-like，类四方型）相[40]。这种类 T 型相既不同于单斜M$_A$相，也不
同于单斜M$_B$相，而是一种完全不同的单斜M$_C$相[37]。单斜M$_A$相或者单斜M$_B$相
中，单斜晶胞可以看作沿着钙钛矿立方晶胞的[110]方向剪切而得到，所以它们
相对于赝立方体晶胞旋转 45°。而在类 T 型相（亦即单斜M$_C$相）中，单斜晶胞却
可以看作沿着钙钛矿立方晶胞的[100]方向剪切而得到。这种不同可以从单斜M$_A$
相[图 23.5(b)]和单斜M$_C$相[图 23.5(c)]的晶格示意图里看出（由于单斜M$_B$相和
单斜M$_A$相很相似，为了简化，在这里没有给出单斜M$_B$相的结构）。图 23.5 给出
的是单斜M$_A$相的$\sqrt{2} \times \sqrt{2} \times \sqrt{2}$ 的超晶胞（supercell）和单斜M$_C$相的 2×2×2 的超
晶胞。

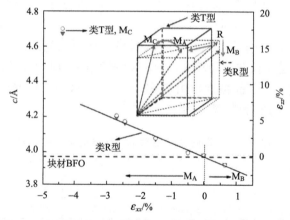

图 23.4(另见彩图)　不同应力下的 BFO 薄膜的面外晶格
常数(c)值，及相对应的晶格结构示意图[36]

这里，图 23.4 的内嵌图和图 23.5(a)给出了一种有效分析极化方向和其旋
转路径的方法。在这种示意图中，若极化的方向平行于从原点指向特殊点——
R 点、O 点、T 点的方向，则代表 BFO 薄膜结构为菱方(rhombohedral，R)、正
交(orthorhombic，O)和四方(tetragonal，T)。如果极化方向平行于从原点指向
M$_A$、M$_B$或M$_C$线上任意一点的方向，则分别代表 BFO 薄膜结构为单斜M$_A$、M$_B$
或M$_C$相。后来的实验结果表明，如果继续增加压应力或者通过掺杂 Bi 来进一步
调控 BFO 外延薄膜的晶格参数，类 T 型M$_C$相的单斜畸变会进一步被降低[41]。

这就意味着可以得到真正的 T 相 BFO 外延薄膜。综合以上的实验数据，从单晶到高应力下的外延薄膜，BFO 的相变为 R－M$_A$－M$_C$－T。图 23.5(a) 中的箭头方向给出了随着压应力的增大，这种 R－M$_A$－M$_C$－T 系列相变的路径。之前提到的类 R 型到类 T 型的相变只是 R－M$_A$－M$_C$－T 系列相变中的一部分。

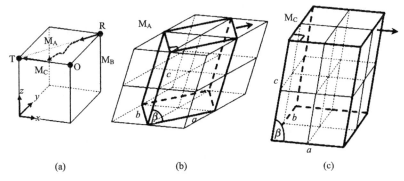

图 23.5　BFO 薄膜中不同晶体结构的极化方向(a)
和不同单斜 BFO 相晶体结构示意图(b)(c)[41]

　　文献中对 BFO 外延薄膜的研究大多集中在压应力情形下。而对拉应力下的 BFO 外延薄膜则报道较少，原因之一是大多数可以买到的钙钛矿衬底的晶格常数都比 BFO 的小。最近的第一性原理计算表明，在拉应力大于 5% 的情况下，可以得到稳定的正交相 BFO 外延薄膜[42]。但是，如图 23.6 所示，可以预见的是，BFO 单晶菱方相并不会直接转变为大拉应力下的正交相，因为这两相之间还存在单斜 M$_B$ 相。这种单斜 M$_B$ 相已经在上文中有所提及，并被近期 Chen 等[43] 的报道证实。报道中，生长在具有正交结构的 PrScO₃ 衬底[在 (001)$_O$ 和 (110)$_O$ 方向可以

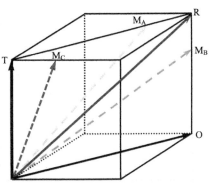

图 23.6　不同 BFO 晶体结构之间的关系，箭头代表自发极化的方向[43]

分别引入 1.2% 和 1.6% 的拉应力，这里下标 O 代表正交晶胞取向]上的 BFO 外延薄膜被证实具有单斜 M$_B$ 相。到目前为止，我们可以认为从较大压应力到单晶，再到较大拉应力的逐渐变化中，BFO 外延薄膜的系列相变为 T－M$_C$－M$_A$－R－M$_B$－O。然而，由于拉应力下的文献报道较少，拉应力下的 BFO 外延薄膜的不同晶体结构还有待于进一步实验验证。

23.2　BFO 的电学性质

23.2.1　BFO 的输运性质

在室温下，BFO 是宽带隙半导体材料。之前报道中的带隙值为 2.3～2.8eV[16,44-47]，这可能跟不同组的样品结构、缺陷分布等不尽相同有关。在高质量的 BFO 薄膜中观测到的直流电阻率大于 10^{10} Ω·cm[16,44]。随着温度的升高，BFO 的电阻逐渐降低，表现出典型的半导体性质。如图 23.7 所示，当温度增加到磁性相变温度时(约 370℃，低于此温度 BFO 从顺磁相转变为反铁磁相)，我们在 $\ln(1/R)$-$1/T$ 曲线上可以观察到一个小的斜率变化，但电阻率的绝对值没有跳变[11]。这表明 BFO 中的磁有序能影响其电子能带结构，也意味着 BFO 可能表现出一定的磁电阻性质[48]，但这还需要实验结果的进一步验证。

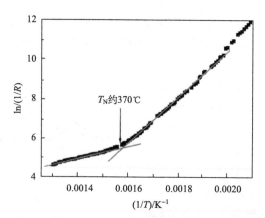

图 23.7　单晶 BFO 电阻率随温度的变化。在磁奈尔
温度附近，曲线斜率发生变化[11]

随着温度继续升高，BFO 会发生 α—β 和 β—γ 相变。伴随着 α—β 相变，直流电阻的绝对值降低[49]。而随着 β—γ 相变，R-T 的斜率会改变符号[50]。而如果温度继续升高，BFO 则会发生分解[16]。

在凝聚态物理研究中，金属—绝缘体转变是一个被广泛关注的课题。BFO 是宽带隙半导体材料，而随着温度升高[16]或者压强增大[29]，则可能发生金属—绝缘体转变。如图 23.8 所示，在室温 50GPa 或者常压 930℃时，金属—绝缘体转变发生，此时：①BFO 带隙值降低到零；②磁性消失(室温 50GPa 下)[25,51]；③R-T 斜率改变符号；④反射率发生突变[16,25]。

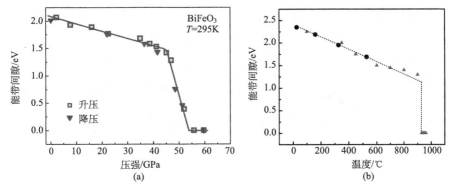

图 23.8　高压[29]及高温[16]下 BFO 的金属—绝缘体转变

23.2.2　BFO 的铁电性

1. BFO 的本征极化

BFO 的铁电居里温度(T_C)远高于室温，约为 830℃，这意味着室温下 BFO 呈现铁电性质。BFO 单晶中，自发极化沿着赝立方体的[111]方向。早在 20 世纪六七十年代，Teague 等就在液氮中测量了单晶 BFO 的极化强度[52]，但是他们只观测到很小的剩余极化强度(P_r)，约为 $6\mu C/cm^2$，如图 23.9(a)所示。1999 年 Ueda 等测量了 $(Bi_{0.7}Ba_{0.3})(Fe_{0.7}Ti_{0.3})O_3$ 薄膜的铁电性，但也只能得到很小的剩余极化强度值[53]，约为 $2.5\mu C/cm^2$，如图 23.9(b)所示。一直到 2003 年，Wang(本章作者之一)等[7]报道了在高质量的 BFO 外延薄膜中，存在高达 $60\mu C/cm^2$ 的剩余极化强度[图 23.9(c)]。从此之后，关于 BFO 的研究出现了井喷式的增长。一开始，衬底引起的晶格变化(即应力的作用)被认为是产生 BFO 薄膜中高极化强度的原因。后来的研究中，在高质量的 BFO 单晶[11]和陶瓷中[54]依然可以测量到同样大的极化强度[图 23.9(d)]，这证明 BFO 的高极化强度是本征的。

2. 应变对 BFO 薄膜中铁电性质的影响

如前所述，BFO 薄膜的结构可以通过改变衬底的取向及使用不同晶格大小的衬底来进行调控。可以预见，不同的应变状态也应该对 BFO 的铁电性质产生一定的影响。

关于应变对 BFO 薄膜铁电性的影响，文献中有大量的报道，包括理论计算和实验观测[55,56]。基本上，BFO 的本征铁电极化受应力影响极小。但是，在(001)取向的薄膜里观测到的极化为本征极化的投影，而这个投影的大小受应变的影响明显[55]。如图 23.10 所示，随着面内拉应变的减小和压应变的增加，在

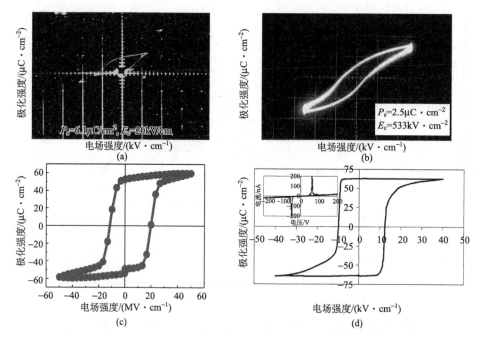

图 23.9　BFO 中铁电极化强度的测量。(a)早期单晶 BFO 的铁电回线[52]；
(b)(Bi$_{0.7}$Ba$_{0.3}$)(Fe$_{0.7}$Ti$_{0.3}$)O$_3$ 薄膜的铁电回线[53]；(c)高质量的 BFO 外延薄膜的铁电回线[7]；
(d)高质量的 BFO 单晶的铁电回线[11]

(001)方向上观测到的极化线性增加。结合 BFO 薄膜结构随应变的影响，我们可以看到这是因为自发极化逐渐从偏向面内转到偏向面外方向。

　　文献中还报道了 BFO 薄膜中应变对铁电居里温度和磁性奈尔温度的影响。如图 23.11 所示，结合实验结果和理论预测，Infante 等[56]指出，随着压应力的增加，铁电居里温度逐渐减低，而磁性奈尔温度受应变的影响较小。这里，铁电居里温度的减低和传统铁电材料有着很大的区别。在传统铁电材料(如 BaTiO$_3$)中，由于其四方结构，压应力增加(即 c/a 增加)会导致极化强度和居里温度的增加[57, 58]。而对 BFO 薄膜，首先它的极化是由于 A 位 Bi^{3+} 离子的孤对电子诱发的，不同于一般的 B 位位移型铁电材料。(001)面内的压应力只是引起铁电极化的转动而非增加，类似的情形在 PZT 中也有报道。因此居里温度随压应力的增加而降低，可以归结为 z 轴方向反铁畸变角度(ω_z)的增加破坏了 BFO 铁电极化的稳定性。换句话讲，在 BFO 中，氧八面体的转动即反铁畸变，与其铁电性有一定的关联，这导致了居里温度随压应力的增加而降低。

　　由于 BFO 有着很大的剩余极化强度，一个非常具有前景的应用是铁电储存器(ferroelectric memory)。在这种储存元件中，相反的两种极化方向可以代表两

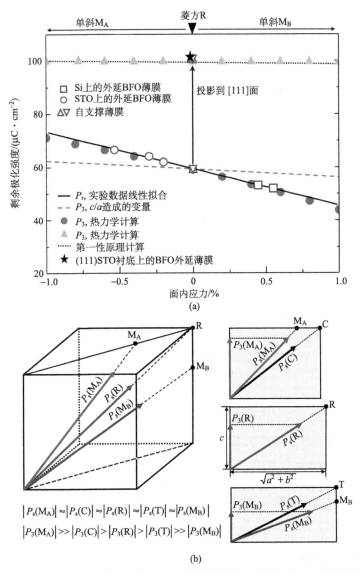

图 23.10　(a)面内应变影响铁电极化强度的理论计算及实验结果的对比；
(b)拉应力或压应力造成 BFO 晶格从菱方相形变为单斜 M_B 或 M_A 相[55]

种逻辑状态，"1"和"0"。而外加电场可以改变极化的方向，从而实现储存元件中的读和写。目前，基于铁电的储存元件中，$Pb(Zr, Ti)O_3$（简称 PZT）是应用得最广泛的一种铁电材料。而事实上，BFO 的剩余极化强度接近 PZT 的两倍。而且，BFO 的无铅特性也是它相对于 PZT 的一个应用优势。BFO 应用于储存器的

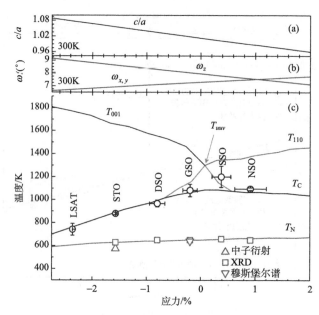

图 23.11　BFO 薄膜中应力对居里温度和奈尔温度的影响。四方
性(c/a)(a)和反铁畸变(b)沿 x、y、z 方向的角度随薄膜应变的变
化；(c)BFO 薄膜的居里温度和奈尔温度随应变变化的理论计算结
果和实验数据比较[56]

另一个显著优势在于它的高铁电居里温度，因为这意味着储存元件可以在高温下
运转。然而，在 BFO 被实际应用之前，还有一些问题必须得到解决。首先，
BFO 薄膜中的漏电流较大[59]，从而会降低器件的可用性。其次，BFO 的疲劳性
能(疲劳的定义是极化多次反转之后，可反转的剩余极化强度的减弱)有待增强，
以实现储存器件的多次反复读写。最后，高电压下的 BFO 的分解也是应当解决
的问题[60]。

23.2.3　铁电畴和畴壁

在铁电材料尤其是铁电薄膜里，畴(domain)结构是不可避免的。这包括由
退极化场产生的 180°畴和弹性能引起的非 180°铁弹畴。在畴壁(domain wall)上，
电荷和晶格的不连续性可能产生很多体材料里不具备的独特性质。在本节，我们
讨论 BFO 里畴结构的形成及畴壁对材料性质的影响。

1. 畴结构和畴壁

由于 BFO 的 $R3c$ 结构，其自发极化沿赝立方体的体对角线。如图 23.12(a)

所示，BFO 中有八种可能的极化方向（四条对角线方向对应四种结构变量，而每种结构变量又对应两个方向的极化变量）。BFO 中畴壁的种类可由其分开的两个畴域之间的极化矢量所成夹角决定。如图 23.12(b)所示，在 BFO 中，有三种不同的畴壁，即 71°畴壁、109°畴壁和 180°畴壁。

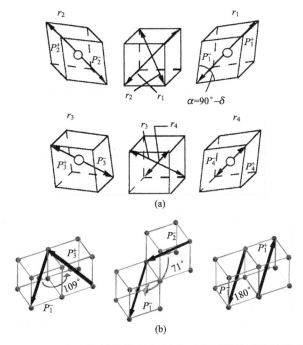

(a)

(b)

图 23.12　BFO 中自发极化的方向(a)和三种不同的畴壁结构(b)[72]

在 BFO 外延薄膜中，由于薄膜生长温度远低于铁电居里温度，因此畴的形态结构高度依赖于薄膜的生长条件。通过调节生长速度或 Bi/Fe 组分，铁电畴可以从混乱的随机畴结构变成有规律的条纹畴结构，如图 23.13 所示。当然，BFO

图 23.13　BFO 薄膜中条纹畴和随机畴[11]

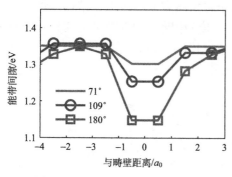

图 23.14 BFO 薄膜中三种畴壁
附近的能带间隙值[61]

的畴结构还和衬底的晶格结构以及斜切角度密切相关，这会在下文中详细讨论。

BFO 中的畴壁呈现独特的性质。实验结果显示，在 BFO 薄膜中，铁电畴内部是绝缘的，然而畴壁却是导电的。报道中至少提到两个原因用来解释畴壁的导电性[8]。第一，如图 23.14 所示，在畴壁处，带隙值会有不同程度的降低[61]。在 BFO 三种不同的畴壁中，180°畴壁处的带隙值降低得最明

显，说明 180°畴壁最导电；而 71°畴壁处的带隙值降低得最少，因此相对其他两种畴壁，71°畴壁的导电性最差。这里，Fe—O—Fe 键角（此键角的扭曲可以控制电子轨道重合）的变化被认为是导致带隙值降低的原因。第二，另一个用来解释畴壁导电性的理论是畴壁处的静电势能台阶（electrostatic potential step）[62]。据报道，BFO 薄膜中，垂直于畴壁的极化分量会存在微小的变化，而这种微小变化引起了畴壁处的静电势能台阶，从而让畴壁变得导电。

最近，Yang 等报道了 BFO 条纹畴薄膜中的光伏效应，如图 23.15 所示。这种光伏效应的机制和传统的光伏机制不一样[9]。在传统固态光伏体系中，半导体

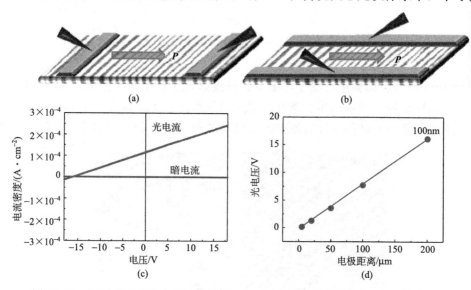

图 23.15 BFO 多畴薄膜中的光伏效应。(a)(b)电极的几何结构；(c)开关光下的 I-V 曲线；(d)电极之间距离（即所包含畴壁数目）对光电压的影响[9]

材料吸收光子能量，产生电子空穴对，然后微米级别的耗尽层（depletion layer）中的内电场会分离这些电子空穴对，从而产生光电流。而在 BFO 条纹畴薄膜中，畴壁处极化不连续会导致畴壁两侧的静电势能差。在规律的条纹畴中，平行的畴壁是串联的效果，使得电势差叠加，从而得到大大超过 BFO 带宽的光伏电压。这种机制有点类似串接太阳能电池（tandem solar cell）[63]。这跟单畴铁电晶体或薄膜里由退极化场引起的光伏效应也有所不同[64]。

2. 畴工程

BFO 的畴壁有很多独特的性质，包括导电性[8]、净磁矩[65,66] 和光伏效应。要想详细研究和利用这些效应[67,68]，我们首先要对 BFO 的畴结构做精确控制。这可以通过不同手段来实现。传统上，我们可以利用光刻技术制备不同形状和分布的电极阵列[69,70]，通过它们在 BFO 里产生有规律的畴结构[58,59]，也可以通过原子力显微镜利用针尖作为移动电极直接写出需要的畴结构[71]。但是前者产生的铁电畴通常是微米尺寸，并且只能产生特定类型的铁电畴；而后者只能在很小的范围内产生畴结构，且速度极慢。下面我们介绍几种能够在大范围内控制 BFO 薄膜里畴结构的方法。

1）衬底约束效应

在（001）取向的菱方结构的铁电薄膜中，71°畴壁沿（101）面，109°畴壁沿（100）面[72]。因为 71°畴和 109°畴都是铁弹畴，理论上，我们可以通过控制衬底和 BFO 薄膜之间的外延应变来调控薄膜里的畴结构[73]。这也被实验所证实，如图 23.16 所示。Chu 等[74] 利用（110）ₒ 单晶 DyScO₃（这里，下标 O 代表正交晶胞取向）衬底的各向异性应力来首先排除 BFO 薄膜中的两种可能结构畸变变量；然后，通过控制静电边界条件，即通过引入 SrRuO₃ 导电层并且控制其厚度，可以

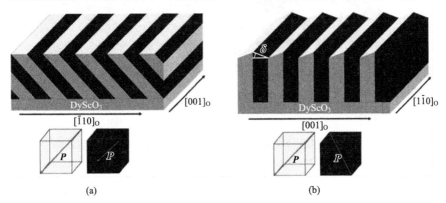

图 23.16 71°畴与 109°畴的示意图[74]

选择性地得到 71°畴和 109°畴。具体结果为，在完全没有 SrRuO₃导电层时，得到 109°畴；SrRuO₃导电层厚度在 50nm 左右时，可以得到 71°畴。

2）衬底取向和斜切

另一种控制 BFO 薄膜中畴结构的方法是使用不同取向的衬底。Chu 等报道了不同取向的 STO 衬底上沉积的 BFO 薄膜的畴结构[75]。如图 23.17 所示，对于(001)取向的 BFO 薄膜，由于各个极化的能量简并，理论上应该得到所有畴结构。然而，实验结果显示，由于底电极存在造成的自极化（self poling）效应，(001)BFO 薄膜中所有的畴的极化都是指向下的[76]。而对(110)取向的 BFO 薄膜，由于压应力和自极化效应的共同作用，可以观察到两种铁电畴，而它们的极化方向仍然都是指向下的。最后，对(111)取向的 BFO 膜，垂直于膜表面的畴具有最低能量，所以实验上可以得到极化向下的单畴。

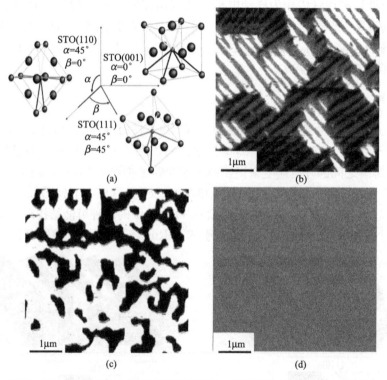

图 23.17　不同取向的 STO 衬底示意图(a)和不同取向 BFO 薄膜的面内
铁电畴结构：(b)为(001)取向，(c)为(110)取向，(d)为(111)取向[75]

还有一种破坏不同畴之间能量简并的办法是利用衬底表面斜切产生的台阶。Jang 等[77]采用了两种不同的(001) 取向的 STO 衬底——无斜切 STO（斜切角度可以忽略)和沿着[100]方向有 4°斜切角的 STO——来沉积 BFO 薄膜并研究了其生长模式和畴结构。在生长 BFO 薄膜之前,他们在 STO 衬底上预先沉积了一层 SrRuO₃ 底电极。实验结果证明,当使用无斜切 STO 衬底时,由于台阶(terrace)宽度足够大,BFO 膜为三维岛状生长模式。同时由于生长过程中应力的面内对称性,BFO 晶格畸变取向是随机的,导致 BFO 薄膜中存在四种结构变量。而当使用 4°斜切的 STO 衬底时,台阶宽度很小,BFO 薄膜为台阶流(step flow)生长模式。这种生长模式可以有效抑制 BFO 薄膜中r_2和r_3变量的形成,结果 BFO 薄膜中仅存在r_1和r_4两种变量,而最终得到 71°畴。这些结果说明,衬底的各向异性和 BFO 的生长模式都会影响 BFO 膜的畴结构。此外,对于生长在 4°斜切 STO 衬底上的 BFO 薄膜,P-E 回线更加方正,漏电流也更小。这些结果表明,109°畴壁作为 BFO 薄膜的一个漏电途径,会抑制(001)BFO 铁电极化的完全反转。

通过畴工程,我们更还可以得到单畴 BFO 并有效减小薄膜中极化翻转的矫顽场(coercive field)。Shelke 等[78]用沿着[110]方向存在 4°斜切角的(001) STO 衬底来生长 BFO 薄膜。衬底可以更加有效地降低各铁电极化变量的对称性,从而得到单畴的 BFO 薄膜。此控制方法的示意图由图 23.18 给出,在这种台阶结构下,BFO 薄膜只有一种能量最低的自发极化变量,如图中 P 处的箭头所示。

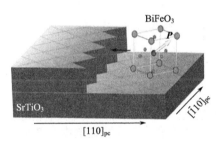

图 23.18　沿[110]方向 4°斜切角 STO 衬底上的 BFO 晶胞示意图

23.3　BFO 中的磁有序和磁电耦合效应

多铁性材料引起广泛关注的一个重要原因是不同铁性序参量之间的耦合效应,以及由此产生的多自由度调控的功能特性。例如,磁电耦合意味着可以使用电场来调控磁极化,或用磁场来控制铁电极化。自从在高质量的 BFO 外延薄膜和单晶中证实其极大的铁电极化以来,其磁性和磁电耦合性质在过去十年中已成为最吸引人又极具争议的研究领域。尽管 BFO 单晶的磁结构已经很清楚,但是直到今天,BFO 外延薄膜的具体的磁结构仍然有极大争议。其中,薄膜外延应变状态和铁电畴结构的不同会对其磁性有很大影响。在本节,我们大致按时间顺序介绍 BFO 的磁学性质的研究工作进展。

23.3.1　BFO 的磁结构

1. BFO 块材的磁结构

研究 BFO 磁结构的工作可以追溯到 20 世纪 60 年代。尽管早期的铁电性质研究因为样品质量的问题而困难重重，早期的磁性测量结果却出奇的准确。1963 年，Kieslev 等利用中子衍射试验[79]确定了 BFO 具有 G 型反铁磁结构，其奈尔温度为 650K，这与后来的测量结果完全一致(参见文献[80]及其中的引用)。BFO 磁性研究的另一个里程碑是 Sosnowska 等[81]于 1982 年在多晶 BFO 样品中发现了叠加在 G 型反铁磁序上的自旋螺旋 (spin cycloid)调制。螺旋调制的周期大约是 62nm，沿赝立方⟨110⟩方向。自旋旋转面(cycloid plane)由铁电极化矢量和自旋传播矢量决定。换句话说，反铁磁自旋被约束在自旋旋转面上，这也可以说是一个易磁化面。这些结果后来陆续被不同研究组在高质量的 BFO 单晶中证实[82-84](参见文献[85]的总结)。如图 23.19(a)所示，因为 BFO 具有三角对称性，对任意一个铁电极化方向，自旋调制传播方向是三重简并的。由此也同时产生了三个可能的自旋旋转面，也就是赝立方指数中的{112}面。然而，有报道称在单畴铁电单晶观测到单一的自旋转传播方向，这可能是由于残余应变(来自晶体制备过程)造成的晶格对称性降低的关系[82,83,86,87]。自旋螺旋调制的一个重要结果是在单晶中线性磁电耦合效应(ME)和弱铁磁性的消失[88]。这表明，在单晶中观测到的弱铁磁性信号可完全归因于样品中的少量磁性杂质[89]。从对称性角度而言，Dzyaloshinski-Moriya (DM)效应[90,91]引起的相邻自旋之间的倾斜在BFO 中是允许的[88,92]。这样的超精细结构理论上是可以存在的[92-94]，而且实验上 Ramazanoglu 等[95]也的确观测到一个约 1°的朝向面外的自旋倾斜角度。如图23.19(b)所示，这样的螺旋磁结构是两个自旋波的叠加：面内的自旋波就如之前介绍的，自旋在旋转面内做 360°转动；而垂直于这个旋转面方向上，自旋的面外分量也是调制的，这就形成了一个自旋密度波(spin density wave)。相邻自旋之间约 1°的倾角意味着 BFO 的局域磁化大约为 $0.06\mu_B/Fe$。如果能够去除螺旋调制结构，我们应该观测到饱和磁极化为 9emu/cc①的弱铁磁性。通过总结相关的研究结果，我们认为图 23.19 比较准确全面地表示了 BFO 单晶的磁结构。

接下来，我们讨论外部扰动(温度、磁场、应力等)对 BFO 单晶磁结构的影响。首先，温度对 BFO 磁结构的影响现有的报道主要集中在的两个低温的磁性反常行为的争论上，即自旋重取向 (spin reorientation)以及自旋螺旋的非谐振性(magnetic anharmonicity) [97]。Sosnowska 等在 1982 年的开创性工作揭示了

---

①　1cc＝1cm³。

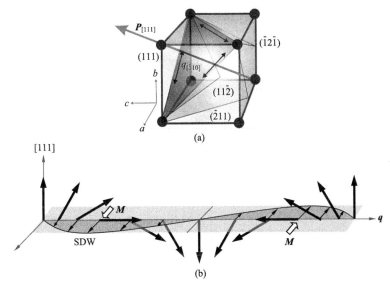

图 23.19　BFO 的磁结构。(a) 假定铁电极化是沿 [111] 方向，自旋螺旋调
制的传播方向 [由 (111) 面上的双箭头表示] 是三重简并的。自旋旋转面（易
磁化面）由极化方向和自旋传播方向决定，也就是图中所示的三个 {112}
面[96]。(b) 自旋螺旋调制结构示意图。局域化的自旋倾斜在旋转面外产生
同样波长（约 62nm）的自旋密度波[95]。图中的晶体学方向和面以赝立方指
数标定

BFO 中的自旋螺旋结构在 78～463K 的范围内基本没有变化[81]。之后，磁结构
稳定的温度区间被扩展到 4K 到奈尔温度范围内[98,99]。然而，在 2008 年，几个
不同的研究组利用 Raman 光谱在单晶 BFO 中发现了一系列低温磁性反常行
为[100-102]（详情参见参考文献 [11] 的综述）。这些结果表明在低温条件下，BFO 中
可能存在自旋重取向相变。可是，其中一个研究组以及来自其他组的后续的研究
结果完全否定了该假设[103-105]。除此之外，只是发现了自旋螺旋调制的周期随着
温度缓慢增长[97,105]。另外一个争议性的话题来自自旋螺旋的非谐振性，即在自
旋旋转面内的各向异性。这样的各向异性行为最先由 Zalesskii 利用核磁共振技
术在较低温发现[106-108]。不过，之后更准确的中子衍射获得的结果表明自旋螺旋
的非谐振性并没有先前报道的那么大[97,99,105]。这与理论计算的结果相符[94]。事
实上，在室温下 BFO 中的自旋螺旋结构可以认为是简谐的，即在螺旋面内是均
匀的、各向同性的。根据以上报道的温度依赖性的研究工作，我们可以认为
BFO 中的自旋螺旋调制结构在奈尔温度以下是非常稳定的。

　　相对于温度的作用，磁场对磁结构的影响相对明确。在临界磁场（18～20T）

以上，螺旋调制被破坏，BFO 呈现出均匀的反铁磁性并表现出弱铁磁性和线性磁电耦合效应[88,109-116]。如图 23.20 所示，磁化和极化曲线在临界磁场附近有明显的突变。通过把高场下的磁化曲线外推至零场，我们可以得到大约 $0.03\mu_B/\text{Fe}$ 的磁化强度。这表明自旋螺旋被破坏，由于自旋倾斜引起的弱铁磁性开始表现出来。另一方面，之前由于自旋螺旋调制而被抵消的线性磁电耦合效应也能够被测量出来。破坏螺旋结构所需的磁场非常高，世界上只有少数几个试验室可以做到。与此相反，实验证明一个微小的弹性应变(小于 10^{-4})就能够改变 BFO 单晶的自旋旋转面(易磁化面)[117]。而在外延薄膜里，晶格失配引起的应变可达 10^{-2}。这就意味着薄膜的磁基态可能跟单晶完全不同。在外延薄膜中，利用不同的晶格常数的基片甚至可以实现对磁结构的调控。

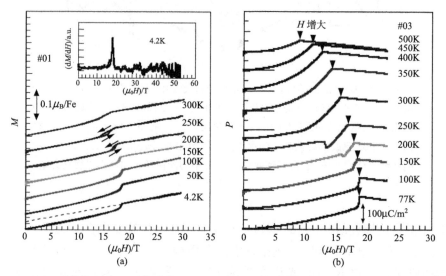

图 23.20　磁化强度(a)和极化强度(b)随磁场变化的响应。
虚线表示高场下 M-H 和 P-H 曲线的外推[114]

2. BFO 外延薄膜的磁结构

BFO 外延薄膜的磁性结构非常复杂而且富有争议。部分原因可能是因为它跟薄膜的结构、组分、应变状态和铁电畴结构紧密相关。在引起广泛关注的那篇 *Science* 文章中，Wang(本章作者之一)等报道在 BFO/STO 薄膜中观测到约 $1\mu_B/\text{Fe}$ 的极大的饱和磁化强度[7]。由于观测到磁化强度和电极化强度都随薄膜厚度变化，作者把结果归结为应力作用。然而，其他团队随后在各自的 BFO/STO 样品中观测到的饱和磁化强度要小 1 个数量级以上(例如，Eerenstein 等的实验结果 $\leqslant 0.05\ \mu_B/\text{Fe}$[118]，Béa 等的实验结果 $\leqslant 0.02\ \mu_B/\text{Fe}$[119])。这些数值和单晶中根据自旋倾角估算的数值相一致（假设没有螺旋调控），显示 Wang 等观测的结果可能是非本征的。进一步的研究表明大的磁极化可能与氧空位引起的 Fe 离子变价[120]或亚铁磁性 γ-Fe₂O₃ 的杂质相（尽管实验上并没有观测到）有关[121]。另外，后期的实验也证明 BFO 的磁性受样品尺度及铁电畴影响很大。例如，Mazumder 等观测到当 BFO 纳米颗粒的尺寸从 40nm 降低到 4nm，其饱和磁性增加了一个数量级，达到近 0.4 μ_B/Fe（或 60emu/cc）[122]。此外，具有随机畴结构的 BFO 薄膜的磁性要比有序（条纹）畴结构的样品强[66]，这可能与某些畴壁的不同于块体的磁性有关，我们会在下文讨论这个问题。

　　总的来说，研究证实在薄膜中自旋螺旋调制极易被破坏（0.5% 应变足以打破调制），样品也就因此显现出弱铁磁性[123]。详细的中子衍射研究证实了这一结论[124]。然而，随着薄膜厚度的增加而导致应变弛豫，自旋螺旋调制可以部分或完全恢复，具体情况取决于薄膜的实际应变状态。由于文献中大多数 BFO 薄膜都生长在 STO 衬底，应变程度应该在 -1.5%（压应变，完全无弛豫）～0（完全弛豫）之间变化，我们可以通过比较不同样品之间的区别来总结衬底应力对 BFO 磁结构的影响。对于 STO 上完全应变（fully-strained）状态下的薄膜，Holcomb 等[125]发现螺旋调制结构消失，且由于磁致伸缩逆效应，样品表现出沿 ⟨112⟩ 方向的易磁化轴。而在较厚的薄膜（-0.28% 的应变）中只观测到易磁化面，表明螺旋调制结构随着应变弛豫而逐渐恢复。Ke 等也报道了类似的结果[126]。尽管他们的样品有人工调制的铁电畴，但是所有的样品都基本弛豫，并呈现出螺旋调制的 G 型反铁磁结构。另外，在弛豫较少的样品（-0.4% 的应变）中，他们观测到较长的调制周期。所有这些研究结果一致表明一种趋势：较大的外延应变会打破螺旋调制结构，从而在薄膜中出现均匀的 G 型反铁磁序，这与单晶中的应力实验结果是相符的[117]。随着薄膜厚度的增加和应变的弛豫，调制结构出现且调制周期逐渐减小到单晶数值（62nm）。然而，文献中也有特殊的例子。例如，Ratcliff 等[127]报道，在大约 1 μm 厚的 BFO 薄膜（STO 衬底）中并没有观测到调制结构，尽管他们的样品几乎完全弛豫。此外，(110) 和 (111) 取向的薄膜中的调制结构可能与单晶有所不同。但文献中仍然缺乏详细信息。

　　另外一种改变薄膜应变状态的方法是利用不同的晶格常数的单晶衬底。法国国家科学研究院（CNRS）的研究小组在这方面做了详细的工作。他们在不同的单晶衬底生长了一系列的应变在 -2.4%（面内压应变）到 +0.9%（面内拉应变）的 BFO 薄膜样品并研究了应变对它们的磁性性质的影响[128,129]。我们提醒读者，这个范围内，BFO 的晶体结构发生 M_A— R—M_B 的变化。虽然铁电居里温度受到应变的影响很大，反铁磁奈尔温度对应变的依赖性则基本可以忽略不计[128]。关于自旋螺旋调制在薄膜中受应力影响的问题，他们发现在低压应力下，螺旋调控依然存在。然而，在较高应变下（不管是压应变或是拉应变），都会出现均匀的近线性的 G 型反铁磁结构。而在低拉应变下，则出现一个更加复杂的螺旋调制结构。图 23.21 是根据他们的发现画出的磁结构-应变相图[129]。需要指出的是，在相界处两种不同的相可能共存。这个相图看起来与其他文献的报道结果相符，然而细节上却存在明显差异。例如，如图 23.21 所示，长在 STO 衬底上的未弛豫的 BFO 薄膜中，自旋倾向于沿面内⟨110⟩方向。但是在文献[125]中所报道的未弛豫的 BFO/STO 样品的易磁化轴却是沿⟨112⟩方向并有较大的面外分量。

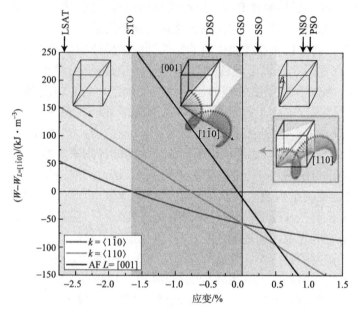

图 23.21　BFO 外延薄膜的磁性-应变相图。在大的压应变和拉应变下，自旋螺旋都会被破坏，反铁磁自旋倾向于共线排列，分别沿面内[1$\bar{1}$0]方向和面外[001]方向。在较小压应变下，出现与块材 BFO 一致的自旋螺旋结构。在小的拉应变下，则出现另一种自旋螺旋[129]

此外根据文献[129]报道，DSO 基片上的 BFO 薄膜里存在跟单晶类似的螺旋调制结构与准线性的反铁磁结构共存。而文献[130]、[131]则声称这类薄膜里只有准线性反铁磁结构而且自旋沿面内⟨110⟩方向。此外，文献[129]的另外一个重要结论是当(001)取向的 BFO 薄膜所受的应变从压应变逐渐过渡到拉应变时，反铁磁自旋轴逐渐从面内旋转到面外。这个结论最近发表的另外一篇报道相符合。Yang 等发现 BFO 薄膜的反铁磁轴与膜法线方向的夹角从 BFO/NSO（较大拉应变）的 66°减小到 BFO/DSO（小压应变）的 34°[132]。由此可以推断 BFO 薄膜与面内磁化的铁磁膜之间的交换耦合作用会随面内拉应变的增加而减小，这也在文献[129]中得到证实。

综上所述，BFO 单晶或块材的磁性结构可以确定为具有自旋螺旋调制的 G 型反铁磁结构，并伴随有局域的相邻自旋之间的倾斜。自旋调制有 3 个简并的传播方向。这种简并可能由于晶体对称性的降低而被消除。例如外加应力就可能使系统倾向于某个能量最低的自旋传播方向。此外，外加磁场可以破坏 BFO 的螺旋调制，从而显现出弱铁磁性以及线性磁电耦合效应。另一方面，BFO 外延薄膜的磁性结构却存在许多争议。根据不同研究组得到的结果，目前我们可以得出的结论是：① 晶格失配产生的外延应力如果足够大，不论是压应力还是拉应力都可以破坏自旋的螺旋调制结构，从而在薄膜中产生均匀的 G 型反铁磁序，且伴随有可能的自旋倾斜造成的弱铁磁性。② 因为薄膜里晶格对称性的降低，BFO 薄膜里反铁磁序不同取向之间的简并被破坏从而产生一个易轴，并且这个易轴极有可能是和极化耦合在一起的。具体的不同薄膜里易轴的方向目前没有定论，有待进一步的实验验证。③ 从大的压应变过渡到大的拉应变过程中，自旋会从面内向面外方向转动。此外，要想详细了解 BFO 外延薄膜里的磁性结构，我们同时也必须考虑畴结构和畴壁的影响。理想情况下，我们应该使用单畴的样品来去除掉因为多畴结构引起的复杂性。只有对 BFO 薄膜里的磁结构有了详细准确的理解之后，我们才能更好地研究 BFO 薄膜中的磁电耦合现象，并利用其性能设计相关器件。

23.3.2　BFO 中的磁电耦合效应

多铁性材料最引人注目的性质是各种有序参量（铁弹性、铁电性和铁磁性）之间的耦合效应。在 BFO 里，这意味着铁电极化和磁极化之间的相互作用及由其带来的独特功能性，比如用电场来控制磁极化。这对新兴的自旋电子学有很重要的意义。BFO 里的磁电耦合效应是什么样的？本小节中，我们总结过去的实验结果。

1. 单晶 BFO 中的磁电耦合效应

对于 BFO 单晶样品，用电场对反铁磁序调控的第一次尝试是在 2008 年由 Lebeugle 等实现的[82]。其 BFO 单晶具有单一的铁电极化方向（铁电单畴）和自旋调制方向（这可能与之前提到的单晶对称性降低有关）。如图 23.22 所示，通过施加一个电场，部分晶体内的电极化方

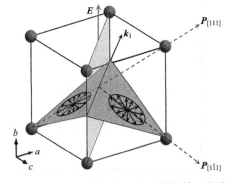

图 23.22　电场诱发 BFO 中自旋螺旋面的翻转的示意图。由于自旋螺旋面是由电极化方向及自旋传播方向决定，因此电场引起电极化的翻转的同时也导致了螺旋面的转动。在图中，自旋传播方向未发生改变[82]

向转动了 71°，自旋螺旋面也随之转动。这是因为自旋螺旋面由铁电极化方向和螺旋前进方向共同决定。这种磁电耦合现象的物理起源可以从反对称的 DM 相互作用去理解。正是 DM 相互作用产生了 BFO 的 G 型反铁磁结构的自旋螺旋调控[88]。其逆效应是局域磁极化梯度产生局域电极化[133]，该局域电极化和铁电极化相互作用导致非零的磁电耦合项，即磁电耦合效应。几乎在同一时间，Lee 等也获得了类似的实验结果，不同的是他们的样品有多种磁畴共存[83,84]。另外他们还指出，施加电场后样品里不同磁畴的比例跟所加电场方向密切相关。这是因为压电效应产生的晶格应变破坏了不同磁畴之间的能量简并。这个结论后来被前文提到的应力实验所证实[117]。

2. 外延薄膜中的磁电耦合效应

对 BFO 外延薄膜磁电耦合效应的研究其实要早于对单晶的研究。2006 年，Zhao 等首次在室温下实现了用电场对反铁磁畴的调控[134]。结合压电力显微术(piezoelectric force microscopy，PFM)和光电子显微术(photoemission electron microscopy，PEEM)两种实验手段来观测 BFO 薄膜的同一区域，他们首先证实了铁电畴和反铁磁畴之间的一一对应关系。之后，利用电场反转铁电畴，他们同时观测到反铁磁畴的翻转。然而，当时薄膜中的详细磁结构仍是不明确的。Zhao 等根据第一性原理计算结果认为当铁电极化沿[111]方向时，反铁磁轴沿[1̄10]方向。然而，我们注意到这里提出的磁性结构与他们组后期的工作并不一致[125]。不过，无论如何，他们在此提出了一个重要概念，那就是反铁磁轴的转动跟电极化的翻转路径密切相关，而这两者都与压电效应引起的晶格形变紧密相连。如图 23.23 所示，该图从对称性角度分析了 BFO 薄膜中电极化翻转路径对反铁磁面的影响。例如，电极化 180° 的反转对易磁化面没有影响。反之，71° 和109° 的翻转都可能会导致易磁化平面的转动。然而，要对这个过程做详细准确的分析就要求我们准确知道薄膜里的自旋分布情况。遗憾的是，在这个问题上，过去的实验观测结果和解释含糊不清，甚至相互矛盾。让我们来看看另一个例子，Ratcliff 等用中子衍射研究了 BFO 单畴样品里铁电翻转对反铁磁序的影响[135]。首先，他们发现，(001)取向的单畴 BFO/STO 样品表现出与单晶不同的自旋螺旋调制。螺旋平面与铁电极化垂直，并有三个等价的传播方向。这一结果似乎与参考文献[92]、[134]提出的反铁磁面一致，但与其先前的报告相矛盾[127]。随后的电场对反铁磁畴的调控实验效果与单晶相比看起来显得微不足道。

综上所述，与磁结构的研究类似，在 BFO 单晶里电场对磁有序的影响比较明确。而在薄膜里，很多的细节还不清楚。不过比较肯定的是，不管是单晶还是薄膜样品，电极化 71° 或 109° 的翻转都应该会带动磁化面一起转动。从这一点

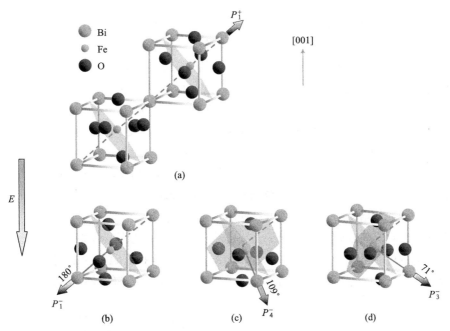

图 23.23　不同电极化翻转路径影响反铁磁易磁化面的示意图。180°的反转不会改变易磁化面，而 71°或 109°的翻转则可能引起易磁化面的转动，从而使得反铁磁自旋翻转[134]

上，说 BFO 里的磁电耦合效应很弱是不准确的，实际上正相反。只是因为 BFO 的净磁化值较小，使得在加电场下可测量的磁信号较小。在单晶里，由于 DM 相互作用，自旋螺旋面与铁电极化是紧密联系在一起的，这在原子水平上产生强有力的磁电耦合效应。其结果是，电场诱导的非 180°的电极化偏转应该能够翻转自旋螺旋平面，即反铁磁自旋方向。而在外延薄膜里，尽管详细的磁结构还不清楚，但实验也显示其反铁磁畴可被电场调控。我们还需要更多更系统的实验来解释薄膜里自旋的结构。

23.4　基于 BFO 异质结的交换耦合作用及器件应用

正如在前面的章节中讨论的，在 BFO 单晶和薄膜样品里都可以通过电场翻转铁电极化来实现对反铁磁序的调控。然而尽管在 BFO 里由于反铁磁角不为 180°而产生局域净余磁矩，可是在单晶里的螺旋调制使得宏观净余磁矩抵消为零。而在薄膜里，螺旋调制被不同程度地破坏造成一定的宏观磁矩。可是数值极小，由传统的磁读取技术是无法访问的，这就限制了 BFO 在存储器件中的直接应用[136]。

为了打破这个局限性，Binek 和 Doudin[137] 提出几种新型的器件结构。其中之一就是在反铁磁的多铁材料上沉积一层铁磁性薄膜，通过结合多铁材料自身的磁电耦合效应和反铁磁-铁磁界面的交换耦合作用来间接实现电场控制铁磁薄膜的磁化状态。实验原理如图 23.24 所示。这一概念很快应用到多种磁电耦合/多铁性材料体系中，如 Cr_2O_3[138,139]、$YMnO_3$[140] 以及 BFO[141]。在这里，我们简单介绍铁磁-反铁磁界面的交换耦合作用。一般来说，交换耦合可以表现为两种不同的形式。第一种称为交换偏置(exchange bias)，是指铁磁层的磁滞回线在磁场轴发生水平移位。这主要是由反铁磁层表面的未补偿的净余磁矩对铁磁层的钉扎作用造成的。第二种称为交换增强(exchange enhancement)，即实验上观察到的铁磁层矫顽场的增加。这主要是由反铁磁层表面未被钉扎的自旋对铁磁层的拖拽作用造成的。对交换耦合作用的详细介绍已经超出本章的范围，有关交换耦合具体的现象和机制可参见文献[142]～[145]。本节将对 BFO 和铁磁薄膜之间的交换耦合效应做一些讨论，并探讨如何用它实现通过电场控制铁磁性的最终目标。

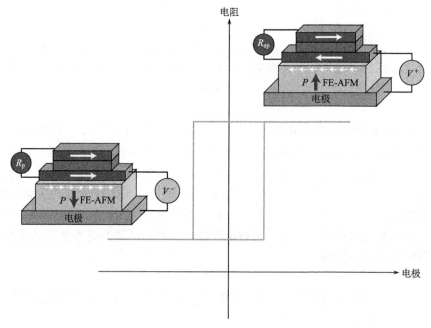

图 23.24　一种基于巨磁电阻单元和多铁材料的磁电阻随机存取存储器(magneto-resistance random access memory)的可能器件设计。电场首先可以翻转多铁材料的电极化，通过电磁耦合效应，从而带动反铁磁自旋的翻转。然后，通过界面的交换耦合效应，引起相邻铁磁层自旋的翻转，最终导致巨磁电阻的变化。从而实现对自旋电子元件的电场调控[146]

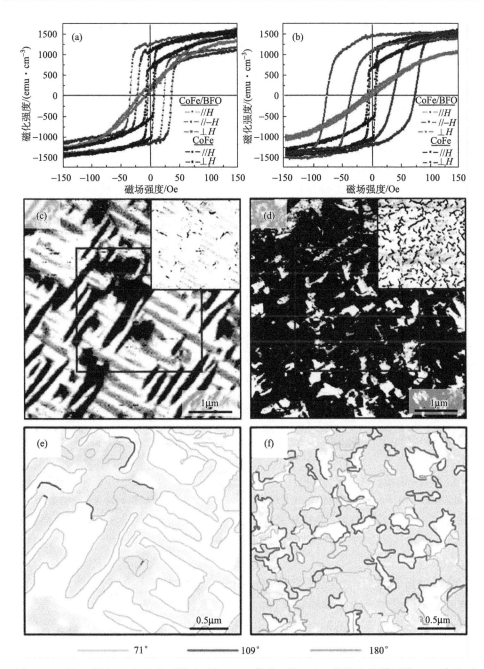

图 23.25(另见彩图)　生长在不同畴结构 BFO 薄膜上的 CoFe 薄膜的磁滞回线。(a)条纹畴结构(基本无交换偏置)；(b)随机混乱畴结构(较大交换偏置)；(c)(d)显示相应的压电力显微镜的铁电畴图像；(e)(f)显示两种 BFO 薄膜中不同畴壁的数量[66]

　　这个方向的研究始于在 BFO 外延薄膜上沉积高 T_C 的软磁金属合金[147-149]。在这种异质结中，室温下的交换偏置效应能被广泛观察到。通过定量分析交换偏置的强度与 BFO 薄膜的畴结构(注意，BFO 里铁电和反铁磁畴可以看成是一一对应的)，可以发现交换偏置的强度与 BFO 畴的大小成反比[150]，符合随机场理论[151,152]。具体点讲，Martin 等发现交换偏置大小与 109°畴壁的数量对应[66]。109°畴壁较多的样品交换偏置较大，而 71°畴壁占主导的条状畴样品中的交换偏置则可以忽略不计，如图 23.25 所示。这一发现可能与 109°畴壁的较强铁磁信号[66]以及高电导率和磁输运性质[8,153]相关联。然而，在金属合金/BFO 系统中的电场对磁极化的调制试验并不成功。如图 23.26 所示，通过对垂直和平面自旋阀器件的巨磁电阻效应的观测发现，电场的转变效应不可逆，交换偏置场基本随着电场翻转的次数而逐渐减弱。这可能是由于 BFO 样品里铁电翻转倾向于形成 71°条纹畴结构，从而使交换偏置消失[154,155]。

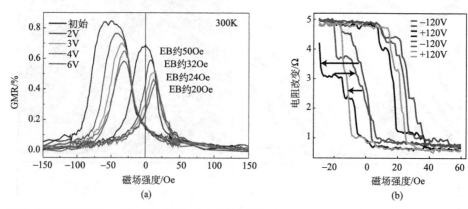

图 23.26(另见彩图)　(a) 基于 BFO 的自旋阀器件(Au 6nm/Co 4nm/Cu 4nm/CoFeB 4nm)在垂直电场作用下，其巨磁电阻的变化[154]；(b) 基于 BFO 的自旋阀器件(坡莫合金/Cu/坡莫合金/BFO/TbScO₃)在面内电场作用下的巨磁电阻的变化[155]。两个例子都显示出交换偏置场随电场翻转次数的增加而逐渐减小

　　我们想强调的是，交换偏置不是铁磁体-反铁磁体界面强交换耦合作用的唯一体现，也不是实现电场调控铁磁性的必要条件。在铁磁/BFO 异质结里，铁磁层矫顽场的增强或面内磁各向异性的出现也意味着铁磁和反铁磁自旋之间的强耦合。例如，Chu 等在 CoFe/BFO 异质结里第一次实现了室温下电场对局域铁磁性的调控[141]。首先，他们通过 PFM 和 PEEM 观测发现了 BFO 的铁电畴和 CoFe 的铁磁畴之间有一一对应的关系。此外，通过使用如图 23.27 中所示的平面电极器件，他们用电场翻转了 BFO 的铁电条纹畴并在 CoFe 的铁磁畴结构中观测到相应的变化(净余磁矩 90°的转动)。需要注意的是他们在该报道结果分析

中使用的 BFO 反铁磁结构模型虽然与最近发表的文献[129]部分一致，但却与他们随后的文章[125，131]相矛盾。

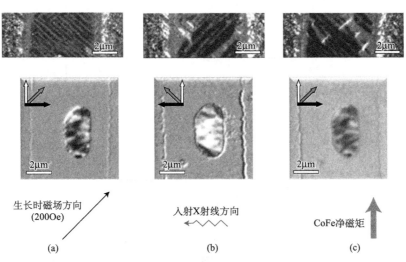

生长时磁场方向
(200Oe)

入射X射线方向

CoFe净磁矩

(a)   (b)   (c)

图 23.27 BFO 的面内铁电畴以及相应的长在其上的 CoFe 薄膜的铁磁畴结构随电场翻转产生的变化。(a)初始生长状态；(b)第一次电场翻转；(c)第二次电场翻转，回到初始状态[141]

在该研究组后续的工作中，他们甚至在类似的样品结构中(用 DSO 基片代替了 STO)实现了磁矩的 180°反转[130]。然而，他们这一次在结果分析中加入了另一个变量，就是 BFO 里自旋倾斜引起的弱磁矩。参见图 23.28 和图 24.3，他们认为 BFO 里的这个倾斜磁矩决定了 CoFe 膜的易磁化方向。当 BFO 的净电极化被外加电场反转 180°时，净倾斜磁矩也反向并带动 CoFe 的磁极化翻转。此外，他们的后续实验结果还表明，CoFe 的易磁化方向与薄膜生长期间的外加磁场无关而只由 BFO 决定[131]。通过微磁模拟，他们认为 CoFe 和 BFO 之间的有效耦合场大约是 10 mT. 这个场足以反转 CoFe 的磁矩。交换偏置的缺失可以用双二次耦合(spin-flop coupling)[156,157]或者是由 DM 相互作用引起的自旋倾斜未被钉扎来解释[131]。然而，他们观察到的 BFO/STO 和 BFO/DSO 的反铁磁易轴与文献[129]报道的并不一致。

单晶 BFO 与铁磁金属合金之间的交换耦合作用也有报道。Lebeugle 等观测到在单畴的 BFO 单晶上的铁镍合金薄膜表现出单轴的磁各向异性而没有交换偏置。这跟有序畴结构的 BFO 薄膜上的结果一致[130]。他们还发现，不管在铁磁膜生长过程中所加的磁场方向如何，铁磁层的易磁化方向始终与 BFO 中的自旋螺旋前进方向在单晶表面的投影方向一致。因此，所观察到的单轴各向异性可以

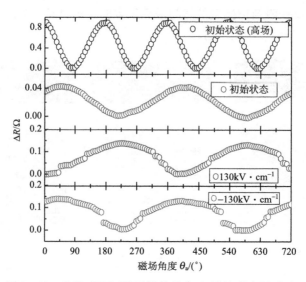

图 23.28　CoFe/BFO 平面器件的各向异性磁电阻响应。
从上至下依次是：高场下的各向异性磁电阻符合 $\cos^2(\theta_a)$
关系，低场下的各向异性磁电阻符合 $\cos(\theta_a)$ 关系，电场
翻转造成曲线 $180°$ 相位移，反向电场使各向异性磁电阻曲
线恢复成初始状态

看成是铁磁自旋与反铁磁自旋螺旋之间能量最低的耦合方式。在单晶中翻转铁电极化也会引起自旋螺旋前进方向的转动，进而带动长在 BFO 上铁磁层的易轴的 $90°$ 转动。然而，在单晶样品中电场对铁磁层磁矩的控制的可重复性和精确程度远不如薄膜样品来得好。这是因为电场翻转会在单晶样品里产生多个铁电畴共存。另外，简并的自旋螺旋前进方向也可能同时出现。随后，Lebeugle 等比较了 BFO 单晶和多畴膜与之上的铁磁层之间的交换耦合作用[96]。他们发现，交换偏置的产生可能与 BFO 反铁磁序的缺陷有观。例如，缺陷或反铁磁畴壁上可能会有未被完全抵消的净余自旋，进而在铁磁层中产生单向磁偏置。其证据之一是在单畴的单晶样品上沉积的铁磁层并不表现交换偏置，在具有规律条纹畴结构的样品中发现的交换偏置也极小。只有当单晶中存在随机的畴结构时，意味着较多的缺陷和 $109°$ 畴壁，交换偏置才会出现。通常在单畴单晶样品上沉积的薄的铁磁层中我们只能观测到磁易轴与 BFO 自旋螺旋前进方向的投影一致。这与在有 $71°$ 条状畴的 BFO 上的结果一致。这种情况下，每个 $71°$ 畴表现出与单晶一样的性质。所有的 $71°$ 畴一起产生与单晶单畴样品类似的效果。然而，因为 BFO 薄膜里的磁性结构现在还有争议，所以对 BFO 薄膜与其上的铁磁层之间的交换耦合作用的准确分析无法进行。

上述中的铁磁层都是多晶或非晶的金属合金。它们和 BFO 的界面是不匹配的，存在各种组分和结构缺陷。从这个角度看，结构与 BFO 吻合的铁磁氧化物应该会增强界面的耦合强度及可靠性。例如，因为其庞磁电阻效应而受到广泛关注的锰氧化物就和 BFO 有很好的晶格匹配。在铁磁半金属 $La_{0.7}Sr_{0.3}MnO_3$（LSMO）中，Mn^{3+} 和 Mn^{4+} 离子之间存在双交换作用，而在 BFO 中，Fe^{3+} 离子之间则是反铁磁超交换作用占主导。在 LSMO/BFO 界面上因为对称性的破缺，Fe 离子和 Mn 离子之间会通过配位的 O^{2-} 产生轨道杂化。如图 23.29 所示，Yu等报道 Fe-Mn 离子之间的相互作用会使得 BFO 中相邻 Fe 离子磁矩的倾角极大增加，从而在 BFO 表面层产生极大的铁磁磁矩[158]。这个表面层净磁矩可以解释在 LSMO 层观测到的交换偏置效应。后期的高分辨电镜研究观测到在界面附近的 BFO 里氧八面体倾斜减弱且 BFO 带隙降低，呈现出金属性[159]。这个结果和 Yu 等的模型是相符合的。更有意思的是，LSMO 中的交换偏置场的大小和极化可以用电场进行控制[160,161]。这一现象是两种机制共同作用的结果。一方面，铁电极化的翻转带动 BFO 中反铁磁自旋的转动；另一方面，Fe 离子相对于界面的位移也会影响界面自旋交换耦合的强度。图 23.30 详细描述了电场调制交换偏置和交换增强作用的机理。薄膜厚度变化实验[162]表明交换偏置的大小随 LSMO 层厚度增加而减小。相反当 BFO 层的厚度降低到 2nm 以下时，交换偏置消失。这是因为 BFO 里的反铁磁序在膜极薄时变得不稳定，而反铁磁序是产生交换耦合的前提条件。这些结果与一般铁磁-反铁磁系统中观察到的交换偏置对薄膜厚度的依赖关系是一致的。

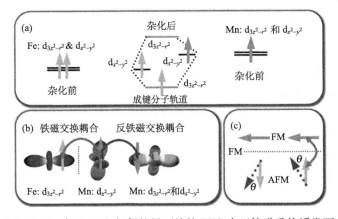

图 23.29　与 LSMO 相邻的界面处的 BFO 由于轨道重构诱发而产生铁磁状态的模型。(a)显示了 Fe 离子与 Mn 离子间的电子轨道重构；(b)界面处自旋交换耦合的机制；(c)由于界面处的耦合作用，使得反铁磁自旋倾角增大，而产生较强铁磁性[158]

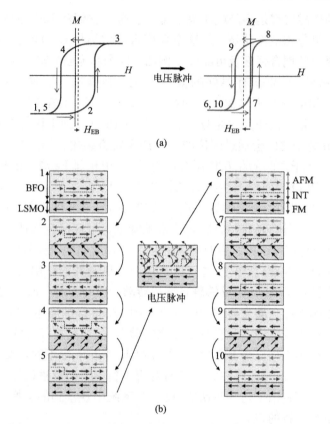

图 23.30　(a)BFO 铁电翻转前后 LSMO 磁滞回线的示意图；(b)Wu 等提出的电场翻转交换偏置场的物理模型。(a)(b)中的数字和箭头代表了实验中磁场扫描的顺序。起初，BFO 的电极化朝下，因此 Fe 离子更靠近 Mn 离子，产生较大的交换耦合能。因此 BFO 中有更多的界面自旋能跟着 LSMO 翻转，表现为更大的矫顽场和较小的交换偏置。铁电翻转以后，由于电磁耦合作用，反铁磁自旋也跟着翻转。此外，由于 Fe 离子现在远离界面，交换耦合能减弱，因此我们看到矫顽场变小，但是交换偏置场增大，且反向[161]

　　有一点需要指明的是，在铁磁层厚度比较大的时候，应力应该是起主导作用的。如我们在文献[163，164]中所报道的，在 BFO 上的 30nm 的 LSMO 表现出的单轴磁各向异性应该是由于 BFO 的应力产生的效果。这可以通过在 LSMO 和 BFO 之间插入一层非铁磁膜（STO）来验证。磁交换作用是界面效应，理应被非铁磁层破坏。而弹性力则可以通过 STO 层继续起作用 。实验上观测到，插入 STO 层后，易磁化轴未受影响，证明弹性力在这个系统中起主导作用。在实验中要注意区分这些不同的效应。

本节中，我们总结了铁磁薄膜和 BFO 之间的交换耦合现象。这方面的研究对 BFO 在磁电耦合器件中的应用有很重要的意义。以往的实验可以分为两类：一类是 BFO 薄膜或单晶上沉积金属合金铁磁层。它们通常在室温下显现出很强的交换偏置或磁各向异性。尽管这里的交换偏置可能与 BFO 薄膜里的畴壁及缺陷有关，从而无法通过电场进行很好的调控。但是铁磁层的各向异性的电场调控已经在单晶或者薄膜样品中有了报道。另一类是外延异质结系统，例如 LSMO/BFO。这里的外延界面为详细的理论研究提供了很好的平台。但是要注意的是，除了磁相互作用以外，外延界面的晶格、电荷和轨道自由度都可能对观测到的现象起作用。而且其中某些参数也可受电场调制。但是，这类系统里的界面耦合效应通常只存在于室温以下，对实际应用不利。这可能跟氧化物磁性相变温度较低有关。

23.5　开放性问题和未来的研究方向

在前文中，我们总结了 BFO 单晶和薄膜的晶体结构、申学性质、磁性结构以及在此基础上进行的电场对磁极化进行调控的实验。总的来说，作为已知的唯一在室温下有稳定的铁电极化和磁有序的多铁性材料，BFO 是最有希望在电场可控的低能耗的自旋电子器件中得到应用的。基于 BFO 的磁电耦合效应的原型器件设计从理论到实验都有报道。例如，人们在 CoFe/BFO 异质结中已经实现了电场对磁极化的调控（面内电极设计）。此外，在 LSMO/BFO 系统中的交换偏置也被证实是电场可调的。这些初步的结果为 BFO 在下一代逻辑及存储器件中的应用奠定了很好的基础。然而，从物理角度对这些器件原理的分析、设计和预测受制于对 BFO 薄膜里磁性结构的了解。在这方面，现有的实验结果和模型并不一致，甚至互相矛盾。从这个角度来看，关于 BFO 薄膜的磁性结构、磁电耦合以及 BFO/铁磁薄膜异质结中的交换耦合现象还有很多的值得探讨的问题。接下来，我们对这些问题做个总结，并从实验角度提出一些建议。希望对读者有所启发。

首先，关于 BFO 的磁结构，在单晶里基本达成共识，这就是螺旋调制的 G 型反铁磁结构。对任意一个铁电极化，自旋螺旋有 3 个等价的传播方向。反铁磁面（即自旋旋转面）为电极化方向和螺旋前进方向共同决定的平面。在这个基础上，相邻反平行自旋之间也存在沿自旋螺旋方向周期变化的倾角，产生局域的磁化强度。该磁化强度在一个螺旋周期里平均为 0。但是，BFO 薄膜的磁结构远未达成共识。这可能跟不同研究小组的薄膜生长条件的不同，从而造成组分、畴结构和缺陷分布都有所不同有关。另外，各自的测量手段也不相同，包括中子衍射[124,126,127]、X射线线性二色谱[125,134]、穆斯堡尔谱[128,129]等。这些测试方法有着明显不同的灵敏度和分辨率，可能会造成最终结论上的出入。总结文献结果可以发现，大家基本同意：在薄膜里，大的应变会破坏螺旋结构，形成均匀的G型反铁磁序。相邻自旋之间的倾角继续存在，产生可观测的弱铁磁性。问题主要集中在薄膜里均匀反铁磁序的易磁化面(或易磁化轴)是什么，不同应变对其的影响如何？一旦这个问题搞清楚了，薄膜里的净余磁矩方向也就明确了。这对异质结里的交换耦合研究有重要的意义。要实现这个目的，我们首先需要对薄膜的畴结构做简化。理想情况是用单铁电畴的样品进行研究。这可以通过控制衬底的斜切角度来得到。比如说，如图 23.31 所示，我们通过对 STO 衬底不同角度的斜切可以得到较少结构变量的条状畴，甚至是单畴的 BFO 薄膜[77,165,166]。单畴样品消除了畴壁对磁性的影响，同时也简化了薄膜里磁畴的分布，使得磁性测量结果的分析相对容易和准确。通过调整薄膜的厚度，或使用不同的衬底，我们可以得到不同应变的 BFO 薄膜，从而对应力的作用做详细系统的研究。同样的，在用铁磁/BFO 异质结实现磁矩的电场调控的研究中也可以使用单畴 BFO 样品。这对结果的分析和纳米器件的精确控制都非常有利。我们甚至可以精确控制电极化的翻转路径[167]，研究其对 BFO 里反铁磁序的影响。

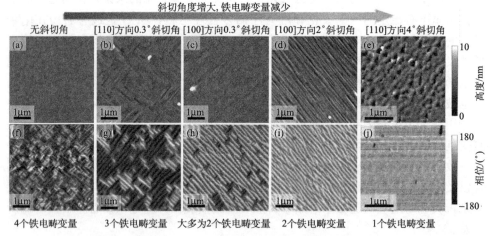

图 23.31　利用不用斜切角度的 STO 衬底对 BFO 的畴结构进行调控。(a)～(e) 表面形貌；(f)～(j) 相应的面内压电显微图像。随着斜切角度的增大，铁电畴变量逐渐减少，但是表面粗糙度却增大了

　　其次，针对铁磁/BFO 异质结中电场对铁磁性的调控研究，我们要注意区分不同的效应，例如弹性应变引起的铁磁易轴转动，BFO 中畴壁的贡献及界面磁交换耦合作用。针对这些不同的效应，我们可以设计不同的实验来加以区分。例

如，通过在铁磁层和 BFO 之间插入一层很薄的非磁性膜，我们可以区分应变效应和界面磁交换耦合作用。这是因为交换耦合作用是短程力，而弹性应变则不会被几个纳米的插入层打断。

在已有的关于铁磁/BFO 异质结的报道中有两种不同的交换耦合效应，即交换偏置和单轴各向异性。他们产生的机理可能是不同的。根据现有的报道，单向交换偏置可能与 BFO 薄膜中的畴壁密切相关。这并不奇怪，在畴壁处对称性破缺，晶格发生畸变以维持连续性。通过晶格、电荷、自旋和轨道自由度之间的相互作用而产生很多有趣的性质，比如高导电性[8]、光伏响应[9] 和磁电阻效应[153]。当然，带电缺陷也可能会聚集于畴壁而影响畴壁的性质[168,169]。关于畴壁的影响，我们可以通过利用正交结构的衬底对 BFO 畴结构进行调制，从而得到 71° 和 109° 条状畴样品，进行研究[74,170]。

最后，应当强调的是，我们对 BFO 和基于 BFO 的异质结构的磁电耦合效应的研究，核心目的是实现室温下稳定的电场对磁矩的控制。从应用的角度来看，这个器件需要有很好的可靠性和小型化的可能性。尽管实验上利用平面电极装置已经初步实现了这个目的[130,141]，但是平面器件的集成度很差。然而，实验上利用垂直结构实现这个目标还没有报道。这可能跟在薄膜里垂直电场下通常会

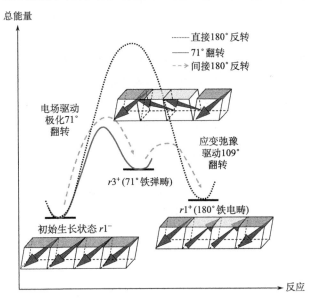

图 23.32　BFO 中 180°铁电反转过程中可能发生的翻转路径的示意图。直接的 180°反转由于较大的势垒而需要很大的能量。取而代之，铁电极化可先经由势垒较小的 71°翻转至一个中间状态，然后通过铁弹畴的弛豫，到达 180°反向状态[171]

产生铁电畴的 180° 反转有关[154]，而 180° 反转是不会引起反铁磁性面的转动的[134]。如何解决这个矛盾？首先，我们要明白连续薄膜中垂直方向上容易发生 180° 反转的一个原因是弹性能的限制。这就意味着如果我们通过刻蚀制备 BFO 纳米岛[171]，去除弹性能的限制，就有可能在垂直结构中实现 71° 或 109° 翻转，从而在异质结中通过交换耦合控制铁磁层的磁矩。另外，即便是在连续薄膜中，我们也可能通过控制铁电极化翻转的动力学过程来实现对磁极化的控制。如图 23.32 所示，在薄膜垂直方向施加电场时，电极化的 180° 反转可能存在中间态。比如，电场驱动极化的 71° 翻转，然后应变弛豫驱动 109° 翻转最终实现极化的 180° 反转。在这两个过程中，反铁磁面都会随电极化而转动。

　　总而言之，近年来对 BFO 及其异质结的研究已经取得了长足的进步。但是，在对薄膜中磁性结构和室温下电场调控磁矩的研究等方面还有很多值得探索的工作。

作者简介

王峻岭　1999 年毕业于南京大学材料科学与工程系，获学士学位，2005 年于美国马里兰大学帕克分校(University of Maryland, College Park)获博士学位。2006 年加入新加坡南洋理工大学，任助理教授，并于 2011 年晋升为副教授(终身职位)。长期从事多铁性薄膜材料的性质和应用研究。这类材料同时具有铁电和铁磁(或反铁磁)等铁性性质，对基础物理研究和自旋电子/信息存储器件都有重要价值。在 $BiFeO_3$ 等多铁性材料的薄膜制备、性质研究及器件应用方面做出重要贡献，迄今已在 *Science*、*Nature Communications*、*Advanced Materials* 等杂志发表论文 90 余篇，被引用超过 5600 次。

游　陆　2005 年毕业于清华大学材料科学与工程系，获学士学位。2011 年于新加坡南洋理工大学材料科学与工程学院获博士学位。博士论文题目为"基于铁酸铋异质结中的铁磁性的电场调控"(Electrical control of ferromagnetism in multiferroic bismuth ferrite-based hetero-structures)。2011 年至今，在新加坡南洋理工大学材料科学与工程学院从事博士后研究工作。已在 *Nature Communications*、*Advanced Materials*、*ACS Nano*、*Physical Review B* 等 SCI 刊物上发表论文 30 余篇，总引用次数 300 余次。目前的研究兴趣主要集中在铁电和多铁氧化物薄膜的外延生长及其在光电、磁电耦合和阻变等方面的应用。

周 洋　2007～2011 年在中国科学技术大学化学与材料科学学院学习，专业为材料科学。2011 年 6 月毕业获材料科学学士学位。2011 年 8 月至今，进入新加坡南洋理工大学材料科学与工程学院，攻读博士学位。目前在导师王峻岭教授研究组，主要研究方向为铁电薄膜材料的极化疲劳机制和二维材料的铁电场效应。

参 考 文 献

[1] Cheong S W, Mostovoy M. Multiferroics: A magnetic twist for ferroelectricity. Nature Materials, 2007, 6: 13-20.

[2] Eerenstein W, Mathur N D, Scott J F. Multiferroic and magnetoelectric materials. Nature, 2006, 442: 759-765.

[3] Fiebig M. Revival of the magnetoelectric effect. Journal of Physics D: Applied Physics, 2005, 38: R123-R152.

[4] Ramesh R, Spaldin N A. Multiferroics: Progress and prospects in thin films. Nature Materials, 2007, 6: 21-29.

[5] Wang K F, Liu J M, Ren Z F. Multiferroicity: the coupling between magnetic and polarization orders. Advances in Physics, 2009, 58: 321-448.

[6] Nan C-W, Bichurin M I, Dong S, et al. Multiferroic magnetoelectric composites: Historical perspective, status, and future directions. Journal of Applied Physics, 2008, 103: 031101.

[7] Wang J, Neaton J B, Zheng H, et al. Epitaxial BiFeO₃ multiferroic thin film heterostructures. Science, 2003, 299: 1719-1722.

[8] Seidel J, Martin L W, He Q, et al. Conduction at domain walls in oxide multiferroics. Nature Materials, 2009, 8: 229-234.

[9] Yang S Y, Seidel J, Byrnes S J, et al. Above-bandgap voltages from ferroelectric photovoltaic devices. Nature Nanotechnology, 2010, 5: 143-147.

[10] Moreau J M, Michel C, Gerson R et al. Ferroelectric BiFeO₃ X-ray and neutron diffraction study. Journal of Physics and Chemistry of Solids, 1971, 32: 1315-1320.

[11] Catalan G, Scott J F. Physics and applications of bismuth ferrite. Advanced Materials, 2009, 21: 2463-2485.

[12] Kubel F, Schmid H. Structure of a ferroelectric and ferroelastic monodomain crystal of the perovskite BiFeO₃. Acta Crystallographica Section B-Structural Science, 1990, 46: 698-702.

[13] Goldschmidt V M. The laws of crystal chemistry. Naturwissenschaften, 1926, 14: 477-485.

[14] Shannon R D. Revised Effective ionic-radii and systematic studies of interatomic distances in halides and chalcogenides. Acta Crystallographica Section A, 1976, 32: 751-767.

[15] Yang C H, Kan D, Takeuchi I, et al. Doping BiFeO₃: Approaches and enhanced functionality. Physical Chemistry Chemical Physics, 2012, 14: 15953-15962.

[16] Palai R, Katiyar R S, Schmid H, et al. Beta phase and gamma-beta metal-insulator transition in multiferroic BiFeO₃. Physical Review B, 2008, 77.

[17] Kornev I A, Lisenkov S, Haumont R, et al. Finite-temperature properties of multiferroic BiFeO₃.

Physical Review Letters, 2007, 99.

[18] Haumont R, Kornev I A, Lisenkov S, et al. Phase stability and structural temperature dependence in powdered multiferroic BiFeO$_3$. Physical Review B, 2008, 78.

[19] Arnold D C, Knight K S, Morrison F D et al. Ferroelectric-paraelectric transition in BiFeO$_3$: Crystal structure of the orthorhombic beta phase. Physical Review Letters, 2009, 102.

[20] Polomska M, KaczmareW, Pajak Z. Electric and magnetic-properties of (B$_{1-x}$La$_x$)FeO$_3$ Solid-Solutions. Physica Status Solidi a-Applied Research, 1974, 23: 567-574.

[21] Haumont R, Kreisel J, Bouvier P, et al. Phonon anomalies and the ferroelectric phase transition in multiferroic BiFeO$_3$. Physical Review B, 2006, 73.

[22] Selbach S M, Tybell T, Einarsrud M A, et al. The ferroic phase transitions of BiFeO$_3$. Advanced Materials, 2008, 20: 3692-3696.

[23] Arnold D C, Knight K S, Catalan G, et al. The beta-to-gamma transition in BiFeO$_3$: A powder neutron diffraction study. Advanced Functional Materials, 2010, 20: 2116-2123.

[24] Feng H J, Liu F M. *Ab initio* study on phase transition and magnetism of BiFeO$_3$ under pressure. Chinese Physics B, 2009, 18: 1574-1577.

[25] Gavriliuk A G, Struzhkin V V, Lyubutin I S, et al. Another mechanism for the insulator-metal transition observed in Mott insulators. Physical Review B, 2008, 77.

[26] Scott J F, Palai R, Kumar A, et al. New phase transitions in perovskite oxides: BiFeO$_3$, SrSnO$_3$, and Pb(Fe$_{2/3}$W$_{1/3}$)$_{1/2}$Ti$_{1/2}$O$_3$. Journal of the American Ceramic Society, 2008, 91: 1762-1768.

[27] Gavriliuk A G, Lyubutin I S, Struzhkin V V. Electronic transition and the metallization effect in the BiFeO$_3$ crystal at high pressures. JETP Letters, 2007, 86: 532-536.

[28] Gavriliuk A G, Struzhkin V V, Lyubutin I S, et al. Equation of state and structural transition at high hydrostatic pressures in the BiFeO$_3$ crystal. JETP Letters, 2007, 86: 197-201.

[29] Gavriliuk A G, Struzhkin V, Lyubutin I S, et al. Phase transitions in multiferroic BiFeO$_3$. Materials Research at High Pressure, 2007, 987: 147-152.

[30] Guennou M, Bouvier P, Chen G S, et al. Multiple high-pressure phase transitions in BiFeO$_3$. Physical Review B, 2011, 84.

[31] Gonzalez-Vazquez O E, Iniguez J. Pressure-induced structural, electronic, and magnetic effects in BiFeO$_3$. Physical Review B, 2009, 79.

[32] Xu G Y, Hiraka H, Shirane G, et al. Low symmetry phase in (001) BiFeO$_3$ epitaxial constrained thin films. Applied Physics Letters, 2005, 86.

[33] Li J F, Wang J L, Wuttig M, et al. Dramatically enhanced polarization in (001), (101), and (111) BiFeO$_3$ thin films due to epitiaxial-induced transitions. Applied Physics Letters, 2004, 84: 5261-5263.

[34] Schlom D G, Chen L Q, Eom C B, et al. Strain tuning of ferroelectric thin films. Annual Review of Materials Research, 2007, 37: 589-626.

[35] Yan L, Cao H, Li J F, et al. Triclinic phase in tilted (001) oriented BiFeO$_3$ epitaxial thin films. Applied Physics Letters, 2009, 94.

[36] Chen Z H, Luo Z L, Huang C W, et al. Low-symmetry monoclinic phases and polarization rotation path mediated by epitaxial strain in multiferroic BiFeO$_3$ thin films. Advanced Functional Materials, 2011, 21: 133-138.

[37] Iliev M N, Abrashev M V, Mazumdar D, et al. Polarized Raman spectroscopy of nearly tetragonal thin

films. Physical Review B, 2010, 82: 014107.

[38] Wojdel J C, Iniguez J. *Ab Initio* indications for giant magnetoelectric effects driven by structural softness. Physical Review Letters, 2010, 105.

[39] Wojdel J C, Iniguez J. Magnetoelectric response of multiferroic BiFeO₃ and related materials from first-principles calculations. Physical Review Letters, 2009, 103.

[40] Zeches R J, Rossell M D, Zhang J X, et al. A strain-driven morphotropic phase boundary in BiFeO₃. Science, 2009, 326: 977-980.

[41] Christen H M, Nam J H, Kim H S, et al. Stress-induced R-M-A-M-C-T symmetry changes in BiFeO₃ films. Physical Review B, 2011, 83: 144107.

[42] Dupe B, Prosandeev S, Geneste A, et al. BiFeO₃ Filons under tensile epitaxial strain from first principles. Physical Review Letter, 2011, 106: 237601.

[43] Chen Z, Qi Y, You L, et al. Large tensile-strain-induced monoclinic M_B phase in BiFeO₃ epitaxial thin films on a PrScO₃ substrate. Physical Review B, 2013, 88: 054114.

[44] Gujar T P, Shinde V R, Lokhande C D. Nanocrystalline and highly resistive bismuth ferric oxide thin films by a simple chemical method. Materials Chemistry and Physics, 2007, 103: 142-146.

[45] Fruth V, Tenea E, Gartner M, et al. Preparation of BiFeO₃ films by wet chemical method and their characterization. Journal of the European Ceramic Society, 2007, 27: 937-940.

[46] Clark S J, Robertson J. Band gap and Schottky barrier heights of multiferroic BiFeO₃. Applied Physics Letters, 2007, 90: 132903.

[47] Ihlefeld J F, Podraza N J, Liu Z K, et al. Optical band gap of BiFeO₃ grown by molecular-beam epitaxy. Applied Physics Letters, 2008, 92: 142908.

[48] Kamba S, Nuzhnyy D, Savinov M, et al. Infrared and terahertz studies of polar phonons and magnetodielectric effect in multiferroic BiFeO₃ ceramics. Physical Review B, 2007, 75.

[49] Selbach S M, Tybell T, Einarsrud M A et al. Size-dependent properties of multiferroic BiFeO₃ nanoparticles. Chemistry of Materials, 2007, 19: 6478-6484.

[50] Morozov M I, Lomanova N A, Gusarov V V. Specific features of BiFeO₃ formation in a mixture of bismuth(III) and iron(III) oxides. Russian Journal of General Chemistry, 2003, 73: 1676-1680.

[51] Gavriliuk A G, Struzhkin V V, Lyubutin I S, et al. Phase transition with suppression of magnetism in BiFeO₃ at high pressure. JETP Letters, 2005, 82: 224-227.

[52] Teague J R, Gerson R, James W J. Dielectric hysteresis in single crystal BiFeO₃. Solid State Communications, 1970, 8: 1073-1074.

[53] Ueda K, Tabata H, Kawai T. Coexistence of ferroelectricity and ferromagnetism in BiFeO₃-BaTiO₃ thin films at room temperature. Applied Physics Letters, 1999, 75: 555-557.

[54] Shvartsman V V, Kleemann W, Haumont R, et al. Large bulk polarization and regular domain structure in ceramic BiFeO₃. Applied Physics Letters, 2007, 90.

[55] Jang H W, Baek S H, Ortiz D, et al. Strain-induced polarization rotation in epitaxial (001) BiFeO₃ thin films. Physical Review Letters, 2008, 101: 107602.

[56] Infante I C, Lisenkov S, Dupe B, et al. Bridging multiferroic phase transitions by epitaxial strain in BiFeO₃. Physical Review Letters, 2010, 105: 057601.

[57] Choi K J, Biegalski M, Li Y L, et al. Enhancement of ferroelectricity in strained BaTiO₃ thin films. Science, 2004, 306: 1005-1009.

[58] Ederer C, Spaldin N A. Effect of epitaxial strain on the spontaneous polarization of thin film ferroelectrics. Physical Review Letters, 2005, 95: 257601.

[59] Jang H W, Baek S H, Ortiz D, et al. Epitaxial (001) BiFeO$_3$ membranes with substantially reduced fatigue and leakage. Applied Physics Letters, 2008, 92.

[60] Lou X J, Yang C X, Tang T A, et al. Formation of magnetite in bismuth ferrite under voltage stressing. Applied Physics Letters, 2007, 90.

[61] Lubk A, Gemming S, Spaldin N A. First-principles study of ferroelectric domain walls in multiferroic bismuth ferrite. Physical Review B, 2009, 80.

[62] Maksymovych P, Seidel J, Chu Y H, et al. Dynamic conductivity of ferroelectric domain walls in BiFeO$_3$. Nano Letters, 2011, 11: 1906-1912.

[63] Seidel J, Fu D, Yang S-Y, et al. Efficient photovoltaic current generation at ferroelectric domain walls. Physical Review Letters, 2011, 107: 126805.

[64] Yuan G-L, Wang J. Evidences for the depletion region induced by the polarization of ferroelectric semiconductors. Applied Physics Letters, 2009, 95: 252904.

[65] Bea H, Bibes M, Ott F, et al. Mechanisms of exchange bias with multiferroic BiFeO$_3$ epitaxial thin films. Physical Review Letters, 2008, 100: 017204.

[66] Martin L W, Chu Y H, Holcomb M B, et al. Nanoscale control of exchange bias with BiFeO$_3$ thin films. Nano Letters, 2008, 8: 2050-2055.

[67] Berger V. Nonlinear photonic crystals. Physical Review Letters, 1998, 81: 4136-4139.

[68] Chu Y H, Zhan Q, Martin L W, et al. Nanoscale domain control in multiferroic BiFeO$_3$ thin films. Advanced Materials, 2006, 18: 2307-2311.

[69] Restoin C, Darraud-Taupiac C, Decossas J L, et al. Ferroelectric domain inversion by electron beam on LiNbO$_3$ and Ti: LiNbO$_3$. Journal of Applied Physics, 2000, 88: 6665-6668.

[70] Li X J, Terabe K, Hatano H, et al. Nano-domain engineering in LiNbO$_3$ by focused ion beam. Japanese Journal of Applied Physics Part 2-Letters & Express Letters, 2005, 44: L1550-L1552.

[71] Liu X Y, Terabe K, Kitamura K. Ferroelectric nanodomain properties in near-stoichiometric and congruent LiNbO$_3$ crystals investigated by scanning force microscopy. Japanese Journal of Applied Physics Part 1-Regular Papers Brief Communications & Review Papers, 2005, 44: 7012-7014.

[72] Streiffer S K, Parker C B, Romanov A E, et al. Domain patterns in epitaxial rhombohedral ferroelectric films. I. Geometry and experiments. Journal of Applied Physics, 1998, 83: 2742-2753.

[73] Zhang J X, Li Y L, Choudhury S, et al. Computer simulation of ferroelectric domain structures in epitaxial BiFeO$_3$ thin films. Journal of Applied Physics, 2008, 103.

[74] Chu Y H, He Q, Yang C H, et al. Nanoscale control of domain architectures in BiFeO$_3$ thin films. Nano Letters, 2009, 9: 1726-1730.

[75] Chu Y H, Cruz M P, Yang C H, et al. Domain control in mulfiferroic BiFeO$_3$ through substrate vicinality. Advanced Materials, 2007, 19: 2662-2666.

[76] Yu P, Luo W, Yi D, et al. Interface control of bulk ferroelectric polarization. Proceedings of the National Academy of Sciences, 2012, 109(25): 9710-9715.

[77] Jang H W, Ortiz D, Baek S H, et al. Domain engineering for enhanced ferroelectric properties of epitaxial (001) BiFeO thin films. Advanced Materials, 2009, 21: 817-823.

[78] Shelke V, Mazumdar D, Srinivasan G, et al. Reduced coercive field in BiFeO$_3$ thin films through do-

main engineering. Advanced Materials, 2011, 23: 669-672.

[79] Kiselev S V, Ozerov R P, Zhdanov G S. Detection of magnetic order in ferroelectric BiFeO₃ by neutron diffraction. Soviet Physics Doklady, 1963, 7: 742-744.

[80] Fischer P, Polomska M, Sosnowska I, et al. Temperature dependence of the crystal and magnetic structures of BiFeO₃. Journal of Physics C: Solid State Physics, 1980, 13: 1931.

[81] Sosnowska I, Peterlinneumaier T, Steichele, E. Spiral magnetic ordering in bismuth ferrite. Journal of Physics C: Solid State Physics, 1982, 15: 4835-4846.

[82] Lebeugle D, Colson D, Forget A, et al. Electric-field-induced spin flop in BiFeO₃ single crystals at room temperature. Physical Review Letters, 2008, 100: 227602-227604.

[83] Lee S, Choi T, Ratcliff W, et al. Single ferroelectric and chiral magnetic domain of single-crystalline BiFeO₃ in an electric field. Physical Review B, 2008, 78: 100101(R).

[84] Lee S, Ratcliff W, Cheong S W, et al. Electric field control of the magnetic state in BiFeO₃ single crystals. Applied Physics Letters, 2008, 92: 192906-3.

[85] Sosnowska I M. Neutron scattering studies of BiFeO₃ multiferroics: A review for microscopists. Journal of Microscopy, 2009, 236: 109-114.

[86] Sosnowska I, Przenioslo R, Palewicz A, et al. Monoclinic deformation of crystal lattice of bulk α-BiFeO₃: High resolution synchrotron radiation studies. Journal of the Physical Society of Japan, 2012, 81: 044604.

[87] Wang H, Yang C, Lu J, et al. On the structure of α-BiFeO₃. Inorganic Chemistry, 2013, 52: 2388-2392.

[88] Kadomtseva A M, Zvezdin A K, Popov Y F, et al. Space-time parity violation and magnetoelectric interactions in antiferromagnets. Journal of Experimental and Theoretical Physics Letters, 2004, 79: 571-581.

[89] Lebeugle D, Colson D, Forget A, et al. Room-temperature coexistence of large electric polarization and magnetic order in BiFeO₃ single crystals. Physical Review B, 2007, 76: 024116.

[90] Dzyaloshinskii I E. On the magneto-electrical effect in antiferromagnets. Soviet physics JETP, 1960, 10: 628-629.

[91] Moriya T. Anisotropic superexchange interaction and weak ferromagnetism. Physical Review, 1960, 120: 91-98.

[92] Ederer C, Spaldin N A. Weak ferromagnetism and magnetoelectric coupling in bismuth ferrite. Physical Review B, 2005, 71: 060401(R)-4.

[93] Anatoly K Z, Alexander P P. On the problem of coexistence of the weak ferromagnetism and the spin flexoelectricity in multiferroic bismuth ferrite. EPL, 2012, 99: 57003.

[94] Rahmedov D, Wang D, Íñiguez J, et al. Magnetic cycloid of BiFeO₃ from atomistic simulations. Physical Review Letters, 2012, 109: 037207.

[95] Ramazanoglu M, Laver M, Ratcliff W, II, et al. Local weak ferromagnetism in single-crystalline ferroelectric BiFeO₃. Physical Review Letters, 2011, 107: 207206.

[96] Lebeugle D, Mougin A, Viret M, et al. Exchange coupling with the multiferroic compound BiFeO₃ in antiferromagnetic multidomain films and single-domain crystals. Physical Review B, 2010, 81: 134411.

[97] Sosnowska I, Przenioslo R. Low-temperature evolution of the modulated magnetic structure in the ferroelectric antiferromagnet BiFeO₃. Physical Review B, 2011, 84: 144404.

[98] Sosnowska I, Loewenhaupt M, David W I F, et al. Investigation of the unusual magnetic spiral arrangement in BiFeO₃. Physica B: Condensed Matter, 1992, 180-181, Part 1: 117-118.

[99] Przeniosło R, Palewicz A, Regulski M, et al. Does the modulated magnetic structure of BiFeO₃ change at low temperatures? Journal of Physics: Condensed Matter, 2006, 18: 2069.

[100] Cazayous M, Gallais Y, Sacuto A, et al. Possible observation of cycloidal electromagnons in BiFeO₃. Physical Review Letters, 2008, 101: 037601.

[101] Singh M K, Katiyar R S, Scott J F. New magnetic phase transitions in BiFeO₃. Journal of Physics: Condensed Matter, 2008, 20: 252203.

[102] Singh M K, Prellier W, Singh M P, et al. Spin-glass transition in single-crystal BiFeO₃. Physical Review B, 2008, 77: 144403.

[103] Julia H-A, Gustau C, José Alberto R-V, et al. Neutron diffraction study of the BiFeO₃ spin cycloid at low temperature. Journal of Physics: Condensed Matter, 2010, 22: 256001.

[104] Lu J, Günther A, Schrettle F, Mayr F, et al. On the room temperature multiferroic BiFeO₃: Magnetic, dielectric and thermal properties. The European Physical Journal B, 2010, 75: 451-460.

[105] Ramazanoglu M, Ratcliff W, II, Choi Y J, et al. Temperature-dependent properties of the magnetic order in single-crystal BiFeO₃. Physical Review B, 2011, 83: 174434.

[106] Zalesskii A V, Zvezdin A K, Frolov A A, et al. ⁵⁷Fe NMR study of a spatially modulated magnetic structure in BiFeO₃. Journal of Experimental and Theoretical Physics Letters, 2000, 71: 465-468.

[107] Zalesskii A V, Frolov A A, Zvezdin A K, et al. Effect of spatial spin modulation on the relaxation and NMR frequencies of ⁵⁷Fe nuclei in a ferroelectric antiferromagnet BiFeO₃. Journal of Experimental and Theoretical Physics, 2002, 95: 101-105.

[108] Bush A A, Gippius A A, Zalesskii A V, et al. ²⁰⁹Bi NMR spectrum of BiFeO₃ in the presence of spatial modulation of hyperfine fields. Journal of Experimental and Theoretical Physics Letters, 2003, 78: 389-392.

[109] Popov Y F, Zvezdin A K, Vorobev G P, et al. Linear magnetoelectric effect and phase-transitions in bismuth ferrite, BiFeO₃. JETP Letters, 1993, 57: 69-73.

[110] Popov Y F, Kadomtseva A M, Vorob'ev G P, et al. Discovery of the linear magnetoelectric effect in magnetic ferroelectric BiFeO₃ in a strong magnetic field. Ferroelectrics, 1994, 162: 135-140.

[111] Popov Y F, Kadomtseva A M, Krotov S S, et al. Features of the magnetoelectric properties of BiFeO₃ in high magnetic fields. Low Temperature Physics, 2001, 27: 478-479.

[112] Ruette B, Zvyagin S, Pyatakov A P, et al. Magnetic-field-induced phase transition in BiFeO₃ observed by high-field electron spin resonance: Cycloidal to homogeneous spin order. Physical Review B, 2004, 69: 064114.

[113] Wardecki D, Przenioslo R, Sosnowska I, et al. Magnetization of polycrystalline BiFeO₃ in high magnetic fields. Journal of the Physical Society of Japan, 2008, 77: 103709.

[114] Tokunaga M, Azuma M, Shimakawa Y. High-field study of strong magnetoelectric coupling in single-domain crystals of BiFeO₃. Journal of the Physical Society of Japan, 2010, 79: 064713.

[115] Ohoyama K, Lee S, Yoshii S, et al. High field neutron diffraction studies on metamagnetic transition of multiferroic BiFeO₃. Journal of the Physical Society of Japan, 2011, 80: 125001.

[116] Park J, Lee S-H, Lee S, et al. Magnetoelectric feedback among magnetic order, polarization, and lattice in multiferroic BiFeO₃. Journal of the Physical Society of Japan, 2011, 80: 114714.

[117] Ramazanoglu M, Ratcliff W, II, Yi H T, et al. Giant effect of uniaxial pressure on magnetic domain populations in multiferroic bismuth ferrite. Physical Review Letters, 2011, 107: 067203.

[118] Eerenstein W, Morrison F D, Dho J, et al. Comment on "Epitaxial BiFeO₃ multiferroic thin film heterostructures". Science, 2005, 307: 1203a.

[119] Béa H, Bibes M, Barthélémy A, et al. Influence of parasitic phases on the properties of BiFeO₃ epitaxial thin films. Applied Physics Letters, 2005, 87: 072508-3.

[120] Wang J, Scholl A, Zheng H, et al. Response to comment on "Epitaxial BiFeO₃ multiferroic thin film heterostructures". Science, 2005, 307: 1203.

[121] Béa H, Bibes M, Fusil S, et al. Investigation on the origin of the magnetic moment of BiFeO₃ thin films by advanced X-ray characterizations. Physical Review B, 2006, 74: 020101.

[122] Mazumder R, Devi P S, Bhattacharya D, et al. Ferromagnetism in nanoscale BiFeO₃. Applied Physics Letters, 2007, 91: 062510.

[123] Bai F M, Wang J L, Wuttig M, et al. Destruction of spin cycloid in (111)_c-oriented BiFeO₃ thin films by epitiaxial constraint: Enhanced polarization and release of latent magnetization. Applied Physics Letters, 2005, 86: 032511.

[124] Béa H, Bibes M, Petit S, et al. Structural distortion and magnetism of BiFeO₃ epitaxial thin films: A Raman spectroscopy and neutron diffraction study. Philosophical Magazine Letters, 2007, 87: 165-174.

[125] Holcomb M B, Martin L W, Scholl A, et al. Probing the evolution of antiferromagnetism in multiferroics. Physical Review B, 2010, 81: 134406.

[126] Ke X, Zhang P P, Baek S H, et al. Magnetic structure of epitaxial multiferroic BiFeO₃ films with engineered ferroelectric domains. Physical Review B, 2010, 82: 134448.

[127] Ratcliff W, Kan D, Chen W, et al. Neutron diffraction investigations of magnetism in BiFeO₃ epitaxial films. Advanced Functional Materials, 2011, 21: 1567-1574.

[128] Infante I C, Lisenkov S, Dupé B, et al. Bridging multiferroic phase transitions by epitaxial strain in BiFeO₃. Physical Review Letters, 2010, 105: 057601.

[129] Sando D, Agbelele A, Rahmedov D, et al. Crafting the magnonic and spintronic response of BiFeO₃ films by epitaxial strain. Nature Materials, 2013, 12: 641-646.

[130] Heron J T, Trassin M, Ashraf K, et al. Electric-field-induced magnetization reversal in a ferromagnet-multiferroic heterostructure. Physical Review Letters, 2011, 107: 217202.

[131] Trassin M, Clarkson J D, Bowden S R, et al. Interfacial coupling in multiferroic/ferromagnet heterostructures. Physical Review B, 2013, 87: 134426.

[132] Yang J C, He Q, Suresha S J, et al. Orthorhombic BiFeO₃. Physical Review Letters, 2012, 109: 247606.

[133] Cheong S-W, Mostovoy M. Multiferroics: A magnetic twist for ferroelectricity. Nature Materials, 2007, 6: 13-20.

[134] Zhao T, Scholl A, Zavaliche F, et al. Electrical control of antiferromagnetic domains in multiferroic BiFeO₃ films at room temperature. Nature Materials, 2006, 5: 823-829.

[135] Ratcliff W II, Yamani Z, Anbusathaiah V, et al. Electric-field-controlled antiferromagnetic domains in epitaxial BiFeO₃ thin films probed by neutron diffraction. Physical Review B, 2013, 87: 140405.

[136] Pyatakov P A, Zuezdin K A, Magnetoelectric and multiferroic media. Physics-uspekhi, 2012,

55: 557.

[137] Binek C, Doudin B. Magnetoelectronics with magnetoelectrics. Journal of Physics: Condensed Matter, 2005, 17: L39-L44.

[138] Borisov P, Hochstrat A, Chen X, et al. Magnetoelectric switching of exchange bias. Physical Review Letters, 2005, 94: 117203.

[139] He X, Wang Y, Wu N, et al. Robust isothermal electric control of exchange bias at room temperature. Nature Materials, 2010, 9: 579-585.

[140] Laukhin V, Skumryev V, Martí X, et al. Electric-field control of exchange bias in multiferroic epitaxial heterostructures. Physical Review Letters, 2006, 97: 227201.

[141] Chu Y H, Martin L W, Holcomb M B, et al. Electric-field control of local ferromagnetism using a magnetoelectric multiferroic. Nature Materials, 2008, 7: 478-482.

[142] Berkowitz A E, Takano K. Exchange anisotropy — A review. Journal of Magnetism and Magnetic Materials, 1999, 200: 552-570.

[143] Nogues J, Schuller I K. Exchange bias. Journal of Magnetism and Magnetic Materials, 1999, 192: 203-232.

[144] Kiwi M. Exchange bias theory. Journal of Magnetism and Magnetic Materials, 2001, 234: 584-595.

[145] Radu F, Zabel H. Exchange bias effect of ferro-/antiferromagnetic heterostructures//Zabel H, Bader S D, Magnetic Heterostructures. vol. 227. Berlin: Springer, 2008, 97-184.

[146] Bibes M, Barthélémy A. Multiferroics: Towards a magnetoelectric memory. Nature Materials, 2008, 7: 425-426.

[147] Béa H, Bibes M, Cherifi S, et al. Tunnel magnetoresistance and robust room temperature exchange bias with multiferroic $BiFeO_3$ epitaxial thin films. Applied Physics Letters, 2006, 89: 242114-3.

[148] Dho J H, Qi X D, Kim H, et al. Large electric polarization and exchange bias in multiferroic $BiFeO_3$. Advanced Materials, 2006, 18: 1445-1448.

[149] Martin L W, Chu Y H, Zhan Q, et al. Room temperature exchange bias and spin valves based on $BiFeO_3/SrRuO_3/SrTiO_3/Si$ (001) heterostructures. Applied Physics Letters, 2007, 91: 172513.

[150] Béa H, Bibes M, Ott F, et al. Mechanisms of exchange bias with multiferroic $BiFeO_3$ epitaxial thin films. Physical Review Letters, 2008, 100: 017204-4.

[151] Malozemoff A P. Heisenberg-to-Ising crossover in a random-field model with uniaxial anisotropy. Physical Review B, 1988, 37: 7673-7679.

[152] Malozemoff A P. Mechanisms of exchange anisotropy. Journal of Applied Physics, 1988, 63: 3874-3879.

[153] He Q, Yeh C H, Yang J C, et al. Magnetotransport at domain walls in $BiFeO_3$. Physical Review Letters, 2012, 108: 067203.

[154] Allibe J, Fusil S, Bouzehouane K, et al. Room temperature electrical manipulation of giant magnetoresistance in spin valves exchange-biased with $BiFeO_3$. Nano Letters, 2012, 12: 1141-1145.

[155] Wang C. Characterization of spin transfer torque and magnetization manipulation in magnetic nanostructures, vol. 3531076, Ann Arbor: Cornell University, 2012, 308.

[156] Stiles M D, McMichael R D. Model for exchange bias in polycrystalline ferromagnet-antiferromagnet bilayers. Physical Review B, 1999, 59: 3722-3733.

[157] Schulthess T C, Butler W H. Consequences of spin-flop coupling in exchange biased films. Physical Re-

view Letters, 1998, 81: 4516-4519.

[158] Yu P, Lee J S, Okamoto S, et al. Interface ferromagnetism and orbital reconstruction in $BiFeO_3$-$La_{0.7}Sr_{0.3}MnO_3$ heterostructures. Physical Review Letters, 2010, 105: 027201.

[159] Borisevich A Y, Chang H J, Huijben M, et al. Suppression of octahedral tilts and associated changes in electronic properties at epitaxial oxide heterostructure interfaces. Physical Review Letters, 2010, 105: 087204.

[160] Wu S M, Cybart S A, Yu P, et al. Reversible electric control of exchange bias in a multiferroic field-effect device. Nature Materials, 2010, 9: 756-761.

[161] Wu S M, Cybart S A, Yi D, et al. Full electric control of exchange bias. Physical Review Letters, 2013, 110: 067202.

[162] Huijben M, Yu P, Martin L W, et al. Ultrathin limit of exchange bias coupling at oxide multiferroic/ferromagnetic interfaces. Advanced Materials, 2013, 25: 4739-4745.

[163] You L, Lu C, Yang P, et al. Uniaxial magnetic anisotropy in $La_{0.7}Sr_{0.3}MnO_3$ thin films induced by multiferroic $BiFeO_3$ with striped ferroelectric domains. Advanced Materials, 2010, 22: 4964-4968.

[164] You L, Wang B M, Zou X, et al. Origin of the uniaxial magnetic anisotropy in $La_{0.7}Sr_{0.3}MnO_3$ on stripe-domain $BiFeO_3$. Physical Review B, 2013, 88: 184426.

[165] Sichel R J, Grigoriev A, Do D-H, et al. Anisotropic relaxation and crystallographic tilt in $BiFeO_3$ on miscut $SrTiO_3$(001). Applied Physics Letters, 2010, 96: 051901.

[166] Kim T H, Baek S H, Jang S Y, et al. Step bunching-induced vertical lattice mismatch and crystallographic tilt in vicinal $BiFeO_3$(001) films. Applied Physics Letters, 2011, 98: 022904.

[167] Balke N, Choudhury S, Jesse S, et al. Deterministic control of ferroelastic switching in multiferroic materials. Nature Nanotechnology, 2009, 4: 868-875.

[168] Seidel J, Maksymovych P, Batra Y, et al. Domain wall conductivity in La-doped $BiFeO_3$. Physical Review Letters, 2010, 105: 197603.

[169] Farokhipoor S, Noheda B. Conduction through 71° domain walls in $BiFeO_3$ thin films. Physical Review Letters, 2011, 107: 127601.

[170] Guo R, You L, Motapothula M, et al. Influence of target composition and deposition temperature on the domain structure of $BiFeO_3$ thin films. AIP Advances, 2012, 2: 042104.

[171] Baek S H, Jang H W, Folkman C M, et al. Ferroelastic switching for nanoscale non-volatile magneto-electric devices. Nature Materials, 2010, 9: 309-314.

第 24 章　基于磁电耦合效应的电控磁性研究

龚士静　段纯刚

控制磁性介质的磁化方向是实现磁性存储的关键技术。在未来信息存储器件走向小型、高速、高密、低功耗的大趋势下，磁性控制已从早期单一的外磁场控制发展为现在的热辅助磁控制以及自旋电流控制等多种手段，而和现代半导体工艺兼容的电控磁性技术更是被视为解决未来微纳器件发展矛盾的重要手段。电控磁性能得以实现的物理基础就是磁电耦合效应。狭义地讲，磁电耦合效应指的是表征介质磁学性质和介电性质的序参量，即磁化强度(M)和电极化强度(P)之间存在耦合作用；而广义地讲，任何由于外加电场(磁场)对材料磁学(电学)性质的改变都可以理解为磁电效应。如对磁性金属薄膜施加外电场，磁电耦合可通过自旋相关的屏蔽效应实现；而在非磁性材料中，磁电耦合可以通过自旋轨道耦合作用实现。由于磁电耦合效应的存在，可通过外加电场实现对介质磁性(自旋)的调控，新一代的全电学自旋器件也随之应运而生。

本章将主要介绍基于磁电耦合效应的电控磁性研究成果，内容包括多铁体中的电控磁性、基于 Rashba 自旋轨道耦合作用的电控自旋、电控磁各向异性等，最后介绍一些颇具应用前景或研究价值的广义磁电效应。

24.1　多铁体中的电控磁性

24.1.1　BiFeO₃中的电控磁性

多铁体是指同时具有两种或两种以上铁性[铁电性、铁磁性(反铁磁性)、铁弹性或铁涡性]特征的材料[1]。其中，$BiFeO_3$(BFO)是最受关注的单相材料[2, 3]。BFO 同时具有铁电性和反铁磁性，并且其铁电相变温度与反铁磁相变温度都远高于室温(T_C约 1100K，T_N约 643K)。室温下 BFO 由立方钙钛矿结构发生高度畸变而形成三方相[4]，空间群为 $R3c$。由于 BFO 的极化指向[111]方向，这就导致其存在三种铁电畴(71°、109°和 180°)[5]。BFO 具有 G 型反铁磁结构，在[111]方向上是反铁磁有序，在[111]平面内是铁磁有序，而且其铁磁面垂直于铁电极化方向[6]。近年来的研究指出，BFO 除具有较大的铁电极化强度之外，其反铁磁的亚晶格存在 Dzyaloshinskii-Moriya 相互作用，即相邻的具有不同方向磁矩的平面，其相对夹角并非 180°，而是有微小角度的倾斜，具有螺旋周期结构[7]。虽然 BFO 的反铁磁结构在一定程度上局限了其实际应用，然而，作为迄今为止最受关注的多铁体，它仍具有极高的研究价值。

通过压电响应力显微术(piezoresponse force microscopy，PFM)可以研究铁电畴，利用光发射电子显微术(photo-emission electron microscopy，PEEM)可以研究反铁磁畴，因此将两种显微技术相结合可以观察到 BFO 中铁电性和反铁磁性之间的耦合关系。图 24.1(a)(b)分别给出施加电场前后在 SrTiO₃(STO) [001]衬底上 BFO 薄膜的平面 PFM 图像，从中可明显地观察到 3 种颜色转变(如图中箭头所示)，通过对比铁电极化翻转前后的平面 PFM 图像，可以确定 BFO 薄膜的铁电畴结构是由 4 种不同极化(如图中空心圆圈所示)来表征。在 BFO 中实现电控磁性主要依赖于控制铁电极化的能力，为了能在局部内翻转 BFO 薄膜的铁电极化，可以在导电原子力显微镜探针上施加直流偏压并进行局部扫描。如图 24.1 所示，在平面 PFM 图像中能观察到当极化方向翻转时，有 3 种可能的转换方向(71°、109°和 180°)[6, 8]，通过 PEEM 可以探测到在 BFO 铁电极化翻转前后其反铁磁畴也会出现相应的改变[9]，如图 24.1(c)(d)所示，这表明铁电畴和反铁磁畴是耦合在一起的。

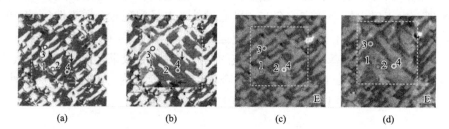

图 24.1　(a)(b)分别表示施加电场前后在 BFO/STO 薄膜中铁电畴的平面 PFM 图像，虚线矩形区域表示极化翻转区域(参见文献[8])；(c)(d)分别表示极化翻转前后相同区域内的 PEEM 图像(参见文献[9])

异质结中还可基于两种不同耦合作用间接实现电控磁性。[5]如图 24.2(a)所示，一方面多铁体的铁电性和反铁磁性之间存在磁电耦合关系，通过施加电场可以改变铁电极化进一步调控反铁磁结构；另一方面异质结界面处的铁磁层和反铁磁层之间存在交换偏置耦合。将磁电耦合和交换偏置耦合这两种机制结合起来可实现电场调控铁磁性，为电控磁性提供了一种新的途径。2008 年 Chu 等[10]采用 PFM 和 PEEM 研究了 CoFe/BFO 之间的交换耦合现象。如图 24.2(b)所示，改变不同类型态的铁电畴壁，CoFe/BFO 矫顽场相对于 CoFe 合金有着明显的提高，或磁滞回线有明显的偏移现象，而且施加电场之后 CoFe 的磁矩可翻转 90°，这就实现了利用电场控制局域磁性的目的。

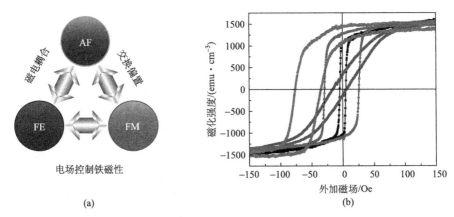

(a)　　　　　　　　　　　　　(b)

图 24.2（另见彩图）　（a）电场控制铁磁性示意图。（b）界面处 CoFe 和 BFO 的交换作用
导致 CoFe 的矫顽场增强（红色和蓝色分别对应平行和垂直复合薄膜生长方向上的磁滞
回线），或者产生交换偏置（绿色曲线）；黑色曲线对应 CoFe 直接生长在 SrTiO$_3$（001）
衬底上的磁滞回线（参见文献[10]）

进一步地，2011 年 Heron 等[11]研究发现在 CoFe/BFO 异质结中 CoFe 磁矩
在电场调控下可翻转 180°。他们在实验中精确控制铁电畴的形成，使得 71°铁电
畴在空间均匀交错排列，由于上面提到的 BFO 中电极化和铁磁面的耦合及界面
的交换偏置耦合作用，使得相邻电畴的净极化方向在平面上的投影和铁磁层的净
磁化方向在平面上的投影一致，如图 24.3（a）所示。施加电场之后相邻两种不同
的条纹（铁电畴）中的极化都发生 71°的旋转（在平面上看一个畴顺时针翻转 90°，

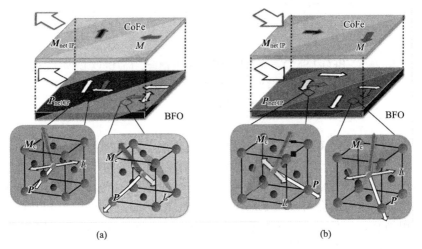

(a)　　　　　　　　　　　　　(b)

图 24.3　CoFe/BFO 异质结的界面处铁电性、反铁磁性和铁磁性之间的相互耦合实现了
室温条件下用电场实现磁矩翻转 180°。（a）施加电场前；（b）施加电场后（参见文献[11]）

另一个畴逆时针翻转 90°)，使得在平面上总的铁电极化翻转 180°，而与之对应的 CoFe 铁磁层也随之翻转了 180°。这是首次在室温条件下用电场实现磁矩翻转 180°，这一发现在电控磁性领域具有里程碑的意义。

与 CoFe/BFO 不同的是，BFO/La$_{0.7}$Sr$_{0.3}$MnO$_3$(LSMO)异质结只在界面少数几层 BFO 会诱导出铁磁有序[12]，这可能是因为在界面处 Mn 和 Fe 的磁交换作用大于 Fe 和 Fe 的磁交换作用，导致界面处的自旋态发生重构。为了确认这种猜测，Wu 等[13]设计了基于 BFO/LSMO 的铁电场效应器件。如图 24.4(a)所示，在 STO 衬底上生长 LSMO 作为底电极，再生长 BFO 薄膜形成异质结。当 BFO 铁电极化背离(指向)LSMO 的时候，由于受到金属层电场屏蔽作用，在界面处的空穴会增加(减少)，导致极化翻转前后薄膜的电阻出现较大的变化，这说明界面处的电子态出现了重构。Wu 等也研究了该异质结的磁输运特性。图 24.4(b)给出了异质结磁电阻曲线的峰值位置和矫顽场之间的关系。对于极化向上态，矫顽场和交换偏置场分别为 1220 Oe 和 240 Oe，当极化翻转时，其矫顽场提高到 1660 Oe，而交换偏置场下降到 120 Oe。由此可见，异质结界面的磁性耦合和轨道重组可以成为实现电控磁性的一种重要手段。

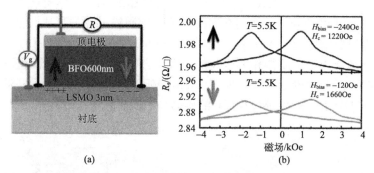

图 24.4　BFO/LSMO 异质结界面中的磁电耦合。(a)BFO/LSMO 铁电场效应器件的示意图，箭头代表 BFO 薄膜中的铁电极化方向；(b)BFO 铁电极化向上或向下时磁输运测试结果(参见文献[14])

近期的研究表明 BFO 在一定条件下会出现两个或多个结构的混相[15]，这源于外延应变的调控[16, 17]：对三方相 BFO 施加较大的双轴压应力，BFO 会变成类四方相，而且具有较大的 c/a 值[18]，而稳定的 BFO 是三方相，这就表明在特定的应变条件下可能会引起四方相和三方相的共存(这里指的三方相和四方相其实都是单斜相，只是一个更接近于三方结构，一个更接近于四方结构)，类似于现代压电材料中经典的同晶相界模型[19]。

随着 BFO 薄膜厚度的增加，外延应力逐渐弛豫，从而形成三方相和四方相交替排列的纳米结构。图 24.5(a)用 PFM 给出了表面形貌，三方相和四方相的

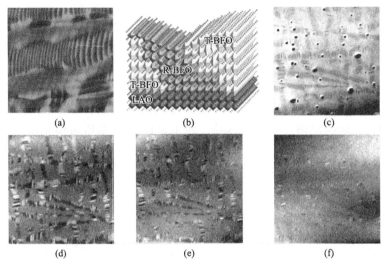

图 24.5　应变导致 BFO 出现三方-四方混相。(a)用 PFM 观察到 BFO 混相
薄膜的表面形貌，条纹状的区域代表三方和四方相的共存；(b)从横断面上
看 BFO 混相示意图，受到四方相的作用，使得三方相高度扭曲；(c)薄膜
形貌的 PEEM 图像；(d)～(f)在不同温度下的 PEEM 图像(室温，125℃ 和
175℃)，利用圆偏振 X 射线可以得到高度扭曲的三方出现较强的磁信号，
其磁信号的转变温度在 175℃ 左右(参见文献[20])

特征尺度为 20～40nm，形成了相互独立的条纹区域。2011 年 He 等[20]通过对比
同晶相界、三方相和四方相，发现在同晶相界处可以通过 X 射线磁圆二色(X-
ray magnetic circular dichroism，XMCD)吸收谱发现铁磁信号。采用左旋和右旋
极化的 X 射线可以探测到 $Fe^{3+}L_{2,3}$ 峰的 X 射线吸收谱。在 BFO 的三方和四方混
相处可以观察到较为明显的 XMCD 光谱，这表明混相 BFO 的磁信号有着明显的
提高。为了探索磁性增强的微观起源，可以利用具有一定掠入射角的左旋和右旋
极化的 X 射线得到 PEEM 空间分辨率图像。为了提高不同磁信号的差异，并且
消除来自表面形貌带来的影响，这里采用两种比例图来说明问题。从图 24.5(c)
通过左旋极化的 X 射线所给出的 PEEM 图像中可以看出主要的形貌区别。图像
的暗区是混合相的凹进部分，亮区是磁信号加强部分。如图 24.5(d)所示，
XMCD 揭示了内在的磁信号差别，并出现了亮或暗条纹图形，这说明这些条纹
里的磁矩平行或是反平行于入射的 X 射线。相对于样品法向旋转样品，通过分
析 XMCD 信号可以得到这些条纹里的局域磁矩方向是平行于其长轴的，而且通
过一系列的变温 PEEM 图像[图 24.5(d)～(f)]，可以看到对比度的颜色随着温
度的升高而下降，在 175℃ 时磁性相会逐渐消失，而且当样品温度下降时条纹处

的 XMCD 对比色特征又会重新出现,所以通过 PEEM 图像,可以发现在四方相调制下,高度扭曲的三方相[图 24.5(b)]中会出现磁信号,这可能是一种压磁效应或是由于三方相反铁磁的倾角增加所导致的。在这种混合相条纹区域内的磁矩能通过施加电场来翻转,从而实现电控磁性。

24.1.2　其他多铁异质结中的电控磁性

复杂氧化物的晶格、自旋、电荷、轨道之间存在强烈的相互作用[21],这给我们提供了多种电控磁性的手段。这类材料的典型代表是掺杂的 Mn 氧化物,其化学掺杂以及体系磁性与电性的相图非常复杂[22, 23]。掺杂的 Mn 氧化物具有赝立方的钙钛矿结构 $AMnO_3$,其中 A 位被较大的阳离子(碱土或者稀土原子)所占据,具有 12 个最近邻离子,Mn 离子占据八面体的中心,在母体 $LaMnO_3$ 中,Mn 离子具有 3+价态,用二价碱土原子掺杂 La 位可以消除 Mn 离子的 e_g 电子,从而有效地增加了体系的空穴浓度。载流子的浓度在调节体系的磁性和电性方面起到关键的作用,并导致体系具有复杂的掺杂相图[24, 25]。对于 LSMO 体系,其掺杂比例系数正好在金属–绝缘体相变附近[26, 27],通过外延生长 $Pb(Zr_{0.2}Ti_{0.8})O_3$(PZT)/LSMO 异质结,图 24.6(a)给出了体系的磁电响应,利用电场翻转铁电极化使得饱和磁化出现较大的变化,并出现高低磁矩之间的转变。PZT/LSMO 异质结中的磁电响应可以用有效的磁电系数来表示 $\Delta M/\Delta E = \Delta M/2E_c$。其中,$E_c$ 表示电滞回线的矫顽场。在 100 K 的时候,磁电系数 6.2×10^{-3} Oe·cm·V^{-1} 是普通单相磁电系数的 2～3 倍,如图 24.6(b)所示,在 150K 左右磁电信号出现反作用,在 180K 左右磁电响应达到最大值,此时磁电系数达到-13.5×10^{-3} Oe·cm·V^{-1},在磁性的转变临界点,PZT 两个极化态所对应的 LSMO 磁矩差别最大[28],而且在临界温度附近 $\Delta M/\Delta E$ 达到峰值,表现出最大的磁电响应,且在较高温度范围内依然保持有较大的磁电效应,需要特别指出的是不同的掺杂量会改变临界温度。在 PZT/LSMO 异质结中,对于 4.0nm 厚的 LSMO 薄膜在 35K 时能够观察到其磁电阻出现了较大的变化[29],而对于 3.8nm 厚的 LSMO 薄膜在 50K 时类似的变化方才出现[26],说明厚度对磁电响应有一定的影响。

改变 PZT 极化态再利用 X 射线吸收光谱可以直接观察 LSMO 中 Mn 离子的价态变化。图 24.6(c)给出了 LSMO 中磁电效应和电子价态之间的关系[27],理论预言的 Mn 离子价态变化要远远小于实际测试值,这说明在实际情况中不仅 Mn 离子价态发生变化,还存在界面自旋态的重构。如图 24.6(d)所示,当 PZT 的极化指出界面时(即累积态)LSMO 中 Mn 离子 3 d_{z^2} 态显著减少,直接导致 3d 轨道之间的双交换作用减弱,从而诱导超交换作用,使得界面处的 LSMO 处于反铁磁有序,该结论和第一性原理计算的结果是一致的[30];当 PZT 的极化指向

界面时(即耗尽态),铁磁态要比反铁磁态稳定。此外对于 LSMO/BaTiO₃(BTO)
体系[31, 32],在界面处也存在反铁磁和铁磁有序之间的竞争。Dong 等[33]利用模
型哈密顿量方法也得到类似的结论:铁电场效应会影响不同磁有序之间的竞争,
通过电场调控铁电相的两个极化态可以调制界面处的磁有序结构,从而使磁矩出
现较大的变化,因此可以在体系中实现电控磁性。更进一步,施加电场还可调节
LSMO 异质结的磁输运特性[34]。

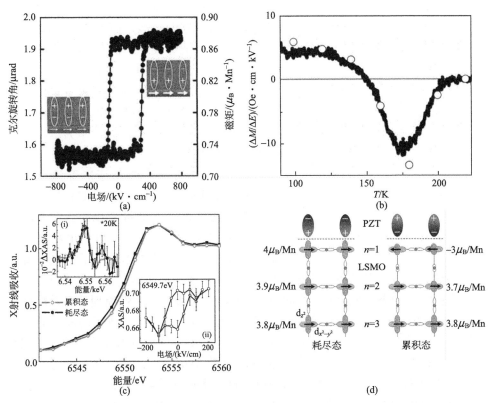

图 24.6 (a)PZT/LSMO 异质结的磁电响应;(b)磁电耦合系数 $\Delta M/\Delta E$ 和温度的关系(参
见文献[28]);(c)不同的 PZT 极化态和 X 射线吸收光谱的关系,小图(i)是差别较大区域
的放大部分,小图(ii)是在 300K 下固定光子能量(6579.7 eV)得到的电场和 XAS 的关系;
(d)在 PZT/LSMO 界面处电荷和磁序之间的关系(参见文献[27])

在场效应器件结构中利用磁光克尔效应磁强计和超导量子干涉仪已经直接测
试到 La₀.₈₅Ba₀.₁₅MnO₃(LBMO)/PZT 异质结体系中磁有序结构和外加电场之间
的关系[35]。在室温下 LBMO 的磁滞回线会随着 PZT 极化翻转有着较大变化,
即在这种体系中当极化从指出 LBMO 翻转到指向 LBMO 时,磁矩会变小,这个
趋势和 PZT/LSMO 体系正好相反,这说明不同的掺杂元素,其磁性转变机理是

不一样的。

　　电控磁性领域中磁性的变化也能导致电子输运表现出较大的差异，磁输运现象有多种表现形式。例如，磁电阻、反常霍尔效应和平面霍尔效应通过铁电场效应可以调节电荷载流子的浓度，进而表征铁磁层的磁性质。在多铁异质结中，铁电和铁磁构成的复合材料在界面输运领域具有很大的应用空间，2011 年 Burton 和 Tsymbal[36]通过第一性原理计算研究了 BTO/LSMO 多铁隧道结，发现隧道结中的电荷转移可以引起输运特性的变化，并导致不同的导电特性，而 LSMO 界面处不同的导电特性能够反映出截然不同的磁有序结构。在普通的磁性隧道结中是以上下铁磁电极之间的介电材料作为隧穿势垒层的，还有一种铁电隧道结，其隧穿势垒层是由铁电材料组成，两边用非磁性材料作为电极，铁电极化发生翻转，会导致电阻发生较大的改变(即电致隧穿电阻，类似于隧穿磁电阻)。电致隧穿电阻效应是由 3 种不同机制引起的：①电荷屏蔽作用及其能带变化；②在界面处原子成键的变化；③应变。以铁电材料作为隧穿势垒层，铁磁材料作为上下电极，就能

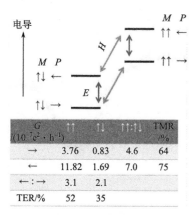

G /(10^{-7} e^2·h^{-1})	↑↑	↑↓	↑↑:↑↓	TMR /%
→	3.76	0.83	4.6	64
←	11.82	1.69	7.0	75
←:→	3.1	2.1		
TER/%	52	35		

图 24.7　复合多铁性隧道结 SRO/BTO 的四态现象(参见文献[37])

形成多铁隧道结，同时利用铁电的极化翻转和铁磁的磁矩翻转或能做成具有断电非易失性能的四态存储器件。2009 年 Velev 等[37]通过第一性原理计算首次证实 $SrRuO_3$(SRO)/BTO 异质结是典型的多铁隧道结，通过给出体系的隧穿磁电阻系数和电致隧穿电阻系数，他们发现这种材料的电致隧穿电阻在不同的铁电和铁磁组态下存在四个显著不同的值，图 24.7 清晰地给出了四态性质，即分别翻转 BTO 的铁电极化方向或是 SRO 的磁矩方向，就能得到 4 种不同的电阻态。

　　界面磁电耦合也是电控磁性的研究热点之一，铁电薄膜的状态会对金属薄膜的物性产生影响。2006 年 Duan 等[38]通过第一性原理计算发现在铁电体(BTO)和 3d 过渡金属(Fe)的复合结构中[图 24.8(a)]存在较强的磁电耦合效应。这种磁电耦合机制起源于在界面处钛酸钡和铁原子间的杂化成键。原本非磁性的钛和氧原子被诱导出磁矩，而界面铁原子的磁矩也相对于体内铁原子的磁矩增大。这种诱发磁矩与 Fe-Ti 成键度有关[图 24.8(b)]，而且不同的铁电极化指向所诱导的磁矩也是不同的，这就实现了电控磁性。值得一提的是，其磁电耦合系数可以达到 0.01 G·cm·V^{-1}这个量级，接近于用机械关联实现磁电耦合的复合型多铁体 $BTO/CoFe_2O_4$ 的耦合系数[39]，这种界面磁电耦合在提出 4 年之后得到实验的验证，2010 年 Garcia 等[40]在实验中发现了在 Fe/

BTO/LSMO 异质结中,当施加电场翻转 BTO 的铁电极化方向时,其隧穿磁电阻有着较大的变化,这是因为在铁电极化的调制下 Fe/BTO 界面处自旋载流子极化态会发生明显的改变。

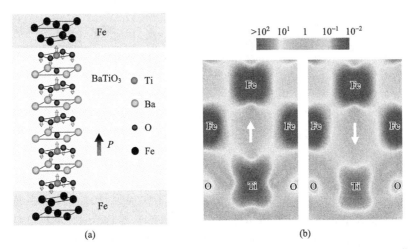

图 24.8　(a)BTO/Fe 的复合结构,其中 BTO 处于极化状态,长箭头标志极化状态,小箭头表示原子相对位移;(b)BTO/Fe 界面处少数自旋态的电荷密度:左图表示极化向上,右图表示极化向下。其中,Fe、O 和 Ti 附近的电荷密度变化(这里也代表了自旋密度)反映了 Fe-Ti-O 成键的强度变化(参见文献[38])

　　界面处机械应变是实现电控磁性的另一种有效手段[41],这是一种间接的磁电耦合现象:施加电场通过逆压电效应可以使铁电材料发生应变,并通过界面传递给磁性材料,进一步通过压磁效应(磁致伸缩的逆效应)改变材料的磁性。这里弹性应变在耦合电性和磁性中起到非常关键的作用,很多研究已经确认在铁电/铁磁复合材料中这种由应变效果诱导的磁电耦合是非常大的,有以下 3 种经典的模型[42],如图 24.9 所示:①颗粒型复合,即在铁电薄膜中嵌入铁磁纳米颗粒,界面应变在纳米颗粒的边界处相互传递;②柱状复合,即铁磁薄膜以柱状形式嵌套在铁电薄膜里,应变在垂直接触面上传递;③层状复合,即通过外延交替生长铁磁层和铁电层,应变在水平接触面上传递。

　　颗粒型复合材料是最早被发现具有磁电耦合效应的复合体系[43]。在合适的生长条件下,磁性颗粒可以嵌入铁电材料,这种结构的优点在于提高了铁电材料和铁磁材料的接触面积,使得两相之间有更好的应变传递。虽然颗粒型复合材料具有较高的磁电耦合系数,但是其制备起来比较困难。柱状复合材料是在垂直方向上沉积纳米柱,这种结构的磁电耦合效果更好,有效地减少了水平方向上衬底对铁电和铁磁材料的应变干扰,这种方法首先通过脉冲激光沉积技术在 BTO/

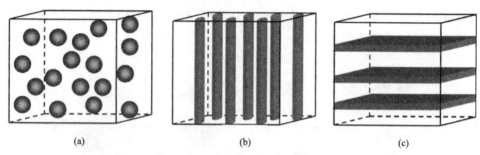

图 24.9 复合材料之间连接方式。(a)颗粒型复合；
(b)柱状复合；(c)层状复合(参见文献[42])

$CoFe_2O_4$结构中实现[39]，当电场翻转 BTO 铁电极化方向时，再通过 PFM 和 PEEM 可以观察到 $CoFe_2O_4$ 纳米柱的磁性出现了明显变化。这种自组装结构最大的特点是能够生长大尺度的纳米结构，但其弊端是难以获得长程有序的材料。现在被广泛研究的是层状复合材料，通过在铁电衬底上生长磁性薄膜，这种结构不仅可以大规模生长而且具有长程有序。这里的磁性材料包括了金属薄膜(Fe，Ni 和 Fe-Ni 合金)或是氧化物薄膜(Fe_3O_4，$CoFe_2O_4$，$NiFe_2O_4$ 和 LSMO)，铁电衬底包括了单晶或是多晶 BTO，PZT 和 $Pb(Mg, Nb)O_3$-$PbTiO_3$(PMN-PT)。通过改变电场来得到磁滞回线，达到静态磁电耦合的效果，在这个过程中电场诱导应变导致磁致伸缩，最终使得磁性发生了改变，因此电场调控磁性可以通过应变调制来实现。

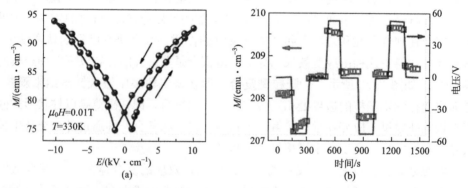

图 24.10 (a)用 VSM 测试 PMN-PT(001)单晶上生长的 LSMO 薄膜磁矩和电场之间的关系(在 0.01T 和 330K 条件下得到的磁矩)，箭头表示电场的脉冲信号(参见文献[44])；
(b)在0.05T 的磁场下随着时间的变化 PMN-PT 衬底上 $CoFe_2O_4$ 薄膜的平面磁矩和电压脉冲信号之间的关系，空心正方形代表磁性，实线表示电压脉冲(参见文献[45])

Thiele 等[44]在 PMN-PT 单晶衬底上生长了 LSMO 薄膜，实现了层状结构。PMN-PT 单晶是一种很好的压电材料，通过施加电场能够使得 PMN-PT 单晶衬底在水平方向上产生一个压应变，在室温中利用 M-E 回线得到电控磁性，如图 24.10(a)所示，蝴蝶状的 M-E 回线和 PMN-PT 压电曲线的趋势是保持一致的，这说明 PMN-PT 的应变很好地传递到 LSMO 薄膜中。计算得到的磁电耦合系数能达到 $0.06\text{Oe} \cdot \text{cm} \cdot \text{V}^{-1}$，表明 PMN-PT/LSMO 复合材料具有明显磁电响应。Yang 等[45]在 PMN-PT(001)单晶衬底上生长了 Fe_3O_4 和 $CoFe_2O_4$ 薄膜，在电场的作用下 PMN-PT 会出现电致伸缩效应，并导致磁性材料的磁矩有着蝴蝶状的变化，这表明在电场作用下 $CoFe_2O_4$/PMN-PT 异质结中磁各向异性有着明显改变，这种改变主要来源于应变调制的磁电耦合作用。此外，如图 24.10(b)所示，在磁性薄膜中出现了高低磁信号转变。Brandlmaier 等[46]在 Fe_3O_4/PZT 异质结中发现应力的改变会诱导 Fe_3O_4 磁各向异性的变化，导致其磁化易轴发生较大的偏转(17°)，最终导致磁信号出现明显变化。

24.1.3　多铁体中电控磁性的其他表现形式

广义上，电控磁性不仅包括调控磁矩，而且包括磁各向异性、交换偏置、自旋输运、磁有序、磁畴和磁转变温度等，这就为电控磁性提供了更多的选择手段。

2012 年 Ding 和 Duan[47]证实在类四方相 BFO 中电场能调控磁有序，他们的第一性原理计算研究表明，对于[001]极化方向的 BFO，在平面晶格常数为 3.91Å 附近其磁结构会从 C 型反铁磁(平面呈反铁磁有序，平面间呈铁磁有序)向 G 型反铁磁(平面呈反铁磁有序，平面间也呈反铁磁有序)发生转变，这种磁有序之间的转变可以用双轴应变作用下海森伯交换积分常数 J_{1c} 和 J_{2c} 之间的竞争来解释。通过施加电场改变 BFO 的铁电极化方向，这至少伴随着两种效应对体系的磁性相互作用所产生的影响。第一种变化是原胞的 c/a 值，第二种变化是 Fe 原子和邻近的 O 原子之间的成键。这两种效应会导致海森伯交换积分有着明显的变化，并最终引起磁有序发生转变。图 24.11 阐述了磁有序伴随着晶格常数和极化方向的变化而发生改变的情况。因此在类四方相 BFO 中有可能通过施加电场来改变其极化方向，进一步影响其磁有序。通过计算估计晶格常数在 3.87Å 附近，对[111]方向上施加 0.01MV/cm 强度的电场就能够实现极化从[001]到[111]方向上的旋转，使得磁有序从 C 型反铁磁向 G 型反铁磁转变。磁有序的转变可以影响很多磁性材料的物理量，最重要意义在于磁性薄膜的自旋输运(或自旋隧穿)会发生改变。例如，C 型和 G 型反铁磁态在 z 方向上的自旋输运性质截然不同(图 24.11 中的小图给出了磁有序示意图)，这就可以用电场来改变反铁磁薄膜的磁电阻，从而达到记录信息的目的，为多铁体的应用提供了一个崭新的方向。

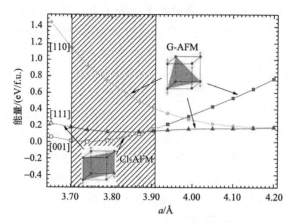

图 24.11　在不同衬底晶格常数下 BFO 不同极化方向所对应的能量,方块表示[001]方向,三角表示[111]方向,圆圈表示[110]方向,直线和虚线分别表示 G 型和 C 型反铁磁,小图是不同磁有序的示意图,阴影部分表示通过电场可以控制 G 型和 C1 型反铁磁之间的变化(参见文献[47])

24.2　基于 Rashba 自旋轨道耦合作用的电控自旋

在非磁性材料中,自旋轨道耦合是最重要的与自旋相关的相互作用。目前已经证实,电子的自旋状态可以由自旋轨道耦合作用来控制,不需要利用磁性材料或外加磁场,这使全电学方法控制自旋器件成为可能,自旋轨道耦合作用也因此引起人们极大的兴趣与关注。

24.2.1　自旋轨道耦合作用简介

自旋轨道耦合作用是一种相对论效应。在固体中,高速运动的电子的能量会因自旋轨道耦合作用有所修正,单电子近似的哈密顿量写为

$$H = \frac{p^2}{2m_0} + V_0(r) + \frac{\hbar}{4m_0^2 c^2} \sigma \cdot \nabla V_0(r) \times p \tag{24.1}$$

式(24.1)右边最后一项为自旋轨道耦合作用,它描述的是动量为 p、自旋为 σ 的电子在电场 $V_0(r)/e$ 中做轨道运动时感受到的有效磁场的作用。具有较高原子序数的原子,其周围的电子具有更高的运动速度,因此通常具有更强的自旋轨道耦合作用。

固体中反演不对称的主要来源可分成两种:体材料反演不对称和结构反演不对称。前者由于晶体结构缺乏反演中心,如闪锌矿结构;后者普遍存在于表面或

界面体系，如金属薄膜表面或半导体异质结界面。体材料反演不对称导致的自旋轨道耦合作用称为 Dresselhaus 自旋轨道耦合。三维体材料自旋轨道耦合表达式[48]为

$$H_{\mathrm{D}}^{\mathrm{bulk}} = \gamma_0 \left[\sigma_x p_x (p_y^2 - p_z^2) + \sigma_y p_y (p_z^2 - p_x^2) + \sigma_z p_z (p_x^2 - p_y^2) \right] \quad (24.2)$$

式中，γ_0 为耦合系数。如果我们考虑 [001] 方向生长的足够窄的量子阱结构，在最低子带中对子带波函数做平均 Dresselhaus 自旋轨道耦合变为：$H_{\mathrm{D}} = \beta_{\mathrm{D}}((\sigma_y p_y - \sigma_x p_x) + \gamma_0 (k_x k_y^2 \sigma_x - k_y k_x^2 \sigma_y))$。其中，$\beta_{\mathrm{D}} = \gamma_0 \langle k_z^2 \rangle$[49]。对于低密度的电子系统，动量的高阶项可以忽略，Dresselhaus 哈密顿量变为

$$H_{\mathrm{D}} = \beta_{\mathrm{D}}(\sigma_y p_y - \sigma_x p_x)$$

在纳米结构中还存在空间反演破缺导致的自旋轨道耦合作用，Bychkov 和 Rashba 最早指出这种自旋轨道耦合[50]，因此这种由材料的结构反演不对称引起的自旋轨道耦合作用称为 Rashba 自旋轨道耦合，它通常存在于材料的表面或者两种材料的接触界面。Rashba 哈密顿量如方程(24.3)所示：

$$\boldsymbol{H}_{\mathrm{R}} = \frac{\alpha}{\hbar} (\boldsymbol{\sigma} \times \boldsymbol{p}) \cdot \hat{z} \quad (24.3)$$

式中，$\boldsymbol{\sigma}$ 为泡利算符；α 为 Rashba 自旋轨道耦合强度[50]。一维情况下，Rashba 自旋轨道耦合的哈密顿量

$$\boldsymbol{H}_{\mathrm{R}} = \begin{bmatrix} \dfrac{\hbar^2 k_x^2}{2m} & \mathrm{i}\alpha k_x \\ -\mathrm{i}\alpha k_x & \dfrac{\hbar^2 k_x^2}{2m} \end{bmatrix} \quad (24.4)$$

通过对角化，得到能量本征值

$$\boldsymbol{E}(k) = \frac{\hbar^2 k_x^2}{2m} \pm \alpha k_x \quad (24.5)$$

由方程(24.5)所描述的本征值可知，Rashba 自旋轨道耦合作用可导致简并的自旋态发生左右劈裂。图 24.12 给出了一维体系中自旋劈裂能带示意图。其中，(a)为上下自旋简并的情况，(b)为 Rashba 自旋轨道耦合所导致的自旋左右劈裂，(c)为铁磁交换作用下自旋劈裂，(d)为 Rashba 自旋轨道耦合与铁磁交换共同作用的自旋劈裂。

对于价带的空穴而言，还有一个重要的自旋轨道耦合，即 Luttinger 哈密顿量所包含的自旋轨道耦合。在闪锌矿结构的 III-V 族半导体中，Luttinger 哈密顿量可以写成：

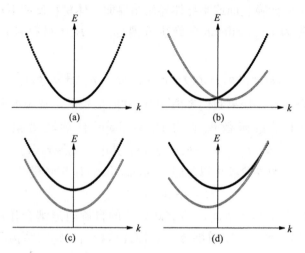

图 24.12　电子能带结构示意图。(a)上下自旋简并；
(b)Rashba自旋轨道耦合作用下的自旋劈裂；(c)铁磁交换
作用下的自旋劈裂；(d)Rashba 自旋轨道耦合与铁磁交换
劈裂共同作用下的自旋劈裂

$$\boldsymbol{H}_{\mathrm{L}} = \begin{bmatrix} P+Q & L & M & 0 \\ L^* & P-Q & 0 & M \\ M^* & 0 & P-Q & -L \\ 0 & M^* & -L^* & P+Q \end{bmatrix} \tag{24.6}$$

式中，

$$P = \frac{\gamma_1}{2m_0} k^2$$

$$Q = \frac{\gamma_2}{2m_0} (k_x^2 + k_y^2 - 2k_z^2)$$

$$L = -\frac{\sqrt{3}\gamma_3}{2m_0} (k_x - \mathrm{i}k_y) k_z \tag{24.7}$$

$$M = -\frac{\sqrt{3}}{2m_0} \left[\gamma_2 (k_z^2 - k_y^2) - 2\mathrm{i}\gamma_3 k_x k_y \right]$$

式中，γ_1、γ_2、γ_3 被称为 Luttinger 参数。在球形近似下，Luttinger 哈密顿量可以写成一个更简略的形式：

$$H_{\mathrm{L}} = \frac{\hbar^2}{2m_0} \left[(\gamma_1 + \frac{5}{2}\bar{\gamma}_2) k^2 - 2\bar{\gamma}_2 (k \cdot J)^2 \right] \tag{24.8}$$

式中，$\bar{\gamma}_2 = (2\gamma_2 + 3\gamma_3)/5$。这里，各向异性项已经被忽略，空穴的能谱为

$$E_{\lambda_1/\lambda_2}(k) = \frac{k^2}{2m_0}(\gamma_1 \pm 2\bar{\gamma}_2) \tag{24.9}$$

式中，指标 $\lambda_1 = \pm\frac{1}{2}$ 和 $\lambda_2 = \pm\frac{3}{2}$ 表示空穴自旋。其中，λ_1 表示轻空穴，有效质量为 $m_0/(\gamma_1 + 2\bar{\gamma}_2)$；$\lambda_2$ 表示重空穴，有效质量为 $m_0/(\gamma_1 - 2\bar{\gamma}_2)$。

24.2.2　半导体材料中自旋轨道耦合效应

在各种自旋轨道耦合作用形式中，Rashba 自旋轨道耦合因其强度可由外加电场灵活调控而最受关注。关于 Rashba 自旋轨道耦合作用的研究最早始于半导体二维电子气，如 InGaAs/InAlAs，HgTe/CdTe 等异质结，生长方向成分的不对称导致界面存在陡峭的电势分布，界面处因此存在较强的内建电场，从而导致 Rashba 自旋轨道耦合作用。图 24.13（a）是半导体异质结 $In_{0.53}Ga_{0.47}As/$ $In_{0.52}Al_{0.48}As$ 界面电势分布，在异质结界面形成陡峭的三角形势垒；图 24.13（b）是根据 Shubnikov-de Haas(SdH) 振荡测量得到的栅电压对 Rashba 自旋轨道耦合强度的调控结果[51]。其中，α 为 Rashba 自旋轨道耦合强度，自旋劈裂能量 $\Delta_R = 2k_F\alpha$。图 24.13（b）结果显示，在 $In_{0.53}Ga_{0.47}As/In_{0.52}Al_{0.48}As$ 界面，栅电压从 -1.5 V 增至 2 V 时，Rashba 自旋轨道耦合强度与自旋劈裂能量都逐渐减小。

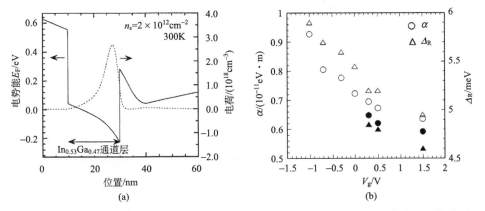

图 24.13　（a）半导体异质结 $In_{0.53}Ga_{0.47}As/In_{0.52}Al_{0.48}As$ 界面电势与电荷分布；（b）$In_{0.53}Ga_{0.47}As/In_{0.52}Al_{0.48}As$ 中，Rashba 自旋轨道耦合强度 α 与自旋劈裂能量 Δ_R 对栅极电压的依赖关系。图中空心圆与空心三角为拟合第一个拍频节点位置得到的结果；实心圆与实心三角为拟合第二个拍频节点位置得到的结果（参见文献[51]）

　　1990 年，普渡大学的 Datta 教授[52]提出了基于 Rashba 自旋轨道耦合调控的自旋场效应晶体管的理论模型。如图 24.14 所示，自旋场效应晶体管的基本结构是一个利用电子自旋的高迁移率晶体管。与传统的场效应晶体管一样，自旋场效应晶体管有一个源极和一个漏极，中间隔着一条狭窄的半导体通道。不同的是源极和漏极都采用铁磁材料，分别作为自旋极化端和检测端。源极发出的自旋极化电子进入半导体通道，通道是 III-V 族化合物半导体。由于 Rashba 自旋轨道耦合产生有效磁场 $B=\alpha E_z \times k$，其大小正比于栅电压 V_g 的大小，因此栅电压控制着通道中 Rashba 自旋轨道耦合强度。电子自旋在通过通道时会围绕着这个磁场进动，通过调节栅电压的大小，可以有效地改变自旋进动的空间周期，从而控制进入漏极的自旋取向。如果自旋电流到达漏极时，其自旋极化与漏极的磁性一致，自旋电流便畅通无阻。如果自旋电流到达漏极时，其自旋极化与漏极的磁性相反，界面阻值最大。

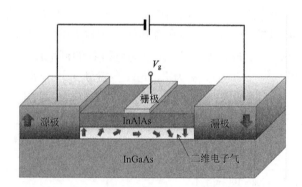

图 24.14　Datta-Das 自旋场效应晶体管。两端是铁磁
源极和漏极。V_g 代表栅极电压，用来控制通道中的
自旋轨道耦合强度(参见文献[52])

　　自旋场效应晶体管模型 1990 年已经提出，但至今仍未实现。目前实验上还面临着很多挑战，存在的问题之一是，自旋极化会因为散射的原因发生弛豫，导致其大小与相位都发生变化。此外，铁磁金属源极和沟道中半导体材料带间不匹配，导致由铁磁源极向通道注入自旋极化电子的效率非常低。虽然实现自旋场效应晶体管还面临着很多困难，但至今人们对自旋场效应晶体管仍然持有极高的研究兴趣，而且 Datta-Das 自旋场效应晶体管至今仍代表着自旋电子学领域最具吸引力的潜在应用。

　　自旋霍尔效应是利用自旋轨道耦合作用实现电控自旋的一个有力证据。20世纪 70 年代，苏联理论物理学家 Dyakonov 和 Perel 就已经指出，在电场的作用下，由于自旋轨道相互作用，行进中自旋向上和自旋向下的电子会朝相反的方向偏折，导致两种电子分别累积在导电样品的两侧，产生自旋堆积的现象[53]。1999 年 Hirsch[54]首次提出了自旋霍尔效应这一概念，图 24.15(a)是他们给出的自旋霍尔效应示意图。Hirsch 预言的自旋霍尔效应是由自旋相关的杂质散射引起的，因此被称为外禀自旋霍尔效应。Murakami 等在 2003 年提出的自旋霍尔效应是在三维 p 型半导体材料(如 Si、Ge、GaAs 等)内发现的，它来源于能带结构的自旋轨道耦合，因此被认为是内禀自旋轨道耦合[55]。2004 年 Sinova 等[56]提出了"无耗散"的内禀自旋霍尔流，并预言在高迁移率的二维电子气中，Rashba 自旋轨道耦合可导致垂直于电流方向的自旋流。

　　自旋霍尔效应很快在实验方面获得证实。图 24.15(b)是加利福尼亚大学的 Kato 等测量自旋霍尔效应的示意图[57]。他们分别对 n 型砷化镓(GaAs)和砷化铟镓(InGaAs)芯片进行测量，将线性偏振的激光束聚焦在半导体芯片上，然后以激光束扫描整个芯片，并且测量从每个位置反射回来的激光束的偏振方向。由自旋积累的区域反射回来的激光束，其偏振方向会发生偏转，此即所谓的克尔旋转。实验结果显示，在施加电场的情况下，样品两侧确实堆积了极化方向相反的自旋。结合后来的理论工作[58]，目前普遍认为 Kato 等实现的是外禀自旋霍尔效应占主导的效应。虽然观测到的效应很小，但是这个效应的存在实现了利用电场而非磁场来操控电子的自旋，全电学方法控制自旋也因此成为一个非常受关注的研究热点。

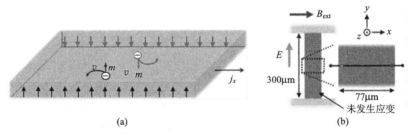

图 24.15　(a)自旋霍尔效应示意图(参见文献[53])；
(b) Kato 等测量自旋霍尔效应示意(参见文献[57])

　　随后，Wunderlich 等[59]也观察到自旋霍尔效应。他们测量的是 p 型砷化镓半导体，测量方法也有所不同。如图 24.16(a)所示，实验利用发光二极管(LED)中空穴与电子复合而产生的偏振光来探测通道两侧自旋的堆积情况。图 24.16(b)是 LED 截面示意图，电子从二维电子气向二维空穴气漂移，在 p 型层边界附近发生复合，两个 LED 分别测量通道两侧的偏振光，利用测量的偏振光可推测自旋极化。图 24.16(c)是改变入射电流的方向($+I_p$ 与 $-I_p$)，在 LED-1 中得到偏振光结果，根据结果可以推测电流方向由正变负时，堆积的自旋也相反。图 24.16(d)是固定入射电流为 $+I_\mathrm{p}$，LED-1 和 LED-2 中测量到的偏振光，结果显示通道两侧堆积了自旋相反的载流子。

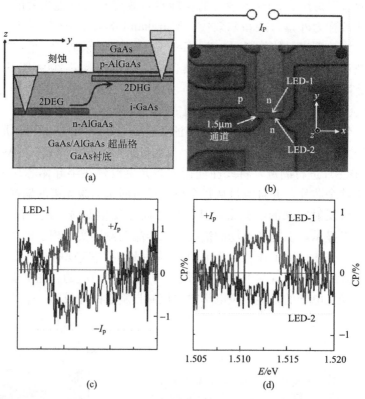

(a)

(b)

(c)

(d)

图 24.16　(a)LED示意图，在 p 型层附近，电子空穴复合发光；(b)测量自旋霍尔效应的双 LED 平面结构图；(c)改变入射电流 I_p 的方向，LED-1 中的测量数据；(d)从两个 LED 中测量到的偏振光强，相反的光强说明两侧堆积了自旋相反的载流子(参见文献[59])

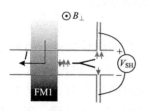

图 24.17　逆自旋霍尔效应示意图，铁磁电极用于产生自旋极化流，V_{SH} 为由逆自旋霍尔效应产生的电压(参见文献[60])

从上面的讨论知道，自旋霍尔效应指的是对非磁半导体径向通非自旋极化的电流，由于自旋轨道耦合作用，在样品的横向边缘产生自旋堆积。相反，在具有自旋轨道耦合作用的非磁体的径向有自旋流流动时，将会导致横向的电流，引起电荷的堆积，这就是逆自旋霍尔效应，这个效应最先由 Hirsch 在理论上预言[54]。与自旋霍尔效应不同的是，逆自旋霍尔效应主要存在于金属薄膜。哈佛大学的 Valenzuela 等在 Al 薄膜中利用电探测的方法观察到自旋霍尔效应[60]，他们通过 CoFe/Al₂O₃/Al 结构实现了自旋流的注入，并在 Al 薄中观察到逆自旋霍尔效应。图 24.17 是测量逆自旋霍尔效应的示意图。当体系纵向存在自旋极化流，由于自旋轨道耦合作用将导致不同自旋的电子向样品的两侧移动，产生逆自旋霍尔效应电压V_{SH}，该电压与注入的自旋流和电压探测器所组成的平面的自旋分量成正比。由于 Al 的自旋轨道耦合作用太弱，实验需要在极低温(约 4.2K)进行。此后，Kimura 等[61]利用 Py/Cu/Pt 结构产生自旋流，在室温观测到逆自旋霍尔效应。

24.2.3　金属表面 Rashba 自旋轨道耦合作用

继半导体材料后，金属表面的 Rashba 自旋轨道耦合作用也引起较多关注[62-67]。与半导体材料相比，金属表面通常具有更强的 Rashba 自旋轨道耦合作用，而且金属表面的 Rashba 自旋轨道耦合作用可直接由角分辨率光电子能谱仪测量。图 24.18 是金属表面电势分布示意图，表面电场由金属指向真空层。最早引起关注的是 Au(111)表面的 Rashba 自旋轨道耦合效应[62]。图 24.19 为 Lashell 等测量的 Au(111)表面的 Rashba 自旋轨道耦合劈裂，在费米能级处，劈裂能可达 110 meV[62]。此后，Nicolay 等[68]也对 Au(111)表面态进行了测量，他们结合第一性原理计算和角分辨率光电子能谱测量研究了 23 层 Au(111)薄膜的表面态，获得了与 Lashell 等一致的结果。但在与 Au 同一族的 Ag(111)表面态中，没有观察到明显的自旋劈裂，由此可以判断要获得足够大的 Rashba 自旋劈裂，金属必须具有较大的原子序数。随后，研究人员在金属 Bi(111)，Bi(110)，Bi(100)[63]，Sb(111)[69]等表面也观察到类似 Rashba 自旋劈裂。

金属表面 Rashba 自旋轨道耦合强度的调控通常依靠表面杂质实现，例如纯

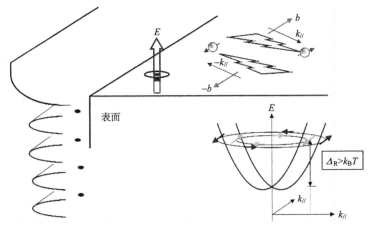

图 24.18　金属表面电势分布示意图(参见文献[70])

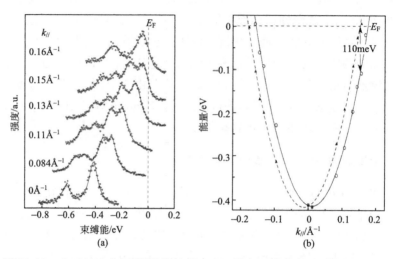

图 24.19　Au(111)表面的测量结果。(a) 沿ΓM 路径的光谱测量结果。
(b) 能量色散关系：实心三角和空心圆为实验数据，虚线和实线为拟合的抛
物线(参见文献[62])

净磁性金属薄膜 Gd(0001)表面 Rashba 劈裂很小，吸附 O 原子后，Rashba 劈裂
能量可显著增强[67]。图 24.20(a)为纯净 Gd(0001)表面的 Rashba 自旋劈裂，
(b)为 Gd(0001)表面吸附 O 原子后表面的 Rashba 自旋劈裂，(c)为从(a)(b)中
提取的 Rashba 自旋劈裂能量。与 Au(111)表面不同的是，Gd 是磁性金属，因
此同时存在铁磁交换劈裂能(ΔE_{ex})与 Rashba 自旋劈裂能($\Delta \varepsilon$)。

　　除了垂直于表面的电势梯度对 Rashba 自旋轨道耦合产生影响外，面内电势
梯度也可能对其有重要的影响。Ast 等[71]研究了 Bi/Ag(111)表面合金的电子结
构，图 24.21(a)(b)分别是 Bi/Ag(111)合金表面的顶视图与侧视图，每个 Bi 原
子被周围 6 个 Ag 原子包围，且 Bi 原子被周围 6 个 Ag 原子上推。通过第一性原
理计算与角分辨光电子能谱仪测量，他们在 Bi/Ag(111)表面发现了超强 Rashba
自旋轨道耦合作用，劈裂能量可达 200 meV，并且确定该超强 Rashba 自旋轨道
耦合作用是由面内电势梯度产生。选择 Ag(111)与 Bi 的组合是因为 Ag 原子序
数较轻，有利于与 Bi 原子形成较大的电势梯度。

　　我们知道在半导体异质结中，栅极电压可用于调控界面电势梯度，进而调控
界面的 Rashba 自旋轨道耦合强度。金属表面的 Rashba 自旋轨道耦合强度能否
通过电场的方法来调控至今还未见很多相关报道。2006 年 Bihlmayer 等[72]首次
研究了 Lu(0001)表面电场对 Rashba 自旋轨道耦合的影响，但他们只给出了非常
简单的讨论，并未深入研究。Park 等研究了单层 Bi 薄膜的电子结构，他们发现

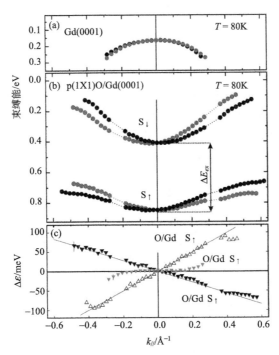

图 24.20 （a）纯净 Gd(0001) 表面的 Rashba 自旋劈裂；（b）Gd
(0001)表面吸附 O 原子后的 Rashba 自旋劈裂；（c）从(a)(b)中提取
出的 Rashba 自旋劈裂能 $\Delta \varepsilon$（参见文献[67]）

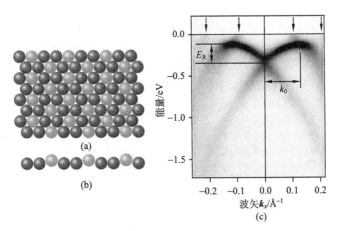

图 24.21 （a）Bi/Ag(111)顶视图；（b）Bi/Ag(111)侧视图；
（c)利用角分辨光电子能谱仪测量 Bi/Ag(111)合金表面能带
（参见文献[71]）

单层 Bi 薄膜没有出现 Rashba 自旋劈裂，这是因为无外加电场时，单层薄膜中的量子阱态处在反演对称的势场分布中。垂直于薄膜表面施加强电场($E=3\text{V}/\text{Å}$)可诱导出 Rashba 自旋劈裂，通常薄膜越薄，需要施加的外电场越大。2013 年 Gong 等[73]研究了电场对 Au(111)薄膜(22 个原子层厚)表面 Rashba 自旋轨道耦合的调控。他们首次对金属表面电控 Rashba 自旋轨道耦合进行了深入的研究，研究发现外加电场可调节金属表面电势与电势梯度。表面电势的变化导致 Rashba 表面自旋劈裂态在能带结构中的上移(或者下移)，表面电势梯度的变化则导致 Rashba 劈裂能量的增加(或减小)(图 24.22)。

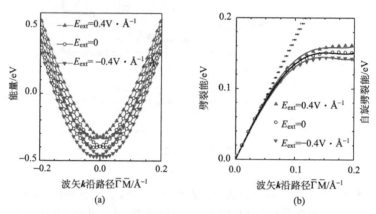

图 24.22　22 层 Au(111)薄膜表面 Rashba 自旋劈裂带(a)
与 Rashba 自旋劈裂能(b)随电场的变化(参见文献[73])

2010 年，Mirhosseini 等[74]在 Bi/BTO 复合体系中提出了利用铁电极化调控 Rashba 自旋轨道耦合的方法。图 24.23 为 Bi/BTO 复合体系的原子结构示意图。铁电极化在外加电场作用下可发生翻转，改变界面电场，进而影响 Rashba 自旋轨道耦合强度。研究发现 Bi/BTO 复合体系中，BTO 铁电极化翻转可导致

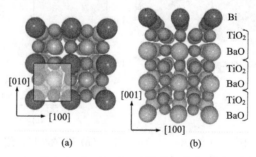

图 24.23　单层 Bi 薄膜吸附在铁电材料 BTO 衬底上的原
子结构示意图。(a)顶视图；(b)侧视图(参见文献[74])

Rashba 自旋劈裂能量发生大约 5% 的变化，该量值虽然不大，但利用铁电极化翻转调控 Rashba 自旋轨道耦合是一种值得尝试的方法。

24.2.4　其他一些材料中的 Rashba 自旋轨道耦合作用

石墨烯自 2004 年通过机械剥离的方法获得便引起了广泛关注[75]，研究发现石墨烯具有优异的导电性和导热性能，超高的力学强度等。最近几年石墨烯在自旋电子学方面的功能引起了国内外科研工作者的特别兴趣，石墨烯中的自旋轨道耦合效应成为一个重要的研究分支[76-80]。由于石墨烯是由原子序数小的 C 原子组成，纯净的石墨烯自旋轨道耦合很弱（0.00086meV）[78]，难以用来调控自旋态。近来科研工作者发现石墨烯与金属界面接触可引起较大的自旋轨道耦合作用。例如，在 Graphene/Ni(111)界面，Rashba 劈裂可达 20meV[81]，石墨烯/Au(111)界面，Rashba 劈裂可达 100meV 左右[82]。图 24.24 是石墨烯/Ni(111)接触体系的计算结果。与 Ni 衬底间的相互作用导致石墨烯的 π 电子带中同时出现铁磁交换劈裂和 Rashba 自旋劈裂。其中，（b）是 Rashba 劈裂能量，与波矢 k 成线性关系；（c）是铁磁交换劈裂能量。

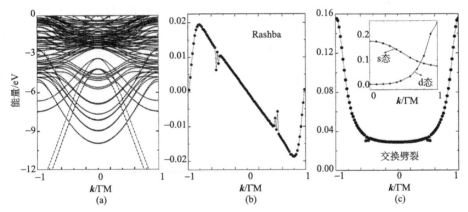

图 24.24　（a）石墨烯/Ni(111)体系沿 ΓM 路径的能带结构；（b）石墨烯 π 电子带中的
Rashba 自旋劈裂；（c）石墨烯 π 电子带中的铁磁交换劈裂能(参见文献[81])

拓扑绝缘体是一种新的量子物质态[83]，不同于传统意义上的"金属"和"绝缘体"。这种物质的体电子态是有能隙的绝缘态，其表面是无能隙的金属态。Zhang 等[84]研究了三维拓扑绝缘体 Bi_2Se_3 的表面态，如图 24.25 所示，他们发现 Bi_2Se_3 厚度为 2QL（QL 为一个单元层，Bi_2Se_3 晶体结构中，每个原胞内有 5 个原子，沿着 z 方向的 5 个原子层构成一个单元层）时，上下表面存在较强相互作用，能隙较大。厚度为 3QL 时，能隙变窄，并且由于衬底的作用，在表面态中观察到 Rashba 自旋劈裂。薄膜厚度继续增加到 6QL 时，形成了无能隙的拓扑表面态。

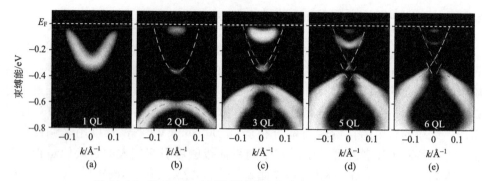

图 24.25　Bi$_2$Se$_3$ 表面态随薄膜厚度的变化(参见文献[84])

24.2.5　基于 Rashba 自旋轨道耦合作用的量子自旋器件

2004 年，Popescu 和 Ionicioiu[85] 提出了飞行自旋比特逻辑门模型，图 24.26 是他们提出的模型示意图。电子在量子线中运动，基于 Rashba 自旋轨道耦合调控的电子自旋是比特信息载体，量子线中 Rashba 自旋轨道耦合用来控制自旋状态。在图 24.26(a)中，电子自旋在直线型量子线中运动，体系中自旋轨道耦合哈密顿量可以描述为 $H_{SO,x} = k_x(\alpha_y\sigma_z - \alpha_z\sigma_y)$。上下和侧向施加的栅极电压分别

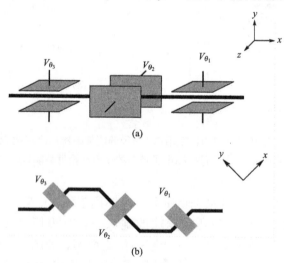

图 24.26　自旋比特逻辑门的两种模型。(a)直线型量子
线；(b)折线型量子线；V_θ 代表栅极电压，控制量子线
中的自旋轨道耦合强度(参见文献[85])

控制自旋轨道耦合强度 α_y 和 α_z，分别实现两类操纵 $R_z(\theta)=\mathrm{e}^{i\theta}\sigma_z$ 和 $R_y(\theta)=\mathrm{e}^{i\theta}\sigma_y$。图 24.26(b) 中，量子线的几何形状是折线，电子沿着折线轨道运动，控制自旋轨道耦合 α_z。体系中自旋轨道耦合哈密顿量为 $H_{\mathrm{so},x,y}=\alpha_z(k_x\sigma_y-k_y\sigma_x)$。在 x 方向和 y 方向轨道区，分别实现了两类自旋操纵 $R_x(\theta)=\mathrm{e}^{i\theta}\sigma_x$ 和 $R_y(\theta)=\mathrm{e}^{i\theta}\sigma_y$。任意的单量子比特逻辑门都可由 (a) 或 (b) 中的两类基本操作实现。

2007 年，Gong 和 Yang[86] 利用具有周期结构的 Rashba 自旋轨道耦合一维量子线实现了自旋过滤器。半导体二维电子气通道中哈密顿量为

$$H=\frac{p_x^2}{2m^*}+\sigma_z V_0 g(x)-\frac{\alpha_0}{\hbar}\sigma_z p_x f(x)$$

式中，V_0 相当于 Zeeman 能，函数 $g(x)$ 和 $f(x)$ 分别描述 Zeeman 能和自旋轨道耦合的空间分布。当 $f(x)$ 为周期函数，$g(x)=0$ 时，二维电子气通道具有能量滤波的作用，即入射电子的能量在某一能量区间时，电子不能通过通道，透射系数为零。这个周期自旋轨道耦合产生的能隙，有过滤电子的作用，但没有过滤自旋的作用。在周期 Rashba 自旋轨道耦合一维体系中施加较小的磁场（对应于小的 Zeeman 能），便可以实现过滤自旋的功能，即在一定能量范围内只有上自旋电子可以通过，而下自旋电子不能通过。图 24.27 显示了引入 Zeeman 能后，能隙的逐渐分离。当 Zeeman 能 $V_0=2.0$ meV 时，能隙完全分离，低能区对应下自旋全反射，高能区对应上自旋全反射。

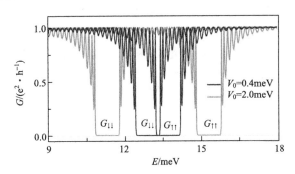

图 24.27　不同 Zeeman 能（$V_0=2.0$ meV、0.4 meV）作用下，具有周期 Rashba 自旋轨道耦合分布的一维量子线中，电导对入射电子能量的依赖关系（参见文献[86]）

24.3　电控磁各向异性

磁各向异性是指晶体沿不同晶轴方向磁化时磁化曲线和磁化难易程度不同。

通常最容易磁化的晶轴方向为磁化易轴，与之相反的为难磁化方向和磁化难轴。一般来说，铁磁性材料拥有固有的磁化易轴和磁化难轴。磁各向异性是磁性材料中一种非常重要的性质，其本质来源于体系的自旋轨道耦合效应。研究发现表面、界面以及薄层等低维磁性体系，其磁各向异性往往表现出与体材料不同的特征。这类体系比体材料具有更强的磁各向异性，而且其磁各向异性有可能通过外加电场来调控，从而使翻转磁化强度矢量所需的磁场大大降低。发展电场，代替磁场，来实现磁化翻转，有非常明显的优势，正如日本科学家 Ohno[87] 指出的那样，如果实现了这一技术，将使磁化翻转能量比现有的自旋转移力矩方法所需的能量要低 2 个数量级。正是因此电控磁性技术吸引了大量研究人员在这方面进行研究[88, 89]。

24.3.1　铁磁/铁电异质结中电场对磁各向异性的调控

2008 年 Duan 等[90]发现在异质结 Fe/BTO 中，BTO 的极化强度可以影响到界面处 Fe 层的轨道磁矩和磁各向异性能(magnetocrystalline anisotropy energy, MAE)。体心立方的 Fe 与钙钛矿结构的 BTO 的良好的晶格匹配，为后续在实验上通过外延生长上实现这种异质结提供了可能。从图 24.28 中可以看出，当极化强度由向下翻转至向上时，MAE 发生高达 50% 的显著变化，主要是因为极化方向翻转导致界面处 Fe 原子与相邻 Ti 原子之间的相互作用增强，使得 Fe 原子 3d 轨道上少数自旋电子的占据出现了变化。对于 Fe 原子来说，3d 轨道上多数自旋电子态基本上被填满，所以这种少数自旋电子占据的改变势必导致 Fe 原子的轨道角动量在 x 和 z 方向上的分量 L_x 和 L_z 发生变化，最终由于自旋轨道耦合

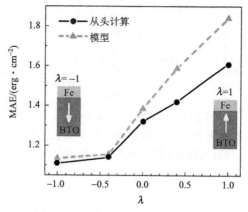

图 24.28　磁各向异性能与极化因子 λ 的关系，这里 $\lambda=1$
与 $\lambda=-1$ 分别对应极化向上和向下(参见文献[90])

作用，其磁各向异性发生了上述改变。本质上，这种现象与前面通过由压电效应产生应力来导致磁致伸缩的磁电效应是完全不同的。这个发现为调控材料的磁各向异性提供了一个崭新的途径，即通过施加外电场来改变铁电材料的极化方向，间接地实现了电场对于磁各向异性的调控。

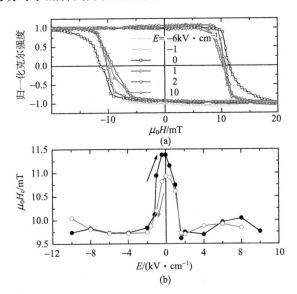

图 24.29　室温下测量不同外加电场(-10kV/cm$<E$
<10kV/cm)条件的归一化克尔磁滞回线。(b)由(a)得
到外加电场 E 与矫顽场 μ_0H_c 的关系，箭头表示电场变
化的方向(参见文献[91])

2007 年 Sahoo 等[91]利用分子束外延手段在单晶 BTO 衬底上生长了约 10nm 厚的超薄 Fe 层。通过测量不同温度下 Fe 层的磁化强度，他们发现温度处在 BTO 三方-正交相变点附近时，Fe 层磁化强度的垂直面内分量出现了非常明显的突变。这表明由于结构相变而导致的 BTO 的晶格畸变对相邻 Fe 层的磁化强度产生非常显著的影响。这主要是因为 BTO 三方-正交畸变对 Fe 层产生双轴张应力导致面内易磁化行为，最终引发了磁化强度垂直分量的突变。此外，在施加不同的外电场时，体系的克尔磁滞回线会出现明显的不同[图 24.29(a)]。这说明通过外加电场可以控制 BTO 极化翻转，进而使得 Fe 层出现明显的磁化强度改变。特别是在室温下电场的控制将使得其矫顽场 H_c 出现 20％的变化。由此出发，人们在实验上和理论上投入了大量的精力去研究易于人工合成的 3d 过渡金属及其氧化物与铁电氧化物的复合结构，如 Fe/BTO[92]、Ni/BTO[93]、Fe_3O_4/BTO[94, 95]和 Co_2MnSi/BTO[96]等，关于多铁/磁电复合体系的

发展参见文献[41]。

2012 年，Fechner 等[97] 提出了利用外加电场翻转磁化强度的方法。如图 24.30(a)所示，他们设计了一个铁电薄膜与铁磁/非磁/铁磁三层膜的复合结构。在这种异质结中存在着两种不同的耦合效应，即多铁界面处的磁电耦合效应以及三层膜中层间交换耦合效应。在具体计算研究时，他们选取了 $PbTiO_3(PTO)$/Fe/Au/Fe作为研究对象[图 24.30(b)]。在 PTO 中，其铁电极化来源于 O 原子与阳离子之间的相对位移，这里设定正向的位移对应指向 PTO/Fe 界面，记为 $P_{\uparrow}$，而 $P_{\downarrow}$ 则代表相对应的负向极化。首先，他们发现在 PTO 极化处于 $P_{\uparrow}$ 时，位于 PTO/Fe 界面附近的 Ti 原子被诱导出了磁矩，而在处于 $P_{\downarrow}$ 时其磁矩可忽略不计；同时，界面处的 Fe 磁矩在两种不同极化方向的情况下也出现了明显的变化，这与前面提到 Duan 等[38] 的研究是一致的。更重要的是，他们认为，在一定的情况下，铁电薄膜的极化翻转可以导致磁自由层 M_1 中的磁极化出现 $180°$ 翻转。具体地说，当 PTO 极化方向为正时，如果两 Fe 层的磁极化呈反平行排列，则其体系具有较低的总能；当极化方向变为负时，体系的总能在两 Fe 层磁化强度平行排列时处于较低的数值，表明电极化 $P_{\uparrow}$ 有利于两 Fe 层的磁化强度呈平行排列，$P_{\downarrow}$ 有利于两 Fe 层的磁极化呈反平行排列。通过对体系中层间交换耦合效应进行一系列深入的讨论，他们推测极化方向的翻转改变了两 Fe 层间电子自旋反射率，影响了其层间的交换耦合作用并造成了磁化强度相对取向的变化。此外，通过计算不同状态下的磁电阻比值，他们得到这种

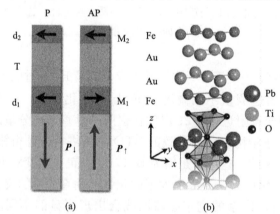

图 24.30　(a) 通过铁电极化翻转控制磁矩翻转的示意图；(b) 对应的原子尺度异质结结构，它包含了以 TiO_2 为结束的 PTO 层，其上覆盖有 Fe/Au/Fe 的三层膜结构，包括 1 层 Fe、2 层 Au 和 1 个原子层 PTO(参见文献[97])

体系的 GMR 信号可以达到 30% 左右。因此，这就从理论上预言了通过改变铁电极化的取向来实现相邻 Fe 自由层磁极化的翻转是存在一定可能的，同时这在发展以电场写入、GMR 效应读取为手段的固态磁记录单元方面给予了非常重大的帮助和启发。

24.3.2　外加电场对于材料磁各向异性的影响

直接施加电场也可以调控材料的磁各向异性。早在 2007 年，Weisheit 等[98] 就观察到把 FePt(FePd) 这样的有序金属化合物浸没在电解液中，其磁各向异性可以在外加电场的情况下出现可逆的变化。在外加电场改变 −0.6 V 时，2nm 厚的 FePt 和 FePd 薄膜的矫顽场分别变化 −4.5% 和 1%。他们推断这些变化主要是来源于外加电场对未成对的 d 电子数的改变。为了了解外加电场作用下磁各向异性改变的微观机制，2008 年 Duan 等[99] 通过第一性原理计算研究了铁磁性薄膜 Fe(001)，Ni(001) 和 Co(0001) 的磁各向异性，发现在外加电场的作用下，表层原子的磁矩出现了变化。以 Fe(001) 薄膜为例，其表层 Fe 原子的磁矩随着外场的增大而线性增大，其他两种铁磁性薄膜的表面磁性也有着类似的变化。通过计算其直线的斜率，就可以得到不同铁磁材料的磁电耦合系数。众所周知，当对金属施加外场时，其表面的导电电子会屏蔽外场带来的效应。对于磁性金属而言，多数自旋电子与少数自旋电子对电场的屏蔽效应也有差异，正是这种与自旋相关的屏蔽效应导致了上述表面磁性在外电场作用下的线性变化。此外，他们还发现在 Fe 薄膜中，表面 Fe 原子的轨道磁矩各向异性也随着外场线性增大，表明其对于体系 MAE 数值的贡献随外场出现了单调上升的趋势。这就从理论上提供了有关外加电场直接调控体系的磁各向异性的有力证据。由于这种类型的磁电耦合效应仅仅局限于表面，因此被称为表面磁电效应。图 24.31 显示 Fe 薄膜的表面磁电效应，从中观察到符号相反的诱导电荷。后续理论研究进一步确认这种外加电场下对于表面 d 电子态的调控行为[100-102]。

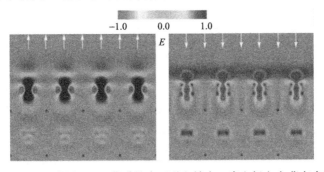

图 24.31(另见彩图)　Fe 薄膜的表面磁电效应。当电场方向背离表面时磁矩增大，电场方向指向表面时磁矩减小(参见文献[99])

　　为了进一步增强表面磁电耦合效应，Niranjan 等[103] 深入地研究了在 Fe/MgO(001)界面处电场对于磁化强度的影响，研究发现引入高介电常数材料可放大电场的作用。图 24.32 给出了在 Fe/MgO 界面处诱导的自旋密度以及 Fe 原子的磁矩，在引入了 MgO 之后，其磁电耦合系数比 Fe(001)表面有明显的增加，数量上约是其的 3.8 倍，这也恰好与 MgO 的高频介电常数相对应。分析表明 MgO 的引入导致界面电荷密度在多数自旋态和少数自旋态上分布的不平衡进一步加剧，最终造成了磁电效应的增强。此外，计算结果显示这种情况下电场对于界面磁各向异性也有着很强的影响，其界面 MAE 随电场的变化率约为 Fe(001)表面的 5 倍。在对界面 Fe 原子 3d 轨道上电子占据数进行具体分析之后，他们发现在考虑外加电场的作用下，其 d_{xz} 和 d_{yz} 轨道出现了电子占据数下降的情况，而相应的 d_{xy} 轨道占据数有了一定的上升。根据前人对于 MAE 及自旋轨道耦合的分析解释[104, 105]，这会直接造成 z 方向轨道角动量矩阵 L_z 中相应非零矩阵元对于其本征值贡献的下降，引起相应[001]方向的轨道磁矩出现下降；而上述电子占据数的变化在角动量矩阵 L_x 中通过相关非零矩阵元出现了贡献相互抵消的状况，使得[100]方向上的轨道磁矩没有太大变化，这就最终解释了轨道磁矩各向异性及 MAE 随着外电场的增加出现线性下降的趋势。这些结果分析提供了一种有效的手段来增强表面(界面)磁电耦合效应，并且对电控磁数据存储等方面的技术应用提供了很大帮助。

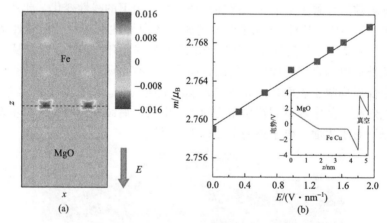

图 24.32　(a)在电场 $E=1.0$ V·nm^{-1}作用下，Fe/MgO 界面处的诱导自旋密度 $\Delta\sigma=\sigma(E)-\sigma(0)$，单位为 e/Å^3；(b) Fe/MgO 界面处 Fe 的磁矩(单位为 μ_B)随外加电场的变化，插图为在外加电场 $E=4.0$ V·nm^{-1}时整个超晶格的静电势分布变化(参见文献[103])

　　以上述理论工作为基础，电场调控磁各向异性的实验研究也取得了巨大的进展和突破。2009 年，Maruyama 等[106] 在实验上发现对 Fe(001)/MgO(001)异质结施加一个相对很小的电场($<100\text{mV} \cdot \text{nm}^{-1}$)，就可以在一定程度上调控其磁各向异性。图 24.33 给出了用于研究电压导致磁各向异性改变的样品示意图。实验测量发现，在对样品施加正负不同的电压时，其克尔磁滞回线出现了非常明显的变化，表明体系的垂直磁各向异性出现了一定改变。而通过对克尔磁滞回线进行积分计算他们得出在外加偏压由正变负的过程中，相应的单位体积垂直磁各向异性能变化了 39%。这就从实验上直接证实了前面理论上有关电场直接调控磁各向异性的预言。而研究者推测这种效应的产生主要还是由于 MgO 层相邻的 Fe 原子 3d_{z^2} 轨道与 d_{xy} 轨道上电子相对占据的变化所导致的。而在此基础之上，他们通过微磁模拟的方法，利用宏自旋模型研究了在超薄 Fe 薄膜中电场引起的磁化强度翻转。结果显示在对样品施加一个电压脉冲的情况下，由于垂直磁各向异性的迅速增加，使得样品的磁化强度矢量会绕 z 轴出现进动，其面内分量会翻转 180°并在电场撤去后维持在另一稳态。这就确认了利用这种磁各向异性的变化是可以实现磁隧道结中电压导致的磁化强度翻转，而这些结果为发展以电场为写入手段的低能耗逻辑器件和非易失性存储单元提供了一定的启发。

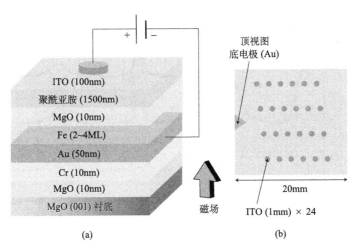

图 24.33　电场诱导铁磁金属磁各向异性变化。(a)测试示意图；
(b)测试样品顶视图(参见文献[106])

除了研究在典型的铁磁材料中的电场对于体系 MAE 的调控外，人们在磁性半导体材料中也发现了相类似的磁电效应。2008 年，Chiba 等[107]发现在磁性半导体(Ga,Mn)As 中外加电场能够对其磁化易轴及磁化强度矢量的方向产生影响。在实验中，他们利用分子束外延手段在 GaAs(001)上生长了 4nm 厚的 (Ga,Mn)As 薄膜，在其上覆盖有绝缘层和金属层以便对(Ga,Mn)As 薄膜施加电场。磁化易轴由于面内压应力的影响是处于面内方向的。已有的研究发现，这种

体系存在两种磁化易轴构成方式，即[100]、[010]方向的双磁化易轴和[110]或
[1̄10]单磁化易轴[108, 109]。他们通过测量 R_{xy} 与外加磁场的关系[109]，发现随着外
场与[100]方向夹角 θ 的改变，相应 R_{xy} 的变化偏离了 $R_{xy}=R_{xy0}\cos2\theta$ 的函数关
系，如图 24.34(a)中所示，这种情况主要来源于磁各向异性的存在，当 M 处于
磁化易轴的方向时，其各向异性能最小，此时 M 的方向不受外加弱磁场方向的影
响。而当对体系施加不同的外电场时，图 24.34(c)所示的 $|\mathrm{d}(R_{xy}/R_{xy0})/\mathrm{d}\theta|$ 与 θ
的关系曲线中出现了 $\theta=45°$ 和 $\theta=135°$ 两个高度不同的峰，并且在正向电压的情
况下，$\theta=135°$ 所对应的峰会逐渐升高，表明此时的单磁化易轴的方向已经由
[1̄10]变为[110]。而通过对已有的解析公式进行拟合[110, 111]，他们证实了在正向
电场情况下单磁化易轴方向的变化，并同时计算出了 M 与[100]轴的方向夹角 φ
在外磁场为 0 时随外加电场的变化行为。而造成上述变化的主要原因是在对半导
体施加外电场之后，其内部的空穴载流子浓度出现了显著改变。而这也为研究电
场作用下的磁各向异性及相关性质的转变提供了一个有益的方向。

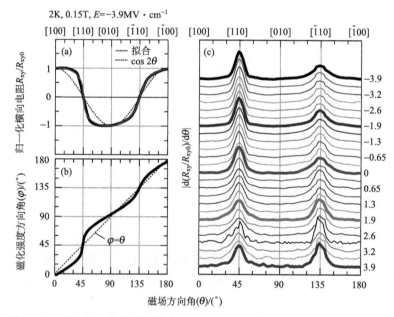

图 24.34　(a) 归一化的平面霍尔电阻 R_{xy}/R_{xy0} 与磁场方向角 θ 之间的关
系，其中虚线表示当磁化强度方向角 $\varphi=\theta$ 时的 R_{xy}/R_{xy0} 值；(b) φ 随 θ 变
化的曲线图；(c) R_{xy}/R_{xy0} 导数的绝对值在外加电场为 $-3.9\mathrm{MV}\cdot\mathrm{cm}^{-1}<$
$E<3.9\mathrm{MV}\cdot\mathrm{cm}^{-1}$ 时与 θ 的关系曲线，其中观察到的比较高的峰值对应于
M 的磁化难轴(参见文献[107])

24.3.3　基于电场调控磁各向异性的相关器件的研究

在上述磁电效应研究的基础上，人们尝试利用这种电场调控磁各向异性的行为来改变磁隧道结等体系的磁结构，进而发展出相关的磁记录单元器件。2012年，Wang 等[112]发现在垂直磁隧道结（magnetic tunnel junction，MTJ）CoFeB/MgO/CoFeB 中，外加电场的方向和大小都会对 CoFeB 层的垂直磁各向异性（perpendicular magnetic anisotropy，PMA）产生影响，且只需要非常小的自旋电流密度就可以使得磁结构和隧穿磁电阻出现改变。图 24.35（a）是垂直 MTJ 和通过电池施加一个很小的电压实现电场效应的示意图。在实验中，他们测量了在外加正负不同电压时体系隧穿磁电阻（tunnel magneto-resistance，TMR）信号随磁场变化的曲线，结果如图 24.35（b）所示，可以明显地看出在改变外加电场数值和方向的情况下，MTJ 中上下层 CoFeB 的翻转磁场出现了非常明显的变化，体现了 MTJ 中外加偏压的数值和方向对于其磁化强度翻转特性所产生的巨大影响。同时，研究者观察到在外加电压由负到正的变化过程中，上下两层的 CoFeB 的矫顽场 H_c 都出现了明显的改变，特别是上层的 H_c 在负向电压下下降到几乎为零的数值，这直接反映其界面的 PMA 由于电子的耗散出现了非常明显的减弱，而下层的 H_c 则表现出相反的行为特征。利用这种 H_c 及磁各向异性随电场的变化，Wang 等在实验上通过磁化强度翻转实现了对隧道电阻的控制。在这部分工作中，他们通过对 MTJ 交替施加方向相反的脉冲电压，改变上下层 CoFeB 的 H_c，使得上下层的磁化强度矢量在一个很小的偏置磁场的作用下发生相对取向（即平行态和反平行态）的来回切换，从而导致了 MTJ 出现高低两个不同磁电阻

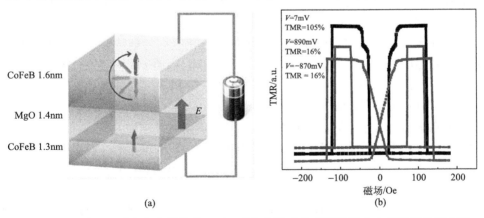

图 24.35　具有界面垂直各向异性的 CoFeB/MgO/CoFeB 磁隧道结中电场辅助的磁化强度翻转。（a）垂直 MTJ 以及由电池提供的小电压所产生的电场效应的示意图；（b）在不同偏压下的 TMR 曲线（参见文献[112]）

态。在此基础之上，为了克服前面方案中来回切换脉冲电压的正负所引起的操作不便，他们提出了一个方案来实现在单一方向电压脉冲下的磁化强度翻转。在实际实验工作中，他们固定下层 CoFeB 磁化强度方向垂直向下且不变，外加的偏置磁场大小方向也不变，当对 MTJ 施加一个负向电压时，上层 CoFeB 的 H_c 会因此减小，此时一个很小的电流密度产生的自旋转移力矩(spin transfer torque，STT)效应就可以让其磁化强度由原先的向下翻转到向上；之后，再对样品施加一个强度更大的负向脉冲，这时上层的 H_c 数值会更小，其磁化强度将再翻转回垂直向下的方向。已有的实验结果显示在这种翻转下相应的 TMR 信号非常明显，而且所需能耗比传统的磁场及 STT(自旋转移力矩)效应导致的翻转要低很多，而这正体现了在向发展超低能耗磁随机存储器等电压控制的自旋电子器件方面所迈出的关键性的一步。同时，这些研究成果也为其他电场调控的应用技术，如静电可调的低噪声、低能耗的微波器件等，提供了一个很好的框架。

众所周知，电场并不能破坏时间反演对称性，因此，通常要通过施加外在或等效的磁场才有可能使磁化强度出现翻转。而研究发现利用宏自旋进动和脉冲电压也有可能实现面内磁化强度的翻转，即所谓的一致进动性磁化强度翻转。2012年，Shiota 等[113]发现在 FeCo(001)/MgO(001)/Fe(001) MTJ[图 24.36(a)]中，电场脉冲可以诱导出一致进动性磁化强度翻转。在此 MTJ 中，下层的 FeCo 作为磁自由层，其磁各向异性可以被外加电场所控制，而上面的 Fe 层则作为磁钉扎层。他们发现，随着外加电场的变化，FeCo 的垂直饱和磁场出现了很大的改变，其数值随着负向(正向)电压脉冲的增加(减少)，这说明 FeCo 的垂直磁各向异性也出现了相应的变化行为。在同时施加一个很小的外磁场的协助下，这种垂直各向异性的变化就可以形成磁自由层 FeCo 的磁化强度矢量出现一致性的进动，利用这种磁化强度进动可以观察到一个双稳态的触发性翻转。由于 Fe 钉扎层的磁化强度矢量保持不变，FeCo 自由层中磁化强度的翻转必然会导致整个体系的隧穿磁电阻比值在高低两个状态上来回变换，因而通过测量在外加电场下相应的磁电阻比值，就可以了解到两层的磁化强度相对取向的变化。从图 24.36(b)(c)可以看出，在连续施加 50 个正向和负向脉冲后测量隧穿磁电阻，结果显示只有在负向电压脉冲下才会出现翻转。而翻转与脉冲施加的延迟时间一般在亚纳秒量级，几乎就是同时发生的。但是当考虑外加正向电压时，没有磁化强度翻转的现象发生，而这主要是由于外加的正向脉冲会引起 PMA 的减弱，所以无法激发出磁化强度的一致翻转。

值得注意的是，我们可以利用上面的结构直接通过电场诱导出铁磁共振，实现对电子自旋运动施加一致性的控制。最近以来，Nozaki 等[115]在室温下研究了 FeCo 薄膜，发现通过电场对于磁各向异性的控制能够实现电场诱发的铁磁共振激发，从而提供了另一种低耗能，高局域化的一致性方法去调控电子自旋的运

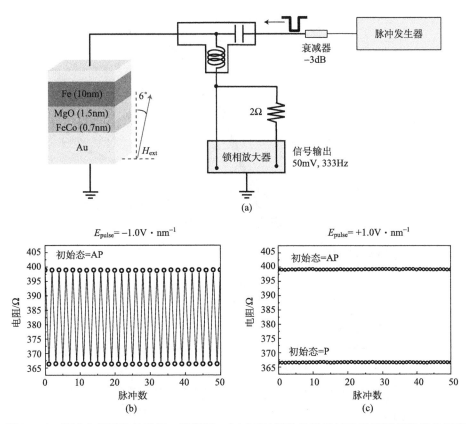

图 24.36　脉冲电压导致的磁矩一致翻转。(a) MTJ 器件的样品结构以及测量装置的示意图，通过脉冲产生器来对 MTJ 施加电压脉冲，而利用标准的锁相技术来监控样品的直流电阻；(b)(c) 连续施加 50 个脉冲所造成的磁化强度翻转情况 (参见文献[113])

动。在此之后，Zhu 等[114]对在 CoFeB/MgO/CoFeB MTJ 中电场导致的铁磁共振行为进行了详细研究，其 MTJ 结构如图 24.37 所示。他们施加了一个面内的磁场 H_x 以保证钉扎层的交换偏置方向平行于薄膜表面，而 CoFeB 自由层的初始磁化强度则垂直于样品表面，体现了其具有垂直磁各向异性。图 24.37(a) 中的电导 G-H_x 回线显示在外加不同的直流偏压的情况下，相应的回线出现了明显的不同。而通过对曲线进行积分计算出各自的有效磁各向异性场 (H_p) 之后，他们发现其数值与外加的直流偏压存在线性增长关系[图 24.37(a) 中插图]，表明体系中存在一定的磁电效应。之后，他们采用了自旋转移力矩-铁磁共振技术 (spin torque-ferromagnetic resonance，ST-FMR) 来研究 MTJ 中高频电压引起的铁磁共振。图 24.37(b) 中显示了整流电压 V_{mix} 与电压频率 f 的关系图，其中负值峰代表了体系中自旋波的本征振动模，可以发现在 H_x 为 0 时，对应的 V_{mix}-f 曲线

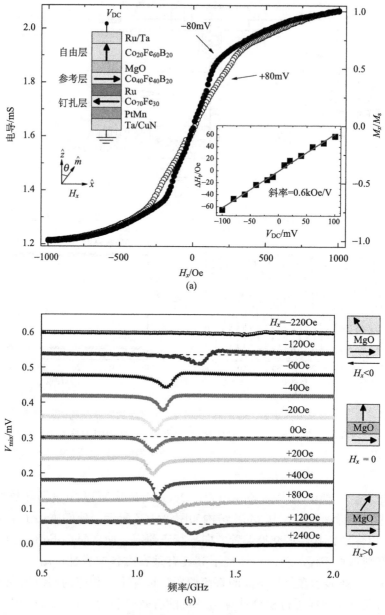

图 24.37　(a) 在 ±80 mV 偏压下 MTJ 的电导 G 与面内磁场 H_x 的磁滞回线，左侧插图为 MTJ 结构的示意图，右侧插图表示通过公式拟合得到的有效磁各向异性场改变 ΔH_p 与外加电压的关系；(b) 在不同面内磁场情况下整流电压 V_{mix} 与外加微波信号频率 f 之间的变化曲线(参见文献[114])

具有很好的洛伦兹对称性；而当 H_x 不为 0 时，曲线则出现了不对称性。为了探寻造成这种不对称的原因，他们运用以 Landau-Lifshitz-Gilbert 方程为基础的微磁模拟手段，在方程中分别加入了电压导致 H_p 变化和类场自旋转移力矩 (τ_f) 两种不同影响，结果发现在单独考虑了电压导致 H_p 改变的情况下，模拟的曲线很好地符合了上面实验得到的结果；而考虑了 τ_f 的模拟结果却呈现出了与实验曲线不一致的变化行为，这直接证明了 ST-FMR 曲线的不对称性主要来自电场对于垂直磁各向异性的影响，而不是之前一直认为的 τ_f 作用[116, 117]。更进一步的计算表明，这种电场调控垂直磁各向异性的磁电效应通过 ST-FMR 曲线的不对称性能够大大提升 MTJ 微波探测的灵敏性，这显然对于发展相关的微波探测器起到非常关键的推动作用。

　　上面介绍的工作主要集中在利用电场调控 MAE 来改变磁化强度矢量的方向，而在铁磁性材料当中存在着另一种特殊的机制，即磁畴及畴壁。已有的研究表明，利用磁畴壁的移动也可以实现数据的存储与读取[119]。在 2012 年，Schellekens 等[118]提出了在垂直各向异性材料中利用电场来控制畴壁移动的设想。他们设计了一个 Pt/Co/AlO$_x$/Pt 的 MTJ 结构并通过克尔显微镜来实时观察样品磁结构的变化。在实验中，外加的磁场驱动样品的畴壁从边缘处向中间移动。首先，通过给样品施加不同的电压，图 24.38(a) 中的显微镜照片显示与零电压相比，正电压的施加能够提高畴壁的移动速度，而对于负电压而言，情况则恰恰相反。这就直接体现出了不但电流或者磁场可以控制畴壁的移动，外加的电场也可以对畴壁的移动产生较大的影响。图 24.38(b) 主要体现了畴壁离 MTJ 中心的距离 x_{DW} 与时间 t 的关系图，而通过计算 x_{DW}-t 曲线中各点的斜率，就可以得到样品各点的畴壁移动速度 v_{DW}，如图 24.38(c) 所示。可以明显看到在样品的所有区域都出现了上面克尔显微镜观察得到的有关畴壁移动速度的变化趋势，并且速度的相对变化 $v_{DW}/v_{DW,0}$ 并不随位置的变化而变化[图 24.38(c) 中小图]，表明电场对于畴壁移动速度的作用不受其他因素的影响。以上面得到的测量结果为基础，通过对已有解析公式进行一系列的计算拟合[120, 121]，他们得出了外加电压的增加会导致相应的 v_{DW} 出现线性增加，这直接证实了外加电场通过改变 Co/AlO$_x$ 界面处的垂直各向异性来实现对于畴壁移动的调控。此外，研究发现改变 MTJ 中的铁磁和绝缘层材料，可以在一定程度上放大这种外加电场对于畴壁移动的效应。这些研究为利用磁电效应改变材料的磁结构及发展相关的信息器件开辟了一个崭新的方向。

　　在复合体系中通过特别的方法，例如注入电荷，也可调控磁各向异性能。2012 年，Gong 等[122]研究了"铁/石墨烯"复合体系的磁各向异性，他们应用相对论密度泛函计算方法，考虑了孤立自由的 Fe 层和"铁/石墨烯"系统的 MAE。研究发现孤立自由的 Fe 层的 MAE 在 meV/atom 大小，而"铁/石墨烯"系统其 Fe

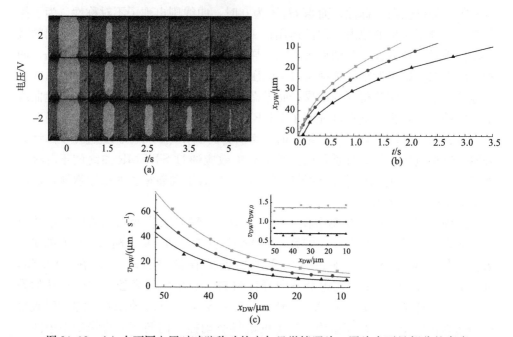

图 24.38　(a) 在不同电压时畴壁移动的克尔显微镜照片，照片中可见部分的宽度约为 180 μm；(b) 外加 2 V(灰色)、0 V(黑色)、−2 V(三角形曲线)电压，畴壁位置随时间的变化；(c) 样品不同位置处的畴壁移动速度，小图为 v_{DW} 的相对变化与位置 x_{DW} 的关系曲线(参见文献[118])

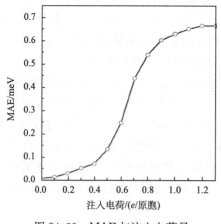

图 24.39　MAE 与注入电荷量之间的关系(参见文献[122])

原子的轨道和自旋磁矩都表现出明显的下降，而 MAE 也下降到 μeV/atom 量级，这表明吸附石墨烯对 Fe 层的磁性有重要的影响。通过对 Fe 原子 3d 轨道上的分波态密度进行分析，发现 C 的 p_z 轨道与 Fe 的 3d 轨道之间存在较强的杂化作用，导致 Fe 层磁性发生明显变化。此外，一个更有趣的发现是对"铁/石墨烯"注入电荷，体系的磁各向异性能逐渐恢复，这主要是由于注入电荷使得高于费米能级的 3d 电子态被占据，导致 Fe 原子的自旋磁矩、轨道磁矩以及磁各向异性能增加。图 24.39 给出了体系磁各向异性能与"铁/石墨烯"中注入电荷的关系图，增加注入电荷时，磁各向异性能呈逐渐上升的趋势。

24.4　广义磁电效应

有许多物理现象，从其表现来说也符合磁电效应的定义，但是一方面由于其自身独特的重要性，另一方面其磁电效应产生机制与前述机制有着不同，因此并没有被纳入磁电效应的研究范畴，我们这里把它们统称为广义磁电效应。

2006 年 Son 等[123]借助第一性原理计算，通过施加面内匀强电场，实现了锯齿型石墨烯纳米带的绝缘体-半金属相变(图 24.40)。宽度为 1.5~6.7nm 的锯齿型石墨烯纳米带的基态是反铁磁绝缘态(边缘态自旋取向相反)，宏观净磁矩为零。由于两边缘态的电势发生改变，导致其相对于费米能级发生平移，当外加电压达到一定强度时，即位于左边缘和右边缘的碳原子各拥有约 $0.4\mu_B$ 磁矩，且符号相反，不同自旋态的电子分别占据价带顶和导带底。在施加横向外电场时，最终使原左边缘态的导带和原右边缘态的价带触及费米能级，系统进入金属态。有趣的是，这时占据费米面附近的电子态处于完全相同的自旋极化状态，所以体系实际上成为半金属态。由于此时体系两边缘的磁矩必定发生变化，而且系统出现了自旋极化的载流子，所以也可以看作是一种磁电效应。很显然，这种磁电效应只是一种电势差造成的效果，而且与系统边缘态的具体特性密切相关。

2008 年，Barone 和 Peralta 等[124]利用第一性原理计算发现在锯齿型六角氮化硼纳米带中通过外加电场也能够实现金属—半导体—半金属的相变。如图 24.41(a)所示，根据氮原子边缘及硼原子边缘磁性的不同，共有 5 种互不等效的自旋排列。由于锯齿型六角氮化硼纳米带在横向并不对称，外加电场方向的不同会带来不同的变化。如图 24.41(b)所示，(+−，++)、(++，+−)以及(+−，+−)这 3 种磁结构在横向匀强电场的作用下都将发生半导体—金属相变。对于(++，−−)的磁结构，指向氮原子边缘的外加电场能够诱导出金属相，外加反向电场时，自旋少数态的带隙闭合，而自旋多数态仍表现为未加电场时的半导体行为，此时体系整体表现为半金属性。类似地，对于(++，++)的自旋排列，正向电场(即 B→N)作用会导致半导体—半金属相变，而反向电场(即 N→B)则会导致半导体—金属相变。有趣的是，如果进行边缘改性，对扶手椅型石墨烯纳米带以及扶手椅型六角氮化硼纳米带施加横向匀强电场，并不会导致相变的发生。这也就意味着，上述的磁电效应很大程度上依赖于体系的边缘条件，系统边缘态的具体特性将对其磁电效应产生极大的影响。

霍尔效应作为材料物性表征的标准方法，其实质上也是一种磁电效应。在导体上施加与电流方向垂直的磁场，垂直于磁场和电场方向的两个端面分别会有正负电荷的积累，即磁场作用导致了材料的电极化，而自旋霍尔效应则对应逆磁电效应，即加电场后会在导体两侧形成不同自旋态的积累。值得一提的是，近年来

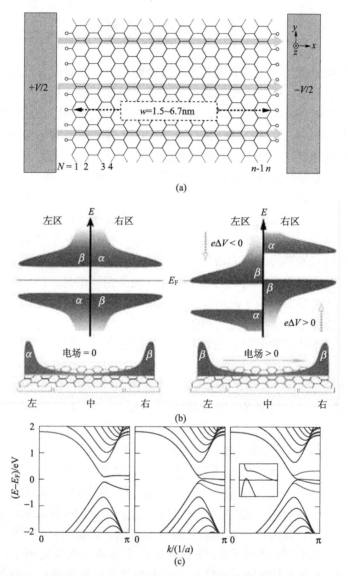

图 24.40　电场调控下的石墨烯纳米带。(a)外加横向电场 E_{ext} 下的锯
齿型模型;(b)ZGNR 的态密度图;(c)锯齿型石墨烯的能带结构。从
左到右分别对应的是外加电场为 0.0、0.05V・Å^{-1}以及 0.1V・Å^{-1}的
情况(参见文献[123])

　　具有量子自旋霍尔效应和量子反常霍尔效应的拓扑绝缘体引起了学界广泛的关
注[125,126],而其中的拓扑磁电性颇具研究价值。所谓拓扑磁电性,是对于时间反
演对称性破缺的拓扑绝缘体,通过电场诱导出磁极化,或者通过磁场诱导出同方

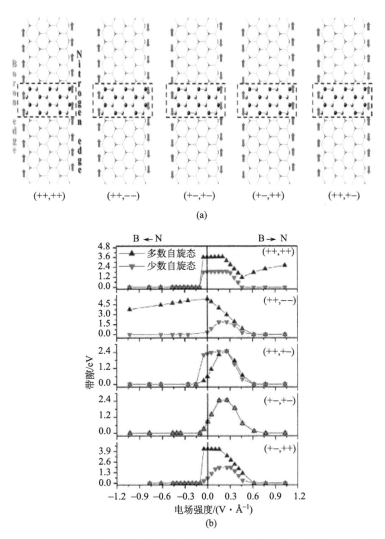

图 24.41　电场调控下的氮化硼纳米带。(a)锯齿型六角氮化硼纳米带的 5
种磁结构；(b)能带随电场强度和方向的变化。同时考虑宽度为 1.59nm 的
ZBNNR 全部 5 种自旋排列(参见文献[124])

向的电极化，而实现拓扑磁电效应的必要条件是破坏拓扑性质以获得具有带隙的
表面态。Qi 等[127]提出了一种拓扑绝缘体和铁磁体构成的圆柱状嵌套结构以实现
拓扑磁电性(图 24.42)。在该结构中，铁磁体的磁极化方向是向外辐射发散的。
由于铁磁体的存在，拓扑绝缘体的时间反演对称性破缺，导致表面态存在能隙且
具有固定的霍尔电导率：$\sigma_{\mathrm{H}} = (n+1/2)e^2/h$。在圆柱的轴向施加匀强电场 E，

此时在拓扑绝缘体与铁磁体的接触面上将会产生切向的环状电流，电流密度为 $j_t = \sigma_H E$。环状电流(拓扑磁化电流)能够诱导出与电场反平行的磁极化，磁化强度为

$$M_t = -\left(n + \frac{1}{2}\right)\frac{e^2}{hc}E \tag{24.10}$$

需要特别注意的是，此时的磁电系数 $\alpha = (n+1/2)e^2/hc$ 是量子化的，为奇数倍的精细结构常数 e^2/hc 与 $1/4\pi$ 的乘积。类似地，在轴向外加磁场的作用下，上下表面会有正负电荷的积累，从而产生与磁场方向同向的电极化。

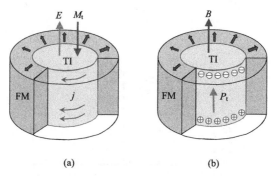

图 24.42　拓扑磁电效应示意图，拓扑绝缘体和铁磁体构成圆柱状嵌套结构。(a)外加电场导致的磁极化；(b)外加磁场导致的电极化(参见文献[127])

Qi 等[128]还研究了利用电荷在半无限拓扑绝缘体材料中感应镜像磁单极(image magnetic monopole)的现象，并提出了探测磁单极的可能性试验。一般地，如果在三维的普通绝缘体附近引入一个电荷，电荷会导致绝缘体的极化。这种极化作用可以通过一个绝缘体内部的镜像电荷来加以描述。而如果考虑的是一个时间反演对称性破缺的拓扑绝缘体，此时其表面态具有能隙，则除了镜像电荷之外，绝缘体中还会存在一个镜像磁单极。Qi 等研究了由拓扑绝缘体和普通绝缘体构成的三维体系，并在拓扑绝缘体的表面附近引入点电荷(图 24.43)。假定拓扑绝缘体的表面态具有能隙，则体系中存在有拓扑磁电效应。来源于点电荷与镜像电荷的共同电场作用于拓扑绝缘体与普通绝缘体的界面处，引起界面电流的产生，该电流是量子化的霍尔电流。进一步，界面电流会诱导出磁场。这里需要特别指出的是，界面电流感应的磁场亦可以视作是由另一侧的像磁单极作用而诱导产生的。通过改变点电荷的位置能够实现对磁场强度的控制。

以拓扑磁电效应为基础，还有一些其他的物理效应能够通过外加电场实现对磁学性质的控制，拓扑绝缘体与铁磁体界面处的逆自旋电流效应(inverse spin-

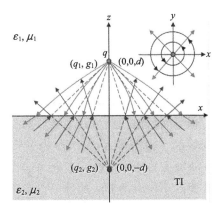

图 24.43　点电荷在拓扑绝缘体中感应磁单极示意图。$z < 0$ 的区域
为拓扑绝缘体，$z > 0$ 的区域为普通绝缘体(或真空)。拓扑绝缘体侧
受到的电场和磁场来源于 $(0, 0, d)$ 位置的镜像电荷 q_1 及磁单极子
g_1 的贡献。对于普通绝缘体侧，位于 $(0, 0, -d)$ 的镜像电荷 q_2 及
磁单极子 g_2 分别对电场和磁场有贡献。图中浅色实线和深色实线分
别代表电力线和磁力线。插图为对应的俯视图，浅色箭头对应界面
处的电场方向，深色箭头对应环状表面电流方向(参见文献[128])

galvanic effect，ISGE)[129] 就是其中的代表。相比铁磁体的矫顽场，拓扑磁场是
极小的，因此量子化的拓扑磁电效应仅能诱导出拓扑绝缘体的磁极化，很难实现
对铁磁体磁化方向的控制。而基于拓扑 ISGE 产生的自旋矩足够强，能够克服矫
顽场的影响以实现外加电场对铁磁体的磁性调控。将超薄(厚度 ≤ 1nm)的铁磁
绝缘体沉积在拓扑绝缘体的表面(图 24.44)，电场的存在使得在拓扑绝缘体和铁

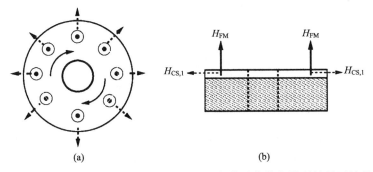

图 24.44　科尔比诺圆盘(Corbino disk)型拓扑绝缘体与铁磁体界面处的
ISGE 示意图。(a)俯视图，施加电场时，铁磁体的磁化方向指向平面
外；(b)剖面图，阴影区域对应于拓扑绝缘体，而无阴影区域为铁磁薄
膜。H_{FM} 是电平衡情况下的各向异性场，$H_{CS,1}$ 是拓扑磁场，拓扑磁场
正比于外加电场，且与外加电场平行(参见文献[129])

磁体的界面处有量子化的霍尔电流，霍尔电流进一步诱导出铁磁体的自旋矩，最终改变易磁化轴的方向，实现电流对磁化的控制。这种自旋矩来源于拓扑相关的ISGE，即使在自旋轨道耦合作用很弱的铁磁体中也能够实现。在科尔比诺圆盘结构中，这种效应能够导致铁磁体磁化方向180°的翻转。以拓扑ISGE为基础的器件有望应用于磁随机存储器和磁场传感器。

之前与拓扑磁电效应相关的讨论，均是基于拓扑绝缘体表面时间反演对称性破缺，表面带隙打开为前提的。由最基本的霍尔效应发展而来的一系列磁电效应，伴随着拓扑绝缘体的研究方兴未艾。这一系列与结构的边缘态(或表面态)密切相关的磁电效应，为实现基于全电场方法的量子自旋调控开辟了一个崭新的研究方向。

2012年，Bauer等[130]提出了一种基于磁电效应的电荷捕获型内存。ZrO_2具有很高的介电常数，同时具有很高的电荷捕获密度，极适合作为电荷捕获型内存器件的电荷捕获层。Bauer等设计了一个由异质结构电介质MgO和ZrO_2组成的简单电容器，实现了电和光对于金属层磁学性质的调控(图24.45)。理论上，在施加正栅压的情况下，受到激光束的作用，顶电极及底电极的电荷均会进入ZrO_2电荷捕获层。对于Fe电极存在电荷注入，而对于ITO电极存在空穴注入。而由于MgO层的厚度仅为10nm，不足以使电子发生从底电极至ZrO_2电荷捕获层的直接隧穿，因此实际上只有ITO电极对电荷注入有贡献。一旦撤去栅极偏置及激光束，ZrO_2电荷捕获层中的空穴，将导致MgO层存在一个内建电场(该电场的方向与栅压导致的外电场方向一致)，在磁电效应的作用下影响Fe薄膜

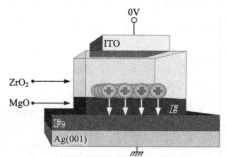

图24.45　电荷捕获型内存器件示意图。在Ag(001)单晶衬底上外延生长高品质的Fe薄膜构成铁磁性的底电极，底电极上覆盖由10nm的MgO和60nm的ZrO_2组成的双层电介质，栅电极用氧化铟锡(ITO)透明导电薄膜构造。若施加正栅压，来源于ITO电极的空穴在激光束的作用下进入ZrO_2电荷捕获层。除去外加栅偏压，空穴将仍然处于ZrO_2电荷捕获层中，此时在MgO层会产生一个内建电场，从而改变Fe薄膜的磁学性质(参见文献[130])

的磁学性质。值得一提的是，电荷捕获层中的电荷在电场撤去后仍然保持，因而该系统下的磁电效应具有非易失性。正是基于此，具有电荷捕获层的异质结构器件能够作为电荷捕获型内存，应用于信息存储领域。

我们从上面的讨论可以看到，基于内禀物理机制的不同，电控磁性可以有多种的实现形式，这就为其走向实用化奠定了坚实的基础，我们有望在不远的将来看到应用这种技术的电子器件，而这种技术的推广也必然将给信息存储领域带来深远的影响。

致　谢　感谢博士研究生丁航晨、朱皖骄、童文旖、方跃文等，本章涉及的很多研究内容都由他们参与完成。

作 者 简 介

龚士静　华东师范大学副研究员。2002 年湖北大学物理学与电子技术学院本科毕业，2005 年苏州大学物理科学与技术学院硕士毕业，2008 年复旦大学物理系博士毕业，2008～2010 年在中国科学院上海技术物理研究所做博士后研究。多年来一直从事自旋电子学方面的研究，在 *Phys. Rev. B*、*Appl. Phys. Lett.* 等国际著名刊物发表 SCI 论文 20 余篇。

段纯刚　华东师范大学紫江特聘教授、教育部创新团队带头人，获国家杰出青年科学基金资助。1994 年武汉大学物理系本科毕业，1998 年中国科学院物理研究所理论物理专业博士毕业。1998～2007 年在美国内布拉斯加大学奥马哈分校和林肯分校任研究助理博士后和研究助理教授，2007 年任同济大学物理系教授，2008 年调入华东师范大学信息科学技术学院极化材料与器件教育部重点实验室工作，任实验室副主任，2013 年任实验室主任。主要从事固体材料结构和物性的理论研究和计算模拟，在 *Nano Lett.*、*Phys. Rev. Lett.*、*Adv. Mater.*、*Adv. Func. Mater.* 等国际著名学术刊物上共发表学术论文 80 余篇，SCI 引用逾 2000 次。

参 考 文 献

[1] Fiebig M. Revival of the magnetoelectric effect. Journal of Physics D: Applied Physics, 2005, 38(8): R123-R152.

[2] Wang J, Neaton J B, Zheng H, et al. Epitaxial $BiFeO_3$ multiferroic thin film heterostructures. Science, 2003, 299(5613): 1719-1722.

[3] Catalan G, Scott J F. Physics and applications of bismuth ferrite. Advanced Materials, 2009, 21(24): 2463-2485.

[4] Neaton J B, Ederer C, Waghmare U V, et al. First-principles study of spontaneous polarization in multiferroic $BiFeO_3$. Physical Review B, 2005, 71(1): 014113.

[5] Chu Y H, Martin L W, Holcomb M B, et al. Controlling magnetism with multiferroics. Materials Today, 2007, 10(10): 16-23.

[6] Zhao T, Scholl A, Zavaliche F, et al. Electrical control of antiferromagnetic domains in multiferroic $BiFeO_3$ films at room temperature. Nature Materials, 2006, 5(10): 823-829.

[7] Ederer C, Spaldin N A. Weak ferromagnetism and magnetoelectric coupling in bismuth ferrite. Physical Review B, 2005, 71(6): 060401.

[8] Zavaliche F, Yang S Y, Zhao T, et al. Multiferroic $BiFeO_3$ films: Domain structure and polarization dynamics. Phase Transitions, 2006, 79(12): 991-1017.

[9] Holcomb M B, Martin L W, Scholl A, et al. Probing the evolution of antiferromagnetism in multiferroics. Physical Review B, 2010, 81(13): 134406.

[10] Chu Y H, Martin L W, Holcomb M B, et al. Electric-field control of local ferromagnetism using a magnetoelectric multiferroic. Nature Materials, 2008, 7(6): 478-482.

[11] Heron J T, Trassin M, Ashraf K, et al. Electric-field-induced magnetization reversal in a ferromagnet-multiferroic heterostructure. Physical Review Letters, 2011, 107(21): 217202.

[12] Yu P, Lee J S, Okamoto S, et al. Interface ferromagnetism and orbital reconstruction in $BiFeO_3$-$La_{0.7}Sr_{0.3}MnO_3$ heterostructures. Physical Review Letters, 2010, 105(2): 027201.

[13] Wu S M, Cybart S A, Yu P, et al. Reversible electric control of exchange bias in a multiferroic field-effect device. Nature Materials, 2010, 9(9): 756-761.

[14] Yu P, Chu Y H, Ramesh R. Oxide interfaces: Pathways to novel phenomena. Materials Today, 2012, 15(7-8): 320-327.

[15] Zeches R J, Rossell M D, Zhang J X, et al. A strain-driven morphotropic phase boundary in $BiFeO_3$. Science, 2009, 326(5955): 977-980.

[16] Haeni J H, Irvin P, Chang W, et al. Room-temperature ferroelectricity in strained $SrTiO_3$. Nature, 2004, 430(7001): 758-761.

[17] Choi K J, Biegalski M, Li Y L, et al. Enhancement of ferroelectricity in strained $BaTiO_3$ thin films. Science, 2004, 306(5698): 1005-1009.

[18] Damodaran A R, Liang C W, He Q, et al. Nanoscale structure and mechanism for enhanced electromechanical response of highly strained $BiFeO_3$ thin films. Advanced Materials, 2011, 23(28): 3170-3175.

[19] Zhang J X, Xiang B, He Q, et al. Large field-induced strains in a lead-free piezoelectric material. Nature Nanotechnology, 2011, 6(2): 98-102.

[20] He Q, Chu Y H, Heron J T, et al. Electrically controllable spontaneous magnetism in nanoscale mixed phase multiferroics. Nature Communications, 2011, 2(3): 225.

[21] Dagotto E. Complexity in strongly correlated electronic systems. Science, 2005, 309(5732): 257-262.

[22] Tokura Y, Tomioka Y. Colossal magnetoresistive manganites. Journal of Magnetism and Magnetic Materials, 1999, 200(1-3): 1-23.

[23] Manoharan H C. Topological insulators: A romance with many dimensions. Nature Nanotechnology, 2010, 5(7): 477-479.

[24] Dagotto E, Hotta T, Moreo A. Colossal magnetoresistant materials: The key role of phase separation. Physics Reports, 2001, 344(1-3): 1-153.

[25] Tokura Y. Critical features of colossal magnetoresistive manganites. Reports on Progress in Physics, 2006, 69(3): 797.

[26] Molegraaf H J A, Hoffman J, Vaz C A F, et al. Magnetoelectric effects in complex oxides with competing ground states. Advanced Materials, 2009, 21(34): 3470-3474.

[27] Vaz C A F, Hoffman J, Segal Y, et al. Origin of the magnetoelectric coupling effect in $Pb(Zr_{0.2}Ti_{0.8})O_3/La_{0.8}Sr_{0.2}MnO_3$ multiferroic heterostructures. Physical Review Letters, 2010, 104(12): 127202.

[28] Vaz C A F, Segal Y, Hoffman J, et al. Temperature dependence of the magnetoelectric effect in $Pb(Zr_{0.2}Ti_{0.8})O_3/La_{0.8}Sr_{0.2}MnO_3$ multiferroic heterostructures. Applied Physics Letters, 2010, 97(4): 042506.

[29] Hong X, Posadas A, Lin A, et al. Ferroelectric-field-induced tuning of magnetism in the colossal magnetoresistive oxide $La_{1-x}Sr_xMnO_3$. Physical Review B, 2003, 68(13): 134415.

[30] Fang Z, Solovyev I V, Terakura K. Phase diagram of tetragonal manganites. Physical Review Letters, 2000, 84(14): 3169-3172.

[31] Burton J D, Tsymbal E Y. Prediction of electrically induced magnetic reconstruction at the manganite/ferroelectric interface. Physical Review B, 2009, 80(17): 174406.

[32] Chen H, Ismail-Beigi S. Ferroelectric control of magnetization in $La_{1-x}Sr_xMnO_3$ manganites: A first-principles study. Physical Review B, 2012, 86(2): 024433.

[33] Dong S, Zhang X, Yu R, et al. Microscopic model for the ferroelectric field effect in oxide heterostructures. Physical Review B, 2011, 84(15): 155117.

[34] Vaz C A F, Hoffman J, Segal Y, et al. Control of magnetism in $Pb(Zr_{0.2}Ti_{0.8})O_3/La_{0.8}Sr_{0.2}MnO_3$ multiferroic heterostructures (invited). Journal of Applied Physics, 2011, 109(7): 07D905.

[35] Kanki T, Tanaka H, Kawai T. Electric control of room temperature ferromagnetism in a $Pb(Zr_{0.2}Ti_{0.8})O_3/La_{0.85}Ba_{0.15}MnO_3$ field-effect transistor. Applied Physics Letters, 2006, 89(24): 242506.

[36] Burton J D, Tsymbal E Y. Giant tunneling electroresistance effect driven by an electrically controlled spin valve at a complex oxide interface. Physical Review Letters, 2011, 106(15): 157203.

[37] Velev J P, Duan C G, Burton J D, et al. Magnetic tunnel junctions with ferroelectric barriers: Prediction of four resistance states from first principles. Nano Letters, 2009, 9(1): 427-432.

[38] Duan C G, Jaswal S S, Tsymbal E Y. Predicted magnetoelectric effect in $Fe/BaTiO_3$ multilayers: Ferroelectric control of magnetism. Physical Review Letters, 2006, 97(4): 047201.

[39] Zheng H, Wang J, Lofland S E, et al. Multiferroic $BaTiO_3$-$CoFe_2O_4$ nanostructures. Science, 2004, 303(5658): 661-663.

[40] Garcia V, Bibes M, Bocher L, et al. Ferroelectric control of spin polarization. Science, 2010, 327(5969): 1106-1110.

[41] Ma J, Hu J, Li Z, et al. Recent progress in multiferroic magnetoelectric composites: From bulk to thin films. Advanced Materials, 2011, 23(9): 1062-1087.

[42] Nan C W, Bichurin M I, Dong S, et al. Multiferroic magnetoelectric composites: Historical

perspective, status, and future directions. Journal of Applied Physics, 2008, 103(3): 031101.

[43] Hsieh D, Xia Y, Qian D, et al. A tunable topological insulator in the spin helical Dirac transport regime. Nature, 2009, 460(7259): 1101-1105.

[44] Thiele C, Dorr K, Bilani O, et al. Influence of strain on the magnetization and magnetoelectric effect in $La_{0.7}A_{0.3}MnO_3$/PMN-PT(001) (A=Sr, Ca). Physical Review B, 2007, 75(5): 054408.

[45] Yang J J, Zhao Y G, Tian H F, et al. Electric field manipulation of magnetization at room temperature in multiferroic $CoFe_2O_4$/$Pb(Mg_{1/3}Nb_{2/3})_{0.7}Ti_{0.3}O_3$ heterostructures. Applied Physics Letters, 2009, 94(21): 212504.

[46] Brandlmaier A, Geprägs S, Weiler M, et al. *In situ* manipulation of magnetic anisotropy in magnetite thin films. Physical Review B, 2008, 77(10): 104445.

[47] Ding H C, Duan C G. Electric-field control of magnetic ordering in the tetragonal-like $BiFeO_3$. Europhysics Letters, 2012, 97(5): 57007.

[48] Dresselhaus G. Spin-orbit coupling effects in zinc blende structures. Physical Review, 1955, 100(2): 580-586.

[49] Bastard G, Ferreira R. Spin-flip scattering times in semiconductor quantum wells. Surface Science, 1992, 267(1-3): 335-341.

[50] Yu A B, Rashba E I. Oscillatory effects and the magnetic susceptibility of carriers in inversion layers. Journal of Physics C: Solid State Physics, 1984, 17(33): 6039-6045.

[51] Nitta J, Akazaki T, Takayanagi H, et al. Gate control of spin-orbit interaction in an inverted $In_{0.53}Ga_{0.47}As$/$In_{0.52}Al_{0.48}As$ heterostructure. Physical Review Letters, 1997, 78(7): 1335-1338.

[52] Datta S, Das B. Electronic analog of the electro-optic modulator. Applied Physics Letters, 1990, 56(7): 665-667.

[53] Dyakonov M I, Perel V I. Current-induced spin orientation of electrons in semiconductors. Physics Letters A, 1971, 35(6): 459-460.

[54] Hirsch J E. Spin Hall effect. Physical Review Letters, 1999, 83(9): 1834-1837.

[55] Murakami S, Nagaosa N, Zhang S C. Dissipationless quantum spin current at room temperature. Science, 2004, 301(5638): 1348.

[56] Sinova J, Culcer D, Niu Q, et al. Universal intrinsic spin Hall effect. Physical Review Letters, 2004, 92(12): 126603.

[57] Kato Y K, Myers R C, Gossard A C, et al. Observation of the spin Hall effect in semiconductors. Science, 2004, 306(5703): 1910-1913.

[58] Engel H-A, Halperin B I, Rashba E I. Theory of spin Hall conductivity in n-doped GaAs. Physical Review Letters, 2005, 95(16): 166605.

[59] Wunderlich J, Kaestner B, Sinova J, et al. Experimental observation of the spin-Hall effect in a two-dimensional spin-orbit coupled semiconductor system. Physical Review Letters, 2005, 94(4): 047204.

[60] Valenzuela S O, Tinkham M. Direct electronic measurement of the spin Hall effect. Nature, 2006, 442 (7099): 176-179.

[61] Kimura T, Otani Y, Sato T, et al. Room-temperature reversible spin Hall effect. Physical Review Letters, 2007, 98(15): 156601.

[62] LaShell S, McDougall B A, Jensen E. Spin Splitting of an Au(111) surface state band observed with angle resolved photoelectron spectroscopy. Physical Review Letters, 1996, 77(16): 3419-3422.

［63］Koroteev Y M, Bihlmayer G, Gayone J E, et al. Strong spin-orbit splitting on Bi surfaces. Physical Review Letters, 2004, 93(4): 046403.

［64］Hochstrasser M, Tobin J G, Rotenberg E, et al. Spin-resolved photoemission of surface states of W(110)-(1×1)H. Physical Review Letters, 2002, 89(21): 216802.

［65］Rotenberg E, Chung J W, Kevan S D. Spin-orbit coupling induced surface band splitting in Li/W(110) and Li/Mo(110). Physical Review Letters, 1999, 82(20): 4066-4069.

［66］Varykhalov A, Marchenko D, Scholz M R, et al. Ir(111) surface state with giant Rashba splitting persists under graphene in air. Physical Review Letters, 2012, 108(6): 066804.

［67］Krupin O, Bihlmayer G, Starke K, et al. Rashba effect at magnetic metal surfaces. Physical Review B, 2005, 71(20): 201403.

［68］Nicolay G, Reinert F, Hüfner S, et al. Spin-orbit splitting of the L-gap surface state on Au(111) and Ag(111). Physical Review B, 2001, 65(3): 033407.

［69］Sugawara K, Sato T, Souma S, et al. Fermi surface and anisotropic spin-orbit coupling of Sb(111) studied by angle-resolved photoemission spectroscopy. Physical Review Letters, 2006, 96(4): 046411.

［70］Heide M, Bihlmayer G, Mavropoulos P, et al. Spin-orbit driven physics at surfaces. Newsletter Psi-K Network, 2006, 78: 1-39.

［71］Ast C R, Henk J, Ernst A, et al. Giant spin splitting through surface alloying. Physical Review Letters, 2007, 98(18): 186807.

［72］Bihlmayer G, Koroteev Y M, Echenique P M, et al. The Rashba-effect at metallic surfaces. Surface Science, 2006, 600(18): 3888-3891.

［73］Gong S J, Duan C G, Zhu Y, et al. Controlling Rashba spin splitting in Au(111) surface states through electric field. Physical Review B, 2013, 87(3): 035403.

［74］Mirhosseini H, Maznichenko I V, Abdelouahed S, et al. Toward a ferroelectric control of Rashba spin-orbit coupling: Bi on BaTiO$_3$(001) from first principles. Physical Review B, 2010, 81(7): 073406.

［75］Novoselov K S, Geim A K, Morozov S V, et al. Electric field effect in atomically thin carbon films. Science, 2004, 306(5696): 666-669.

［76］Kane C L, Mele E J. Quantum spin Hall effect in graphene. Physical Review Letters, 2005, 95(22): 226801.

［77］Kane C L, Mele E J. Z$_2$ Topological order and the quantum spin Hall effect. Physical Review Letters, 2005, 95(14): 146802.

［78］Yao Y, Ye F, Qi X L, et al. Spin-orbit gap of graphene: First-principles calculations. Physical Review B, 2007, 75(4): 041401.

［79］van Gelderen R, Smith C M. Rashba and intrinsic spin-orbit interactions in biased bilayer graphene. Physical Review B, 2010, 81(12): 125435.

［80］Min H, Hill J E, Sinitsyn N A, et al. Intrinsic and Rashba spin-orbit interactions in graphene sheets. Physical Review B, 2006, 74(16): 165310.

［81］Gong S J, Li Z Y, Yang Z Q, et al. Spintronic properties of graphene films grown on Ni(111) substrate. Journal of Applied Physics, 2011, 110(4): 043704.

［82］Li Z Y, Yang Z Q, Qiao S, et al. Spin-orbit splitting in graphene on metallic substrates. Journal of Physics: Condensed Matter, 2011, 23(22): 225502.

［83］Hasan M Z, Kane C L. Colloquium: Topological insulators. Reviews of Modern Physics, 2010, 82(4):

　　　3045-3067.

[84] Zhang Y, He K, Chang C Z, et al. Crossover of the three-dimensional topological insulator Bi_2Se_3 to the two-dimensional limit. Nature Physics, 2010, 6(8): 584-588.

[85] Popescu A E, Ionicioiu R. All-electrical quantum computation with mobile spin qubits. Physical Review B, 2004, 69(24): 245422.

[86] Gong S J, Yang Z Q. Spin filtering implemented through Rashba spin-orbit coupling and weak magnetic modulations. Journal of Applied Physics, 2007, 102(3): 033706.

[87] Ohno H. A window on the future of spintronics. Nature Materials, 2010, 9(12): 952-954.

[88] Zavaliche F, Zhao T, Zheng H, et al. Electrically assisted magnetic recording in multiferroic nanostructures. Nano Letters, 2007, 7(6): 1586-1590.

[89] Duan C G. Interface/surface magnetoelectric effects: New routes to the electric field control of magnetism. Frontiers of Physics, 2012, 7(4): 375-379.

[90] Duan C G, Velev J P, Sabirianov R F, et al. Tailoring magnetic anisotropy at the ferromagnetic/ferroelectric interface. Applied Physics Letters, 2008, 92(12): 122905.

[91] Sahoo S, Polisetty S, Duan C G, et al. Ferroelectric control of magnetism in $BaTiO_3$/Fe heterostructures via interface strain coupling. Physical Review B, 2007, 76(9): 092108.

[92] Meyerheim H L, Klimenta F, Ernst A, et al. Structural Secrets of Multiferroic Interfaces. Physical Review Letters, 2011, 106(8): 087203.

[93] Shu L, Li Z, Ma J, et al. Thickness-dependent voltage-modulated magnetism in multiferroic heterostructures. Applied Physics Letters, 2012, 100(2): 022405.

[94] Niranjan M K, Velev J P, Duan C G, et al. Magnetoelectric effect at the Fe_3O_4/$BaTiO_3$(001) interface: A first-principles study. Physical Review B, 2008, 78(10): 104405.

[95] Park M S, Song J H, Freeman A J. Charge imbalance and magnetic properties at the Fe_3O_4/$BaTiO_3$ interface. Physical Review B, 2009, 79(2): 024420.

[96] Picozzi S, Yamauchi K, Sanyal B. Interface effects at a half-metal/ferroelectric junction. Applied Physics Letters, 2007, 91(6): 062506.

[97] Fechner M, Zahn P, Ostanin S, et al. Switching magnetization by 180° with an electric field. Physical Review Letters, 2012, 108(19): 197206.

[98] Weisheit M, Fahler S, Marty A, et al. Electric field-induced modification of magnetism in thin-film ferromagnets. Science, 2007, 315(5810): 349-351.

[99] Duan C G, Velev J P, Sabirianov R F, et al. Surface magnetoelectric effect in ferromagnetic metal films. Physical Review Letters, 2008, 101(13): 137201.

[100] Nakamura K, Shimabukuro R, Fujiwara Y, et al. Giant modification of the magnetocrystalline anisotropy in transition-metal monolayers by an external electric field. Physical Review Letters, 2009, 102(18): 187201.

[101] Tsujikawa M, Oda T. Finite electric field effects in the large perpendicular magnetic anisotropy surface Pt/Fe/Pt(001): A first-principles study. Physical Review Letters, 2009, 102(24): 247203.

[102] Zhang H B, Richter M, Koepernik K, et al. Electric-field control of surface magnetic anisotropy: A density functional approach. New Journal of Physics, 2009, 11: 043007.

[103] Niranjan M K, Duan C G, Jaswal S S, et al. Electric field effect on magnetization at the Fe/MgO(001) interface. Applied Physics Letters, 2010, 96(22): 222504.

[104] Wang D S, Wu R, Freeman A J. First-principles theory of surface magnetocrystalline anisotropy and the diatomic-pair model. Physical Review B, 1993, 47(22): 14932-14947.

[105] van der Laan G. Microscopic origin of magnetocrystalline anisotropy in transition metal thin films. Journal of Physics-Condensed Matter, 1998, 10(14): 3239-3253.

[106] Maruyama T, Shiota Y, Nozaki T, et al. Large voltage-induced magnetic anisotropy change in a few atomic layers of iron. Nature Nanotechnology, 2009, 4(3): 158-161.

[107] Chiba D, Sawicki M, Nishitani Y, et al. Magnetization vector manipulation by electric fields. Nature, 2008, 455(7212): 515-518.

[108] Tang H X, Kawakami R K, Awschalom D D, et al. Giant planar Hall effect in epitaxial (Ga,Mn)As devices. Physical Review Letters, 2003, 90(10): 107201.

[109] Welp U, Vlasko-Vlasov V K, Liu X, et al. Magnetic domain structure and magnetic anisotropy in $Ga_{1-x}Mn_xAs$. Physical Review Letters, 2003, 90(16): 167206.

[110] Wang K Y, Sawicki M, Edmonds K W, et al. Spin reorientation transition in single-domain (Ga,Mn)As. Physical Review Letters, 2005, 95(21): 217204.

[111] Hamaya K, Watanabe T, Taniyama T, et al. Magnetic anisotropy switching in (Ga,Mn)As with increasing hole concentration. Physical Review B, 2006, 74(4): 045201.

[112] Wang W G, Li M, Hageman S, et al. Electric-field-assisted switching in magnetic tunnel junctions. Nature Materials, 2012, 11(1): 64-68.

[113] Shiota Y, Nozaki T, Bonell F, et al. Induction of coherent magnetization switching in a few atomic layers of FeCo using voltage pulses. Nature Materials, 2012, 11(1): 39-43.

[114] Zhu J, Katine J A, Rowlands G E, et al. Voltage-induced ferromagnetic resonance in magnetic tunnel junctions. Physical Review Letters, 2012, 108(19): 197203.

[115] Nozaki T, Shiota Y, Miwa S, et al. Electric-field-induced ferromagnetic resonance excitation in an ultrathin ferromagnetic metal layer. Nature Physics, 2012, 8(6): 492-497.

[116] Sankey J C, Cui Y T, Sun J Z, et al. Measurement of the spin-transfer-torque vector in magnetic tunnel junctions. Nature Physics, 2008, 4(1): 67-71.

[117] Wang C, Cui Y T, Sun J Z, et al. Bias and angular dependence of spin-transfer torque in magnetic tunnel junctions. Physical Review B, 2009, 79(22): 224416.

[118] Schellekens A J, van den Brink A, Franken J H, et al. Electric-field control of domain wall motion in perpendicularly magnetized materials. Nature Communications, 2012, 3(5): 847.

[119] Parkin S S P, Hayashi M, Thomas L. Magnetic domain-wall racetrack memory. Science, 2008, 320 (5873): 190-194.

[120] Metaxas P J, Jamet J P, Mougin A, et al. Creep and flow regimes of magnetic domain-wall motion in ultrathin Pt/Co/Pt films with perpendicular anisotropy. Physical Review Letters, 2007, 99(21): 217208.

[121] Lemerle S, Ferré J, Chappert C, et al. Domain wall creep in an Ising ultrathin magnetic film. Physical Review Letters, 1998, 80(4): 849-852.

[122] Gong S J, Duan C G, Zhu Z-Q, et al. Manipulation of magnetic anisotropy of Fe/graphene by charge injection. Applied Physics Letters, 2012, 100(12): 122410.

[123] Son Y W, Cohen M L, Louie S G. Half-metallic graphene nanoribbons. Nature, 2006, 444(7117): 347-349.

[124] Barone V, Peralta J E. Magnetic boron nitride nanoribbons with tunable electronic properties. Nano Letters, 2008, 8(8): 2210-2214.

[125] Yu R, Zhang W, Zhang H-J, et al. Quantized anomalous Hall effect in magnetic topological Insulators. Science, 2010, 329(5987): 61-64.

[126] Chang C Z, Zhang J, Feng X, et al. Experimental observation of the quantum anomalous Hall effect in a magnetic topological insulator. Science, 2013, 340(6129): 167-170.

[127] Qi X L, Hughes T L, Zhang S C. Topological field theory of time-reversal invariant insulators. Physical Review B, 2008, 78(19): 195424.

[128] Qi X L, Li R, Zang J, et al. Inducing a magnetic monopole with topological surface states. Science, 2009, 323(5918): 1184-1187.

[129] Garate I, Franz M. Inverse spin-galvanic effect in the interface between a topological insulator and a ferromagnet. Physical Review Letters, 2010, 104(14): 146802.

[130] Bauer U, Przybylski M, Kirschner J, et al. Magnetoelectric charge trap memory. Nano Letters, 2012, 12(3): 1437-1442.

第 25 章　自旋结构的高分辨电子显微测量技术

陈　宫　于秀珍　吴义政

　　磁畴及其畴壁的自旋结构是磁学材料性质的一个基本组成部分。对于磁性材料中磁畴结构的观测，决定了人们对于磁性材料特性的认识深度。自旋电子学器件性能也和其自旋结构直接相关。磁性材料和器件研究需要能够在实空间高分辨观测磁畴结构。常见的磁畴观测方法有磁光克尔效应显微术、磁力显微术以及自旋极化的扫描隧道显微镜等。本章将介绍三种观测磁畴的新型电子显微术，可以对于自旋的三维取向进行高分辨测量，并能够进行元素分辨的磁畴观测，横向分辨率可以到达纳米量级。第一种实验技术是自旋极化低能电子显微术（spin-polarized low energy electron microscopy，SPLEEM），由美国劳伦斯-伯克利国家实验室的陈宫博士、Alpha T. N'Diaye 博士和 Adrian M. Quesada 博士撰写；第二种实验技术是洛伦兹透射电子显微术（Lorentz transmission electron microscopy，LTEM），由日本理化学研究所于秀珍博士及十仓好纪教授撰写；第三种实验技术是基于同步辐射的光电子激发电子显微术（photoemission electron microscopy，PEEM），由复旦大学的吴义政教授撰写。另外，吴义政教授和陈柏良进行了统稿。

25.1　自旋极化低能电子显微术

25.1.1　简介

　　自旋极化低能电子显微术是一种基于低能电子显微术（low energy electron microscopy，LEEM）的实空间成像技术，可以观测样品表面的磁畴结构。LEEM 系统中采用非自旋极化电子源，而 SPLEEM 利用了一个自旋极化的电子源，因此成像电子与样品中电子的相互作用是自旋相关的，这个自旋相关性使得 SPLEEM 有能力对磁学性质和现象进行成像。LEEM 和 SPLEEM 都是由德国科学家 E. Bauer 发明的[1]。

　　在性能方面，SPLEEM 的空间分辨率和 LEEM 是可比拟的，本节所介绍的 SPLEEM 的空间分辨率通常能达到 10nm 的量级。获取一张 SPLEEM 图像的采集时间一般在数十分之一秒到几秒的范围内，在适当的条件下，甚至可能以视频速率采集图像[2]。自旋极化电子源狭窄的能量分布使得 SPLEEM 具有 0.1eV 的能量分辨率[3]，而电子自旋极化方向的空间角分辨率为 1°[4]。

SPLEEM 测量中到达样品表面的电子能量通常为 0~30eV，这使得 LEEM 和 SPLEEM 具有非常高的表面灵敏度(≤5Å)。因此，SPLEEM 需要表面科学研究中使用到的常规样品制备技术，包括超高真空样品环境、样品清洁(离子刻蚀和退火)等，而薄膜样品最好需要原位生长，例如利用分子束外延技术。电子的反射在很大程度上取决于弹性衍射，所以 SPLEEM 的测量通常在单晶样品和外延薄膜上完成，但在多晶样品上也是可能的。

下面将介绍 SPLEEM 系统、自旋极化电子源以及自旋操控器的基本工作原理，然后介绍一些基于 SPLEEM 的典型研究工作。

25.1.2 SPLEEM 工作原理

当入射到单晶样品表面电子束的能量足够低时(低于几十电子伏特)，弹性背散射截面非常高。电子通过晶格产生的衍射生成强烈的反射束斑，被放大生成 LEEM 图像[1,5]。其中对于镜面反射的放大图像被称为明场像，本节所讨论的 SPLEEM 仅限于明场像条件。

镜面反射的强度受到晶体周期性导致的干涉效应、吸附层以及样品的电子能带结构的极大影响，并且和入射电子的能量相关，该反射率在不同区域的变化是 LEEM 明场像形成的基础。自旋极化电子束和磁性样品之间产生的自旋极化的相互作用，会对反射率有一额外影响，从而产生 SPLEEM 图像。

为获取 SPLEEM 图像，通常先分别采集两张由自旋极化方向相反的成像光束得到的 LEEM 图像。若入射电子束能量为 E，对于 SPLEEM 图像的每一个像素点 r_i，都可以计算出两张自旋相反(自旋向上↑和自旋向下↓)LEEM 图像中强度 $I_↑=(E, r_i)$ 和 $I_↓=(E, r_i)$ 的不对称性 A：

$$A(E, r_i) = \frac{I_↑(E, r_i) - I_↓(E, r_i)}{I_↑(E, r_i) + I_↓(E, r_i)} \qquad (25.1)$$

根据逐像素计算出的不对称性 A 的强度，可以生成一张基于灰度或者彩色饱和度的图像。一个表面平整的磁性薄膜[图 25.1(a)(b)]可以显现出非常明显的磁结构[图 25.1(c)]。不对称性的大小一般在几个百分比的量级，并通常强烈依赖于入射电子能量[图 25.1(d)]。

对于一个给定的样品区域 r，测量到的不对称性 $A(E, r)$ 取决于材料本征的不对称性 A_0。

$$A(E, r) = P\cos(\alpha) \cdot A_0(E, r) \qquad (25.2)$$

式中，α 是入射电子自旋极化方向和样品表面磁矩方向之间的夹角。对于两个磁化方向相反的磁畴，$\cos\alpha$ 的符号也是相反的，所以在灰度图像中会出现黑白

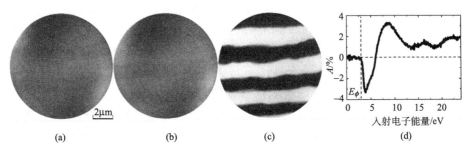

图 25.1   Fe/Cu(001)体系中：(a)自旋向上电子成像。(b)自旋向下电子成像。(c)SPLEEM图像。Fe 薄膜厚度为 3 个原子单层，入射电子自旋极化方向为垂直膜面，能量为 4eV。(d)不对称性随入射电子能量的变化，竖直虚线的能量对应样品表面功函数 E_ϕ 的大小[6]

区域。

若要对不对称性 A 进行定量解释，就必须考虑到电子束只是部分自旋极化。定义电子束的自旋极化率为 $P=(n_\uparrow-n_\downarrow)/(n_\uparrow+n_\downarrow)$。其中，$n_\uparrow$ 是自旋向上的电子数，$n_\downarrow$ 是自旋向下的电子数[7]。基于 GaAs 的自旋极化电子源的自旋极化率在 25% 左右，而某些新型的自旋极化电子源可以产生接近 100% 自旋极化率的电子束[2,8]，由式(25.2)可知，不对称性有可能可随着自旋极化率 P 的提高而最多提高 4 倍。

在实际采集中，通常使用的图像采集系统会产生额外的背景信号，这对于低强度的 LEEM 图像是不能被忽略的。若假设 LEEM 图像强度 $I_\uparrow(I_\downarrow)$ 来源于 $I_{\uparrow,0}(I_{\downarrow,0})$ 和本底 I_b 的叠加，那么不对称性 A 可重新写为

$$A=\frac{(I_{\uparrow,0}+I_b)-(I_{\downarrow,0}+I_b)}{(I_{\uparrow,0}+I_b)+(I_{\downarrow,0}+I_b)}=\frac{I_{\uparrow,0}-I_{\downarrow,0}}{I_{\uparrow,0}+I_{\downarrow,0}+2I_b} \tag{25.3}$$

SPLEEM 图像的信噪比(SNR)一般要比 LEEM 图像的信噪比低一到两个数量级。从信噪比的角度来看，背景信号会减小测量到的不对称性 A，而高性能的图像采集系统有助于降低背景信号[9]。

下面讨论 SPLEEM 测量中磁对比度的来源。在 SPLEEM 中，当电子能量高于费米能级几个电子伏的入射电子投射到样品表面时，对于自旋向上↑和自旋向下↓两种成像电子束而言，会观察到弹性背散射的不对称性。类似于 3D 电影中偏光眼镜的偏振过滤功能(即对两组具有相反极化方向影像的光有不同的吸收效果)，磁性样品对于具有相反自旋极化方向电子的反射和吸收也不一样。SPLEEM 中的磁对比度可以被理解为样品中自旋相关的能带劈裂。总入射电子束流 $J(E)=T(E)+R(E)$ 可以被分成被样品吸收的部分 $T(E)$ 和被反射并最终到达探测器的部分 $R(E)$。样品电子能带的精细结构可以从多方面影响 $T(E)$ 的

强度，若样品中自旋向上和向下的电子能带结构是非简并的，则自旋方向向上和向下电子束的 $T(E)$ 一般情况下是不同的。

　　通常情况下，铁磁材料中自旋向上和向下的电子能带结构具有非常相似的特点。由于交换劈裂的作用，自旋少子态对应的能带会向能量更高处移动，使得少子态的一部分成为费米能级以上未被占据的空带(图 25.2)。从图中可知，自旋向上和向下电子态密度的不对称性反映了电子通过样品表面进入样品的方式的不对称性。当入射电子到达样品表面时，若能在样品电子能带结构中找到一个与入射电子能量和动量都匹配的电子态，那么电子就可以非常容易地进入样品，随之占据该电子态并成为样品电子海的一部分，最终弛豫在费米能级；但是如果没有匹配的电子态(比如能量为 E 的自旋向上的电子对应着样品中的带隙)，那么 $T_\uparrow(E)$ 会被极大地抑制，同时反射束 $R(E)$ 极大地增强(对于自旋向下的电子类似)。由于铁磁材料中自旋向上和向下的能带劈裂，因此当只有一种自旋方向的电子能够找到对应的电子态时，该效应会强烈地影响不对称性 A。当自旋向上和自旋向下的电子态都对应后，另一种机制会作用于不对称性 A。由于在磁性材料中未被占据的自旋向下电子态密度更高，自旋向下电子的非弹性平均自由程一般为自旋向上电子的 $1/3$[10]，所以自旋向下的入射电子会承受更多的非弹性散射，这样产生的磁对比度和式(25.1)正好相反。费米能级和电子能量 E 之间的电子结构同样对不对称性 A 起到重要的作用，为了能入射到样品内部，即使电子能量低于有对应电子态的能量，弹道电子仍可以到达样品的空带，然后衰减到可用的电子态上。根据费米黄金定则，电子这样过渡的概率会随着可用电子态数量的增加而增加。这不仅包含了样品的体能带结构(其中低于功函数并接近费米

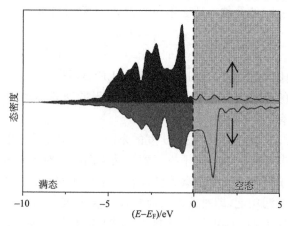

图 25.2　由密度泛函理论计算得到的 α-钴(面心立方堆积)的态密度。自旋向上和向下的能带结构特征非常相似，因能带劈裂而有 2eV 的相对移动[12]

能级处有明显的自旋劈裂），同样也包含了通常在功函数之下的空表面态。如体能带结构一样，表面态也存在自旋劈裂[11]。

由于这些效应的作用，自旋向上的入射电子在样品表面的弹性反射率会增大，若铁磁畴中多子自旋方向和入射电子的自旋向上方向平行，那么在 SPLEEM 图像中该畴的灰度较其他磁化方向的磁畴会更亮。在某些特定体系下，电子衍射或者量子阱态同样能极大地改变不对称性 A，本节稍后会介绍利用量子阱态来观测自旋分辨的空带结构的工作。

下面将讨论 SPLEEM 研究的适用范围。首先需要指出的是，利用低能电子束仅仅能够观测到材料表面几个原子层深度的区域，SPLEEM 图像揭示出的自旋信息同样仅限于这个区域。另外，SPLEEM 的观测深度有可能随着样品结构细节的改变而改变，包括掩埋界面（buried interface）或者层状结构材料的厚度等。为能正确阐释 SPLEEM 图像的意义，必须对这些因素加以考虑。

SPLEEM 和 LEEM 对样品的要求非常相似。原则上，最理想的测量样品为单晶导电材料，如金属和半导体。但从导电性的角度来看，由于对于样品电导率的要求不是非常高，SPLEEM 仍能对陶瓷、氧化镁、氯化钠或者有机层进行成像。目前的 SPLEEM 系统允许的原位测量温度范围通常为 100～1200K（样品处理时可以允许到达 2200K），对于某些低温体系，在更低的温度成像也是非常有可能的，但此时需要用液氦冷却的样品架来代替液氮冷却的样品架，高温的限制在于样品热电子发射的强度不能超过自旋极化入射电子束的强度。

利用电子束蒸发源可以实现原位薄膜生长，并使 SPLEEM 有能力研究样品磁学性质随薄膜厚度或成分变化的演化行为。利用特殊的样品座[13]，SPLEEM 还能够在成像时外加大小为几十高斯的垂直于样品表面的磁场，使得原位实时观测磁畴结构随磁场的变化成为可能。对于一个特定的电子束能量，外加磁场同时有助于从实验上判定 SPLEEM 图像灰度中的较白（较黑）区域对应的样品磁化方向是平行还是反平行于入射电子自旋极化方向。

磁畴结构的尺寸范围通常为 10nm 至 $10\mu m$[14]，而 SPLEEM 的空间分辨率可以到 10nm 左右，因此 SPLEEM 是一个对样品表面磁结构成像的强大工具。LEEM 图像本身提供了样品表面的结构信息，而和其关联的 SPLEEM 图像提供了样品表面的磁结构信息，从而使研究样品结构和磁结构之间的关联成为可能。例如，样品表面原子级台阶对于磁畴畴壁的钉扎作用或非均匀薄膜结构（如在非磁薄膜上生长的磁性岛或纳米线）对应的磁结构均已被观测到[15,16]。SPLEEM 中的自旋操控器可以将电子的自旋极化方向以 1° 角分辨率控制在空间的任意方向，用不同自旋极化方向的电子束对同一个区域进行实空间成像使得有可能得到样品表面磁矩在三维空间中的矢量分布。磁畴的畴壁宽度一般在几纳米到几百纳米，而 SPLEEM 可以测量畴壁的自旋结构[17]。通过测量畴壁中自旋的三维矢量分布，可以得到畴壁宽度、辨别畴壁类型以及手性等。

SPLEEM 可以用于研究磁畴在外界条件影响下的动力学行为。在记录 SPL-EEM 图像时可以通过调节多种物理参数研究磁畴结构的相应变化，比如样品温度、薄膜厚度、外加磁场、表面组分或者气体吸附等，从而进一步分析出相关的磁学基本性质，而磁性材料的居里温度、磁各向异性能、交换耦合物理量等物理量同样也有可能由 SPLEEM 实验得到[4]。

自旋极化电子源所产生的电子束能量分布较窄，通常为 0.1eV 量级[4]，这使得 SPLEEM 有可能以较好的能量分辨率来测量电子能谱。SPLEEM 能量依赖的电子能谱的特征来源于样品的电子结构，在某些特定情况下，SPLEEM 可以用来确定自旋分辨的空带结构。一种确定电子结构的方法是根据能带模型计算得到预测结果来拟合实验中测量到的反射率曲线[18]。另一种方法仅局限于研究有量子阱态的超薄膜中的电子结构[19,20,21]，在这类样品中，电子在样品表面和样品/衬底的界面均会透射和反射(类似于光学中的法布里-珀罗干涉)，两部分反射电子束产生的干涉作用会对 SPLEEM 图像的强度有一个明显的调制作用，通过一个相位积累模型[21]将薄膜厚度、电子波矢和实验测得的电子反射率关联起来，可以得到样品的能量动量色散关系，从而避免了第一种方法中所述的基于能带模型的计算，而能直接根据 SPLEEM 数据得到空带结构，这与利用光电子探测到的费米能级以下的电子结构是互补的。

25.1.3　SPLEEM 仪器介绍

SPLEEM 由 LEEM、自旋极化电子源和自旋操控器组成(图 25.3)。接下来，将对自旋极化电子源的和自旋操控器的工作原理进行阐释说明。

下面首先介绍 SPLEEM 自旋极化电子源。自旋极化电子源的电子来自圆偏振激光激发的 GaAs 光电子。图 25.3 中，由红外激光器(a)所产生的线偏振激光首先通过 1/4 波片(b)转化为圆偏振，随后由一个电脑控制的液晶单元(c)[23]来翻转圆偏振光的偏振方向(左旋或者右旋)，最终，一组光学透镜(d)将激光聚焦在 GaAs 晶片(e)，将电子从价带顶部激发到导带底部，从而产生光电子(图 25.4)。

为了使激发的光电子能逃离到真空中，GaAs 表面的功函数通过 GaAs 上生长的氧化铯层被降低到低于导带边缘[7,23]。这里氧化铯层的生长是由铯蒸发源(f)在漏阀(g)控制的氧气氛中生长铯来实现的。

由于 GaAs 吸收圆偏振光子时遵循了角动量守恒和选择定则，此时的光电子束是自旋极化的。在 GaAs 中，光电子激发的终态为 s 型，即轨道角动量为零的二度简并态($m_j = -1/2$ 和 $m_j = +1/2$，即自旋向上和向下)，而初态为 p 型，轨道角动量为 ± 1。当晶体结构有较高的对称性时(比如金刚石结构)，此时为六度

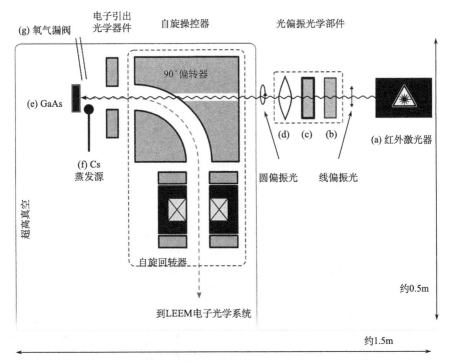

图 25.3　自旋极化电子源和自旋操控器示意图。(a)红外激光器；(b)四分之一波片；(c)液晶单元；(d)聚焦透镜；(e)GaAs 晶片；(f)铯蒸发源；(g)氧气漏阀[23]

简并，但 GaAs 的晶体结构是对称性较低的闪锌矿结构，自旋轨道耦合使原本的六度简并态变为二度简并的 $p_{1/2}$ 态和四度简并的 $p_{3/2}$ 态，这里 $p_{3/2}$ 多重峰由曲率半径较小的重空穴和曲率半径较大的轻空穴组成。

图 25.4(b)里的箭头表示所有跃迁的可能性，圆圈内的数字表示跃迁概率。入射的左旋(右旋)圆偏振光的光子带有 $+\hbar(-\hbar)$ 的角动量。当入射激光的光子能量与 $p_{3/2}$、导带间的带隙匹配但小于 $p_{1/2}$、导带间的带隙时，从 $p_{1/2}$ 到导带的跃迁被抑制。若激光偏振方向为左旋，理论上从 $p_{3/2}(m_j=-3/2)$ 跃迁到 $s_{1/2}$ $(m_j=-1/2)$ 的概率要比从 $p_{3/2}(m_j=-1/2)$ 跃迁到 $s_{1/2}(m_j=+1/2)$ 的概率大 3 倍，所以得到的光电子束的自旋极化率 $P=(3-1)/(3+1)=50\%$，含有更多自旋向下的电子；对于右旋圆偏振光，得到的光电子束的自旋极化率同样为 50%，但含有更多自旋向上的电子。然而实验上由此得到的电子束的自旋极化率一般只有 $25\%\sim30\%$[23]。需要指出的是，通过图 25.3 中的液晶单元对入射激光偏振方向(右旋或左旋圆偏振)的控制，可以简单地实现对电子束自旋极化方向(自旋向上或向下)的控制。

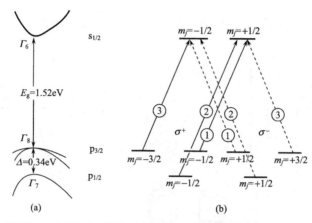

图 25.4　(a)GaAs 靠近 Γ 点($k=0$)附近的能带结构。(b)显示与图(a)能级对应的简并态，用量子数 m_j 加以区别。实线(虚线)标出了在左旋(右旋)圆偏振光照射时光电子跃迁的可能性。圆圈内的数字代表跃迁概率[7]

在实际操作中，GaAs 晶体表面的清洁度或氧化铯层的厚度及化学计量比对于光电子束是非常重要的性能参数。GaAs 阴极通常在较好的超高真空环境下退火到 540℃左右，随后在监测光电子产量的同时将氧化铯层在室温下沉积到 GaAs 表面，当光电子束的强度达到最大时完成氧化铯层的生长。由于阴极表面在真空环境中对于污染物和气体吸附的反应非常活泼，以这种方法制备的阴极寿命一般为几小时至数天(这取决于真空条件和阴极类型)。受污染的阴极可以通过再次退火和生长氧化铯层而反复使用。

SPLEEM 的三维自旋分辨能力需要利用自旋操控器在三维空间任意改变入射电子自旋曲线。自旋操控器是 SPLEEM 的核心部件[25]。光电子束离开阴极时，自旋极化方向和电子束的轨迹是共线的(见图 25.3 和图 25.5)，但自旋操控器能够使得光电子束的自旋极化方向处在空间任意方向。

图 25.5(a)定义了相对于样品表面球坐标系中的仰角 Θ 和方位角 Φ。装置由两部分组成，第一部分可以控制自旋极化方向相对于垂直样品表面方向的仰角 Θ，通常以 90°旋转自旋极化方向(即到达样品表面时为垂直于样品表面)，或者不旋转自旋极化方向(即到达样品表面时为平行于样品表面的模式工作)。因为电场不会改变自旋极化方向，所以静电场偏转器可以用来改变电子束自旋极化方向和束流方向的相对夹角，当电子束被偏转 90°后，自旋极化方向仍然与之前一致[图 25.5(c)][26,27]。为了改变自旋极化的方向，静电场偏转器可以同时产生大小可变的磁场，若同时外加合适的磁场和电场使自旋的拉莫尔进动角和电子束的偏

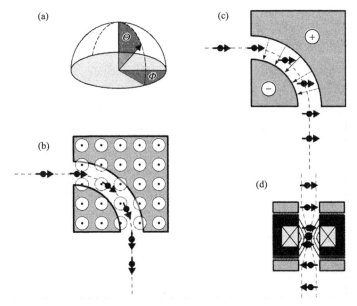

图 25.5　(a)相对于样品表面球坐标系中的仰角 Θ 和方位角 Φ 示意图；自旋操控器第一部分加磁场(b)和不加磁场(c)时电子束自旋极化方向变化示意图；(d)自旋操控器第二部分示意图，中间部分加磁场，两侧为电场[23]

转角几乎相同，则自旋极化方向和电子束方向仍然共线[图 25.5(b)][24]。选择不同大小的磁场和电场能使仰角 Θ 在 0°~90°之间任意改变。

　　第二部分[图 25.5(d)]可以控制自选极化方向的方位角 Φ，也就是在样品面内的面内角。该部分同样可以产生磁场和电场，这里磁场和电子束是共线的，通过控制磁场的大小可以控制自旋在拉莫尔进动后的方位角 Φ，而在装置两端的电场可以使电子束聚焦在磁场中心[图 25.3 和图 25.5(d)]。以较高的角分辨率(约 1°)操控电子束自旋极化方向的能力和良好的空间分辨率一并成为 SPLEEM 的重要特性。

25.1.4　典型 SPLEEM 实验举例

　　SPLEEM 的优势可以体现在下列技术参数中：数据采集时间(至视频速率)、电子束自旋极化方向的角分辨率(约 1°)、电子束的能量分辨率(约 0.1eV)、空间分辨率(约 10nm)、随原位生长或当其他外界条件改变时可实时测量(约 1s 图像采集时间)。低能电子导致了非常高的表面灵敏度(几个原子层)，这是 SPLEEM 的一大特点，同时也可被视为一种限制。SPLEEM 观测一般要求样品表面具有非常高的平整度和清洁度，因此大多数相关研究都基于原位生长体系，而许多非原位生长的样品由于表面清洁度的限制而无法使用这种技术，除非某些特定的体系在氩刻退火(约600℃)之后还能保持处理样品之前的本征性质(如较厚的四氧化三铁薄膜或块材等)。和其他先进的磁成像技术相比，SPLEEM的缺点包括：无法进行元素分辨(相对光发射电子显微镜而言)，较低的空间分辨率(相对自旋极化扫描隧道显微镜和洛伦兹模式的透射电子显微镜而言)。

下面介绍几个利用SPLEEM进行自旋研究的典型实例。

1. 三维自旋结构的研究

电脑控制的自旋控制器可以使不同自旋极化方向的电子束参数在少于1s时间内切换，这使得在较短时间内用不同方向自旋极化电子对样品进行成像成为可能，从而可以进一步得到研究区域的三维自旋结构，同时避免了气体吸附、温度变化和样品架移动等对测量结果的影响。这里需要指出的是，为了得到定量化的自旋结构信息，不同极化方向的电子束必须处在同一能量。

一个例子是对磁畴畴壁的研究。自从垂直磁化的条纹磁畴被发现以来[28]，由于测量仪器的限制，对条纹磁畴畴壁的研究还非常少，比如畴壁到底是Néel壁还是Bloch壁仍然未知。在SPLEEM腔内，于Cu(001)单晶表面原位生长Fe/Ni双层膜，利用任意控制自旋极化方向的优势，SPLEEM不仅可以利用自旋极化方向垂直于薄膜的电子束对垂直磁化条纹畴的磁畴进行成像[图25.6(a)]，也可以利用自旋极化方向在面内且互相垂直的两束电子束分别成像[图(25.6(b)(c)]。虽然理论预言该体系畴壁的基态为Bloch壁，但通过图25.6(b)(c)的比较而知，畴壁类型可以清楚地判定为Néel壁。从图25.6(b)中同时可以发现，任何两个相邻的畴壁方向都是反向耦合的，且总是从图25.6(a)中的白色磁畴指向黑色磁畴，这说明畴壁结构的旋转对称性破缺，具有右手手性。该体系和理论预言相悖的畴壁基态，以及畴壁的自旋旋转对称性破缺都无法用磁学中通常考虑的相互作用来解释，而需要引入由薄膜界面中心反演对称性破缺诱导的Dzyaloshinskii-Moriya(DM)相互作用[29,30]以解释观察到的手性畴壁，该相互作用在研究磁性材料的磁结构时通常被忽略[14]。通过自旋轨道耦合，DM相互作用将结构上的中心反演对称性破缺和自旋的旋转对称性破缺联系起来，其哈密顿量为$E_{DM} = D_{ij} \cdot (S_i \times S_j)$。其中，$D_{ij}$为DM相互作用矢量，它决定了自旋旋转的方式，如螺旋型(helical)或旋轮型(cycloidal)，S_i和S_j是位于i和j的最近邻自旋。运用SPLEEM对此类畴壁的研究可以对认识DM相互作用如何影响磁性超薄膜中的自旋结构起到重要作用。

另一个例子是对于自旋重取向转变体系的研究。在自旋重取向转变体系中，磁各向异性的易磁化轴会随着温度、薄膜厚度或表面化学成分等参数的变化而改

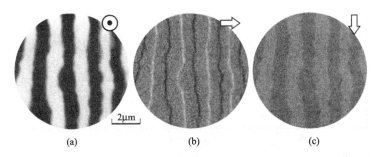

图 25.6　Fe/Ni/Cu(001)体系条纹磁畴在室温下的 SPLEEM 图像，自
旋极化方向分别沿：(a)垂直于膜面方向；(b)面内水平方向；(c)面内
垂直方向。Fe 薄膜厚度为 2.5 个原子单层，Ni 薄膜厚度为 2 个原子单
层。电子能量为 9eV。(b)显示了明显的具有右手手性的 Néel 壁[31]

变。取决于磁相关相互作用的相对强度，许多种自旋重取向转变在不同的体系里
被观察到，SPLEEM 的原位试验为进一步理解自旋重取向转变现象提供了重要
信息，包括 Co/Ru（0001）[32,33]、Co/Au（111）[34]、Co/W（110）[35]、Fe/Cu
(110)[36]、Fe/Ni/Cu(100)[37]以及 FeCo/Au(111)[38]。例如，Co/Ru(0001)中存
在一个不寻常的自旋重取向转变。在 Ru(0001)晶体上生长 1.5 个原子单层厚的
Co 薄膜，利用 SPLEEM 会同时观察到 1、2、3 层 Co 薄膜的形貌和自旋信息(图
25.7)，由图可知，在 Co 薄膜的厚度从 1 个原子单层变到 3 个原子单层的过程
中，磁各向异性的易磁化轴存在从薄膜面内(1 层 Co)到垂直于膜面(2 层 Co)再
到薄膜面内(3 层 Co)的转变。有效磁各向异性的易磁化轴的方向取决于偶极相
互作用、表面界面磁各向异性和磁弹相互作用竞争的结果[39]。通过基于屏蔽的
Korringa-Kohn-Rostoker 方法的第一性原理计算及分析 1、2、3 层 Co 的磁各向
异性能大小，El Gabaly 等[32]得出，2 层 Co 易磁化方向垂直于膜面的原因是 Co
薄膜中的横向应力和薄膜表面或界面的电子效应。

　　在某些特殊的体系中，由于自旋结构较为复杂，甚至利用三个自旋极化方向
互相垂直的电子束也不能满足对于磁畴结构的判定。比如对于 W(110)单晶表面
Fe 纳米线[图 25.8(a)]的磁畴结构，就需要用自旋方向沿面内水平、垂直和夹角
为 45°的三组电子束去成像[图 25.8(b)~(d)]，通过对比知 Fe 纳米线中存在朗
道涡旋畴结构[图 25.8(e)][16]。

　　以上介绍的实验突出了自旋操控器的重要性。结合 SPLEEM 原位生长和实
时采集图像的特点，通过电脑程序自动切换电子束的自旋极化方向，使研究自旋
重取向转变过程中自旋结构在三维空间中随参数改变而实时变化成为可能。

图 25.7(另见彩图)　Co/Ru(0001)体系在 110K 下的 SPLEEM 图像，自旋极化方向分别沿：(a)垂直于膜面方向。(b)面内水平方向。(c)面内垂直方向。Co 薄膜厚度为 1.5 个原子单层，图像直径为 $2.8\mu m$，电子能量为 7eV。图中边缘为红色的区域对应 2 个原子单层 Co 薄膜，边缘为蓝色的区域对应 3 层 Co 薄膜。(d)对应区域的 LEEM 图像，深灰色对应 2 个原子单层厚的 Co 薄膜，浅灰色对应 1 个原子单层厚的 Co 薄膜，图中箭头表示磁矩方向[32]

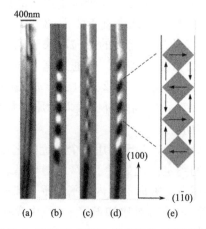

图 25.8　W(110)表面 Fe 纳米线的 LEEM 图像(a)和 SPLEEM 图像(b)~(d)。其中，入射电子自旋极化方向分别为面内水平(b)、面内垂直(c)、面内夹角为 45°(d)。(e)由 SPLEEM 图像推断出的 Fe 纳米线中的磁畴结构[16]

2. 电子能带结构的研究

自旋分辨的电子色散关系对于理解 d 能带电子结构相关物理特性至关重要。由于超薄膜中的电子可能被局限在薄膜内部从而形成二维量子阱态，因此电子态密度会随着厚度和电子能量呈周期性振荡，可以利用 SPLEEM 测量自旋极化电子束反射率随磁性薄膜厚度和入射电子能量的变化关系，通过相位积累模型，便有可能得到磁性薄膜空带中自旋相关的能带结构，如 Fe/W(110)体系[20]或 Co/Mo(110)体系[40]。

图 25.9 显示了在 Co/Mo(110)中自旋极化向下(a)和向上(b)电子的反射率随着 Co 薄膜厚度和电子能量变化的实

时测量结果。可知，反射率随两者呈现周期性振荡，振荡来自 Co 薄膜中的量子阱态。此时相位积累模型为 $2k(E)d_{Co}+\phi=2n\pi$。其中，$k(E)$ 为电子波矢，d_{Co} 为 Co 薄膜厚度，ϕ 为电子在 Co 薄膜的两个界面反射之后产生的相位积累，n 为整数[40]。因为相位 ϕ 仅和电子能量相关，那么在给定电子能量的条件下，电子波矢仅取决于量子阱态振荡的厚度周期。因此精确测定图 25.9 中在不同能量下的振荡周期可以得到自旋分辨的电子色散关系[图 25.9(c)]。

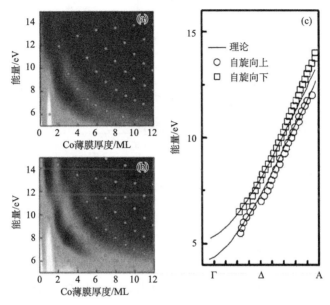

图 25.9　Co/Mo(110) 体系中自旋向下 (a) 和自旋向上 (b) 的电子反射率随 Co 薄膜厚度及入射电子能量的变化，显示了 Co 薄膜中存在明显的量子阱态。(c) 由相位积累模型推算出的自旋分辨的能带结构及理论计算结果[40]

　　此类方法不仅可以用于测定磁性薄膜的空带能带结构，还能够用来测定非磁金属或者氧化物的空带结构[41,42]。基于 MgO 绝缘层的 Fe/MgO/Fe 磁性隧道结因为拥有非常高的磁电阻效应而备受关注，该体系中的磁电阻效应强烈依赖于 MgO 层的厚度以及 Fe/MgO 的界面质量[43,44]。利用 SPLEEM 在 Fe(001) 单晶表面原位生长 MgO 薄膜，并实时测量电子反射率随电子能量和 MgO 薄膜厚度的变化，由图 25.10(a)(b) 可知电子反射率同样随两者呈周期性振荡，则可由此依照相位积累模型得出 MgO 薄膜的空带结构。除此之外，该实验还给出了进一步理解磁性隧道结的两个重要信息：3 个原子单层厚的 MgO 已经拥有和体材料 MgO 几乎相同的能带结构，Fe/MgO 界面的电子反射是自旋相关的。

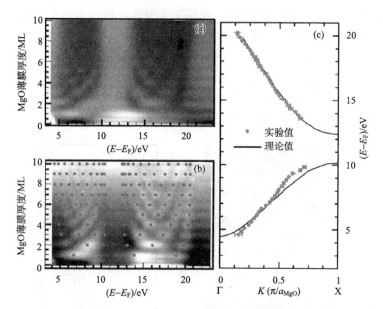

图 25.10　(a)MgO/Fe(001)体系中电子反射束强度随 MgO 薄膜厚度及
入射电子能量的变化；(b)经体材料 MgO 的能谱归一化后的电子反射
率结果；(c)MgO 空带结构的实验推算结果及理论计算结果[42]

　　值得指出的是，对量子阱态本身的研究同样具有意义。薄膜中的二维量子阱
态会影响电子态密度从而进一步影响薄膜的性质，如层间耦合振荡、功函数、电
子-声子耦合等。由于测量手段的限制，对于量子阱态的研究一般局限于费米面
附近的能带。考虑到薄膜的空带能带结构将影响薄膜的光学性质和输运性质，而
基于 SPLEEM 的实验使得研究薄膜空带中的量子阱态成为可能。

25.2　洛伦兹透射电子显微术

25.2.1　简介

　　磁畴是铁磁体的微观组成部分。单一磁畴中，电子的自旋沿同方向平行排
列，而不同的磁畴，电子的自旋排列方向不同，磁畴与磁畴的交界面称为磁畴
壁。磁畴的大小因材料而异，一般在微米量级以下，达到纳米量级。这样微小的
结构，很难观察到。而一般的电子显微镜，虽然具有很高的分辨率，但是很难测
量局域磁矩的三维取向。因此，洛伦兹透射电子显微镜(Lorentz transmission
electron microscope，LTEM)应运而生。

　　近年来，随着利用外场驱动电子自旋来调控材料电导性质技术的发展，科学

界兴起研究自旋电子学的研究热潮。在自旋电子学研究中，需要在实空间直接观察和调控电子自旋，从而进一步理解新材料特性，并促进新型自旋电子器件的研发。人们发现，在一些复杂氧化物材料中，材料组分的变化可以灵敏地调控其自旋排列。一个代表性的例子是，在具有隧穿磁电阻效应的 $La_{2-2x}Sr_{1+2x}Mn_2O_7$ 材料中，少量 Ru 原子取代 Mn 原子可以使得其自旋排列会发生很奇异的变化[45]。

　　此外，磁性材料中电子自旋可以作为信息存储单元，利用自旋极化电流的自旋转移力矩效应(spin transfer torque effect)能调控电子自旋方向（极化电流驱动畴壁运动），从而实现信息的读写[46]。然而要利用这种效应驱动畴壁运动，外界至少需要提供 $10^8 \sim 10^{12}\,A \cdot m^{-2}$ 的自旋极化电流[46,47]，如此大的电流伴随着巨大的能量消耗，不适合实际应用，因此自旋电子学研究的未来，是寻找到新的方式，利用更小电流达到信息读写的目的。在中心对称性破缺的螺旋磁体中，外加磁场能诱导产生自旋涡旋排列的拓扑结构——Skyrmion[48-51]——也能作为电流可控信息载体。Skyrmion 最初是核物理中引入的典型模型，它用来描述场论中局域类似粒子的结构[52]。如今，Skyrmion 已与凝聚态物理中独特自旋结构息息相

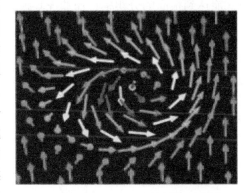

图 25.11　Skyrmion 自旋结构示意图

关[53]。Skyrmion 自旋结构示意图如图 25.11 所示，图中形象地展示了 Skyrmion 中的自旋演变为环绕球体分布的过程，这种球体环绕方式满足拓扑指数的要求，Skyrmion 具有拓扑稳定性。知道 Skyrmion 的自旋结构并不够，还应结合实验观察研究材料磁结构与晶体结构的潜在关系。

　　洛伦兹透射电子显微镜可以高分辨测量磁畴结构，并能够确定出纳米范围内的磁矩自旋取向，从而得到磁矩的高分辨三维矢量分布。下面我们首先介绍洛伦兹透射电子显微镜的工作原理，然后再选择几个典型的例子介绍其强大的功能。

25.2.2　洛伦兹透射电子显微镜原理

　　在普通的透射电子显微镜中，为了取得高分辨率图像，待测样品放置在离磁性物镜很近的位置处。磁场由物镜产生，流过物镜的电流越大，施加到样品上的磁场越强。通常拍摄晶格像时，加在样品上的磁场有 2～3T，磁场的大小取决于加速电压。因此样品基本上已经被磁化，就无法观测到磁畴。为了观测到磁畴分布，需要将样品放在离磁性物镜很远的位置或者切断物镜电流，使样品几乎不受物镜磁场的影响。洛伦兹透射电子显微镜的原理很简单：当电子束通过磁性材料

时，电子受到由材料自发磁化的洛伦兹力影响而发生偏转(如图 25.12 所示)，偏转后的电子束通过磁性物镜聚焦，然后经过放大系统放大，最后到达像平面成像。在透镜散焦面(过焦面和欠焦面)上，材料畴壁对应位置处电子束要么会聚要么发散，因而散焦面上白线或黑线对应材料的畴壁位置，过焦面图像中白线和黑线位置与欠焦面中相反。这种散焦面成像的工作模式即菲涅耳模式(Fresnel mode)，如图 25.12(b)所示[54]。另一方面，电子束通过磁性材料时，中心电子束在透镜焦平面发生分裂，用物镜光阑可以选择单一分裂后的电子束，这样在像平面，光阑选择透过的部分呈明亮图像，光阑阻隔的部分则呈暗像。这种工作于透镜焦平面的模式称为傅科模式(Foucault mode)，如图 25.12(c)所示[54]。傅科模式能达到很高的分辨率，而菲涅耳模式适用于观察磁畴结构的变化[55]。

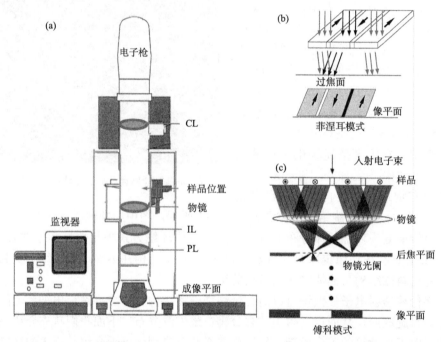

图 25.12　(a) LTEM 结构示意图；菲涅耳模式(b)和傅科模式(c)中电子束路径[54,55]

利用洛伦兹透射电子显微镜观测磁畴，在保持高的分辨率的同时，还可以利用调控磁性物镜电流向样品施加沿电子束传播方向的梯度磁场 $B_z \approx \dfrac{B_0}{1+(z/a)^2}$。其中，$B_0$ 是 $z=0$ 处的磁场，只与流过物镜的电流有关；a 是磁场峰值的半高宽 $1/2$。一般的高分辨率透射电子显微镜中，加在样品的磁场 B_0(约 2T)能够使磁性物镜焦距 f_0 减小到约 1mm，进而增加电镜的放大倍数。在如此大的外磁场作用下，只有自旋沿着 z 方向（电子束入射方向）排列的单一磁畴存在，因而这种模式无法观测到面内磁壁。为了降低施加在样品上的磁场，只能通过降低流过磁性物镜的电流，当电流足够小时，样品中面内磁畴畴壁才会被观测到。

为了从 LTEM 的图像中提取材料中的磁化分布，我们运用了 QPt 软件包[56]对 LTEM 图像做定量分析。这个方法是运用了强度传输方程（transport of intensity equation，TIE）[57]：

$$\frac{2\pi}{\lambda}\frac{\partial I(x,\ y,\ z)}{\partial z} = \mathbf{V}_{xy}(I(x,\ y,\ z)\,\mathbf{V}_{xy}\phi(x,\ y,\ z)) \qquad (25.4)$$

式中，$I(x,\ y,\ z)$ 代表强度，$\phi(x,\ y,\ z)$ 代表电子相位。另外由麦克斯韦-安培方程，电子相位 $\phi(x,\ y,\ z)$ 与磁化强度 $\mathbf{M}$ 满足如下关系：

$$\mathbf{V}_{xy}\phi(x,\ y,\ z) = -\frac{e}{h}(\mathbf{M}\times\mathbf{n})t \qquad (25.5)$$

式中，t 为材料厚度，$\mathbf{n}$ 为材料表面法线方向单位矢量。如果已知电子相位 $\phi(x,\ y,\ z)$，利用式(25.5)就可以得到面内磁化强度 M_{xy}，而如果已知 $\frac{\partial I}{\partial z}$，那么电子相位 $\phi(x,\ y,\ z)$ 就由式(25.4)给出。焦平面附近电子强度的偏微分 $\frac{\partial I}{\partial z}(z\sim 0)$ 可以做近似处理，设 Δz 为离焦量，f_1 为透镜焦距，那么：

$$\frac{\partial I}{\partial z}(z\sim 0) = \frac{I(x,\ y,\ f_1+\Delta z)-I(x,\ y,\ f_1-\Delta z)}{2\Delta z} \qquad (25.6)$$

因此，利用强度传输方程分析各种 LTEM 图像中电子强度的差异，就能得到材料表面横向磁化强度分布，使得 LTEM 成为研究自旋结构的有力工具，其磁畴结构的空间分辨率能达到 2nm 以下，能够同时得到材料中磁结构信息和原位晶体结构[58-62]。图 25.13 给出了 Ba_2FeMoO_6 的亮场图像、暗场图像和磁化强度分布图像。对比暗场图像与磁结构图像，可以看出磁畴的自旋方向在由 Fe^{3+}/Mo^{5+} 反占位缺陷形成的反相边界处发生变化，也就是说，反相边界阻隔了

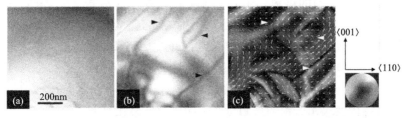

图 25.13 利用 LTEM 研究 Ba_2FeMoO_6 薄膜材料(110)面磁畴和晶体反相畴结构。(a)亮场图像；(b)暗场图像；(c)相同区域磁化强度分布图像。色环表示 TIE 图中每个点处的横向磁化强度。(b)中黑色三角标注的灰线表示反相边界

Ba_2FeMoO_6 中 Fe^{3+}/Mo^{5+} 的亚铁磁耦合。因此，与传统的磁化测量技术、X 射线衍射和中子衍射技术相比，透射电子显微镜不仅能在实空间观测到晶体中的相分离，还能研究晶体中自旋排列与晶体缺陷的关系。

25.2.3　洛伦兹透射电子显微镜应用举例

下面将介绍洛伦兹透射电子显微镜在凝聚态物理中的几个典型研究：①$La_{1.2}Sr_{1.8}(Mn_{1-y}Ru_y)_2O_7$ 中自旋重取向现象；②畴壁处反相边界的钉扎效应；③$Fe_{0.5}Co_{0.5}Si$ 中纳米磁通 Skyrmion 结构。希望读者能够通过这些研究实例来了解 LTEM 的功能。

1. $La_{1.2}Sr_{1.8}(Mn_{1-y}Ru_y)_2O_7$ 中自旋重取向

我们利用了 LTEM 的傅科模式研究 $La_{1.2}Sr_{1.8}(Mn_{1-y}Ru_y)_2O_7$ 双层膜结构 (001)面 20K 时磁结构各向异性行为，如图 25.14～图 25.16 所示[58]。

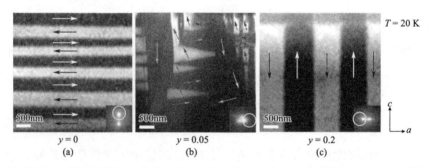

图 25.14　20K 时不同 Ru 含量(y)$La_{1.2}Sr_{1.8}(Mn_{1-y}Ru_y)_2O_7$ 材料的 LTEM 傅科模式图像[58]。(a)$y=0$；(b)$y=0.05$；(c)$y=0.2$。小图为中央电子束在衍射平面的像，白色圆圈为光阑位置，图像中白色和黑色区域代表不同磁畴，磁畴的磁化方向用箭头表示

对不含 Ru($y=0$)的材料，中心电子束在衍射平面沿着⟨001⟩方向分裂为两点[图 25.14(a)中小图]，180°畴壁沿着 a 轴方向延伸，磁畴的自发磁化方向垂直于 c 轴，LTEM 对该组分的研究结果与磁化测量结果一致。

Ru 含量 $y=0.05$ 时，中心电子束在衍射平面分裂为三个点[图 25.14(b)小图]，也就是说，该组分材料磁化易轴方向位于 a 轴与 c 轴之间，易轴位于面外(非垂直)时傅科模式无法精确得到每个磁畴中自发磁化方向。

Ru 含量 $y=0.2$ 时，中央电子束在衍射平面沿着 a 方向分裂为两点，因而 180°畴壁沿着 c 轴方向延伸，也就是说该组分材料易轴方向是 c 方向。

综上，可以得出如下结论：20K 时，$La_{1.2}Sr_{1.8}(Mn_{1-y}Ru_y)_2O_7$ 中易轴方向

随 Ru 含量变化而变化，不含 Ru(y＝0)时，易轴位于膜面内；y＝0.05，易轴位于膜面外与 c 方向呈一定夹角；y＝0.2 时，易轴平行于 c 方向。

$La_{1.2}Sr_{1.8}(Mn_{1-y}Ru_y)_2O_7$ 材料易轴除受 Ru 含量影响外，温度也是重要因素。图 25.15 所示为 Ru 含量为 0.05 的 $La_{1.2}Sr_{1.8}(Mn_{1-y}Ru_y)_2O_7$ 材料在不同温度下的(010)面磁畴结构。20K 时，楔形畴壁与主畴壁相交于 c 方向，随着温度升高，楔形畴壁范围变小，40K 时楔形畴壁轮廓也变得模糊，当温度达到 60K，畴壁基本沿着 c 方向，温度继续升高超过 75K 时，180°畴壁完全平行于 c 方向。

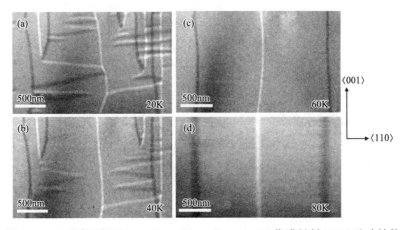

图 25.15　不同温度下 $La_{1.2}Sr_{1.8}(Mn_{0.05}Ru_{0.05})_2O_7$ 薄膜材料(010)磁畴结构图[58]。(a)20K；(b)40K；(c)60K；(d)80K。LTEM 为菲涅耳工作模式，离焦量约为 100μm，图像中黑色和白色线条代表畴壁

图 25.16 为 TIE 方法分析 20K 和 80K 时 $La_{1.2}Sr_{1.8}(Mn_{1-y}Ru_y)_2O_7$ 材料 y＝0.05 组分，(010)面磁化强度在空间的分布。散焦面观察到的磁畴结构与焦平面图像有所不同，散焦面图像中黑线和白线对应畴壁，联合三种不同平面(欠焦面、焦平面、过焦面)的图像，能得到该温度下磁化强度的空间分布，如图 25.16 中(d)(h)所示。由此得到，20K 时材料易轴位于面外，但与 c 方向有一定夹角，而当温度达到 80K，易轴平行于 c 方向。

总之，$La_{1.2}Sr_{1.8}(Mn_{1-y}Ru_y)_2O_7$ 材料中易轴受 Ru 含量和温度的影响。具体说，y＝0 时，易轴为〈110〉；y＝0.2 时，易轴平行于 c 方向；随着 Ru 含量增加，材料单轴各向异性变强。有趣的是，随着温度降低，在 y＝0.05 组分材料中观察到自旋重取向现象。

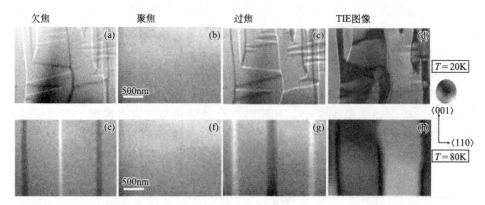

图 25.16　$La_{1.2}Sr_{1.8}(Mn_{0.05}Ru_{0.05})_2O_7$ 中，不同聚焦模式下的 LTEM 图像和磁化强度方向分布图，色环表示 TIE 图中每个点处的横向磁化强度。测量温度分别为 20K 和 80K

2. 畴壁处反相边界的钉扎效应

A_2FeMoO_6(A 代表 Sr、Ba 或 Ca)系列材料是具有半金属特性的本征隧道结晶[58-63]，其晶体结构为双钙钛矿结构，如图 25.17 所示，FeO_6 和 MoO_6 八面体交替有序排列，Fe^{3+}($3d^5$)离子自旋($S=5/2$)与 Mo^{5+}($4d^1$)离子自旋($S=1/2$)之间反铁磁耦合，从而形成亚铁磁基态。在该系列材料中，Ba_2FeMoO_6 为立方结构[64]，无晶格缺陷时饱和磁化强度每晶胞单元为 $4\mu_B$[69,65]，磁化易轴位于[111]方向。但是当 Mo^{5+}($S=1/2$)占据 Fe^{3+} 位置而被 Mo^{5+} 包围或者Fe^{3+}($S=5/2$)占据 Mo^{5+} 位置而被 Fe^{3+} 包围时，局域晶体结构产生"反占位缺陷"，破坏 Fe^{3+} 和

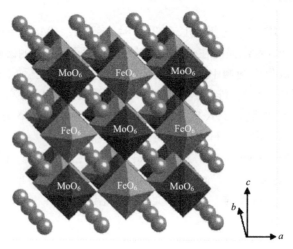

图 25.17　A_2FeMoO_6 晶体结构示意图

Mo^{5+} 之间的反铁磁耦合，会导致 Ba_2FeMoO_6 饱和磁化强度下降[66-70]。我们可以利用 LTEM 研究晶体缺陷对磁畴结构和晶体结构的影响。

Ba_2FeMoO_6 晶体中反相边界为 FeO_6 或 MoO_6 边界沿着 [110] 方向漂移 $\frac{1}{2}d_{(111)}$。其中，$d_{(111)}$ 为 (111) 面间距，如图 25.18 所示。利用 [111] 衍射斑点应该能在晶体结构中观察到材料中 Fe^{3+} 和 Mo^{5+} 有序排列与反占位排列形成的反相边界。图 25.18(1)(2) 分别代表两个不同区域 (1 和 2) 中 [110] 带轴的 LTEM 暗场图像。这些图像中明亮部分为 Fe^{3+}/Mo^{5+} 有序排列结构，灰色线条为反相边界。区域 2 图像中灰色线条比区域 1 稠密得多。图 25.18(3)(4) 分别为两个区域经傅里叶变换处理后的高分辨率透射电子显微镜 (HRTEM) 图像。沿着 [111] 方向，晶格条纹如图中黑色线条和白色线条所示，图 25.18(3) 中不存在反相边界因而条纹连续，而图 25.18(4) 中部分条纹断裂，图 25.18(4) 中虚线为条纹断裂的地方，也就是反相边界。

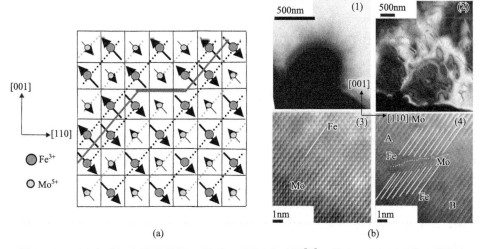

图 25.18　(a) 为反相边界示意图。(b) 为 LTEM 实验图[72]。其中，(1)(2) 为 [110] 带轴暗场图像，(3)(4) 为单晶 Ba_2FeMoO_6 材料中高分辨 TEM 图。图中实线表示反相边界

为了探究反相边界这类晶体缺陷与材料磁性质的关系，我们利用 LTEM 的菲涅耳模式观察其磁结构，如图 25.19 所示。同样，我们可以利用 TIE 方法分析欠焦面、焦平面和过焦面电子束强度分布获得该区域磁化强度分布，图中红箭头标示的白线和黑线代表磁畴壁。从中可以得到，磁化强度基本沿着 [111] 方向排列。除此之外，磁化强度分布并不均匀，也说明该区域磁化强度分布与位置有关。(e) 所示暗场图像中，也能观察到由于 Fe^{3+}/Mo^{5+} 反占位缺陷引起的反相边界。

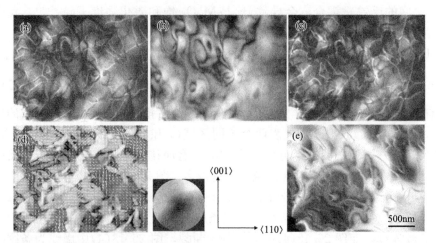

图 25.19（另见彩图）　室温下 Ba_2FeMoO_6 区域 2 的磁畴结构和晶体结构[70]。（a）欠聚焦图像；（b）焦平面图像；（c）过聚焦图像；（d）磁化强度分布图；（e）[111]斑点暗场图像。图中灰色曲线为反相边界

3. Skyrmion 自旋结构研究

一直以来，复杂自旋结构都广受关注，研究发现，许多不寻常物理现象与复杂自旋结构有关，如反常霍尔效应[69,70]等。Bogdanov 和 Yablonskii 首先在理论上预言了 Skyrmion 自旋结构[53]，他们认为 Skyrmion 是在外磁场作用下，具有某种晶体对称性材料中形成的磁"涡旋"，其形成类似于铁磁体中条纹磁畴在外磁场作用下演变为磁泡的过程。具体来说，在 MnSi[48]、$Fe_{1-x}Co_xSi$[49,50]、FeGe[51]等中心对称性破缺磁性材料中，外磁场能诱导螺旋磁畴演变为 Skyrmion 结构。Shyrmion 自旋结构的形成机制可以用 Dzyaloshinskii-Moriya 相互作用（简称 DM 相互作用）[29,30]来描述，当磁性材料中心对称性破缺且磁各向异性很弱时，非共线自旋结构哈密顿量由下式给出：

$$\boldsymbol{H} = \int dr \left(\frac{J}{2} (\boldsymbol{\nabla M})^2 + \alpha \boldsymbol{M} \cdot (\boldsymbol{\nabla \times M}) \right)^{[50]} \tag{25.7}$$

式中，$\boldsymbol{M}$ 为磁化强度，α 为 DM 相互作用常数。哈密顿量满足式（25.7）的系统自旋基态为螺旋态，且螺旋只有一个前进方向（波矢 $\boldsymbol{q}$ 单一）。波矢 $\boldsymbol{q}$ 大小由 α/J 决定，方向可以为空间任意方向。这类中心对称性破缺材料中，晶体结构给出各向异性。当 α/J 很小时，晶体各向异性很弱，因而连续统近似成立。为使式（25.7）中哈密顿量最小，自旋方向所在平面应垂直于波矢 $\boldsymbol{q}$。在众多螺旋磁体中，B20 结构的过渡金属 Si 或 Ge 化物等，具有立方型中心对称性破缺结构，因

而能被用来检验上述模型。

　　我们利用 LTEM 能在实空间观察到简单的自旋结构，也能通过改变温度和外磁场来观察 Skyrmion 的形成、消失和位错过程。Uchida 等[76]首先在 $Fe_{0.5}Co_{0.5}Si$ 中观察到螺旋自旋结构以及晶格边缘位错等缺陷。LTEM 观测对于样品制备具有一定要求，需要样品厚度在几十纳米之下，电子束能够穿透样品。相对而言，几十纳米厚的薄膜材料也可以看成二维体系，薄膜厚度小于螺旋结构波长，其自旋螺旋结构波矢位于膜面内，因此二维体系中可能存在比三维体系更多的新奇现象。

　　图 25.20 显示了 $Fe_{0.5}Co_{0.5}Si$ 薄膜中(001)面的自旋结构。在临界温度(约 40K)以下和零磁场下，正如 Uchida 等观察到的那样，磁化强度横向分量形成条纹，周期约 90nm。由此可知，$Fe_{0.5}Co_{0.5}Si$ 薄膜中螺旋状自旋沿[100]或[010]方向传播。垂直于膜面加 50mT 磁场时，出现二维 Skyrmion 结构，Skyrmion 呈六角格子状排列，格点间距与条纹周期差不多。Skyrmion 中自旋螺旋方向(逆时针或顺时针)由材料中 DM 相互作用系数的符号决定。另外，尽管 LTEM 在垂直于膜面的方向上不具备分辨自旋方向的能力，与理论模拟相比，图中黑色背景应该表示自旋向上，而 Skyrmion 的中心表示自旋向下，同时，也有研究工作指出，沿着外磁场方向自旋向上的比例大于自旋向下[50]，因此在垂直膜面方向 LTEM 的分析结果与理论模拟和实验观察一致。Skyrmion 中自旋的排列结构类似超导中磁通量的行为[71]——涡旋核中心的自旋平行于外磁场。

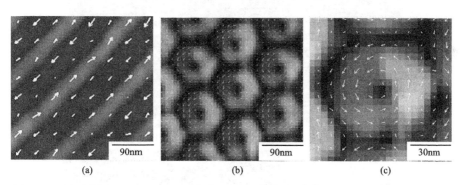

图 25.20(另见彩图)　$Fe_{0.5}Co_{0.5}Si$ 薄膜(001)面自旋结构[50]。(a)0mT 时的螺旋结构；
(b)50mT 时的 Skyrmion；(c)Skyrmion 结构放大图

　　由前面的结果可知，外磁场对 Skyrmion 结构的形成有影响。25K 时，外磁场为零时，自旋基态为螺旋态，与中子散射研究相吻合[49]，基态时快速傅里叶变换(FFT)图中有两个峰，那么自旋螺旋排列方向为[100]，同时，螺旋自旋结构中不可忽略的刃型位错[图 25.21(a)中箭头所示]也被 LTEM 观察到。当垂直膜面加 20mT 外磁场时，六角排列的 Skyrmion 结构开始出现，螺旋结构与 Skyrmion 共存，相应的 FFT 图中也能观察到共存的事实，两个主峰偏离[100] 轴的同时还存在两个宽峰及光晕。当外磁场增加到 50mT 时，条纹畴消失，(001)膜面内除了存在缺陷的地方外都被 Skyrmion 占据。另外，Skyrmion 六角格子的位错同样不可忽略，如图 25.21(c) 中白色箭头所示，相应的 FFT 图像变成六个峰。外磁场进一步增大到 80mT 后，Skyrmion 结构消失，材料的磁化处于饱和状态，因而 LTEM 图中观察不到横向分量。

除了磁场大小能调控 Skyrmion 形成和消失外，温度也能产生影响。如图 25.21(i)~(l)所示，外加 50mT 磁场时不同温度下自旋有不同的行为。随着温

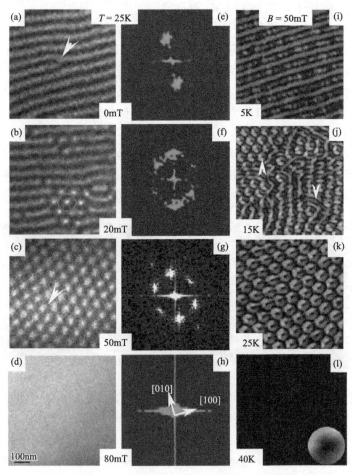

图 25.21 $Fe_{0.5}Co_{0.5}Si$ 薄膜中(001)面的磁畴结构图[50]。(a)~(d) 25K 时 LTEM 图像与外磁场的关系；(e)~(h) 25K 时相应 FFT 图像；(i)~(l) 垂直膜面加 50mT 磁场，不同温度下磁化强度分布图

度升高，自旋在 5K 时螺旋排列，25K 变成 Skyrmion 晶格，15K 为中间共存态，温度达到 40K 左右，Skyrmion 消失。

总之，应用 LTEM 在实空间观察到理论模型预言的自旋 Skyrmion 结构，同时也研究了 Skyrmion 的形成、湮灭过程及缺陷。有趣的是，Skyrmion 广泛存在于一般薄膜材料中，因此薄膜体系能用来研究二维体系中非同寻常的量子输运现象，如反常霍尔效应、Skyrmion 流动等。

综上所述，LTEM 可以用于定量研究复杂纳米磁畴结构，这可以为下一代自旋电子学器件的研发提供强有力的直接信息。目前国内已经有多家研究单位购买了高性能的透射电子显微镜。因此作者希望本节介绍能够使读者了解到 LTEM 的强大功能，激发国内同行利用 LTEM 开展磁性研究的兴趣，促进国内自旋电子学研究的发展。

25.3 同步辐射光电子激发电子显微术

现代自旋电子器件往往基于磁性多层膜，这就需要能够分别研究每一层铁磁层的磁性本质以及两层铁磁层之间的相互作用，需要有表面/界面灵敏度的磁性测量手段分离出表面原子和体内原子对磁性的贡献，同时需要具有纳米量级的高灵敏空间磁性分辨能力。另外，磁矩翻转速度决定了磁存储器件中的信息存储速度，所以自旋电子学的发展要求能够在皮秒甚至飞秒量级对磁性进行研究，并能够在实空间对于翻转过程进行实时研究并控制。自旋电子器件中经常使用反铁磁层来改善并控制铁磁层的磁学性质，如矫顽力和热稳定性等，因此需要有效测量手段研究反铁磁薄膜的特性以及反铁磁层与铁磁层之间的耦合。利用其他实验手段，很难达到上述研究要求，但是这些研究需求可以利用同步辐射测量技术达到，其中主要是利用了 X 射线磁圆二色谱（X-ray magnetic circular dichroism, XMCD）和 X 射线磁线二色谱（X-ray magnetic linear dichroism, XMLD）技术，特别是基于 XMCD 和 XMLD 的光电子激发电子显微术可以高分辨研究铁磁和反铁磁磁畴，受到广泛关注。上海光源将建设一台高性能的 PEEM 系统，因此这里将介绍 PEEM 的工作原理，希望能够促进国内相关研究的开展。下面将首先简略介绍同步辐射如何产生偏振 X 射线，然后分别介绍 XMCD 和 XMLD 的原理，最后整体介绍 PEEM 的测量原理和功能。

25.3.1 同步辐射偏振 X 射线的实现

利用同步辐射技术研究材料电子自旋结构，必须利用同步辐射光的偏振性，其中 XMCD 技术利用了圆偏振性，而 XMLD 技术利用了线偏振性。这里首先简略介绍同步辐射中如何实现对 X 射线偏振性的控制，详细原理和装置参见文献

[72][73]。

　　在第一代和第二代同步辐射装置中，主要是利用弯铁装置来实现同步辐射 X 射线的发射。当高速电子在圆形轨道上运行时，如果在轨道平面内($\psi=0$)，发出的 X 辐射是线偏振的，其偏振方向处于电子轨道平面内，如图 25.22(a)所示；如果 X 射线线不在轨道平面内，偏离轨道平面一个小的角度 ψ，它就是椭圆偏振光，其圆偏振度(P_c)随着角度的增加而增大，如图 25.22(b)所示。原则上，随着出射角度 ψ 的不同，弯铁装置可以产生任意圆偏振度的椭圆偏振光，但是 X 射线的强度 I 随着发射角度会急剧下降。因此合理利用弯铁装置产生的椭圆偏振 X 射线，需要综合考虑 X 射线的发射强度和圆偏振度。

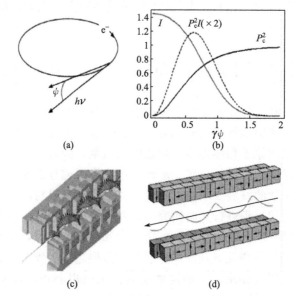

图 25.22　(a)电子储存环和弯铁装置中 X 射线发射角度示意图；(b) 弯铁装置中，圆偏振度 P_c(黑实线)、X 射线发射强度(灰实线)以及两者乘积(虚线)随着发射角度的变化，其中 γ 是电子总能量和电子静止能量之间的比值；(c)螺旋波荡器中电子螺旋轨道示意图；(d)EPU 中磁铁和电子轨道示意图。参见文献[73]

　　在第三代同步辐射装置中，可以利用螺旋波荡器这样的插入件同时增加同步辐射的强度和偏振度。通过螺旋波荡器的调制，电子轨道可以呈现图 25.22(c)中的螺旋状态，就会发射出圆偏振 X 射线。现代椭圆偏振波荡器(elliptically polarizing undulator，EPU)，一般是由四组磁铁阵列组成，每组磁铁阵列都由不同方向的磁极周期性排列组成，如图 25.22(d)所示。通过调节这四组磁铁阵列的间距以及相互之间的相位，不但可以调节电子轨道以左旋或右旋螺旋线运动，产生左旋或右旋圆偏振 X 射线，而且也可以调节电子在一个平面内周期性振动[图 25.22(d)]，产生线偏振 X 射线，同时这个电子振动平面可以处于任何角度，因此可以产生任意方向的线偏振光。这不同于弯铁装置只能产生电子轨道平面内的线偏振 X 射线，因此对于进一步研究 XMLD 效应有极大的促进作用。

25.3.2　X 射线吸收磁圆二色

所谓 X 射线吸收磁圆二色，就是磁性材料对于左旋和右旋圆偏振 X 射线吸收的不同而产生的二色性现象。众所周知，当入射 X 射线的能量正好为芯能级到费米面的能级差时，产生共振吸收，并在吸收谱中出现吸收峰。对于磁性材料，在费米面附近自旋向上和向下的电子态密度是不同的[图 25.23(a)]，由于跃迁选择定则的限制，对左旋和右旋圆偏振 X 射线的吸收存在不同，从而出现 X 射线吸收磁圆二色现象。图 25.23(b)显示了当 Co 磁矩方向和入射 X 射线平行或反平行时的吸收谱，可以看到在 Co 原子 L_3 和 L_2 吸收边附近 X 射线吸收有很大不同。图 25.23(c)是两条吸收谱的差谱，也就是通常所说的 XMCD。对于 XMCD 的详细原理介绍，参见综述文献[73]、[74]。XMCD 实验技术能够得到许多传统磁学测量方法所无法获得的信息，因此从 Schütz 等[75] 1987 年对 Fe 开展 XMCD 研究以来，XMCD 技术受到国际磁学研究工作者的广泛关注。这里需要指出的是，通常对于 3d 磁性金属元素，XMCD 主要测量光子从 2p 跃迁到 3d

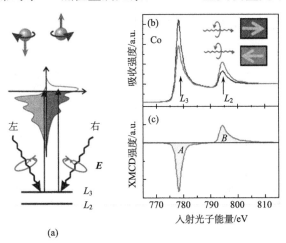

图 25.23　(a)XMCD 的原理示意图；(b) 磁矩与入射光自旋方向平行或反平行时，在 Co 的 L_2 和 L_3 吸收边附近的 X 射线吸收谱；(c)Co 的 XMCD，也就是(b)中两条吸收谱的差谱

能级的 L 吸收边，而对于 4f 稀土材料，一般测量光子从 3d 跃迁到 4f 能级的 K 吸收边。

磁性材料的总磁矩包括电子自旋磁矩 $\boldsymbol{M}_{\mathrm{spin}}$ 和轨道磁矩 $\boldsymbol{M}_{\mathrm{orbit}}$。磁性材料的很多磁学性质例如磁各向异性来源于自旋和轨道耦合，因此如果能够在实验上分别定量测量自旋磁矩和轨道磁矩，将有助于理解磁各向异性等磁学性质的本质。Thole 和 Wu 等分别在理论上指出利用 XMCD 技术可以将自旋磁矩和轨道磁矩定量测量[76,77]，很快 Chen 等在实验上进行了验证[78]。简单来说，轨道磁矩和自旋磁矩与图 25.23(c) 中 L_3 和 L_2 吸收边的 MCD 谱线积分面积 A 和 B 相关，也就是 $M_{\mathrm{spin}} \propto A + 2B$ 和 $M_{\mathrm{orbit}} \propto A - B$。如果 $A > B$，说明轨道磁矩和自旋磁矩平行排列；反之说明轨道磁矩和自旋磁矩反平行排列。一般而言，3d 金属体材料中，由于晶体场的作用使得轨道磁矩非常小，但是如果降低材料的维度，由于对称性的破缺，轨道磁矩将有很大的增强。Gambardella 等[79,80]研究了生长在 Pt(111) 衬底上的 Co 的原子团簇、单原子链、单原子层膜和体材料的 XMCD，

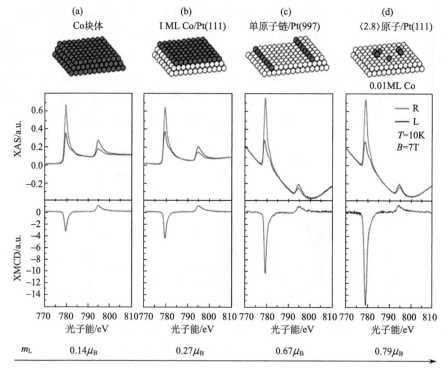

图 25.24　三维 Co 体材料(a)、二维 Co 单原子层(b)、一维 Co 原子链(c) 和零维 Co 原子团簇(d) 的 L_2、L_3 边 X 射线吸收谱和 XMCD。所有材料生长在 Pt(111) 衬底上。其中，(d) 中〈2.8〉原子表示每个原子团簇平均包含 2.8 个 Co 原子。实验表明，Co 的轨道磁矩 ML 随着维度的下降而上升(承 Brune 教授授权[79,80])

如图 25.24 所示。可以看到，随着维度的降低，XMCD 中 A 和 B 积分面积的差别依次增加，表明 Co 原子的轨道磁矩有很大的增强，这也说明在 Co 低维体系中具有较大的自旋轨道耦合，可能会产生较大的磁各向异性。确实，生长在 Pt(111) 表面的 Co 原子就具有巨大的磁各向异性，其数值是体材料各向异性值的 200 倍[80]。另外，在图 25.24(d) 中，被测量的 Co 原子覆盖度仅有 0.01 原子单层，但是 XMCD 技术可以将其磁性非常清楚地分辨出来，这证明了 XMCD 技术具有非常高的灵敏度。从图 25.24(d) 可以简单估算 XMCD 技术测量灵敏度优于 1×10^{-9} emu，这比普通的超导量子干涉仪 (SQUID) 的灵敏度还高。

从 XMCD 的原理可以看到，只有当 X 射线的能量处于芯能级和费米面之间的共振能级时，才能有磁信号的产生。由于不同元素的共振能级的不同，人们利用同步辐射光能量连续可调的特性，可以通过选择 X 射线的能量，分别研究不同元素的磁性。XMCD 测量技术的元素分辨能力是其他磁测量手段所不具有的特点。在合金材料或多元素材料中，人们可以通过研究不同元素对磁性的贡献来进一步研究新型磁性材料中磁性的来源机理。而在多层膜材料中，如果不同磁性层有不同磁性元素组成，那么可以通过研究不同铁磁层的磁性来进一步研究其中的磁耦合特性。例如，对半导体自旋电子学领域研究最广泛的稀磁半导体材料 $Ga_{1-x}Mn_xAs$，理论研究都指出磁性来源于其中的 Mn 掺杂原子，但是只有利用元素分辨的 XMCD 技术才能够在实验上[81]测量出，除 Mn 原子具有磁性外，Ga 原子和 As 原子也具有弱磁性，并且其自旋方向正好相反，如图 25.25 所示。这个实验说明，Mn 的掺杂可以诱导 Ga 原子和 As 原子的轨道磁矩，使 Mn 离子磁矩产生间接交换作用，从而产生铁磁性。

磁滞行为是铁磁材料所具有的基本特性之一，利用 XMCD 技术也可以进行磁滞回线的测量。如果将入射的 X 射线能量固定为待测元素的吸收边，当磁矩随着磁场发生翻转时，磁矩相对于 X 射线入射方向发生变化，X 射线吸收强度会随之发生改变 (图 25.23)，因此在扫描磁场过程中，吸收信号随磁场的变化就反映了磁性材料的磁滞行为。需要强调的是，XMCD 具有元素分辨能力，可以用于测量同一合金材料或多层膜中不同元素的磁滞回线，从而可以用来进一步研究不同元素或不同原子层之间的磁性耦合。图 25.26 给出了一个简单的例子[82]，就是利用 XMCD 技术分别测量了 Co/Cu/FeNi 三层膜中 Co 原子和 Ni 原子的磁滞回线。FeNi 层中 Fe 元素和 Ni 元素磁滞回线是完全一致的。当中间 Cu 层厚度为 6nm 和 8nm 时，Co 和 FeNi 之间的耦合使得两者一致排列，而 $t_{Cu} = 10$ nm 时，两者之间的耦合非常弱，因此 Co 和 FeNi 存在完全不同的磁滞行为，具有不同的矫顽力。其他磁性研究手段只能测量总磁矩随磁场的变化，不可能像图 25.26 一样得到各元素组分对磁性的贡献。

传统的磁性材料中一般存在 3d 或 4f 磁性金属原子，但是最近发现的许多新

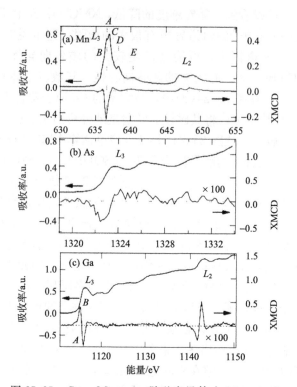

图 25.25　　$Ga_{0.93}Mn_{0.07}As$ 稀磁半导体中 Mn、As 和 Ga 元素的 L 边吸收谱和 XMCD。结果表明 Mn 掺杂可以诱导 Ga 和 As 离子的磁矩[81]

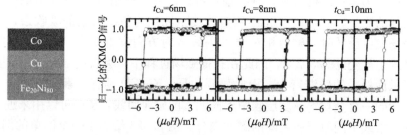

图 25.26　　$Co/Cu/Fe_{20}Ni_{80}$ 三层膜中 Co 层(空心点)和 FeNi 层(实心点)的元素分辨磁滞回线随着中间 Cu 层厚度的变化[82]

型磁性材料中并不存在这些传统磁性原子。例如，高纯石墨晶体经过离子辐照等方式处理后，可以呈现一定的铁磁性，但是其中就没有任何传统磁性元素[83]。利用 XMCD 技术，可以研究其中磁性的来源。石墨中的碳原子具有不同的化学键，利用 XMCD 技术，Ohldag 等[84]研究表明，石墨中碳原子的 π 键对其铁磁性起到了决定性的作用。因此，XMCD 技术对于有机磁体等新型自旋材料的磁性研究起到了很重要的作用，相关研究工作可以参见综述文献[73]。

25.3.3 X 射线吸收磁线二色

前面介绍的 XMCD 效应与材料的局域净磁矩$\langle M \rangle$相关，但是在反铁磁材料中，净磁矩$\langle M \rangle$为零，就没有 XMCD 效应。人们发现可以利用同步辐射 X 射线的线偏振性研究反铁磁的磁性[85,86]。如果反铁磁材料中的自旋方向是杂乱无章的，那么无论入射 X 射线的偏振方向如何变化，测量得到的 X 射线吸收谱都不会变化[图 25.27(a)]；但是如果反铁磁自旋是沿着某个固定方向排列的，那么即使净磁矩为零，入射光线偏振方向和自旋平行或垂直时，磁性元素吸收边附近的吸收谱也是不相同的，如图 25.27(b) 所示，这就是 X 射线吸收磁线二色（XMLD）现象。当 X 射线偏振方向在两者之间连续变化时，吸收谱也作相应的连续变化。目前 XMLD 现象主要用于研究 Fe_2O_3、NiO、CoO 和 $LaFeO_3$ 等反铁磁氧化物的反铁磁特性。

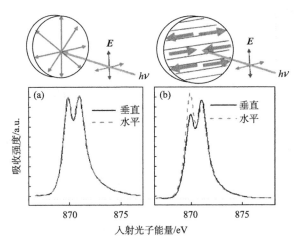

图 25.27　NiO 薄膜生长在 Ag(001) 和 Ag(118) 台阶表面的 XMLD 谱线。实线和虚线分别表示 X 射线偏振方向处于垂直面内或水平面内，X 射线入射垂直于样品表面

对反铁磁性进行测量的传统研究手段，例如中子衍射，局限于其测量灵敏度，只能对大块反铁磁体材料进行研究。而目前几乎所有自旋电子器件都是基于薄膜结构的，只有 XMLD 技术能够直接研究反铁磁薄膜中的自旋结构。图 25.27 显示的实际上是生长在 Ag 单晶表面的 NiO 薄膜的 XMLD 效应。对于外延在 Ag(001) 表面的 NiO 薄膜，Ni^{2+} 离子自旋是处于薄膜平面之内的，但是具有面内各向同性[87]。因此对于垂直样品入射的 X 射线，无论偏振方向如何，

Ni 的 L_2 吸收边上吸收谱线都是相同的[图 25.27(a)]。但是对于 NiO 生长在 Ag 的台阶表面上，原子台阶会诱导面内单轴磁各向异性，使得 NiO 的磁矩沿着台阶方向或垂直于台阶方向排列，这样垂直入射的 X 射线偏振方向平行或垂直于台阶时，在 Ni 的 L_2 吸收边上的吸收谱线有很明显的不同[图 25.27(b)]。利用 NiO 的 L_2 谱线两个吸收峰的强度关系，可以判断 NiO 自旋的方向[88]。通过 XMLD 效应，我们可以确定原子台阶可以使得 Ni^{2+} 磁矩沿着台阶方向排列[89,90]，这个研究是其他手段所不能实现的。

前面已经介绍了利用 XMCD 技术可以测量铁磁层的磁性，因此对于铁磁/反铁磁材料组成的交换偏置结构，如果同时利用 XMCD 和 XMLD 技术分别测量铁磁材料和反铁磁材料，就可以直接研究铁磁/反铁磁异质结中的交换耦合以及在界面处自旋的排列。例如，利用 XMCD 和 XMLD，Zhu 等[91]证明了在 Co/NiO 体系中，Co 磁矩可以在 NiO 薄膜中诱导出磁单轴各向异性，而 Arenholz 等也进一步证明了 Co 和 NiO 自旋之间存在 90°耦合[88]。其他实验手段不可能在一块样品中同时测量其中的铁磁和反铁磁特性，因此这体现了利用同步辐射进行自旋电子学研究的一大优势。

XMLD 效应不但在反铁磁材料中存在，在铁磁材料中也存在。铁磁材料磁矩可以沿某一方向排列，当入射光偏振方向和磁矩平行或垂直时，吸收边附近的吸收谱也可以是不同的[92]。理论计算表明 3d 金属的 XMLD 效应也存在求和规则[93]，并可用于定量计算磁各向异性，随后这个理论预测得到实验验证[94]。但是由于铁磁材料的 XMLD 测量要求比 XMCD 效应严格得多，因此很少被用于研究铁磁性。

25.3.4　光电子激发电子显微术

磁存储器件(例如硬盘)的应用主要基于其磁畴结构，因此磁记录工业的发展需要对磁畴性质进一步开展研究。由于同步辐射技术具有其他手段所不拥有的元素分辨特性，同步辐射 X 射线显微技术也成为一种越来越普遍的磁畴测量技术。目前世界上每一个已经建成的第三代同步辐射光源都配备了高分辨的光电子激发电子显微镜[95-97]。图 25.28 显

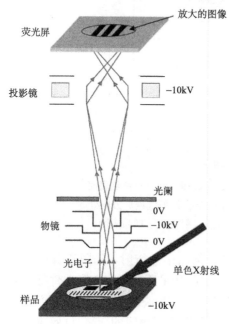

图 25.28　光电子激发电子显微镜的结构示意图[73]

示了光电子激发电子显微镜（photoemission electron microscope，PEEM）的示意图。光电子激发显微镜实际上是一个电子光学成像系统，把入射到样品上的 X 射线激发的低能二次电子通过电子光学系统在屏幕上成像，成像的亮暗强度对应了样品上不同位置二次电子产生的多少。PEEM 的优点是可以实时成像，同时光激发二次电子的穿透深度在纳米量级，因此 PEEM 有一定的表面灵敏性。PEEM 的缺点是只能在真空中进行测量，同时需要样品具有一定的导电性，因此不能适用于绝缘样品和生物样品。目前光电子激发电子显微镜的分辨率在20nm 左右，新一代经过光学纠正的 PEEM 的分辨率理论上将优于 5nm，因此同步辐射被广泛应用于纳米磁性研究领域[98]。

　　PEEM 可以利用 XMCD 效应测量铁磁材料的磁畴结构。对于入射的圆偏振 X 射线，不同磁畴中磁矩方向相对于 X 射线夹角各不相同。当入射 X 射线能量处于材料的吸收边时，由于 XMCD 效应不同的磁畴会产生不同的二次电子强度，因此在 X 射线成像中不同位置会由于磁畴结构产生不同的衬度。某一能量的 X 射线产生的二次电子分布图除了含有磁信息外，还包括样品形貌信息和 X 射线的强度分布信息，但是如图 25.23 所示，左旋偏振和右旋偏振的 X 射线 MCD 效应是相反的，因此若将左旋偏振光和右旋偏振光产生的 PEEM 图像相比，就可以消除 X 射线强度分布和样品形貌的影响并得到真正的磁畴图像。另外，在 L_3 和 L_2 峰处的 MCD 效应也是相反的，因此将 L_3 和 L_2 峰处得到的 PEEM 图像相除，也可以得到真正的磁畴图像。图 25.29 显示了一个典型的 Co 薄膜成像示意图，(a)(b)分别是在 Co 的 L_3 和 L_2 峰测量的 PEEM 图像，可以看到中心区域显示有磁畴，强度对比正好相反，表明 L_3 峰和 L_2 峰具有相反的 MCD 效应。但是由于 X 射线在样品上的光斑分布非常不均匀，中间强，但是两边信号很弱，使得图像两边磁畴很难分辨。(c)是 L_3 和 L_2 两图的强度比值，这消除了 X 射线强度分布的影响，显示了均匀的磁畴图像。(c)表明 Co 薄膜中的磁畴主要是 180°磁畴。

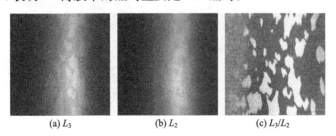

(a) L_3　　　　　　(b) L_2　　　　　　(c) L_3/L_2

图 25.29　Co 薄膜中磁畴测量示意图。(a)(b)分别为 X 射线能量处于 L_3 和 L_2 边的 PEEM 图，(c)为两者相除后的磁畴分布图

　　不同的元素具有不同的吸收边，通过调节 X 射线的能量，可以测量同一样品中同一位置处不同元素对应的磁畴，因此可以利用 PEEM 研究合金等复杂材

料中的不同元素之间的磁性耦合。图 25.30 显示了利用 PEEM 测量的 $Co_2Cr_{0.6}Fe_{0.4}Al$材料中 Co 和 Fe 的磁畴[99]，Co 和 Fe 的磁畴中亮暗是完全一致的，这说明 Co 原子和 Fe 原子的磁矩是铁磁耦合。如果是反铁磁耦合，Co 原子和 Fe 原子磁矩将反向排列，其磁畴对比度应该是正好相反的。另外，其中 Cr 原子也被极化并具有磁性，利用 PEEM 也可以测量到 Cr 的磁畴。PEEM 也可以用于研究磁性多层膜中不同层薄膜的磁畴分布。图 25.31 显示了利用 PEEM 测量的 Co/Cu/Fe/Ni/Cu(001)单晶磁性多层膜中 Co 层和 Fe 层薄膜的磁畴[100]。Fe/Ni 双层膜生长在 Cu(001)衬底上，具有条纹磁畴结构，Fe 层和 Ni 层直接接触，所以磁畴结构一致。条纹磁畴通过 Cu 层与 Co 层磁畴发生耦合。从图(b)可以看到 Fe 层条纹磁畴的方向受到 Co 层中磁矩方向的调制，同时 Co 层中的磁矩也受到 Fe 层条纹磁畴的影响，具有非常微弱的条纹磁畴。

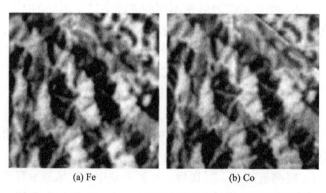

(a) Fe　　　　　　　　　　　(b) Co

图 25.30　$Co_2Cr_{0.6}Fe_{0.4}Al$ 材料中 Fe 和 Co 元素的磁畴[99]

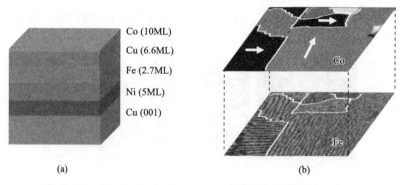

(a)　　　　　　　　　　　(b)

图 25.31　(a) Co/Cu/Fe/Ni/Cu(001)磁性多层膜结构示意图；
(b) Co 层和 Fe 层的磁畴结构[100]

　　如果基于 XMLD 效应，X 射线显微镜也可以测量反铁磁材料的反铁磁磁畴。当反铁磁磁畴的磁矩方向与入射 X 射线偏振方向平行或垂直时，在吸收边能量处产生不同的信号。图 25.32(a)显示了 LaFeO₃ 反铁磁薄膜中不同磁畴处 Fe 元素的线偏振吸收谱，在 L_3 和 L_2 吸收边都存在明显的 XMLD 效应[101]。如果 X 射线能量分别处于 A 或 B 处，利用 PEEM 就可以测量 LaFeO₃ 薄膜的反铁磁磁畴。从图 25.32(a)可以看到，在能量 A 和 B 处 XMLD 效应是相反的，因此在 A 和 B 处测量的磁畴亮暗正好相反。如果将 p_A 和 p_B 图相除，就可以消除一些本底信号，使得磁畴的对比度更好。需要强调的是，目前还没有其他实验手段能够在纳米量级内研究反铁磁磁畴。

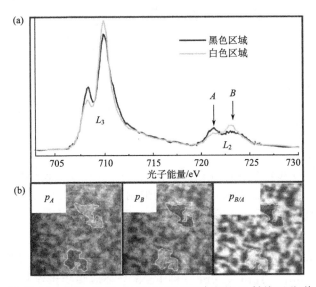

图 25.32　(a)LaFeO₃ 材料中不同磁畴中的 X 射线吸收谱线。黑线和灰线分别表示 p_A 图中浅色区域和深色区域的吸收谱线。(b)p_A 和 p_B 分别表示光子能量在 A 和 B 处测量得到的磁畴图像，$p_{B/A}$ 表示 p_B 和 p_A 两幅图的比值[101]

利用同步辐射 XMCD 和 XMLD 效应，可以研究同一块样品中的铁磁磁畴和反铁磁磁畴。这对于铁磁/反铁磁异质结构的磁性研究有非常重要的意义，因为我们可以在实空间内研究铁磁/反铁磁交换耦合特性，从而在微观尺度上研究交换耦合效应的本性。图 25.33 分别显示了 Fe/NiO 双层膜中同一个位置处的 Fe 的磁畴和 NiO 中 Ni^{2+} 的反铁磁磁畴。可以看到 Fe 磁畴具有三种颜色，对应了 Fe 磁矩平行(白色)、反平行(黑色)或垂直(灰色)于入射 X 射线的三个方向。但是 NiO 的反铁磁磁畴只有两种颜色，分别对应自旋平行(黑)或垂直(白)于入射 X 射线偏振方向。可以看到，在同一个磁畴内，Fe 层的自旋和反铁磁 NiO 层的自旋是互相垂直排列的，这表明在这一体系中，铁磁和反铁磁自旋是正交耦合，这和利用 XMLD 吸收谱得出的结论是一致的[88]。而在 Co/LaFeO₃ 交换偏置体系中，PEEM 测量表明 Co 自旋和反铁磁 LaFeO₃ 自旋是平行排列的[102]。

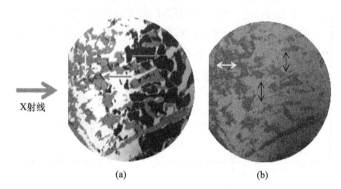

(a)　　　　　　　　　(b)

图 25.33　Fe(2nm)/Ni(2.2nm)/Fe(001)中 Fe 铁磁磁畴(a)和 NiO 反铁磁磁畴(b)。图中箭头表示 Fe 和 NiO 自旋的方向，表明同一位置的 Fe 和 NiO 自旋互相垂直。图像直径为 60μm

　　自旋电子学研究和器件设计，需要了解自旋在空间尺度上的动力学行为。如果利用光学测量手段，由于受到光波长的限制，只能在亚微米范围内对自旋动力学开展研究，但是利用同步辐射成像技术，可以在纳米尺度下研究自旋的动力学行为。Choe 等[103]在美国先进光源(Advanced Light Source)同步辐射中心利用同步辐射研究了涡旋磁畴的动力学变化行为。如图 25.34 所示，他们制备了 1μm×1μm、1μm×1.5μm、1μm×2μm 三种 FeNi 合金薄膜矩形结构。在这样的磁性微结构中，由于退磁能的作用会形成涡旋磁畴，图中箭头标出了磁矩的方向。然后利用"泵浦-探测"(pump-probe)的方法来测量经过脉冲磁场扰动后磁畴随时间的变化。图 25.33 给出了三种磁结构在不同时刻的磁畴结构，可以看到约 2ns 和约 4ns 时，磁畴确实存在明显的变化。通过仔细定量分析可知，涡旋磁畴的中心

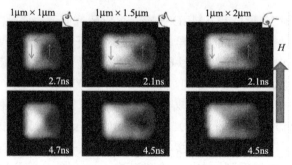

图 25.34　三种尺寸下的矩形 FeNi 合金结构的"涡旋"磁畴在施加脉冲磁场后不同时间的变化[103]

点经磁场扰动后作进动,具体实验细节参见文献[94][97][103]。在这一实验中,空间分辨和时间分辨分别为100nm和100ps。目前自旋电子学器件的尺寸已经在纳米量级,因此需要在更高的时间分辨能力和空间分辨能力之下研究自旋动力学行为,这也是同步辐射磁测量技术的主要发展方向。

25.4 总 结

本章介绍了几种用于研究磁畴的高分辨电子显微镜系统。SPLEEM 和 LTEM 都可以对磁畴的自旋结构进行三维测量,因此可以分辨出畴壁中的自旋手性,可以用于研究自旋旋转过程中的手性问题,这是其他磁畴测量手段比较难达到的。但是这两种测量手段各有优缺点。SPLEEM 一般来说最好在单晶表面测量,因为低能电子只有在单晶表面才具有比较大的反射率成像,另外,低能电子也比较难在磁场下工作,不能在磁场下测量磁畴。LTEM 技术需要非常高的样品制备要求,需要把样品减薄到几十纳米厚度才能够测量,而样品减薄过程中存在破坏样品的可能性。但是 LTEM 可以高分辨测量磁畴随着磁场的变化,而其他手段很难达到这一点。

相对而言,PEEM 技术适用的研究条件更为广泛,其可以对多晶薄膜样品进行测量,实现对铁磁和反铁磁磁畴分别进行测量,具有元素分辨能力,可以实现磁畴动力学测量。但是 PEEM 也有其缺点,其不具备三维自旋的分辨能力,亦不能在磁场下成像,因为磁场会对电子光学成像很大的影响。另外,PEEM 测量需要样品具有一定的导电性,因此对于绝缘样品,需要在样品表面覆盖一层金属薄膜。上海光源是我国目前的首个第三代同步辐射光源,在二期工程中将建设高分辨的 PEEM 实验站,这将可以极大促进我国磁性薄膜和自旋电子学的研究水平。

作 者 简 介

陈 宫 理学博士。2005 年本科毕业于兰州大学,2011 年博士毕业于复旦大学物理系。现于美国劳伦斯-伯克利国家实验室国家电镜中心进行博士后工作。现主要利用自旋极化低能电子显微镜观察磁性薄膜的自旋结构,研究由薄膜界面中心反演对称性破缺诱导的不对称交换相互作用及其诱导的手性磁结构。另外,在 25.1 节撰写中,Alpha T. N'Dieye 博士也做了重要贡献,其于德国亚琛工业大学获得博士学位,现在美国劳伦斯-伯克利国家实验室国家电镜中心进行博士后工作。美国劳伦斯-伯克利国家实验室国家电镜中心的 Andreas Schmid 博士和

Adrián Quesada 博士对于写作也提供了一定的建议和帮助。

于秀珍 博士。本科毕业于吉林大学电子科学系。1990 年赴日留学,获东北大学大学院理学博士。先后在日本科学技术振兴机构(JST)、日本材料科学研究所(NIMS)和日本理化学研究所(RIKEN)从事强关联物理的基础研究。现任日本理化学研究所创发科研中心高级研究员。主要是运用洛伦兹(Lorentz)透射电镜法,在实空间观测磁畴的高分辨三维自旋结构,从而加深对强关联材料中电子自旋状态的理解,为调控电子自旋状态提供微观的信息。

吴义政 教授、博士研究生导师。1975 年 1 月生,江苏南京人。分别于 1997 年和 2001 年在复旦大学获理学学士和博士学位。1999 年 6~10 月,在德国马克斯·普朗克微结构物理研究所访问研究。2001 年 3 月至 2005 年 5 月,在美国加利福尼亚大学伯克利分校物理系和美国劳伦斯-伯克利国家实验室材料科学部作博士后研究。2005 年被复旦大学聘为教授。2006 年入选上海市青年科技启明星计划,2007 年获上海市曙光学者称号,2009 年获国家杰出青年科学基金资助。研究工作主要是利用分子束外延技术在半导体和金属表面外延生长单晶磁性薄膜和多层膜,并利用各种磁学、电学测试手段和同步辐射分析技术研究表面效应、尺寸效应和维度效应对磁性的影响,以及磁学性质、电学性质与结构之间的关联。

参 考 文 献

[1] Bauer E. Low energy electron microscopy. Reports on Progress in Physics, 1994, 57(9): 895-938.

[2] Yamamoto N, Nakanishi T, Mano A, et al. High brightness and high polarization electron source using transmission photocathode with GaAs-GaAsP superlattice layers. Journal of Applied Physics, 2008, 103(6): 064905.

[3] Pierce D T. Spin-Polarized Electron Sources in Atomic, Molecular, and Optical Physics: Charged Particles (Experimental Methods in the Physical Sciences). Volume 29A. San Diego: Academic Press, 1995.

[4] Rougemaille N, Schmid A K. Magnetic imaging with spin-polarized low-energy electron microscopy. European Physical Journal-Applied Physics, 2010, 50(2): 20101.

[5] Altman M S. Trends in low energy electron microscopy. Journal of physics-condensed matter, 2010, 22: 884017.

[6] Chen G, Schmid A K, Wu Y Z. unpublished.

[7] Pierce D T, Meier F. Photoemission of spin-polarized electrons from GaAs. Physical Review B, 1976, 13(12): 5484-5500.

[8] Suzuki M, Hashimoto M, Yasue T, et al. Real Time Magnetic Imaging by Spin-Polarized Low Energy Electron Microscopy with Highly Spin-Polarized and High Brightness Electron Gun. Applied Physics Express, 2010, 3(2)：026601.

[9] Sikharulidze I, van Gastel R, Schramm S, et al. Low energy electron microscopy imaging using Medipix2 detector. Nuclear Instruments & Methods in Physics Research Section A—Accelerators Spectrometers, Detectors and Associated Equipment, 2011, 6331：S239-S242.

[10] Hong J S, Mills D L. Theory of the spin dependence of the inelastic mean free path of electrons in ferromagnetic metals：A model study. Physical Review B, 1999, 59(21)：13840-13848.

[11] Math C, Braun J, Donath M. Unoccupied spin-split surface state on Co(0001)：Experiment and theory. Surface Science, 2001, 482(1)：556-561.

[12] de la Pena O'Shea V A, Moreira I D P R, Roldan A, et al. Electronic and magnetic structure of bulk cobalt：The alpha, beta, and epsilon-phases from density functional theory calculations. The Journal of Chemical Physics, 2010, 133(2)：24701.

[13] Poppa H, Tober E D, Schmid A K. *In situ* observation of magnetic domain pattern evolution in applied fields by spin-polarized low energy electron microscopy. Journal of Applied Physics, 2002, 91(102)：6932-6934.

[14] Hubert A, Schäfer R. Magnetic domains：The analysis of magnetic microstructures. Springer-Verlag, 1998.

[15] Ding H F, Schmid A K, Li D Q, et al. Magnetic bistability of Co nanodots. Physical Review Letters, 2005, 94(15)：157202.

[16] Rougemaille N, Schmid A K. Self-organization and magnetic domain microstructure of Fe nanowire arrays. Journal of Applied Physics, 2006, 99(8)：08S502.

[17] Rougemaille N, Portalupi M, Brambilla A, et al. Exchange-induced frustration in Fe/NiO multilayers. Physical Review B, 2007, 76(21)：214425.

[18] Pendry J B. Low Energy Electron Diffraction：The theory and its application to determination of surface structure. Volume 2. Academic Press, 1974.

[19] Scheunemann T, Feder R, Henk J, et al. Quantum well resonances in ferromagnetic Co films. Solid State Communications, 1997, 104(12)：787-792.

[20] Qiu Z Q, Smith N V. Quantum well states and oscillatory magnetic interlayer coupling. Journal of Physics-Condensed Matter, 2002, 14(8)：R169-R193.

[21] Zdyb R, Bauer E. Spin-resolved unoccupied electronic band structure from quantum size oscillations in the reflectivity of slow electrons from ultrathin ferromagnetic crystals. Physical Review Letters, 2002, 88(16)：166403.

[22] Scharf T. Polarized Light in Liquid Crystals and Polymers. Hoboken：Wiley Interscience, 2007.

[23] Kaufmann Elton N. Characterization of Materials. Hoboken：John Wiley & Sons, Inc, 2012.

[24] Kolac U, Donath M, Ertl K, et al. High-performance GaAs polarized electron source for use in inverse photoemission spectroscopy. Review of Scientific Instruments, 1988, 59(9)：1933-1940.

[25] Duden T, Bauer E. A compact electron-spin-polarization manipulator. Review of Scientific Instruments, 1995, 66(4)：2861-2864.

[26] Kohashi T, Matsuyama H, Koike K. A spin rotator for detecting all three magnetization vector components by spin-polarized scanning electron microscopy. Review of Scientific Instruments, 1995, 66(12)：

5537-5543.

[27] Kohashi T, Konoto M, Koike K. A spin rotator for spin-polarized scanning electron microscopy. Review of Scientific Instruments, 2004, 75(6): 2003-2007.

[28] Allenspach R, Bischof A. Magnetization direction switching in Fe/Cu(100) epitaxial films temperature and thickness dependence. Physical Review Letters, 1992, 69(23): 3385-3388.

[29] Dzialoshinskii I E. Thermodynamic theory of weak ferromagnetism in antiferromagnetic substances. Soviet Physics-JETP, 1957, 5(6): 1259-1272 .

[30] Moriya T. Anisotropic super-exchange interaction and weak ferromagnetism. Physical Review, 1960, 120(1): 91-98.

[31] Chen G, Zhu J, Quesada A, et al. Physical Review Letters, 2013, 110: 177204.

[32] El Gabaly F, Gallego S, Munoz C, et al. Imaging spin-reorientation transitions in consecutive atomic Co layers on Ru(0001). Physical Review Letters, 2006, 96(14): 147202.

[33] El Gabaly F, Puerta J M, Klein C, et al. Structure and morphology of ultrathin Co/Ru(0001) films. New Journal of Physics, 2007, 9: 80.

[34] Duden T, Bauer E. Magnetic ultrathin films, multilayers and Surfaces-1997: Symposium held March 31-April 4, 1997, San Francisco, California, USA. Materials Research Society, 1997.

[35] Duden T, Bauer E. Magnetization wrinkle in thin ferromagnetic films. Physical Review Letters, 1996, 77(11): 2308-2311.

[36] Man K L, Altman M S, Poppa H. Spin polarized low energy electron microscopy investigations of magnetic transitions in Fe/Cu(100). Surface Science, 2001, 480(3): 163-172.

[37] Won C, Wu Y Z, Scholl A, et al. Magnetic phase transition in Co/Cu/Ni/Cu(100) and Co/Fe/Ni/Cu (100). Physical Review Letters, 2003, 91(14): 147202.

[38] Zdyb R, Bauer E. Magnetic domain structure and spin-reorientation transition in ultrathin Fe-Co alloy films. Physical Review B, 2003, 67(13): 134420.

[39] Prokop J, Kukunin A, Elmers H J. Physical Review Letters, 2005, 95: 187202.

[40] Park J S, Quesada A, Meng Y, et al. Determination of spin-polarized quantum well states and spin-split energy dispersions of Co ultrathin films grown on Mo(110). Physical Review B, 2011, 83 (11): 113405.

[41] Wu Y Z, Schmid A K, Altman M S, et al. Spin-dependent Fabry-Perot interference from a Cu thin film grown on fcc Co(001). Physical Review Letters, 2005, 94(2): 027201.

[42] Wu Y Z, Schmid A K, Qiu Z Q. Spin-dependent quantum interference from epitaxial MgO thin films on Fe(001). Physical Review Letters, 2006, 97(21): 217205.

[43] Parkin S, Kaiser C, Panchula A, et al. Giant tunnelling magnetoresistance at room temperature with MgO(100) tunnel barriers. Nature Materials, 2004, 3(12): 862-867.

[44] Yuasa S, Nagahama T, Fukushima A, et al. Giant room-temperature magnetoresistance in single-crystal Fe/MgO/Fe magnetic tunnel junctions. Nature Materials, 2004, 3(12): 868-871.

[45] Onose Y, He J P, Kaneko Y, et al. Impact of Ru doping in bilayered manganese oxide $La_{1.2}Sr_{1.8}Mn_2O_7$. Applied Physics Letters, 2005, 86(24): 242502.

[46] Yamanouchi M, Chiba D, Matsukura F, et al. Current-induced domain-wall switching in a ferromagnetic semiconductor structure. Nature, 2004, 428(6982): 539-542.

[47] Thomas L, Moriya R, Rettner C, et al. Dynamics of magnetic domain walls under their own inertia.

Science, 2010, 330(6012): 1810-1813.

[48] Muehlbauer S, Binz B, Jonietz F, et al. Skyrmion lattice in a chiral magnet. Science, 2009, 323(5916): 915-919.

[49] Muenzer W, Neubauer A, Adams T, et al. Skyrmion lattice in the doped semiconductor $Fe_{1-x}Co_xSi$. Physical Review B, 2010, 81(4): 041203.

[50] Yu X Z, Onose Y, Kanazawa N, et al. Real-space observation of a two-dimensional skyrmion crystal. Nature, 2010, 465(7300): 901-904.

[51] Yu X Z, Kanazawa N, Onose Y, et al. Near room-temperature formation of a skyrmion crystal in thin-films of the helimagnet FeGe. Nature Materials, 2011, 10(2): 106-109.

[52] Skyrme T. A unifield field theory of mesons and baryons. Nuclear Physics, 1962, 31(4): 556.

[53] Bogdanov A N, Yablonskii D A. Thermodynamically stable vortices in magnetically ordered crystals. The mixed state of magnets. Soviet Physics-JETP, 1989, 68(1): 101-103.

[54] Reimer L. Transmission Electron Microscopy. Heidelberg: Springer-Verlag, 1997.

[55] Asaka T, Kimura T, Nagai T, et al. Observation of magnetic ripple and nanowidth domains in a layered ferromagnet. Physical Review Letters, 2005, 95(22): 227204.

[56] Ishizuka K, Allman B. Phase measurement of atomic resolution image using transport of intensity equation. Journal of Electron Microscopy, 2005, 54(3): 191-197.

[57] Bajt S, Barty A, Nugent K A, et al. Quantitative phase-sensitive imaging in a transmission electron microscope. Ultramicroscopy, 2000, 83(1-2): 67-73.

[58] Tomioka Y, Okuda T, Okimoto Y, et al. Magnetic and electronic properties of a single crystal of ordered double perovskite Sr_2FeMoO_6. Physical Review B, 2000, 61(1): 422-427.

[59] Kobayashi K L, Kimura T, Sawada H, et al. Room-temperature magnetoresistance in an oxide material with an ordered double-perovskite structure. Nature, 1998, 395(6703): 677-680.

[60] Yutaka M, Xu S, Akihiko M, et al. Crystal and magnetic structure of conducting double perovskite Sr_2FeMoO_6. Journal of the Physical Society of Japan, 2000, 69: 1723-1726.

[61] Tomioka Y, Okuda T, Okimoto Y, et al. Charge/orbital ordering in perovskite manganites. Journal of Alloys and Compounds, 2001, 326(1-2): 27-35.

[62] Kim S B, Lee B W, Kim C S. Neutron and Mossbauer studies of the double perovskite A_2FeMoO_6 (A = Sr and Ba). Journal of Magnetism and Magnetic Materials, 2002, 242: 747-750.

[63] Lee W Y, Han H, Kim S B, et al. Some effects of Fe/Mo disorder in double perovskite $Ba_2Fe_{1+x}Mo_{1-x}O_6$. Journal of Magnetism and Magnetic Materials, 2003, 254: 577-579.

[64] Navarro J, Balcells L, Sandiumenge F, et al. Antisite defects and magnetoresistance in Sr_2FeMoO_6 double perovskite. Journal of Physics-Condensed Matter, 2001, 13(37): 8481-8488.

[65] Yu X Z, Asaka T, Tomioka Y, et al. Pinning effect of the antiphase and grain boundaries on magnetic domains in double perovskite A_2FeMoO_6. Journal of Magnetism and Magnetic Materials, 2007, 310 (22): 1572-1574.

[66] Asaka T, Yu X Z, Tomioka Y, et al. Strong pinning effect and magnetic nanodomain formation by coupling between magnetic and crystallographic domains in the ordered double perovskite Ba_2FeMoO_6. Physical Review B, 2007, 75(18): 184440.

[67] Yu X Z, Asaka T, Tomioka Y, et al. TEM study of the influence of antisite defects on magnetic domain structures in double perovskite Ba_2FeMoO_6. Journal of Electron Microscopy, 2005, 54(1): 61-65.

[68] 浅香透，于秀珍，木本浩司，等. 秩序型ダブルペロブスカイトにおける磁区と結晶学的ドメインの結合. 日本結晶学会誌，2011, 53(2)：119-123.

[69] Yi S D, Onoda S, Nagaosa N, et al. Skyrmions and anomalous Hall effect in a Dzyaloshinskii-Moriya spiral magnet. Physical Review B, 2009, 80(5)：054416.

[70] Neubauer A, Pfleiderer C, Binz B, et al. Topological Hall effect in the A phase of MnSi. Physical Review Letters, 2009, 102(18)：186602.

[71] Tonomura A, Kasai H, Kamimura O, et al. Observation of individual vortices trapped along columnar defects in high-temperature superconductors. Nature, 2001, 412(6847)：620-622.

[72] Ma L, Yang F. Introduction to synchrotron Radiation Applications. Chapter 1. Fudan Publishing Company, 2005.

[73] Funk T, Deb A, George S J, et al. X-ray magnetic circular dichroism—A high energy probe of magnetic properties. Coordination Chemistry Reviews, 2005, 249(1-2)：3-30.

[74] 丁海峰，董国胜，金晓峰，X 光磁圆二色谱及其应用. 物理，1998, 27(10)：621.

[75] Schutz G, Wagner W, Wilhelm W, et al. Absorption of circularly polarized X-rays in iron. Physical Review Letters, 1987, 58(7)：737-740.

[76] Thole B T, Carra P, Sette F, et al. X-ray circular dichroism as a probe of orbital magnetization. Physical Review Letters, 1992, 68(12)：1943-1946.

[77] Wu R Q, Wang D S, Freeman A J. 1st principles investigation of the validity and range of applicability of the X-ray magnetic circular-dichroism sum-rule. Physical Review Letters, 1993, 71(21)：3581-3584.

[78] Chen C T, Idzerda Y U, Lin H J, et al. Experimental confirmation of the X-ray magnetic circular-dichroism sum-rules for iron and cobalt. Physical Review Letters, 1995, 75(1)：152-155.

[79] Gambardella P, Dallmeyer A, Maiti K, et al. Ferromagnetism in one-dimensional monatomic metal chains. Nature, 2002, 416(6878)：301-304.

[80] Gambardella P, Rusponi S, Veronese M, et al. Giant magnetic anisotropy of single cobalt atoms and nanoparticles. Science, 2003, 300(5622)：1130-1133.

[81] Keavney D J, Wu D, Freeland J W, et al. Element resolved spin configuration in ferromagnetic manganese-doped gallium arsenide. Physical Review Letters, 2003, 91(18)：187203.

[82] Bonfim M, Ghiringhelli G, Montaigne F, et al. Element-selective nanosecond magnetization dynamics in magnetic heterostructures. Physical Review Letters, 2001, 86(16)：3646-3649.

[83] Hohne R, Esquinazi P. Can carbon be ferromagnetic? Advanced Materials, 2002, 14(10)：753-756.

[84] Ohldag H, Tyliszczak T, Hoehne R, et al. π-Electron ferromagnetism in metal-free carbon probed by soft X-ray dichroism. Physical Review Letters, 2007, 98(18)：187204.

[85] Thole B T, Vanderlaan G, Sawatzky G A. Strong magnetic dichroism predicted in the $M_{4,5}$ X-ray absorption-spectra of magnetic rare-earth materials. Physical Review Letters, 1985, 55(19)：2086-2088.

[86] Kuiper P, Searle B G, Rudolf P, et al. X-ray magnetic dichroism of antiferromagnet Fe_2O_3-the orientation of magnetic-moments observed by Fe 2p X-ray absorption-spectroscopy. Physical Review Letters, 1993, 70(10)：1549-1552.

[87] Altieri S, Finazzi M, Hsieh H H, et al. Magnetic dichroism and spin structure of antiferromagnetic NiO (001) films. Physical Review Letters, 2003, 91(13)：137201.

[88] Arenholz E, van der Laan G, Chopdekar R V, et al. Angle-dependent Ni^{2+} X-ray magnetic linear dichroism：Interfacial coupling revisited. Physical Review Letters, 2007, 98(19)：197201.

[89] Wu Y Z, Qiu Z Q, Zhao Y, et al. Tailoring the spin direction of antiferromagnetic NiO thin films grown on vicinal Ag(001). Physical Review B, 2006, 74(21): 212402.

[90] Wu Y Z, Zhao Y, Arenholz E, et al. Analysis of X-ray linear dichroism spectra for NiO thin films grown on vicinal Ag(001). Physical Review B, 2008, 78(6): 064413.

[91] Zhu W, Seve L, Sears R, et al. Field cooling induced changes in the antiferromagnetic structure of NiO films. Physical Review Letters, 2001, 86(23): 5389-5392.

[92] Schwickert M M, Guo G Y, Tomaz M A, et al. X-ray magnetic linear dichroism in absorption at the L edge of metallic Co, Fe, Cr, and V. Physical Review B, 1998, 58(8): R4289-R4292.

[93] van der Laan G. Magnetic linear X-ray dichroism as a probe of the magnetocrystalline anisotropy. Physical Review Letters, 1999, 82(3): 640-643.

[94] Dhesi S S, van der Laan G, Dudzik E, et al. Anisotropic spin-orbit coupling and magnetocrystalline anisotropy in vicinal Co films. Physical Review Letters, 2001, 87(6): 067201.

[95] Stohr J, Anders S. X-ray spectro-microscopy of complex materials and surfaces. IBM Journal of Research and Development, 2000, 44(4): 535-551.

[96] Scholl A. Applications of photoemission electron microscopy (PEEM) in magnetism research. Current Opinion in Solid State & Materials Science, 2003, 7(1): 59-66.

[97] Feng J and Scholl A. Science of Microscopy. Photoemission Electron Microscopy (PEEM). Chapter 9. 2007: 657-695.

[98] Srajer G, Lewis L H, Bader S D, et al. Advances in nanomagnetism via X-ray techniques. Journal of Magnetism and Magnetic Materials, 2006, 307(1): 1-31.

[99] Felser C, Heitkamp B, Kronast F, et al. Investigation of a novel material for magnetoelectronics: $Co_2Cr_{0.6}Fe_{0.4}Al$. Journal of Physics-Condensed Matter, 2003, 15: 7019-7027.

[100] Wu Y Z, Won C, Scholl A, et al. Magnetic stripe domains in coupled magnetic sandwiches. Physical Review Letters, 2004, 93(11): 117205.

[101] Scholl A, Stohr J, Luning J, et al. Observation of antiferromagnetic domains in epitaxial thin films. Science, 2000, 287(5455): 1014-1016.

[102] Nolting F, Scholl A, Stohr J, et al. Direct observation of the alignment of ferromagnetic spins by antiferromagnetic spins. Nature, 2000, 405(6788): 767-769.

[103] Choe S B, Acremann Y, Scholl A, et al. Vortex core-driven magnetization dynamics. Science, 2004, 304(5669): 420-422.

第 26 章　微纳米加工技术及工艺

曾中明　张宝顺

26.1　引　　言

自旋电子材料与功能结构在纳米尺度下展现了许多新现象、新效应，如巨磁电阻效应（giant magnetoresistance，GMR）[1]、隧穿磁电阻效应（tunneling magnetoresistance，TMR）[2,3]、自旋转移力矩效应（spin transfer torque，STT）[4,5]、自旋霍尔效应（spin Hall effect）[6]、量子自旋霍尔效应（quantum spin Hall effect）[7]、自旋塞贝克效应（spin Seebeck effect）[8]等，相关详细介绍见本书的其他章节。与基于电荷属性的传统电子器件相比，基于电子自旋特性的自旋电子器件具有功耗低、速度快、集成度高等特点。目前，自旋电子器件已经在计算机信息产业中的应用方面取得了巨大成绩，如计算机硬盘的存储密度由 1988 年 $50Mb \cdot in^{-2}$ 发展到 2012 年的 $1Tb \cdot in^{-2}$（$1T = 10^3 G = 10^6 M$），提高了 2 万倍。此外，自旋电子器件在高密度磁存储（内存）和自旋逻辑器件等方面具有重要潜在应用价值，将进一步推进信息产业的变革，成为未来信息产业的基础。

然而从基础科学的伟大发现到商业领域的成功应用，其中起到关键桥梁作用的是器件的研发和应用。这些功能器件，如磁头，其尺寸一般在微米和纳米的范围内，而实现这些微纳米尺寸的功能结构，必须依赖先进的微纳米加工技术。在过去的 50 多年中，由于人们对半导体技术的深入研究，形成了一系列先进的微纳米加工技术。自旋电子学的发展正是得益于这些先进的微纳米加工技术。比如，图形化磁记录介质的硬盘的存储密度取决于每个存储单元的大小，自旋转移力矩磁随机存储器（STT-RAM）的 STT 效应必须在纳米尺度下才显著。此外，自旋电子器件中磁性纳米结构的尺寸、形状以及磁各向异性对器件性能具有重要影响，如在加工纳米量级的特征尺寸时，如果加工工艺的分辨率达不到要求，很容易引起磁性的不均匀分布。因此，微纳米加工技术在制作性能优异的自旋电子器件中起着决定性作用。

自旋电子器件的制作主要包括薄膜沉积、图形制作和图形转移。本章简要介绍自旋电子学纳米结构和功能器件的微纳米加工工艺技术，具体安排如下：首先介绍几种常用的薄膜沉积技术；然后介绍图形制作方法，如光刻技术、电子束曝光、纳米压印和自组装技术等；之后介绍两种常用的图形转移技术，即剥离工艺和刻蚀工艺；最后，向读者列举两种典型自旋电子器件的微纳米加工工艺流程。

26.2　薄膜沉积

薄膜沉积(film deposition)是自旋电子器件制作过程中重要的一环，如磁性薄膜的制备、用于隔离的绝缘层、电极等。对绝大多数自旋电子材料及器件制作而言，主要通过物理气相沉积方法(physical vapor deposition，PVD)获得，如溅射(sputtering)、蒸发(evaporation)、分子束外延(molecular beam epitaxy，MBE)和脉冲激光沉积(pulsed laser deposition)。目前薄膜生长技术比较成熟，比如使用 MBE 技术可以实现单个原子层的薄膜制备，商业上广泛应用的磁控溅射技术，也可以将膜厚控制在纳米量级。在自旋电子器件制作中，也可能用到其他的方法，包括化学气相沉积(chemical vapor deposition，CVD)、原子层沉积(atomic layer deposition，ALD)、以及电化学沉积(electrochemical deposition)。本节就自旋电子器件制作中常用的薄膜生长方法作一简要介绍，至于薄膜生长的详细介绍不是本章的重点，有兴趣的读者可参阅田民波的《薄膜技术与薄膜材料》[9]。

26.2.1　磁控溅射

磁控溅射(magnetron sputtering)是等离子溅射沉积技术的一种，其基本原理如图 26.1(a)所示，电子在电场 E 的作用下，使氩原子电离成 Ar 离子，Ar 离子在电场作用下加速飞向阴极靶，并以高能量轰击靶表面，使靶材发生溅射，轰击出的靶材原子沉积在衬底表面。与其他等离子沉积方式不同的是，在磁控溅射

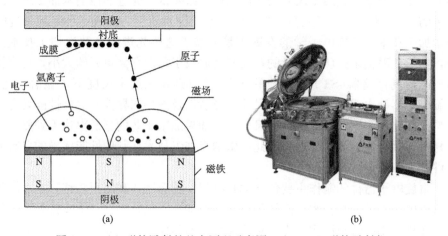

图 26.1　(a)磁控溅射的基本原理示意图；(b) FHR 磁控溅射仪

中，由于运动电子在磁场中受到洛伦兹力，它们的运动轨迹会发生弯曲甚至产生螺旋运动，其运动路径变长，因而增加了与工作气体分子碰撞的次数，使等离子体密度增大，从而磁控溅射速率得到很大的提高，而且可以在较低的溅射电压和气压下工作，降低薄膜污染的倾向；另一方面也提高了入射到衬底表面的原子的能量，因而可以在很大程度上改善薄膜的质量。同时，经过多次碰撞而丧失能量的电子到达阳极时，已变成低能电子，从而不会使衬底过热。因此磁控溅射法具有高速、低温的优点。针对金属材料的溅射，通常采用直流溅射，绝缘材料则采用射频溅射技术。图 26.1(b)示出了一个典型磁控溅射系统，该系统 1 个射频靶和 3 个直流靶，最大可兼容 6 英寸(1in＝2.54cm)的样品。目前磁控溅射已广泛应用于自旋电子学的基础研究和商业生产中，如计算机硬盘中的磁头和磁性存储器。

26.2.2　电子束蒸发沉积

电子束蒸发沉积(electron beam evaporation deposition)是指将蒸发材料置于水冷坩埚中，利用电子束直接加热，使蒸发材料气化，并在衬底上凝结，形成薄膜。电子束蒸发镀膜设备主要由发射高速电子的电子枪和使电子作圆周运动的磁场构成，如图 26.2 所示。由电子枪发射的电子，进入均匀磁场后作匀速圆周运动，使电子束打到待蒸发的材料表面，材料吸收高能电子束的能量后，逐渐达到熔点，从固态变为气态。在真空环境下，蒸发的原子输运到衬底表面，凝核成膜。沉积的膜材料高熔点金属或介质材料，具有较好的沉积方向性，比较适合"剥离工艺"中的薄膜沉积，已广泛应用于自旋注入等相关器件的制作。

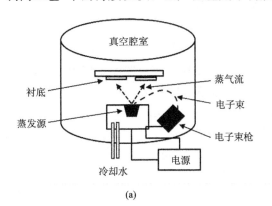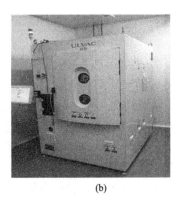

图 26.2　(a)电子束蒸发设备示意图；(b)日本 ULVAC 公司的电子束蒸发设备

26.2.3　分子束外延

分子束外延(molecular beam epitaxy，MBE)技术是沉积单晶材料的几种方法之一，这种方法是 20 世纪 60 年代末，由贝尔实验室的科学家 J. R. Arthur 和 Alfred Y. Cho 发明，被广泛用于半导体材料生长。分子束外延的设备要求工作在高真空或超高真空(10^{-8}Pa)的条件下。分子束外延技术的设备示意图如图 26.3 所示。这种技术的简单机理是，在超高真空条件下，构成晶体的各个组分和掺杂原子(分子)以一定的热运动速度、按一定的比例喷射到热的衬底表面上进行晶体的外延生长。

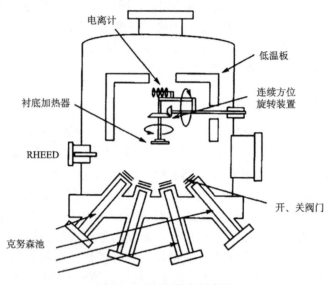

图 26.3　MBE 设备示意图

　　分子束外延技术具有以下优点：①生长速率慢，大约每秒生长一个单原子层，容易得到光滑均匀的表面和界面，易于实现精确控制厚度、结构、成分和形成陡峭的异质结构等。MBE 特别适于生长超晶格材料。②外延生长的衬底温度低，因此降低了衬底杂质向外延层的自掺杂扩散和多层结构中界面互扩散效应。③在 MBE 装置中可附有四极质谱仪、电离计(束流规)、反射高能电子衍射仪(RHEED)、原位椭偏仪等在线分析检测手段，可以随时监控外延层的成分和结构的完整性，有利于科学研究及生长顺利进行。④膜层组分和掺杂浓度可随源的变化而迅速调整。而在自旋电子器件中，单层薄膜的厚度常常要求几个纳米的量级，能够精确控制薄膜的厚度和多层膜的界面特性。因此，MBE 技术对于制作高质量的器件结构，具有十分重要的意义。例如，近年来日本科学家 S. Yuasa 等[10]采用 MBE 技术制备了高质量 MgO 磁性隧道结材料，发现了室温大于 100%的磁电阻效应，大大推动了自旋电子学的发展。

26.2.4　脉冲激光沉积

脉冲激光沉积（pulsed laser deposition，PLD），是一种真空物理沉积工艺，如图 26.4 所示，将高功率脉冲激光聚焦到靶材表面，在材料表面大量吸收电磁辐射，导致靶材物质快速蒸发，在真空中，蒸发的物质会实时在靶表面形成等离子体，等离子体定向地沉淀在目标衬底上，形成薄膜。该技术简单且具有很多优点：可对化学成分复杂的复合物材料进行全等同镀膜，生长快，易制备多层膜或异质膜，可对膜厚精确控制等。早期 PLD 技术主要用来制备高温超导薄膜，近年来广泛应用于诸如 $LaSrMnO_3$、YIG 等氧化物磁性薄膜生长，已成为复杂氧化物体系的自旋输运研究的主要薄膜生长技术。

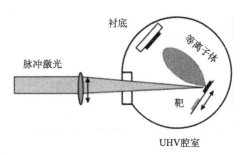

图 26.4　脉冲激光沉积（PLD）的原理示意图

26.2.5　化学气相沉积

化学气相沉积（chemical vapor deposition，CVD）是反应物质在气态条件下发生化学反应，生成固态物质沉积在加热的固态基体表面，进而制得固体薄膜材料的工艺技术。虽然 CVD 技术已经广泛用于提纯物质，研制新晶体，淀积各种单晶、多晶或无机薄膜材料，如氧化物、硫化物、氮化物、碳化物，III-V、II-IV、IV-VI 族中的二元或多元的元素间化合物，是半导体技术工艺中的一种主要设备，但在自旋电子器件制作中，目前主要用于制备稀磁半导体材料和一些绝缘介质层或刻蚀时的掩模材料。

26.2.6　原子层沉积

原子层沉积（atomic layer deposition，ALD）是一种可以将物质以单原子膜形式一层一层镀在衬底表面的方法。原子层沉积与普通的化学沉积有相似之处。但在原子层沉积过程中，新一层原子膜的化学反应是直接与之前一层相关联的，这种方式使每次反应只沉积一层原子。原子层沉积技术沉积参数的高度可控性（厚度、成分和结构）、优异的沉积均匀性和一致性使得其具有广泛的应用潜力。目前主要应用于微电子和深亚微米芯片中的晶体管栅极介电层（高 κ）和金属栅极（metal gate）制作，在自旋电子学器件中，可以用于制作磁性随机存储器（MRAM）、磁记录磁头和自旋纳米器件的绝缘介电层。

26.2.7　电化学沉积

电化学沉积(electrochemical deposition)是在外加电压下，通过电解液中金属离子在阴极还原为原子而形成沉积层的过程。金属电沉积不仅是发生在电极/离子导体界面上的电荷传递过程，而且包含了在外电场影响下的成核和晶体生长等一系列成相过程。根据电沉积条件的不同，金属沉积物的形态可以是大块多晶、金属薄层、粉末或枝晶等。

电化学沉积的研究领域不断拓宽和扩展，已迅速地发展成为具有重大工业意义的一门技术，并已获得了巨大的成功。传统的电沉积过程，如 Cu、Ni、Cr 的电沉积，强调的是装饰性和防腐性。在自旋电子学中，广泛用于纳米线、纳米量子点及纳米柱的制作。如图 26.5 所示，首先由金属铝阳极氧化的方式制得孔状结构，孔直径可控制在几十纳米范围。然后通过电化学沉积方式将这些磁性材料沉积到氧化铝孔洞中，最后去掉氧化铝，即可得到规则生长的纳米点阵结构，如纳米线、纳米柱或纳米点阵列等。

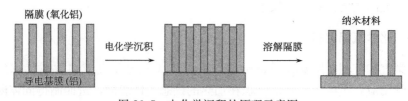

图 26.5　电化学沉积的原理示意图

26.3　图形制作

图形制作(pattern creation)是微纳米加工技术的核心步骤之一，主要是在衬底材料或沉积的薄膜上形成各种微纳米结构图形。随着微电子制造技术和纳米技术的快速发展，出现了一系列可以制作微纳米结构图形的加工技术。这里我们针对自旋电子学器件的制作介绍一些常用的图形制作方法。

26.3.1　光学曝光技术

光学曝光技术(optical lithography)是最早用于半导体集成电路的微细加工技术，也是目前最常用的图形制作技术。光学曝光的基本原理是利用光学系统，将设计在掩模版(mask)上的图形经曝光、显影等工艺转移到涂有光刻胶的衬底之上。掩模版通常是镀有金属铬(Cr)层的玻璃或石英版。通过掩模制作工艺可以把图形或图案刻录到掩模版上，使掩模版上形成透光和不透光部分(关于掩模制作具体工艺参阅崔铮的《微纳米加工技术及其应用》[11]）。在衬底或样品上旋涂一层光敏的光刻胶（photoresist），该光刻胶经过曝光显影后再现了掩模版的图形结构，下一步就是将光刻胶的图形转移到衬底或样品上（见本章的 26.4 节图形转移部分）。

　　通常的光学曝光方式有两种，即掩模对准式曝光（mask align lithography）和投影式曝光（projection lithography），对应的常见光学曝光机如德国 SUSS 公司的 MA6 掩模对准式曝光机和日本尼康公司的 Stepper，如图 26.6 所示。第一种可进一步分为接触式[图 26.7(a)]和接近式[图 26.7(b)]，前者是掩模版直接与光刻胶接触，可以理想地把掩模版上的图形 1∶1 地转移到光刻胶上。但这种方式有一个致命的缺点：这种直接接触会损伤掩模版，可能是接触摩擦破坏铬层，也可能是部分光刻胶黏附到掩模版上，导致掩模版的使用寿命极短。上述缺点可以通过接近式方法得以克服，如图 26.7(b)所示，掩模版与光刻胶保持 $10\sim25\mu m$ 间距。由于光刻胶没有与掩模版直接接触，掩模版的寿命大大延长。但当光刻胶平面不均匀时会引起胶表面的光强分布不均，进而影响曝光的分辨率和均匀性。

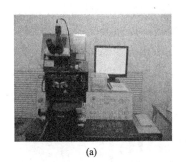 

(a)　　　　　　　　　　　　　　　　　　(b)

图 26.6　(a)德国 SUSS 公司的 MA6 掩模对准式曝光机；(b)日本尼康公司的 Stepper

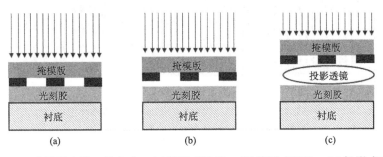

(a)　　　　　　　　　(b)　　　　　　　　　(c)

图 26.7　光学曝光的三种方式。(a)接触式曝光；(b)接近式曝光；(c)投影式曝光

　　在投影式曝光中，光源光线经透镜后变成平行光，然后通过掩模，由第二个透镜聚焦投影，并在光刻胶上成像，如图 26.7(c)所示。这种方法避免了掩模版

与样品表面的摩擦，延长了掩模版的寿命。掩模版的尺寸可以比实际尺寸大得多（如 5：1 投影）克服了小图形制版的困难，也消除了由于掩模版图形线宽过小而产生的光衍射效应以及掩模版与硅片表面接触不平整而产生的光散射现象。同时，投影式曝光还可以提高曝光分辨率和效率，适合大批量生产。投影式曝光虽有很多优点，但由于投影式曝光设备（如 Stepper）中许多镜头需要特制设备复杂，而且价格相对比较昂贵。

对于光学曝光技术，曝光图形的分辨率取决于光源的波长和光学系统的数值孔径大小。早期的光学曝光技术一般使用汞光灯作为紫外光的来源，制作出来的图形分辨率在 500nm 左右。为了呈现更高分辨率的图形，相继开发出了几种短波长曝光技术。深紫外曝光技术，一般采用光波波长为 248nm 的氟化氪（KrF）气体的准分子激光器和光波长为 193nm 的氟化氩（ArF）气体的准分子激光器，图 26.8 显示的是在紫外曝光的条件下，加工的自旋阀 $Ni_{80}Fe_{20}/Cu/Ni_{80}Fe_{20}$ 纳米阵线列[12]。然而为了实现低于 100nm 的特征尺寸图形，又开发出了极紫外曝光技术[13]，极紫外光源由等离子气体产生，其中心波长在 13.5nm，因此也称为软 X 射线曝光。由于波长很短，容易被材料所吸收，所以曝光系统中的光学元件必须是反射式的，包括掩模在内。但是在制作极紫外掩模和相应的光刻胶等方面面临极大的技术难题。然而，当将极紫外曝光技术与另一种曝光方式联合使用时，可以实现更小尺寸的可分辨图形。这种曝光技术叫做浸没式曝光，是通过提高透镜与光刻胶之间的介质折射率，从而增大光学系统的数值孔径（透镜收集衍射光的能力），进而提高曝光图形的分辨率。

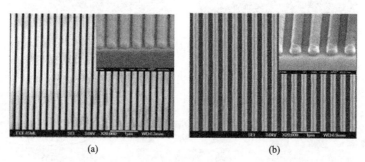

(a)　　　　　　　　　　　　　(b)

图 26.8　自旋阀 $Ni_{80}Fe_{20}/Cu/Ni_{80}Fe_{20}$ 纳米线阵列。
纳米阵列间距分别为 35nm(a)和 185nm(b)[12]

另一种具有很高图形分辨率的曝光技术是干涉曝光。光的干涉现象属于光的一种波动效应，是指从同一光源发出的光波同时经过两个狭缝后，会在狭缝后面的屏上呈现明暗相间的条纹。而干涉曝光正是利用光的干涉原理。从同一光源发出的两束相干性极好的激光，由于干涉效应，会在光刻胶表面形成光强的周期性强弱分布，经过显影可得到周期性的曝光阵列，图 26.9 显示的就是干涉曝光原理[14]。这种方式不需要制作掩模版，而且最小的曝光尺寸与光源的半个波长成正比，很容易制作出大面积周期性的高分辨率纳米阵列。图 26.9(b)是利用极紫外光作为干涉曝光的光源，制作的周期为 50nm 的纳米柱[15]。然而这种技术的不足之处是只能制作出周期性的点阵结构，不适宜加工各种灵活的图形。

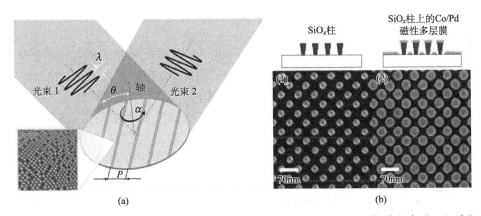

图 26.9　干涉曝光原理。(a)中左下角的小图是利用干涉曝光加工的磁性纳米阵列。(b)由极紫外干涉曝光技术制作的周期结构 SEM 图形：(1)光刻之后生成的周期性氧化硅纳米阵列；(2)氧化硅纳米柱上沉积的 Co/Pd 磁性多层膜[15]

26.3.2　电子束曝光

　　在磁性纳米结构制作方面，电子束曝光(electron beam lithography，EBL)技术由于具有较高的图形分辨率，是目前最常用的图形制作技术。EBL 的原理与光学曝光方式十分相似，其主要特点是使用聚焦的电子束源替代了光学曝光中的各种光源。首先在样品表面涂上一层对电子敏感的聚合物，通过电磁透镜聚焦形成电子束，用电子束以特定方式扫描样品，聚合物吸收电子的能量后，聚合物分子会发生交链或断链，最后通过显影可以得到分辨率极高的图形。这种对电子敏感的聚合物称为抗蚀剂，类似光学曝光技术中的光刻胶。在电子作用下发生交链或断链，故也分为正胶和负胶。目前常用的抗蚀剂主要有两种，如 PMMA 和 HSQ 等。PMMA 是最早被用作电子抗蚀剂的聚合物材料，一般用作正型抗蚀剂，其主要特征是能够达到 10nm 的分辨率，具有高的对比度和低的灵敏度。HSQ 是近年来出现的一种新型的无机抗蚀剂，其分辨率、灵敏度和对比度与 PMMA 相当。

　　在 EBL 技术中，理论上，曝光后的图形会有极高的分辨率，如 30~100keV

时的德布罗意波长远远小于 0.1nm，然而实际上由电子束曝光很难实现低于 10nm 的特征尺寸。因为此时的波长并不是制约图形分辨率的主要因素。当加速的电子束进入抗蚀剂和样品中时，电子与抗蚀剂中的原子发生碰撞，从而引起电子的散射，散射的电子会扩大预定的曝光范围，降低曝光图形的分辨率。电子散射对曝光图形分辨率造成的影响称为电子邻近效应(proximity effect)。纠正电子邻近效应的简单办法是提高入射电子的能量和减少样品表面的抗蚀剂厚度。当然现有的电子束曝光设备已经有能力纠正电子邻近效应，主要通过调整曝光剂量或者进行图形尺寸和曝光背景的补偿。

虽然电子束曝光由于其顺序扫描曝光的特点，其产出效率无法与光学曝光相比。然而 EBL 技术不需要掩模版，具有很高的图形分辨率和灵活性，较好地控制尺寸和形状。也就是，EBL 技术准许直接通过计算机辅助设计(CAD)就可以制作出想要的图形。因此，EBL 技术非常适合各种磁纳米结构的图形制作。比如计算机信息的高密度图形记录介质，选择 HSQ 作为电子抗蚀剂，进行电子束曝光，如示意图 26.10(a)所示。在图 26.10 中，显影后分别得到介质间距为 15nm (b)、13nm(c)、11nm(d)的阵列图形[16]。可以看出，(c)(d)的图形分辨率已经有限。图 26.11 是利用电子束曝光生成的磁性隧道结纳米环，最小半径可达 30nm，环宽为 30nm。此外，电子束曝光还可用于制作纳米压印模具和各种掩模版。

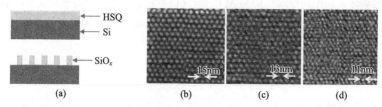

图 26.10(另见彩图)　(a)电子束曝光的示意图；(b)~(d)显示经电子束曝光显影后的高分辨率 SEM 图像，图形的最短间距分别为 15nm、13nm、11nm[16]

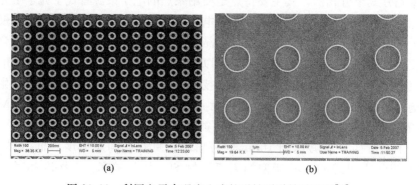

图 26.11　利用电子束曝光生成的磁性隧道结纳米环[17]

26.3.3　纳米压印

传统意义上的光学曝光、电子束和离子束曝光主要是对衬底表面的感性材料（如光刻胶或抗蚀剂）进行曝光作用，然后进行显影，形成特定的图形结构。而纳米压印（nano-imprint）技术，是通过一种具有特定几何形状的模板，采用物理压印的方式，将几何图形复制到衬底的掩模材料上。图 26.12 是利用纳米压印技术制作磁性 CoPt 表面的流程图。首先利用电子束曝光技术制作纳米压印模板，通过压印形成光刻胶图形，然后利用反应离子刻蚀进行减薄，最后蒸发沉积 CoPt 薄膜[18]。

纳米压印技术既不受曝光波长衍射极限和电子散射的限制，也不需要复杂的加工设备，因此是一项简单、低成本的加工工艺，同时兼具高效率、高分辨率等特点，在制作高密度的磁存储图形记录介质等方面，具有极大的潜在应用价值。但是，这项技术主要障碍在于，要制作高分辨率的图形，必须首先制作出高分辨率的印模，这是未来纳米压印技术走向工业化生产必须要解决的问题，正日益受到人们的关注。

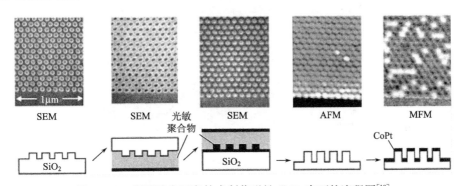

图 26.12　利用纳米压印技术制作磁性 CoPt 表面的流程图[18]

26.3.4　自组装技术

自组装技术（self-assembly）主要是利用纳米粒子或模块共聚物作为掩模版形成纳米结构的技术。这种从分子水平上合成纳米结构的技术与传统的微纳米加工工艺截然不同。传统的微纳米加工技术是"自上而下"（top-down）的加工理念，常受制于物理光学的衍射极限，对于实现 100nm 以下的结构图形比较困难，且成本很高。然而分子纳米自组装技术采用"自下而上"（bottom-up）的加工方式[19]，在加工纳米尺寸的结构时，由于具有低损耗和低维度加工的特点，显示出较大的优越性，正成为生物、物理、化学和微电子等领域的研究热点。

　　图 26.13 给出了一个运用自组装技术制备 FePt 纳米粒子阵列的实例[20]。FePt 纳米粒子具有高的磁各向异性能，并且化学稳定性较好，纳米粒子的成分和尺寸可控。通过自组装的方式，可以构成三维纳米晶体结构，然后通过退火，可以将化学无序的面心立方相转化成面心四角相结构。并将纳米粒子的超晶格结构转换为铁磁纳米晶体结构。这种自组装方式适合于制作高密度磁矩转化。将 FePt 胶粒放入油酸和油胺中，通过一些化学试剂的作用，当溶剂缓慢蒸发后，形成三维纳米晶体结构(如图 26.13 所示)。

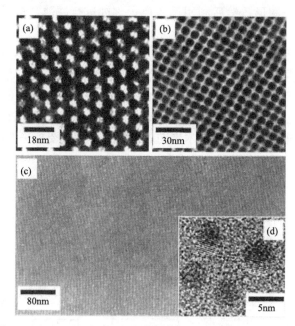

图 26.13　(a)(b)油酸/油胺溶剂处理和去除后的 FePt 纳米粒子阵列的 TEM 图像；(c)180nm 厚、直径为 4nm 的 FePt 纳米粒子薄膜断面的高分辨 SEM 图像；(d)铜网上直径为 4nm 的 FePt 纳米粒子的高分辨 TEM 图像[20]

26.4　图形转移

　　以上介绍了几种自旋电子器件制作过程中的图形化方法，它们的主要功能是作为掩模，帮助形成其他材料的微纳米结构。所以要制作具有各种功能的自旋电子器件，下一步是将上述方法所制得的图形结构转移到各种功能材料上。因此，图形转移(pattern transfer)技术也是微纳米加工技术的核心步骤之一。图形转移技术可以分为两类，如图 26.14 所示：添加式和抽减式。前者又称剥离(lift-off)

法，在光刻胶图形上面沉积薄膜材料，去除光刻胶后，之前没有被光刻胶覆盖的地方留下了沉积的图形结构。后者主要是以图形为掩模将衬底或衬底上的薄膜刻蚀去除，即刻蚀(etching)法图形转移。下面分别介绍这两类加工方式。

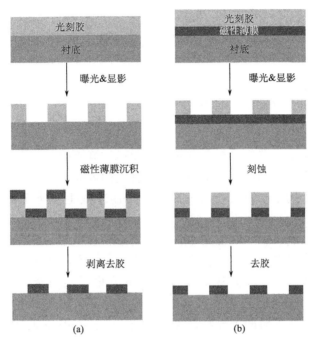

图 26.14　两类主要的图形转移方式。(a)剥离(lift-off)工艺；(b)刻蚀(etching)工艺

26.4.1　溶脱剥离工艺

溶脱剥离工艺主要由两个过程构成，即沉积薄膜和去除掩模(如光刻胶)。实现成功剥离的关键是保证在光刻胶上的薄膜与沉积到衬底的薄膜不连续，以保证丙酮等溶剂能接触到下面的光刻胶，将其溶解。为此，在剥离工艺中，有三点必须保证：第一，光刻胶的厚度远大于沉积薄膜的厚度，通常前者至少是后者的 3 倍，才能保证剥离。第二，薄膜沿垂直方向沉积，这取决于沉积薄膜的方向性，从这一点看，ALD 由于覆盖性好，不适合剥离工艺。第三，沉积过程中衬底的温度要比光刻胶的玻璃转变温度 T_g 低。每一种光刻胶都有一个 T_g，当沉积薄膜的衬底温度大于 T_g 时，衬底会发生软化导致光刻图形变形或倒塌，甚至变性。MBE 和 CVD 薄膜沉积技术中衬底的温度比较高(通常 > 200℃)，因此在自旋电子剥离工艺中很少使用。目前，常用剥离工艺的薄膜沉积方法有热蒸发、电子束蒸发和等离子体溅射方法，他们的主要特点和区别如表 26.1 所示。

表 26.1 常用薄膜沉积技术的主要特征比较

沉积方法	膜材料	成膜均匀性	成膜致密度	沉积速率/(nm·s⁻¹)	衬底温度/℃	沉积方向性
热蒸发	有机材料、低熔点金属或介质材料	差	差	0.1~2	50~100	好
电子束蒸发	高熔点金属或介质材料	差	差	0.1~10	50~100	很好
等离子体溅射	金属或介质材料	很好	好	0.1~10	约200	一般

在沉积过程中，沉积材料会在光刻胶图形的侧壁积累，去除光刻胶后，薄膜图形的侧壁形成凸起的不规则结构，这种结构可能会对结构的性能造成致命伤害。解决这个问题的办法是将光刻胶图形制作成上宽下窄的结构形状，即"下切"(undercut)形状。实现下切的剖面的方法是采用抗蚀剂或多层光刻胶。图 26.15 显示了利用"下切"工艺实现剥离图形转移。图 26.16 给出了一种双层结构制备"下切"图形的示意，首先在衬底上涂一层专门用于剥离工艺的有机聚合物 LOR(lift-off resist，剥离胶)，对紫外光和电子束不敏感；然后涂一层光刻胶，如 PMMA，曝光后首先对 PMMA 进行显影，然后再溶解底层的 LOR，其下切范围可由溶解时间来控制；接下来进行薄膜沉积和剥离，最后得到目标图形。

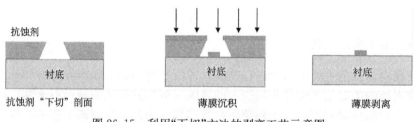

图 26.15 利用"下切"方法的剥离工艺示意图

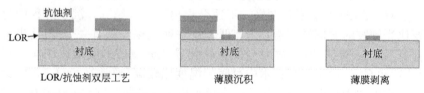

图 26.16 利用 LOR 形成"下切"方法的剥离工艺示意图

26.4.2　刻蚀工艺

另一种实现图形转移的技术是刻蚀工艺，也是自旋纳米器件加工中重要的微纳米加工技术。因为当磁性材料结构的维度减小到纳米尺度时，其形状、结构和边缘上的微小变化都会严重影响结构的最终特性。例如，许多磁性纳米结构的边缘特性对磁性有影响，如果加工造成边缘结构缺陷，整个磁性结构的性质将发生大的变化。因此，在制作磁性纳米结构时，要选择精细的刻蚀工艺，尽量减小边缘区域的损害。

在微电子加工工艺中，刻蚀主要分为湿法刻蚀和干法刻蚀两大类。对于自旋纳米结构的加工，常常选择具有高的各向异性的干法刻蚀工艺。下面主要介绍自旋纳米结构制作中常用的两类干法刻蚀：离子束刻蚀和反应离子刻蚀。

1. 离子束刻蚀

离子束刻蚀（ion beam etching，IBE）是利用具有一定能量的离子轰击材料表面，使材料原子发生溅射，从而达到刻蚀目的。基本原理是把 Ar、Kr 或 Xe 之类惰性气体充入一个电磁场环绕的等离子腔内，由灯丝热发射产生的电子，在磁场的作用下作循环运动，与氩原子发生多次碰撞，从而产生大量的氩离子。然后，在加速电场作用下，氩离子轰击到样品表面，刻蚀出有效的图形结构，是一种纯粹的物理过程。

IBE 工艺不受刻蚀材料限制，对金属、无机物、有机物、绝缘体和半导体均可。例如，对于刻蚀一个磁性多层膜结构，如磁性隧道结，可以不用改变对每一层的刻蚀条件，使整个样品被一次性刻蚀。另外，IBE 具有很强的方向性，便于对小尺寸图形产生各向异性刻蚀，能够制作出侧壁陡直的纳米结构。然而这种低的选择性和高的各向异性刻蚀特点也会带来一些问题。如刻蚀过程中掩模材料也被大量消耗掉，因此选择抗刻蚀的掩模材料十分重要。一些材料如氧化铝、钛等具有高的抗刻蚀性，因此常作为优秀的掩模材料被使用。

IBE 工艺中需要预先制作好掩模，工艺相对复杂。聚焦离子束（focused ion beam，FIB）刻蚀是一种不需要掩模，可直接加工出图形的刻蚀方法。其本质上与离子束刻蚀一样，都是通过离子源对样品表面进行轰击，使被刻蚀区的原子被溅射出来。图 26.17 所示为 FIB 的原理[21]。不同的是，FIB 刻蚀一般采用镓（Ga）作为离子源。然而工作效率低，而且聚焦离子束可能会对样品造成伤

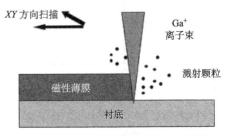

图 26.17　聚焦离子束刻蚀的原理图[21]

害。许多具有垂直磁各向异性的多层膜结构，如 Co/Pt，对离子造成的伤害尤其敏感，可能很小的离子剂量就会诱导磁性转变，从垂直各向异性转变为平面各向异性[22]，引起磁性纳米结构磁性转变的异常[23]。另外，在制作磁性隧道结过程中，镓离子的注入可能会改变势垒层氧化物的结构，从而影响磁电阻效应。最近的研究表明，镓离子的注入量与磁性隧道结(MTJ)的隧穿磁电阻比值(TMR)成反比关系[24]。

另外，在被刻蚀材料的结构边缘，可能会出现溅射原子的再沉积(redeposition)现象。溅射再沉积时，对于 MTJ 的性能可能造成严重影响，因为这可能引起绝缘层的短路。有人通过臭氧氧化的方式，将再沉积物转变成非导电性物质，对 MTJ 起到一定的保护作用[24]。

2. 反应离子刻蚀

反应离子刻蚀(RIE)是干法刻蚀中比较成熟的方法之一，由于其良好的各向异性刻蚀和可灵活控制的工艺因素，目前已被国内外同行广泛采用。其基本原理示意图如图 26.18 所示，腐蚀气体按照一定的工作压力和比例充满整个反应室，在阴极与阳极间的射频电场作用下，被高频电场加速的杂散电子与气体分子或原子碰撞，这种激烈碰撞引起电离和复合。当电离与复合达到平衡态时形成等离子体，这一过程又称为辉光放电。在阴极处产生大量的带电等离子体，大量带电离子受到电场加速，形成高能离子，垂直轰击样品表面，在进行物理刻蚀的同时，发生强烈的化学反应，带电离子与样品反应生成挥发性物质，然后由真空系统抽走。针对刻蚀材料的不同，选择合适的气体组分，不仅可以获得较好的选择性和

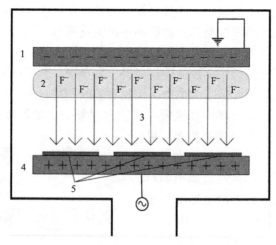

图 26.18　反应离子刻蚀系统基本原理示意图。1 和 4 是两个平行板电极，产生
电场 3，用于对等离子体 2 进行加速，5 是所放置的样品

刻蚀速率，而且可以减小刻蚀的侧向反应，提高刻蚀的各向异性。

26.5　自旋电子器件的微纳米加工实例

下面介绍几种自旋电子器件的制作实例，便于读者对自旋电子器件的加工工艺技术的理解。

26.5.1　磁性隧道结器件的微纳米加工

磁性隧道结(MTJ)中发现的隧穿磁电阻(TMR)效应和金属多层膜中发现的巨磁电阻(GMR)效应及其应用，极大地推动了高速、高密度、高稳定、非易失、低成本的信息技术及其新材料的发展，也促进了自旋电子学这一新兴学科的形成和对自旋电子学新材料及新器件的进一步深入研究。目前，对磁性隧道结中的TMR 效应、磁激子和声子激发、量子阱效应、自旋极化电子的分离和注入、自旋极化电子隧穿理论的研究、磁性隧道结材料及应用以及自旋极化电子在其他纳米线和器件里隧穿效应的研究等是备受关注的研究课题。

目前，用于制备微米、亚微米和纳米磁性隧道结、磁性隧道结阵列、TMR磁读出头和 MRAM 的方法有光刻和电子束曝光以及离子束刻蚀、化学反应刻蚀、聚焦离子束刻蚀等。本节中，我们简要讲述利用光刻技术和电子束曝光技术结合离子束刻蚀法制备磁性隧道结的基本工艺流程和典型的实验结果。

1. 光刻技术结合离子束刻蚀的剥离工艺

利用磁控溅射仪在热氧化硅 Si/SiO_2 衬底上沉积多层膜，多层膜结构的核心部分是 $IrMn$ (10nm)$/Co_{75}Fe_{25}$(4nm)$/AlO_x$(1nm)$/Co_{75}Fe_{25}$(4nm)。在实验中，我们选用 4in[①] 热氧化硅衬底和若干配套的光刻版。利用紫外曝光、刻蚀和剥离法相结合可以制备出微米量级的磁性隧道结，其工艺流程如图 26.19 所示，具体步骤如下：

(1) 对生长好的磁性隧道结薄膜样品进行第一次涂胶，然后进行紫外曝光，曝光显影后对样品进行 Ar 离子刻蚀，在硅衬底上加工出若干条状的磁性隧道结薄膜，如图 26.19(a)所示；

(2) 紧接着进行第二步微加工，以达到磁性隧道结结区图形化。实验中可以设定不同形状和尺寸的结区，图 26.19(b)为第二次涂胶、曝光、显影后的光刻胶图案，然后将样品放入 Ar 离子刻蚀机中用 Ar 离子以一定的倾角对薄膜进行刻蚀，加工出面积分布在 $4\mu m \times 8\mu m$ 至 $20\mu m \times 40\mu m$ 范围内的各种不同尺寸的

---

① 　1in=2.54cm。

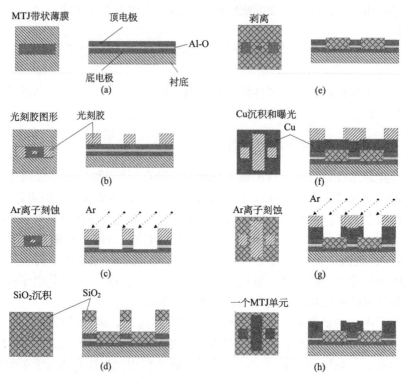

图 26.19　　一种利用光刻结合剥离法制备磁性隧道结的工艺过程

结区[图 26.19 (c)];

（3）第二次 Ar 离子刻蚀后并不去胶，根据隧道结薄膜的厚度和实际需要，直接将样品放入磁控溅射仪沉积 100～200nm 的绝缘 SiO_2 层[图 26.19 (d)]，用来隔开底部导电层和后来要沉积的顶部导电层，使电流只能通过顶导电层通过隧道结流向底部导电层；

（4）接着将样品放入丙酮溶液中，将结区的 SiO_2 剥离掉，如图 26.19（e）所示；

（5）再将样品放入磁控溅射仪中沉积顶部导电层，接着进行第三次涂胶、曝光，显影后光刻胶图案如图 26.19（f）所示；

（6）然后进行 Ar 离子刻蚀，制备出顶部导电层及底部导电层导通形状，如图 26.19（g）所示，最后去胶，得到十字形隧道结单元，图 26.19（h）显示其中一个。

在上述微加工工艺中，每一轮工艺一般包括涂胶、曝光、显影、刻蚀、去胶等步骤，其中任何一步工艺出现偏差会导致整个工艺失败。图 26.20 给出了加工磁性隧道结的输运特性，室温下隧穿磁电阻效应为 50%。

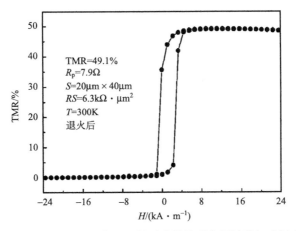

图 26.20　采用剥离工艺制作的磁性隧道结的磁电阻随外加磁场变化曲线

2. 光刻技术结合 Ar 离子刻蚀和反应离子刻蚀的打孔工艺

在上述工艺中，当隧道结的尺寸达到亚微米、甚至纳米尺寸时，抗蚀剂上的 SiO_2 很难采用剥离工艺，变得比较困难。为了解决此问题，人们利用光刻、电子束曝光、离子束刻蚀及反应离子刻蚀技术，采用刻槽和打孔工艺，获得亚微米或纳米尺寸的磁性隧道结，基本工艺流程如图 26.21 所示，具体如下：

（1）通过涂胶、光刻版掩模紫外曝光、Ar 离子刻蚀和去胶工艺，获得条状的磁性隧道结薄膜。

（2）为了得到纳米尺寸结区，采用电子束曝光技术。图 26.21(a) 中金属 Ta 膜具有抗刻蚀的能力，在图形转移工艺中起到金属掩模的作用。

（3）通过 Ar 离子刻蚀或反应离子刻蚀，以达到磁性隧道结结区图形化，如图 26.21(b) 所示。

（4）去胶后，沉积一定厚度的 SiO_2 绝缘层，来掩埋隧道结[图 26.21(c)]，为了后续顶部电极的加工，采用化学抛光进行平坦化处理，如图 26.21(d) 所示。

（5）通过两次电子束曝光和反应离子刻蚀去除磁性隧道结上部导电孔和两边电极接触孔中的 SiO_2，如图 26.21(e)(f) 所示；

（6）去胶后再沉淀金属 Cu，由于两孔的高度不同，沉积后将进行平坦化处理[图 26.21(g)]；

（7）沉积金属 Cu 和 Au 导电层，利用紫外曝光和离子束刻蚀加工金属电极，最终得到纳米尺寸的磁性隧道结单元[图 26.21(h)]。

这种加工方法相对比较复杂，但特别适合于纳米自旋电子器件的制作，特别是磁性随机存储器(MRAM)，自旋转移力矩效应的器件，如 STT 存储器件和自

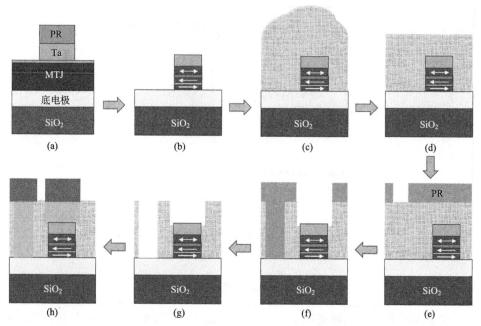

图 26.21　曝光、刻蚀的打孔工艺制备纳米尺度的磁性隧道结的工艺过程

旋纳米振荡器[25-27]，因为 STT 效应只有在尺寸进入深亚微米时，纳米尺度才明显。图 26.22 给出了一个采用上述工艺制备的纳米磁性隧道结，TMR 效应为 150% 左右，观察到明显的 STT 效应，即电流诱导电阻高、低的变化，从而实现 "0"、"1" 的存储。

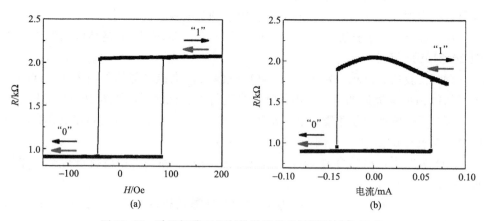

图 26.22　采用打孔工艺制作的纳米磁性隧道结的 TMR
随外加磁场(a)和电流(b)变化曲线

26.5.2　自旋注入和探测器件的微制备

自旋电子的注入和自旋极化电流的相关输运、探测是自旋电子学中被广泛研究的课题，关于这方面的理论和实验研究在其他章节介绍了。对不同种类的器件，加工工艺也不尽相同。这里只以自旋阀结构的自旋注入和探测（spin injection and detection）为例。F. J. Jedema 等[28]在室温下，在金属 Cu 作为介观自旋阀结构中的隔离层中，观测到自旋极化电流的注入和探测。文中作者制作了一种多端自旋阀结构，可以将自旋积累信号完全地分离出来。在该自旋注入实验中，采用坡莫合金（$Ni_{80}Fe_{20}$）作为电极，驱动自旋极化电流进入 Cu 带。图 26.23 给出了该种设计的示意图。

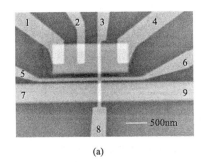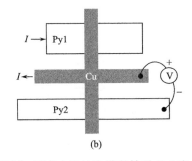

(a)　　　　　　　　　　　(b)

图 26.23　样品设计。(a)自旋阀样品的 SEM，两条水平纳米带是铁磁 Py1 和 Py2。Cu 十字的垂直电极沉积在 Py 纳米带的上面，1、2、4、7 电极用于 AMR 测量；(b)非局域测量原理示意图。通过在 1、5 两端施加电流，测量 6、9 两端的电压

样品图形加工使用电子束曝光技术，经历两步的剥离过程。为了避免铁磁电极的磁性边缘场效应，首先在热氧化的硅衬底上溅射沉积 40nm 后的坡莫合金电极 Py1 和电极 Py2。电极 Py1 和电极 Py2 的长宽比不同，是为了获得不同的矫顽场。通过外加磁场可以调节两电极的相对取向。然后，在 1×10^{-8} mbar 真空气压下，利用电子枪产生的电子束蒸发方法，沉积 50nm 厚的两条相交的 Cu 带。在沉积 Cu 带前，要利用离子束减薄工艺，将坡莫电极表面的氧化层去除掉，以确保 Cu 与坡莫合金的良好接触。图 26.23(a)时由 SEM 得到的图形结构。横向的两条宽带分别是铁磁电极 Py1 和电极 Py2。标号 3、8 接触的纵向 Cu 带与标号 5、6 接触的横向 Cu 带相交，共同构成了一个介观的自旋阀结构。在 4.2K 的温度和室温下分别观测到清晰的自旋相关信号，如图 26.24 所示。通过分析得到 4.2K 和室温下 Cu 纳米线中电子的自旋弛豫长度分别为 1μm 和 350nm。

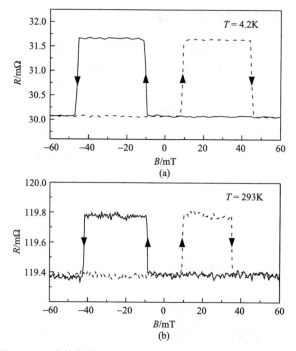

图 26.24　自旋阀样品在 4.2K 和室温下的自旋相关信号[28]

作 者 简 介

　　曾中明　中国科学院苏州纳米技术与纳米仿生研究所研究员。2011年入选中国科学院"百人计划"。主要从事自旋电子学材料、器件及物理以及微纳米加工技术的研究。已在 *Phys. Rev. Lett.*、*ACS Nano*、*Appl. Phys. Lett.* 等重要期刊发表论文 40 余篇，部分工作被 Science-Daily、Phys. org 等作为研究亮点报道。

　　张宝顺　中国科学院苏州纳米技术与纳米仿生研究所研究员。入选中国科学院 2009 年度"引进杰出技术人才"。主要从事半导体材料生长和器件工艺、微纳米加工技术研究。已在 *Appl. Phys. Lett.*、*IEEE Electron Dev. Lett.* 等重要期刊发表论文 80 余篇，主持和参与、承担国家自然科学基金、"863"计划、"973"计划等项目 30 余项。2000 年获国家科学技术进步奖三等奖。

参 考 文 献

[1] Baibich M N, Broto J M, Fert A, et al. Giant magnetoresistance of (001)Fe/(001)Cr magnetic superlattices. Phys Rev Lett, 1988, 61(21): 2472-2475.

[2] Miyazaki T, Tezuka N. Giant magnetic tunneling effect in Fe/Al_2O_3/Fe junction. J Magn Magn Mater, 1995, 139(3): L231-L234.

[3] Moodera J S, Kinder L R, Wong T M, et al. Large magnetoresistance at room-temperature in ferromagnetic thin-film tunnel-junctions. Phys Rev Lett, 1995, 74: 3273-3276.

[4] Berger L. Emission of spin waves by a magnetic multilayer traversed by a current. Phys Rev B, 1996, 54: 9353-9358.

[5] Slonczewski J C. Current-driven excitation of magnetic multilayers, J Magn Magn Mater, 1996, 159: L1-L7.

[6] Dyakonov M I, Perel V I. Possibility of orienting electron spins with current. JETP Lett., 1971, 13: 657-660.

[7] Kane C L, Mele E J. Quantum spin Hall effect in graphene. Phys Rev Lett, 2005, 95: 226801.

[8] Uchida K, Takahashi S, Harii K, et al. Observation of the spin Seebeck effect. Nature, 2008, 455: 778-781.

[9] 田民波. 薄膜技术与薄膜材料. 北京: 清华大学出版社, 2011.

[10] Yuasa S, Nagahama T, Fukushima A, et al. Giant room-temperature magnetoresistance in single-crystal Fe/MgO/Fe magnetic tunnel junctions. Nature Materials, 2004, 3: 868-871.

[11] 崔铮. 微纳米加工技术及其应用. 第 3 版. 北京: 高等教育出版社, 2013.

[12] Goolaup S, Adeyeye A O, Singh N. Dipolar coupling in closely packed pseudo-spin-valve nanowire arrays. J Appl Phys, 2006, 100(11): 114301.

[13] Auzelyte V, Dais C, Farquet P, et al. Extreme ultraviolet interference lithography at the Paul Scherrer Institut. J Micro/Nanolithography, MEMS and MOEMS, 2009, 8(2): 021204.

[14] Murillo R, van Wolferen H A, Abelmann L, et al. Fabrication of patterned magnetic nanodots by laser interference lithography. Microelectronic Engineering, 2005, 78-79: 260-265.

[15] Heyderman L J, Solak H H, David C, et al. Arrays of nanoscale magnetic dots: Fabrication by X-ray interference lithography and characterization. Appl Phys Lett, 2004, 85(21): 4989-4991.

[16] Yang J K, Chen Y, Huang T, et al. Fabrication and characterization of bit-patterned media beyond 1.5Tbit/in^2. Nanotechnology, 2011, 22(38): 385301.

[17] Han X F, Wen Z C, Wei H X. Nanoring magnetic tunnel junction and its application in magnetic random access memory demo devices with spin-polarized current switching. J Appl Phys, 2008, 103: 07E933.

[18] McClelland G M, Hart M W, Rettner C T, et al. Nanoscale patterning of magnetic islands by imprint lithography using a flexible mold. Appl Phys Lett, 2002, 81(8): 1483-1485.

[19] Sundrani D, Darling S B, Sibener S J. Hierarchical assembly and compliance of aligned nanoscale polymer cylinders in confinement. Langmuir, 2004, 20: 5091-5099.

[20] Sun S H, Murray C B, Weller D, et al. Monodisperse FePt nanoparticles and ferromagnetic FePt nanocrystal superlattices. Science, 2000, 28: 1989-1992.

[21] Urbanek M, Uhlir V, Babor P, et al. Focused ion beam fabrication of spintronic nanostructures: An optimization of the milling process. Nanotechnology, 2010, 21(14): 145304.

[22] Hyndman R, Warin P, Gierak J, et al. Modification of Co/Pt multilayers by gallium irradiation——Part 1: The effect on structural and magnetic properties. J Appl Phys, 2001, 90(8): 3843.

[23] Shaw J, Russek S, Thomson T, et al. Reversal mechanisms in perpendicularly magnetized nanostructures. Phys Rev B, 2008; 78(2): 024414.

[24] Anders P F R, Hugo N, Fredric E, et al. Ga implantation in a MgO-based magnetic tunnel junction with $Co_{60}Fe_{20}B_{20}$ layers. IEEE Trans on Magn, 2011, 47(1): 151-155.

[25] Zeng Z M, Khalili Amiri P, Rowlands G, et al. Effect of resistance-area product on spin-transfer switching in MgO-based magnetic tunnel junction memory cells. Appl Phys Lett, 2011, 98: 072512.

[26] Zeng Z M, Khalili Amiri P, Krivorotov I N, et al. High-power coherent microwave emission from magnetic tunnel junction nano-oscillators with perpendicular anisotropy. ACS Nano, 2012, 6: 6115-6121.

[27] Zeng Z M, Finocchio G, Zhang B S, et al. Ultralow-current-density and bias-field-free spin-transfer nano-oscillator. Scientific Reports, 2013, 3: 1426.

[28] Jedema F J, Filip A T, van Wees B J. Electrical spin injection and accumulation at room temperature in an all-metal mesoscopic spin valve. Nature, 2001, 410: 345-348.

第 27 章　自旋电子学的器件应用

韩秀峰　温振超

　　基于自旋电子学相关材料及其物理效应的研究，推动了新型自旋电子学器件的持续研发和实际应用。几种主要磁电阻效应的典型数值及自旋电子学器件应用的发展状况，如图 27.1 所示。可以看到，2005 年前，基于隧穿磁电阻（tunneling magnetoresistance，TMR）效应的磁读头已经应用于硬盘驱动器（hard disk drive，HDD）中。非晶 Al-O 势垒磁性隧道结的室温磁电阻比值为 20%～80%，不仅被成功应用在 HDD 的读头中，而且已经被应用在磁随机存取存储器（magentic random access memory，MRAM）中。基于 MgO(001) 势垒的磁性隧道结的成功制备，又进一步推进了基于 MgO 势垒的磁性隧道结在硬盘读头、MRAM 以及微波振荡器方面的重要应用。MgO 磁性隧道结中的室温磁电阻高

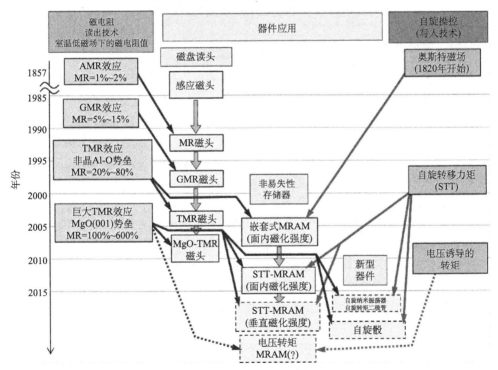

图 27.1　几种常见的磁电阻效应典型数值及其相对应的自旋电子学器件应用[4]

达 $100\% \sim 600\%$，因此在硬盘读头等方面将具有更加广泛的应用[1]。

1996 年，Slonczewski[2]和 Berger[3]等通过理论研究发现当自旋极化电流通过纳米磁体时，传导电子与局域磁矩间的散射可使传导电子的自旋角动量部分转移给局域磁矩，称为自旋转移力矩(spin transfer torque，STT)效应。自旋转移力矩效应的发现及其应用是自旋电子学发展史中的又一个里程碑。利用自旋极化电流诱导的磁化翻转具有诱人的应用前景，仅需几十微安的电流就能实现磁电阻纳米结构的磁化反转，而且随磁性单元尺寸的减小，自旋转移力矩效应越明显。自旋转移力矩效应不仅提供了自旋电子学器件信息写入的新方式，同时与器件的高密度趋势相协调发展。结合 MgO 磁性隧道结的高隧穿磁电阻效应和 STT 效应可以发展基于自旋转移力矩效应的新型电流驱动型 STT-MRAM 以及纳米微波振荡器等自旋电子学器件。

另外，随着对自旋电子学的深入研究，基于自旋轨道耦合的新奇自旋电子学效应不断被发现，例如，自旋霍尔效应、Rashba 效应以及 Dzyaloshinskii-Moriya 相互作用(Dzyaloshinskii-Moriya interaction，DMI)，进一步催生了自旋电子学器件的新的写入方式和新型结构。

27.1　硬盘驱动器磁读头

27.1.1　硬盘驱动器磁记录发展历程简述

1956 年，IBM 公司向世界展示了第一台磁盘存储系统 IBM 350 型计算机，其磁头可以直接移动到盘片上的任何一块存储区域，从而成功地实现了数据的随机存储，这套系统的总容量只有 5MB，共使用了 50 个直径为 24in 的磁盘，这些盘片表面涂有一层磁性物质，它们被叠起来固定在一起，绕着同一个轴旋转。此时的磁头读取还停留在硬接触时代。随后，1968 年 IBM 公司最先提出了"温彻斯特"(Winchester)技术，这也是现代绝大多数硬盘的原型，即具有密封、固定并高速旋转的镀磁盘片，磁头沿盘片径向移动，磁头悬浮在高速转动的盘片上方，而不与盘片直接接触。IBM 公司于 1973 年制造出第一台采用"温彻斯特"技术的硬盘，从此硬盘技术的发展有了正确的结构基础。对于读取速度的要求，可以通过加快转速来轻易调节，这时磁记录的重点转向如何研制尺寸小、抗噪强的磁头上来。缩小磁头的尺寸可以有效提高读取盘片上的信息记录密度，提高抗噪性能可以更好地提高硬盘机械系统的转速和读写速度。

最早的磁头是采用铁磁性物质，通过其磁化的感生电动势来判断信息。不论在磁头的感应敏感程度还是精密度上都不够理想，因此早期的硬盘单碟容量非常低，硬盘的总容量受到非常大的限制。同时，早期使用的磁头在体积上也较大，使得早期的硬盘体积相对而言也比较庞大。1979 年，IBM 开发了感应薄膜磁头技术，这为进一步减小硬盘体积、增大容量、提高读写速度提供了可能。1991
年，IBM 公司生产了磁电阻读出磁头，随后将此项磁头技术应用于 3.5in 硬盘
中。这种磁头使用的是各向异性磁电阻（anisotropy magnetoresistance，AMR）技
术，在读取数据时对磁场变化所产生的电阻变化可达 5%，这使得盘片的存储密
度能够比以往 20Mb·in^{-2}提高了数十倍。磁盘存储密度提高了，单碟容量自然
而然就提高了，而单碟容量的提高直接带动着整块硬盘容量的增大。各向异性磁
电阻读出磁头技术的投入使用，使得普通计算机用户的硬盘容量达到 1GB，从
此我们使用的硬盘容量开始进入了 GB 时代。

　　当然，自 20 世纪 90 年代以来，硬盘存储容量的飞速增长还得归功于巨磁电
阻（giant magnetoresistance，GMR）效应的发现。由于新型人工磁电阻 GMR 材
料磁读头技术的发展，1996～2002 年，计算机磁记录密度的年平均增长率达到
100%。2002～2006 年，磁记录技术向 TMR 磁读头技术过渡。2007 年通过进一
步使用 TMR 磁读头技术，实验室计算机磁硬盘（HDD）的磁存储密度演示水平
已达到 520Gb·in^{-2}，同年投放市场的新一代基于垂直磁记录和存储的硬盘驱动
器容量首次达到 1TB。人们第一次可以使用到单块硬盘达到 TB 量级的硬盘。
2009 年，美国希捷公司利用 MgO 势垒磁性隧道结的磁读头技术，使硬盘演示盘
片的存储面密度已达到 800Gb·in$^{-2[5]}$。图 27.2 显示了硬盘以及闪存面密度发
展趋势图[6]。2011 年，希捷公司成功将容量为 4TB 的硬盘驱动器投入市场。
2013～2014 年，日立环球存储公司以及希捷公司分别发布了容量为 6TB 的企业
硬盘驱动器。如今的磁头多层膜材料和磁硬盘的研制，早已不是单纯的磁性材料

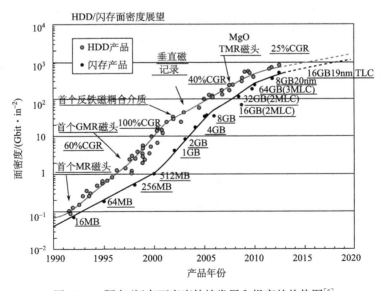

图 27.2　硬盘/闪存面密度持续发展和提高的趋势图[6]

问题，它已融金属、半导体、绝缘体等众多材料于一体，因此磁存储材料、物理和磁头技术的研究，几乎跨越了除超导外的所有凝聚态物理学科领域，带动了凝聚态物理学、材料制备、精密加工和制造、计算机软硬件和海量信息技术的整体发展。对比50年前IBM350型计算机，磁硬盘HDD的实际存储密度在半个世纪里已增长千万倍，而每兆比特信息存储的成本价格十几年来下降了数千倍。因此，基于GMR和TMR新型磁电阻材料生产的高存储密度和高性能的台式计算机、笔记本式计算机等已进入千家万户；基于自旋电子学的新型磁电阻器件更是广泛应用于科研、生产、工业和国防等领域，创造了新的信息采集、存储和处理的自旋电子学时代。基础物理研究和人工自旋电子学材料及结构带来的工业和信息技术飞跃式的进步，令人叹为观止。

从上面的硬盘发展历程中，可以看出硬盘正朝着容量更大、速度更快、运行更稳定的方向发展，自旋电子学已对现代信息技术的发展产生了巨大的推动作用。随着信息存储技术的发展和大数据云时代的到来以及日益丰富的产品多元化和大众化，人类社会的文化生活也必将发生日新月异的变化。

27.1.2　基于各向异性磁电阻的硬盘驱动器磁读头

磁读头是硬盘驱动器中重要的组成部分之一，它通过对磁盘记录介质磁场信号进行读取，将其转化为电信号。图27.3为硬盘存储器磁头特写照片[7]以及和垂直磁记录介质结合在一起的读写工作原理示意图[8]。硬盘读头的发展经历了线圈式读头到多层膜式读头：传统的较早的C型感应线圈式读头，利用电磁感应原理将磁信号转化为电信号，兼有写入和读出两个功能。但是这种结构尺寸较大、灵敏度不高，在很长一段时间内限制了磁存储密度的提高。

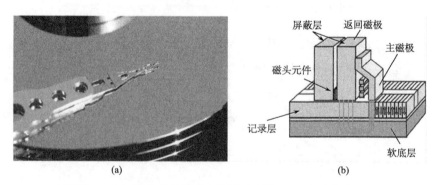

图27.3　(a)硬盘存储器磁头特写照片[7]；(b)和垂直磁记录
介质结合在一起的读写工作原理示意图[8]

1991 年 IBM 公司设计了基于各向异性磁电阻(AMR)效应的磁读头,实现了写头和读头的分离,该设计大大减小了磁读头尺寸并且还提高了灵敏度,促进了硬盘存储密度以每年约 100% 的速度增加。写操作磁头仍然使用感应式的写入薄膜磁头,读操作磁头采用坡莫合金制作的各向异性磁电阻式读出磁头。图 27.4 为基于读写分离磁头的纵向磁记录示意图[9]。各向异性磁电阻读头利用其电阻在不同外磁场下发生改变的特性将记录比特的漏磁场转变为电信号,不依赖于磁头的移动速度,其灵敏度是感应方式的数倍,加之写头和读头的分别优化,使硬盘记录密度以更快的速度向前发展[10]。

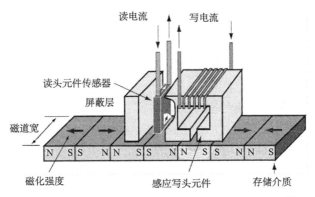

图 27.4　基于读写分离式磁头的纵向磁记录示意图[9]

坡莫合金薄膜各向异性磁电阻效应的磁电阻变化只有 2%～3%,且随着尺寸的减小,各向异性磁电阻效应会减弱。因此,各向异性磁电阻磁读头灵敏度不能满足进一步提高磁记录密度的要求,在 20 世纪 90 年代中后期被巨磁电阻效应磁读头所取代。

27.1.3　基于巨磁电阻效应的硬盘驱动器磁读头

相对于各向异性磁电阻磁读头,巨磁电阻效应的硬盘驱动器磁读头具有更高的灵敏度以及更小的尺寸,能够进一步满足高密度磁存储的要求。巨磁电阻效应的磁电阻比值比各向异性磁电阻大数倍甚至一个数量级,因此采用巨磁电阻自旋阀为核心单元的磁读头,具有更高的磁场灵敏度。另外,巨磁电阻效应基于界面效应,磁性层的厚度可以达到几个纳米,这就使得巨磁电阻自旋阀元件在更微小的尺度上起到显著的作用,具有很高的空间分辨率。

1994 年,第一款巨磁电阻自旋阀磁读头的原型器件在 IBM 公司试验成功。1997 年,基于 GMR 效应的磁读头进入市场,全面取代各向异性磁电阻读头,极大地促进了硬盘存储密度的提高。图 27.5 是基于电流平行于膜面的 GMR 自

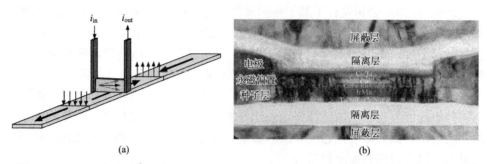

图 27.5　(a)基于电流平行于膜面的 GMR 自旋阀的硬盘读头工作原理；(b)剖面微结构图[11,12]

旋阀的硬盘读头工作原理及剖面微结构图[12]，其核心结构是 CoFe/Cu/CoFe 自旋阀。简单地说，巨磁电阻效应磁读头是一个基于自旋阀结构的工作在高频范围的弱磁场传感器。由于待检测的磁介质记录单元的漏磁信号沿垂直介质表面方向，自旋阀膜面应平行于信号磁场方向，其自由层对弱小信号磁场的反应最敏感。在记录单元的磁场作用下，自由层磁矩发生转动，于是当读电流通过时，自旋阀电阻发生变化，其输出电压的改变量正比于磁场信号大小。

27.1.4　基于隧穿磁电阻效应的硬盘驱动器磁读头

2004 年，第一款基于隧穿磁电阻效应的磁读头问世，TMR 效应比 GMR 效应具有更高的磁电阻变化，基于 TMR 效应的磁读头具有更高的灵敏度。在基于 TMR 效应的硬盘驱动器磁读头中，主要有 3 种势垒材料被应用在磁读头设计开发中，包括：非晶 Ti-O 势垒、非晶 Al-O 势垒以及单晶 MgO(001) 势垒材料。希捷公司较早提出和设计了基于非晶 Ti-O 势垒磁性隧道结的硬盘驱动器磁读头，非晶 Ti-O 势垒磁性隧道结相比于其他势垒的磁性隧道结，其具有更小的结电阻面积的乘积(RA)。后来人们还设计了基于非晶 Al-O 势垒磁性隧道结的磁读头，非晶 Al-O 势垒磁性隧道结相比于非晶 Ti-O 势垒磁性隧道结，它的 TMR 磁电阻比值更高。图 27.6 所示为基于非晶 Ti-O 以及非晶 Al-O 磁性隧道结的硬盘磁读头剖面微结构图[13]。

此后基于单晶 MgO(001) 势垒的磁性隧道结被各公司应用于硬盘驱动器 (HDD) 磁读头中。美国希捷和西部数据等公司利用具有高磁电阻、低结电阻面积乘积的 MgO 磁性隧道结作为磁读头中的核心结构，推出了容量为 TB 量级的 HDD 产品，其常见的 TMR 磁读头的剖面透射电镜图，如图 27.7 所示[1]。使用 MgO 磁性隧道结的 HDD 存储密度超过 $700Gb \cdot in^{-2}$，并且目前已应用于 $1Tb \cdot in^{-2}$ 的 HDD 演示器件中。

除了巨磁电阻多层膜或磁性隧道结的核心结构外，磁读头的另一个关键技术

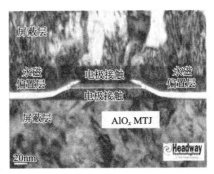

图 27.6　基于非晶 Ti-O 以及非晶 Al-O 磁性隧道结的硬盘读头剖面微结构图[13]

是永磁偏置。因为每个存储单元的"漏磁"不可能完全一样，要能够对每个存储单元都进行读操作，所以读出磁头需要对磁场变化具有线性输出特性。永磁偏置的作用就是使巨磁电阻多层膜或磁性隧道结的参考层与自由层相互垂直，从而得到电阻随磁场变化的线性输出。另外，为了防止外界磁场的干扰，每个磁头都必须具有屏蔽层。

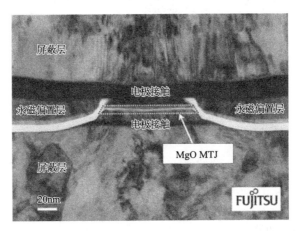

图 27.7　基于单晶 MgO 磁性隧道结的硬盘读头剖面透射电镜图[1]

27.1.5　硬盘驱动器磁读头的发展趋势

工业应用对 HDD 磁读头有几个重要要求，例如磁读头必须具有较高的磁电阻比值(MR)、合适的结电阻面积乘积(RA)，所用材料要和现有自旋电子学器件制造工艺相兼容等。非晶 Al-O 和 Ti-O 磁性隧道结被广泛用于 $100 \sim$ $130 \mathrm{Gb} \cdot \mathrm{in}^{-2}$ 的 HDD 磁读头中。这些磁性隧道结的 RA 较低($2 \sim 3 \ \Omega \cdot \mu \mathrm{m}^2$)，TMR 为 $20\% \sim 30\%$。当记录密度提高到 $200 \mathrm{Gb} \cdot \mathrm{in}^{-2}$ 以上，必须要求磁性隧道

结同时具有更低的 RA 和更高的 TMR。例如，密度高于 $500Gb \cdot in^{-2}$ 时，要求 TMR 超过 50%、同时 RA 小于 $1\,\Omega \cdot \mu m^2$。通过优化 MgO 生长和热处理条件，可以获得 TMR 超过 50%、同时 RA 小于 $1\,\Omega \cdot \mu m^2$ 的 MgO 磁性隧道结。

由于在小于 50nm 的尺度下，在保持较小 RA（约 $1\Omega \cdot \mu m^2$）的同时，基于磁性隧道结的磁读头的信号会受到磁性隧道结中势垒质量的均匀性以及在读取数据时势垒中噪声的影响，故在研发下一代 $Tb \cdot in^{-2}$ 的硬盘中，如何能进一步降低结电阻面积乘积、提高信噪比、提高器件的热稳定性等，将是磁读头材料和器件物理研究的重点课题。

图 27.8 所示为现在以及下一代硬盘磁读头的磁电阻比值与结电阻面积乘积之间的关系[14]。以高自旋极化率的半金属材料 CoFeMnSi 为铁磁电极，Ag 为中间层的电流垂直于膜面的巨磁电阻（CPP-GMR）结构，能够同时满足磁电阻比值大于 50% 以及结电阻面积乘积小于 $0.1\Omega \cdot \mu m^2$ 的要求，有望成为下一代存储密度大于 $2Tb \cdot in^{-2}$ 的硬盘驱动器磁读头的首选。

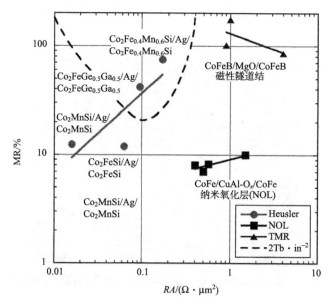

图 27.8　现有以及下一代硬盘磁读头所需要的磁电阻比值和结电阻面积乘积之间的对应关系[14]

27.2　磁敏传感器

27.2.1　磁敏传感器的种类及性能简介

磁敏传感器就是对外磁场具有响应的器件，这样被探测磁场（磁电阻）可以转化成电信号(电压),并且电压数值和磁场一一对应。相对于广泛使用的霍尔器件、半导体锑化铟材料等,基于自旋电子学磁电阻效应的隧道结磁敏传感器有着其他传感器所不可替代的优点。首先是它有更高的灵敏度,对于一般普通的商用自旋阀巨磁电阻传感器的器件单元电阻,其室温磁电阻变化为 10% 左右,做成桥式传感器后,灵敏度一般为不超过 10mV/Oe。而基于 Al-O 势垒的 MTJ 磁电阻传感器,退火后室温磁电阻变化一般可达到 50%~80%;基于 MgO(001)势垒的自旋阀式 MTJ 磁电阻传感器,退火后室温磁电阻变化一般可高达200%~400%,所以在弱磁场探测方面更加灵敏和更具有竞争力。特别重要的是 MTJ 传感器的大小只有微米量级或小至 100nm 尺度以下,具有极高的空间分辨率,使其在高精度的磁性编码器、位置传感器、角度传感器、速度和角速度传感器、地磁场方向传感器、磁敏预警传感器、磁敏探测器、生物传感器以及大型精密数控机床等尖端技术领域有着广泛的应用前景。图 27.9 为典型的速度磁敏传感器的实际应用范例[15]。

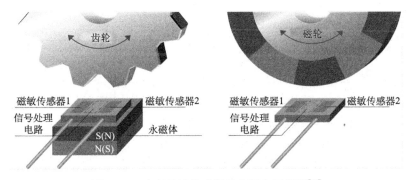

图 27.9　速度磁敏传感器的实际应用范例[15]

　　我们所处的环境中,磁无处不在。图 27.10 为磁场范围与频率关系图,其中脑磁场的下限小于 1fT[16]。根据测量磁场的不同原理进行分类,磁敏传感器主要包括磁感应线圈传感器、磁通门传感器、磁电阻效应传感器、具有超导磁通聚集器的磁电阻效应传感器、霍尔效应传感器、超导量子干涉仪磁强计、质子磁强计以及 He^4 电子自旋磁强计等。表 27.1 所示为各种磁敏传感器的性能指标对比列表[16-24]。从列表中可以看到,基于自旋电子学巨磁电阻以及隧穿磁电阻效应的磁敏传感器是唯一同时具备高灵敏度、体积小以及工作温度为室温的磁敏传感器。磁电阻效应磁敏传感器将是未来物联网时代传感器芯片的核心。

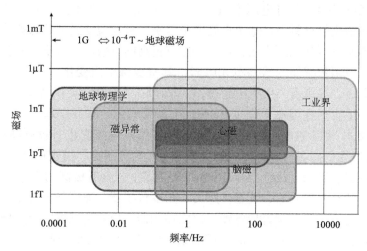

图 27.10　磁场范围与频率关系图[16]

表 27.1　各种磁敏传感器的性能指标对比列表[16-24]

磁敏传感器类型	低频磁噪声指数	体积	工作温度
磁感应线圈	$100 \sim 10 pT/Hz^{\frac{1}{2}}$	$1 \sim 100 cm^3$	室温
磁通门	$100 \sim 1 pT/Hz^{\frac{1}{2}}$	约 $1 cm^3$	室温
各向异性磁电阻效应	约 $10 nT/Hz^{\frac{1}{2}}$	$0.1 \sim 0.01 mm^3$	室温
巨磁电阻效应	约 $2 nT/Hz^{\frac{1}{2}}$	$0.1 \sim 0.01 mm^3$	室温
隧穿磁电阻效应	约 $0.1 nT/Hz^{\frac{1}{2}}$	$0.1 \sim 0.001 mm^3$	室温
具有超导磁通聚集器的磁电阻效应	$32 fT/Hz^{\frac{1}{2}}$	约 $0.1 cm^3$	低温
霍尔效应	$300 nT/Hz^{\frac{1}{2}}$	约 $0.001 mm^3$	室温
超导量子干涉仪磁强计	$10 \sim 1 fT/Hz^{\frac{1}{2}}$	约 $1 cm^3$	低温
质子磁强计	约 $10 pT/Hz^{\frac{1}{2}}$	约 $1 cm^3$	$-20 \sim 50℃$
He^4 电子自旋磁强计	$> 1 pT/Hz^{\frac{1}{2}}$	约 $10 cm^3$	室温
自旋交换弛豫自由的电子自旋磁强计	$200 aT/Hz^{\frac{1}{2}}$	约 $3 cm^3$	180℃
磁电(压电)效应	$5 pT/Hz^{\frac{1}{2}}$	约 $1 cm^3$	$-20 \sim 150℃$
磁光效应	$1000 \sim 10 pT/Hz^{\frac{1}{2}}$	约 $1 cm^3$	室温

　　磁敏传感器市场是一个强有力而且稳定增长的市场。图 27.11 显示了磁敏传感器市场的增长趋势，蓝色表示在汽车中的应用，红色表示在工业上的应用[25]。预计到 2020 年，磁敏传感器的市场会超过 20 亿美元/年。磁敏传感器在汽车应用中的年增长率超过了所生产汽车的年增长率，这意味着每辆汽车中磁敏传感器的数量仍然正在不断增加。在磁敏传感器的整体市场中，与位置探测相关的磁敏

传感器约占所有磁敏传感器的大约 50%。下面分别介绍各向异性磁电阻、巨磁电阻以及隧穿磁电阻磁敏传感器的原理以及部分应用实例。

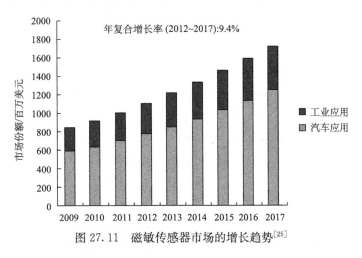

图 27.11 磁敏传感器市场的增长趋势[25]

27.2.2 各向异性磁电阻磁敏传感器

各向异性磁电阻（AMR）是铁磁性材料中所加电流与磁场方向夹角有关的磁电阻效应。各向异性磁电阻效应是由自旋轨道耦合及低对称性的势散射中心引起的，与传导的 s 电子与局域的 d 电子的各向异性散射密切相关。

图 27.12 为各向异性磁电阻的唯象描述示意图以及输出曲线[26]。各向异性磁电阻的唯象表达式为：$R(\theta) = R_0 + (R_{//} - R_0)\cos^2\theta$，其中，$\theta$ 是磁性材料的磁化强度矢量与电流方向之间的夹角；R_0 是 $\theta = 90°$ 时的电阻值；$R_{//}$ 是磁化强度矢量平行于电流方向（即 $\theta = 0°$）时的电阻。为了增加磁电阻的变化率，提高器件的灵敏度，由以上公式可知，当 $\theta = 45°$ 时，$dR/d\theta$ 的值最大。所以 AMR 磁敏传感器通常采用偏置磁场或特殊的结构设计使磁化强度矢量与电流成 45° 夹角。

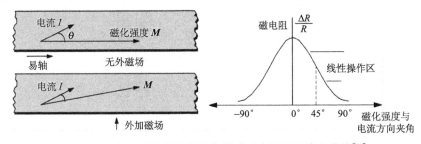

图 27.12 各向异性磁电阻唯象描述示意图以及输出曲线[26]

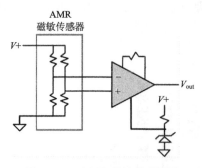

图 27.13　AMR 磁敏传感器的
电路设计图[26]

坡莫合金 NiFe 是目前普遍采用的具有 AMR 效应的铁磁性合金，一般情况下其室温 AMR 的比值约为 1‰～3‰。2010 年，Liu 等[27]通过在 NiFe 薄膜两侧插入 Pt 层，将最大 AMR 的比值提高到约 4‰。AMR 磁性薄膜材料以低廉的成本和简单的加工制备，在磁敏传感器中被广泛应用。在实际的 AMR 磁敏传感器中，为了降低背景噪声的干扰，提高器件的灵敏度，一般采用惠斯通电桥的电路设计。图 27.13 所示为 AMR 磁敏传感器的电路设计图，由 4 个 AMR 磁敏元件组成惠斯通电桥，产生的输出信号通过信号放大器输出。

值得注意的是，磁敏传感器中的具有 AMR 效应的磁性薄膜一般是软磁材料。当受到外界杂散磁场的干扰时，其磁畴的磁化强度矢量方向会发生改变。而各向异性磁电阻比值的大小是与磁畴磁化方向密切相关，因此在 AMR 磁敏传感器的设计中，需要采用设置与重置电路，产生一定大小的磁场使 AMR 磁性薄膜中磁畴的磁化强度矢量保持在同一方向。图 27.14(a)中显示了 AMR 磁性薄膜中

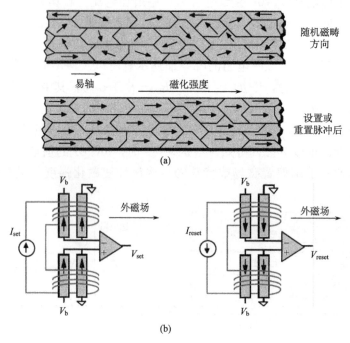

图 27.14　(a) AMR 薄膜中的磁畴方向；(b)AMR 磁敏传感器的设置与重置电路[26]

磁畴的随机磁化强度方向以及施加设置或重置磁场后一致的磁化强度方向。AMR 磁敏传感器的设置与重置电路，如图 27.14(b)所示，一般由电磁感应线圈来产生 60～100Oe 的设置或重置磁场。AMR 磁敏传感器所需的这种设置与重置电路，不仅造成了器件制造工艺的复杂，增加了成本，而且增加器件的尺寸和功耗。

　　AMR 磁敏传感器中最为典型的是 AMR 磁敏开关传感器，其原理如图 27.15(a)所示[28]。AMR 磁敏传感器配合铁磁体一起使用来检测开和关的状态。当铁磁体远离磁敏传感器时，AMR 磁敏元件不受磁场的影响，电阻值不变，输出高电平；当开关状态变化，铁磁体靠近磁敏传感器时，AMR 磁敏元件的电阻在磁场下发生变化，输出低电平。与霍尔磁敏传感器相比，AMR 磁敏传感器检测铁磁体的水平磁场，范围宽，如图 27.15(b)所示。另外，AMR 磁敏传感器的安装更灵活，尺寸更小。由于其低廉的价格，AMR 磁敏开关传感器广泛应用在具有非接触开关的电子产品、家用电器及安防装置中，如手机、笔记本电脑、数字相机/摄像机、电冰箱、洗衣机及防盗门窗等。

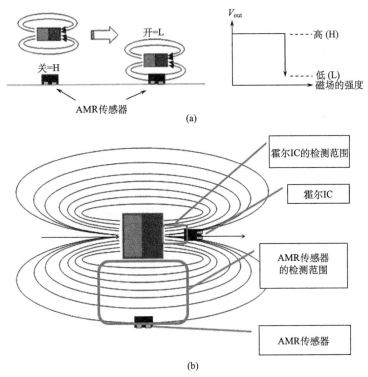

图 27.15　(a) AMR 磁敏开关传感器原理图；(b) 与霍尔磁敏传感器的对比[28]

2014年，日本村田制作所公司将 AMR 磁敏传感器技术，应用到能够进行 360°全方位同感度磁场检测的三维磁敏传感器中，如图 27.16 所示[28]。为了检测立体空间的磁场，一般需要 3~6 个磁敏传感器组合成的复合磁敏传感器。村田制作所研发的三维传感 AMR 磁敏传感器，使用单个器件就能够起到相同的作用，节省了空间，降低了成本，其尺寸为 0.01mm³。

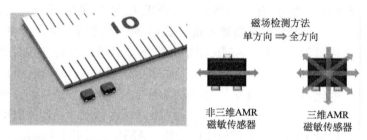

图 27.16　360°全方位同感度磁场检测的三维 AMR 磁敏传感器[28]

利用 AMR 磁性薄膜材料的低廉成本、相对简单的设计以及稳定性等优点，进行新颖的设计，巧妙的加工，进一步开发其在新型磁敏器件方面的应用是将来的发展方向。

27.2.3　巨磁电阻磁敏传感器

巨磁电阻磁敏传感器可分为巨磁电阻多层膜传感器以及巨磁电阻自旋阀传感器。巨磁电阻传感器的设计要求其材料具有类似线性的磁电阻响应曲线，如图 27.17 所示[10]。

巨磁电阻多层膜由于存在反铁磁层间交换耦合，相邻铁磁层的磁矩反平行排列，在外磁场作用下所有磁性层的磁矩朝外磁场方向转动，相邻磁性层磁矩的排列随着磁场的增大从反平行逐渐变为平行。巨磁电阻多层膜的电阻仅对面内磁场的大小敏感，在较大的磁场范围内电阻随磁场大小线性变化，且磁滞较小。大多数巨磁电阻传感器都是利用巨磁电阻多层膜的这一特性而设计制作。通常采用的巨磁电阻多层膜需要同时具有较小饱和场和较大磁电阻比值，其典型的材料包括 CoFe/Cu、NiFe/Cu 以及在界面插入 Co 薄层以增强巨磁电阻效应。

巨磁电阻自旋阀磁敏传感器中，被钉扎层与自由层之间的磁耦合很弱，且外磁场小于钉扎场，被钉扎层的磁矩不受外磁场的影响，而自由层具有很小的单轴磁各向异性，其磁矩方向取决于外磁场的大小和方向。在大于自由层饱和场的外磁场作用下，自由层的磁矩方向将与外磁场方向基本保持一致，而当磁场转动时，自旋阀电阻产生余弦响应，磁敏传感器可根据自旋阀材料的这一特点来设计。另外，可以将自旋阀被钉扎层的磁矩方向设置于自由层易轴的垂直方向，例如，通过两侧置入永磁薄膜产生的偏置磁场或采用特定厚度中间层实现两铁磁层的垂直耦合。当外磁场作用于自由层易轴的垂直方向时，其磁矩方向随外磁场变化而转动。基于这种设计的自旋阀对弱小外磁场具有高灵敏的线性响应，大多数自旋阀传感器(包括硬盘驱动器磁读头)都是采用这种设计方案。

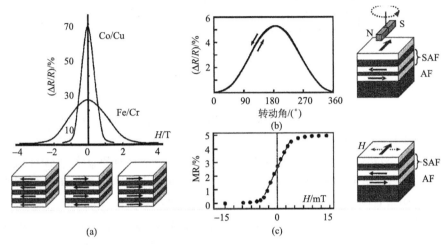

图 27.17　(a)巨磁电阻多层膜的磁电阻响应曲线；(b)旋转磁场作用下以及(c)线性化处理后的自旋阀的磁电阻响应曲线[10]

另外，巨磁电阻磁敏传感器的输出信号不仅依赖于磁电阻比值的大小，还依赖于传感单元的电阻绝对值。巨磁电阻薄膜系全金属薄膜，面电阻较小，如果直接将巨磁电阻多层膜或自旋阀薄膜作为传感器单元，要求有较大的工作电流才能得到足够大的电压信号输出，且功率消耗也太大。通常将巨磁电阻薄膜光刻成微米宽度的长条状或迂回状的电阻条，如图 27.18 所示，很容易增大其电阻至千欧姆数量级，使其在较小工作电流下得到合适的电压输出，同时，巨磁电阻条的微米级尺度也保证了其足够的空间分辨率。对于单个的巨磁电阻元件，虽然理论上可作为一个最简单的磁敏传感器，然而它会受到背景信号的影响，从而极大地降低了器件的灵敏度。因此，对于在低频情况工作的巨磁电阻传感器，一般采用惠斯通电桥来去除背景信号，提高器件的灵敏度，如图 27.18 所示[10]。惠斯通电桥的 4 个桥式传感臂均由尺寸相同的巨磁电阻条构成，在去除电信号背景噪声的同时，由于其材料的温度系数一样，从而进一步将电阻条的温度效应抵消。因此，利用惠斯通电桥的设计方案，基本排除了电信号以及温度等背景噪声的干扰，这在巨磁电阻磁敏传感器中被广泛采用。

为了提高器件的集成度，在不提供附加电路的前提下，可以利用软磁磁通引导聚集结构以及利用微机电系统来提高磁敏传感器的磁场检测灵敏度。

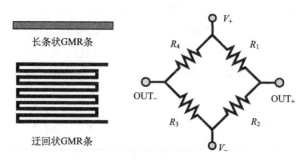

图 27.18　巨磁电阻传感器的基本桥式单元结构[10]

Guedes 等[29]利用一个 CoZrNb 软磁磁通引导聚集结构，将热噪声范围内 (500kHz)的巨磁电阻自旋阀磁敏传感器的磁场检测极限，从 $1.3nT/Hz^{1/2}$ 改进到 $0.064nT/Hz^{1/2}$。线性自旋阀传感器的尺寸为 $40\mu m^2$，分别制备了具有和不具有额外的 $0.35\mu m$ 厚的磁通引导聚集器。图 27.19 所示为该巨磁电阻自旋阀磁敏传感器结构示意图以及 CoZrNb 软磁磁通引导聚集材料的磁化曲线。软磁磁通引导聚集结构产生 5～20 的磁通增益因子。最初该磁敏传感器具有 $0.2\%/Oe$ 的灵敏度，在采用磁通聚集器结构之后，灵敏度达到 $3.8\%/Oe$。噪声测量显示了具有或不具有磁通引导聚集器的自旋阀具有相似的噪声水平。在磁场探测方面，频率为 10Hz 时，具有磁通聚集器的自旋阀具有 $2nT/Hz^{1/2}$ 的探测极限，而不具有磁通聚集器的自旋阀的探测极限为 $47nT/Hz^{1/2}$。同时，在直流到 500kHz 的频率范围内，具有磁通聚集器的自旋阀传感器中没有额外的 $1/f$ 噪声。另外，Leitao 等[30]利用人工反铁磁结构 CoFeB/Ru/CoFeB 作为磁通引导聚集结构，得到与 CoZrNb 软磁材料相似的磁场检测灵敏度。

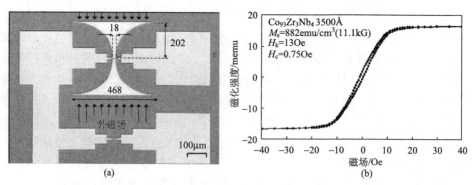

图 27.19　(a)巨磁电阻自旋阀磁敏传感器结构示意图；
(b)CoZrNb 软磁磁通引导聚集材料的磁化曲线[29]

Guedes 等[31]开发了一种新型微机电系统(MEMS)与巨磁电阻复合磁敏传感器，可用于超低磁场的检测。该复合磁敏传感器结合了巨磁电阻材料以及 AlN 基压电 MEMS 谐振器。由于普通的巨磁电阻磁敏传感器可以实现高灵敏度的磁场检测，但会有较高的磁和电噪声，限制了其在直流和低频磁场检测的应用；该复合磁敏传感器通过使用两个具有聚集磁通功能的压电悬臂磁通聚集器来机械地调节外部所需检测的低频磁场进入高频率区域，然后通过巨磁电阻效应在高频区域噪声消失的优点，来检测该高频磁场，进一步通过计算得到所需要检测的低频磁场。该复合磁敏传感器的原理以及扫描电镜图，如图 27.20 所示。利用该复合磁敏传感器的检测静磁场的灵敏度为 $301\mathrm{nT}/\mathrm{Hz}^{1/2}$。通过进一步对压电 MEMS 谐振器以及磁通聚集器的改进，有望实现 $1\sim10\mathrm{pT}/\mathrm{Hz}^{1/2}$ 的低噪声。

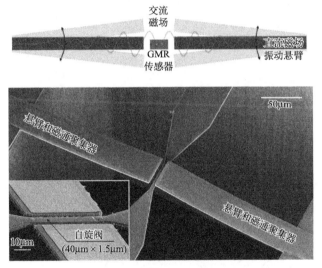

图 27.20　新型微机电系统(MEMS)与巨磁电阻
复合磁敏传感器原理以及扫描电镜图[31]

27.2.4　巨磁电阻隔离器

巨磁电阻效应在传感器领域的另一个重要应用是巨磁电阻隔离器。在传感器应用广泛的测量系统、通信以及工业控制系统中，信息的传输会受到回路电势差、噪声、极端温度以及传输速度局限等环境的影响。怎样将传感器感应到的有用信息最大限度地准确传输到处理终端是整个系统中不可或缺的环节。一直以来，光隔离器在隔离信号的破坏性干扰中扮演着重要的角色。然而，随着器件集成度以及传感器技术的进步，具有体积大、速度慢、能耗高及有限的温度范围等缺点的光隔离器越来越不能满足现代传感系统的需求。1997 年 NVE 公司的工程师提出了利用巨磁电阻效应的巨磁电阻隔离器，并于 2000 年实现了商业化[32]。与光电隔离器相比，巨磁电阻隔离器具有体积小、速度快、功耗低以及可集成度高等优点。

图 27.21 为光隔离器和巨磁电阻隔离器的原理图对比。隔离器的基本原理是将输入信号回路与输出信号回路在电学上完全隔离，同时输出信号与输入信号成一定比例或函数关系，实现信号的无破坏性干扰传输。光隔离器的原理是输入电流通过发光二极管(LED)，将电信号转化为一定频率的光信号，该光信号经过传导介质后被光探测器探测到，进一步转化成与输入电流强度成比例关系的输出电信号；巨磁电阻隔离器是将输入电流通过一个感应线圈，产生相应的磁场信号，该磁场信号经过薄膜电介质后被巨磁电阻元件探测，转化成与输入电流成比例的电信号输出。光隔离器和巨磁电阻隔离器都可以实现输入与输出回路在电学回路上的隔离，输出直流电信号，且信号单向传输。巨磁电阻隔离器的结构示意图，如图 27.22 所示。

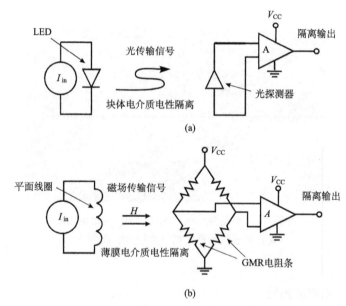

图 27.21　(a)光隔离器和(b)巨磁电阻隔离器的原理图[32]

巨磁电阻隔离器主要由 3 部分组成，分别为巨磁电阻传感元件组成的电桥、绝缘电介质层及感应线圈。当感应线圈通电流时，在感应线圈下方产生与输入电流成正比的磁场。所得到的磁场穿过绝缘电介质膜，被巨磁电阻磁敏传感器探测。绝缘电介质具有 4500V 的隔离直流电压。这种结构有非常高的集成度，高灵敏度、较短的传播延迟以及简单的电路设计。所探测的磁场被集成电子电路放

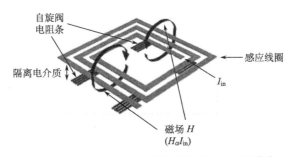

图 27.22　巨磁电阻隔离器的结构原理示意图[32]

大和调制，以产生与输入信号分离的"复制"信号。电势差在输入线圈的两侧是一样的，不会产生电流。因此，没有磁场时的噪声信号变化不会由巨磁电阻磁敏传感器所探测到。以这种方式，信号被"透明地"从输入端传递到输出端电路，而接地电势的变化等等都不会被传输，从而实现一个非常大的共模抑制比以及真正的电隔离。巨磁电阻隔离器的优点包括：高带宽，占用空间小，优良的抗噪声性能和较高的温度稳定性。巨磁电阻隔离器的信号传输速度比最快的光隔离器快五到十倍，并具有更短的上升、下降和传输时间，如图 27.23 所示。更快的上升和下降时间也减少了设备和系统的功耗。另外，巨磁电阻隔离器的尺寸约 1mm²，图 27.23 所示为一个四通道磁电阻隔离器的显微图。其小的器件尺寸，有利于多通道器件的封装和降低成本。巨磁电阻隔离器正朝着更快的信号传输速度、更多

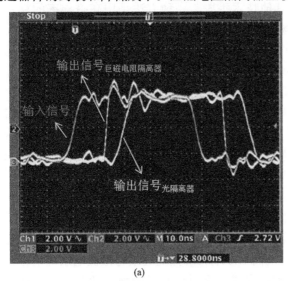
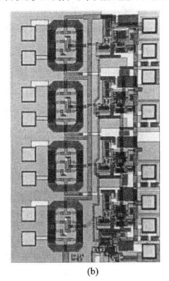

图 27.23　(a)光隔离器和巨磁电阻隔离器输出信号对比；
(b)四通道巨磁电阻隔离器显微图[32]

的通道、更全的功能方向发展,以获得更广泛的应用,最终将给测量系统、通信以及工业控制系统等带来深刻的变化。

27.2.5　隧穿磁电阻磁敏传感器

用于磁场传感器的磁性隧道结,要使其对磁场具有线性响应,原理上需要使磁性隧道结自由层磁矩垂直于参考层磁矩,在实际应用中可以通过以下几种方法实现:①加纵向偏置场,在磁性隧道结垂直于参考层方向加纵向磁场,使自由层磁矩沿垂直于参考层方向排列,在一定的偏置场下,能得到线性响应,如图 27.24(a)所示,在磁读头中的传感器,就是利用永磁体薄膜给磁性隧道结加偏置场[33]。②采用超顺磁自由层,由于 CoFeB 等磁性材料在厚度很小的时候,具有超顺磁性,超顺磁性薄膜的磁矩大小正比于外磁场强度,因此超顺磁自由层可以使 MTJ 传感器对磁场具有线性响应,如图 27.24(b)所示[34]。③采用双钉扎层结构,即利用铁磁/非磁插层/反铁磁层(FM/NM/AFM)多层膜结构代替单层铁磁自由层,非磁插层用于减弱反铁磁层对铁磁层的钉扎强度,使铁磁层能自由转动[35-37]。这种结构需要经过两次退火。第一次退火过程中外加磁场沿参考层易轴方向,第二次退火过程中外加磁场沿垂直于参考层易轴方向。通过两次带磁场退火处理后,自由层的磁矩方向就被钉扎在垂直于参考层磁矩方向,从而实现线性响应,如图 27.24(c)所示[37]。

为了使 MTJ 磁敏传感器的探测极限达到 pT 甚至更低的水平,靠单纯的MTJ 已经无法完成,需要结合其他技术手段。一种方法是用高磁导率的材料制备磁通聚集器,用于放大外磁场,如图 27.25 所示,在磁性隧道结传感器的非敏感方向(即钉扎层的易轴方向)的两边制备磁通聚集器,通过放大后的磁场更易于被探测,从而提高了传感器的探测灵敏度[38]。Chaves 等[18]利用 MgO 磁性隧道结,结合 CoZrNb 磁通聚集器研制了可应用于心磁图(磁场强度为 1pT,频率为10Hz)的低频超灵敏磁敏传感器,如图 27.26 所示。该磁敏传感器的线性化通过内部 CoCrPt 电极以及外部 3.5 mT 的纵向偏置磁场来实现,其灵敏度可以达到720%/mT。在转移曲线的线性范围内,其噪声水平为 97 $pT/Hz^{1/2}$(10Hz)、51$pT/Hz^{1/2}$(30Hz)、2$pT/Hz^{1/2}$(500kHz)。

由于在低频下,MTJ 传感器的噪声主要由 $1/f$ 噪声决定,通常该噪声在低频下很大;而在高频下,MTJ 传感器的噪声主要是白噪声,要远小于低频下的噪声。与巨磁电阻磁敏传感器类似,若能使 MTJ 工作在高频下则可以避免 $1/f$噪声的影响。为了达到此目的,人们巧妙地将磁性隧道结与微机电系统结合,利用微机电技术在 MTJ 传感器两侧加高磁导率材料制成的微振动臂,微振动臂在高频电流的驱动下做高频振动,如图 27.27 所示[39]。由于高磁导率的材料很容易影响磁场的分布,因此这种振动将对外加磁场做高频调制,同时还有磁场放大

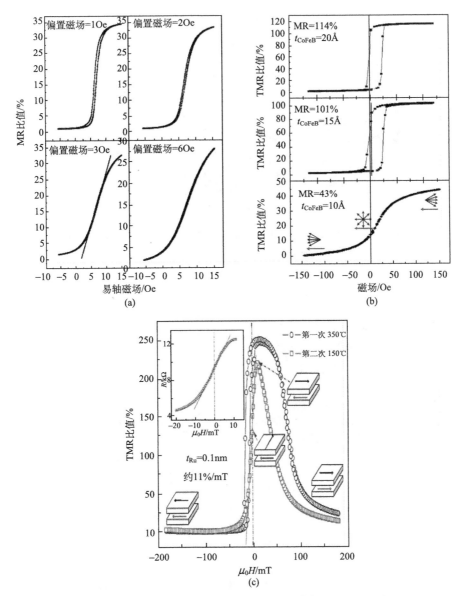

图 27.24　(a)在不同纵向偏置场下得到的磁场响应曲线[33]；(b)超顺磁自由层 MTJ 的
磁场响应曲线[34]；(c)双钉扎结构的 MTJ 在两次退火后的磁场响应曲线[37]

作用，此时传感器将在高频磁场下工作，利用锁相放大技术，可以将微弱的高频
信号提取出来，这种设计大大提高了传感器的探测灵敏度。

　　另外，随着纳米技术的发展，微机电系统正向着纳机电系统(NEMS)过渡。

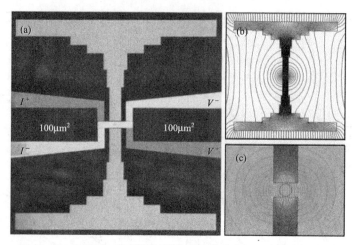

图 27.25　MTJ 加磁通聚集器构成的传感器。(a) MTJ＋磁通
聚集器电镜图；(b)(c)磁通聚集器的磁力线分布[38]

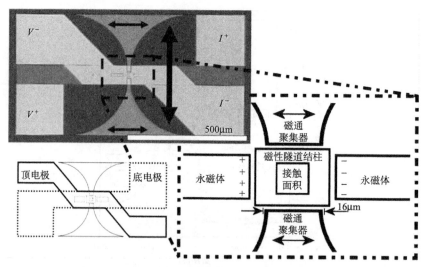

图 27.26　利用 MgO 磁性隧道结，结合 CoZrNb 磁通
聚集器低频超灵敏磁敏传感器结构图[18]

2013 年，Nan 等[40]研制了一种基于 NEMS 和 AlN/(FeGaB/AlO)×10 的磁性异质薄膜的磁敏传感器。图 27.28 为该磁敏传感器结构示意图及表面和截面扫描电镜图。由相互交叉的间隔为 11μm 的 7 条 Pt 线构成底电极，然后依次生长具有压电效应的 250nm 厚的 AlN 层，以及具有高压磁效应和低射频损耗的 250nm 厚

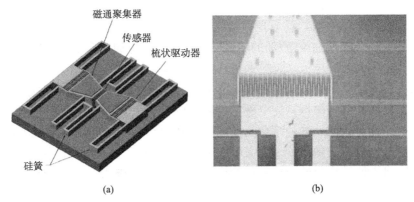

图 27.27 （a）与微机电系统相结合的 MTJ 传感器；（b)由微振动臂构成的振动梳[39]

的(FeGaB/AlO)×10 的磁性异质薄膜作为顶电极。在该 NEMS 结构中，机电共振频率为 215MHz。当由亥姆霍兹线圈产生的直流磁场，沿着长轴方向施加到该结构上时，其共振频率峰位会发生相应的移动。根据共振频率以及峰位强度的变化，可以检测直流磁场的大小。这个磁纳机电系统具有高品质因数及电压可调灵敏度。在机电共振时，对外加直流磁场的变化非常灵敏，可以探测到约 300pT 的微弱直流磁场。基于 NEMS 的磁敏传感器不仅结构紧凑、节能，而且易于跟半导体 CMOS 技术集成，代表了一种新型的超高灵敏度直流和低频交变磁场探测器。

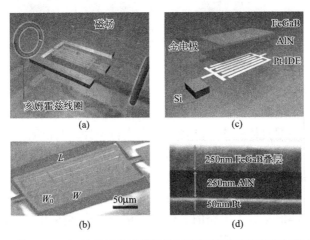

图 27.28 基于 NEMS 的磁敏传感器结构示意图及表面和截面扫描电镜图[40]

为了进一步提高基于磁电阻效应的磁敏传感器的灵敏度，Pannetier 等[41]提出了一种结合超导环和巨磁电阻效应的传感器，它的灵敏度在 fT 量级。也可以把超导电流、磁场转换和低噪声磁性隧道结结合在一起来研发具有更高灵敏度的超导复合型磁敏传感器,其原理型结构如图 27.29 所示[42]。用一个微米量级的大闭合超导环来实现电流-磁场的转换。当对超导环施加一个垂直的低频磁场时,环里将产生一个超导电流来抵抗通过环的磁通量。如果产生的电流流过环上一个微米或者纳米尺寸的区域,它的高表面电流密度将在超导环的上表面或下表面产生一个共面的相对强磁场。这个磁场可以被集成于这个平面内的磁性隧道结磁敏传感器探测到。因此,这种结合超导和磁性隧道结于一体的复合型磁敏传感器,有望用来探测极弱的磁场信号,灵敏度可望达到 fT 量级。采用高转变温度的超导材料,可以使该类超导复合磁敏探测器的工作温度进入 77K 的液氮温区或在100K 以上。

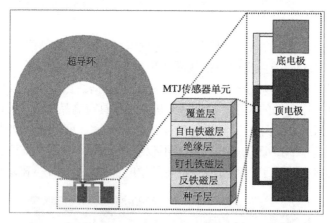

图 27.29　超导环与磁性隧道结复合的高灵敏度磁场传感器[42]

在实际的隧穿磁电阻磁敏传感器中,除了如上对磁性隧道结等磁敏元件结构的精巧设计之外,还需要独特的电子电路设计来进一步提高器件的灵敏度和抗噪声的能力,以及根据具体的应用环境和要求进行设计。与巨磁电阻磁敏传感器相似,惠斯通电桥也是隧穿磁电阻磁敏传感器中经常使用的电子电路。

隧穿磁电阻磁敏传感器采用磁性隧道结多层膜为核心元件,使用惠斯通电桥的电路结构设计,不但具有非常高的灵敏度,还可以有效地补偿传感器的温度漂移,从而降低外部信号放大电路的复杂度,减少传感器体积和成本。隧穿磁电阻磁敏传感器,由磁性隧道结构成惠斯通电桥的桥臂,感应磁场的变化产生电压输出信号。惠斯通电桥有全桥和半桥结构两种设计,如图 27.30 所示。全桥设计,当传感器所处的磁场变化时,由于 4 个磁性隧道结的感应方向不同,产生的电阻变化也不同,两个电阻变大,另外两个变小,这种不平衡会产生二倍的电桥输出信号。而半桥相对全桥而言,虽然输出幅度变小、灵敏度降低,抗干扰性稍差,但功耗低，尺寸小，成本低，使用更加灵活。隧穿磁电阻磁敏传感器需要工作在其非饱和区域，在动态范围内，有着优秀的线性度，非线性误差低于 1%[43]。

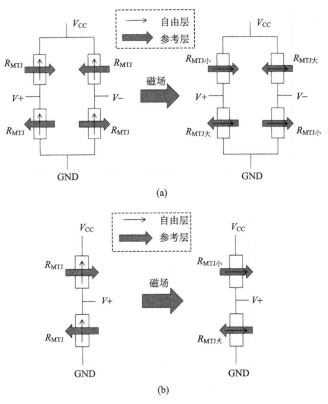

图 27.30　隧穿磁电阻磁敏传感器的惠斯通电桥设计。(a)全桥；(b)半桥

　　隧穿磁电阻磁敏传感器还可以用于角度的探测。图 27.31 所示为隧穿磁电阻磁敏双轴角度传感器的原理图以及输出曲线[43]。该传感器由两个单轴传感器组成，每个单轴传感器采用四个磁性隧道结元件组成的惠斯通电桥设计，可以实现较大温度范围内的精确测量。两个单轴传感器完全相同，相互垂直放置，在一个旋转的外磁场中产生两路差分输出信号 X 和 Y。在恒定电压供电下，X 和 Y 输出电压和磁场角度的余弦和正弦函数相吻合，其中零角度对应的 Y 输出为零，而 X 输出为最大值。输出曲线显示了传感器在外磁场从 0°到 360°的旋转过程中，X 和 Y 的电压输出曲线。0°～360°的每一个角度值都可以由表示余弦和正弦函数的 X 和 Y 的输出电压值来准确定位。

　　隧穿磁电阻磁敏传感器另一个广泛应用的范例是磁敏开关传感器，与 AMR 磁敏开关传感器不同，其原理图及输出曲线，如图 27.32 所示。零磁场时，设置

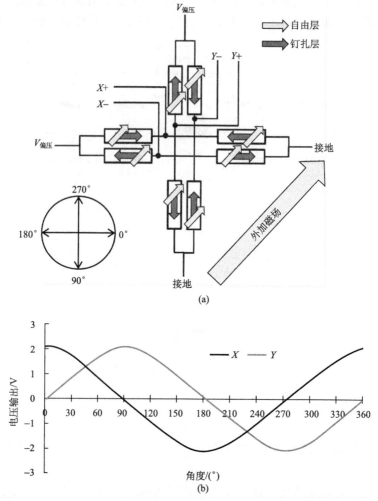

图 27.31　隧穿磁电阻磁敏双轴角度传感器原理图(a)以及输出曲线(b)[43]

磁性隧道结元件的自由层和参考层处于反平行，呈现高电阻态。当平行于磁性隧道结易轴方向的磁场数值超过工作点的磁场大小时，磁性隧道结的自由层与参考层平行排列，呈现低电阻状态，传感器输出低电平。当平行于磁性隧道结易轴方向的磁场数值低于一定磁场大小时，磁性隧道结的自由层和参考层返回反平行排列，呈现高电阻态，传感器输出高电平。在外磁场变化或有无时，传感器的输出信号在高低电平之间转化，从而实现开和关的状态。

　　隧穿磁电阻磁敏开关传感器可以与磁铁结合使用，来进行开启、关闭状态的检测。当磁铁靠近传感器时，传感器感应到的磁场强度超过工作点磁场，开关传

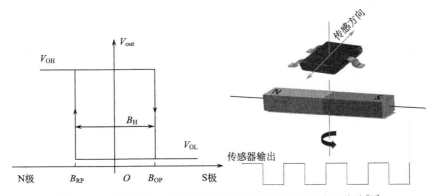

图 27.32 隧穿磁电阻磁敏开关传感器原理图以及输出曲线[43]

感器输出低电平(开启状态);当磁铁远离传感器,磁场低于设定的磁场数值,开关传感器输出高电平(关闭状态)。隧穿磁电阻磁敏开关传感器具有非接触性,广泛应用在笔记本电脑显示屏开闭检测、冰箱门以及洗衣机机盖的开闭检测、摄像机屏位置检测、洗碗机机门检测等产品中,如图 27.33 所示。另外,隧穿磁电阻磁敏开关传感器还可以用在流量计、磁编码器、直流无刷电机、马达转速检测以及位移检测中[43]。

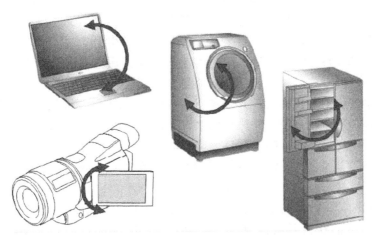

图 27.33 隧穿磁电阻磁敏开关传感器的开启关闭状态检测应用[43]

中国科学院物理研究所韩秀峰研究组对基于隧穿磁电阻多层膜的线性磁敏传感器有较深入的研究,如在磁性多层膜结构中,通过利用其中的磁各向异性能、磁性多层膜间的耦合作用、界面各向异性能等实现磁矩的垂直构型,从而实现磁性隧道结的磁电阻对外场的线性响应等[44,45]。并且,利用 GMR 和 TMR 磁电阻材料,相继开发出四种磁电阻磁敏传感器原理型演示器件,包括:①一种基于巨磁电阻纳米多层膜材料和氧化铝势垒磁性隧道结元件的磁敏传感器原理型演示器件。在3V工作电压下,被探测的信号经过放大后其输出信号电压可以达到3V,可以作为线速度传感器、角度和角速度传感器、位移和里程传感器的核心探测元件部分;②基于氧化铝势垒磁性隧道结元件的便携式磁敏验钞器。相对于传统磁敏元件构造的磁敏验钞器,其具有更高的灵敏度和更好的识别率,有望用于银行点钞机和存款取款机、各种识别防伪身份证卡等的专业设备中;③非接触式分辨率微米量级的磁栅尺演示器件,其具有精密度高、耐粉尘、耐油污、耐振动的优点,有望实现在大型金属切削数控机床、金属板材压轧设备、木材石材加工机床等的应用;④一维和二维地磁场传感器演示器件,并在试制可用于检测三维空间地磁场的传感器,其磁场传感器集中在一块芯片上,减小了体积,降低了成本,提高了地磁场传感器的稳定性,尤其是可以与大规模集成电路工艺相兼容,在某些特定条件下有着很多不可替代的优点。

另外,该课题组还提出了多种基于磁性隧道结的磁敏传感器发明专利,主要包括:一种自旋阀型数字式磁场传感器(中国发明专利授权号:ZL 200410090615.4);磁电阻自旋阀温控开关传感器(ZL 200410090613.5);可用于电流过载保护器的开关型磁场传感器(ZL 200410090614.X);一种隧道结线性磁场传感器及制备方法(ZL 200510072052.0);共振隧穿效应的双势垒隧道结传感器(ZL 200410081170.3);双势垒隧道结共振隧穿效应的晶体管(ZL 200510064341.6);基于硬磁材料的自旋阀磁电阻器件及其制备方法(ZL 200510086523.3);适于器件化的磁性隧道结及其用途(ZL 200510130665.5);具有线性磁电阻效应的磁性多层膜及其用途(ZL 200510123229.5);一种平面集成的三维磁场传感器及其制备方法和用途(ZL 200510126428.1);一种层状集成的三维磁场传感器及其制备方法和用途(ZL 200510116757.8)等。近来,提出了一种用于磁敏传感器的磁性纳米多层膜及其制造方法(CN 102270736、US 20130099780),通过在反铁磁钉扎层和被钉扎铁磁层之间插入非磁性纳米薄膜层,减小了直接交换偏置的钉扎效果,并且通过调节该插入层的厚度有效调控间接交换偏置的钉扎效果,以得到在外磁场为零时参考磁性层和探测磁性层的磁矩相互垂直,从而获得具有线性响应的基于 GMR 或 TMR 效应的线性磁敏传感器。

27.2.6　磁敏传感器的应用

磁敏传感器在汽车、数控机床、国防工业、银行及金融安全、家用电器及民品领域有着广泛的应用,基于自旋电子学结构的磁敏传感器在未来有着巨大的市场潜力[46]。

在汽车和数控机床等工业技术方面，汽车传感器作为汽车电子控制系统的信息源，是汽车电子控制系统的关键部件，也是汽车电子技术领域研究的核心内容之一。汽车磁敏传感器是汽车专用各种传感器中占有量居首位的一类传感器。在一辆普通家用轿车上，要安装磁性传感器 50 个左右，主要用于汽车发动机控制系统、底盘控制系统、车身控制系统和导航系统中。图 27.34～图 27.36 分别为磁敏传感器在汽车安全、车身及动力系统中的应用范例[47]。

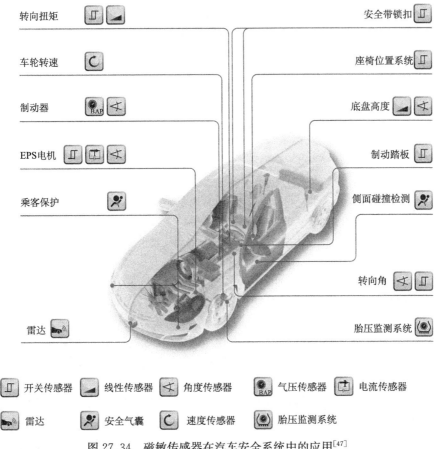

图 27.34　磁敏传感器在汽车安全系统中的应用[47]

作为一种安全性要求很高的特殊产品，传感器精度和可靠性的重要性不言而喻，自旋电子学材料在汽车传感器上最典型的应用例子就是用于刹车制动的"ABS 防锁死"刹车制动装置。已在轿车上普及使用、且售价高达上万元的 ABS 装置的核心部件就是用巨磁电阻材料或者磁性隧道结制作的位置传感器，它是一种具有防滑、防锁死等优点的汽车安全控制系统。自从巨磁电阻效应被发现以来，由于其极高的灵敏度，被迅速用于 ABS 系统中，进一步提高了其性能。精

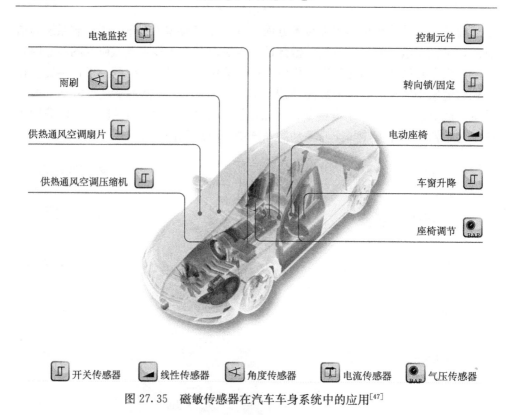

图 27.35　磁敏传感器在汽车车身系统中的应用[47]

密测量技术和装置是先进制造的主要支撑技术之一。在用于大型高精度数控机床的位置判断的应用领域里主要有 3 种传感器：容栅、光栅和磁栅传感器。其中，容栅不防水和光栅怕环境粉尘等污染使得磁栅成为首选传感器，磁栅具有耐油、耐振动、耐污染及耐久性的优点。在巨磁电阻出现之前，磁敏电阻元件由于灵敏度不够而无法实现高精度定位，所以都是采用感应线圈式的磁头。由于感应线圈式的磁头采用绕制线圈式，不仅成本较高，而且一致性也较差，随着巨磁电阻和隧穿磁电阻材料的出现和镀膜技术的日益成熟，磁敏电阻材料的灵敏度已足够制备出高精度的磁头，各大公司逐步采用磁敏电阻器件来实现高精度的位置和角度定位，感应线圈式的磁头也逐渐退出了市场。国际上目前采用巨磁电阻材料或磁敏材料作为机床定位的磁栅，最高精度可以达到 0.002mm 左右。

　　在工业和办公自动化中，磁敏传感器一个具有广泛用途的应用是磁性编码器，典型应用包括测试和测量设备、监视和安全设备、打印机、传真机和复印机、大型家用电器和应用、电缆和卫星电视天线、玩具和游戏机等。市场上的磁性编码器一般采用霍尔材料，如绝对型旋转编码器。GMR 和 TMR 材料将有可能制作出灵敏度和精度更高的磁性编码器，大大提高如数控机床和精密加工以及工业自动化领域的控制技术。

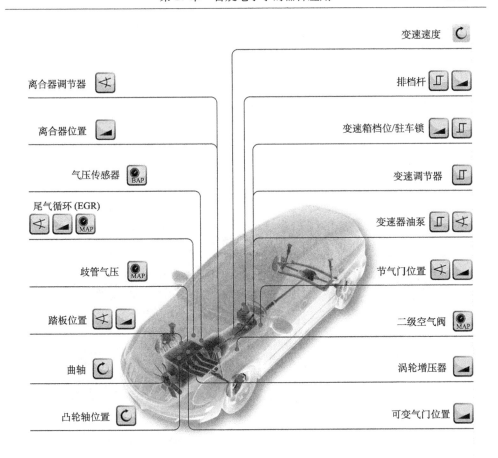

图 27.36　磁敏传感器在汽车动力系统中的应用[47]

在国防工业技术方面，由于自旋电子学材料制作的磁敏传感器具有灵敏度高、体积小和成本低的优点，在国防上也有广泛的应用，典型的例子如国内外正在积极研发的所谓地磁识别定位仪，用于飞行器的导航和定位。普通的飞行器对于跟踪或搜寻目标的定位一般是采用照片对准方式，即先对目标附近参照物进行照片拍摄然后存储为数据库，当飞行器抵达目标附近时进行拍照并与已存储在飞行器内部的参照物数据库对比，符合时即认定该目标为搜寻目标。但该种识别方法在沙漠或海洋等环境中没有参照物时会遇到很大麻烦，解决方法之一是由高精度的三维地磁传感器标定全球地磁场的分布，然后以搜寻目标的空间磁场分布为标记来进行有效定位。由于地磁场很微弱，则灵敏度最高的巨磁电阻和隧道结磁电阻材料是首选。高灵敏度三维磁性传感器还可以用于飞行器的辅助导航，除此以外，利用巨磁电阻和磁性隧道结磁电阻材料制作的三维地磁场传感器，由于体积微小且价格低廉，也可以装备地面人员，利用地磁场进行定位、用于野外搜寻等目的。图 27.37 为典型的磁敏传感器在工业中的应用实例[47]。

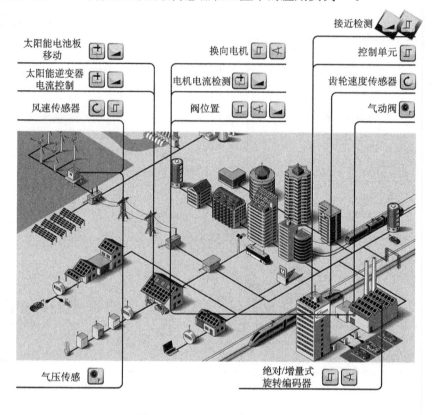

图 27.37　磁敏传感器在工业中的应用[47]

在银行和金融安全技术方面，假币严重威胁着金融安全和人们的经济利益，所以用于识别假钞的验钞器具有特别的重要性和用途。真钞人民币上的磁性油墨盒和金属线上都有微弱的磁性标记。由于人民币的防伪措施之一是利用磁性油墨中非常微弱的磁信号，需要对弱磁具有高灵敏度的传感器才可以检测出来。作为灵敏度极高的磁敏材料，TMR 磁头有着显著的优势。用在自动取款机上的高档锑化铟磁头每个价格高达 1000 多美元，缺点是：温度稳定性差、面积较大、成本较高。TMR 和 GMR 作磁头芯片的热稳定性非常好，在传感器应用方面有独特的优越性：其芯片面积很小、成本较低、功耗降小。用 GMR 多层膜材料也可以研制出类似产品。

磁敏传感器在家用电器和民品方面也有广泛的应用，如电冰箱中的磁门封条和电动机，洗衣机、空调器、除尘器和电唱机中用的电动机，微波炉中用的磁控管，电门铃中用的电磁继电器，电子钟表中用的小型微型电动机等。磁性防伪技术是磁性传感器另外一大应用领域，通过磁头检测出的条形码信息与芯片里面存储的数据进行对比即可判断真假，而且密码还可以根据企业的新产品和要求不断地更改和升级。由于条形码的体积微小，对传感器磁头的体积要求很小，所以各向异性磁电阻、锑化铟和其他任何磁性材料的磁头都不易做到，只有大小为微米量级且灵敏度极高的隧道结磁头容易胜任磁性条形码的识别和检测，可以成为自旋电子学材料应用领域里的一个典型案例。中国的磁性防伪市场巨大，如果该产品研发成功并推向市场，可用于各类商品标签的鉴伪识别，可有效预防假冒伪劣商品，收到良好的社会和经济效益。图 27.38 为典型的磁敏传感器在家居中的应用实例[47]。

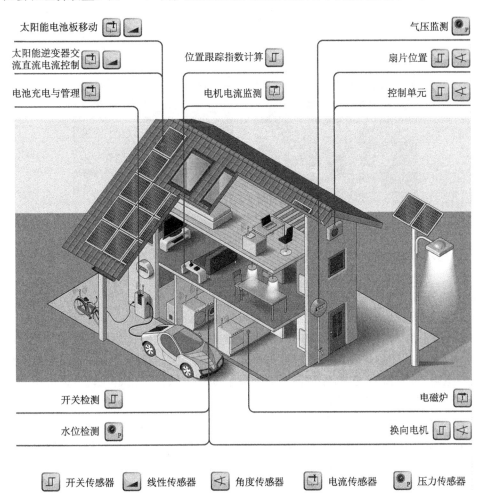

图 27.38（另见彩图）　磁敏传感器在家居中的应用[47]

除此以外，巨磁电阻和隧道结磁电阻的应用扩展到生物医学领域，可以被用来诊断各种疾病，甚至可以用来识别 DNA 生物大分子，如生物磁性传感器等[48-54]。通过在 DNA 分子上生长一些磁性纳米颗粒，然后通过对其探测来进行识别。Shen 等[51]利用 Fe_3O_4 磁性纳米颗粒对标样 DNA 分子进行包裹，然后通过利用基于 MgO 磁性隧道结的 TMR 传感器阵列，实现对 DNA 分子的辨别，如图 27.39 所示。

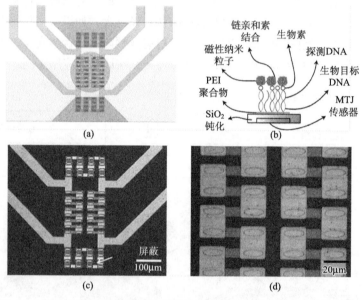

图 27.39　(a) 64 个磁性隧道结传感器阵列示意图；(b) 磁性隧道结传感器表面处理过程；(c) 磁性隧道结生物传感器器件的光学照片；(d) 局部放大后的 16 个磁性隧道结传感器[51]

为适应磁敏传感器广阔的市场需求，通过巧妙的设计来实现各种新型磁敏器件的小型化和智能化是该领域的目标。关键技术问题是研究随着磁敏元件尺寸的减小，解决其超顺磁性的问题以及分析元件噪声产生的机理，来发展新型纳米薄膜磁电阻功能材料，提高磁敏传感器的灵敏度、信噪比、稳定性，以适应不同的工作环境要求，并进一步降低成本。采用新技术、新方法来优化制备具有高性能的磁电阻纳米薄膜材料，通过新理念和新设计研制各种磁场传感器、磁场梯度传感器、电流传感器、速度和加速度传感器、电子罗盘、磁敏助听器、磁敏生物传感器、磁防伪和磁识别传感器等，可以积极推动纳米薄膜磁电阻功能材料在科技文教、数字化自动控制和工业、民品及国防装备等方面的广泛应用。

27.3　磁随机存取存储器

27.3.1　磁随机存取存储器简介

随着半导体技术从最初的 $4\sim6\mu m$ 到现在广泛应用的 22nm 制造工艺，并且进一步地提高至 14nm 的制造工艺，传统的器件设计出现了许多问题，包括更大的漏电流、更高的功耗和集成复杂度等。自旋电子学的出现为解决这些问题带来了希望，MRAM 是未来最有希望代替现有随机存储器的方案之一。它兼具静态随机存储器(SRAM)的高速读写能力和动态随机存储器(DRAM)的高集成度特点，而且可以无限次擦写，其非易失性、寿命长、低功耗、抗辐射等优点可以让它广泛地用于工业自动化、嵌入式计算、网络和数据存储、卫星航天等重要的民用和空间科学等技术领域。

MRAM 的核心结构单元包括一个晶体管和一个磁性隧道结存储单元；其中磁性隧道结的一层铁磁层磁矩被钉扎不易改变方向，称为参考层，另一层铁磁层磁矩方向可以通过外磁场或电流较容易改变，称为自由层，如图 27.40 所示。与巨磁电阻效应相比，磁性隧道结中的隧穿磁电阻效应更大，因此 MRAM 的核心结构单元主要基于磁性隧道结为存储单元。MRAM 利用磁性隧道结单元中磁性层的磁矩平行或反平行两种状态作为信息存储的载体，拥有 SRAM 的高速读取和写入能力以及 DRAM 的高集成度，而且几乎可以无限次地重复写入。

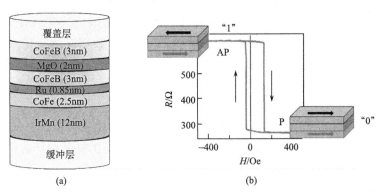

图 27.40　MRAM 的核心结构单元。(a)典型的存储单元核心结构；
(b)磁性隧道结的电阻-磁场曲线示意图

现有的 MRAM 主要有两类：一类是磁场驱动型 MRAM，即通过电流产生的磁场驱动存储单元的磁矩进行写操作；另一类是电流驱动型自旋转移力矩MRAM（spin-transfer-torque MRAM，STT-MRAM），即通过极化电流对存储单元进行写操作。MRAM 的发展目前已经历了星型磁场驱动型磁随机存取存储器(astroid-MRAM)、嵌套型磁随机存取存储器(toggle-MRAM)以及基于自旋转移力矩效应的电流驱动型磁随机存取存储器(STT-MRAM)等 3 个阶段。Toggle-MRAM 用反铁磁耦合的三明治结构(CoFe/Ru/CoFe)代替磁性隧道结的单一自由层，其中三明治结构中的上、下铁磁层通过 Ru 层反铁磁交换耦合，磁矩基本保持反平行排列。通过控制两个正交写线的脉冲信号，依次产生不同大小有效磁场，完成三明治结构的磁矩反转。STT-MRAM 是利用通过磁性隧道结的自旋极化电流产生的自旋转移力矩效应来实现 MRAM 的写操作，从而器件的尺寸和功耗可以进一步降低。与传统的磁场驱动型 MRAM 不同，减小磁性隧道结的尺寸，能够有效降低临界电流密度，这样与之匹配的半导体 CMOS 电路的晶体管尺寸也能做得更小，从而节省了空间，得以提高存储密度。采用"1 晶体管＋1 磁性隧道结"设计的电流驱动型 STT-MRAM，由于其结构简单，造价也随之降低，从而更有市场竞争力。

目前应用在计算机上的随机存储器主要分为两种：一种是静态随机存储器(SRAM)，另一种是动态随机存储器(DRAM)。其中，SRAM 具有高速读取写入能力，可作计算机的缓存，但其缺点是集成度太低；DRAM 则具有高集成度的特点，用于计算机内存，但 DRAM 需要不断地通电刷新以保存信息，断电后信息会自动丢失。MRAM 凭借具有数据非易失性、无限次擦写、长寿命、低功耗、抗辐射等优点，更兼具 SRAM 的高速读写能力和 DRAM 的高集成度特点，使得 MRAM 能够在架构上足够接近于中央处理器，从而满足 SRAM 和 DRAM 共同才能达到的"工作存储器"的性能要求。表 27.2 给出了 MRAM 同 SRAM、DRAM 和闪存的对比。对于那些写入周期和非易失性数据存储最为重要的应用来说，MRAM 的这些特性比晶片的存储密度更为重要。随着制造技术的推进，MRAM 的存储容量会提高到 1GB 以上，其作为存储、运算的功能将会更加强大。

将磁性材料应用于计算机的随机存取存储器可以追溯到 20 世纪 50 年代的磁芯存储器。磁芯存储器的存储单元由具有矩形磁滞回线的铁氧体环芯构成。华人工程师王安博士为磁芯存储器的发展做出了杰出的工作[55]。磁芯存储器推动了早期计算机技术的进步，在 20 世纪 70 年代中期之前长达二三十年的时间里一直作为计算机的随机存储器。1984 年，Honeywell 公司设计了以磁电阻元件为存储单元的非易失性随机存取存储器，这也成为日后 MRAM 器件的雏形。早期的 MRAM 曾采用各向异性磁电阻元件以及巨磁电阻元件作为信息存储单元[56,57]，然而由于其信号强度较低，当时并未取得更多的进展；MRAM 研究的第一个重要突破发生在 1996 年前后，由于采用了赝自旋阀结构，信号强度得到明显的改善[58-60]。自 20 世纪 90 年代中期以来，基于非晶 Al-O 势垒的高隧穿磁电阻效应以及基于单晶 MgO(001) 势垒的巨大隧穿磁电阻效应的问世成为磁随机存取存储器发展道路上的重要里程碑[61-64]。自 2006 年始，美国飞思卡尔公司（2008 年后重组，更名为 Everspin 公司）生产的基于嵌套型的第一代磁场驱动型 4Mb 和 16Mb 容量的 MRAM 芯片已经商业化，并成功应用于卫星和航空航天、自动化控制、法国空中客车 A350 飞行安全控制以及其他特殊高端应用领域[65]。2012 年底，Everspin 公司生产的 64Mb 容量的 STT-MRAM 成功走向市场[65]。美国、欧洲、日本和韩国等国家的高科技企业及其科研院所，均在政府的大力扶持下，进一步投入巨资持续研发第二代电流驱动型的 STT-MRAM 以及下一代具有新型结构和写入方式的 MRAM，有望在今后几年实现更大规模的量产和更加广泛的实际应用，能为信息产业的可持续发展提供一个比高密度磁硬盘存储器还要巨大的应用市场。

　　MRAM 的应用领域非常广泛，包括：①计算机内存芯片，且高密度 MRAM 未来可部分替代磁硬盘。2013 年 11 月 Buffalo Memory 公司宣布在固态硬盘 SSD 中采用 STT-MRAM 替代传统 DRAM 作为高速缓存。②通信、搜索引擎（如 Google）和信息网络中的数据中继交换和存储。③无线移动通信设备中的信息存储和处理（如手机内置式存储器），2009 年 7 月艾默生网络能源公司将 Everspin 公司的 4M MRAM 用于旗下 3 款高性能的单板计算机。④飞机和卫星安全控制系统的信息存储和处理（如自动飞行控制和黑匣子等），2009 年 9 月法国空中客车公司决定在 A350 XWB 飞机的飞行控制计算机中采用 MRAM 替代原来的 SRAM 和闪存。⑤工业自动化的程序控制，2008 年西门子工业自动化事业部采用 Everspin 公司提供的 4M MRAM 用于工业控制的人机交互界面。至 2013 年 Everspin 共售出了 1300 万颗 MRAM 芯片。Toggle-MRAM（嵌套型 MRAM）以及 STT-MRAM 未来几年里将会在内置和嵌入式芯片应用领域里大量取代现有的 SRAM 和 DRAM。

表 27.2　MRAM 同 SRAM、DRAM 和闪存的性能参数对比

项目	SRAM	DRAM	闪存	MRAM
非易失性	×	×	√	√
单元尺寸/F^2	50～120	6～10	5～10	6～20
读时间/ns	1～100	30	10～50	2～20
存取时间/ns	6～70	40～70	40～70	2～40
功耗/pJ	<200	10～200	约 300	<100
抗辐射性能	差	差	差	优
提供电压/V	2.5	2.5	1.8～3.3	2.0～3.3

近年来，国际著名半导体公司和微处理器公司争相投入大量资金用于研制 MRAM。但现在 MRAM 是产品生命周期的导入期，其存储密度还不够高，仍无法完全替代 SRAM 和 DRAM。作为 STT-MRAM 的信息存储单元，磁性隧道结需要几步区别于传统逻辑和存储器件的额外的工艺制程，较大地提升了工艺复杂度和行业门槛。此外，STT-MRAM 磁性隧道结单元的写入电压既要足够低以确保隧穿势垒不被击穿，但同时又要足够大以确保能够写入数据。这种写入电压的约束也是 STT-MRAM 器件中对隧道结阵列制备有极高均匀性和一致性要求的一种挑战。各大公司、高校和研究所正加紧研究新型 MRAM 技术，例如基于纳米环形磁性隧道结的磁随机存取存储器（NR-MRAM）、垂直磁化的 STT-MRAM 和电场驱动型的新一代 MRAM 技术等。纳米环状磁性隧道结的自由层和被钉扎层磁矩闭合，可有效降低杂散磁场干扰，从而能够使得单元间距进一步缩小，提高存储密度；同时自旋转移力矩效应与电流产生的奥斯特磁场共同作用于磁性隧道结，可以实现数据的有效和快速写入，从而能进一步降低临界电流密度，因此纳米环状磁性隧道结的设计也是有望实现自旋转移力矩 STT-MRAM 的有效途径之一。这些新设计的提出和应用将积极推动研制更高密度的 MRAM 芯片的制造技术。

简而言之，近年来随着半导体工业界在 STT-MRAM 上的努力，可以预期在不久的将来，有望实现高性能和高容量的 STT-MRAM 芯片，并加速自旋转移力矩 MRAM 的产业化进程。下面简单介绍，在磁随机存取存储器发展历程中出现的典型 MRAM 的工作原理及器件模型。

27.3.2　磁芯存储器

20 世纪 50 年代开发的磁芯存储器（magnetic core memory），在一定意义上开启了 MRAM 的先河，其结构原理示意如图 27.41 所示[10]。磁芯存储器由具有矩形磁滞回线的铁氧体环（直径小于 1mm）作为存储单元，环的两个不同的剩磁方向作为存储信息的"0"和"1"。每一个铁氧体环位于正交的 x 和 y 系列导线的交叉点并被其穿过。通过控制通过导线的电流大小，使单根导线上电流所产生的奥斯特磁场不能改变其穿过的任何一个铁氧体环的磁化方向，而两条交叉导线上电流产生的总磁场可以大于铁氧体环磁化反转的临界磁场，进一步仅将其交叉点位置的铁氧体环的磁化方向反转。

存储单元的地址可以由 x 导线和 y 导线来定义，并进行写操作；而信息的读出需要第三条导线，其穿过面内的所有环，用以感受存储单元铁氧体环的磁化状态是否改变。对选定地址的存储单元的信息"0"或"1"的写入，即让该地址的铁氧体环的磁矩处于相应的方向，可以通过正或负极性的导线上的一对脉冲来完成。读出信息时，可施加写"0"的一对 x、y 脉冲电流，如果该地址原存储信息

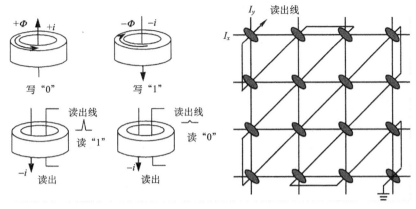

图 27.41　磁芯存储器结构示意图[10]

为"0"，则剩磁方向不变，磁通变化很小，读出线中的感生电压小；如果原存储信息为"1"，则磁芯的磁化方向发生反转，磁通变化很大，由于电磁感应，读出线中的感生电压大，从而通过读出线的感生电压可读出存储的信息。很明显，信息"1"在进行读操作之后便被改写，因而必须进行重写来恢复原存储信息。

磁芯存储器一度成为当时计算机随机存取存储器的工业标准，图 27.42 是尺寸为 10.8cm×10.8cm、容量为 4Kb 的磁芯存储器照片[66]。但是，磁芯存储器受到处理速度太慢、存储密度太低以及价格昂

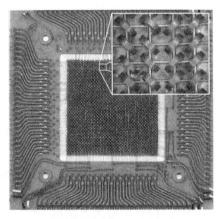

图 27.42　尺寸为 10.8cm×10.8cm、
容量为 4Kb 的磁芯存储器照片[66]

贵的限制，在 20 世纪 70 年代中后期随着半导体技术的飞速发展，终被半导体随机存储器所取代。然而，数据非易失性以及抗辐射性一直是以磁性材料为基础的MRAM 所特有的优点。

27.3.3　基于各向异性磁电阻和巨磁电阻效应的磁随机存取存储器

对存储密度以及读写速度的要求越高，存储单元的尺寸就需要越小，通过电磁感应的方式进行存储信息读操作，其读出信号会太弱，这严重制约了 MRAM 的发展。1984 年，Honeywell 公司提出了以各向异性磁电阻元件作为存储单元的磁随机存取存储器[36]。作为当时一种先进的磁随机存取存储器，其利用具有

单轴各向异性的磁性薄膜的两个易磁化方向来存储信息，其突破性在于通过存储单元本身的各向异性磁电阻特性来直接读取所存储的信息，相对于电磁感应的读操作方式，进一步提高了读出信号强度。

各向异性磁电阻随机存取存储器的存储单元具体结构如图 27.43 所示[67]。两铁磁层(如在磁场下沉积坡莫合金薄膜)中间夹一层电阻率较高的 TaN 薄膜组成"三明治"结构，其长条形单元用高电导材料连接形成感应线，磁性薄膜的易磁化轴沿长条形存储单元的短边，即垂直于感应线电流方向。在存储单元的上方与感应线正交的是字线。感应线电流的磁场与磁性层的易磁化轴平行，而字线电流的磁场与磁性层的易磁化轴垂直。

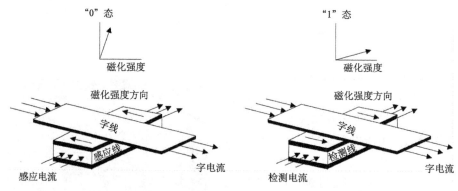

图 27.43　各向异性磁电阻随机存储器存储单元结构[67]

在较大的字线电流和不同极性的感应线电流的共同作用下，合成磁场使两磁性层的磁矩反平行，即顺时针或逆时针两种磁化状态，分别定义为存储单元的"0"和"1"，信息被写入存储单元中。对于一个存储阵列，单个字线或感应线电流磁场，不会令其他存储单元的磁性层的磁矩发生改变。信息读出时，在感应线中通过"1"极性的小电流(对磁性层的磁矩方向几乎不产生影响)，则对于信息"0"来说，感应线电流磁场与磁性层中的磁化方向相反，而对于信息"1"来说，感应线电流磁场与磁性层中的磁化方向一致；同时，在字线中通过一个较小的读出电流，对于信息"0"，字线和感应线电流的合成磁场将使磁性层中的磁矩朝垂直方向产生比较大的转动，而对于信息"1"，合成磁场的作用仅使磁性层中的磁矩朝垂直方向产生很小的转动。由于磁性层的各向异性磁电阻效应，"0"和"1"对应的电阻值不同，感应线的输出电压也就不同，从而存储单元的信息被读出。当读操作结束时，字线和感应线电流被撤走，磁性层的磁矩回到其起始状态，因而各向异性磁电阻随机存取存储器是非破坏性读出。20 世纪 90 年代，Honeywell 公司最终实现了总容量为 256Kb 的各向异性磁电阻随机存取存储器芯片，如图 27.44 所示。然而，由于退磁场的作用，存储单元的边沿位置的磁矩方向会无规地偏离

易磁化方向，为了能够获得可分辨的读写信
号，存储单元的临界宽度必须大于 $1\mu m$。因
此，仅从存储密度的方面，各向异性磁电阻
随机存取存储器最终无法跟半导体随机存取
存储器相竞争。

　　1989 年，巨磁电阻效应的发现则为磁随
机存取存储器的发展带来了新的契机。利用
巨磁电阻效应的磁随机存取存储器单元结构
的设计方案应时而生。最简单的是以巨磁电
阻多层膜直接取代"三明治"结构磁各向异性
薄膜作为存储单元。虽然磁电阻比值的增
加，提高了读取速度，然而读写信号还是太
小，读写速度仍然小于半导体器件。另外，
单元尺寸仍然受限于边沿磁矩的不规则性，
存储密度不能提高。另一种设计方案则以巨

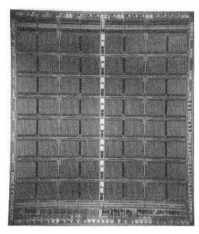

图 27.44　Honeywell 公司的
容量为 256Kb 的各向异性磁电
阻随机存取存储器芯片[67]

磁电阻自旋阀作为存储单元，由反铁磁材料钉扎的参考层与自由层的磁化易轴均
平行于存储单元的长边，自由层的磁矩方向与被钉扎层的磁矩方向平行和反平行
两种状态定义为"0"和"1"。然而，随着自旋阀存储单元尺寸的减小，实验表明自
由层的磁化反转场几乎以反比于存储单元宽度的方式增大，对于 $0.5 \sim 0.25\mu m$
的自旋阀单元，自由层的反转场已经与反铁磁材料的钉扎场可相比拟了，从而无
法写入正确的信息状态。第三种巨磁电阻效应随机存储器的设计方案是赝自旋阀
构成存储单元，如图 27.45 所示。在当时被认为是比较先进有效的一种设计方
案。赝自旋阀是指具有不同矫顽力的两磁性层中间夹非磁性层的三明治结构。施
加外磁场时，借助于矫顽力的不同来实现两磁性层磁矩的平行与反平行状态，从
而产生巨磁电阻效应。对于赝自旋阀存储单元来说，两磁性层的单轴各向异性均
沿着存储单元的长轴方向，存储信息"0"和"1"由赝自旋阀中矫顽力较大的磁性层
的两个磁化状态表示，通过矫顽力较小的磁性层的磁化方向的反转进而改变存储
单元的电阻态以实现信息的读出。赝自旋阀存储单元的两磁性层可以采用相同的
材料，仅厚度的改变使它们的矫顽力不同，不需要反铁磁钉扎，所以在理论上具
有较高的信息存储密度。与各向异性磁电阻随机存取存储器相比，巨磁电阻效应
随机存取存储器性能有了很大的飞跃。然而，巨磁电阻存储单元是全金属薄膜，
其电阻比半导体配套电路晶体管 CMOS 小很多，一般需要串联多个存储单元来
匹配半导体 CMOS 晶体管，从而降低了器件的集成度以及读取信号。因此，巨
磁电阻效应随机存取存储器仍然不能跟半导体随机存取存储器相竞争。

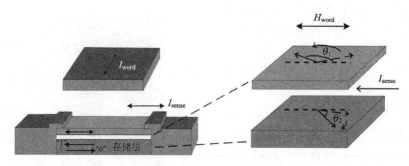

图 27.45　巨磁电阻赝自旋阀存储单元结构示意图[67]

27.3.4　星型磁场驱动磁随机存取存储器

早期结构设计最简单的磁随机存取存储器模型之一是所谓交叉点型(cross point)磁随机存取存储器[68, 69],它的写操作受到星形线(astroid curve)的限制,所以也称为星型磁场驱动磁随机存取存储器(astroid MRAM)。

如图 27.46 所示,其信息记录单元由巨磁电阻或磁性隧道结的阵列组成,利用两组相互交叉的信号线对交叉点处的磁性存储单元进行读写操作。当字线(word line)和位线(bit line)同时给出选位信号时,可对交叉点处的磁性存储单元进行读写操作。写操作是由电流产生的磁场来完成,其自由层磁化反转的机制可以通过 Stoner-Wohlfarth 模型[70]来理解。

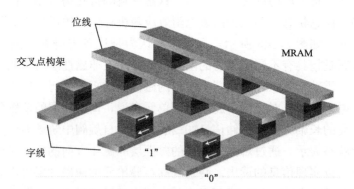

图 27.46　由磁性存储单元阵列构成的交叉点型 MRAM 器件模型[69]

如图 27.47 所示,当外磁场作用到磁性存储单元时,体系的能量 E 为

$$E = -\boldsymbol{H} \cdot \boldsymbol{M} + K\sin^2\theta = -H \cdot M\cos(\varphi - \theta) + K\sin^2\theta$$

式中,H 为外磁场;M 为磁化强度;K 是磁各向异性常数。当能量取极小值时,可得到

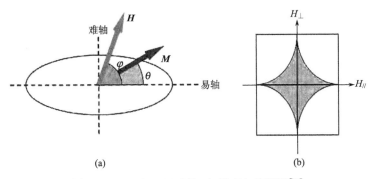

图 27.47　Stoner-Wohlfarth 模型与星形线[70]

$$H_\perp = -\frac{2K}{M}\cos^3\theta, \quad H_{/\!/} = \frac{2K}{M}\sin^3\theta$$

也就是图 27.47(b)中所示的星形线,

$$H_{/\!/}^{2/3} - H_\perp^{2/3} = \left(\frac{2K}{M}\right)^{2/3}$$

为了实现正确的读写操作,必须使得平行或垂直方向的外磁场数值均位于星形线以内,而两者的合成磁场则位于星形线以外。以上 Stoner-Wohlfarth 模型只是一种理想的模型,而实际上这种 MRAM 的读写机制所遵循的规律需要通过求解 Landau-Lifshitz-Gilbert 方程来进行模拟。

作为交叉点型 MRAM 的一种改进,研究人员设计了单晶体管＋单磁性隧道结型(1T ＋ 1MTJ) MRAM。如图 27.48 所示,单晶体管＋单磁性隧道结型 MRAM 是在交叉点型 MRAM 的基础上,在每个作为记录单元的磁性隧道结下方增加一个晶体管,并通过一条读字线与外部控制电路相连接。1T ＋ 1MTJ 是 MRAM 应用最广泛的结构之一。

图 27.49 为 1T ＋ 1MTJ 构形的 MRAM 存储单元的读写过程示意图[65]。当

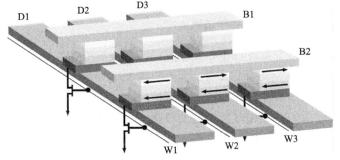

图 27.48　1T ＋ 1MTJ 构形的 MRAM 器件结构示意图[65]

执行读操作时,读线施加适当的电压使得晶体管导通,再通过位线施加读信号,从而获得某个指定地址处磁性隧道结所存储的信息;当执行写操作时,读线不加电压从而保证晶体管处于关闭状态,然后利用两条正交的写线(write line 1,2)施加写入信号,使得处于交叉点处的磁性隧道结处于选定状态而进行信息的写入操作。

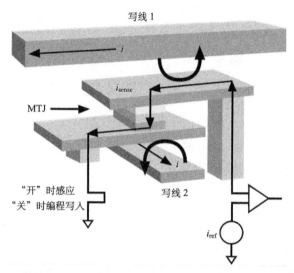

图 27.49　1T + 1MTJ 构形的 MRAM 存储单元的读写过程示意图[65]

星型磁场驱动磁随机存取存储器的主要缺陷是,由于读写操作受到星形线的约束,其必须工作在一个明显的操作窗口之内,这也成为半选择的问题。这一操作窗口在很大程度上限制了 MRAM 的制备工艺和材料选择,给器件的正常工作带来了极大的障碍,因为即使输入信号产生微小的波动都有可能改变器件的工作状态,进而产生读写错误。为了克服星形线的约束,研究人员设计了若干种改进的方案,其中包括热辅助式(thermally assisted)MRAM 以及嵌套型 MRAM 等。

27.3.5　热辅助式磁随机存取存储器

热辅助式磁随机存取存储器(thermally assisted MRAM)的器件结构采用单晶体管+单隧道结型 MRAM 结构。为了克服星形线的约束,热辅助式 MRAM 在存储单元结构和写操作过程方面进行了改进。热辅助式 MRAM 的存储单元结构,如图 27.50 所示,采用反铁磁层与铁磁层交换偏置耦合层作为信息记录层。当记录层的温度大于交换偏置的截止温度(T_B)时,反铁磁层与铁磁层的耦合减弱或消失,进而可以利用很小的磁场使其反转。

图 27.51 显示了热辅助式 MRAM 的工作原理[71]。当执行写操作时在写字线

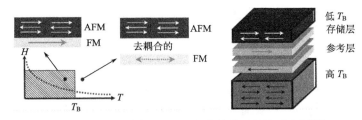

图 27.50　热辅助式 MRAM 的存储单元结构示意图[71]

施加写入信号之前，对磁性隧道结单元通过加热电流使其温度达到存储层交换偏置的截止温度，从而降低整个记录层的偏置场，使得信号很容易的被写入记录单元。利用较小的写入电流产生磁场完成信息的写操作。写入信号撤去后使记录单元冷却，从而保持写入的信号不受外部噪声的影响。

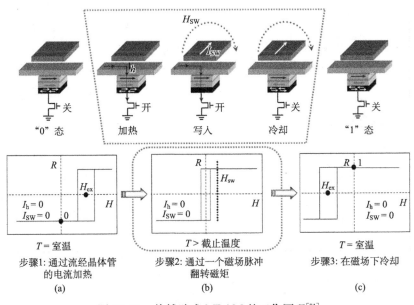

图 27.51　热辅助式 MRAM 的工作原理[71]

　　热辅助式 MRAM 的器件结构和工作原理虽然在一定程度上克服了星形线带来的限制，然而与此同时也带来了器件集成工艺上的复杂性，此外由于加热处理需要专门的配套工艺，考虑到热导率等因素的限制，材料的选择也受到一定程度的限制。

27.3.6　嵌套型磁随机存取存储器

嵌套型磁随机存取存储器(toggle MRAM)是成功商业化的一种基于磁场驱动的 MRAM,其对信息的写操作是利用触发式时序信号来实现的。这一技术在 21 世纪初由当时美国摩托罗拉公司俄裔工程师 Savtchenko 等[72] 提出。嵌套型 MRAM 设计方案的特点主要有 3 方面:①作为存储单元的磁性隧道结其自由层由人工反铁磁耦合(SAF)的三层结构组成;② 磁性隧道结的易轴与字线和位线成 45°;③字线上的电压脉冲与位线上写操作电压脉冲相差 1/4 个周期。

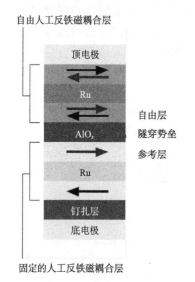

图 27.52　以 SAF 为自由层的嵌套型 MRAM 磁性隧道结单元结构[65]

如图 27.52 所示,嵌套型 MRAM 的磁性隧道结存储单元采用了一种称为人工反铁磁的结构作为信息记录层(自由层),即具有铁磁层(FM)/Ru/FM 的 3 层结构[65]。这种结构的独特之处在于,其对外磁场的响应不同于常规的单层铁磁材料,当所加外磁场超过一定的阈值后,SAF 中两个反平行的磁化强度矢量将首先转动到与外磁场垂直的方向,然后朝着外磁场的方向偏转一定的角度。

利用 SAF 的这一特点,Savtchenko 等设计了一种独特的结构,即将磁性隧道结单元通过光刻方式使其易磁化轴与写字线(write line 1)、位线(write line 2)成 45°,如图 27.53 所示。同时,在字线和位线上施加一定的时序脉冲信号来实现触发式反转,具体说来就是两条操作线上的脉冲相差 1/4 个周期。图 27.54 为嵌套型 MRAM 的写操作脉冲时序和磁性隧道结 SAF 自由层反转示意图[65]。

可以看出,只要两条信号线上所施加的电流的极性相同,那么每通过一个时序脉冲,人工反铁磁自由层就将反转一次,则隧道结内存储的信息也就改变一次。需要指出的是,由于每到来一个脉冲,单元的存储状态就要改变一次,因此在执行写操作时,首先执行一次读操作,然后判断是否需要触发脉冲。如果写入的信息与上次相同,则不触发;如果写入的信息与当前存储的信息不同,则触发脉冲进行反转。这样一来,器件的总体功耗也得以降低。

此外,Savtchenko 反转机制成功地解决了星形线所带来的限制,如图 27.55 所示,由于采用了触发式反转,避开了星形线的约束,嵌套型 MRAM 的操作窗口已经得到明显改善[65]。图 27.56(a)为嵌套型 MRAM 的读写操作示意图,值

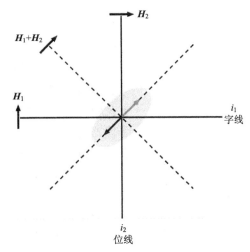

图 27.53　与字线、位线成 45°放置的磁性隧道结单元[65]

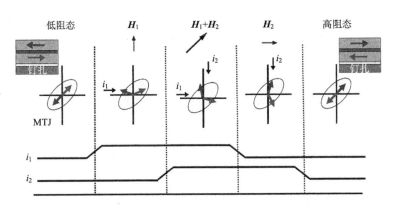

图 27.54　嵌套型 MRAM 的写操作脉冲时序
和磁性隧道结 SAF 自由层反转示意图[65]

得注意的是两条写线都经过磁场屏蔽处理，进一步降低了误码率。图 27.56(b)
为 MRAM 的集成截面示意图。由于嵌套型 MRAM 机制的发现，极大地加快了
MRAM 市场化的步伐，在这一机制发明后不久，从摩托罗拉公司独立出来的飞
思卡尔半导体公司就成功地开发出了 4Mb 以及 16Mb 容量的商用 MRAM 产品。
图 27.56(c)为第一款商业化 MRAM 产品照片[65]。

27.3.7　基于 STT 效应的电流驱动型磁随机存取存储器

　　虽然嵌套型磁场驱动式磁随机存取存储器解决了一些传统 MRAM 的关键问

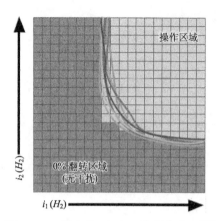

图 27.55　嵌套型 MRAM 的操作窗口[65]

题，但是存储单元尺寸的进一步减小、存储密度的提高以及器件功耗的降低等仍然是业界难以克服的问题。近年来研究表明，解决上述问题的一个重要途径是利用自旋转移力矩效应通过自旋极化电流驱动来实现 MRAM 的写操作，从而降低器件的功耗，减小存储单元的尺寸。随着存储单元尺寸的减小，需要增加信息记录层的磁各向异性能来克服超顺磁效应，因此具有垂直磁各向异性的存储单元应运而生。另外，从自旋转移力矩诱导的磁化反转的临界电流理论上，进

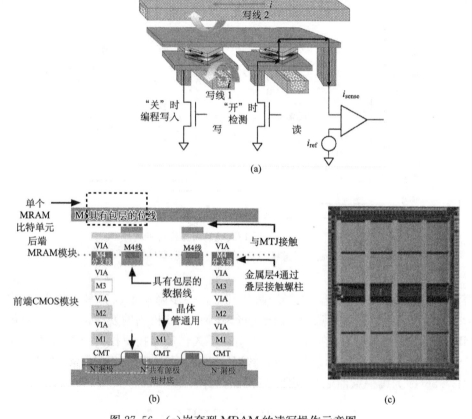

图 27.56　(a)嵌套型 MRAM 的读写操作示意图；
(b) 截面示意图；(c) 第一款商业化 MRAM 产品照片[65]

一步可知具有垂直磁各向异性的自由层在反转时，不需要克服退磁场能势垒，所以可以被更小临界电流密度的自旋极化电流来驱动和反转，从而进一步降低器件功耗。下面介绍基于 STT 效应的电流驱动型磁随机存取存储器（STT-MRAM）的设计原理以及研制进展。

1. STT-MRAM 的设计原理

如前所述，传统的第一代 MRAM 的器件设计方案均是基于电流产生的磁场，来使磁性存储单元的信息记录层反转，从而实现信息的存储转换。然而随着自旋转移力矩效应的发现以及材料和结构的优化，基于自旋转移力矩效应的第二代 MRAM 器件的设计方案应势而生。

当磁性存储单元的尺寸小到 100nm 量级时，大于临界值的电流通过时由于电流中电子的自旋角动量转移给信息记录层的磁矩，从而改变其磁矩状态，且电流自上向下或反向流经磁性存储单元时会得到两个不同的电阻状态。这种设计思想就是用较大的自旋极化电流通过不同的流向来改变磁性隧道结的电阻状态，完成写操作；用不能够改变磁性状态的较小电流获取磁性存储单元的实际电阻值，来完成读操作。这种设计与传统 MRAM 设计方案相比，减少了一根写线，从而极大地节省了空间，有助于提高 MRAM 的存储密度，其电路设计结构原理如图 27.57 所示，即磁场驱动型 MRAM(a)和 STT 效应驱动型 MRAM(b)的具有"1T＋1MTJ"结构的 MRAM 存储单元结构示意图。

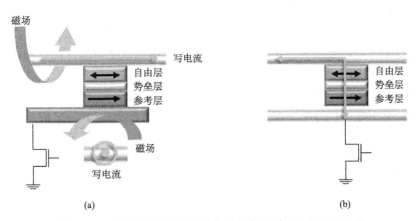

图 27.57　基于"1T＋1MTJ"结构的磁场驱动型 MRAM(a)和
STT 效应驱动型 MRAM(b)的存储单元结构示意图[65]

在基于自旋转移力矩效应的 STT-MRAM 研发过程中，存在的问题是只有当写电流达到一定的临界电流密度时才能改变磁性隧道结的自由层的磁化状态，从而改变其电阻值。然而，当临界驱动电流密度降低到 $10^5 A/cm^2$ 时，才能与现有的最先进半导体 CMOS 工艺节点实现较好的匹配。因此进一步降低写电流密度是首先需要解决的问题，只有这一问题得到很好的解决，这种设计方案才能充分发挥其优势。与传统的磁场驱动型 MRAM 不同，减小磁性隧道结的尺寸，能够有效降低 STT-MRAM 的临界驱动电流密度，这样与之匹配的半导体 CMOS 晶体管的尺寸也能做得更小，从而节省空间，提高存储密度。同时作为存储单元的磁性隧道结的铁磁电极以及势垒材料的选取和形状的设计也关系到临界反转电流的大小。有望成功实现产业化 GB 容量 STT-MRAM 的途径之一是采用具有垂直各向异性的铁磁电极和单晶 MgO(100) 势垒材料构成的磁性隧道结作为存储单元。另外纳米环状磁性隧道结，由于其自由层和被钉扎层磁矩的闭合，不会产生杂散磁场的相互干扰，从而能够使得存储单元间距进一步缩小，能进一步提高存储密度；同时自旋转移力矩效应与脉冲电流产生的环状奥斯特磁场共同作用于磁性隧道结，实现数据的写入，从而可进一步降低临界电流密度，因此纳米环状磁性隧道结存储单元的设计也是有望实现 STT-MRAM 的有效途径之一。

2. 基于面内各向异性磁性隧道结的 STT-MRAM

自从 2000 年自旋转移力矩效应被实验证实以来[73]，一方面研究人员通过大量的努力来尝试降低磁化反转的临界电流，增加热稳定性；另一方面索尼(Sony)、日立(Hitachi)、瑞萨科技(Renesas)、Crocus、东芝(Toshiba)、三星(Samsung)、现代(Hynix)、希捷(Seagate)、IBM/MagIC 等多家公司也在积极研发这种基于自旋转移力矩效应的新型磁随机存取存储器，如果能够产业化研发成功并投放市场，无疑将加速 MRAM 商业化的进程，并带来计算机产业界的又一次技术飞跃。

2005 年，日本索尼公司在国际电子器件会议(IEDM)上宣布研制成功 4Kb 的自旋转移力矩 STT-MRAM 演示芯片[74]。该芯片的存储单元是基于 1 晶体管 +1 磁性隧道结的构型和 180 nm 的半导体 CMOS 工艺线，电路结构如图 27.58 所示。

利用优化的低磁化强度的 CoFeB 合金和 MgO 分别作为磁性隧道结的自由层和势垒层，得到的隧穿磁电阻比值为 160%，电阻为 $20\Omega \cdot \mu m^2$，并且在较低的临界电流密度约 $2.5 \times 10^6 A/cm^2$ 下可以完成磁性隧道结的写操作。该演示器件单个存储单元的横截面 TEM 照片以及利用脉冲自旋极化电流(自旋转移力矩效应)对 MRAM 进行写操作的曲线如图 27.59 所示[74]。当利用 2ns 脉冲宽度的写电流实现了存储单元的快速写入时，临界电流约 $650\mu A$；而写电流的脉冲宽度为毫秒量级时，由于热效应的存在，临界电流值为 $200\mu A$。因此快速写入就需要较大的电流密度，从而需要增大晶体管的尺寸，降低了器件存储单元的密度。

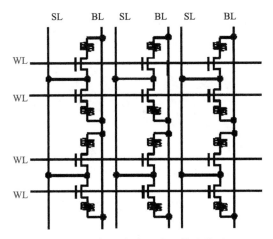

图 27.58　2005 年日本索尼公司推出的基于 4Kb
容量的 STT-MRAM 的电路结构[74]

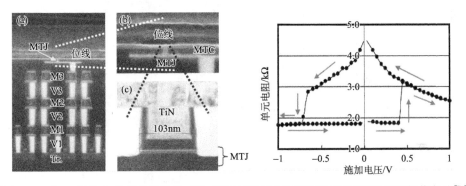

图 27.59　2005 年日本索尼公司推出 4Kb STT-MRAM 的横截面 TEM 图以及写操作曲线[74]

所以写电流大小与写入速度之间的关系在设计 MRAM 芯片时是一项需要权衡的关键问题。

2007 年 2 月日本日立公司与日本东北大学在国际电子电路研讨会(ISSCC)上宣布联合推出了 2 Mb 的 STT-MRAM 演示芯片，如图 27.60 所示[75,76]。

该芯片是基于半导体 200nm CMOS 工艺技术，单元尺寸是 $1.6\mu m \times 1.6\mu m$，等价于 $16F^2$。芯片的施加电压为 1.8V，其读写操作的速度分别为 40ns 和 100ns。不仅其 2Mb 的容量比索尼的 4Kb 演示器件高出 3 个量级，而且更重要的是在演示芯片中发展了两种主要的 STT 写操作的电路技术。一种涉及双向电流写入，满足 STT-MRAM 中高电阻态"1"和低电阻态的"0"的写入要求。另一种具体讨论了由于读和写操作而引起的误码率问题。通过选择流经磁性隧道结低阻态时的读电流的方

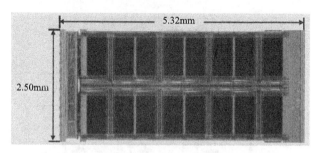

图 27.60 2007 年日立公司与日本东北大学联合
推出的 2Mb 的 STT-MRAM 演示芯片[75,76]

向，有效地降低了读操作时的误码率，如图 27.61 所示[75,76]。

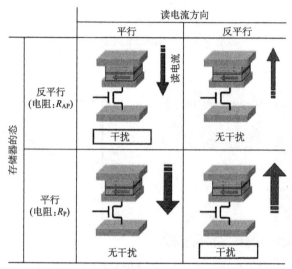

图 27.61 2007 年日本日立公司与日本东北大学
联合推出的 2Mb STT-MRAM 的读操作[75,76]

基于热辅助的传统 MRAM 可以降低反转电流的启示，2009 年希捷公司的工程师提出了热辅助的 STT-MRAM 的设计概念[77]，并在理论上预言了该设计会降低临界电流密度。热辅助的 STT-MRAM 设计与标准的 STT-MRAM 设计的区别在于磁性隧道结单元的结构。在热辅助的 STT-MRAM 设计中，磁性隧道结采用复合自由层，由铁磁层与截止温度低的反铁磁层耦合形成。当加热电流通过磁性隧道结时，产生热量，使复合自由层的温度升高。当温度达到反铁磁层的截止温度时，自由层就真正"自由"起来，这时通过较低的临界电流就能使之反转。复合自由层的优点是由于有反铁磁层的耦合作用，所以能够克服超顺磁的影响，进一步减小尺寸，从而提高存储密度。

2008 年 MagIC-IBM 组成的 MRAM 联盟展示了一种适合 64Mb 容量的 STT-MRAM 磁性隧道结的统计研究[78]。图 27.62 为其展示的 4Kb 容量的 STT-MRAM 测试芯片光学显微镜图以及存储单元 MTJ 的横截面 TEM 图。该测试芯片是基于半导体 90nm CMOS 工艺技术，单元尺寸是 $30F^2$。磁性隧道结的设计尺寸为 70nm×210nm，实际尺寸如 TEM 图所示；结电阻面积之积为 $8\Omega \cdot \mu m^2$；TMR 值为 60%；其执行写操作的临界电压为 0.3V；热稳定性系数为 40。研究表明该磁性隧道结的击穿电压比反转电压大 0.5V，读误码率在 10^{-9} 以下，同时具有足够的可重复擦写次数（7×10^9）并且没有出现写操作错误，可以满足 64Mb 容量 STT-MRAM 的芯片设计。

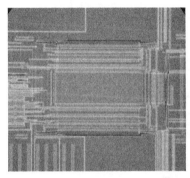
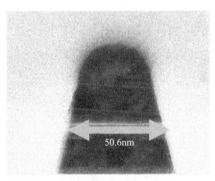

图 27.62　MagIC-IBM 展示的 4Kb 容量的 STT-MRAM 测试芯片
光学显微镜图和存储单元 MTJ 的 TEM 图[78]

2010 年韩国 Hynix 半导体公司基于 54 nm CMOS 工艺技术集成了 64 Mb 容量的 STT-MRAM[79]。图 27.63 为 64Mb 容量的 STT-MRAM 电路图及演示芯

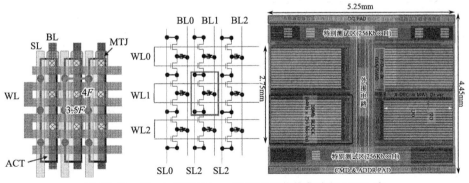

图 27.63　Hynix 基于 54nm CMOS 工艺线集成的 64Mb 容
量的 STT-MRAM 电路图及演示芯片[79]

片。该芯片尺寸为 4.45mm × 5.25mm，施加电压为 1.8V。其存储单元为 CoFeB/MgO 面内各向异性的磁性隧道结，尺寸为 54nm×108nm，TMR 值约为 100%，临界反转电流为 90μA，热稳定性系数为 57。芯片中每个存储单元尺寸 $14F^2$，相当于 $0.041μm^2$，实验数据表明当磁性隧道结尺寸 30nm 以下时，每个存储单元尺寸可以小于 $8F^2$。

2012 年底，Everspin 公司成功推出了商业化的 64Mb 容量 STT-MRAM[80]。图 27.64 为该 STT-MRAM 芯片及封装图。该商业化芯片基于半导体 90nm CMOS 工艺技术。存储单元基于 CoFeB/MgO 面内各向异性的磁性隧道结，其尺寸是长宽比为 2～3 的椭圆形，宽度为 70～90nm。磁性隧道结的结电阻面积乘积为 5～10Ω · $μm^2$，TMR 值大于 110%，临界反转电流密度为 $3×10^6$ A/cm^2，热稳定性系数为 70。该芯片施加电压为 1.5V，读误码率在 10^{-7} 以下，同时在足够的可重复擦写次数($0.5×10^6$)时没有出现写操作错误。

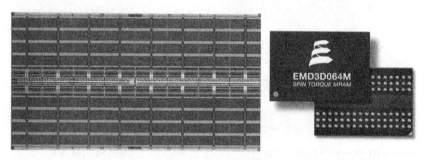

图 27.64　Everspin 公司商业化 64Mb 容量的 STT-MRAM 芯片及封装图[80]

3. 基于 CoFeB/MgO 垂直磁各向异性磁性隧道结的 STT-MRAM

人们从临界电流密度的理论公式中发现，可以通过改变信息记录自由层的形状各向异性场来实现进一步降低磁化反转的临界电流密度。当利用垂直各向异性的磁性材料作为自由层时，其反转势垒不存在退磁场能势垒，从而克服了退磁场 ($2πM_s$) 对反转电流的贡献[81]。所以当选择合适的垂直各向异性材料作为磁性隧道结的自由层时，有望进一步降低临界电流密度。另外采用垂直磁各向异性的材料制备磁性隧道结，其形状为实心圆柱状时，也具有良好的热稳定性，从而可以进一步降低存储单元的尺寸，提高器件的密度。

2007 年日本东芝公司制备了以垂直磁各向异性的 TbCoFe 为铁磁电极的 MgO 势垒的磁性隧道结，并在 MgO 势垒的两边插入 CoFeB 合金来增加界面的匹配度提高 TMR 值，得到的临界电流密度为 $3.5×10^6$ A/cm^2，并且很大程度上提高了磁性隧道结的热稳定性[82]。2008 年东芝公司与产业综合技术研究所联合利用具有垂直各向异性的 $L1_0$ 相 FePt 作为铁磁电极成功制备了 MgO 势垒的磁性隧道结，并研制了 1Kb 容量的 STT-MRAM 演示器件，如图 27.65 所示[83]。磁性隧道结的直径为 50nm，自由层磁阻尼系数 0.03，并且实现了利用 50μA(约 1×10^6 A/cm²) 的电流驱动自由层的磁化反转，其反转速度为 4ns，热稳定性系数 60。2010 年，该公司报道了 64Mb 容量的 STT-MRAM 演示器件，如图 27.66 所示[84]。

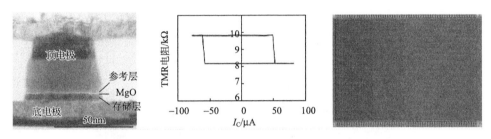

图 27.65　日本东芝公司制备的垂直磁各向异性 MTJ 的 TEM 截面图以及
电流诱导的磁化反转曲线和 1Kb 容量 STT-MRAM 演示芯片[83]

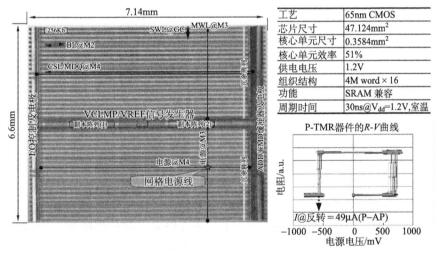

工艺	65nm CMOS
芯片尺寸	47.124mm²
核心单元尺寸	0.3584mm²
核心单元效率	51%
供电电压	1.2V
组织结构	4M word × 16
功能	SRAM 兼容
周期时间	30ns@V_{dd}=1.2V,室温

图 27.66　2010 年日本东芝公司利用垂直磁各向异性 MTJ
研制的 64Mb 容量 STT-MRAM 演示芯片[84]

2010 年，MagIC-IBM 联合研制了基于 MgO 势垒垂直各向异性磁性隧道结的 4Kb 容量的 STT-MRAM 测试芯片[85]。研究了垂直磁性隧道结的电流驱动的反转分布，发现了只有 4.4% 临界反转电压分布以及极低的误码率。同年，日本东北大学报道了 CoFeB-MgO 界面垂直磁各向异性，并制备了直径为 40nm 的

CoFeB/MgO/CoFeB 垂直磁性隧道结，并实现了 $49\mu A$ 的临界反转电流[86]。图 27.67 为基于 CoFeB/MgO 界面垂直各向异性的磁性隧道结多层膜结构及扫描电镜照片。界面垂直磁各向异性能为 $1.3erg/cm^2$，TMR 值为 124%，本征临界反转电流密度为 $3.9\times10^6 A/cm^2$，热稳定系数为 43。

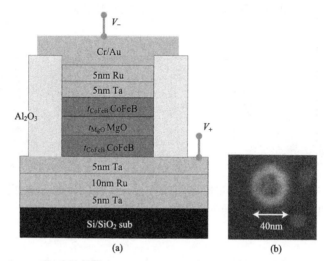

(a)　　　　　　　(b)

图 27.67　基于 CoFeB/MgO 界面垂直各向异性的
磁性隧道结多层膜结构(a)及扫描电镜照片(b)[86]

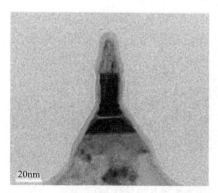

图 27.68　韩国三星电子公司制备的垂直
磁性隧道结截面 TEM 图，其中短轴长度
为 17nm[87]

2011 年，韩国三星电子公司报道了短轴长度仅为 17nm 的垂直磁性隧道结，如图 27.68 所示[87]。磁性隧道结的核心结构为 CoFeB/MgO/CoFeB，界面垂直磁各向异性能为 $2.5erg/cm^2$，TMR 值为 70%，临界反转电流为 $44\mu A$，热稳定系数为 34。该尺寸的磁性隧道结的成功制备证明了基于垂直各向异性的磁性隧道结的 MRAM，可以与半导体工艺 22nm 节点相融合。

2012 年，Wang 等[88]在垂直磁各向异性的 CoFeB/MgO 磁性隧道结中，发现加电压可以减弱或增强 CoFeB 的垂直磁各向异性，从而利用电场辅助的 STT 效应实现了自由层的磁矩反转，所施加的电压(电场)降低了磁矩反转的势垒，从而极大地降低了临界反转电流密度。垂直磁性隧道结的基本结构主要有两种，即

CoFeB/MgO/CoFeB 和垂直磁各向异性铁磁材料 FM/CoFeB/MgO/CoFeB/FM。从热稳定性的角度看，第二种结构具有更高的热稳定性。2013 年，日本产业综合技术研究所与东芝公司制备了直径为 30nm 的垂直磁性隧道结，其截面 TEM 图以及磁电阻曲线如图 27.69 所示[89]。TMR 值达到 240%，并且实现了 $5 \times 10^5 A/cm^2$ 的临界反转电流密度，这为实现 GB 容量的 STT-MRAM 芯片奠定了材料基础。

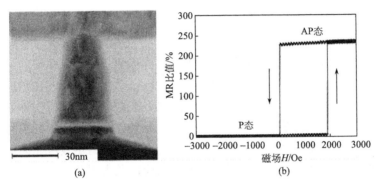

图 27.69　日本产业综合技术研究所与东芝公司制备的
垂直磁性隧道结截面 TEM 图(a)以及磁电阻曲线(b)[89]

2014 年，日本东北大学 Ohno 研究组[90]制备了直径为 11nm 的垂直各向异性磁性隧道结。其磁性隧道结多层膜结构示意图及不同尺寸磁性隧道结的隧穿磁电阻曲线，如图 27.70 所示。采用了人工垂直反铁磁耦合的 Co/Pt 多层膜作为

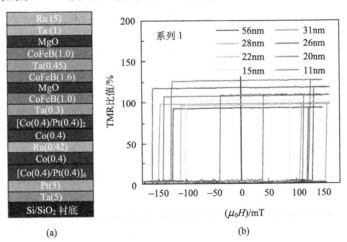

图 27.70　垂直各向异性磁性隧道结多层膜结构示意图(a)
及不同尺寸磁性隧道结的隧穿磁电阻曲线(b)[90]

参考层，而 CoFeB/Ta/CoFeB 作为信息记录层，提高了热稳定性。直径为 11nm 的垂直各向异性磁性隧道结的 TMR 值约为 110%，并且实现了约 $10\mu A$ 的自旋转移力矩临界反转电流。如此小尺寸的磁性隧道结的成功制备证明基于垂直各向异性的磁性隧道结的 MRAM，可以与半导体工艺 14nm 节点相匹配。

27.3.8　基于纳米环以及纳米椭圆环状 MTJ 的磁随机存取存储器

1. 纳米环状磁性隧道结及其 STT 效应

基于 TMR 效应的 MRAM 中，面内各向异性的磁性隧道结都是采用矩形或椭圆形磁性隧道结为核心单元；因为采用这样的形状可以利用单元的形状各向异性来保持稳定的磁化状态，增加器件的热稳定性。但采用矩形或椭圆形磁性隧道结单元，在长边的边缘处会有退磁场的形成以及杂散磁场出现，当阵列式单元的尺寸和间距减小时，其弊端尤为明显，会直接导致单个磁性隧道结读写错误，从而严重影响器件的性能以及密度的提高。利用自旋转移力矩效应驱动矩形或椭圆形磁性隧道结磁化反转时，在边缘处的成核效应以及由于实际边缘不光滑而导致的钉扎效应都会增大磁矩反转的临界电流。

降低磁化反转的临界电流密度是自旋转移力矩效应应用中的核心问题。从临界电流的理论公式可知，自由层的磁各向异性以及退磁场是制约降低临界电流密度的关键。然而在纳米环状磁性隧道结(NR-MTJ)中，自由层与参考层通过纳米加工方法制备成封闭的圆环形，磁矩成闭合状，不仅消除了矩形或椭圆形纳米磁性隧道结的开放式两端产生的退磁场，有望实现磁环反转临界电流密度的进一步降低；而且其封闭的磁畴不会产生杂散磁场，相邻的存储单元不会相互耦合干扰，从而有利于器件存储单元密度的进一步提高和集成，同时减小读写时的误码率。另外由于其闭合的形状，纳米环状磁性隧道结比矩形或椭圆形磁性隧道结 $(U/K_B T = 60)$ 具有更高的热稳定性，如图 27.71 所示[91]。

通过垂直于膜面的脉冲自旋极化电流来驱动纳米环状磁性隧道结，由电流产生的奥斯特磁场对自由层的磁化反转起到辅助的作用，从而有望进一步降低磁化反转的临界电流密度，减小功耗。鉴于自旋转移力矩效应的实现，需要三维纳米尺度限制的磁性纳米结构，中国科学院物理研究所韩秀峰研究组设计了纳米圆环状磁性隧道结，其自由层是厚度为 2.5nm、具有高自旋极化率的 CoFeB 合金，圆环的外直径为 100nm，壁宽为 25nm，并研究了 NR-MTJ 中的自旋极化电流诱导的磁化反转[92-96]。图 27.72 是外直径分别为 100nm、200nm、300nm 和 400nm，壁宽 25nm 的纳米环状磁性隧道结阵列的扫描电镜照片[92]。利用磁控溅射方法，将磁性隧道结多层膜沉积到粗糙度小于 0.4nm 的热氧化硅 Si(100)/SiO_2 衬底上。将沉积好的磁性隧道结多层膜在超净间中利用紫外光刻、离子束

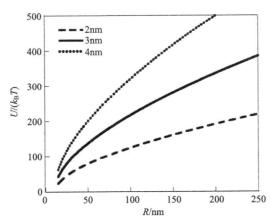

图 27.71　纳米环状坡莫磁性合金的热稳定性与膜厚和环半径的关系[91]

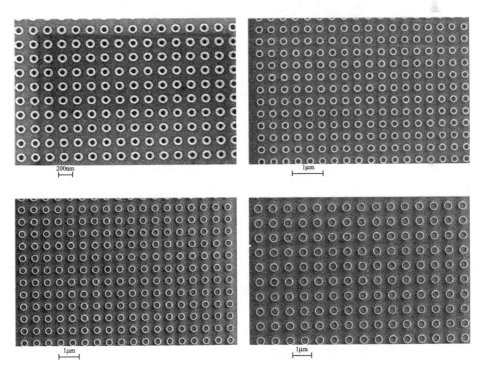

图 27.72　外直径分别为 100nm、200nm、300nm 和 400nm，
壁宽为 25nm 的纳米环状磁性隧道结阵列的扫描电镜照片[92]

刻蚀、电子束曝光以及化学反应刻蚀等微纳米加工手段进行纳米环状磁性隧道结的图形化制备。纳米环状磁性隧道结由底部电极、纳米环以及顶部电极 3 部分构成。

　　由于原位沉积薄膜时施加了诱导磁场，所以制备出的纳米环状磁性隧道结其磁矩呈"洋葱状"排列(若施加退火处理，可以使磁矩由形状各向异性转向呈封闭的"蜗旋状"排列)。纳米环状磁性隧道结的磁矩排布可以是所谓的"涡旋态"或者"洋葱态"，如图 27.73 所示，磁矩的反转由两个已经存在的畴壁的转动来完成，而不需要产生新的畴壁。磁性隧道结纳米多层膜在微纳米加工前，在 265℃的温度下磁场热处理 1h，然后由以上所述的微纳米制备方法制备成纳米环状磁性隧道结。

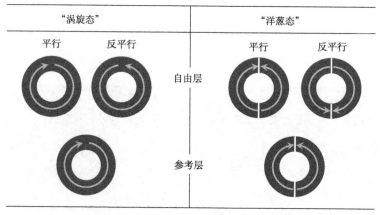

图 27.73　纳米环状磁性隧道结参考层与自由层磁矩的排列状态

　　图 27.74 分别是 200nm 和 100nm 的纳米环状磁性隧道结在外加磁场情况下磁化反转曲线。平行状态电阻分别为 2.0kΩ 和 2.8kΩ，反平行状态电阻分别为 2.8kΩ 和 3.8kΩ，磁电阻比值分别为 44% 和 36%。从中可以看到，100nm 环状磁性隧道结的磁矩反转曲线出现了一些小的台阶，不如 200nm 环状磁性隧道结或椭圆形结区的磁性隧道结磁化反转得陡直。出现这种情况的一种原因是由于磁性隧道结的结区是环形以及其边缘不光滑而造成的，由于 100nm 环形的尺寸较小，所以相对于 200nm 环形磁性隧道结，在磁场驱动的磁化过程中边缘缺陷引起的钉扎效应对其磁矩反转过程影响较大。

　　图 27.75 是纳米环状磁性隧道结在脉冲自旋极化电流作用下磁矩反转情况。脉冲宽度为 500ns 的脉冲电流依次以固定的步长(20μA)增加或减小幅值施加到纳米环状磁性隧道结上，在每一步脉冲电流施加结束后，利用 10μA 的小电流来测量磁性隧道结的电阻。脉冲电流的自旋转移力矩与纳米环状磁性隧道结的自由

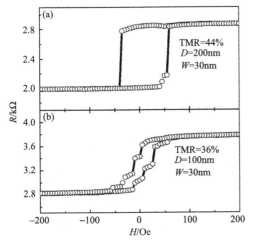

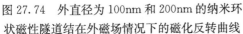

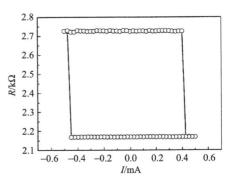

图 27.74　外直径为 100nm 和 200nm 的纳米环
状磁性隧道结在外磁场情况下的磁化反转曲线

图 27.75　纳米环状磁性隧道结在脉冲
自旋极化电流作用下的磁矩反转曲线

层的磁矩相互作用，当电流密度达到一定临界值时，磁性隧道结自由层磁化反
转。纳米环状磁性隧道结的自由层与参考层从反平行态变化到平行态的临界电流
为 0.4mA，从平行态变化到反平行态的临界电流为 0.47mA。如果取高阻态为
"1"，低阻态为"0"，这种在外加脉冲自旋极化电流驱动下的 *R-I* 工作曲线可以
很好的用来作为信息存储的器件设计原理。

　　采用纳米环状结构能有效地解决矩形或椭圆形作为自旋阀或者磁性隧道结纳
米柱的形状时，近邻的磁性隧道结间退磁场和杂散磁场的影响，有利于单个磁性
隧道结在自旋极化电流下的自由反转，从而提高器件的面密度。制备的纳米环状
磁性隧道结室温下其磁电阻为 20%～55%，利用外加磁场以及自旋极化电流都
能实现其磁矩的反转。这些纳米环状磁性隧道结的磁矩反转临界电流密度为 $6 \times 10^6 \text{A/cm}^2$，最小的磁矩反转临界电流为 0.4 mA 左右。由于纳米环状磁性隧道
结的退磁场比常规的纳米磁性隧道结(矩形或者椭圆形)的退磁场大大降低，临界
电流密度也进一步降低。

　　2. 纳米椭圆环状磁性隧道结及其 STT 效应

　　由于形成理想一致的涡旋态磁畴排布是较为困难的，而在平面诱导磁场中沉
积磁性薄膜再微纳加工制备出的纳米环状磁性隧道结，其磁矩分布则容易形成有
确定易磁化方向的一致取向，进而存储单元阵列的磁畴初始排布可以全部为洋葱
态。为了进一步增加洋葱态磁畴的热稳定性，减少磁化反转过程中由于边缘钉扎
效应以及电流垂直通过磁性隧道结时产生的环状奥斯特磁场而形成的中间磁畴状

态，增加磁电阻的比值，韩秀峰研究组利用前述纳米环状磁性隧道结的纳米加工工艺制备了纳米椭圆环磁性隧道结[97, 98]。图 27.76 为纳米椭圆环状磁性隧道结(NER-MTJ)高阻态和低阻态示意图以及 SEM 照片。其中，纳米椭圆环状磁性隧道结的长轴约为 120nm、短轴约 70nm、壁宽为 25nm。

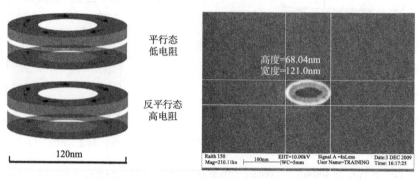

图 27.76　纳米椭圆环状磁性隧道结高阻态和低阻态示意图以及 SEM 照片

为了分析对比磁性隧道结不同形状对电流诱导的磁化反转的影响，采用同一MTJ 薄膜样品，同时制备了实心纳米圆盘形、空心纳米圆环状、实心纳米椭圆形以及空心纳米椭圆环状磁性隧道结。图 27.77 分别为纳米圆盘、纳米环(NR)、纳米椭圆和纳米椭圆环(NER)的磁性隧道结的磁场驱动型磁化反转曲线。从中可以看出，圆盘形磁性隧道结在磁化反转过程中没有明显的台阶变化，说明在外磁场下磁矩的转动是连续逐渐变化的。这是由于圆盘形磁性隧道结的形状各向同性所造成的。对于纳米圆环状磁性隧道结的情况，磁电阻曲线上出现了明显的台阶，这是由于磁性隧道结边缘缺陷的钉扎效应引起的。对于纳米椭圆盘形磁性隧道结，磁电阻曲线出现了明显的陡直的跳跃，说明磁矩在一定外场下发生一致反转，这可归结为该形状具有较好的单轴形状各向异性。对于纳米椭圆环状磁性隧道结，磁电阻曲线中也没有出现纳米环状磁性隧道结所出现的中间台阶，磁矩在一定外场下发生一致反转，这说明椭圆环状磁性隧道结同样具有很好的单轴形状各向异性；相对于椭圆形磁性隧道结，椭圆环状磁性隧道结的磁化反转的矫顽场更小，说明相对于椭圆形具有较小的形状各向异性场，由电流诱导的磁化反转的临界电流公式可知，有望在纳米椭圆环磁性隧道结中利用更小的临界电流密度，实现自由层磁矩的磁化反转、实现信息的写入。

进一步利用自旋极化的脉冲电流来实现纳米椭圆环磁性隧道结中电流诱导的磁化反转。如图 27.78 所示，为自旋阀型纳米环与纳米椭圆环状磁性隧道结的电流诱导磁化反转对比曲线。对于外直径为 100nm 的环状磁性隧道结当电流达到0.6mA 时，实现从低阻态到高阻态的磁化反转；对于长轴为 120nm，短轴为

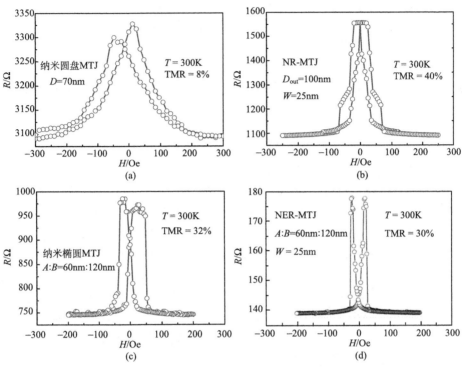

图 27.77　纳米圆盘、纳米环、纳米椭圆和纳米椭圆环
状的磁性隧道结的磁场驱动磁化反转曲线[97]

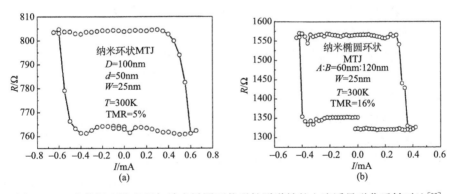

图 27.78　自旋阀型纳米环与纳米椭圆环状磁性隧道结的电流诱导磁化反转对比[98]

60nm 的椭圆环形磁性隧道结当电流达到 0.4mA 时，实现从低阻态到高阻态的
磁化反转。

综上所述，基于纳米椭圆环存储单元的 STT-MRAM 相比基于实心圆、椭

圆以及纳米环状磁性隧道结存储单元的 STT-MRAM，能实现更小的驱动电流和更低的功耗。利用纳米椭圆环磁性隧道结作为 MRAM 的信息存储单元，采用自旋转移力矩效应来进行信息的写入，具有驱动电流小、功耗低、存储稳定性高等优点。通过材料的进一步优化和纳米加工技术的进步，基于自旋转移力矩效应驱动的纳米椭圆环状磁性隧道结有望实现与半导体 CMOS 晶体管相匹配的临界电流密度，可作为研制 STT-MRAM 芯片的一种选项。

3. 新型纳米环及纳米椭圆环磁随机存取存储器

MRAM 具有数据非易失性、高集成度、高速读取写入能力、长寿命、低功耗、抗辐射等优点，符合未来随机存储器的发展方向。以磁性隧道结作为存储单元的 MRAM 芯片的研制，是发展自旋电子学器件的最重要目标之一。

基于纳米环及纳米椭圆环磁性隧道结的磁随机存取存储器，摈弃了传统的采用椭圆形磁性隧道结作为存储单元和双线制脉冲电流产生和合成脉冲磁场驱动存储层磁矩反转的做法，而是采用 100nm 尺度下的磁矩闭合型磁性隧道结作为存储单元和正负脉冲极化电流直接驱动存储层磁矩反转的工作原理，可以克服常规磁场驱动型 MRAM 所面临的相对功耗高、存储密度低等瓶颈问题。利用 $100\mu A$ 量级的脉冲极化电流就可以直接驱动存储单元比特层的磁矩反转，进行写操作，并有望进一步优化和降低写操作电流；利用 $10\mu A$ 量级的脉冲电流可进行读操作。

新型纳米环状磁性隧道结以圆环形作为自由层和参考层，由于其特殊的形状各向异性，其内部的磁矩是闭合的。这就克服了矩形或者椭圆形纳米磁性隧道结，由于形状各向异性带来的退磁场和杂散磁场，从而为进一步缩小磁性单元的尺寸，降低写入电流密度，提高器件的集成密度，同时能有效保持热稳定性，提供了一个可行的途径。图 27.79 为中国科学院物理研究所韩秀峰研究组设计研制的基于 1NR-MTJ＋1 晶体管的 4×4 MRAM 演示器件构架示意图以及集成于 CMOS 电路上的 4×4 MRAM 演示芯片。

该原理型设计方案与磁场驱动型 MRAM 相比，其优点为：①显著减小了写电流的大小，降低了功耗和热噪声；②显著降低了存储单元内部比特层和参考层之间以及近邻比特单元之间的静态和动态磁耦合，保证存储单元反转过程中写操作的均匀性和一致性，可以显著降低磁噪声；③该设计容易保证存储单元形状上的均匀性和一致性，更容易与现有的 90nm、45nm 和 22nm 等半导体集成电路工艺相匹配，有望获得 $256Mb/in^2$ 或直至 $1Gb/in^2$ 以上的存储密度和容量；④在同样层状结构和材料的制备条件下，更容易获得高磁电阻 TMR 比值；⑤能显著简化磁性隧道结的结构和 MRAM 制备工艺过程，降低制造成本。该种新型原理型器件为研制高密度和高容量的 STT-MRAM 器件提供了一种选项，增加了开发高性能、高密度、低成本 STT-MRAM 芯片的可行性。

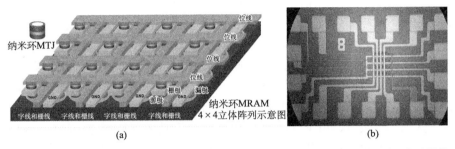

(a)　　　　　　　　　　　　　　(b)

图 27.79(另见彩图)　(a)基于 1NR-MTJ 和 1 晶体管的 4×4 纳米环 MRAM 演示器件
构架示意图；(b) 集成于 CMOS 电路上的 4×4 纳米环 MRAM 演示芯片

27.3.9　赛道型磁性存储器

当施加电流在磁性纳米线中，电流产生的自旋转移力矩效应可以诱导磁畴壁的移动。基于这个原理，IBM 公司的 Stuart Parkin 于 2004 年首先提出了赛道型磁性存储器(racetrack memory)的概念[99]。图 27.80 为赛道型磁性存储器的构造示意图。它的基本构造单元由磁性纳米线、磁性隧道结"读头"以及一条写线构成。赛道型磁性存储器的优势之一是单个晶体管对应于单个赛道单元上的多个比

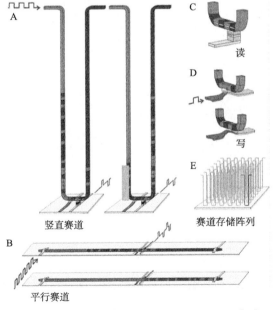

图 27.80　赛道型磁性存储器的构造示意图[100]

特位，从而实现更高的集成度和存储密度。第一代赛道型磁性存储器是基于面内磁各向异性的 NiFe 磁性纳米线中 STT 诱导磁畴壁的移动来实现的。在 NiFe 磁性纳米线中，由于磁各向异性能的作用，磁矩总是沿着纳米线的线长方向排列。写线中通过电流，其产生的局域磁场可以改变纳米线中的靠近写线处磁畴的磁化方向，完成信息的写入或改写。磁性纳米线中不同磁化取向的磁畴的交界处为磁畴壁，同时磁畴壁由纳米线上的槽口来钉扎。具有不同磁矩取向的磁畴可以用来存储信息"1"或"0"。当纳米线中通入自旋极化的纳秒级脉冲电流时，并且脉冲电流密度达到一定数值，由于 STT 效应的作用，磁畴壁可以根据电流的方向前后移动。当相应的磁畴移动到磁性隧道结附近时，信息就可以通过磁性隧道结的磁电阻变化来被读取。

在 10nm 厚、300nm 宽的 NiFe 纳米线中，当电流密度为 $1.5 \times 10^8 \, A/cm^2$ 时，无外加磁场下磁畴壁运动的最大速度约为 110m/s[100]。2011 年，IBM 公司首次在 200mm 晶圆上实现了赛道型磁性存储器与 90nm CMOS 半导体工艺技术的整合[101]。图 27.81 显示了赛道式磁性存储器单个赛道单元的结构示意图以及扫描电镜照片。每个赛道单元由宽为 60~240nm，长度为 6~12μm，厚度为 15 或 20nm 的 NiFe 磁性纳米线构成。所有阵列共 256 个赛道单元，每个间距为 560nm。磁性隧道结的设计尺寸从 80nm×160nm 到 240nm×400nm 变化。图 27.82 为集成的赛道型磁性存储器的扫描电镜照片[101]。

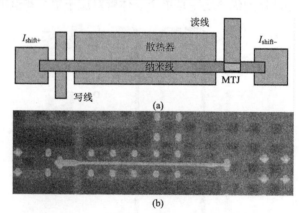

图 27.81　赛道型磁性存储器单个赛道单元的
结构示意图以及扫描电镜照片[101]

为了进一步提高存储密度，作为存储位的磁畴尺寸需要进一步减小。当磁畴的尺寸减小到一定程度，又面临着热稳定性的问题，因此第二代赛道型磁性存储器采用具有垂直各向异性的磁性纳米线作为赛道单元。一般采用具有垂直各向异性的 CoNi 多层膜磁性纳米线。另外，随着自旋轨道耦合效应的发现，基于自旋

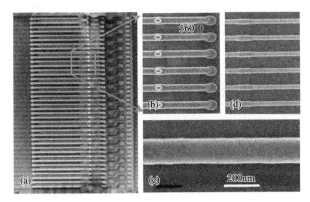

图 27.82　集成的赛道型磁性存储器阵列的扫描电镜照片[101]

霍尔效应驱动 Dzyaloshinskii-Moriya 相互作用(DMI)诱导的手性磁畴或斯格明子 (Skyrmion)的赛道型磁性存储器，是目前研究的热点[102, 103]。

27.3.10　基于自旋轨道耦合效应的磁随机存取存储器

随着对自旋电子学的深入研究，理论上所预言的基于自旋轨道耦合的新奇自旋电子学效应不断被实验所证实，进一步催生了基于新写入方式和新结构的新型磁随机存取存储器的设计。

1. 基于 Rashba 效应的磁随机存取存储器

Rashba 效应一般是在半导体的低维结构中，由人工控制来破坏其空间反射不变性(如生长不对称的量子阱或不对称掺杂)，或动态地改变这种结构的对称性(如施加偏压)来破坏空间反射不变性。这种由宏观结构的不对称性导致的自旋劈裂，称为 Rashba 劈裂，所对应的自旋轨道耦合就是 Rashba 自旋轨道耦合。简单地，当两种材料的自旋轨道耦合强度不一样时，则在这两种材料相接触的界面就会由于空间反演不对称性产生 Rashba 自旋轨道耦合。进一步这种强的耦合作用会产生出一个自旋转移力矩，当所加的电流大于某一电流临界值时，由于自旋转移力矩效应，会使相邻铁磁层的磁矩发生转动；当所加的电流小于某一电流临界值时，铁磁层的磁矩会产生进动。

2009 年，中国科学院物理研究所韩秀峰研究组提出了一种基于 Rashba 效应的磁随机存取存储器单元[104]。该磁随机存取存储器单元包括磁性多层膜存储单元和位线，其特征在于，磁性多层膜存储单元自下而上依次包括衬底、非磁性层、核心功能层区和覆盖层；核心功能层区自下而上依次包括下磁性层、中间层和上磁性层；位线与非磁性层相连，以使写电流横向流经非磁性层，并反转下磁性层的磁矩，实现数据的写入。另外，还提供具有类似结构的基于 Rashba 效应的可编程磁逻辑器件和自旋微波振荡器。这种设计方案实现了读写分离，可以有效保护器件，使其在反复高电流密度读写时不易被损坏，可以有效降低写电流密度，增加器件的可操作性。

2011 年，Guo 等[105]设计和模拟了一种基于 Rashba 效应的新型磁随机存取存储器结构，如图 27.83 所示。该器件的基本单元由在界面具有强 Rashba 耦合的 Co/Pt/Co/金属氧化物多层膜自由层、势垒层以及被钉扎层构成。利用 Rashba 自旋轨道耦合效应来对具有信息记录功能的自由层进行写操作以及利用磁性隧道结的 TMR 效应来实现读操作。在金属氧化物与铁磁层界面，由于 Rashba 效应的存在，会诱导出一个巨大的内电场。当电流平行通过自由层膜面时，通过 Rashba 效应诱导的自旋转移力矩，可以使铁磁层的磁矩发生反转，从而完成器件的写操作。这种设计的实现，还需要实验上进一步深入探索开发具有更低磁各向异性的铁磁合金材料以及具有更强 Rashba 耦合能的界面。

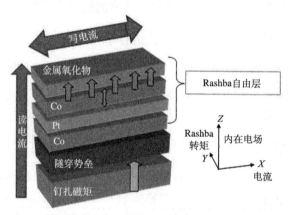

图 27.83　基于 Rashba 效应的 MRAM 结构示意图[105]

2. 基于自旋霍尔效应的磁随机存取存储器

另外一个自旋轨道耦合效应是自旋霍尔效应[106]，简单地讲是指在强自旋轨道耦合材料中，当电流通过时由于自旋相关的散射，会产生具有 100% 自旋极化率的纯自旋流的效应。当纯自旋流足够大时，会使相邻的铁磁层发生反转，但是最初实验上观察到的自旋霍尔效应都很小，不足以用来反转铁磁层。

2012 年，Liu 等[107]实验上发现了 β-Ta 材料中具有巨大自旋霍尔效应，并利用该效应实现了相邻铁磁层 CoFeB 的磁矩反转。相对于普通的金属 Ta，β-Ta 具有较高的电阻率，从而有可能增强了自旋轨道相关的散射。实验上获得了 β-Ta

的自旋霍尔角为 0.12~0.15，这相对于传统的高自旋轨道耦合材料 Pt 的自旋霍尔角的符号相反，且数值还要大 1 倍。在典型的磁性隧道结结构 β-Ta/CoFeB/MgO/CoFeB/Ta/Ru 中，当流经 β-Ta 的电流约为 1 mA 时，与其相邻的铁磁层 CoFeB 的磁矩发生反转，如图 27.84 所示。在 β-Ta/CoFeB/MgO 结构中，写电流密度为 $1 \times 10^6 A/cm^2$，利用具有大自旋霍尔角的材料，有望进一步降低写电流密度。2014 年，Mellnik 等[108] 发现在拓扑绝缘体材料 Bi_2Se_3 中，由于其拓扑表面态的存在，实验上所测得的室温自旋霍尔角为 2.0~3.5（表 27.3），比传统的强自旋轨道耦合材料中的最大自旋霍尔角还要高 1 个量级。这个结果显示了拓扑绝缘体材料在自旋电子学领域的存储及逻辑器件中有着巨大的应用前景。表 27.3 列出了室温下具有强自旋轨道耦合的不同材料的自旋霍尔角对比。基于自旋霍尔效应的磁随机存取存储器，是利用与铁磁自由层相邻材料中的自旋霍尔效应产生的自旋极化电流，来翻转铁磁自由层，实现信息写入的器件。对于每个存储单元，是一个三端子器件，写电流不流经磁性隧道结而只流经缓冲层，只有较小的读电流通过磁性隧道结，实现了器件的读写分离，提高了器件的稳定性和寿命。

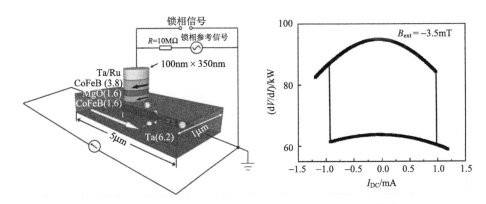

图 27.84　自旋霍尔效应诱导的自由层磁矩的磁化反转[107]

表 27.3　室温下具有强自旋轨道耦合的不同材料的自旋霍尔角对比[108]

材料	Bi_2Se_3	Pt	β-Ta	Cu(Bi)	β-W
自旋霍尔角	2.0~3.5	0.08	0.15	0.24	0.3

3. 基于电场（电压）效应的磁随机存取存储器

在铁磁薄膜与氧化物薄膜界面处，由于自旋轨道耦合效应，可以产生界面垂直磁各向异性。当铁磁薄膜足够薄时（约 1nm），界面垂直各向异性起主要作用，从而使不具有垂直各向异性的立方结构的软磁薄膜材料实现了垂直磁各向异性，如 Fe、CoFe、CoFeB 以及 Co_2FeAl 等。而这种由于界面自旋轨道耦合产生的垂直磁各向异性可以由电场来调控,从而兴起了对基于电场(电压)效应的磁随机存取存储器等自旋电子学器件的研究和开发。

2000 年,Ohno 等[109]首先在磁性半导体中实验观察到施加电场可以改变磁性半导体的载流子的密度,使其实现从铁磁性到顺磁性的转变,从而开启了电场对磁性材料性质调控的研究。2007 年,Weisheit 等[110]发现在 FePt 磁性薄膜中,电场可以使磁各向异性发生约 4% 的变化。随后,日本大阪大学以及产业综合技术研究所[111, 112]发现了在具有界面垂直磁各向异性的 Fe/MgO 以及 CoFe/MgO 结构中,电场(电压)改变了界面垂直磁各向异性。2012 年,Wang 等[88]在垂直磁各向异性的 CoFeB/MgO/CoFeB 磁性隧道结中,发现加电压可以减弱或增强 CoFeB 的垂直磁各向异性,从而利用电压辅助的 STT 效应实现了自由层的磁矩反转,所施加的电压以及辅助磁场降低了磁矩反转的势垒,因而极大地降低了临界反转电流密度。图 27.85 所示为基于电压效应的垂直磁性隧道结示意图以及在一系列电压脉冲作用下的磁化反转电阻变化[88]。基于电压效应的磁随机存取存储器优势是可以大大降低写入一个信息比特的功耗。单独的自旋极化电流驱动(STT 效应)写入方式,一个存储单元的一次信息写入功耗为 pJ 量级,而利用电压辅助的电流驱动写入方式,可以在 fJ 量级实现存储单元的磁化反转和信息写入。

另外,采用铁电与铁磁材料复合结构或多铁材料,通过变化的电场对铁电或多铁性材料的电极化特性进行调制,也可以达到影响和改变金属层的电导的作用,调控器件电阻的变化,获得不同的电场下对应不同的电阻态,实现基于电致电阻效应的新型磁随机存取存储器等自旋电子学器件[113]。

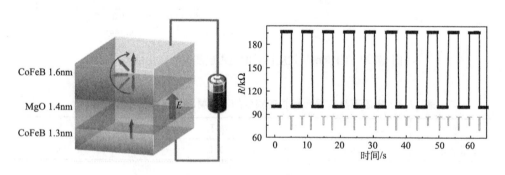

图 27.85　基于电压效应的垂直磁性隧道结示意图以及在一
系列电压脉冲作用下的磁化反转电阻变化[88]

综上所述,基于自旋轨道耦合效应的新型磁随机存取存储器,可以实现读写操作的分离,即写操作电流不需要通过磁性隧道结势垒,从而避免了磁性隧道结在大电流下被击穿的可能性，进一步增加了器件读写操作的稳定性。另外，可以进一步降低存储单元磁化反转电流密度，降低器件的功耗，实现与半导体工艺节点的兼容。图 27.86 为 MRAM 的发展现状及趋势图。简而言之，随着自旋电子学新型材料和新奇物理效应的发现，以及半导体工业界在 MRAM 上的努力，可以预期在不久的将来，有望实现更高性能和更高容量的 MRAM 芯片，并加速产业化进程。

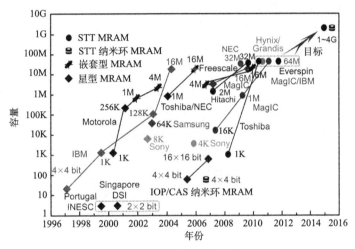

图 27.86　MRAM 的发展现状及趋势图

27.4　自旋纳米振荡器

利用 STT 效应可以在巨磁电阻(GMR)多层膜和磁性隧道结体系中产生高达几十 GHz 的磁矩高频进动。这一高频进动信号通过磁电阻效应读出电压信号，即一种新型的 STT-纳米高频器件。这种微波发射首先在电流沿垂直面内(CPP)的纳米柱状 GMR 纳米多层膜(CPP-GMR)结构中实现，但是由于全金属的 GMR 纳米结构磁电阻较低，微波输出功率较低，仅在纳瓦量级。微波功率理论上正比于 MR 的平方，因此 MgO 磁性隧道结的巨大磁电阻效应保证了基于 MgO-MTJ 的微波振荡器有高功率的微波输出。这种 STT-纳米高频器件有望在工业、民用(如便携式有源移动通信发射和接收装置)、航空航天(如可连续变频或锁频的机载雷达信号发生器和微波探测器等)、计算机和高科技信息技术等领域具有广泛的重要用途。

自旋转移力矩效应的一个重要应用是磁矩进动而产生的微波激发器件，即自旋微波纳米振荡器。2003 年 Kiselev 等[114]在巨磁电阻多层膜纳米柱中首次观测到直流激励下的微波发射。他们在单个纳米磁体中，通过施加自旋极化的直流电流，直接用电学方法测量了微波频率动力学。该实验显示了自旋转移力矩能产生不同的磁激发类型。虽然没有机械运动，但是单个磁层结构扮演了类似一个纳米马达的作用；它将直流电流的能量转变成高频磁进动。测量的电信号要大于 40 倍的室温热噪声，输出功率范围为 $25\sim100\mathrm{pW/mA}$，频率最大可到 40GHz 左右，而且微波频率的位置能由电流和磁场共同或分别调节。如果自由层磁矩的进动(振荡)相对于固定层磁矩的方向刚好是对称的，则电压信号只发生在振荡基频的两倍处，因为磁矩进动半圈，电阻变化就一个周期；为了在基频处产生可测的信号强度，需沿样品面内与自由层易磁化方向偏离几度的方向上施加外磁场。

鉴于微波辐射功率低的问题，Deac 等[115]利用 100 nm 左右的 MgO 势垒的磁性隧道结纳米柱产生了可以跟实际应用器件相比拟的微波信号输出功率，约 $0.43\mu\mathrm{W}$，这种自旋微波器件的体积相比传统的射频振荡器小了 7 个数量级，如图 27.87 所示。同时，发现在 MgO 势垒的磁性隧道结中自旋极化电流诱导的局域磁矩上的垂直面内的自旋转移力矩项能达到面内自旋转移力矩项的 25%，且具有不同的偏压依赖关系。这个结果跟在全金属的巨磁电阻多层膜纳米柱结构中的结果完全不同，反映了在这两种结构中自旋极化电流诱导的磁矩进动有着不同的物理机制。

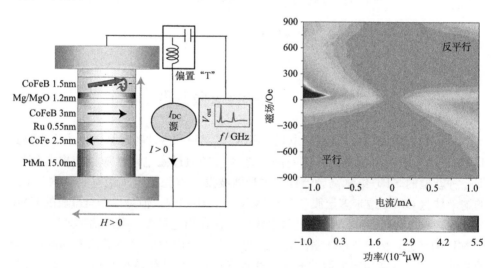

图 27.87　Deac 等利用约 100 nm 的 MgO 势垒磁性隧道结纳米柱产生高输出功率的微波信号[115]

另外，Wickenden 等[116]利用纳米接触的方法研究了 100nm 尺度自旋纳米振荡器件，并且开创性的通过一定空间距离来检测纳米振荡器辐射的能量，报道了约 50nm 直径的自旋纳米微波振荡器，从一个分立的耦合天线通过 1m 距离的空气间隔检测到输出功率为 250pW、频率为 9GHz 的微波。这说明了可以通过电流或磁场对输出微波的幅度和频率进行调谐，从自旋纳米振荡器通过天线可以传输高频率的信息。自旋纳米振荡器是无电抗性的电阻器件，可在 500MHz 到 10GHz 之间的带宽内调控；自旋纳米振荡器不需要外匹配电路，也不需要设置传输线，通常在非常低的偏压(<0.25V)下具有固有的辐射频率。自旋纳米振荡器相比场效应管、二极管等其他固态电子器件具有潜在的更多优势和应用价值。

微波振荡器是在通信领域中用于输出微波的常用器件，广泛应用于雷达、广播基站、电视、移动通信终端和高频信号发生器等。现在的无线电通信发展日新月异，要求通信系统越来越小型化，并需要高集成度和低功耗，其工作频率不断提高并且要求具有高的频率可控可调谐性，因此需要具有很高品质因数的可集成射频通信前端等。虽然已经有很多商用的微波振荡器，但在上述综合性能需求方面都有一些不足之处。例如，磁控管振荡器是应用比较早的，但是它具有体积过大、不易于集成、频率低、功耗大的缺点，因此不能很好地用于未来便携式通信。又如，LC 压控振荡器的频率也不是很高，几乎达不到吉赫兹，而且调频范围比较窄，集成度也不是很高，品质因数也低。另外还有晶体振荡器，它是一种固态振荡器，芯片本身的谐振频率基本上只与芯片的切割方式、几何形状和尺寸有关，虽然频率稳定性比较好，但是调频比较困难。一般的晶体振荡器最高输出频率不超过 200MHz，个别的达到吉赫兹，所以频率也不是很高。最主要的是这种晶体振荡器尺度是毫米量级以上，给半导体集成造成很大的困难，而且功耗也很大。商用无线通信系统(如蜂窝无线网)的射频接收前端都是宏观尺度的，其侧向尺寸一般为 1~2mm，且多年来没有明显缩小。射频接收前端中其他数字电路的尺寸则已经发生日新月异的变化，变得越来越小。许多工程技术人员致力于射频微机电系统(RF-MEMS)研究以期获得可以集成化的射频振荡器，然而这种器件不但输出功率低，并且需要真空包装，要做到高品质需要付出高的制造成本。

自旋纳米振荡器具有体积小、高集成度、频率高、稳定性好以及功耗低等，较现有的微波器件具有无法比拟的优势，在微波振荡器、信号发射源以及微波检测器等器件中有着极大的应用潜力和前景。研究主要集中在通过多个振荡器相锁[117, 118]；改变磁场的角度和大小[119]，来进一步提高器件的输出功率，减小峰宽，提高输出频率等。

2013 年，Zeng 等[120]采用具有新型的磁性隧道结结构，使自旋纳米振荡器的输出功率有了较大的提高，最高可达 63nW，同时实现了较低的临界电流密度，如图 27.88 所示。最优性能为电流密度低于 $1.2 \times 10^5 \mathrm{A/cm^2}$ 以及零偏置场操作，这些都显著地拓展了自旋纳米振荡器的实用潜能，并为以后与半导体集成电路的融合打下了物理研究基础。这种新型的隧道结结构的磁性极化层为具有面

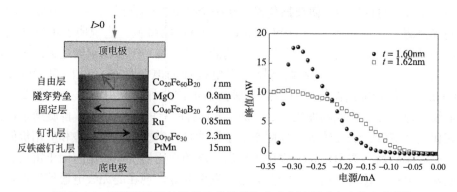

图 27.88 磁性隧道结结构以及其峰值输出功率随驱动电流的变化[120]

内磁化的人工反铁磁层 $Co_{70}Fe_{30}/Ru/Co_{40}Fe_{40}B_{20}$，它的磁性自由层则是富铁的 $Co_{20}Fe_{60}B_{20}$，厚度通过优化选择为 $t=1.60\sim1.62nm$，使磁性层具有垂直各向异性，但是趋向于面内磁化，即其磁化方向与法向方向具有一定的夹角，从而当其进动的时候，磁电阻的变化很大，从而使其输出功率得到较大的提高。

一般而言，自旋纳米振荡器可分为两类：纳米柱结构和点接触结构。前面主要介绍了纳米柱结构，现在简单介绍点接触结构的制备方法。它的电极与磁性层之间通过纳米点接触，电极尺寸在 100nm 左右，而磁性层的结构不变，多个点接触共用磁性层。一般这种结构是在磁性薄膜上首先旋涂电子束正胶，然后利用电子束曝光(EBL)的方式来实现纳米孔洞的制备，再沉积金属。但是由于 EBL 方法的造价很高，而且制备周期长，因此大大制约了这种方法的普及与推广。但是 Sani 等[121]通过有机自组装的方法实现了自下而上的多纳米点接触自旋纳米振荡器，他们在薄膜表面首先旋涂光刻胶，然后在其表面涂敷带有导电有机颗粒的有机溶液，由于这些颗粒带有相同电荷，因此它们会相互排斥，从而在表面形成均匀的排布，然后以此为硬掩模来进行反应离子刻蚀，从而可以在薄膜表面形成纳米点接触的孔洞，从而实现点接触的自旋纳米振荡器。具体方法如图 27.89 和图 27.90 所示。通过调节有机溶液的成分与导电小球的尺寸可实现点接触的大小与间隔。然后测量多个纳米点接触，观察到它们之间的相互作用以及频率的同步现象，输出功率也有一定的提高。

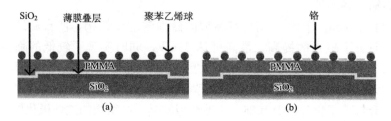

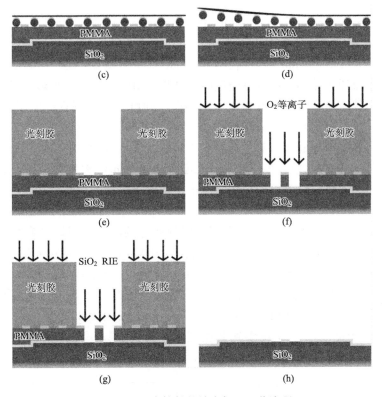

图 27.89　点接触的纳米加工工艺流程

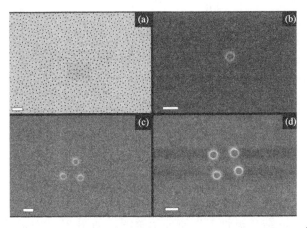

图 27.90　有机自组装的方法实现的纳米点接触的扫描电镜照片[121]。
(a)中的标尺为 1μm；(b)～(d)中的标尺为 200nm

27.5 自旋转移力矩二极管

2005 年，Tulapurkar 等[122]在纳米磁性隧道结中发现，当一个较小的无线电频率交流电流通过该纳米磁性隧道结时，如果该电流频率与磁性隧道结中由于自旋转移力矩效应所产生的自旋振荡产生共振，则可以检测到直流电压信号输出。这个共振态可以进一步通过施加外磁场来调节，同时根据电流方向的不同，磁性隧道结展现出了不同的电阻态。这种获得直流电压信号的自旋电子学器件的工作原理与传统的具有自建电场的半导体二极管截然不同，称为自旋转移力矩二极管。自旋转移力矩二极管可以应用在电子通信电路中，形成纳米无线电探测器的基础。

图 27.91(a)所示为自旋转移力矩二极管效应的测量电路以及磁性隧道结的截面示意图。磁性隧道结的核心结构为 PtMn(15nm)/CoFe(2.5nm)/Ru(0.85nm)/CoFeB(3nm)/MgO(0.85nm)/CoFeB(3nm)，尺寸为 100nm × 200nm。图 27.91(b)是不同磁场下，输入交流电流时的直流电压输出与交流频率之间的关系。交流电流的大小为 0.55mA，可以测量出的直流电压最大达 55μV。进一步可以清楚地观察到共振现象，其共振频率随磁场的增大而单调增加。

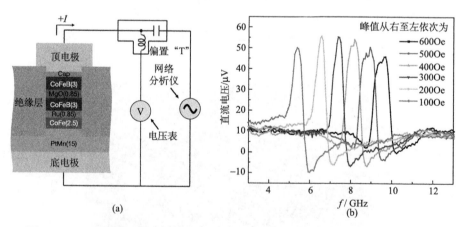

图 27.91 (a) 自旋转移力矩二极管效应测量电路示意图；(b) 不同磁场下输入交流电流时的直流电压输出与交流频率的关系[122]

传统半导体 pn 结二极管工作原理示意图，如图 27.92(a)所示。当正偏压施加在 n 端，pn 结的空间电荷区扩大，电阻变高；当施加相反极性的电压时，空间电荷区缩小，电阻变低。与传统的半导体二极管不同，自旋转移力矩二极

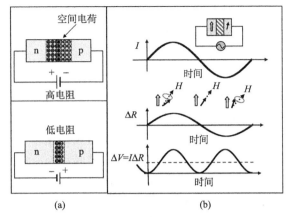

图 27.92　(a)传统半导体 pn 结二极管
以及(b)自旋转移力矩二极管的工作原理示意图[122]

管的工作原理，如图 27.92(b)所示。在纳米磁性隧道结中通入交流电流时，电流会对磁性隧道结的自由层的磁矩产生自旋转移力矩作用，从而引起自由层磁矩进动。当电流的频率与自由层磁矩进动频率接近时，负极性的交流电流驱使自由层磁矩转向与被钉扎层磁矩一致的方向，磁性隧道结的电阻较低；而反方向电流驱使自由层磁矩转向与被钉扎层磁矩相反的方向，磁性隧道结的电阻值较高。在正向和负向电流的交互作用下，磁性隧道结电阻值变化，使得该系统输出直流电压。

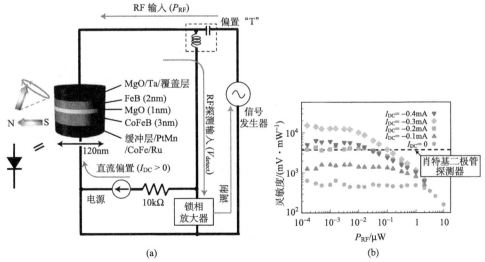

图 27.93　(a)高灵敏度自旋转移力矩二极管电路示意图；(b)不同直流偏置下
自旋转移力矩二极管灵敏度与输入交流信号功率的关系[123]

　　2013 年，日本大阪大学与产业技术综合研究所 Miwa 等[123]，通过施加直流偏置的方法开发出了灵敏度极高的自旋转移力矩二极管。图 27.93(a)所示为高灵敏度自旋转移力矩二极管电路示意图，其中磁性隧道结的核心结构为 CoFeB (3)/MgO(1)/FeB(2nm)，尺寸为 120nm。图 27.93(b)是不同直流偏置下，自旋转移力矩二极管灵敏度与输入交流信号功率的关系。随着直流偏置电流幅度增加到一定幅值，其灵敏度逐步提高。当直流偏置电流为 −0.3mA 时，灵敏度就会大幅提高至 12000V/W，达到现有半导体二极管灵敏度值 3800V/W 的 3 倍以上。能够实现如此高的灵敏度，是因为通过向自旋转移力矩二极管施加直流偏置电流，优化了磁矩进动轴的倾斜角度。如果不施加电流，自旋转移力矩二极管的灵敏度仅为 630V/W，而沿着二极管的正方向通入直流电流之后，灵敏度就会大幅提高。该高灵敏度自旋转移力矩二极管作为核心单元，可以广泛应用于基于大规模集成电路芯片的纳米微波探测器中。

27.6　自旋逻辑器件

　　利用磁性材料的电子自旋特性来设计的数字逻辑称为磁逻辑。与普通的半导体逻辑元件相比，这种基于自旋相关输运特性的可重配置的逻辑门元件具有高操作频率、无限配置次数、逻辑信息的非易失性、防辐射、与 MRAM 兼容等优点。2000 年 Black 和 Das[124] 提出一种基于磁电阻效应的磁场驱动型自旋磁逻辑。两年后，德国西门子公司通过实验演示了一种可重配置的磁逻辑门元件，紧接着柏林 Paul Drude 研究所提出了一种更简单的方法来实现各种计算元件在不同逻辑状态之间的切换[125]。另外，Han 研究组设计了基于纳米椭圆环磁性隧道结的自旋逻辑器件，如图 27.94 所示[42, 126, 127]。与传统磁逻辑器件相比，基于结构简单、低能耗的实心纳米椭圆或空心纳米椭圆环（包括纳米环）磁性隧道结，通过利用自旋转移力矩效应来实现磁逻辑功能，可以制备出纳米椭圆或纳米椭圆环磁逻辑器件。

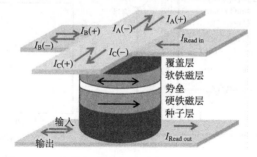

图 27.94　自旋极化电流驱动的基于纳米椭圆或椭
圆环磁性隧道结的磁逻辑器件结构示意图[42]

在这种新型的自旋转移力矩效应磁逻辑器件中，纳米磁性隧道结单元包括软铁磁层、势垒层和硬磁层以及覆盖层和种子层，此外还包括逻辑操控电流的输入、输出电极和数据写入、读出电极。图 27.95 给出了基于椭圆形磁性隧道结和自旋极化电流驱动的磁逻辑器件结构和工作原理示意图。首先，给电极 A、B 和 C 输入电流 $I(0)$，让磁性隧道结回到初始态 $R=\text{low}(0)$，此时软磁层的磁化方向是和硬磁层的磁化方向是平行的。这种情况下，磁性隧道结单元处于低阻态，定义这种情况为逻辑 0 输出。如图 27.95 所示，定义 A、B 电极电流的正（负）为逻辑 1(0) 的输入。逻辑操纵的结果如下：①对 A、B 电极输入数据 0（负电流），隧道结两磁层磁化方向平行的状态不发生改变，逻辑输出为 0。②电极 A、B 分别输入 0、1（负电流和正电流），由于通过隧道结的净电流很低，隧道结的两磁层和平行状态仍然不变，因此输出仍为 0。对于 A、B 分别输入 1、0 的情况，情况是一样的，输出为 0。③对 A、B 电极同时输入逻辑 1（正电流），由于自旋力矩转移效应，软磁层的磁化方向被改变，变为反平行于硬磁层。这样，我们就得到逻辑输出 1。图 27.95 中表为逻辑"与"的真值表。另外，我们可以用相似的方法得到逻辑"或"、"非"、"与非"、和"异或"，见图 27.95 中它们的真值表。

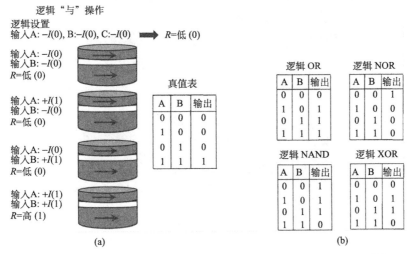

图 27.95　(a)逻辑与运算；(b)逻辑或、非、与非和异或的真值表[42]

尽管实现磁逻辑功能仍有很多的困难，比如纳米器件的微纳米加工和稳定性，但是基于自旋电流驱动的磁逻辑器件，为实现磁记录和逻辑运算功能于一身的磁性信息处理系统提供了一种可行性方法。

27.7 自旋晶体管、自旋场效应晶体管

自旋场效应晶体管(spin-FET),也称为自旋偏振(极化)半导体场效应晶体管,这是一种半导体自旋电子器件。自旋场效应晶体管最早是 1990 年由 Datta 和 Das[128] 提出来的。其基本结构见图 27.96 所示,参与导电的是 InAlAs/InGaAs 异质结形成的高迁移率二维电子气(2-DEG),电子在通道中保持弹道输运;铁磁电极 S 和 D 具有相同的极化方向(即其中电子自旋的取向相同),以注入和收集自旋极化的电子;对于异质结来说,由于自旋-轨道耦合,结构反演的不对称性与输运通道的几何约束导致一个与栅极电压有关的有效磁场,使沟道中高速运动的电子的自旋发生进动或转动,当自旋变成反平行时即被 D 极排斥而不导电,D 极排斥作用的强弱决定于自旋进动的程度,从而 S-D 电流受到栅电压的控制。

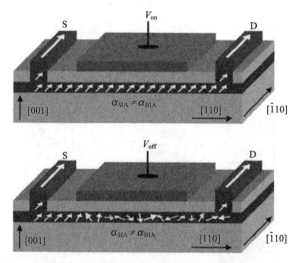

图 27.96 自旋场效应管的结构示意图[128]

1993 年,Johnson 提出了一种"铁磁金属/非磁金属/铁磁金属"三明治结构的全金属的双极性自旋晶体管,如图 27.97 所示[129]。其工作原理是:当发射极与基极之间无电流通过时,此基极的自旋向上与自旋向下的子带的化学势与发射极、接收极的化学势是一致的;当外加电压时,发射极和基极之间有电流通过,发射极向基极注入自旋向上的电流,顺磁基极中出现自旋积累,从而产生非平衡磁化,导致非磁金属中自旋向上子带的化学势向上移动,同时自旋向下子带的化学势向下移动,如果铁磁金属接收极处在开路状态,必须调整其费米面,来保持

与非磁金属相同自旋子带的化学势平衡。当接收极和发射极的磁化方向一致时，它必须相应提高化学势，才不会有持续的电流从基极流往接收极，于是接收极带负电位；当接收极与发射极磁化方向反平行时，它必须相应降低它的化学势，才不会有持续的电流从接收极流往基极，于是接收极带正电位。接收极的电位依赖于它的磁化方向，而磁化方向可以通过外磁场来改变。全金属晶体管作为原理性器件，输出信号通常在纳伏甚至皮伏量级，非常小，并且没有放大功能，目前距离实际应用存在很大的差距。

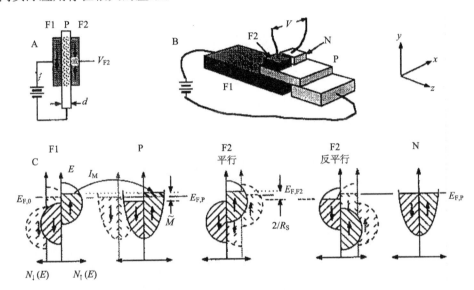

图 27.97　Johnson 自旋晶体管示意图[129]

　　1998 年 Monsma 等提出了利用热电子在 GMR 结构中自旋相关散射的一种热电子自旋晶体管，如图 27.98 所示[130]。基本结构为"Si 发射极/GMR 多层膜/Si 集电极"，发射结加正向偏压，集电结加反向偏压，当发射极电压大于肖特基势垒时，发射极向基极注入电子，形成发射电流（I_E）；进入基极的热电子通过 GMR 多层膜，经受自旋相关的散射，损失部分能量，只有能量足够大的电子才能克服基极与集电极之间的肖特基势垒到达集电极，形成集电极电流（I_C）。当 GMR 多层膜的磁性层反平行排列时，自旋向上和向下的热电子均受到强烈的散射，此时集电极电流比较小；当 GMR 多层膜的磁性层在外磁场作用下平行排列时，自旋方向与磁性层磁化方向平行的电子受到较少的散射，此时集电极电流比较大。这样集电极电流大小受到 GMR 多层膜的磁化状态的调制，即受到外磁场的调制。但是，这种结构获得的集电极电流非常小，在纳安数量级，I_C/I_E 也只有 5～10，这是大多数以金属作为基极的晶体管所共有的严重缺陷，影响了它们的实用化。

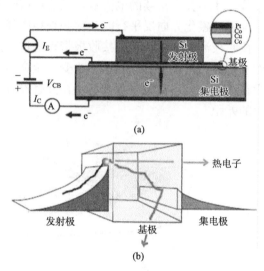

图 27.98　热电子自旋晶体管结构示意图[130]

　　具有记忆和逻辑功能的自旋晶体管也是磁电阻效应的潜在重要应用之一，自旋晶体管作为具有强大功能的未来集成电路的组成部分已得到相当多的关注。典型的磁性隧道结自旋晶体管，其结构为：金属发射极/势垒/铁磁性金属基极/半导体材料集电极，如图 27.99 所示[131]。实现自旋晶体管，至关重要的是提高半导体中自旋注入和自旋检测的效率。然而，在实际中的铁磁/半导体界面存在很

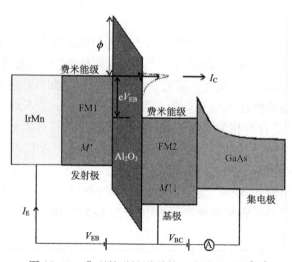

图 27.99　典型的磁性隧道结型自旋晶体管[131]

多问题。例如，界面层的形成、费米能级钉扎和电导率不匹配等。这些界面问题的最终解决方案仍处于研究阶段。

中国科学院物理研究所韩秀峰研究组提出了基于双势垒磁性隧道结的自旋晶体管结构，这种自旋晶体管被期望具有大的集电极电流、可变的基极-集电极电压等特点，可用于磁敏开关、自旋电流放大器和振荡器等自旋电子学器件[132]。

这种双势垒磁性隧道结自旋晶体管的运作原理如下，图 27.100 和 27.101 是这种双势垒隧道结晶体管的电子共振隧穿的示意图。由于基极材料是磁性材料，其输运特性与自旋相关。因此，当发射极 1、基极 3 和集电极 5 的磁化强度的方向处于平行状态时，发射极 1 中与上、中、下 3 个电极的磁化强度的方向一致的多数电子将穿过基极 3 和两个势垒层进入集电极 5；而发射极 1 中与上、中、下 3 个电极的磁化强度的方向相反的少数电子，将受到很强的散射作用而不能隧穿到集电极 5，尽管如此，这种情况下集电极 5 的电流仍比较大；而当集电极 5 的磁化强度的方向与基极 3 的磁化强度的方向相反时，虽然发射极 1 中多数自旋子带的电子能隧穿过第一隧道势垒层，但由于与集电极 5 的磁化强度的方向相反而受到强烈的散射作用（相当于镜面散射）而停留在中间基极 3 发生振荡，仅有很少隧穿电子由于受到杂质散射或其他非弹性散射作用导致自旋翻转、可以通过第二隧道势垒层而进入集电极 5，此时集电极 5 的电流较小。同前述实施例的原理一样，也可以通过改变集电极 5 的磁化强度方向，从而使隧穿电子在发射极 1 和集电极 5 间发生共振隧穿，在合适的条件下在集电极 5 得到放大的电流。

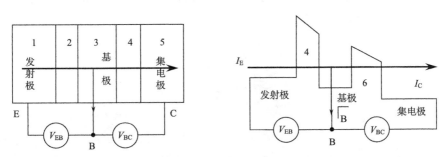

图 27.100 基于双势垒磁性隧道结的自旋晶体管结构图和原理图[132]

近来随着对 MgO 势垒材料的研究和利用，使磁性隧道结材料性能有了巨大的改进和提高；同时，半金属铁磁电极 Heusler 合金的使用也对磁性隧道结材料带来重大影响。研究发现具有 Heusler 合金铁磁电极和 MgO 势垒的磁性隧道结在室温下展现出了超过 300% 的隧穿磁电阻比值。最近，Shuto 等[133]成功设计制造了一个准自旋场效应晶体管（PS-MOSFET），并且实现了利用磁性隧道结的高低电阻状态来控制自旋晶体管的操作。

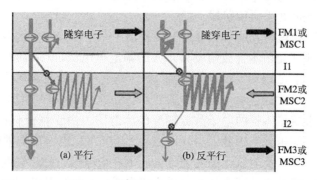

图 27.101　双势垒隧道结晶体管的电子共振隧穿的示意图[132]

　　这种基于磁性隧道结技术的准自旋场效应管单元的结构是在普通场效应晶体管(MOSFET)的源极集成磁性隧道结，并由磁性隧道结的电阻态来反馈源极与栅极之间的电压，如图 27.102 所示。这样准自旋场效应晶体管就能具备利用磁性隧道结的电阻状态来控制的晶体管高低电流的能力。另外，当漏极电流超过一定临界电流时，磁性隧道结中的自旋极化电流诱导的磁化反转或自旋转移力矩效应也可以被应用到该结构中；并且通过施加栅极电压可使该准自旋场效应晶体管的晶体管运作模式和自旋转移力矩模式相互独立。因此，这种准自旋场效应晶体管能够产生自旋晶体管的功能，再进一步结合近来发展的磁性隧道结技术，这将是最有希望实现自旋晶体管的途径之一。

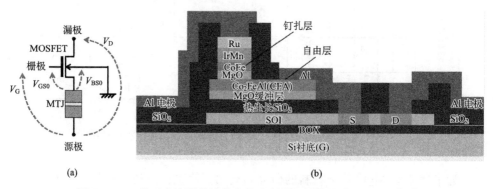

图 27.102　基于磁性隧道结技术的准自旋场效应管单元的结构[133]

　　准自旋场效应管的输出特性曲线清楚的显示了耗尽型的场效应管的行为，并且当磁性隧道结的钉扎层和自由层的磁矩平行时，漏极电流在整个线性区和饱和区均大于反平行时的漏极电流，这表明准自旋场效应管已具有一定的自旋晶体管的功能，如图 27.103 所示。

另外漏极电流的磁场依赖关系与磁电阻变化趋势一致，这反映了集成于源极的隧道结磁电阻的变化。定义磁电流比值为 $\gamma_{MC} = (I_P - I_{AP})/I_P$。其中，$I_P$ 和 I_{AP} 分别是当磁性隧道结的钉扎层与自由层平行和反平行时的漏极电流。当漏极电压 $V_D = 0.1V$ 和栅极电压 $V_G = 2V$ 时，磁电流比值是 38.4%。应当指出的是磁电流比值受到栅极漏电流的影响，该准自旋场效应晶体管的最大磁电流比值可以达到约 45%，如图 27.104 所示。通过改进工艺减小栅极漏电流，被期望于可以进一步提高磁电流比值。在低漏

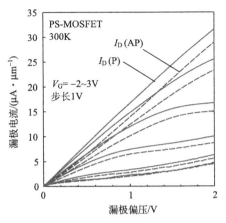

图 27.103　漏极电流在整个线性区和饱和区均大于反平行时的漏极电流，表明准自旋场效应管具有自旋晶体管的部分功能[133]

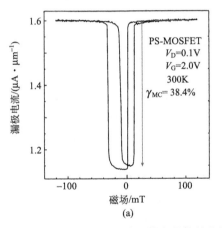

(a)

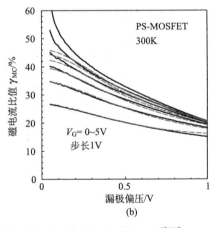

(b)

图 27.104　准自旋场效应晶体管的最大磁电流比值可以达到约 45%[133]

极电压和高栅压条件下产生的磁电流比值在非易失性静态随机存储器（NV-SRAM）和非易失性双稳态多谐振荡器电路（NV-FF）中有着重要应用。进一步改进材料结构和制备工艺，提高集成的磁性隧道结的磁电阻比值以及减小晶体管栅极漏电流将是未来研究的重点。

这种基于自旋电子学中磁性隧道结技术的准自旋场效应晶体管器件，成功实现了自旋晶体管的一些特定功能，具有随机读写速度快以及低功耗等优点，为开创下一代具有非易失性的可编程逻辑功能器件以及具有记忆功能的非易失性大规模集成电路，奠定了前期研究基础。

27.8　自旋忆阻器

早在 1971 年，Leon Chua 就首次从理论上提出了忆阻器(memristor)的概念[134]。这种忆阻器最先由 Stanley Williams 实验室于 2008 年证实[135]，这是除了电容器、电感器和电阻器外的一种新的基本电路元件，如图 27.105 所示。忆阻器的电阻率依赖于电压、电流的积分，因此它可以"记忆"外加电压、电流的历史。在此基础之上，人们提出结合磁电阻效应体系和电致电阻转变效应体系，从而实现在同一体系中控制磁性电极的磁矩状态和势垒层中的电阻态来调控器件的电阻态。

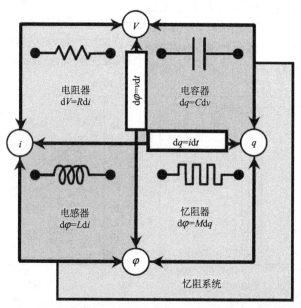

图 27.105　4 种基本的电路元件：电阻器、电感器、电容器和忆阻器[135]

最近，Krzysteczko 等成功地在 CoFeB/MgO/CoFeB 磁性隧道结中同时实现了隧穿磁电阻和电致电阻转变两种效应[136]。在他们的工作中，得到 100% 的隧穿磁电阻效应和 6% 的电致电阻转变效应。对于平行态和反平行态，磁性隧道结所加偏压的历史过程均可以导致多电阻态，如图 27.106 所示，这可以应用于多态数据存储。

人们已经在很多的体系中实现了电致电阻转变效应，对于这方面的研究也比较深入。然而，有关在同一体系中实现高的隧穿磁电阻效应和高的电致电阻转变效应的研究才刚刚起步，这需要人们不断努力和探索。

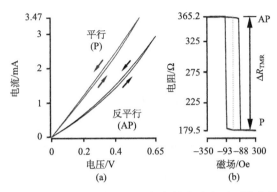

图 27.106　（a）平行态和反平行态的电流电压回滞曲线；
（b）磁性隧道结的磁电阻曲线[136]

27.9　自旋随机数字发生器

随机数是现代密码学系统的重要基石，可以确保信息通信技术的高度安全。随机数字发生器是通过一些算法、物理信号、环境噪声等来产生看起来似乎没有关联性的数列的方法或装置。生活中常见的丢硬币、掷骰子就是常见的两种随机数产生方式。大部分计算机上使用的是伪随机数，并不是真正的随机数，是使用一定的算法和种子值计算出来的似乎是随机的数序，只是重复的周期比较大的数列，基本上与非周期的数列效果一样。伪随机数的优点是计算简单，不需要外部的特殊硬件的支持，所以在计算机科学中仍然被广泛应用。但是由于伪随机数不是真正的随机数，在信息安全和密码学领域，伪随机数的可计算性是一个可以被攻击的地方。真正的随机数是物理随机数，必须使用专门的装置来产生，比如热噪信号等无法预测的物理现象来产生。从数据加密安全性的观点来看，物理随机数极大地优于伪随机数。

自旋物理随机数字发生器是基于典型的自旋电子学结构磁性隧道结的一种新型纳米物理随机数字发生器，其工作原理如图 27.107 所示[89]。首先，重置电流通过磁性隧道结来设置初始态为反平行态；然后施加电流到磁性隧道结产生自旋转移力矩效应，使自由层磁矩达到一个反转概率为 50% 的状态。然后，磁性隧道结的最终态由通过隧道结的探测电流来检测。通过调整电流大小，很容易使自由层到达一个反转概率为 50% 的位置，从而可以产生一个随机的比特位。将产生于两个或更多个磁性隧道结的两个或更多的独立随机比特位进行的组合，就能产生一个高质量的随机比特序列，从而满足理想的等概率和不可预测性。表 27.4 显示了各种物理随机数字发生器的性能参数对比。在所有的物理随机数产

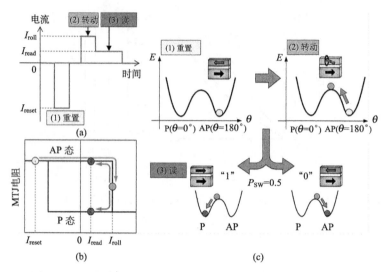

图 27.107　自旋物理随机数字发生器的基本原理。(a)操作时序
以及(b)相应的隧穿电阻-电流曲线；(c)能量示意图[89]

生器中，自旋随机数字发生器是一个仅有的可以扩展到现代硅基大规模集成电路
技术中的物理随机数字发生器。自旋随机数字发生器是一种反转概率 50％的基
于自旋转移力矩的自旋电子学器件，其制备过程以及数字控制电路都与自旋转移
力矩磁随机存取存储器(STT-MRAM)相兼容。所以它能以一个很低的成本简单
植入自旋转移力矩磁随机存取存储器或半导体集成电路芯片。采用大规模平行数
据处理方式，自旋随机数字发生器在理论上能高速的产生大量的物理随机数。因
此，自旋随机数字发生器对硅基大规模集成电路技术，特别是为自旋转移力矩磁
随机存取存储器提供了一种全新的安全功能。

表 27.4　各种物理随机数字发生器的性能对比[89]

类别	原理	速度/(bit·s^{-1})	应用系统	室温可操作性	芯片集成
放射性衰变	量子现象	约 100	台式机	良	差
光子传输	量子现象	约 10M	电路板	良	差
热噪声	波动	约 1M~1G	电路板，芯片	良	良
光子激光混沌	波动	10G	光学平台	良	不可能
超导单磁通量子器件	热扰动	10G	低温实验室	不可能	不可能
自旋随机数字发生器	热扰动	>10G(可能)	电路板，芯片	良	优

27.10 自旋电子学和微电子学发展历史的对比及其展望

微电子学经历了近 70 年的发展日臻成熟。它的发展历程如简图 27.108 所示，大致可分成两个阶段：①以摩尔定律的预言为界，第一阶段为各种微电子原型器件的设计和研发阶段，如点接触三极管的发明[137]、双极型晶体管的发明[138]、激光器的发明[139]、MOS 管的发明[140]、隧道二极管的发明[141]等。这些重要原型器件的发明建立了物理原理与所需器件性能之间的联系，为今后微电子工业的发展和商业应用奠定了物理基础。三极管、晶体管、激光和隧道二极管的发明者还先后获得了诺贝尔物理学奖；②第二阶段为摩尔定律的预言之后，这一时期工业界积极参与并大力推动了微电子学发展的进程。在市场需求的刺激下，工业界不断地刷新着集成密度和器件小型化的纪录。现在市场上，CMOS 器件的沟道线宽已进入 20nm 以内，并有望在未来 10 年内达到量子极限。

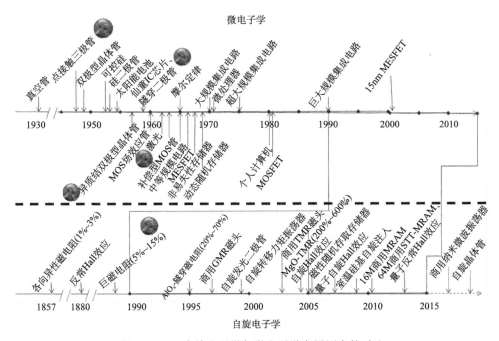

图 27.108 自旋电子学与微电子学发展历史的对比

如果将第一阶段进一步细分，按照原型器件的工作原理，我们又可将其拆分成三大类。第一类是电流调控的器件，如三极管、双极型晶体管等；第二类是电压调控的器件，如 MOS 场效应管等；第三类是多场调制的器件，如太阳能电池、激光器等光学器件。需要强调的是电压调控的器件，因其在低功耗方面相对电流调控器件有显著的优势，故在现在主流的 CPU、CCD 等芯片或者器件上占据了主流地位。

微电子器件的尺寸集成度已按照摩尔定律发展了 50 年，即将接近器件微缩的物理极限(5nm 左右)。如何进一步提高微电子器件的性能？通过传统的降低器件尺寸增加集成度的老路不再适用，微电子学的持续发展需要新原理和新效应的支撑。自旋电子学与量子计算、仿生计算等技术应运而生，自旋电子学的发展脉络如图 27.108 所示。自旋电子学，顾名思义，就是利用电子的自旋和电荷信息，甚至只利用自旋信息进行信息处理和信息存储的新兴技术。

从图示可以看到自旋电子学的大发展始于 GMR 效应[142, 143]的发现，该效应描述的是磁性/非磁性多层膜电阻随磁性层磁化状态的改变而改变的现象，这一新效应的发现者：德国科学家 Grünberg 教授和法国科学家 Fert 教授，也因此获得 2007 年的诺贝尔物理学奖。GMR 磁头之于自旋电子学类似于晶体管之于微电子学。后者彻底改变了真空管以来微电子工业的面貌；而前者也彻底地改变了磁存储工业的面貌，使存储密度从 AMR 读头时期的 $100Mb \cdot in^{-2}$ 提高至 $100Gb \cdot in^{-2}$ 或更高。除 GMR 效应外，对自旋电子学发展起到里程碑作用的另一个发明是 TMR 器件的出现。虽然 TMR 效应早在 20 世纪 70 年代便由 Julliere 发现[144]，但是它的数值一直偏低。直至日本和美国科学家利用 AlO_x 基的 TMR 器件将 TMR 提高至可实用化程度[61, 62]。后续基于 MgO 势垒的 TMR 器件更是将 TMR 数值提高至 400% 以上[63, 64]，这大大促进了 TMR 器件在计算机磁读头等领域的应用。

在微电子学第一个发展阶段，有关器件的电流调控和电压调控之竞争，最终以 MOS 为代表的电压调控器件取得优势而成为主导。类似的，在自旋电子学领域，也存在着这么一对技术方案的竞争：磁场调控和电流调控。通过自旋转移力矩效应的电流调控方式最早由 Slonczewski[2] 和 Berger[3] 提出。基于这种效应，人们可以借助外加电流而非外加磁场反转磁性层的磁矩，使原本具备非易失性的磁性纳米结构又具备了电流可操控性。由于这种效应不需要借助外加磁场，很快便引起了工业界的关注和重视，并迅速向产品和应用方面转化。现在已有基于该效应的 64M STT-MRAM 芯片投放市场。除了通过自旋力矩转移效应，通过自旋霍尔效应也能产生类似的效果。无论基于上述何种效应，电流可操控的 MRAM 器件已经初步显露出其优越性和实用性，将发挥类似 CMOS 器件在微电子工业界的重要作用。

类似于微电子学，我们认为已经有 25 年发展历程的自旋电子学也将经历从物理研究到工业应用推广的两个主要发展阶段。现在正处在第一发展阶段中的自旋电子学，正处于各类新型原理型和应用型器件不断被发明和优化的欣欣向荣阶段，未来 5～10 年更是自旋电子学迅速发展的关键时期。自旋电子学器件的研究和发展，正从单一利用 GMR 效应向利用 TMR 效应、自旋转移力矩效应、自旋霍尔效应等多种效应发展；从磁场调控向电流调控甚至向电场（电压）调控方向进一步发展，如自旋晶体管便是利用电压调控电子自旋的一个理论方案；从单一电学调控向光学调控或多场调控的方向发展，如自旋发光二极管等的出现。在自旋电子学这一关键的历史发展时期，如何进一步发现新的自旋相关物理效应、不断开发新的自旋电子学功能材料与器件，将会成为广大科研工作者和工程技术人员以及工业界高度重视的研究课题。

自旋电子学像半导体和微电子学的发展历程一样，已带来许多百年一遇的机会，为基于电子自旋属性或者电子的电荷与自旋双重属性的各种新型自旋电子学元器件的发现与应用展现了一个巨大和广阔的发展空间。自旋电子学会成为 21 世纪科学与技术的一个极其重要的新兴学科，期待有更多专家、学者和青年学子的加入、参与和推动！

作 者 简 介

韩秀峰　中国科学院物理研究所研究员、博士生导师、课题组组长。1984 年毕业于兰州大学物理系，1993 年在吉林大学获博士学位。1998～2001 年分别在日本东北大学、美国新奥尔良大学和爱尔兰都柏林大学圣三一学院等处从事自旋电子学研究。2000 年获中国科学院"百人计划"资助；2003 年获国家杰出青年科学基金资助；2007 年获国家自然科学基金委员会创新研究群体科学基金资助；2007 年入选"新世纪百千万人才工程"国家级人选。主要从事"自旋电子学材料、物理和器件"研究，包括：磁性隧道结及隧穿磁电阻（TMR）效应、多种铁磁复合隧道结（MTJ）材料、新型磁随机存取存储器（MRAM）、磁逻辑、自旋纳米振荡器、自旋晶体管、磁电阻磁敏传感器等原理型器件的研究。已发表 SCI 学术论文 200 余篇，获得中国发明专利授权 50 余项和国际专利授权 5 项。与合作者研制成功一种新型纳米环磁随机存取存储器（Nanoring MRAM）原理型演示器件、四种磁电阻磁敏传感器原理型演示器件。其中，"纳米环磁性隧道结及新型纳米环磁随机存取存储器的基础性研究"获 2013 年度北京市科学技术奖一等奖。

温振超　2005 年毕业于兰州大学物理科学与技术学院，获学士学位；2010 年在中国科学院物理研究所取得凝聚态物理专业博士学位；2010～2014 年在日本物质材料研究所做博士后研究。主要从事新型自旋电子学材料、物理及器件的研究。已发表 SCI 学术论文 30 余篇；获得中国发明专利 10 项、日本发明专利 1 项；获 2013 年度北京市科学技术奖一等奖(第三获奖人)。

参 考 文 献

[1] Yuasa S, Djayaprawira D D. Giant tunnel magnetoresistance in magnetic tunnel junctions with a crystalline MgO(001) barrier. J Phys D: Appl Phys, 2007, 40: R337.

[2] Slonczewski J C. Current-driven excitation of magnetic multilayers. J Magn Magn Mater, 1996, 159: 1.

[3] Berger L. Emission of spin waves by a magnetic multilayer traversed by a current. Phys. Rev. B, 1996, 54: 9353.

[4] Yuasa S, Matsumoto R, Fukushima A, et al. Tunnel magnetoresisance effect and its applications. [2014-07-22]. http://www. jst. go. jp/sicp/ws2009_sp1st/presentation/15. pdf.

[5] Gao K. Magnetic Thin Films for Perpendicular Recording. V7. 00001, APS March Meeting, 2009.

[6] Grochowski E. Computer storage consultant. [2014-07-26]. http://edwgrochowski. com/Bio/.

[7] Wikipedia. Hard disk drive performance characteristics. [2014-07-22]. http://en. wikipedia. org/wiki/Hard_disk_drive_performance_characteristics.

[8] Heidmann H J. Handbook of Magnetic Materials. 19. Amsterdam: Elsevier Science, 2011: 1.

[9] Thompson D A, Best J S. The future of magnetic data storage technology. IBM J Res Develop, 2000, 44: 311.

[10] 蔡建旺. 磁电子学器件应用原理. 物理学进展, 2006, 26: 180.

[11] Prinz G A. Magnetoelectronics. Science, 1998, 282: 1660.

[12] Katine J A, Fullerton E. Device implications of spin-transfer torques. J Magn Magn Mater, 2008, 320: 1217.

[13] Zhu J, Park C. Magnetic tunnel junctions. Materials Today, 2006, 9: 36.

[14] Hirohata A, Takanashi K. Future perspectives for spintronic devices. J Phys D: Appl Phys 2014, 47: 193001.

[15] Rieger G, Ludwig K, Hauch J, et al. GMR sensors for contactless position detection. Sensors and Actuators A: Physical, 2001, 91: 7.

[16] Ripka P. Magnetic Sensors and Magnetometers. Boston: Artech House, 2001: 494.

[17] Seran H C, Fergeau P. An optimized low-frequency three-axis search coil magnetometer for space research. Rev Sci Instrum, 2005, 76: 044502.

[18] Chaves R C, Freitas P P, Ocker B, et al. Low frequency picotesla field detection using hybrid MgO based tunnel sensors. Appl Phys Lett, 2007, 91: 102504.

[19] Pannetier M, Fermon C, Legoff G, et. al. Ultra-sensitive field sensors—An alternative to SQUIDs. IEEE Trans Super Cond, 2005, 15: 892.

[20] Clarke J, Braginski A I. The SQUID Handbook: Fundamentals and Technology of SQUIDs and SQUID Systems. Weinheim: Wiley-VCH, 2004.

[21] Sanders J H. Atomic Masses and Fundamental Constants 5. New York-London: Plenum Press, 1976.

[22] Kominis I K, Kornack T W, Allred J C, et al. A subfemtotesla multichannel atomic magnetometer. Nature 2003, 422: 596.

[23] Deeter M N, Day G W, Beahn T J, et al. Magneto-optic magnetic field sensor with 1. 4 pT/Hz$^{1/2}$ mini-

mum detectable field at 1 kHz. Electronic Letters, 1993, 29: 993.

[24] Joubert P Y, Pinassaud J. Linear magneto-optic imager for non-destructive evaluation. Sensors and Actuators A, 2006, 129: 126.

[25] Infineon Company. Sensors eLearning Center. [2014-07-22]. http://www. infineon. com/.

[26] Caruso M J, Smith C H, Bratland T, et al. A New Perspective on Magnetic Field Sensing. www. honeywell. com. 2014-08-24.

[27] Liu Y F, Cai J W, Sun L. Large enhancement of anisotropic magnetoresistance and thermal stability in Ta/NiFe/Ta trilayers with interfacial Pt addition. Appl Phys Lett, 2010, 96: 092509.

[28] Murata. AMR sensors. [2014-08-22]. http://www. murata. com. cn.

[29] Guedes A, Almeida J M, Cardoso S, et al. Improving Magnetic Field Detection Limits of Spin Valve Sensors Using Magnetic Flux Guide Concentrators. IEEE Trans Mag, 2007, 43: 2376.

[30] Leitao D C, Gameiro L, Silva A V, et al. Field detection in spin valve sensors using CoFeB/Ru synthetic-antiferromagnetic multilayers as magnetic flux concentrators. IEEE Tran Magn, 2012, 48: 3847.

[31] Guedes A, Jaramillo G, Buffa C, et al. Towards picotesla magnetic field detection using a GMR-MEMS hybrid device. IEEE Tran Magn, 2012, 48: 4115.

[32] Myers J. Magnetic isolators. NVE Corporation. [2014-08-17]. http://www. isoloop. com/isoloop-operation. php.

[33] Liu X, Ren C, Xiao G. Magnetic tunnel junction field sensors with hard-axis bias field. J Appl Phys, 2002, 92: 4722.

[34] Jang Y, Nam C, Kim J Y, et al. Magnetic field sensing scheme using CoFeB/MgO/CoFeB tunneling junction with superparamagnetic CoFeB layer. Appl Phys Lett, 2006, 89: 163119.

[35] Ferreira R, Paz E, Freitas P P, et al. Large area and low aspect ratio linear magnetic tunnel junctions with a soft-pinned sensing layer. IEEE Trans Magn, 2012, 48: 3719.

[36] Ma Q L, Liu H F, Han X F. Magnetic nano-multilayers for magnetic sensors and manufacturing method thereof: US, US20130099780 A1. 2013-4-25.

[37] Chen J Y, Feng J F, Coey J M D. Tunable linear magnetoresistance in MgO magnetic tunnel junction sensors using two pinned CoFeB electrodes. Appl Phys Lett, 2012, 100: 142407.

[38] Almeida J M, Freitas P P. Field detection in MgO magnetic tunnel junctions with superparamagnetic free layer and magnetic flux concentrators. J Appl Phys, 2009, 105: 07E722.

[39] Edelstein A S, Fischer G A, Pedersen M, et al. Progress toward a thousandfold reduction in $1/f$ noise in magnetic sensors using an ac microelectromechanical system flux concentrator (invited). J Appl Phys, 2006, 99: 08B317.

[40] Nan T, Hui Y, Rinaldi M, et al. Self-biased 215MHz magnetoelectric NEMS resonator for ultra-sensitive DC magnetic field detection. Sci Rep, 2013, 3: 1985.

[41] Pannetier M, Fermon C, Le Goff G, et al. Femtotesla magnetic field measurement with magnetoresistive sensors. Science, 2004, 304: 1648.

[42] Han X F, Wen Z C, Wang Y, et al. Nano-scale patterned magnetic tunnel junction and its device applications. AAPPS Bulletin, 2008, 18: 24.

[43] MultiDimention. Magnetic sensors. [2014-08-18]. http://www. dowaytech. com.

[44] Ma Q L, Liu H F, Han X F. Fabrication methods and application of magnetic multi layers in linear

magnetic sensors: China, CN 102270736. 2011-12-07.

[45] Wu H, Feng J F, Chen J Y, et al. Fabrication methods and application of magnetic multi layers in magnetic sensors: China, 201210285542. 9. 2014-02-12.

[46] 翟宏如, 等. 自旋电子学. 北京: 科学出版社, 2013.

[47] Infineon. Sensor Solutions for Automotive and Industrial Applications. [2014-08-18]. www. infineon. com/sensors.

[48] Grancharov S G, Zeng H, Sun S, et al. Bio-functionalization of monodisperse magnetic nanoparticles and their use as biomolecular labels in a magnetic tunnel junction based sensor. J Phys Chem B, 2005, 109: 13030.

[49] Cardoso F A, Ferreira H A, Conde J P, et al. Diode/magnetic tunnel junction cell for fully scalable matrix-based biochip. J Appl Phys, 2006, 99: 08B307.

[50] Shen W, Carter M J, Schrag B D, et al. Detection of DNA labeled with magnetic nanoparticles using MgO-based magnetic tunnel junction sensors. J Appl Phys, 2008, 103: 07A306.

[51] Shen W, Carter M J, Schrag B D, et al. Quantitative detection of DNA labeled with magnetic nanoparticles using arrays of MgO-based magnetic tunnel junction sensors. Appl Phys Lett, 2005, 93: 033903.

[52] Chaves R C, Freitas P P, Ocker B. MgO based picotesla field sensors. J Appl Phys, 2008, 103: 07E931.

[53] Duan H, Tseng H W, Li Y, et al. Improvement of the low-frequency sensitivity of MgO-based magnetic tunnel junctions by annealing. J Appl Phys, 2011, 109: 113917.

[54] Martins V C, Germanoc J, Cardosoa F A, et al. Challenges and trends in the development of a magnetoresistive biochip portable platform. J Magn Magn Mater, 2010, 322: 1655.

[55] Wang A. Pulse transfer controlling devices: US, US 2708722. 1955-5-17.

[56] Pohm A, Daughton J, Comstock C, et al. Threshold properties of 1, 2, and 4 mm multilayer magnetoresistive memory cells. IEEE Trans Magn, 1987, 23: 2575.

[57] Daughton J. Magnetoresistive memory technology. Thin Solid Films, 1992, 216: 162.

[58] Pohm A, Everitt B, Beech R, et al. Bias field and end effects on the switching thresholds of 'pseudo spin valve' memory cells. IEEE Tran Magn, 1997, 33: 3280.

[59] Chen E Y, Tehrani S, Zhu T, et al. Submicron spin valve magnetoresistive random access memory cell. J Appl Phys, 1997, 81: 3992.

[60] Daughton J. Magnetic tunneling applied to memory (invited). J Appl Phys, 1997, 81: 3758.

[61] Miyazaki T, Tezuka N. Giant magnetic tunneling effect in Fe/Al_2O_3/Fe junction. J Magn Magn Mater, 1995, 139: L231.

[62] Moodera J S, Kinder L R, Wong T M, et al. Large magnetoresistance at room temperature in ferromagnetic thin film tunnel junctions. Phys Rev Lett, 1995, 74: 3273.

[63] Parkin S, Kaiser C, Panchula A, et al. Giant tunnelling magnetoresistance at RT with MgO (100) tunnel barriers. Nature Materials, 2004, 3: 862.

[64] Yuasa S, Nagahama T, Fukushima A, et al. Giant room-temperature magnetoresistance in single-crystal Fe/MgO/Fe magnetic tunnel junctions. Nature Materials, 2004, 3: 868.

[65] Everspin Technologies. MRAM Technical Guide. [2014-07-26]. http://www. everspin. com/PDF/ TSP-12545_MRAM_Bro_Upd_v3db. pdf.

[66] Wikipedia . Magnetic-core _ memory. [2014-07-26]. http://en. wikipedia. org/wiki/Magnetic-core _

memory.

[67] Daughton J M. Magnetoresistive random access memory (MRAM). [2014-07-26]. http://www. nve. com.

[68] Parkin S, Roche K P, Samant M G, et al. Exchange-biased magnetic tunnel junctions and application to nonvolatile magnetic random access memory. J Appl Phys, 1999, 85: 5828.

[69] Chappert C, Fert A, Nguyen Van Dau F. The emergence of spin electronics in data storage. Nature Materials, 2007, 6: 813.

[70] Stoner E C, Wohlfarth E P. A mechanism of magnetic hysteresis in heterogeneous alloys. Phil Trans R Soc Lond A, 1948, 240: 599.

[71] Prejbeanu I L, Kerekes M, Sousa R C, et al. Thermally assisted MRAM. J Phys: Condens Matter, 2007, 19: 165218.

[72] Savtchenko L, Engel B N, Rizzo N D, et al. Method of writing to sealable magnetoresistance random access memory element. US, US 6545906 B1. 2003-4-8.

[73] Katine J A, Albert F J, Buhrman R A, et al. Current-driven magnetization reversal and spin-wave excitations in Co/Cu/Co pillars. Phys Rev Lett, 2000, 84: 3149.

[74] Hosomi M, Yamagishi H, Yamamoto T, et al. A novel nonvolatile memory with spin torque transfer magnetization switching: Spin-RAM. IEDM Tech Dig, 2005: 459.

[75] Kawahara T, Takemura R, Miura K, et al. Prototype 2 Mbit non-volatile RAM chip employing spin transfer torque writing method. 2007 ISSCC Technical Digest, 2007: 480.

[76] Kawahara T, Takemura R, Miura K, et al. 2 Mb SPRAM (spin-transfer torque RAM) with bit-by-bit bi-directional current write and parallelizing-direction current read. IEEE J of Solid-State Circuits, 2008, 43: 109.

[77] Li H, Xi H, Chen Y, et al. Thermal-assisted spin transfer torque memory (STT-RAM) cell design exploration. IEEE Computer Society Annual Symposium on VLSI, 2009: 217.

[78] Beach R, Min T, Horng C, et al. A statistical study of magnetic tunnel junctions for high-density spin torque transfer-MRAM (STT-MRAM). IEDM Tech Dig, 2008: 305.

[79] Chung S, Rho K M, Kim S D, et al. Fully integrated 54 nm STT-RAM with the smallest bit cell dimension for high density memory application. IEDM Tech Dig, 2010: 12. 7. 1.

[80] Rizzo N D, Houssameddine D, Janesky J, et al. A fully functional 64 Mb DDR3 ST-MRAM built on 90 nm CMOS technology. IEEE Trans Magn, 2013, 49: 4441.

[81] Huai Y. Spin-transfer torque MRAM (STT-MRAM): Challenges and prospects. AAPPS Bulletin, 2008, 18: 633.

[82] Nakayama M, Kai T, Shimomura N, et al. Spin transfer switching in TbCoFe/CoFeB/MgO/CoFeB/ TbCoFe magnetic tunnel junctions with perpendicular magnetic anisotropy. J Appl Phys, 2008, 103: 07A710.

[83] Kishi T, Yoda H, Kai T, et al. Lower-current and fast switching of a perpendicular TMR for high speed and high density spin-transfer-torque MRAM. IEDM Tech Dig, 2008: 309.

[84] Tsuchida K, Inaba T, Fujita K, et al. A 64Mb MRAM with clamped-reference and adequate-reference schemes. IEEE International Solid-State Circuits Conference, 2010, 14: 258.

[85] Worledge D C, Hu G, Trouilloud P L, et al. Switching distributions and write reliability of perpendicular spin torque MRAM. IEDM Tech Dig, 2010: 12. 5. 1.

[86] Ikeda S, Miura K, Yamamoto H, et al. A perpendicular-anisotropy CoFeB-MgO magnetic tunnel junction. Nature Materials, 2010, 9: 721.

[87] Kim W, Jeong J H, Kim Y, et al. Extended scalability of perpendicular STT-MRAM towards sub-20 nm MTJ node. IEDM Tech Dig, 2011: 24. 1. 1.

[88] Wang W, Li M, Hageman S, et al. Electric-field-assisted switching in magnetic tunnel junctions. Nature Materials, 2012, 11: 64.

[89] Yuasa S, Fukushima A, Yakushiji K, et al. Future prospects of MRAM technologies. IEDM Tech Dig, 2013: 3. 1.

[90] Sato H, Enobio E C I, Yamanouchi M, et al. Properties of magnetic tunnel junctions with a MgO/ CoFeB/Ta/CoFeB/MgO recording structure down to junction diameter of 11nm. Appl Phys Lett, 2014, 105: 062403.

[91] Kent A D, Stein D L. Annular Spin-Transfer Memory Element. IEEE Tran Magn, 2011, 10: 129.

[92] Wen Z C, Wei H X, Han X F. Patterned nanoring magnetic tunnel junctions. Appl Phys Lett, 2007, 91: 122511.

[93] Han X F, Ma M, Qin Q H, et al. Close shaped magnetic multi-layer film comprising or not comprising a metal core and the manufacture method and the application of the same: US, US 7936595 B2. 2011-05-03.

[94] Han X F, Wen Z C, Wei H X. Nanoring magnetic tunnel junction and its application in magnetic random access memory demo devices with spin-polarized current switching. J Appl Phys, 2008, 103: 07E933.

[95] Wei H X, Zhu F Q, Han X F, et al. Current-induced multiple spin structures in 100 nm ring magnetic tunnel junctions. Phys Rev B, 2008, 77: 224432.

[96] Wei H X, He J, Wen Z C, et al. Effects of current on nanoscale ring-shaped magnetic tunnel junctions. Phys Rev B, 2008, 77: 134432.

[97] Wen Z C, Wang Y, Yu G Q, et al. Patterned nanoscale magnetic tunnel junctions with different geometrical structures. Spin, 2011, 1: 109.

[98] Han X F, Wen Z C, Wang Y, et al. Nanoelliptic ring-shaped magnetic tunnel junction and its application in MRAM design with spin-polarized current switching. IEEE Tran Magn, 2011, 47: 2957.

[99] Parkin S. Shiftable magnetic shift register and method of using the same: US, US 6834005. 2014-12-21.

[100] Parkin S, Hayashi M, Thomas L. Magnetic domain-wall racetrack memory. Science, 2008, 320: 190.

[101] Annunziata A J, Gaidis M C, Thomas L, et al. Racetrack memory cell array with integrated magnetic tunnel junction readout. IEDM Tech Dig, 2011: 24. 3. 1.

[102] Ryu K S, Thomas L, Yang S H, et al. Chiral spin torque at magnetic domain walls. Nature Nanotechnology, 2013, 8: 527.

[103] Fert A, Cros V, Sampaio J. Skyrmions on the track. Nature Nanotechnology, 2013, 8: 152.

[104] 陈军养, 刘东屏, 温振超, 等. 一种磁性随机存储器、磁性逻辑器件和自旋微波振荡器: 中国, ZL 200910076048. X. 2010-07-07.

[105] Guo J, Seng G T, Jalil M B A, et al. MRAM device incorporating single-layer switching via Rashba-induced spin torque. IEEE Trans Magn, 2011, 47: 3868.

[106] Hirsch J E. Spin Hall effect. Phys Rev Lett, 1999, 83: 1834.

[107] Liu L, Pai C F, Li Y, et al. Spin-torque switching with the giant spin Hall effect of tantalum. Science, 2012, 336: 555.

[108] Mellnik A R, Lee J S, Richardella A, et al. Spin-transfer torque generated by a topological insulator. Nature, 2014, 511: 449.

[109] Ohno H, D. Chiba D, Matsukura F, et al. Electric-field control of ferromagnetism. Nature, 2000, 408: 944.

[110] Weisheit M, Fähler S, Marty A, et al. Electric field-induced modification of magnetism in thin-film ferromagnets. Science, 2007, 315: 349.

[111] Maruyama T, Shiota Y, Nozaki T, et al. Large voltage-induced magnetic anisotropy change in a few atomic layers of iron. Nature Nanotechnology, 2008, 4: 158.

[112] Shiota Y, Maruyama T, Nozaki T, et al. Voltage-assisted magnetization switching in ultrathin $Fe_{80}Co_{20}$ alloy layers. Appl Phys Express, 2009, 2: 063001.

[113] 韩秀峰, 刘厚方, 瑞之万. 纳米多层膜、场效应管、传感器、随机存储器及制备方法: 中国, ZL 201110290063. 1. 2012-06-06.

[114] Kiselev S I, Sankey J C, Kirvorotov I N, et al. Microwave oscillations of a nanomagnet driven by a spin-polarized current. Nature, 2003, 425: 380.

[115] Deac M, Fukushima A, Kubota H, et al. Bias-driven high-power microwave emission from MgO-based tunnel magnetoresistance devices. Nature Physics, 2008, 4: 803.

[116] Wickenden E, Fazi C, Huebschman B, et al. Spin torque nano oscillators as potential terahertz (THz) communications devices. ARL-TR, 2009: 4807.

[117] Kaka S, Pufall M R, Rippard W H, et al. Mutual phase-locking of microwave spin-torque nano-oscillators. Nature, 2005, 437: 389.

[118] Mancoff F B, Rizzo N D, Engel B N, et al. Phase-locking in double-point-contact spin-transfer devices. Nature, 2005, 437: 393.

[119] Rippard W H, Puffal M R, Kaka S, et al. Direct-current induced dynamics in $Co_{90}Fe_{10}/Ni_{80}Fe_{20}$ point contacts. Phys Rev Lett, 2004, 92: 027201.

[120] Zeng Z M, Finocchio G, Zhang B, et al. Ultralow-current-density and bias-field-free spin-transfer nano-oscillator. Sci Rep, 2013, 3: 1426.

[121] Sani S, Persson J, Mohseni S M, et al. Mutually synchronized bottom-up multi-nanocontact spin-torque oscillators. Nature Communications, 2013, 4: 2731.

[122] Tulapurkar A A, Suzuki Y, Fukushima A, et al. Spin-torque diode effect in magnetic tunnel junctions. Nature, 2005, 438: 339.

[123] Miwa S, Ishibashi S, Tomita H, et al. Highly sensitive nanoscale spin-torque diode. Nature Materials, 2013, 13: 50.

[124] Black W C, Das B. Programmable logic using giant-magnetoresistance and spin-dependent tunneling devices (invited). J Appl Phys, 2000, 87: 6674.

[125] Ney A, Pampuch C, Koch R, et al. Programmable computing with a single magnetoresistive element. Nature, 2003, 425: 485.

[126] 韩秀峰, 曾中明, 韩宇男, 等. 基于环状闭合型磁性多层膜的磁逻辑元件: 中国, ZL 200610072797. 1. 2007-10-17.

[127] Han X F, Zeng Z M, Han Y N, et al. Magnetic logic element with toroidal multiple magnetic films and

a method of logic treatment using the same: US, US 20090273972 A1. 2009-11-05.

[128] Datta S, Das B. Electronic analog of the electro-optic modulator. Appl Phys Lett, 1990, 56: 665.

[129] Johnson M. Bipolar spin switch. Science, 1993, 260: 320.

[130] Monsma D J, Lodder J C, Popma J A, et al. Perpendicular hot electron spin-valve effect in a new magnetic field sensor: The spin-valve transistor. Phys Rev Lett, 1995, 74: 5260.

[131] Appelbaum I, Huang B, Monsma D J. Electronic measurement and control of spin transport in silicon. Nature, 2007, 447: 295.

[132] 曾中明，韩秀峰，杜关祥，等. 基于双势垒隧道结共振隧穿效应的晶体管：中国，ZL 200510064341. 6. 2006-3-29.

[133] Shuto Y, Nakane R, Wang W, et al. A new spin-functional metal-oxide-semiconductor field-effect transistor based on magnetic tunnel junction technology: Pseudo-spin-MOSFET. Appl Phys Exp, 2010, 3: 013003.

[134] Chua L O. The missing circuit element. IEEE Trans Circuit Theory, 1971, 18: 507.

[135] Strukov D B. The missing memristor found. Nature, 2008, 453: 80.

[136] Krzysteczko P. Memristive switching of MgO based magnetic tunnel junctions. Appl Phys Lett, 2009, 95: 112508.

[137] Bardeen J. Research leading to point-contact transistor. Science, 1957, 126: 105.

[138] Shockley W. Bell Labs lab notebook. 1948, (20455): 128.

[139] Gordon R. The LASER—light amplification by stimulated emission of radiation//Franken P A, Sands R H, eds. The Ann Arbor Conference on Optical Pumping. University of Michigan: 1959: 128.

[140] Atalla J, Kahng D. Electric Field Controlled Semiconductor Device: US, US 3102230. 1963-08-27.

[141] Esaki L. New Phenomenon in Narrow Germanium p-n Junctions. Phys Rev, 1958, 109: 603.

[142] Baibich M N, Broto J M, Fert A, et al. Giant magnetoresistance of (001)Fe/(001)Cr magnetic superlattices. Phys Rev Lett, 1988, 61: 2472.

[143] Gruenberg P. Magnetic field sensor with a thin ferromagnetic layer: DE, DE 3820475. 1989-12-21.

[144] Julliere M. Tunneling between ferromagnetic films. Phys Lett, 1975, 54: 225.

第 28 章　自旋电子学发展态势分析

吕晓蓉　韩秀峰

　　自旋电子学将电子自旋相关效应与传统微电子学相结合，为研发具有全新功能的下一代微电子器件提供了前所未有的机遇。世界众多国家纷纷布局自旋电子学领域的战略发展，推动科学进展和技术突破。本章从研究论文文献和专利的视角回顾自旋电子学领域 25 年来的发展状况，并运用可视化分析方法展现自旋电子学研究前沿演化趋势以及专利布局动态。自旋电子学作为"大数据"时代的变革性技术，它对未来社会、经济和文化的深远影响目前我们还只是非常粗浅地感知。

28.1　引　　言

　　1988 年金属纳米多层膜中巨磁电阻（giant magnetoresistance，GMR）效应的发现[1,2]标志着自旋电子学新兴领域的诞生。*Spintronics*（自旋电子学）即源自 1996 年 S. A. Wolf 为美国国防高级研究计划署（Defense Advanced Research Projects Agency，DARPA)启动的新型磁性材料和器件研究计划的命名。电子自旋效应与传统微电子学相结合的新兴技术，为研发具有全新功能的下一代微电子器件提供了前所未有的机遇。21 世纪初期，自旋电子学已成为凝聚态物理、信息技术、材料科学等研究领域共同关注的焦点，相关研究领域涌现出大量综述性文章[3-6]。与此同时，电子器件的微型化发展趋势已将器件的尺寸缩小至量子效应影响其功能的范畴，摩尔定律面临着巨大挑战，工业界开始关注新兴技术的发展动向，考虑制定"后 CMOS 技术"发展路线图。在此背景下，美国世界技术评估中心（World Technology Evaluation Center，WTEC）于 2001 年组织了由美国国家科学基金会（National Science Foundation，NSF）、能源部（Department of Energy，DOE）、国防高级研究计划署（DARPA）、海军研究办公室（Office of Naval Research，ONR）和国家标准技术研究院（National Institute of Standards and Technology，NIST）联合发起的针对美国、欧洲和日本在自旋电子学领域的研究态势的大型调研工作，并于 2003 年发布权威性研究报告(报告运用了文献计量和专家访谈等方法)[7]。在 WTEC 调研工作的基础上，2001 年，S. A. Wolf 等在 *Science* 发表综述文章"自旋电子学：基于自旋的电子学展望"，对 1988～2001 年

"自旋电子学器件的发展现状、新材料的近期进展以及自旋输运和调控问题"进行了全面的评价和前景展望[8]，对自旋电子学未来的发展产生了深远的影响。

S. A. Wolf 等的综述文章发表距今已有十多年。这十多年中，自旋电子学呈现出加速发展的态势，基础研究与技术开发并进，极大地推动了新兴产业的崛起。仅 2011 年，自旋电子学领域 SCI 发表论文数量就超过 5000 篇，较 2001 年增长了 70%；近十年的专利申请和授权总量已超过 1 万件，成为科技界关注的重要研究领域。巨磁电阻效应的发现者——法国科学家 A. Fert 和德国科学家 P. Grünberg 分享了 2007 年诺贝尔物理学奖，该效应的发现被评价为开启了自旋电子学新兴领域的大门[9]。美国国家科学基金会(NSF)提出，自旋电子学的发展及应用将预示第四次工业革命的到来[10]。

在自旋电子学发展历程中，GMR 效应从科学发现到成功实现商业化，创造了技术转化的典范。1997 年起，GMR 硬盘磁读头即应用于工业年产值 300 亿美元的硬盘中[11]。此后，室温隧穿磁电阻(tunneling magnetoresistive，TMR)效应的发现[12,13]更是掀起了磁性隧道结(magnetic tunnel junction，MTJ)器件的研发热潮，并被认为将造就另一个百亿美元产业的市场。在 2001 年，TMR 和 GMR 多层膜结构的磁读头尚处于研发阶段；自旋阀结构的商用 GMR 磁读头的存储密度是否会达到 100Gbit·in^{-2}①，抑或是将出现新型结构取而代之，这在当时的学术界还未十分清楚[8]。然而，到 2007 年时，西部数据公司投放市场的新一代垂直磁存储器 TMR 磁头面密度已达到 250Gbit·in^{-2}，而 2010 年 TMR 磁头面密度演示水平已突破 600Gbit·in^{-2}[14]，至 2012 年达 1Tbit·in^{-2}[15]。1997 年以来已至少有 50 亿只 GMR 磁读头投入使用，2004 年希捷公司公布了基于 TMR 磁读头的硬盘，2006 年国际硬盘市场产值达 300 亿～400 亿美元[16]。目前，一些研究项目正在探索新的技术突破，如热辅助磁记录 CPP 型 GMR 磁头技术，其目标是在 2015 年达到 10Tbit·in^{-2}[17]。

自旋阀结构的另一重要应用领域是磁存储。磁随机存储器(magnetic random access memory，MRAM)具有非易失性、高速、高密度、低能耗、抗辐照等优势，有望造就千亿美元的未来市场价值，其应用前景非常广阔，近十年来吸引了众多研究单位和学者[18-20]。2001 年 S. A. Wolf 预言将在未来 2～3 年中实现至少 4-Mbit MRAM[8]，而后第一代商业化的 4-Mbit MRAM 就在 2006 年得以实现[21,22]。目前第一代磁场驱动型 16-Mbit MRAM 已经广泛应用于航空航天以及工业自动化等领域[23]。进一步开发存储密度超过 256-Mbit 可商业化的 MRAM 器件已成为近期努力实现的目标[24-26]。特别是对自旋转移力矩(spin transfer torque，STT)效应的研究显著地改变了此前的商业化技术路线[27-33]，即采用自

---

① 1in^2=6.451 600×10^{-4}m^2。

旋极化电流驱动的第二代 STT-MRAM 正在开辟一条制造高密度、高性能、同时实现低能耗的 MRAM 器件的新途径[34-37]。2012 年 11 月，Everspin 公司宣布推出首款商用 64-Mbit STT-MRAM，尽管目前大多数电流驱动型的 STT-MRAM 器件还未走向商业化，但是该器件领域专利申请量的迅速增长值得高度关注，预示着对未来市场的战略布局[38-40]。

　　基于 GMR 和 TMR 效应的多种类型的磁敏感传感器成为自旋电子学的第三大主要应用领域，其特征是涉及广泛的应用领域以及快速增长的市场需求[41-43]。对其他自旋电子学新型功能器件的研究和开发，如磁逻辑器件[44]、自旋纳米振荡器[45-48]、自旋霍尔效应器件[49]、自旋二极管[50]、自旋晶体管[51,52]、自旋场效应管[53]、自旋随机数字发生器[54]、自旋忆阻器[55]等，将把自旋电子学的发展推向又一个峰巅。并且这些前沿研究正在信息技术、半导体工业以及量子计算和量子通信等诸多领域酝酿着一场深刻的技术革命。

　　自旋电子学的重大科学和技术价值引发了各国的普遍关注，成为许多国家战略部署的重点。GMR 和 TMR 物理效应的发现及其材料与器件的商业化成功已成为学界呼吁政府投资新兴纳米科学及技术的典范事例[56]。20 世纪 90 年代美国 DARPA 投资上百万美元重点支持自旋电子学的研究项目，美国国家科学基金会（NSF）于 2001 年实施了"Spin Electronics for the 21st Century"（面向 21 世纪的自旋电子学）研究计划[10]，美国国家纳米创新计划（National Nanotechnology Initiative，NNI）于 2000 年建立"Grand Challenges"（大挑战）基金以支持包括自旋电子学在内的、具有潜在突破性的创新性研究[57]，并于 2011 年继续启动了 3 项"Signature Initiatives"（重大创新）研究计划[58]。美国加利福尼亚大学洛杉矶分校、圣芭芭拉分校、伯克利分校与斯坦福大学于 2006 年联合创立"纳米电子西部研究所"，研究领域聚焦于自旋电子学，得到半导体产业界的资助，已发展成为该领域具有重要影响的联合研究项目之一[59]。美国 NSF 与半导体工业界纳米电子研究创新计划将联合支持"Nanoelectronics for 2020 and Beyond"（NEB，2020 及未来纳米电子学）项目[60]。《日本科学与技术基本政策报告（2005 年）》将基于纳米尺度属性的基础研究与技术转化作为其中长期发展战略，该报告提出的优先研发交叉领域——生命科学和信息技术领域，将分子电子学/生物电子学/自旋电子学作为创新材料和器件的重点发展方向[61]。日本科学技术振兴机构（Japan Science and Technology Agency，JST）和英国工程与物理科学研究理事会（Engineering and Physical Sciences Research Council，EPSRC）于 2011 年启动日本-英国战略合作研究项目，将项目研究领域确定为"Oxide electronics, Organic electronics and Spintronics"（氧化物电子学、有机电子学与自旋电子学）[62]。欧盟第四框架计划（1994～1998 年）（EU Fourth Framework Programme，FP4）即开始重点投资自旋电子学研究，设立"Oxide Spin Electronics Network"（氧化物自旋电子学网络)[63]，对半导体自旋电子学研究的支持已列入微电子学创新发展长期规划。欧洲许多国家也启动了国家创新研究计划，例如，德国科学基金会(Deutsche Forschungsgemeinschaft，DFG)支持的自旋电子学研究项目等。中国也启动了由科技部支持的国家重点基础研究项目("973"计划项目)，将自旋电子学列为重点研究方向[64]。

　　在自旋电子学的蓬勃发展将导致第四次工业革命到来的前期，再次回顾自旋电子学近三十年的发展状况并展望其未来前景显得尤为必要。为此，本章从科学计量的角度，运用科学计量分析工具"汤森数据分析器"(Thomson Data Analyzer，TDA)[65]、专利技术分析工具"专利地图"(Patent-Map)[66]以及知识图谱可视化(knowledge landscape visualization，KLV)分析工具 CiteSpace II Java 软件包[67]等，追踪该领域三十年来的发展历程，并用可视化方法研究该领域前沿及其发展趋势以及核心专利布局情况。所用数据全部来自科学引文索引(Science Citation Index，SCI)数据库和德温特世界专利索引(Derwent World Patent Index，DWPI)数据库。根据世界著名磁学国际会议，如 2011 年召开的第 56 届磁学与磁性材料国际会议(56th Annual Magnetism and Magnetic Materials Conference)和 IEEE 国际磁学会议 2012(IEEE International Magnetics Conference 2012，INTERMAG 2012)主题建立检索词表。科技论文检索策略主要涉及关键词(检索词)检索，检索范围包括论文标题、摘要等，并且仅针对以英语发表的论文(不含其他语言)进行检索；专利检索策略除了关键词检索之外，还考虑了 DWPI 数据库提供的德温特手工代码(Derwent manual code，DMC)作为专利技术检索分类；检索时间范围为 1980 年 1 月 1 日至 2012 年 12 月 31 日，共得到 76 844 条 SCI 论文文献数据和 23 290 项专利数据(数据检索时间：2013 年 1 月 27 日)。

28.2　自旋电子学领域 SCI 论文时空分布

28.2.1　自旋电子学领域 SCI 论文发文量趋势及学科分布

　　图 28.1 显示 1980～2012 年自旋电子学领域 SCI 论文发文量趋势。自 20 世纪 90 年代起发表论文数量呈现线性增长趋势，1993 年之后年均发文量超过 1000 篇，至 2008 年超过 5000 篇；进入 21 世纪，发文量年均增长约 300 篇。该领域研究论文分布在凝聚态物理(38%)、应用物理(32%)、材料科学和化学(22%)，以及电子工程(8%)领域。

28.2.2　自旋电子学领域 SCI 论文排名前十位国家及科研机构

　　自旋电子学领域 SCI 论文发文量排名前十位的国家依次是美国、日本、中国、德国、法国、俄罗斯、英国、韩国、印度和波兰[图 28.2(a)]。从其逐年发文量来看[图 28.2(b)]，美国、日本以及欧洲在该领域发展较早，中国、韩国

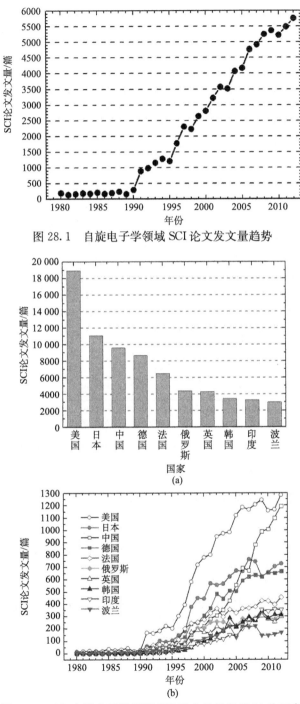

图 28.1　自旋电子学领域 SCI 论文发文量趋势

图 28.2　(a) 自旋电子学领域 SCI 发文量排名前 10 位国家;
(b) 排名前 10 位国家 SCI 论文逐年发文量

等国家先后在 2000 年开始加速发展，2008 年起，中国年均发文量首次超过日本，近两年来论文数量接近美国。近几年各国年均发文量情况，美国和中国维持在1000 篇左右，日本和德国约为 600 多篇，法国、俄罗斯、英国、韩国等约 300 篇。

　　自旋电子学领域 SCI 论文发文量排名前十位的研究机构依次是中国科学院、日本东北大学、俄罗斯科学院、日本东京大学、波兰科学院、法国国家科学院、日本大阪大学、南京大学、法国巴黎第 11 大学和美国 IBM 公司(图 28.3)。在排名前十位研究机构中，日本有三所大学名列其中，显示出日本在该领域具有非常强的研究实力；而美国 IBM 公司成为唯一一家进入前十的研发企业，体现出美国在技术研发和技术转化方面的优势。

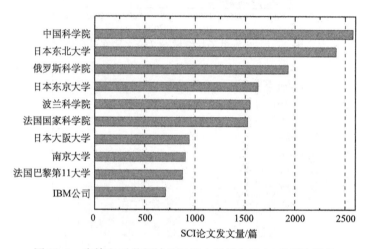

图 28.3　自旋电子学领域 SCI 发文量排名前 10 位研究机构

28.2.3　自旋电子学领域项目资助情况

　　中国、美国、欧盟、德国、日本等国家/组织的基金会在自旋电子学领域的科研资助项目数量明显高于其他国家(表 28.1)，但在科研和产业化资金总量投入方面，美国和日本远高于中国等其他国家/组织。

表 28.1　自旋电子学领域主要基金资助机构项目数统计 (1980~2012 年数据)

基金资助机构	资助项目数/项
中国国家自然科学基金委员会(National Science Foundation of China, NSFC)	2622
美国国家科学基金会(National Science Foundation, NSF)	1573
日本文部科学省(Ministry of Education Culture Sports Science and Technology of Japan, MEXT)	1194

续表

基金资助机构	资助项目数/项
德国科学基金会(Deutsche Forschungsgemeinschaft, DFG)	1142
欧盟(European Union, EU)	1014
美国能源部(US Department of Energy, DOE)	949
俄罗斯基础研究基金会(Russian Foundation for Basic Research)	604
英国工程和物理科学研究理事会(UK Engineering and Physical Sciences Research Council, EPSRC)	308
美国海军研究办公室(Office of Naval Research, ONR)	290
美国国防高级研究计划署(Defense Advanced Research Projects Agency, DARPA)	122

28.3　自旋电子学领域专利时空分布

28.3.1　自旋电子学领域专利申请量趋势

图 28.4 显示自旋电子学领域专利申请量趋势。该领域专利申请量表现出三个发展阶段：①1980～1991 年缓慢增长阶段，专利年均申请量在 200 件以下；②1992～1997 年快速增长阶段，年均专利申请量在 500 件左右；③1998～2011年专利年均申请量维持在 1000 件以上，反映出技术已达到一定的成熟发展阶段。考虑到从专利申请到专利公开有 18 个月的滞后期以及录入数据库的延迟，2010～2011 年的专利数据还未全部被计入分析。

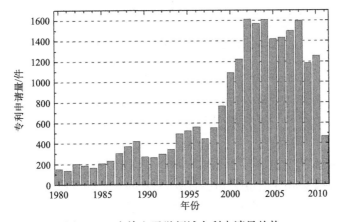

图 28.4　自旋电子学领域专利申请量趋势

28.3.2　自旋电子学领域专利申请量排名前十位国家及企业

自旋电子学领域专利申请量排名前十位的国家依次是日本、美国、中国、韩国、俄罗斯、德国、法国、英国、加拿大和澳大利亚[图 28.5(a)]。日本和美国在该领域中的技术研发明显处于领先地位。图 28.5(b)所示为排名前十位国家的专利逐年申请量趋势。

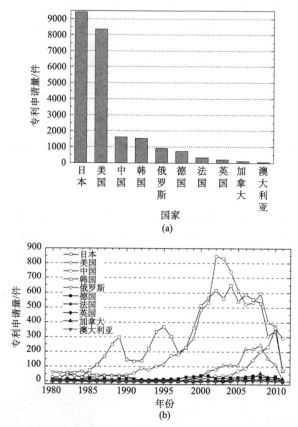

图 28.5　(a) 自旋电子学领域专利申请量排名前十位国家；
(b) 排名前十位国家专利逐年申请量趋势

图 28.6 所示为自旋电子学领域专利申请量排名前十位的企业：IBM 公司、东芝公司、TDK 公司、日立公司、日立环球存储公司(HGST)、索尼公司、三星公司、富士通公司、希捷公司和日本电气株式会社(NEC)。美国 IBM 公司排名第一，显示出强劲的研发能力。7 家企业来自日本，反映出日本工业界在该领域中的卓越竞争力。

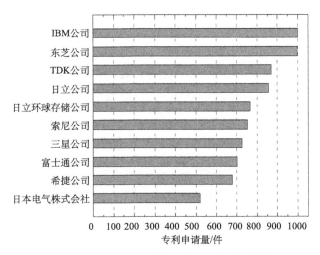

图 28.6　自旋电子学领域专利申请量排名前十位企业

28.3.3　专利研发重点领域及各国技术布局差异：国际专利分类统计

国际专利分类(international patent classification，IPC)反映专利技术所属技术领域，通过 IPC 统计数据分析相关技术研发的重点领域。自旋电子学领域专利申请的 IPC 统计显示[图 28.7(a)]，高密度磁头、磁电阻相关技术以及磁存储是重要研发领域。图 28.7(b)显示主要研发国家(排名前十位)在重点技术领域布局上的差异。美国和日本的技术布局策略相似，高密度磁头和磁存储均是其重点研发技术领域；中国的专利申请多集中在磁敏传感器技术领域；韩国的布局重点在磁存储技术领域；俄罗斯重点布局在磁头领域，其他技术领域较少发展；德国、法国和英国技术布局较为相似；加拿大和澳大利亚在磁存储领域布局较强。

28.3.4　自旋电子学领域高被引专利：专利引证分析

专利引用是指其他专利将其作为现有技术引用，专利被引频次在一定程度上反映出技术的核心价值。表 28.2 所列为自旋电子学领域前十项高频次被引专利，这些高被引专利主要集中在磁电阻传感器、磁隧道结、磁头、磁随机存储器等技术研发领域。这些高价值专利均是美国授权专利。其中，九件专利的所属专利权人为美国公司，IBM 便拥有五件，另一件专利归属日本(松下电器公司)。

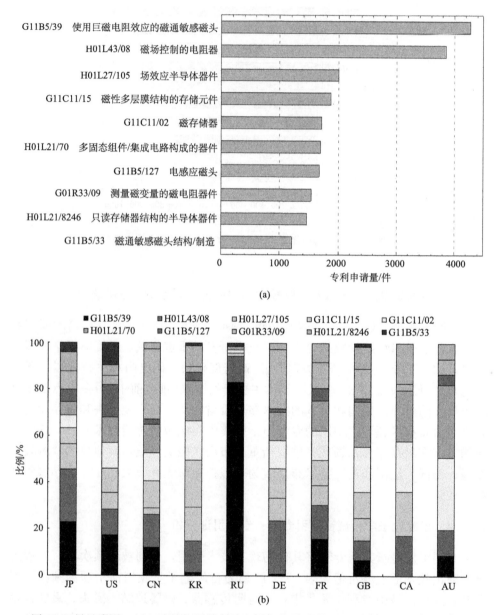

图 28.7(另见彩图)　(a)自旋电子学领域专利申请前十位 IPC 技术分类；(b)主要研发国家专利布局差异(前十位 IPC 专利技术分类统计)

表 28.2 自旋电子学领域高被引专利(被引频次最高的前 10 项专利)

专利公开号	专利名称	被引频次	所属专利权人
US 5640343 A	具有磁隧道结存储器单元的磁存储器阵列	630	IBM 公司
US 6128214 A	分子导线交叉存储器	444	惠普公司
US 6072716 A	存储器结构及其制造方法	281	麻省理工学院
US 4786128 A	电磁辐射调制及包含具有可变反射率光电层的反射器件	273	Quantum Diagnostics 公司
US 5408377 A	具有改进的铁磁感应层的磁电阻传感器和使用该传感器的磁记录系统	219	IBM 公司
US 5287238 A	双自旋阀磁电阻传感器	208	IBM 公司
US 5729410 A	具有纵向偏置的磁隧道结器件	178	IBM 公司
US 5776359 A	氧化钴化合物巨磁电阻材料	177	Symyx 技术公司
US 20040259008A1	图形形成方法	172	松下电器公司
US 6166948 A	具有通量闭合自由层的磁隧道结存储器单元的磁存储器阵列	167	IBM 公司

分析高被引专利的引用与被引用状况能够追踪核心技术的演进过程。例如,该领域中被引频次最高的专利为美国 IBM 公司的发明专利 US 5640343 A(表28.2),申请日为 1997 年 6 月 17 日,该项专利的引证关系如图 28.8 所示。从引用关系来分析,该项专利较多引用了 IBM 公司自身的专利,此外还有日本松下

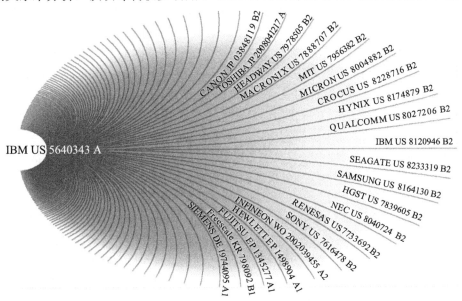

图 28.8 美国 IBM 公司发明专利 US 5640343 A 的引证关系树状图(仅显示被引关系)

公司等的相关专利，由此可见，该项专利是在 IBM 公司自身研发基础上的再开发；从被引用关系来分析，该项专利被引用频次高达 630 次，得到众多研发机构和公司的高度关注和引用，是研发下一代改进器件及其方法的基础专利之一。因此，该项专利成为该领域的核心专利之一。从专利保护策略来看，IBM 公司采用基本专利结合外围专利的策略对其核心技术实施有效保护，通过众多后续相关专利对其核心专利 US 5640343 A 进行了严密的保护(图 28.8)。

28.4　自旋电子学领域研究前沿可视化分析

28.4.1　知识图谱可视化分析方法及模型

　　面对科技的巨大进展及其研究领域中指数式增长的海量研究文献，新的综述评论的方式也已应运而生。可视化分析方法为综述科学领域研究前沿的发展趋势和新动态带来了新视界。知识图谱已成为科学计量学中的一个新兴分支，提供了一种基于科学引文文献演化网络中的引文及其共被引轨迹探索科学领域研究前沿的发展演进和结构关系的可视化方法。目前已开发出的用于科技文献引文网络分析的 CiteSpace II 信息可视化免费应用软件[67]，通过绘制科学知识图谱，显示科学领域发展趋势和动态，成为科学计量学中普遍采用的分析科学研究前沿发展规律的新工具[68]。我们运用 CiteSpace II 信息可视化软件追踪自旋电子学领域近30 年来的发展历程，探索研究前沿演进主路径与未来可能出现的新方向。

　　知识图谱可视化分析理论的核心是通过对论文引文空间中被引与共被引网络的聚类演化来建立科学领域研究热点的形成及其演化趋势的分析模型。在自旋电子学领域，检索得到 76 844 条 SCI 发表论文文献记录构成了可视化分析的基本数据源。在文献记录数据库中，每一篇论文称为一篇引文(citing article)，而该论文中的参考文献称为被引文章(cited article)，由被引文章构成引文空间(citation space)。图 28.9(a)显示出自旋电子学领域 1980～2012 年期间每年的被引文章数量。在可视化分析模型中，通常将引文空间的时间跨度划分为若干"时间片"(time slice)。例如，将自旋电子学发展历史期间 1988～2012 年每隔三年划分为一个"时间片"，作为模型分析的时间单元，每一时间片中的被引文章数量如图 28.9(b)所示。

　　运用 CiteSpace II 信息可视化软件对引文数据建立引文-突现词共引混合网络图谱模型：①聚类视图。分析每隔十年出现的研究前沿及其演变。以十年间隔为一个分析时段，将 1980～2011 年划分为三个时段，分别生成三个十年期间的引文-突现词共引混合网络图谱[图 28.10(a)～(c)]，并通过"聚类视图"(cluster-view)方式显示研究前沿的发展轨迹；同样的方法，将近三年作为一个分析时段，突出显示近三年的研究热点变化情况[图 28.10(d)]；②全景视图。

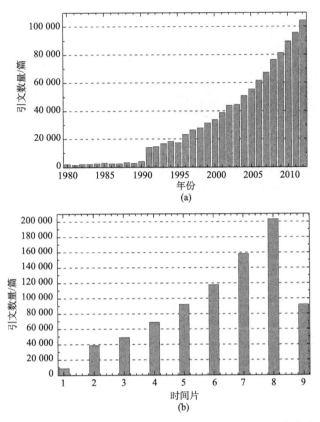

图 28.9　自旋电子学领域引文空间。(a) 1980～2012 年期间
每年被引文章数量；(b) 以 3 年作为一个模型分析的时间单
元，将 1988～2012 年划分为 9 个时间片，显示每一时间片中
的被引文章数量

分析自旋电子学领域 25 年(1988～2012 年)演化时期中的发展趋势及新动向。以
1988～2012 年整个演化时期作为一个分析时段，将 1988～2012 年每隔三年划分
为一个"时间片"作为最小分析时间单元(图 28.13)，生成引文-突现词共引混合
网络图谱，并通过"时间轴视图"(timeline-view)方式显示研究前沿的顺时演化
模式，图 28.13 形成一幅长期发展趋势图，揭示研究方向的形成、发展及演变。

28.4.2　自旋电子学研究前沿及发展趋势

1. 可视化知识图谱解析

回溯科学发展的历史，犹如展开一幅人类知识的星图。在知识可视化图谱

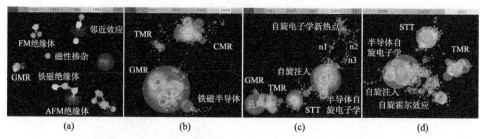

图 28.10　自旋电子学引文-突现词共引混合网络知识图谱。(a) 1980~1990 年自旋电子学研究前沿及其演变；(b) 1991~2000 年自旋电子学研究前沿及其演变；(c) 2001~2011年自旋电子学研究前沿及其演变；(d) 2009~2011 年自旋电子学研究热点。节点代表论文及其研究主题，节点引文年轮代表论文被引用历史(颜色：引用时间)，引文年轮中的红色区域表示其对应时期中的被引用频率突发性增长，形成研究热点。由相同/相近研究主题的节点聚集成为共引聚类团，表示研究方向或研究领域的形成及演变。可视化视图中，一些显著的聚类团，由相应时期的爆发性研究热点组成，反映出研究领域中广泛关注的焦点，这些研究主题将有可能引发新的研究兴趣，演进为新的研究方向。例如，GMR 聚类团形成于 20 世纪 80 年代后期(a)，聚类团的颜色表征其形成时期，红色对应于 1990 年前后；GMR 聚类团在 20 世纪 90 年代形成爆发性研究热点(b)，A. Fert 和 P. Grünberg研究小组的论文成为该时期的高被引文章，对应于图(b)中最大的引文节点，GMR 团、CMR 团和 TMR 团代表了该时期的研究前沿；半导体自旋电子学成为该领域 21 世纪的主要研究方向(c)；近期的研究热点正在酝酿现代自旋电子学的新前沿(d)。n1，有机自旋电子学；n2，石墨烯；n3，拓扑绝缘体

(图 28.11)中，一个节点代表一篇引文，引文年轮代表该篇文章的引文历史，引文年轮的颜色代表相应的引文时间，年轮的厚度与相应时间分区内的引文数量成正比[68]。在引文空间，科学研究前沿表现为共引聚类，如同宇宙中的恒星在引力作用下聚集而成的星系，不同引文节点之间的共引连线恰如恒星之间的引力强度，而研究前沿中的关键点(关键性研究工作，以紫色外圈环绕的节点表示)，就像位于星系中心爆发出巨大光度的活动星系核，主宰着研究前沿的演化和转变，在共引网络中表现为联结不同研究前沿的桥梁。

CiteSpace 可视化图谱解读：

(1) 节点(node)：一个节点代表一篇论文，显示其对应的研究主题。

(2) 节点的引文年轮(citation tree rings of node)：代表该论文的被引情况，用树木的生长年轮形象地刻画文章的被引用历史。其中，引文时间用不同的光谱颜色来表示，如来自早期的引用对应于光谱中的蓝色波段，发生在近期的引用则对应于红色波段。引文年轮的厚度与相应引文时间内的引文数量成正比，如若一篇文章更多地被较早期的研究工作所引用，近期对其引用较少，则对应的引文年

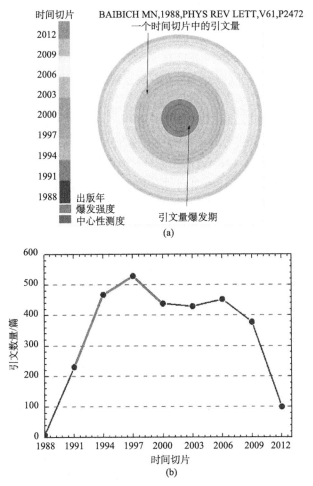

(a)

(b)

图 28.11　引文节点的可视化特征。(a) 论文(M. N. Baibich，et al. Giant magnetore-sistance of (001)Fe/(001) Cr magnetic superlattices. Phys Rev Lett，1988，61：2472)的可视化引文节点。在可视化中，一个节点描述一篇科学论文及其被引用的历史，引文年轮的颜色代表相应的引用时间，用光谱波段来表示，较为早期的引用对应为蓝色波段，近期的引用对应为红色波段，并且引文年轮的厚度与相应年代中的引用次数成正比。引文年轮中的红色区域表示对应的引文时期该文章的被引用频率具有爆发性增长趋势，成为研究热点，并用"爆发强度"描述研究兴趣的突然增长。"中心性测度"描述引文节点在引文网络中的属性，CM>0.1 被识别为研究领域中的"关键点"，并在引文年轮的外围环绕紫色的外圈（该图中显示的引文节点 CM<0.1，未显示紫色外圈）。(b) M. N. Baibich，et al. 论文被引频次的时间分布。被引频次徒增阶段(红色线段)对应于(a)中的红色区域

轮中显示蓝色区域较红色区域更宽。

（3）研究热点(hot node)：在可视化图中，有些节点呈现为红色节点，即其引文年轮中的部分区域被红色覆盖，这表示在相应的时期该篇文章的引用率有爆发性的增长趋势，将形成研究热点。"爆发强度"(burst strength)用来描述研究兴趣的徒增趋势。

（4）关键点(pivotal node)：在可视化图中，有些节点引文年轮的外围被紫色的圆圈环绕，表示该节点是引文网络中的"关键点"，其"中心性测度"(centrality metric，CM)值大于0.1。"中心性测度"是图论中的一个概念，在可视化图中，节点的中心性测度值定义了其在引文及共被引网络中所处的位置。中心性测度值高的节点(CM>0.1)被认为是"关键点"，即表征不同研究领域或研究方向之间的转折点或转变点，成为架设在不同研究领域/方向之间的"桥梁"。通常将这些节点解释为代表了一些关键性研究工作或导致研究方向转变的开拓性研究。

（5）共引聚类团(cluster)：由包含相同或相近研究主题的引文节点聚集形成共引聚类团，显示出研究领域或研究方向的形成及演化轨迹。

2. 1980～1990年自旋电子学研究前沿

1980～1990年可视化图谱[图28.10(a)]显示，20世纪80年代对应于自旋电子学领域发展的早期，该时期的研究热点较为分散且规模较小(研究论文的平均被引频次较低，形成的聚类较小)，类似原初星团，尚未凝聚成大尺度的引力核心。该时期产生重大影响的研究工作集中在金属-绝缘体转变（metal-insulator transitions）等相关研究方向[69,70]，研究热点有铁磁性/反铁磁性绝缘体（FM/AFM insulators）、巨负磁电阻（giant negative magnetoresistance，GNMR）、磁性掺杂（magnetic impurities）、邻近效应（proximity effect）等；而20世纪80年代后期GMR效应的研究论文[1,2,71]一经发表便得到普遍关注，迅速上升为该时期的高被引文章，预示着该领域研究前沿方向的转变。

3. 1991～2000年自旋电子学研究前沿

1991～2000年可视化图谱[图28.10(b)]显示，1988年GMR效应的发现对自旋电子学领域的冲击犹如宇宙中的超新星爆发，主宰了20世纪90年代自旋电子学领域的研究前沿。A. Fert[1]和P. Grünberg[2]的研究论文成为20世纪90年代最高被引论文，由GMR效应发现引发的各种磁电阻现象得到广泛关注(图28.12)：GMR多层膜、GMR颗粒膜、自旋阀、铁磁钙钛矿（ferrnagnetic perovskite)结构的材料以及具有庞磁电阻效应的掺杂锰氧化物（doped CMR manganites)等。1995年TMR效应的发现[12,13]标志着该时期研究前沿演变中的重要转折点，掀起了磁性隧道结（MTJ）器件的研究热潮，展现出新一代自旋器件技

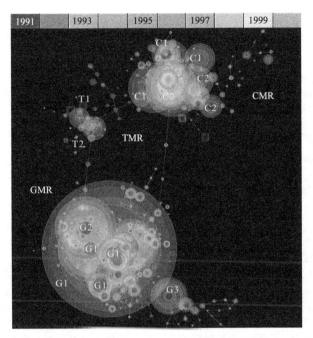

图 28.12　自旋电子学领域 1991～2000 年研究前沿：引文-突现词共
引混合网络知识图谱。GMR 效应的发现，犹如超新星爆发，开启了
自旋电子学新兴领域的大门。视图展示出该领域 1991～2000 年研究前
沿。三个显著的聚类团反映了该时期的主要研究领域及热点方向：
GMR、CMR、TMR 效应等。GMR 效应相关研究论文成为该时期的
高被引论文，视图中最大的引文节点即对应于 A. Fert 和 P. Grünberg
的研究论文，其研究工作获得 2007 年诺贝尔物理学奖。而 TMR 效应
的发现引发了 MTJ 器件的研究热潮，由这些爆发性的研究热点发展
成为 21 世纪的新方向。T1，Al-O MTJs；T2，TMR 颗粒膜；C1，铁
磁钙钛矿；C2，具有 CMR 效应的掺杂锰氧化物；G1，GMR 多层膜；
G2，GMR 颗粒膜；G3，赝自旋阀结构

术的诱人前景。20 世纪 90 年代后期，铁磁半导体[72]成为新兴的研究方向，尽管
这些文章的引用率在当时还不高。

4. 2001～2011 年自旋电子学研究前沿

20 世纪 90 年代中后期，以电子自旋注入、输运、探测为基础的自旋电子学
得到迅速发展[73-75]，与半导体科学相结合形成的半导体自旋电子学主导了 21 世
纪该领域的研究前沿[图 28.10(c)]，并发展演化为两大分支研究领域：半导体
磁电子学[76]和半导体量子自旋电子学[77]。该时期以 S. A. Wolf 等[3-6,8]为代表的

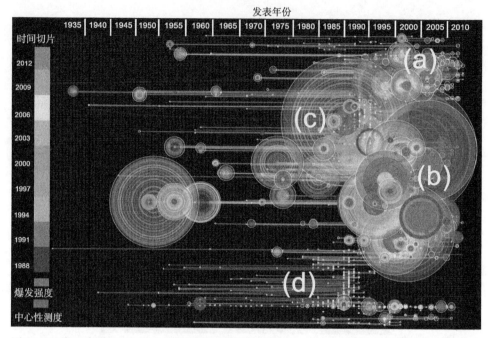

图 28.13(另见彩图)　自旋电子学研究前沿及演化趋势：知识可视化全景视图。视图显示1988～2012 年自旋电子学研究前沿的发展趋势及新动向。(a)～(d)区分别标示出相应时期的研究热点。1988～2012 年整个演化时期被划分为 9 个时间片(time slice)(最小时间单元为3 年)，模型包括引文空间中 1660 个引文节点，即对应于自旋电子学领域的高被引论文 1660篇，由这些节点形成 330 个共被引聚类团，展示重要研究领域及其演化主路径。节点代表论文及其研究主题，节点在视图中的位置对应于该论文的发表年份(publication year)，引文年轮代表被引历史，引文年轮的颜色对应于引文时间，即对应于 9 个时间片中的光谱色；引文节点中的红色标识区反映该对应时期论文的引用率具有突发性的增长，成为研究热点，并用爆发强度(burst strength)表示；节点网络中的"关键点"是指中心性测度(centrality metric,CM)值大于 0.1 的引文节点，其视图特征是在引文年轮的外圈环绕有紫色的圆环，且圆环的厚度与 CM 值成正比，通常将关键点解释为引发研究方向转变的关键性研究工作，成为连接不同研究领域之间的"桥梁"；节点集聚集成的共被引聚类团代表重要研究方向，同属一个团的节点之间的共被引连线以及团与团之间的连线表征了团(研究方向)的形成、发展及演变的主路径，且连线的颜色代表团的形成时期。视图中显示出自旋电子学领域三次大规模的研究热点的爆发：GMR/TMR 效应[(c)区聚类团，20 世纪 90 年代]；半导体自旋电子学[(b)区聚类团，21 世纪初]；自旋电子学新热点[(a)区聚类图，近期]。(a)纳米磁逻辑、有机自旋电子学、石墨烯、拓扑绝缘体、磁畴、热激发自旋电子学、自旋塞贝克效应、量子自旋霍尔效应；(b)自旋转移力矩、自旋转移力矩纳米振荡器、电流驱动的磁化翻转、自旋注入、自旋轨道耦合、自旋极化、自旋滤波效应晶体管、半金属自旋、自旋波、稀磁半导体；(c)巨磁电阻效应、自旋阀结构、磁性多层膜、颗粒薄膜、垂直电流磁电阻器件、隧穿磁电阻、磁性隧道结、庞磁电阻；(d)单分子磁体、量子相变、薄膜介质、磁热效应

综述性文章被多次引用,对该领域的发展起到重要的推动作用。稀磁半导体[78,79]、多铁材料[80]、基于 MgO 势垒的磁性隧道结[81,82]、有机复合磁性隧道结[83] 等相关研究方向成为该时期的研究前沿。

近年来,自旋电子学领域热点频现,基于石墨烯[84-88]、拓扑绝缘体[89,91]中自旋电子学相关材料、物理性质的研究,以及发展半金属[92-94]、有机半导体自旋电子学[83,95,96]及量子自旋器件[97,98]等,正在孕育现代自旋电子学的新特征。近三年可视化图谱[图 28.10(d)]突出显示了近期的热点研究集中在:自旋转移力矩效应、STT-MRAM、MgO-MTJ MRAM、量子霍尔效应[77,99-102]、磁逻辑器件和集成电路[44,103]、探测用于未来自旋电子系统的新颖功能材料等,这些前沿研究将有可能主导自旋电子学领域未来的发展方向。

5. 自旋电子学研究前沿演化趋势

1988~2012 年时间轴视图(图 28.13)就是自旋电子学领域的全景扫描(panoramic scanning)。正如宇宙中星系的演化,科学研究前沿也历经着从兴起到高峰直至被新的研究热潮推向另一个前沿方向的转折。图 28.13 显示出:①自旋电子学领域各研究方向随时间发展演化的历程:从概念的首次提出到形成爆发性的研究热点(引文年轮中的红色区域表征所述研究方向在此期间呈现出爆发性的增长趋势);②通过不同研究方向之间的"碰撞"所引发的整个研究领域的"链式反应",即由关键性研究工作引发的研究方向的转折所开启的新兴研究空间,主宰了科学领域的未来演化趋势。该全景扫描视图显示,自旋电子学领域的发展经历了 3 次大规模的爆发:(i) GMR、TMR 研究热潮——20 世纪 90 年代;(ii) 半导体自旋电子学(semiconductor spintronics)——21 世纪初期;(iii) 自旋电子学新热点(novel spintronics)——近期迅速涌现出的有关自旋电子学新颖材料和器件的研究热点,尤其是以 STT 效应、自旋霍尔效应以及热激发自旋电子学[104-107](spin caloritronics)为核心的研究工作将开辟未来自旋电子学研究的新前沿。

28.5 自旋电子学领域专利技术全景地图及竞争力分析

28.5.1 自旋电子学领域专利技术全景地图

运用汤森路透(Thomson Reuters)公司开发的专利地图分析工具,对自旋电子学领域专利数据进行聚类与技术相似性分析,生成专利地图,反映该领域技术研发布局全景,可用于显示该领域专利的核心分布与技术研发热点。图 28.14 专利地图中显示的热点技术领域分布在:磁头、磁电阻传感器、磁随机存储器、磁逻辑电路、自旋阀、磁隧道结、磁记录和存储、半导体存储元器件等。

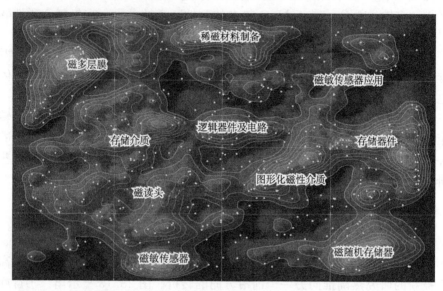

图 28.14(另见彩图)　自旋电子学领域专利技术全景地图。绿色点代表专利，相似技术形成同一聚类，等高线反映不同专利技术之间的相关性和渗透性，颜色高亮区代表热点技术

　　同时运用专利地图还可研究自旋电子学领域重点研发国家的技术布局异同。图 28.15(a)所示为该领域专利量排名前四位的国家(日本、美国、中国和韩国)在技术研发领域和专利布局策略上的差异。日本和美国不仅在专利申请量上占据绝对优势地位，而且其专利布局基本覆盖了所有主要技术领域。其中，美国在磁随机存储器(MRAM)、磁存储相关技术领域的专利优势更强于日本；日本在磁头相关技术领域更具优势，而美国重点发展磁场传感器领域；在磁逻辑电路技术领域，美国与日本都进行了重点布局。总体而论，日本和美国的专利布局还是存在较为显著的差异，日本规避了一些与美国竞争激烈、存在高侵权风险的技术点。中国在该领域的专利布局集中在稀磁材料制备及应用、磁敏传感器及应用领域；MRAM 与磁逻辑电路技术领域也是中国专利布局重点，但专利申请量还较少。图 28.15(b)是图 28.15(a)中有关 MRAM 技术领域的局部放大图。可以看出，美国在该领域占据优势地位，专利申请基本覆盖了 MRAM 技术研发热点；日本在该领域也极具竞争力；韩国在 MRAM 领域的专利优势仅次于日本；中国也在积极布局 MRAM 技术研发。

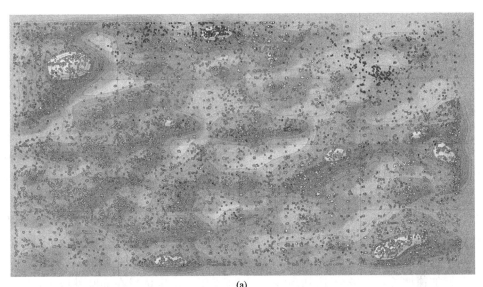

(a)

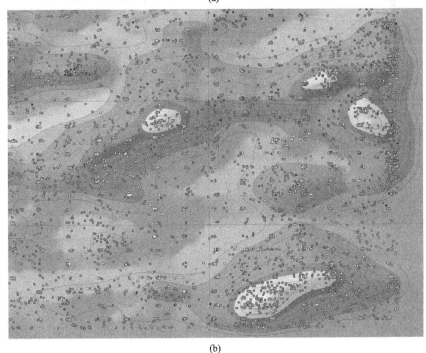

(b)

图 28.15 （a）自旋电子学领域重点研发国家专利技术地图，本图是在图 28.14 专利地图背景
上标示出四国专利申请布局状况。其中，红色、绿色、蓝色、黄色点分别代表美国、日本、
中国和韩国专利。（b）MRAM 技术领域专利地图，本图是（a）中 MRAM 技术领域局部放大
图。其中，红色、绿色、蓝色、黄色点分别代表美国、日本、中国和韩国专利

28.5.2　磁读头、磁敏传感器和磁随机存储器技术领域专利趋势

从上述专利地图中可以看出，磁读头、磁敏传感器和磁随机存储器已成为自旋电子学三大重点研发领域。图 28.16 显示出该三大技术领域的专利申请量趋势。磁读头技术领域中，第一个专利申请高峰出现在 1994 年：IBM 公司于 1994 年首次推出 GMR 磁读头带动了该时期的专利申请热潮；2000~2004 年形成磁读头技术发展的高峰期，年均专利申请量超过 300 件；2004 年希捷公司研发出 TMR 磁读头带动了 2004 年前后专利申请量的大幅增长；而 2005 年之后专利申请量呈现逐步下降的趋势，该回落期在一定程度上反映出磁读头技术已处于成熟期或新的技术突破尚未形成。磁敏传感器领域的专利趋势与磁读头较为相似，其专利申请的高峰期出现在 2002~2005 年，年均申请量约 300 件，申请量略低于磁读头；所不同的是，2005 年之后磁敏传感器领域仍维持较稳定的专利申请量，平均申请量高于磁读头技术领域。磁随机存储器技术领域的专利申请量在 1999 年开始加速增长，2002 年达到高峰，至 2004 年年均申请量在 600 件以上，约为磁读头/磁敏传感器的 2 倍；2005 年之后专利申请量趋稳，保持在年均约 200 件的水平。

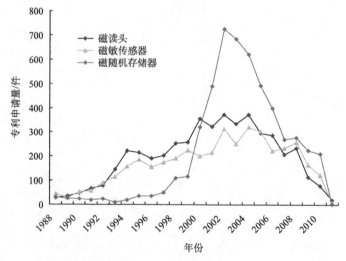

图 28.16　磁读头、磁敏传感器和磁随机存储器专利申请趋势

从各领域的研发人员发展趋势来分析，磁随机存储器技术领域新增研发人员趋势显示，每年不断地有新增发明人进入该领域，年均新增发明人数量高于 50%[图 28.17(a)]，研发力量一直保持强劲态势；同时，从该领域新兴技术凸现状况来看，近几年仍不断地有新技术涌现[图 28.17(b)]，持续推动该领域的

蓬勃发展。磁敏传感器领域也是研发持续活跃的技术领域，年均新增研发人员数量高于 50%[图 28.17(c)]，且该研发领域同样得到新兴技术的不断推进[图 28.17(d)]。磁头技术领域的研发活跃度较低，已较少有新的企业进入，这也在一定程度上反映出该领域的技术成熟度以及垄断性。

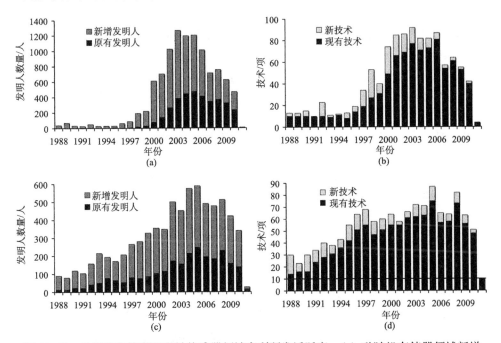

图 28.17　磁随机存储器和磁敏传感器领域专利研发活跃度。(a) 磁随机存储器领域新增发明人情况；(b) 磁随机存储器领域每年出现的新技术；(c) 磁敏传感器领域新增发明人情况；(d) 磁敏传感器领域每年出现的新技术

28.5.3　高价值专利及其专利权人竞争力分析

无论是科研机构还是公司企业，在经历了注重专利数量的高速增长的早期发展阶段之后，将越来越多地聚焦于专利的质量及其商业价值。高价值专利通常表现为高被引专利、有大量同族专利，即专利申请覆盖多个国家/组织，甚至还可能具有高的专利侵权诉讼记录等。因此，分析技术领域中的高价值专利成为评价企业/科研机构核心竞争力的重要指标。

运用 Innography 专利分析工具[108]中的"专利强度"复合评价指标遴选出某一技术领域中的高价值专利。在磁读头、磁敏传感器和磁随机存储器技术领域中，高价值专利分别占 18%、12%和 26%（设专利强度大于 50%）。通过专利的技术价值和市场价值综合评价指标来分析这些高价值专利所属专利权人在该技术领域中的核心竞争力,如图28.18所示。其中,横坐标代表专利的技术价值(由专利申请量、技术分类、引用率等合成的复合评价指标),纵坐标代表专利的市场价值(由公司利润、专利保护地域、专利侵权诉讼等合成的复合评价指标),图中的"气泡"反映出公司的"三维"价值:"技术价值"(专利数量)、"市场价值"(公司利润)和"法律价值"(侵权诉讼及权利稳定性)。公司在图中的位置越靠近右侧,则表示其专利的技术价值越高。同时,在图中的位置越靠近上方,则表示其市场价值越高。

　　磁读头技术领域中重点研发企业的核心竞争力如图28.18(a)所示。IBM、日立环球存储公司(HGST)和希捷公司成为磁读头领域三大巨头。这三家公司无论在核心专利拥有量及其市场利润等方面均处于势均力敌的地位。同时,TDK、日立、东芝以及西部数据(WD)也是磁头市场中的重要竞争对手。继2003年日立公司以20.5亿美元收购IBM硬盘部,成立日立环球存储公司以来,希捷公司和西部数据对硬盘市场的争夺也愈加剧烈。2006年,希捷公司

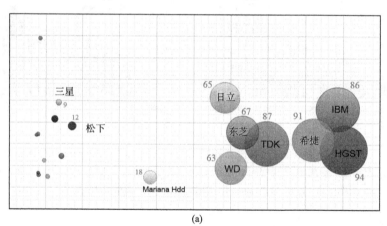

(a)

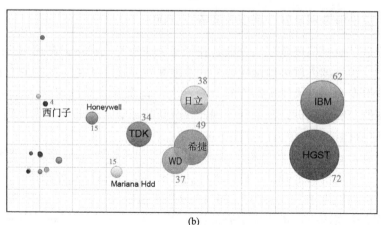

(b)

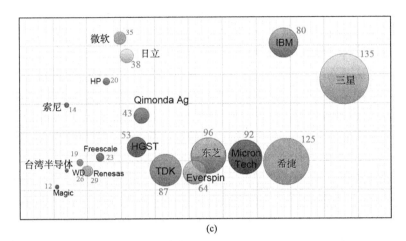

(c)

图 28.18　专利权人核心竞争力-高价值专利分析。(a) 磁读头领域重点企业核心竞争力比较；(b) 磁敏传感器领域重点企业核心竞争力比较；(c) 磁随机存储器领域重点企业核心竞争力比较．横坐标表示专利的技术价值(专利数量＋专利分类＋引用率)，纵坐标表示专利的市场价值(公司利润＋专利保护地域＋专利侵权诉讼)，"气泡"表示公司的"三维"价值："技术价值"(专利数量)、"市场价值"(公司利润)和"法律价值"(侵权诉讼及权利稳定性)，气泡上的数字代表公司高价值专利(专利强度大于 50%)数量

　　以 19 亿美元收购了迈拓(Maxtor)，2011 年又以 14 亿美元对三星旗下硬盘业务进行收购；而西部数据也于 2011 年出资 43 亿美元收购了日立环球存储公司。近期，日立、希捷和西部数据宣布成立"存储技术联盟"，合作研发下一代硬盘存储技术，将投资热辅助磁记录技术以及图案化介质技术等，以期实现 $50\mathrm{TB} \cdot \mathrm{in}^{-2}$ 的超高存储密度。

　　磁敏传感器技术领域中重点研发企业的核心竞争力如图 28.18(b) 所示。IBM 和 HGST 优势明显，希捷、日立、西部数据以及 TDK 实力相当，Honeywell 等公司也拥有磁敏传感器核心技术。利用 AMR/GMR/TMR 材料制造磁电阻传感器引发了磁传感器技术领域的一次技术变革。凭借高灵敏度、低功耗、小型化及易集成等优势，磁电阻传感器的市场年增长率已超过霍尔传感器和超导量子干涉仪，所占市场份额正在不断扩大。据 2008 年全球传感器市场预测，全球传感器市场呈现出快速增长趋势，市场容量达 506 亿美元，2010 年超过 600 亿美元。各国将竞相加速新一代传感器的开发和产业化，市场竞争也将日趋激烈。其中，美国、日本和德国依然是传感器市场份额最大的国家；而东欧、亚太区和加拿大的传感器市场增长最快。传感器市场增长最快的应用领域分布在汽车市场、自动化控制以及通信市场等，而生物传感器也呈现出快速增长趋势，市场年均增长率超过 25%，成为研发投资的又一重点应用领域。

磁随机存储器技术领域中重点研发企业的核心竞争力如图 28.18(c)所示。三星公司在 MRAM 领域专利的技术价值和市场价值明显优于其他公司，处于领先地位。除了希捷公司和东芝公司，镁光科技(Micron Tech)和 Everspin 公司成为拥有 MRAM 核心专利技术的著名研发企业。奇梦达公司(Qimonda Ag)、Freescale 公司、台湾半导体公司、Magic 公司、Renesas 公司等也成为该领域潜在竞争对手，具备很强的市场发展机遇。例如，作为最早启动 MRAM 研发工作之一的 Freescale 公司，1995 年率先研发出 256-Kbit MRAM，并于 2006 年推出全球第一款商业化 4-Mbit MRAM，之后成立 Everspin 公司专门从事 MRAM 研发。MRAM 作为重要的下一代存储器技术，在未来半导体产业中具有持续增长的潜力。而世界顶级半导体制造商在新兴技术领域的联合研发将有助于最小化投资风险并加速 MRAM 器件的商业化进程。例如，2011 年日本东芝公司与拥有 MRAM 核心技术及成本竞争优势的韩国海力士半导体公司（Hynix-Semiconductor Inc.）签署战略合作计划，启动下一代新兴存储器件联合研发项目：STT-MRAM，共同投资制造 STT-MRAM 产品。MRAM 将成为下一代技术平台，实现磁随机存储器件、逻辑器件以及磁硬盘技术的集成。目前东芝公司与海力士半导体公司已扩大了其专利交叉许可的范围以及产品供应合同。同年，三星公司并购美国 MRAM 芯片厂商 Grandis 公司，扩张了其核心竞争优势。2012 年 11 月，Everspin 宣布推出首款商用 64-Mbit STT-MRAM，加速了新一代 STT-MRAM 器件的商业化进程。

28.5.4　专利侵权诉讼及涉诉专利重点分析

在专利价值评价过程中，专利的侵权诉讼记录也成为体现其价值的一项重要指标。涉及侵权诉讼的专利，其价值通常高于未涉诉专利。自旋电子学技术领域中较为典型的几个专利侵权诉讼案例，如表 28.3 所示，其中所涉及的专利均为核心专利，其专利强度指标达到 90%~100%。

作为自旋电子学技术领域中的著名研发企业的 Everspin 公司与 NVE 公司之间的专利侵权诉讼颇受业内关注。2012 年 1 月 3 日，NVE 公司起诉 Everspin 公司专利侵权，案件涉及 NVE 公司的发明专利 US 6275411 B1(表 28.3)。作为被告方的 Everspin 公司，也于同年 2 月 24 日起诉 NVE 公司专利侵权，涉及的专利为 Everspin 公司的发明专利 US 5831920（涉及一种 MRAM 器件的发明专利，申请日为 1997-10-14）。这两起专利侵权诉讼截至目前均尚未结案。目前，Everspin 公司有 521 项专利申请，其中有效专利和尚处于专利审查阶段的有 295 件，其他 226 件为失效专利。专利失效包括：专利超过专利保护期限；专利权人未缴费或声明放弃，提前终止其专利权；专利被宣告无效；因其他原因而导致专利视撤。Everspin 公司的专利技术领域主要涉及磁电阻、磁性多层膜结构、MRAM、硬盘存储以及磁性薄膜等，其专利保护地域集中分布在美国、中国、欧洲和韩国。而 NVE 公司的专利申请也有 202 项，其中有效专利和在审专利 97 件，失效专利 105 件。该公司的专利技术领域主要在磁性多层膜、磁电阻、传感器等，专利保护地域主要分布在美国和欧洲。

另一件值得关注的专利侵权案件为麻省理工学院（Massachusetts Institute of Technology，MIT）与 MagSil 公司共同发起的对希捷、Maxtor 等公司的专利侵权诉讼，涉诉专利为 MIT 的发明专利 US 5835314A（表 28.3），并且 MIT 已将该项专利许可给 MagSil 公司。该侵权案件历时两年多已于 2011 年结案，诉讼双方最终达成专利许可协议，希捷公司和 Maxtor 公司目前也获得该项专利的许可权。MIT 作为一个科研机构，通过专利许可的方式实现技术转化并从中获得丰厚利润。

其他专利侵权案件的判定结果还可能涉及：原告撤诉（见表 28.3 中案例 3）、法院判定侵权赔偿或侵权不成立、专利权被宣告无效等。

表 28.3　专利侵权诉讼案例及其涉诉专利

专利侵权诉讼案例 1　涉诉专利 US 6275411 B1：自旋隧穿存储器				
专利强度	90%~100%			
专利权人	NVE 公司			
引用数量	引用数	被引数		
	14	17		
公开日	申请日	预计失效日	主 IPC	权利要求数量
2001-08-14	1999-11-08	2019-11-08	G11B 05/390	66
同族专利数量	2 件（均为美国授权专利）			
专利侵权诉讼案件	NVE 公司起诉 Everspin 公司专利侵权			
	起诉时间	2012-01-03		
	结案状态	未结案		
	案件编号	0：2012cv00006		

续表

专利侵权诉讼案例 2　涉诉专利 1——US 5835314A：磁性隧道结器件用于存储和信号转换

专利强度	90%～100%			
专利权人	MIT			
引用数量	引用数	被引数		
	8	88		

公开日	申请日	预计失效日	主 IPC	权利要求数量
1998-11-10	1996-11-08	2016-11-08	G01N 13/100	53
同族专利数量	6 件(美国授权专利 1 件、日本 2 件、加拿大 1 件、PCT 申请 1 件、EP 申请 1 件)			

专利侵权诉讼案件	MagSil 公司(获得 MIT 专利排他许可权)与 MIT 共同起诉希捷公司与 Maxtor 公司等专利侵权，侵权诉讼涉及 MIT 拥有的 2 项专利：US 5835314 和 US 5629922	
	起诉时间	2008-12-12
	结案状态	2011-02-16 结案 诉讼双方达成专利许可协议
	案件编号	1：2008cv00940

涉诉专利 2——US 5629922：铁磁薄膜电子隧穿器件

专利强度	90%～100%			
专利权人	MIT			
引用数量	引用数	被引数		
	7	81		

公开日	申请日	预计失效日	主 IPC	权利要求数量
1997-05-13	1995-03-21	2015-03-21	G01R 33/090	36
同族专利数量	1 件(美国授权专利)			
专利侵权诉讼案件	同上(案件编号：1：2008cv00940)			

续表

专利侵权诉讼案例 3　涉诉专利 US 5520059 A：循环磁化非
接触式转矩传感器及使用该传感器的转矩测量方法

专利强度	90%～100%		
专利权人	Magna-Lastic Devices , Inc		
引用数量	引用数	被引数	
	18	95	

公开日	申请日	预计失效日	主 IPC	权利要求数量
1996-05-28	1994-06-02	2014-06-02	G01L 03/100	59

同族专利数量	12 件（美国授权专利 1 件、日本 3 件、EP 申请 3 件、德国 2 件、加拿大 2 件、PCT 申请 1 件）	
专利侵权诉讼案件	Magna-Lastic 公司起诉 FAST Tech 公司专利侵权	
	起诉时间	2003-08-08
	结案状态	2004-04-23 结案 Magna-Lastic 公司撤诉
	案件编号	1：2003cv01694

28.5.5　自旋电子学技术领域国际市场专利保护策略

专利的保护具有地域性。企业及研发机构通常就一项核心技术在多个国家/组织申请专利，以最大限度地获得专利保护及占据新兴市场。在自旋电子学技术领域中，图 28.19 显示出 2005～2007 年美国、日本、中国、韩国和德国的企业与科研机构分别在美国、日本、中国、韩国和德国（代表欧洲组织）的专利授权情况。2005～2007 年，美国企业及科研机构在美国本土的专利授权量平均为 308件/年。除了在美国本土维持高的专利授权量之外，美国企业及科研机构在其他国家/组织也积极进行专利布局。近几年，美国企业和科研机构持续拓展其在韩国和中国的市场，2006 年美国研发机构在韩国的专利授权量高达 200 多件，其在中国的专利授权量也维持在每年几十件的水平。日本企业及科研机构在海外市场的专利布局策略与美国大同小异。除了在日本本土的高授权量，日本企业及科研机构在美国市场极具竞争实力，韩国也成为其专利布局的重点。中国企业和科研机构的专利量虽然在增长，但基本上还是在国内获得授权，国际竞争力尚欠

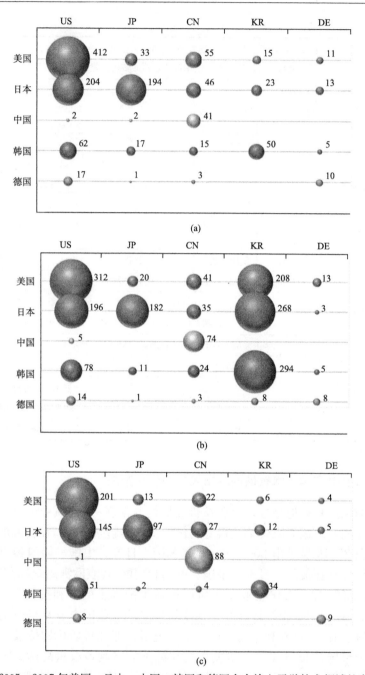

图 28.19　2005～2007 年美国、日本、中国、韩国和德国在自旋电子学技术领域的专利授权量。
(a) 2005 年美国/日本/中国/韩国/德国企业及科研机构在美国、日本、中国、韩国、德国的专利授权量;
(b) 2006 年美国/日本/中国/韩国/德国企业及科研机构在美国、日本、中国、韩国、德国的专利授权量;
(c) 2007 年美国/日本/中国/韩国/德国企业及科研机构在美国、日本、中国、韩国、德国的专利授权量。
　横坐标表示各国的企业和科研机构,纵坐标表示各专利授权国家,图中数字表示专利授权量(件)

缺。韩国企业及科研机构在美国、日本、中国、德国等市场均有布局,其在美国的专利授权量达到每年六七十件,已成为该领域挑战美、日研发机构的重要竞争对手。德国企业和科研机构在该领域的专利授权量较低,但其在美国市场还是具有一定的竞争实力的。

从各国在自旋电子学技术领域的专利授权情况来看,美国市场的竞争主要来自美国、日本和韩国的企业;日本市场主要是以日本企业为首,其他国家的企业在日本的市场占有率较低;在中国市场,美国、日本和韩国企业成为中国企业的强劲竞争对手,且这三个技术大国已占据中国市场的较大份额。美、日、韩企业在欧洲市场的占有率也已与欧洲企业持平,将成为主导未来技术走向与国际市场发展前景的重要研发大国。

28.6　展　　望

通过对自旋电子学领域近 30 年的发展态势以及研究前沿及其演变历程的可视化分析,可以从以下几个方面展望自旋电子学领域未来的发展趋势。

从近几年基础研究和技术突破趋势来看,在自旋动力学研究领域,自旋转移力矩(STT)效应相关研究,即利用局域电流操控纳米器件的磁性,开辟了在电路中集成磁性功能器件的新路径;自旋注入、自旋波发射以及高频相关研究也成为研究热点。在外场调控研究方向,极化电流对自旋调控的研究、电场调控的磁矩翻转、热场对自旋的调控——自旋塞贝克效应[106,107]等研究方向也成为近期关注焦点。在探测新型材料方面,基于量子霍尔效应,研究用于未来自旋电子系统的新颖功能材料,如石墨烯、拓扑绝缘体、半金属、有机半导体[109]等,探索其在实现量子比特、拓扑量子计算等未来器件中的应用前景,在器件中实现可观的自旋霍尔效应是其应用中的关键问题。围绕垂直磁性隧道结、半金属磁性隧道结、新型电场驱动型(电压操控型)MRAM、磁逻辑器件、纳米级集成电路、量子计算机等未来自旋电子学及器件的基础与应用研究将爆发新的前沿热点。

从世界各国的研发态势来看,新兴国家研究实力的崛起将构成未来新兴产业新的竞争格局;综合分析目前来自学术界、工业界以及政府支持的重大研发项目及其投资趋势,愈加明显地看出,自旋电子学向其他交叉前沿领域的迅速渗透,将在信息产业、量子计算和量子通信甚至生命科学等领域催生新的技术变革,会开辟未来技术的新纪元。

致　谢　感谢梁世恒博士和刘东屏老师对本章撰写内容的贡献,在此特致诚挚谢意。

作 者 简 介

吕晓蓉　博士。2007 年毕业于中国科学院高能物理研究所粒子物理专业。现工作单位为中国科学院文献情报中心情报研究部，副研究员。主要从事纳米科技发展战略、专利分析等工作。承担和主持国家社会科学基金 2 项，承担中国科学院发展规划局纳米科技路线图合作项目子课题、中国科学院 A 类战略性纳米先导科技专项知识产权分析项目。

韩秀峰　中国科学院物理研究所研究员、博士生导师、课题组组长。1984 年毕业于兰州大学物理系，1993 年在吉林大学获博士学位。主要从事"自旋电子学材料、物理和器件"研究，包括：磁性隧道结及隧穿磁电阻(TMR)效应、多种铁磁复合隧道结(MTJ)材料、新型磁随机存取存储器(MRAM)、磁逻辑、自旋纳米振荡器、自旋晶体管、磁电阻磁敏传感器等原理型器件的研究。已发表 SCI 学术论文 200 余篇，获得中国发明专利授权 50 余项和国际专利授权 5 项。与合作者研制成功一种新型纳米环磁随机存取存储器(Nanoring MRAM)原理型演示器件、四种磁电阻磁敏传感器原理型演示器件；其中"纳米环磁性隧道结及新型纳米环磁随机存取存储器的基础性研究"获 2013 年度北京市科学技术奖一等奖。

参 考 文 献

[1] Baibich M N, Broto J M, Fert A, et al. Giant magnetoresistance of (001)Fe/(001)Cr magnetic superlattices. Phys Rev Lett, 1988, 61 (21): 2472-2475.

[2] Binasch G, Grünberg P, Saurenbach F, et al. Enhanced magnetoresistance in layered magnetic structures with antiferromagnetic interlayer exchange. Phys Rev B, 1989, 39 (7): 4828-4830.

[3] Prinz G A. Device physics-Magnetoelectronics. Science, 1998, 282(5394): 1660-1663.

[4] Ohno Y, Young D K, Beschoten B, et al. Electrical spin injection in a ferromagnetic semiconductor heterostructure. Nature, 1999, 402 (6763): 790-792.

[5] Zutic I, Fabian J, Das Sarma S. Spintronics: Fundamentals and applications. Rev Mod Phys, 2004, 76 (2): 323-410.

[6] Fert A. Nobel lecture: origin, development, and future of spintroics. Rev Mod Phys, 2008, 80(4): 1517-1530.

[7] Awschalom D D, Buhrman R A, Daughton J M, et al. WTEC panel report on spin electronics. Mary-

land: World Technology Evaluation Center Inc., 2003.

［8］ Wolf S A, Awschalom D D, Buhrman R A, et al. Spintronics: A spin-based electronics vision for the future. Science, 2001, 294 (5546): 1488-1495.

［9］ Brumfiel G. The physics prize inside the iPod. Nature, 2007, 449 (7163): 643.

［10］ National Science Foundation Program: Spin Electronics for the 21st Century (NSF Solicitation 02-036). ［2001-12-14］. http://www. nsf. gov/funding/pgm_summ. jsp? pims_id＝5329&org＝CMMI&sel_org＝CMMI&from＝fund.

［11］ Roco M C, Williams S, Alivisatos P. Nanotechnology Research Directions. Maryland: World Technology Evaluation Center Inc., 1999.

［12］ Miyazaki T, Tezuka N, Giant magnetic tunneling effect in Fe/Al$_2$O$_3$/Fe junction. J Magn Magn Mater, 1995, 139 (3): 231-234.

［13］ Moodera J S, Kinder L R, Wong T M, et al. Large magnetoresistance at room-temperature in ferromagnetic thin-film tunnel-junctions. Phys Rev Lett, 1995, 74 (16): 3273-3276.

［14］ Western Digital Corp. Company achieves 520Gbit/in^2 areal density in demonstration, result of ongoing technology investments. ［2007-10-17］. http://www. thefreelibrary. com/WD(R)＋Demonstrates＋Highest＋Hard＋Drive＋Density. -a0169929512.

［15］ Seagate Technology LLC. Seagate reaches 1 terabit per square inch milestone in hard drive storage with new technology demonstration. ［2012-03-19］. http://www. seagate. com/about/newsroom/press-releases/terabit-milestone-storage-seagate-master-pr.

［16］ TechSpot Forums. HDD shipments cross the 500-million-unit mark in 2007. ［2008-04-23］. http://www. techspot. com/community/topics/hdd-shipments-cross-the-500-million-unit-mark-in-2007. 103769.

［17］ Shiroishi Y, Fukuda K, Tagawa I, et al. Future options for HDD storage. IEEE Trans Magn, 2009, 45 (10): 3816-3822.

［18］ Parkin S S P, Roche K P, Samant M G, et al. Exchange-biased magnetic tunnel junctions and application to nonvolatile magnetic random access memory. J Appl Phys, 1999. 85 (8): 5828-5833.

［19］ Tehrani S, Slaughter J M, Chen E, et al. Progress and outlook for MRAM technology. IEEE Trans Magn, 1999, 35 (5): 2814-2819.

［20］ Chappert C, Fert A, Van Dau F N. The emergence of spin electronics in data storage. Nature Materials, 2007, 6 (11): 813-823.

［21］ Engel B N, Akerman J, Butcher B, et al. A 4-Mb toggle MRAM based on a novel bit and switching method. IEEE Trans Magn, 2005, 41 (1): 132-136.

［22］ Freescale Semiconductor Inc. Freescale's introduction at MRAM-Info. com. ［2006-08-29］. http://www. mram-info. com/mram_memory_makers/freescale.

［23］ Everspin Technologies Inc. Everspin launches 16Mbit MRAM. ［2010-04-19］. http://www. everspin. com.

［24］ Akerman J. Toward a universal memory. Science, 2005, 308 (5721): 508-510.

［25］ Bader S D. Colloquium: Opportunities in nanomagnetism. Rev Mod Phys, 2006, 78 (1): 1-15.

［26］ Zhu J G. Magnetoresistive random access memory: The path to competitiveness and scalability. Proc IEEE, 2008, 96 (11): 1786-1798.

［27］ Slonczewski J C. Current-driven excitation of magnetic multilayers. J Magn Magn Mater, 1996, 159(1): 1-7.

[28] Berger L. Emission of spin waves by a magnetic multilayer traversed by a current. Phys Rev B, 1996, 54 (13): 9353-9358.

[29] Myers E B, Ralph D C, Katine J A, et al. Current-induced switching of domains in magnetic multilayer devices. Science, 1999, 285 (5429): 867-870.

[30] Katine J A, Albert F J, Buhrman R A, et al. Current-driven magnetization reversal and spin-wave excitations in Co/Cu/Co pillars. Phys Rev Lett, 2000, 84 (14): 3149-3152.

[31] Huai Y, Albert F, Nguyen P, et al. Observation of spin-transfer switching in deep submicron-sized and low-resistance magnetic tunnel junctions. Appl Phys Lett, 2004, 84 (16): 3118-3120.

[32] Hosomi M, Yamagishi H, Yamamoto T, et al. A novel nonvolatile memory with spin torque transfer magnetization switching: Spin-RAM: IEEE International Electron Devices Meeting, Washington D C Dec 5-7, 2005. Technical Digest: IEEE No. 05CH37703C: 459-462.

[33] Kawahara T, Takemura R, Miura K, et al. 2Mb spin-transfer torque RAM (SPRAM) with bit-by-bit bidirectional current write and parallelizing-direction current read. IEEE International Solid-State Circuits Conference, San Francisco. Feb 11-15, 2007. Technical Digest: IEEE No. 07CH37858: 480-617.

[34] Jiang Y, Nozaki T, Abe S, et al. Substantial reduction of critical current for magnetization switching in an exchange-biased spin valve. Nature Materials, 2004, 3 (6): 361-364.

[35] Han X F, Wen Z C, Wei H X, Nanoring magnetic tunnel junction and its application in magnetic random access memory demo devices with spin-polarized current switching (invited). J Appl Phys, 2008, 103 (7): 07E933.

[36] Li H, Xi H W, Chen Y, et al, Thermal-assisted spin transfer torque memory (STT-RAM) cell design exploration: IEEE Computer Society Annual Symposium on VLSI, Tampa. May 13-15, 2009: 217-222.

[37] Min T, Chen Q, Beach R, et al. A study of write margin of spin torque transfer magnetic random access memory technology. IEEE Transactions on Magnetics, 2010, 46 (6): 2322-2327.

[38] Saito M, Hasegawa N, Ide Y, et al. ALPS Electric Co Ltd dual type magnetic sensing element wherein deltaRxA in upstream part in flow direction of electric current is smaller than deltaRxA in downstream part: US 2005280958A1. 2005-06-17.

[39] Panchula A. Grandis Inc. Oscillating-field assisted spin torque switching of a magnetic tunnel junction memory element: US 2007047294A1. 2005-11-09.

[40] Han X F, Ma M, Tan Q H, et al. Institute of Physics, Chinese Academy of Sciences. Close shaped magnetic multi-layer film comprising or not comprising a metal core and the manufacture method and the application of the same: US 20090168506A1. 2006-12-31.

[41] Tondra M, Daughton J M, Wang D X, et al. Picotesla field sensor design using spin-dependent tunneling devices. J Appl Phys, 1998, 83 (11): 6688-6690.

[42] Pannetier M, Fermon C, Le Goff G, et al. Femtotesla magnetic field measurement with magnetoresistive sensors. Science, 2004, 304 (5677): 1648-1650.

[43] Piedade M, Sousa L A, de Almeida T M, et al. A new hand-held microsystem architecture for biological analysis. IEEE Trans Circuits Syst I: Regul Pap, 2006, 53 (11): 2384-2395.

[44] Ney A, Pampuch C, Koch R, et al. Programmable computing with a single magnetoresistive element. Nature, 2003, 425 (6957): 485-487.

[45] Kiselev S I, Sankey J C, Krivorotov I N, et al. Microwave oscillations of a nanomagnet driven by a spin-

polarized current. Nature, 2003, 425 (6956): 380-383.

［46］Thomas L, Hayashi M, Jiang X, et al. Oscillatory dependence of current-driven magnetic domain wall motion on current pulse length. Nature, 2006, 443 (7108): 197-200.

［47］Nazarov A V, Olson H M, Cho H, et al. Spin transfer stimulated microwave emission in MgO magnetic tunnel junctions. Appl Phys Lett, 2006, 88 (16): 162504.

［48］Petit S, Baraduc C, Thirion C, et al. Spin-torque influence on the high-frequency magnetization fluctuations in magnetic tunnel junctions. Phys Rev Lett, 2007, 98 (7): 077203.

［49］Seki T, Hasegawa Y, Mitani S, et al. Giant spin Hall effect in perpendicularly spin-polarized FePt/Au devices. Nature Materials, 2008, 7 (2): 125-129.

［50］Tulapurkar A A, Suzuki Y, Fukushima A, et al. Spin-torque diode effect in magnetic tunnel junctions. Nature, 2005, 438 (7066): 339-342.

［51］Zeng Z M, Han X F, Zhan W S, et al. Oscillatory tunnel magnetoresistance in double barrier magnetic tunnel junctions. Phys Rev B, 2005, 72 (5): 054419; Zeng Z M, Han X F, Du G X, et al. Magnetoresistance effect of double-barrier magnetic tunneling junction applied in spin transistors. Acta Physica Sinica, 2005, 54 (7): 3351-3356.

［52］Lee J H, Jun K I, Shin K H, et al. Large magnetocurrents in double-barrier tunneling transistors. J Magn Magn Mater, 2005, 286 (S1): 138-141.

［53］Schliemann J, Egues J C, Loss D. Nonballistic spin-field-effect transistor. Phys Rev Lett, 2003, 90(14): 146801.

［54］Kanai T, Tarui M, Yamada Y. Kabushiki Kaisha Toshiba. Random number generator: US 20120026784A1. 2011-08-09.

［55］Wang X B, Chen Y R, Xi H W, et al. Spintronic memristor through spin-torque-induced magnetization motion. IEEE Electron Dev Lett, 2009, 30 (3): 294-297.

［56］McCray W P. How spintronics went from the lab to the iPod. Nature Nanotechnology, 2009, 4 (1): 2-4.

［57］National Science and Technology Council. National Nanotechnology Initiative: The Initiative and Its Implementation Plan. ［2000-07］. http://www. nano. gov.

［58］National Science and Technology Council. National Nanotechnology Initiative Strategic Plan. ［2001-02］. http://www. nano. gov.

［59］Stanford News. Standford teams with UC schools to establish Western Institute of Nanoelectronics. http://news. stanford. edu/news/2006/march15/win-031506. html. 2006-03-13.

［60］National Science Foundation Program: Nanoelectronics for 2020 and Beyond (NEB). NSF Solicitation 10-614. ［2011-01-19］. http://www. nsf. gov/funding/pgm_summ. jsp? pims_id＝503577.

［61］Science and Technology Policy Council for Science and Technology Policy. Japan's Science and Technology Basic Policy Report. ［2005-12-27］. http://www8. cao. go. jp/cstp/english/basic/3rd-BasicPolicies_ 2006-2010. html.

［62］Japan Science and Technology Agency (JST) and Engineering and Phydical Sciences Research Council (EPSRC). Strategic Japanese-UK Cooperative Program on "Oxide electronics, organic electronics and spintronics". 3rd Call for Proposals to be submitted by January 11th, 2011.

［63］European Commission TMR Program. Oxide Spin Electronics Network. ［1999-05-10］. https://www. tcd. ie/Physics/people/Michael. Coey/oxsen.

[64] 中华人民共和国科学技术部. 国家重点基础研究发展计划. [2004-07-25]. http://www. 973. gov. cn/
AreaAppl. aspx.

[65] Brataas A, Kent A D, Ohno H. Current-induced torques in magnetic materials. Nature Materials,
2012, 11 (5): 372-381; Jungwirth T, Wunderlich J, Olejnik K. Spin Hall effect devices. Nature
Materials, 2012, 11 (5): 382-390; Bauer G E W, Saitoh E, Wees B J V. Spin caloritronics. Nature
Materials, 2012, 11 (5): 391-399; Jansen R. Silicon spintronics. Nature Materials, 2012, 11 (5):
400-408.

[66] Thomson Reuters Corp. Thomson Data Analyzer (TDA) Tool. [2013-12-12]. http://science. thomson-
reuters. com. cn/productsservices/TDA.

[67] Chen C. CiteSpace II Java Software: Visualizing Patten sand Trends in Scientific Literature. [2004-09-
13]. http://cluster. cis. drexel. edu/~cchen/citespace.

[68] Chen C. CiteSpace II: Detecting and visualizing emerging trends and transient patterns in scientific liter-
ature. J Am Soc Inf Sci Tec, 2006, 57 (3): 359-377.

[69] Mott N F. Metal-insulator Transitions. London: Taylor & Francis Ltd., 1974.

[70] Anderson P W. The Resonating valence bond state in La_2CuO_4 and superconductivity. Science, 1987,
235 (4793): 1196-1198.

[71] Grünberg P, Schreiber R, Pang Y, et al. Layered magnetic structures: Evidence for antiferromagnetic
coupling of Fe layers across Cr interlayers. Phys Rev Lett, 1986, 57 (19): 2442-2445.

[72] Ohno H, Shen A, Matsukura F, et al. (Ga,Mn)As: A new diluted magnetic semiconductor based on
GaAs. Appl Phys Lett, 1996, 69 (3): 363-365.

[73] Fiederling R, Keim M, Reuscher G, et al. Injection and detection of a spin-polarized current in a light-
emitting diode. Nature, 1999, 402 (6763): 787-790.

[74] Ohno H, Chiba D, Matsukura F, et al. Electric-field control of ferromagnetism. Nature, 2000,
408(6815): 944-946.

[75] Schmidt G, Ferrand D, Molenkamp L W, et al. Fundamental obstacle for electrical spin injection from a
ferromagnetic metal into a diffusive semiconductor. Phys Rev B, 2000, 62 (8): 4790-4793.

[76] Ohno H. Making nonmagnetic semiconductors ferromagnetic. Science, 1998, 281 (5379): 951-956.

[77] Murakami S, Nagaosa N, Zhang S C. Dissipationless quantum spin current at room temperature.
Science, 2003, 301 (5638): 1348-1351.

[78] Matsukura F, Ohno H, Shen A, et al. Transport properties and origin of ferromagnetism in
(Ga,Mn)As. Phys Rev B, 1998, 57 (4): 2037-2040.

[79] Dietl T, Ohno H, Matsukura F, et al. Zener model description of ferromagnetism in zinc-blende mag-
netic semiconductors. Science, 2000, 287 (5455): 1019-1022.

[80] Eerenstein W, Mathur N D, Scott J F. Multiferroic and magnetoelectric materials. Nature, 2006,
442(7104): 759-765.

[81] Parkin S S P, Kaiser C, Panchula A, et al. Giant tunnelling magnetoresistance at room temperature
with MgO(100) tunnel barriers. Nature Materials, 2004, 3 (12): 862-867.

[82] Yuasa S, Nagahama T, Fukushima A, et al. Giant room-temperature magnetoresistance in single-crys-
tal Fe/MgO/Fe magnetic tunnel junctions. Nature Materials, 2004, 3 (12): 868-871.

[83] Dediu V A, Hueso L E, Bergenti I, et al. Spin routes in organic semiconductors. Nature Materials,
2009, 8 (9): 707-716.

[84] Zhang Y B, Tan Y W, Stormer H L, et al. Experimental observation of the quantum Hall effect and Berry's phase in graphene. Nature, 2005, 438 (7065): 201-204.

[85] Berger C, Song Z M, Li X B, et al. Electronic confinement and coherence in patterned epitaxial graphene. Science, 2006, 312 (5777): 1191-1196.

[86] Novoselov K S, Geim A K, Morozov S V, et al. Two-dimensional gas of massless Dirac fermions in graphene. Nature, 2005, 438 (7065): 197-200.

[87] Tombros N, Jozsa C, Popinciuc M, et al. Electronic spin transport and spin precession in single graphene layers at room temperature. Nature, 2007, 448 (7153): 571-U4.

[88] Castro Neto A H, Guinea F, Peres N M R, et al. The electronic properties of graphene. Rev Mod Phys, 2009, 81 (1): 109-162.

[89] Hsieh D, Qian D, Wray L, et al. A topological Dirac insulator in a quantum spin Hall phase. Nature, 2008, 452 (7190): 970-U5.

[90] Chen Y L, Analytis J G, Chu J H, et al. Experimental realization of a three-dimensional topological insulator, Bi_2Te_3. Science, 2009, 325 (5937): 178-181.

[91] Hasan M Z, Kane C L. Colloquium: Topological insulators, Rev Mod Phys, 2010, 82 (4): 3045-3067.

[92] Son Y W, Cohen M L, Louie S G. Half-metallic graphene nanoribbons. Nature, 2006, 444 (7117): 347-349.

[93] Coey J M D, Venkatesan M. Half-metallic ferromagnetism: Example of CrO_2 (invited). J Appl Phys, 2002, 91 (10): 8345-8350.

[94] Galanakis I, Dederichs P H, Papanikolaou N. Slater-Pauling behavior and origin of the half-metallicity of the full-Heusler alloys. Phys Rev B, 2002, 66 (17): 174429.

[95] Xiong Z H, Wu D, Vardeny Z V, et al. Giant magnetoresistance in organic spin-valves. Nature, 2004, 427 (6977): 821-824.

[96] Rocha A R, Garcia-Suarez V M, Bailey S W, et al. Towards molecular spintronics. Nature Materials, 2005, 4 (4): 335-339.

[97] Awschalom D D, Flatte M E. Challenges for semiconductor spintronics. Nature Physics, 2007, 3 (3): 153-159.

[98] Kroutvar M, Ducommun Y, Heiss D, et al. Optically programmable electron spin memory using semiconductor quantum dots. Nature, 2004, 432 (7013): 81-84.

[99] Hirsch J E. Spin Hall effect. Phys Rev Lett, 1999, 83 (9): 1834-1837.

[100] Kato Y K, Myers R C, Gossard A C, et al. Observation of the spin Hall effect in semiconductors. Science, 2004, 306 (5703): 1910-1913.

[101] Valenzuela S O, Tinkham M. Direct electronic measurement of the spin Hall effect. Nature, 2006, 442 (7099): 176-179.

[102] Saitoh E, Veda M, Miyajima H, et al. Conversion of spin current into charge at room temperature: inverse spin-Hall effect. J Appl Phys, 2006, 88(18): 182509.

[103] Allwood D A, Xiong G, Faulkner C C. et al. Magnetic domain-wall logic. Science, 2005, 309 (5741): 1688-1692.

[104] Bauer G E W, MacDonald A H, Maekawa S. Spin caloritronics. Solid State Commun, 2010, 150 (11-12): 459-460.

[105] Bauer G E W, Saitoh E, Wees B J V. Spin caloritronics. Nature Materials, 2012, 11 (5): 391-399.

[106] Uchida K, Takahashi S, Harii K, et al. Observation of the spin Seebeck effect. Nature, 2008, 455(7214): 778-781.

[107] Uchida K, Adachi H, An T, et al. Long-range spin Seebeck effect and acoustic spin pumping. Nature Materials, 2011, 10 (10): 737-741.

[108] Dialog 公司. Innography 专利分析平台. [2013-01-27]. http://app. innography. com.

[109] Lv X R, Liang S H, Tao L L, Han X F. Organic spintronics: past, present and future. SPIN, 2014, 4(2): 1-15.

索 引

彩 图

左电极FeCo 散射区域MgO 右电极FeCo

V_L, T_L V_R, T_R

图16.10

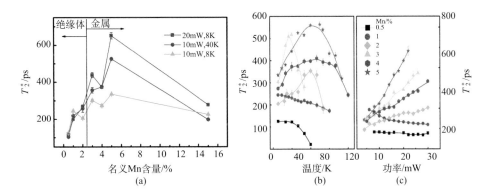

(a) (b) (c)

图17.24

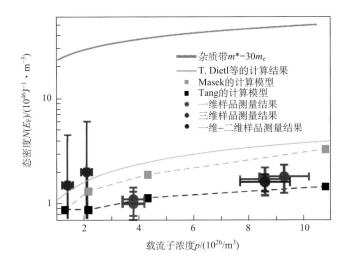

图17.32

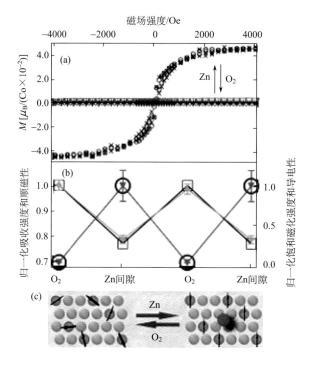

图18.4

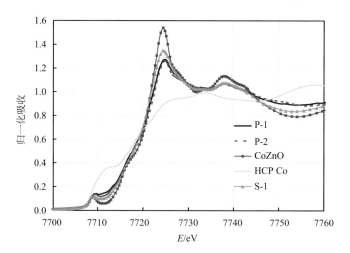

图18.10

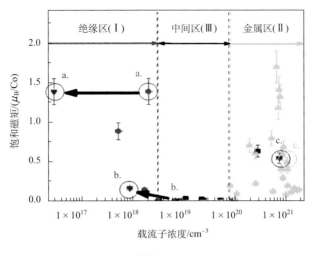

图18.20

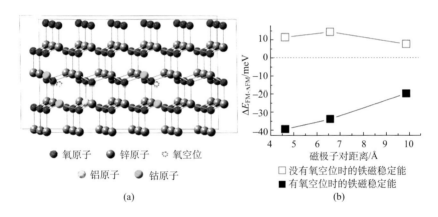

氧原子 ● 锌原子 ○ 氧空位
铝原子 钴原子

(a)

没有氧空位时的铁磁稳定能
有氧空位时的铁磁稳定能

(b)

图18.37

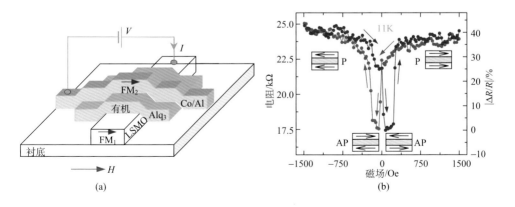

(a)

(b)

图19.1

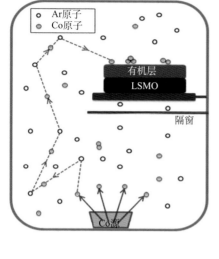

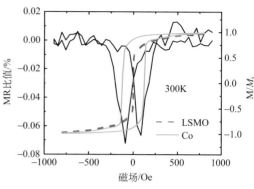

图19.3

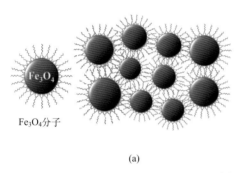

(a)

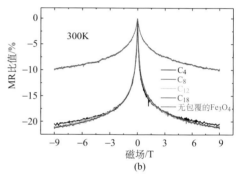

(b)

图19.12

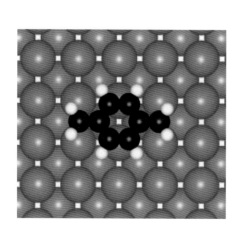

(a)

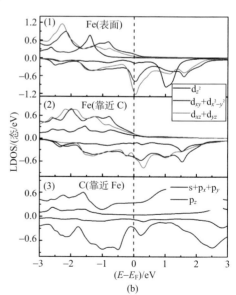

(b)

图20.21

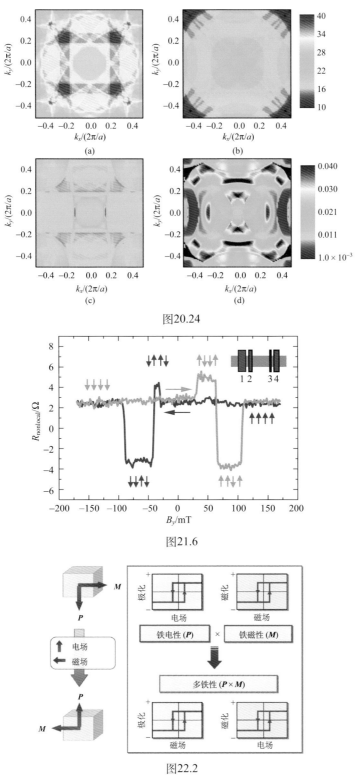

图20.24

图21.6

图22.2

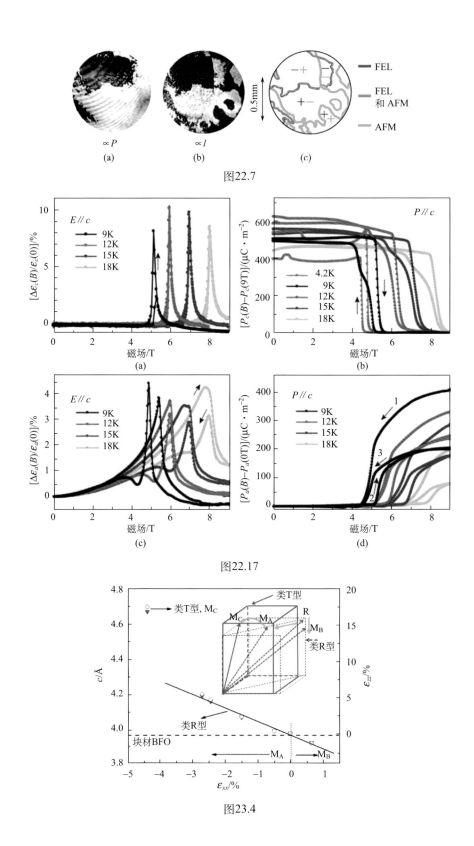

图22.7

(a)

(b)

(c)

(d)

图22.17

图23.4

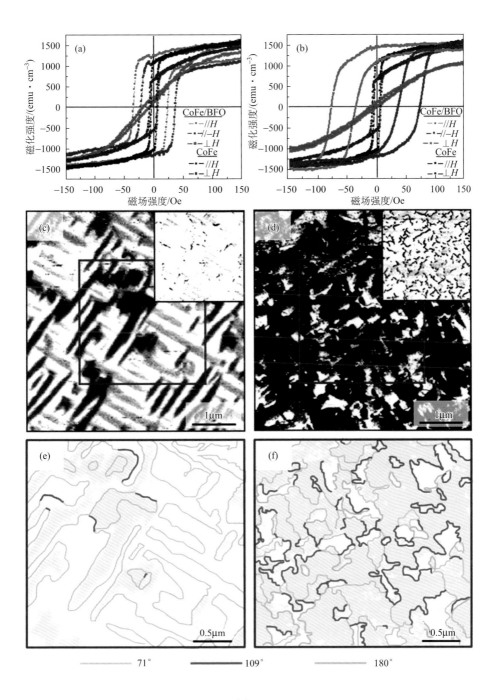

图23.25

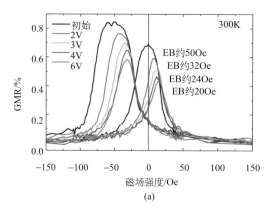

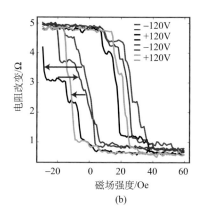

(a)

(b)

图23.26

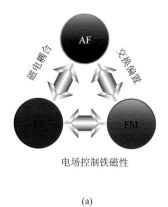

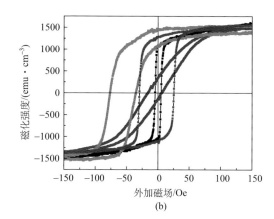

(a)

(b)

图24.2

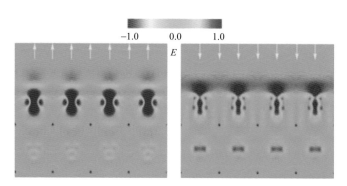

图24.31

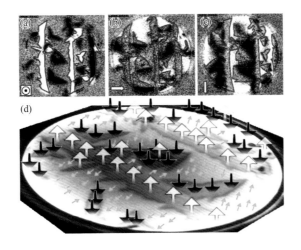

图25.7

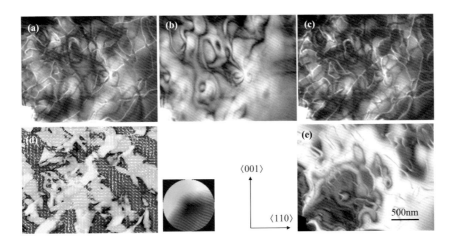

〈001〉

〈110〉

500nm

图25.19

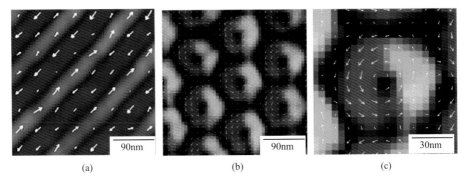

90nm

90nm

30nm

(a)   (b)   (c)

图25.20

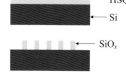

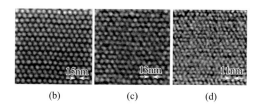

图26.10

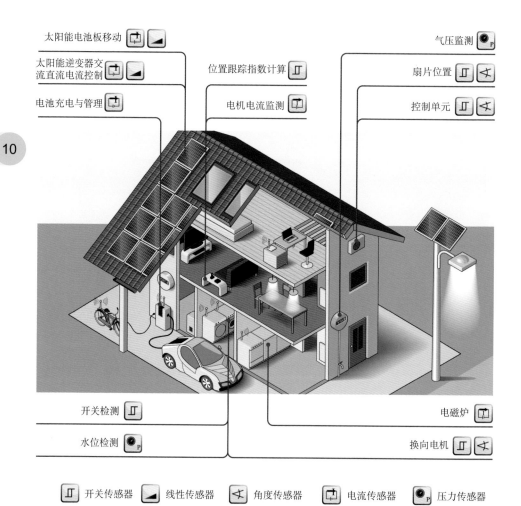

图27.38

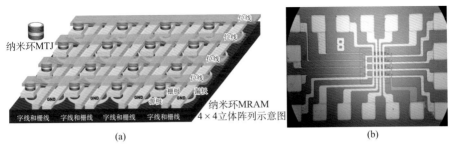

图27.79

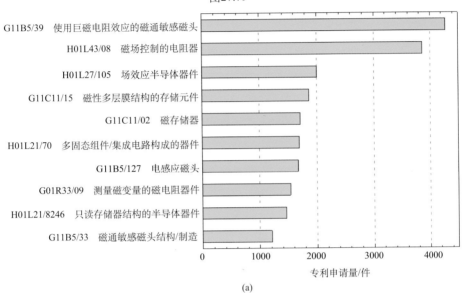

(a)

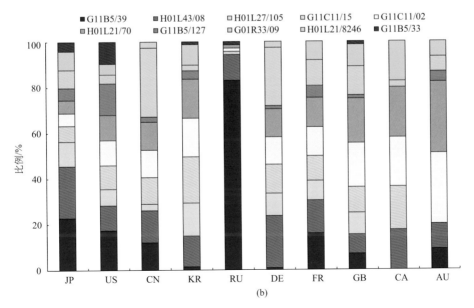

(b)

图28.7

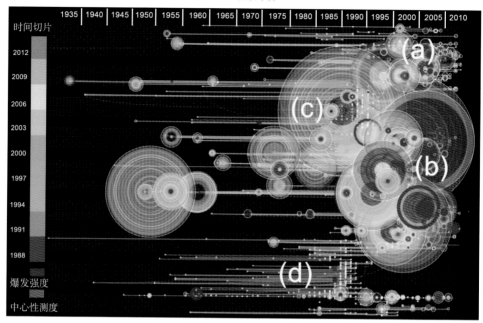

图28.13

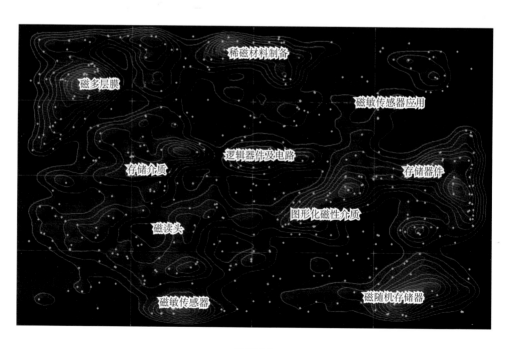

图28.14